항공정비사 표준교재
Aircraft Maintenance Engineer Handbook

개정판

항공법규

Air Law for AMEs

국토교통부

발/간/사

1948년, 첫 민간 항공기가 역사적인 비행을 시작한 이래 우리나라는 세계 7대 항공운송 강국으로 성장했습니다. 현재 세계 177개 도시와 379여개의 항공노선으로 연결 되어 있고, 작년 한 해 만도 1억 2,337만 명의 여객과 427만 톤의 화물을 실어 날랐습니다. 특히, 지난 가을에는 국제민간항공기구(ICAO) 이사국 7연임 달성에 성공함으로써 국제항공 무대에서도 우리나라의 위상은 더욱 높아졌습니다.

국내 항공 산업이 나날이 성장해감에 따라 우리 국토교통부에서는 보다 체계적으로 항공종사자를 양성하고자 2015년 12월부터 항공정비사, 조종사, 항공교통관제사 등을 위한 「항공종사자 표준교재」를 발간하여 왔습니다.

특히 항공정비사를 위한 표준교재는 2015년 12월 초판 발간 후부터 지금까지 많은 예비 항공정비사와 교육 업계의 꾸준한 관심을 받아왔으며, 긍정적인 평가와 동시에 때로는 새로운 교육내용에 대한 건의도 있었습니다.

이에 힘입어 최근 헬리콥터 정비사를 위한 교육교재와 항공전자분야의 전문정비사 양성을 위한 항공전자 · 전기 · 계기(심화) 교재를 발간하였고,

더불어 기존 항공정비사 교육교재 또한 새롭게 바뀐 항공안전법규와 정비기술의 발전 동향을 반영하여 새롭게 개편하였습니다.

이번에 발간하는 제2판 항공정비사 표준교재는 이전의 항공기 형식에는 없던 첨단소재, 동력장치, 전기전자 시스템 등을 갖춘 초대형 항공기의 출현에 따른 새로운 시스템, 장비 및 절차 등을 학습할 수 있도록 최신 동향을 반영 하는 데에 중점을 두었으며,

더불어 초판 교재 중 이해가 어려웠던 용어들을 작업현장에서 실제 사용하는 용어로 수정함과 동시에 한글과 원어를 같이 표기하여 학습자의 이해도를 높이고, 그림자료 또한 국내 작업현장의 자료 등을 활용하는 등 실제 교재 이용자의 다양한 건의사항을 충분히 검토하고 반영하여 학습 편의성을 높일 수 있도록 노력하였습니다.

바라건대, 본 개정판을 통하여 항공정비사를 꿈꾸는 학생, 교육기관의 교수, 현업에 종사하는 항공정비사들에게 교육의 표준 지침서가 되어 우리나라 항공정비 분야의 기초를 튼튼히 하고 저변을 확대하는 데 크게 기여하기를 바랍니다.

끝으로 이 책을 개정 발간하는데 아낌없는 노력과 수고를 하신 개정 집필자, 연구자, 감수자 등 편찬진에게 진심으로 감사드리며 내실 있고 좋은 책을 만들기 위해 노력하신 항공정책실 항공안전정책과장 이하 직원들의 노고에 감사를 표합니다.

항공정책실장 **김 상 도**

표준교재 이용 및 저작권 안내

표준교재의 목적

본 표준교재는 체계적인 글로벌 항공종사자 인력양성을 위해 개발되었으며 현장에서 항공안전 확보를 위해 노력하는 항공종사자가 알아야 할 기본적인 지식을 집대성하였습니다.

표준교재의 저작권

표준교재의 이용 및 주의사항

이 표준교재는 「항공안전법」 제34조에 따른 항공종사자에게 필요한 기본적인 지식을 모아 제시한 것이며, 항공종사자를 양성하는 전문교육기관 등에서는 이 표준교재에 포함된 내용 이상을 해당 교육과정에 반영하여 활용할 수 있습니다.

또한, 이 표준교재는 「저작권법」 및 「공공데이터의 제공 및 이용 활성화에 관한 법률」에 따른 공공저작물 또는 공공데이터에 해당하므로 관련 규정에서 정한 범위에서 누구나 자유롭게 이용이 가능합니다.

그리고 「공공데이터의 제공 및 이용 활성화에 관한 법률」에 따라 이 표준교재를 발행한 국토교통부는 표준교재의 품질, 이용하는 사람 또는 제3자에게 발생한 손해에 대하여 민사상 · 형사상의 책임을 지지 아니합니다.

표준교재의 정정 신고

이 표준교재를 이용하면서 다음과 같은 수정이 필요한 사항이 발견된 경우에는 항공교육훈련포털(www.kaa.atims.kr)로 신고하여 주시기 바랍니다.

- 항공법 등 관련 규정의 개정으로 내용 수정이 필요한 경우
- 기술된 내용이 보편타당하지 않거나, 객관적인 사실과 다른 경우
- 오탈자 및 앞뒤 문맥이 맞지 않아 내용과 의미 전달이 곤란한 경우
- 관련 삽화 등이 누락되거나 추가적인 설명이 필요한 경우

※ 주의 : 표준교재 내용에는 오류, 누락 및 관련 구정 미반영 사항 등이 있을 수 있으므로 의심이 가는 부분은 반드시 정확성 여부를 확인하시기 바랍니다.

목 차

CONTENTS

| 항공법규 | Air Law for AMEs

Air Law for AMEs

PART 04 항공사업법 4-2

PART 05 공항시설법 5-2

PART 06 항공보안법 6-2

PART 07 항공 · 철도 사고 조사에 관한 법률 7-2

PART 08 항공사업의 면허, 등록, 증명 8-2

PART 09 항공안전평가 9-2

PART 10 항공기 기술기준 10–2

PART 11 운항기술기준 11–2

01
항공관련 법규일반

General Air Law for AMEs

1 항공관련 법규일반

General Air Law for AMEs

1.1. 항공법 개념 및 분류

1.1.1. 항공법 개념

'항공법'이란 항공기에 의하여 발생하는 법적 관계를 규율하기 위한 법규의 총체로서 공중의 비행 그 자체뿐 아니라 그 전제로서 지상에 미치는 영향, 항공기 이용 등을 모두 포함한 개념이다. 즉, 항공법은 항공분야의 특수성을 고려하여 항공활동 또는 동 활동에 파생되어 나오는 법적 관계와 제도를 규율하는 원칙과 규범의 총체라고 말할 수 있으며 일반적 항공법 분류 기준인 국내항공법, 국제항공법, 항공공법(public air law), 항공사법(private air law)을 포함한다.

1.1.2. 항공법 분류

항공법의 분류에 대해서는 적용 지역에 따라 국제항공법과 국내항공법으로 구분하며, 일반적인 법률의 분류 개념에 따라 항공공법과 항공사법으로 구분한다. 이와 같은 항공법의 분류는 명확한 기준이 있는 것은 아니나 항공분야에 대한 전반적인 법의 이해 및 적용과 관련하여 필요하다 하겠다.

예컨대 국제민간항공협약(Convention on International Civil Aviation, 이하 '시카고 협약'이라 한다.[1])은 국제민간항공의 질서와 발전에 있어서 가장 기본이 되는 국제조약으로 대표적인 국제항공법이면서 동시에 항공공법에 해당한다.

시카고 협약에 의거 설립된 국제민간항공기구(International Civil Aviation Organization, 이하 'ICAO'라 한다.)는 항공안전기준과 관련하여 부속서를 채택하고 있으며, 부속서에서는 모든 체약국들이 준수할 필요가 있는 '표준(standards)'과 준수하는 것이 바람직하다고 권고하는 '권고방식(recommended practices)'을 규정하고 있다. 이에 따라 각 체약국은 시카고 협약 및 동 협약 부속서에서 정한 '표준 및 권고방식(SARPs: Standards and Recommended Practices, 이하 'SARPs'라 한다.)'에 따라 항공법규를 제정하여 운영하고 있다. 대한민국도 SARPs에 따라 국내항공법령에 규정하여 적용하고 있다.

1.1.2.1. 국제 항공법과 국내 항공법

국제항공법은 국제적으로 통용되는 항공법인데

1) 1944년 시카고에서 채택된 'Convention on International Civil Aviation, 국제민간항공협약, 약칭 시카고 협약'을 말하며, 항공안전법 및 항공 · 철도 사고조사에 관한 법률에서는 '국제민간항공조약'으로 표기하였으며, 항공보안법에서는 '국제민간항공협약'이라고 표기하였음. 일반적인 조약 표기법 및 외교부의 입장은 국제민간항공협약이 올바른 표현이며, 혼선을 피하기 위해 표기법 통일이 필요함. 필자는 가능한 한 시카고 협약으로 통일하여 표기함. 체약국 191개국(2015.7.1. 기준).

반해 국내항공법은 해당 국가 내에서 적용되는 항공법을 말하여, 일반적으로 국내항공법은 국내 실정법을 의미한다.

항공의 가장 큰 특성이 국제성에 있듯이, 국제항공법은 국제민간항공에 적용되는 각 국가 간 항공법 사이의 충돌과 불편을 제거하는 것을 목적으로 한다. 따라서 항공분야에 있어서 국내법은 다양한 국제법상의 규정을 준수할 수밖에 없다. 각 국가가 국내항공법을 규정함에 있어 국제법과 상충되게 규정한다면 항공기 운항 등과 관련하여 법 적용상의 혼선이 증대될 것은 명백하다.

이런 연유로 각 국가는 국제항공법과 충돌하지 않도록 세부적인 기준을 국내항공법에 반영하고 있다. 우리나라의 경우 국내항공법에는 항공사업법, 항공안전법, 공항시설법, 항공보안법, 항공 · 철도 사고조사에 관한 법률, 항공안전기술원법, 상법(항공운송편) 등이 있다.

(1) 국제항공법 법원(source of law)

국제항공법의 법원은 다음과 같다.

- 다자조약
- 양자협정
- 국제법의 일반원칙
- 국내법
- 법원 판결
- 지역적 합의내용(European Union, 즉 구주연합에서 적용되는 법률 등)
- IATA 등 국제 민간기구의 규정
- 항공사들 간의 계약, 항공사와 승객 간의 계약, 기타 항공운송과 항행에 관련한 관계 당사자들 간의 계약

항공법을 구성하는 가장 중요한 내용은 시카고 협약과 같은 다자조약에 근거하는바, 항공법은 법령을 만들 때부터 국제성의 성격이 짙다. 가령 1919년 파리와 런던 사이에 세계 최초로 정기 항공 운항이 시작된 해에 세계 첫 항공 관련 다자조약인 파리 협약이 채택된 것을 보아도 그러하다. 또 항공의 급속한 발달에 보조를 같이해 온 항공법은 많은 경우 법원으로서 관습법을 추월하게 되었으며 그 결과 오늘날 항공법은 거의 다 성문법(written law)으로만 존재하고 있다.

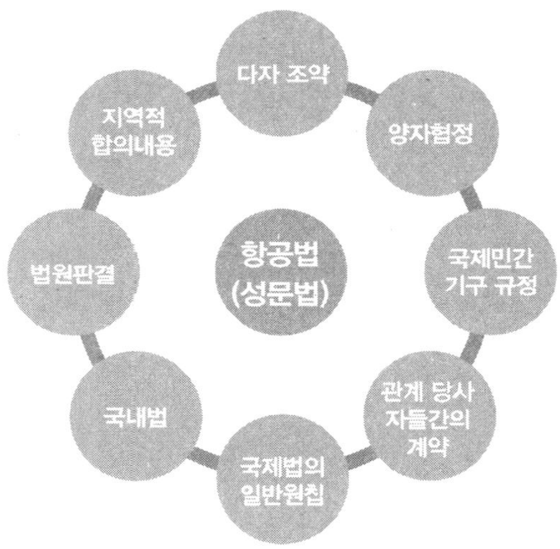

[그림 1-1] 국제항공법 법원의 종류

(2) 국제조약 일반.

국제법상 '조약'이란 "단일 문서나 둘 또는 그 이상의 관련 문서의 구현이나 특정의 명칭에 관계없이 서면 형식으로 국가 간에 체결되며, 또한, 국제법에 의해 규율되는 국제적 합의"("조약법에 관한 비엔나협약" 제2조 참조)를 말한다. 한편 조약에 관한 내용을 규율하기 위한 다자협약으로 "국가와 국

제기구 간 또는 국제기구 상호 간의 조약법에 관한 비엔나협약"이 있다(1986년 채택). 이와 같이 규정하고 있듯이 조약은 국제법 주체 간에 권리 · 의무 관계를 창출하기 위하여 서면형식으로 체결되며, 국제법에 의하여 규율되는 합의라고 할 수 있다.

일반적으로 다자조약은 관계국가가 참가하는 국제기구의 총회에서 이루어지거나 조약의 채택을 위해 별도로 소집되는 외교회의(Diplomatic Conference)를 통해서 조약안의 내용과 형식을 결정한다.

조약문은 크게 제목(title), 전문(preamble), 본문(main parts)으로 구성되어 있으며 본문은 다시 주된 조문(articles), 최종조항(final clauses), 부속서(annex)로 구성된다. 부속서란 본문과는 분리되어 있으나 역시 본문의 일부를 이루는 문서로서 보통 기술적인 규정이나 보충사항을 그 내용으로 한다. 조약의 조문에 구체적인 내용까지 포함시킬 경우 조약 본문의 분량이 너무 방대해지고 그 체제가 산만하게 되므로 이런 현상을 막기 위해 부속서로 분리시키는 것이다. 그러나 법률적으로 부속서도 본문과 일체를 이루며 이에 따라 당연히 상응하는 법적 구속력을 지니게 된다.

조약의 명칭에는 관행적으로 조약(treaty), 헌장(charter), 규정(statute), 규약(covenant), 협정(agreement), 협약(convention), 의정서(protocol) 등으로 구분한다. 일반적으로 조약(treaty)은 가장 격식을 따지는 정식의 문서로서 주로 당사국 간의 정치적, 외교적 기본관계나 지위에 관한 포괄적인 합의를 기록하는 데 사용되며, 협약(convention)은 특정분야 또는 기술적인 사항에 관한 입법적 성격의 합의에 많이 사용되며, 아울러 국제기구의 주관 하에 개최된 국제회의에서 체결되는 다자 조약의 경우에도 흔히 사용된다. 이러한 조약의 예로는 한 · 미간 상호방위조약(Mutual Defense Treaty, 1953), 국제민간항공협약(Convention on International Civil Aviation, 1944), 그리고 외교관계에 관한 비엔나협약(Vienna Convention on Diplomatic Relations, 1961) 등을 들 수 있다.

1.1.2.2. 항공공법과 항공사법

항공공법은 항공기 및 항공기 운항과 관련된 법률분야 중 공법상의 법률관계를 정한 법규의 총체를 말하며, 국가가 주체인 대부분의 항공법은 항공공법에 해당한다. 일반적으로 항공공법은 항공사법에 관한 사항보다 광범위한 내용을 규율하고 있다. 국제항공공법은 국제협정에 의하여 사법규칙을 통일 또는 조정할 뿐만 아니라 ICAO와 같은 특정 국제기구가 '표준'(standards)과 '권고방식'(recommended practices)을 통하여 국제 민간항공의 발전과 안전을 촉진하기 위하여 제반 기준을 규율할 수 있도록 하고 있다. 항공공법은 비행허가, 노선개설허가, 항공안전 및 보안을 위한 국가간 협정, 사고조사, 항공기업의 감독에 관한 각종 법규, 항공범죄 처벌 등 매우 광범위하다.

국내항공법 중 항공안전법, 항공보안법, 항공 · 철도 사고조사에 관한 법률, 항공사업법, 공항시설법, 항공안전기술원법 등이 항공공법에 해당한다. 국제적으로는 타국의 영공을 통과함에 따라 발생하는 공역주권 및 항행관련 기준 등을 규율한 파리협약(1919), 하바나협약(1928), 시카고 협약(1944) 등과, 항공기 운항상 안전을 위하여 체결된 형사법적 성격의 국제조약인 동경협약(1963), 헤이그협약

(1970), 몬트리올협약(1971), 북경협약(2010) 등이 항공공법에 해당한다.

항공사법은 항공기 및 항공기 운항과 관련된 법률분야 중 사법상의 법률관계를 정한 법규의 총체를 말하며, 항공 사고가 발생하여 항공기, 여객, 화물 등의 손해에 대해 운항자 또는 소유자의 책임관계 규율 및 항공기의 사법상의 지위, 항공운송계약, 항공기에 의한 제3자의 피해, 항공보험, 항공기 제조업자의 책임 등은 항공사법에 해당한다. 국제항공사법에 해당하는 국제조약으로는 바르샤바협약(1929), 로마협약(1933), 헤이그의정서(1955), 과달라하라협약(1961), 몬트리올추가의정서 1/2/3/4(1975), 몬트리올협약(1999), 항공기 유발 제3자 피해 배상에 관한 몬트리올 2개 협약(2009) 등이 있다.

한편 국가는 항공사법을 국제적으로 통일하는 조약체결의 주체이기도 하며, 때로는 사법의 적용과 통일이 국가의 관여 하에 사법의 통일적 적용이 보장되고 있다. 1929년 바르샤바협약과 후속 관련 조약, 2001년 케이프타운 협약 등 대다수 협약이 국가가 당사자로 되어 있다.

1.2. 항공법 발달

1.2.1. 국제항공법 발달

1.2.1.1. 국제항공공법: 항공안전

1783년 몽골피에가 기구(balloon)를 이용하여 비행한 이후 유럽 각국에서는 기구의 제작과 비행이 확산되었다. 기구의 비행은 국내뿐만 아니라 국제적으로 규제의 필요성이 대두되었고, 1880년 국제법협회(ILA)의 의제로 채택되었으며, 1889년 파리에서 최초로 국제 항공회의가 개최되는 계기가 되었다. 이후 1899년 제1차 헤이그 국제평화회의에서 항공기구토부터 총포류의 발사금지 선언이 채택되었고, 1913년에는 프랑스와 독일이 월경 항공기에 대한 규제에 동의하는 각서를 교환하였는데 이는 항공과 관련하여 최초로 국가 간에 주권 원칙을 인정한 사례로 볼 수 있다. 이러한 일련의 사건들이 국제항공법의 초기 형태이다.

제1차 세계대전 이후, 항공규칙 통일을 위하여 1919년 전쟁 승리국 위주의 협약인 파리협약이 채택되었는데 파리협약의 내용은 시카고 협약의 모델이 되었다. 파리협약에서는 제1조 영공의 절대적 주권 명시, 제27조 외국 항공기의 사진촬영기구 부착비행 금지, 제34조 국제항행위위원회(ICAN) 설치 등을 규정하고 있으나, 미국이 상원의 비준 거부로 협약 당사국이 되지 못하여 국제적으로 큰 힘을 발휘하지 못하였다. 파리협약 이후 자국 영공 제한 또는 금지 등 영공국의 권한이 강화되었으며, 협약은 무인항공기가 영공국의 허가 없이 비행하는 것을 금지하는 내용을 포함하였다.

전쟁 승리 국가 위주의 파리협약 이후, 1926년 중립국인 스페인 위주의 마드리드협약과 1928년 미국 및 중남미 극가 위주의 하바나협약이 채택되어 각각 세력 확장을 꾀하였으나 제2차 대전 이후 1944년 시카고 협약을 채택하여 전 세계 국가가 명실상부한 통일 기준을 적용하는 계기가 되었다.

시카고 협약은 국제민간항공의 질서와 발전에 있어서 가장 기본이 되는 국제조약으로 협약에 의해 설립된 ICAO는 항공안전기준과 관련하여 부속서를 채택하고 있으며, 각 체약국은 시카고 협약 및 같은 협약 부속서에서 정한 SARPs에 따라 항공법규를 제정하여 운영하고 있다.

1.2.1.2. 국제항공공법: 항공범죄

항공사업이 발달하고 그 규모가 커짐에 따라 항공범죄도 다양한 형태로 발생하게 되었고 항공범죄를 규율하기 위한 국제조약도 이에 상응하는 발전을 가져왔다. 항공범죄와 관련하여 통일적 적용을 위한 주요 국제 조약은 다음과 같다.

- 항공기 내에서 행하여진 범죄 및 기타 행위에 관한 협약 (약칭, 1963 동경협약)
  Convention on Offenses and Certain Other Acts Committed on Board Aircraft
- 항공기의 불법 납치 억제를 위한 협약(약칭, 1970 헤이그협약)
  Convention for the Suppression of Unlawful Seizure of Aircraft
- 민간항공의 안전에 대한 불법적 행위의 억제를 위한 협약(약칭, 1971 몬트리올협약)
  Convention for the Suppression of Unlawful Acts against the Safety of Civil Aviation
- 1971년 9월 23일 몬트리올에서 채택된 민간항공의 안전에 대한 불법적 행위의 억제를 위한 협약을 보충하는 국제민간항공에 사용되는 공항에서의 불법적 폭력행위의 억제를 위한 의정서(약칭, 1971 국제민간항공의 공항에서의 불법적 행위 억제에 관한 의정서)
  Protocol for the Suppression of Unlawful Acts of Violence at Airports Serving International Civil Aviation, Supplementary to the Convention for the Suppression of Unlawful Acts against the Safety of Civil Aviation, done at Montreal on 23 September 1971
- 탐색목적의 플라스틱 폭발물의 표지에 관한 협약 (약칭, 1991 플라스틱 폭발물 표지협약)
  Convention on the Marking of Plastic Explosives for the Purpose of Detection
- 국제민간항공에 관한 불법행위 억제를 위한 협약 (약칭, 2010 북경협약)
  Convention on the Suppression of Unlawful Acts Relating to International Civil Aviation
- 항공기의 불법 납치 억제를 위한 협약 보충의정서 (약칭, 2010 북경의정서)
  Protocol Supplementary to the Convention for the Suppression of Unlawful Seizure of Aircraft Done
- 항공기 내에서 행하여진 범죄 및 기타 행위에 관한 협약에 관한 개정 의정서(약칭, 2014 몬트리올 의정서)
  Protocol to amend the convention on offences and certain other acts committed on board aircraft
- 국제민간항공협약 부속서 17 항공보안
  Convention on International Civil Aviation (Annex 17 Security)

항공범죄에 대한 상기 조약 중 2010 북경협약, 2010 북경의정서 및 2014 몬트리올 의정서를 제외한 모든 조약은 기 발효된 조약이고 대한민국도 당사국의 위치에 있어 항공보안에 관한 국제법 및 국내법 체계의 근간이 되고 있다. 반면, 2010 북경협약, 2010 북경의정서의 경우 발효요건을 충족하기까지는 장기간 소요될 것으로 예상된다. 한편 대한민국은 항공보안법에 대한민국이 당사국이면서 현재 발효된 조약을 명시하여 준수의 의무를 공고히 하고 있다.

또한, 상기 조약 이외에 국제연합 총회 및 안전보장이사회 결의와 UN 주도하의 정상회의를 통한 선언 등이 항공보안과 관련하여 중대한 영향을 미치며, 항공보안 및 항공범죄와 관련한 상기 조약에 관한 주요 내용은 다음과 같다.

[표 1-1] 항공보안 및 항공범죄 관련 주요 국제 항공 조약

국제 조약	내 용
1963 동경 협약	**항공기 내에서 행한 범죄 및 기타 행위에 관한 협약** • 비행 중(in flight)[2] 기내의 범죄 행위에 대한 기장의 권리와 의무를 명확히 함 • 국가항공기(군용 · 세관용 · 경찰용 항공기)는 적용 대상에서 제외 • 관할권(등록국에게 형사 관할권 부여) • 기장(aircraft commander)의 권한과 의무 부여 – 비행 중(in flight) 항공기 안전운항 최종적 책임 – 기내의 인명 및 재산의 안전 보장 – 기내의 질서와 규율의 유지 – 범죄자 감금 및 관계 당국에 인도 또는 하기 조치 권한 • 범죄혐의자에 대하여 기장, 승무원, 승객이 취한 조치에 대한 면책 • 본 협약은 항공범죄를 규율하기 위한 최초의 국제조약이라는 의의를 가지나, 범죄를 구체적으로 정의하지 않음
1970 헤이그협약	**항공기의 불법 납치 억제를 위한 협약** • 비행 중(in flight) 항공기에서 불법적으로 또는 무력으로 항공기를 납치하거나 기도한자 또는 공범자를 범죄로 규정함으로써 하이재킹 처벌 근거 마련 • 국가 항공기 적용 제외, 범죄인 인도 아니면 소추 및 엄정처벌 • 관할권(항공기 등록국, 항공기 착륙국, 주된 영업소, 범인 발견국) • 본 협약은 비행 중 발생하는 항공기 납치사건 대처에 성공적인 협약으로 평가되나, 비행 중이 아닌 주기하고 있는 항공기에서의 범죄에 대해서는 규율하지 못함
1971 몬트리올 협약	**민간항공의 안전에 대한 불법적 행위의 억제를 위한 협약** • 민간항공의 안전에 대한 불법행위(항공기 파괴, 탑승자 폭행, 안전저해행위 등) • 국가 항공기 적용 제외, 범죄인 인도 아니면 소추 및 엄정처벌 • 비행 중(in flight) 뿐 아니라 서비스 중(in service)[3] 발생한 범죄로 범죄 적용 범위를 확대 • 본 협약은 범죄 적용 범위를 서비스 중으로 확대하였으나, 항공기를 무기로 이용하는 범죄 등에 대해서는 규율하지 못함
1988 몬트리올 의정서	**국제민간항공의 공항에서의 불법적 행위방지에 관한 의정서** • 국제공항에서의 폭력행사 행위와 파괴행위를 범죄행위에 포함

2) 비행 중(in flight)에 대해서는 여러 조약에서 용어정의를 하고 있음. 항공범죄 관련하여 동경협약 제1조 3항은 '비행 중'(in flight)을 이륙을 목적으로 엔진이 작동되는 때부터 착륙을 위해 주행이 끝날 때까지로 정의하고 있으나, 헤이그 협약 제3조 1항과 몬트리올협약 제2조(a)항에는 '비행 중'(in flight)을 항공기 출입문이 승객이 탑승하고 닫힌 때부터 하강하기 위하여 출입문이 열릴 때까지로 정의하고 있음. 국내 항공법규에서는 항공범죄 및 기장의 권한과 관련한 'in flight' 용어를 '비행 중' 또는 '운항 중'으로 혼재하여 사용하고 있음. 한편 항공보안법에서는 '운항 중'이란 "승객이 탑승한 후 항공기의 모든 문이 닫힌 때부터 내리기 위하여 문을 열 때까지를 말한다."라고 규정하고 있으며 이는 동경협약의 in flight를 의미하는 것으로 '비행 중'을 말함.

3) 서비스 중(in service)이란 항공기가 사전 비행준비를 하는 단계부터 시작하여 이륙을 하여 착륙한 후 24시간까지의 시간임(몬트리올협약 제2조(b)). 우리나라 항공보안법에서는 'in service' 용어정의는 명시하고 있지 않으나 항공기 계류 중의 범죄도 포함하고 있음. 국내 학자들 중에는 몬트리올협약 상의 'in service'를 운항 중, 업무 중, 서비스 중으로 번역하여 사용하고 있음.

국제 조약	내 용
1991 플라스틱 폭발물 표지협약	**탐색목적의 플라스틱 폭발물의 표지에 관한 협약** • 1987.11.29. 대한항공 858편 보잉707 미얀마 인접 상공 폭발사건, 1988.12.21. 팬암103편 보잉747 영국 스코틀랜드 로커비 상공 폭발사건을 계기로 플라스틱 폭약의 탐지 어려움을 방지하기 위하여, 플라스틱 폭약 탐지가 가능하도록 플라스틱 폭약에 표지(marking) 의무화
2010 북경협약	**국제민간항공에 관한 불법행위 억제를 위한 협약** • 1971년의 몬트리올협약과 1988년의 몬트리올 의정서를 재정한 조약 • 운항 항공기를 이용한 범죄, 생물학 · 화학 · 핵무기(BCN) 투하 및 사상을 목적으로 하는 불법 항공운송 등을 범죄에 포함 • 국가 항공기 적용 제외, 범죄인 인도 아니면 소추 및 엄정처벌 • 범죄인 인도 요청을 접수할 경우 관련자는 정치인 범죄로 간주하지 않음 • 헤이그협약 및 몬트리올 협약 상 4개 관할권 이외에 3개의 관할권 추가(자국민에 의한 범죄, 자국민에 대한 범죄, 자국 상주 무국적자에 대한 범죄) • 생물학 · 화학 · 핵무기에 대한 금지 및 운항항공기를 이용한 범죄 등을 추가함으로써 9/11 사태와 같은 항공기를 무기로 이용한 테러행위도 규율대상임
2010 북경의정서	**항공기의 불법 납치 억제를 위한 협약 보충의정서** • 1970년의 헤이그협약을 개정한 의정서 • 헤이그협약 대비 범죄 구성요소 확대 • 헤이그협약 및 몬트리올협약 상의 관할권 이외에 관할권 추가(자국영토상 범죄, 자국민에 의한 범죄, 자국민 피해 범죄, 무국적자 범죄일 경우 동 무국적자 상주국)
2014 몬트리올 의정서	**항공기 내에서 행하여진 범죄 및 기타 행위에 관한 협약에 관한 개정 의정서(1963년의 동경협약을 개정한 의정서)** • 비행 중(in flight)의 정의 통일 • 재판 관할권을 착륙국 및 운영국으로 확대 • 기내 보안관 도입을 선택적으로 하되 기내 보안관의 지위는 승객과 동일하게 함
1944 시카고 협약	**국제민간항공협약 부속서 17 항공보안**

1.2.1.3. 국제항공사법: 국제항공운송인의 책임

항공운송인의 책임은 항공기 운항자로서 계약관계에 있는 탑승객 등에 대한 손해배상책임과 제3자에 대해 발생시킨 손해배상책임을 들 수 있다.

항공기가 국경을 넘어 2개 국가 이상을 비행하면서 국가 간에 적용할 통일된 규범이 필요하였다. 1차 세계대전 후인 1920년대 항공운송산업이 발전하기 위해서 사법의 통일이 절대적으로 필요하다고 인식하게 되었으며, 그 결과 국제항공법전문위원회(CITEJA)의 노력에 힘입어 1929년 10월 21일 폴란드 바르샤바에서 열린 제2회 국제항공사법회의에서 오늘날 항공운송인의 책임에 관한 대헌장으로 일컬어지는 소위 바르샤바협약(Warsaw Convention, 1929)이 탄생하였다. 이후 바르샤바협약은 항공운송사업의 급속한 발달로 인해 여러 차례 개정되었으며, 이들 협약을 총칭하여 바르샤바체제(Warsaw system or Warsaw regime)라 한다. 이 바르샤바체제는 1999년 국제항공운송책임에 대한 기준을 통합한 몬트리올협약이 발효되기 전까지 항공운송인의 책임에 대해 가장 널리 통일된 기준을 제공한 국제항공사법이다.

항공운송인의 책임과 관련하여 국제적으로 통일적 적용을 위한 주요 국제조약은 다음과 같다.

• 국제항공운송에 있어서의 일부 규칙의 통일에 관한 협약(1929 바르샤바협약)
Convention for the Unification of Certain Rules Relating to International Carriage

by Air.

- 1929년 바르샤바협약을 개정하기 위한 의정서(1955 헤이그의정서)
  Protocol to Amend the Convention for the Unification of Certain Rules Relating to International Carriage by Air, Signed at Warsaw on 12 October 1929, Done at the Hague on 28 September 1955.
- 계약당사자가 아닌 운송인이 행한 국제항공운송과 관련된 일부 규칙의 통일을 위한 바르샤바협약을 보충하는 협약(1961 과달라하라협약)
  Convention Supplementary to the Warsaw Convention for Unification of Certain Rules Relating to International Carriage by Air Performed by a Person Other than the Contracting Carrier.
- 1966 몬트리올 협정
- 1955년 9월 28일에 헤이그에서 작성된 의정서에 의하여 개정된 1929년 10월 13일 바르샤바에서 서명한 국제항공운송에 대한 규칙의 통일에 관한 협약의 개정 의정서(1971 과테말라의정서)
  Signed at Guatemala City Protocol th Amend the Convention for th Unification of Certain Rules Relating to International Carriage by Air Signed at Warsaw on 12 October 1929 as Amended by the Protocol Done at The Hague on 28 September 1955.
- 몬트리올 제1, 제2, 제3추가의정서 및 제4의정서 (1975 몬트리올추가의정서)
  Montreal Additional Protocol No. 1, No. 2, No. 3 and Montreal Protocol No. 4.
- 국제항공운송에 관한 일부 규칙의 통일에 관한 협약(1999 몬트리올협약)
  Convention for the Unification for Certain Rules for International Carriage by Air.

상기 1999 몬트리올 협약은 1929년 바르샤바협약 이후 개정된 다수의 국제협약으로 인해 각 국가간 적용되는 협약의 내용이 상이하고 바르샤바협약상 배상액이 현실적으로 너무 적은 문제점과 바르샤바협약의 본래 제정목적을 달성하기 위해 국제항공운송의 책임원칙을 통일해야 할 필요성이 제기됨에 따라 그간 바르샤바 체제의 조약 개정을 방관하던 ICAO가 정상적인 조약 준비 및 승인절차까지 일탈하여 투명성도 결여된 채 급조된 협약이다. 그러나 몬트리올 협약은 과거 70여 년간 적용되었던 바르샤바 체제의 내용이 여러 조약과 항공사 간의 협정으로 분산 규율되어 있는 것을 하나로 통합하면서 배상상한 인상 등을 현대화한 것으로 주요 항공대국의 순조로운 비준과 가입으로 바르샤바 체제를 대체하고 있다.

[표 1–2] 바르샤바협약과 몬트리올협약 비교

<table>
<tr><th colspan="2">구분</th><th>바르샤바협약
(Wawsaw Convention)</th><th>몬트리올협약
(Montreal Convention)</th></tr>
<tr><td colspan="2">채택
발효
당사국 현황</td><td>• 채택: 1929년
• 발효: 1933년
• 당사국: 152개국(2015.7)</td><td>• 채택: 1999년
• 발효: 2003년
• 당사국: 113개국(2015.7)</td></tr>
<tr><td colspan="2">목적</td><td>• 국제항공운송에 관한 통일법 제정
• 항공 산업 보호 및 육성차원에서 운송인의 책임제한을 통한 국제항공운송산업 발전 도모</td><td>• 바르샤바 협약의 책임원칙의 현대화 및 현실화
• 소비자이익의 보호원칙 및 실제 손해배상의 원칙 반영</td></tr>
<tr><td colspan="2">책임원칙</td><td>• 운송인의 유한책임주의
• 운송인의 과실책임주의
(과실추정주의)
• 고의에 상당하다고 인정되는 행위(Willful Misconduct)로 인한 손해가 발생한 경우 운송인은 무한책임</td><td>• 여객: 2단계 책임제도(2 tier liability system)
– 10만 SDR 이하: 절대책임주의[4]
– 10만 SDR 초과: 과실추정주의[5]
• 화물의 경우 유한절대책임주의</td></tr>
<tr><td colspan="2">책임경감, 면제사유</td><td>• 피해자 기여과실
• 운송인 무과실
• 불가항력 등</td><td>• 승객의 기여과실
• 승객의 10만 SDR 초과배상 시 운송인의 무과실 항변
• 지연 시 운송인의 무과실 항변 등</td></tr>
<tr><td rowspan="5">책임
제한액</td><td>여객
(PAX)</td><td>• FRF 125,000(USD 10,000)</td><td>• 승객사상 시 무한책임
• 승객연착 시 SDR 4,150</td></tr>
<tr><td rowspan="2">수하물</td><td>• 휴대수하물(PAX): FRF 5,000(USD 400)</td><td rowspan="2">• 수하물 파손, 분실, 연착:
SDR 1,000(승객당)</td></tr>
<tr><td>• 위탁수하물(KG): FRF 250(USD 400)</td></tr>
<tr><td>화물
(KG)</td><td>• FRF 250(USD 20)</td><td>• SDR 17(KG당)</td></tr>
<tr><td>한도액
조정</td><td>–</td><td>• 매 5년 조정검토</td></tr>
<tr><td colspan="2">관할권</td><td>• 4 개 관할권(① 운송인의 주소지, ② 운송인의 주된 영업소 소재지, ③ 운송인이 계약을 체결한 영업소 소재지, ④ 도착지)</td><td>• 5 관할권 인정(① 운송인의 주소지, ② 운송인의 주된 영업소 소재지, ③ 운송인이 계약을 체결한 영업소 소재지, ④ 도착지, ⑤ 승객의 영구적인 주(거)소지</td></tr>
<tr><td colspan="2">선급금</td><td>–</td><td>• 국내법 의거 지급</td></tr>
<tr><td colspan="2">징벌적 손해배상</td><td>• 해석상 부인</td><td>• 명시적 배제</td></tr>
<tr><td colspan="2">항공보험</td><td>–</td><td>• 가입 강제</td></tr>
</table>

4) 운송인이 100,000SDR까지 절대책임을 지는 경우라도 손해배상을 청구하는 자의 기여과실이 있을 때에는 그 정도에 따라 감면되어(협약 제20조) 피해자의 실제 손해만큼 배상됨.

5) 운송인은 스스로 무과실을 입증해야 면책됨.

1.2.1.4. 국제항공사법: 제3자 손해에 대한 책임

항공운송인의 책임은 항공기 운항자로서 계약관계에 있는 탑승객 등에 대한 손해배상책임과 제3자에게 발생시킨 손해배상책임을 들 수 있다. 항공기 운항자로서 제3자에게 발생시킨 손해배상책임에 대한 최초 국제조약은 1933년 로마협약이다. 로마협약체제는 바르샤바협약체제와 함께 운송인의 책임에 대한 두 축 중 한 축을 담당해 왔다. 1933년 로마협약은 여러 번 개정되었으나 배상금에 대한 시각차가 커서 바르샤바체제에서 만큼의 지지를 받지 못했다. 또한, 항공 선진국들이 협약을 비준하지 않아 실질적으로 오랫동안 국제협약으로서의 역할을 수행하지 못했다. 그러던 중 2001.9.11. 오사마 빈 라덴이 주도하여 미국을 공격한 9.11 테러가 발생하고 1999년 몬트리올협약이 발효되면서 제3자에 대한 손해배상 현대화의 필요성도 강력히 제기되었다. 이후 2009년 일반위험배상협약과 불법방해배상협약이 동시에 채택되었지만 얼마만큼 각 국가의 지지를 받을 수 있을지 의문이다. 제3자 손해에 대한 책임과 관련하여 국제적으로 통일적 적용을 위한 주요 국제조약은 다음과 같다.

- 항공기에 의한 지상 제3자의 손해에 관한 규칙의 통일을 위한 협약(1933 로마협약)
  Rome Convention on Surface Damage.
- 외국항공기가 지상 제3자에 가한 손해에 관한 규칙의 통일을 위한 협약(1952 로마협약)
  Convention on Damage Caused by Foreign Aircraft to Third Parties on the Surface.
- 1952년 로마협약을 개정하는 몬트리올 의정서(1978 몬트리올 의정서)
  Protocol to Amend the Convention on Damage Caused by Foreign Aircraft to Third Parties on the Surface Signed at Rome on 7 October 1952.
- 항공기 유발 제3자 피해 배상에 관한 협약(2009 일반위험협약)
  Convention on Compensation for Damage Caused by Aircraft to Third Parties.
- 항공기 사용 불법방해로 인한 제3자 피해 배상에 관한 협약(2009 불법방해 배상협약)
  Convention on Compensation for Damage to Third Parties, Resulting from Acts of Unlawful Interference Involving Aircraft.

1.2.1.5. 국제항공사법: 항공기 권리

항공과 관련하여 국제적으로 통일적 적용을 위한 국제조약 중 시카고 협약 체결 이후 항공기의 권리와 관련한 주요 국제조약은 다음과 같다.

- 항공기에 대한 국제적 권리 인정에 관한 협약(1948 제네바협약)
  Convention on the International Recognition of Rights in Aircraft.
- 이동 장비에 대한 국제권리/국제담보권에 관한 협약(2001 케이프타운협약)
  Convention on International Interests in Mobile Equipments.

1.2.2. 국내항공법 발달

대한민국의 법령체계는 최고규범인 「헌법」을 정점으로 그 헌법이념을 구현하기 위하여 국회에서

의결하는 법률을 중심으로 하면서, 헌법이념과 법률의 입법취지에 따라 법률을 효과적으로 시행하기 위하여 그 위임사항과 집행에 관하여 필요한 사항을 정한 대통령령과 총리령 · 부령 등 행정상의 입법으로 체계화되어 있다. 법은 사회질서를 유지하기 위한 규범으로서 통일된 국가의사를 표현하는 것으로 보편적으로 타당한 것이어야 한다. 이에 따라 모든 법령은 통일된 법체계로서의 질서가 있어야 하며, 상호 간에 충돌이 발생하지 않아야 한다..

대한민국의 기본적인 법령체계 및 법령입안의 기본원칙은 표 1-3과 같다.

[표 1-3] 법령체계 및 법령입안 기본원칙

대한민국의 법령체계	법령 입안의 기본 원칙
• 헌법(Constitution) • 법률(Act), 조약(treaty) • 대통령령(Presidential Decree) = 시행령(Enforcement Decree) • 총리령(Ordinance of the Prime Minister) · 부령(Ordinance of the Ministry of 각 부) = 시행규칙(Enforcement Rule) • 조례(Municipal Ordinance) · 규칙(Municipal Rule) • 행정규칙(Administrative Rule)	• 입법조치의 필요성과 타당성 • 입법내용의 정당성과 법적합성 • 입법내용의 체계성 · 통일성과 조화성 • 표현의 명료성과 평이성

시카고 협약이 1944년 채택된 후 1947년에 발효하였지만 1948년에 수립된 대한민국 정부가 이러한 조약에 관심을 가질 형편은 아니었다. 1948년 정부수립과 동시에 제정된 대한민국 헌법은 "비준 공포된 국제조약과 일반적으로 승인된 국제법규는 국내법과 동일한 효력을 가진다."라고 규정하면서 국제적 지원 하에 탄생된 우리 정부의 대외적 인식을 표명함과 동시에 신생 독립국인 대한민국이 국제 조약에 참여할 경우 바로 대한민국 내에도 적용되도록 하였다.

조약 등 국제법을 국내법으로 수용하는 방식은 나라마다 다르다. 대한민국은 국제법을 국내법과 동일한 효력을 갖는 것으로 헌법에 규정하였기 때문에 조약 등 국제법이 그대로 국내법으로 적용되었다. 국제법을 국내에 적용하는데 있어서 국내 입법이 필요하거나 그대로 국내에 적용하는데 어려움이 있는 경우에는 관련 국내법을 제정하기도 한다. 항공법이 그러한 부문에 해당되어 우리 정부는 관련 국내법을 제정할 필요성을 인식하였고 이에 따라 1961.3.7. 법률 제591호로 [항공법]을 제정하였다.

항공법은 제정된 후 항공산업의 발전과 기술에 부응하려고 지속적으로 개정하면서 '항공보안'과 '항공기 사고조사'에 관한 내용 등은 별도의 국내법으로 분화시키는 작업을 하였다.

한편 대한민국 정부 수립 이전에 적용된 국내항공법은 1927년 조선총독부령에 의해 제정되었으며 해방 후 독자 법령이 준비되기 전까지는 1945년의 미군정청령에 의거 기존 제 법령이 유지되었다. 이 후 1952년에 ICAO 시카고 협약에 가입하면서 독자적인 국내항공법의 제정 필요성이 대두되었다.

1958년 미국 연방항공청(FAA)의 항공법 전문가를 초청하여 국내항공법 제정 방안을 검토하는 등 자체적인 준비과정을 거친 후 국내법 체계를 고려한 항공법이 마련되었으며 입법절차를 거친 후 1961년에 항공법이 공포되었다. 이로써 우리나라 민간항공에 적용하는 기본법으로서의 독자적인 항공법을 1961년 6월 7일부터 시행되었다.

그러나 1961년 제정된 「항공법」은 항공사업, 항공안전, 공항시설 등 항공 관련 분야를 망라하고 있어 내용이 방대하여 국제기준 변화에 신속히 대응하는

데 미흡한 측면이 있고, 여러 차례의 개정으로 법체계가 복잡하여 국민이 이해하기 어려우므로, 국제기준 변화에 탄력적으로 대응하고, 업무추진 효율성 및 법령 수요자의 접근성을 제고하고자 항공 관련 법규의 체계와 내용을 알기 쉽도록 「항공법」을 「항공사업법」, 「항공안전법」 및 「공항시설법」으로 분법하여 2016년 3월29일 제정하고 2017년 3월 30일부터 시행하였다.

1.2.2.1. 항공사업법

항공운송사업, 항공기사용사업, 항공기정비업 등의 사업에 관한 내용과 항공교통이용자 보호 및 항공사업의 진흥 사항 등을 규정하고 있으며, 주요 개편내용은 다음과 같다.

- 「항공법」 중 항공운송사업 등 사업에 관한 내용과 「항공운송사업진흥법」을 통합하여 「항공사업법」으로 제정
- 항공교통이용자 보호를 위하여 당일 변경할 수 있는 사업계획 신고사항을 기상악화, 천재지변, 항공기 접속관계 등 불가피한 사유로 제한하여 지연・결항을 최소화
- 외국인항공운송사업자의 운송약관 비치 의무 및 항공교통이용자 열람 협조 위반 시 과징금을 부과할 수 있도록 함
- 항공기 운항시각(slot) 조정・배분 등에 관한 법적 근거를 마련하여 항공사의 안정적 운항 및 갈등 예방
- 항공운송사업자 외 항공기사용사업자, 항공기

[표 1-4] 항공법 체계 개편

분야	종전	정비	비고
항공 전반	항공법 [폐지, '17.3.30일]	···› 항공사업법 ···› 항공안전법 ···› 공항시설법	• 항공사업 및 진흥 관련 사항 • 항공안전 및 기술에 관한 사항 • 공항 · 비행장 건설, 관리 및 운영 등에 관한 사항
항공 운송	항공운송사업진흥법	···› 폐지	• 항공사업법으로 통합
보안	항공안전 및 보안에 관한 법률	···› 항공보안법	• 법률명 변경['14.4.6일 시행]
사고 조사	항공철도사고조사에 관한 법률	···› 항공철도사고조사에 관한 법률	• 존치
공항 등	수고권신공항건설촉진법 인천국제공항공사법 한국공항공사법 항공안전기술원법	···› 폐지 ···› 인천국제공항공사법 ···› 한국공항공사법 ···› 항공안전기술원법	• 공항시설법으로 통합 • 존치 • 존치 • 존치
환경	공항소음방지 및 소음대책 지역 지원에 관한 법률	···› 공항소음방지 및 소음대책 지역 지원에 관한 법률	• 존치
	9개 법률	**9개 법률**	**법률 숫자는 동일**

정비업자, 항공레저스포츠사업자 등도 요금표 및 약관을 영업소 및 사업소에 비치하여 항공교통 이용자가 열람할 수 있도록 함

1.2.2.2. 항공안전법

항공기 등록, 항공기 운항, 항공기 종사자 자격 및 교육, 안전성 인증 및 안전관리, 공역 및 항공교통업무 등을 규정하고 있으며, 주요 개편내용은 다음과 같다.

- 국토교통부장관 외의 자도 항공교통업무를 제공할 수 있도록 하면서 항공교통의 안전 확보를 위해 항공교통업무 증명 제도를 도입
- 항공기 제작자도 안전관리시스템을 구축하고, 설계 제작 시 나타나는 결함에 대해 국토교통부장관에게 보고토록 함
- 무인 비행장치 종류 다변화에 따라 무인 회전익 비행장치를 무인 헬리콥터와 무인멀티콥터로 세분화하고, 조종자 자격증명을 구분
- 항공기에 대한 정비품질 제고를 위하여 최근 24개월 내 6개월 이상의 정비경험을 가진 항공정비사가 정비확인 업무를 수행하도록 함

1.2.2.3. 공항시설법

공항 및 비행장의 개발, 공항 및 비행장의 관리·운영, 항행안전시설의 설치·관리 등에 관한 사항을 규정하고 있으며, 주요 개편내용은 다음과 같다.

- 「항공법」 중 공항에 관한 내용과 「수도권신공항건설 촉진법」을 통합하여 「공항시설법」으로 제정
- 비행장 개발에 대해서는 국가에서 재원지원 할 수 있는 근거를 마련하고, 비행장의 경우에도 공항과 동일하게 관계 법률에 따른 인허가 등을 의제처리 함
- 한국공항공사 및 인천국제공항공사도 비행장을 개발 할 수 있도록 공사의 사업범위에 비행장 개발 사항을 포함
- 승인을 받지 아니하고 개발사업을 시행하는 등 법령 위반자에 대하여 인허가 등의 취소, 공사의 중지명령 등 행정처분에 갈음하여 부과하는 과징금의 금액을 정함

02 시카고 협약과 국제민간항공기구

2 시카고 협약과 국제민간항공기구

2.1. 시카고 협약 및 부속서

시카고 협약은 협약 본문과 부속서로 구성되어 있다. 협약의 기본 원칙은 협약 본문에서 규정하고, 과학기술의 발전과 실제 적용을 바탕으로 수시 개정될 수 있는 내용들은 협약 부속서에 규정하고 있다. 이는 1919년의 파리 협약의 단점 및 1928년의 하바나 협약의 장점을 반영한 것으로 과학기술 발달 등으로 인한 기술적 사항의 수시 개정을 용이하게 하고 있다.

2.1.1. 시카고 협약

시카고 협약은 1944.11.1.부터 12.7.까지 계속된 시카고 회의결과 채택되었으며, 국제민간항공의 항공안전기준 수립과 질서정연한 발전을 위해 적용하는 가장 근원이 되는 국제조약이다. 현재 본 협약은 협약 본문 이외에 부속서를 채택하여 적용하고 있으며 부속서는 총 19개 부속서가 있으며 각 부문별로 표준 및 권고방식 (SARPs)을 포함하고 있다.

1944년 시카고회의 참석자들은 협약에 전후 민간항공업무를 전담할 상설기구로서 국제민간항공기구(International Civil Aviation Organization; ICAO)를 설치하는 데 아무런 이의가 없었다. 시카고 협약은 ICAO의 설립헌장일 뿐 아니라 추후 체약 당사국 간 국제 항공운송에 관한 다자협약을 채택할 법적 근거도 마련하여 주었다.

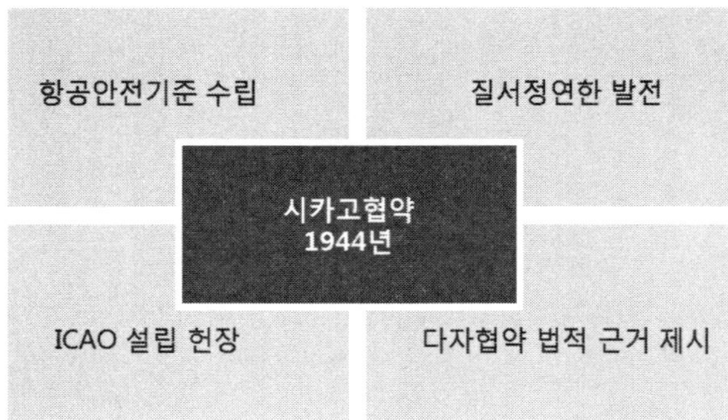

[그림 2-1] 시카고 협약의 의미

시카고 협약은 국제 항공운송을 정기와 비정기로 엄격히 구분하여 비정기로 운항되는 국제 항공운송에 대해서는 타 체약 당사국의 영공을 통과 또는 이 · 착륙하도록 특정한 권리를 부여(제5조)하나 정기 국제 민간항공에 대해서는 이를 허용하지 않고 있다(제6조). 국제 민간항공기의 통과 및 이 · 착륙의 권리를 상호 인정할 것인지에 대하여 회의 참석자들은 의견 대립을 보였는바, 회의는 동 권리를 인정하지 않는 내용으로 시카고 협약을 채택하였다. 반면에 통과 및 단순한 이 · 착륙의 권리는 '국제항공통과협정'에서, 승객 및 화물의 운송을 위한 이 · 착륙에 관한 권리는 '국제항공운송협정'에서 따로 규율하여 이를 원하는 국가들 사이에서만 서명 · 채택되도록 하였다.

2014년 1월 현재 130개국이 국제항공통과협정의

당사국으로 되어 있어 동 협정은 상당히 보편화되어 있지만 국제항공운송협정은 미국 등 8개국이 탈퇴한 후 11개국만이 당사국으로 되어 있어 보편적인 국제협약으로서의 의미가 없고 그 결과 국제항공운송에 대한 양자협정은 지속적으로 필요할 수밖에 없다.

다자간 협정의 실패로 당사국 양국 간의 협정형태가 형성되었으며, 1946년 미국과 영국이 버뮤다(Bermuda)에서 표준방식을 따라 양국 간의 노선지정, 운항횟수 등 항공기 운항의 권익에 대한 사항을 결정하는 협정을 맺었고 이는 양국 간 협정의 기본 모델이 되었다.

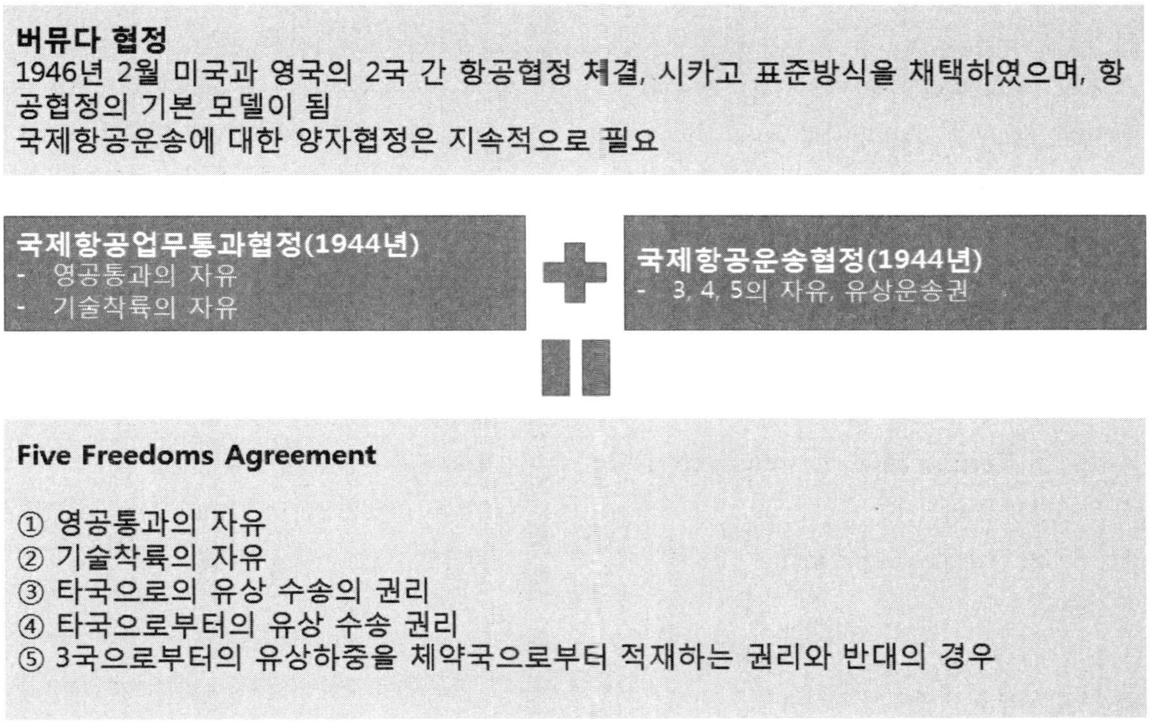

[그림 2-2] 양자협정의 사례

시카고 협약은 4부(Parts), 22장(Chapters), 96조항(Articles)으로 구성되어 있으며 동 협약 부속서로 총 19개의 부속서(Annex)를 채택하고 있다. 시카고 협약에서 규정하고 있는 주요내용은 다음과 같다.

(1) Part 1 Air Navigation(Article 1~42)

- Article 1. Territorial Sovereignty. 배타적 주권 인정
- Article 6. Scheduled Air Service 정기항공(국제 정기항공은 체약국 인가 필요 및 인가 조건 준수)
- Article 11. Applicability of air regulations. 항공법규 적용(협약 준수 조건 하에 체약국 규정 준수)

- Article 12. Rules of the air. 항공규칙(해당 지역 비행규칙 준수하고 체약국은 협약에 따른 개정된 규칙과 일치시킴)
- Article 16. Search of aircraft. 항공기의 검사(불합리한 지연 없이 항공기 증명서 및 서류 점검)
- Article 18. Dual registration. 항공기 이중 등록 금지
- Article 26. Investigation of accident 사고조사
- Article 28. Air navigation facilities and standard systems 항행시설 및 시스템(항행안전시설 설치 및 서비스 제공)
- Article 29. Documents carried in aircraft. 항공기 휴대 서류
- Article 30. Aircraft radio equipment. 항공기 무선장비
- Article 31. Certificates of airworthiness. 감항증명서(탑재 준수)
- Article 32. licenses of personnel. 항공종사자 자격증명(소지)
- Article 33. Recognition of Certificates. 증명서 승인(체약국 간 증명서 자격증명의 승인)
- Article 34. Journey log books. 항공일지(항공일지 탑재 유지)
- Article 37. Adoption of international standards and procedures. 국제표준 및 절차의 채택
- Article 38. Departures from international standards and procedures. 국제표준 및 절차의 적용 배제

(2) Part 2 The International Civil Aviation Organization(Article 43~66)

- Article 43. Name and composition. ICAO 명칭 및 구성(ICAO 설립근거)
- Part 3 International Air Transport(Article 67~79)
- Article 68. Designation of route and airport. 항공로 및 공항의 지정
- Part 4 Final Provisions(Article 80~96)
- Article 82. Abrogation of inconsistent arrangements. 양립할 수 없는 협정 폐지
- Article 87. Penalty for non-conformity of airline. 항공사 위반에 대한 제재(운항금지)
- Article 88. Penalty for non-conformity by State. 체약국 위반에 대한 제재(투표권 정지 등)
- Article 90. Adoption and amendment of Annexes. 부속서 채택 및 개정
- (Chapter 22 Definitions) Article 96. Air service, Airline 등을 정의함

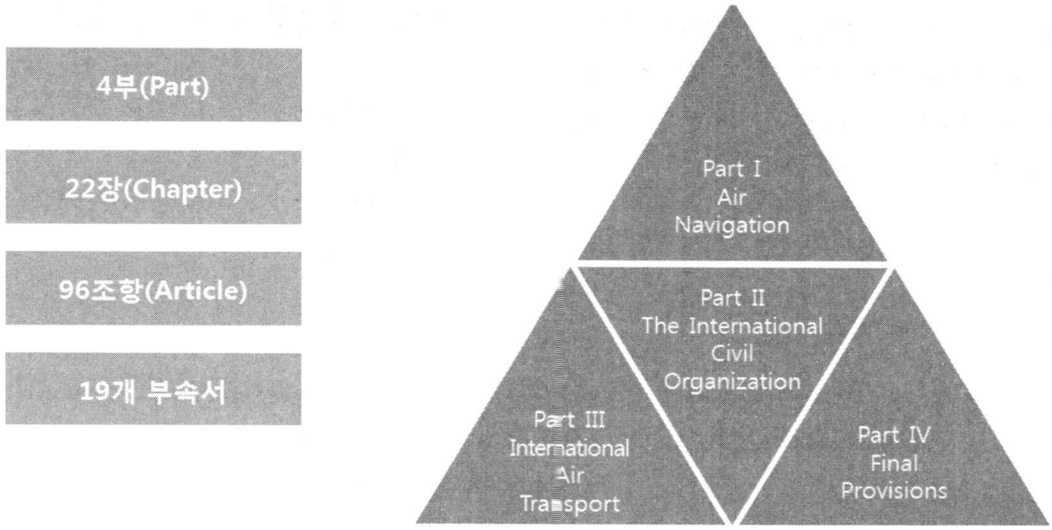

[그림 2-3] 시카고 협약의 구성

2.1.2. 시카고 협약의 개정

시카고 협약 제94조는 협약의 개정에 대하여 규정하고 있다. 협약 제94조(a)항에 따라 협약의 개정은 그 개정안을 비준한 국가에 한해서만 효력이 있으며 개정안을 비준하지 않은 국가에 대해서는 해당 개정안은 적용되지 않음을 명시하고 있다. 이 조항은 시카고 협약 개정안의 경우 비준 여부에 따라 발효국가가 달라질 수 있기 때문에 협약의 법적 적용 및 실질적인 적용상 혼란이 있을 수 있다.

제94조 협약의 개정

(a) 본 협약의 개정안은 총회의 3분의 2의 찬성투표에 의하여 승인되고 또 총회가 정하는 수의 체약국이 비준한 때에 그 개정을 비준한 국가에 대하여 효력을 발생한다. 총회의 정하는 수는 체약국 총수의 3분의 2 미만이 되어서는 아니 된다.

(b) 총회는 전항의 개정이 성질상 정당하다고 인정되는 경우에는, 채택을 권고하는 결의에 있어 개정의 효력 발생 후 소정의 기간 내에 비준하지 아니하는 국가는 직시 기구의 구성원과 본 협약의 당사국의 지위를 상실하게 된다는 것을 규정할 수 있다.

이와 관련하여 시카고 협약의 주요 개정현황은 다음과 같다.

① 제3조의 2(Article 3bis) 민간 항공기에 대한 무기 사용 금지 및 영공 주권 확인이 조항은 KAL007사고 이후 민간 항공기에 대한 무기사용금지를 보장토록 촉구하는 주장과 영공 침범을 방지토록 하자는 주장이 함께 반영된 것이다(1998.10.1. 발효).

② 제50조 이사국 수 변경이사국 수와 관련하여

ICAO 회원국이 급증하면서 체약국들의 입장을 대표할 수 있는 이사국의 증가 필요성이 제기되었고 그 결과 수차례 변경되었다. 협약 채택 시 최초 이사국 수는 21개국이었으나 현재는 36개국에 이르고 있다(2002.11.28. 발효).

③ 제83조의 2(Article 83bis) 항공기운영국으로 기능 및 의무 일정부분 이양항공기의 임차, 전세, 상호 교환 시 항공기 등록국으로부터 항공기 운영국으로 기능 및 의무의 일정부분을 이양할 수 있다(1997.6.20. 발효).

제3조의 2(Article 3bis)

(a) 체약국은 모든 국가가 비행 중인 민간항공기에 대하여 무기의 사용을 삼가하여야하며, 또한 민간 항공기를 유도, 통제하는 경우에 탑승객의 생명과 항공기의 안전을 위태롭게 하여서는 아니된다는 것을 인정한다. 이 규정은 어떠한 경우에도 국제연합헌장에 규정된 국가의 권리와 의무를 수정하는 것으로 해석되지 아니한다.

(b) 체약국은 모든 국가가 그 주권을 행사함에 있어서, 민간항공기가 허가 없이 그 영토 상공을 비행하거나 또는 이 협약의 목적에 합치되지 아니하는 어떠한 의도로 사용되고 있다고 믿을만한 합리적인 이유가 있는 경우, 동 민간항공기에 대하여 지정된 공항에 착륙할 것을 요구하거나, 또는 그러한 위반을 종식시키기 위하여 동 민간항공기에 대하여 기타 지시를 할 수 있음을 인정한다. 이러한 목적으로 체약국은 이 협약의 관계 규정, 특히 이 조의(a)항을 포함한 국제법의 관계 규칙에 합치되는 모든 적절한 수단을 취할 수 있다. 각 체약국은 민간항공기의 유도통제에 관한 자국의 현행 규정을 공표할 것을 동의한다.

제83조의 2(Article 83bis) 일정한 권한 및 의무의 이양

(a) 제12, 30, 31 및 32조(a)의 규정에도 불구하고, 체약국에 등록된 항공기가 항공기의 임차, 전세 또는 상호교환에 대한 계약에 의거하여 운영되는 경우, 또는 자신의 주요 사업장을 가진 사업자 (주 영업지가 없을 경우에는 상주지가 타국가 체약국에 속해 있는 사업자)에 의한 유사한 약정에 의해 등록국은 여타국과의 협정에 의해 제12, 30, 31 및 32조(a)에 따라 등록국의 권한 및 의무의 전부 또는 일부를 이양할 수 있다. 등록국은 이양된 권한 및 의무에 관하여 책임을 면제받는다.

(b) 상기 이양은 이양이 규정된 관련국간의 협정이 제83조에 따라 이사회에 등록되고 공표되거나, 협정의 존재나 범위가 협정당사국에 의하여 여타 관련 체약국에 직접 통지되기 전에는 여타 체약국에 대하여 효력을 가지지 아니한다.

2.1.3. 시카고 협약 부속서

시카고 협약 부속서는 필요에 따라 제정되거나 개정될 수 있다. 현재 총 19개의 부속서가 있으며 부속서 19 안전 관리(Safety Management)는 2013년부터 적용되고 있다.

시카고 협약과 시카고 협약 부속서의 관계는 다음과 같다.

[표 2-1] 시카고 협약과 시카고 협약 부속서 관계

구분	내용	비고
시카고 협약	• 제37조 국제표준 및 절차의 채택 – 각 체약국은, 항공기, 직원, 항공로 및 부속업무에 관한 규칙, 표준, 절차와 조직에 있어서의 실행 가능한 최고도의 통일성을 확보하는 데에 협력 – ICAO는 국제표준 및 권고방식과 절차를 수시 채택하고 개정 • 제38조 국제표준 및 절차의 배제	ICAO를 통해 국제표준, 권고방식 및 절차의 채택 및 배제
	• 제43조 본 협약에 의거 ICAO를 조직 • 제54조 ICAO 이사회는 국제표준과 권고방식을 채택하여 협약 부속서로 하여 체약국에 통보 • 제90조 부속서의 채택 및 개정	시카고 협약과 시카고 협약 부속서 관계
시카고 협약 부속서	• 시카고 협약 부속서 – Annex 1 Personnel Licensing ~ Annex 19 Safety Management	총 19개 부속서
	• 각 부속서 전문에 표준 및 권고방식(SARPs) 안내 – 표준(Standards): 필수적인(necessary) 준수 기준으로 체약국에서 정한 기준이 부속서에서 정한 '표준'과 다를 경우, 협약 제 38조에 의거 체약국은 ICAO에 즉시 통보 – 권고방식(Recommended Practices): 준수하는 것이 바람직한(desirable) 기준으로 체약국에서 정한 기준이 부속서에서 정한 '권고방식'과 다를 경우, 체약국은 ICAO에 차이점을 통보할 것이 요청됨	시카고 협약 부속서 전문에 SARPs에 따른 체약국의 준수의무사항 규정

[표 2-2] 시카고 협약 부속서(Annexes to the Convention on International Civil Aviation)

부속서	영문명	국문명
Annex 1	Personal Licensing	항공종사자 자격증명
Annex 2	Rules of the Air	항공규칙
Annex 3	Meteorological Service for International Air Navigation	항공기상
Annex 4	Aeronautical Chart	항공도
Annex 5	Units of Measurement to be Used in Air and Ground Operation	항공단위
Annex 6	Operation of Aircraft	항공기운항
Part I	International Commercial Air Transport – Aeroplanes	국제 상업항공 운송 – 비행기
Part II	International General Aviation – Aeroplanes	국제 일반항공 – 비행기
Part III	International Operations – Helicopters	국제 운항 – 헬기
Annex 7	Aircraft Nationality and Registration Marks	항공기 국적 및 등록기호
Annex 8	Airworthiness of Aircraft	항공기 감항성
Annex 9	Facilitation	출입국 간소화
Annex 10	Aeronautical Telecommunication	항공통신
Vol I	Radio Navigation Aids	무선항법보조시설
Vol II	Communication Procedures including those with PANS Status	통신절차
Vol III	Communications Systems	통신시스템

부속서	영문명	국문명
Vol IV	Surveillance Radar and Collision Avoidance Systems	감시레이더 및 충돌방지시스템
Vol V	Aeronautical Radio Frequency Spectrum Utilization	항공무선주파수 스펙트럼 이용
Annex 11	Air Traffic Services	항공교통업무
Annex 12	Search and Rescue	수색 및 구조
Annex 13	Aircraft Accident and Incident Investigation	항공기 사고조사
Annex 14	Aerodromes	비행장
Vol I	Aerodrome Design and Operations	비행장 설계 및 운용
Vol II	Heliports	헬기장
Annex 15	Aeronautical Information Services	항공정보업무
Annex 16	Environmental Protection	환경보호
Vol I	Aircraft Noise	항공기 소음
Vol II	Aircraft Engine Emissions	항공기 엔진배출
Annex 17	Security	항공 보안
Annex 18	The Safe Transport of Dangerous Goods by Air	위험물 수송
Annex 19	Safety management	안전관리

현실적으로 부속서가 갖는 가장 중요한 의미는 각 부속서에서 국제표준 또는 권고방식으로 규정한 사항이 무엇이며 이에 대한 체약국의 준수 여부라고 볼 수 있다. 총 19개 부속서 중 유일하게 부속서 2(Rules of the Air, 항공규칙)의 본문은 권고방식에 해당되는 내용은 없고 국제표준(International Standards)으로만 규정되어 있다.

2.1.4. 표준 및 권고방식

ICAO는 제1차 총회(1947년) 시 내부적으로 사용할 목적으로 표준(Standard)과 권고방식(Recommended Practice)을 다음과 같이 정의하고 각 부속서 전문에 용어 정의를 명시하여 이를 통해 체약국의 의무를 강조하고 있다.

(1) 표준(Standard)

"Standard: Any specification for physical characteristics, configuration, material, performance, personnel or procedure, the uniform application of which is recognized as necessary for the safety or regularity of international air navigation and to which Contracting States will conform in accordance with the Convention; in the event of impossibility of compliance, notification to the Council is compulsory under Article 38."

"표준(Standard)이란 국제 항공의 안전, 질서 또는 효율을 위하여 체약국이 준수해야 하는 성능, 절차 등에 대해 필수적인(necessary) 기준을 말한다. 체약국에서 정한 기준이 부속서에서 정한 '표준'과 다를 경우, 협약 제38조에 의거 체약국은 ICAO에 즉시 통보하여야 한다."

표준(Standards) 적용 사례: Roman체 표기, Shall 사용

4.2.8.3 Category II and Category III instrument approach and landing operations shall not be authorized unless RVR information is provided.

(2) 권고방식(Recommended Practice)

"Recommended Practice: Any specification for physical characteristics, configuration, materiel, performance, personnel or procedure, the uniform application of which is recognized as desirable in the interest of safety, regularity or efficiency of international air navigation, and to which Contracting States will endeavour to conform in accordance with the Convention."

"권고방식(Recommended Practices) 이란 국제 항공의 안전, 질서, 효율 등을 위하여 체약국이 준수하고자 노력해야 할 성능, 절차 등에 대한 바람직한(desirable) 기준을 말한다. 체약국에서 정한 기준이 부속서에서 정한 '권고방식'과 다를 경우, 체약국은 ICAO에 차이점을 통보할 것이 요청된다."

권고방식(Recommended Practices) 적용 사례: Italics체 표기, Should 사용, Recommendation 표기

4.2.8.4 Recommendation.-For instrument approach and landing operations, aerodrome operating minima below 800 m visibility should not be authorized unless RVR information is provided.

협약 제38조 및 각 부속서에서는 표준과 권고방식에 대하여 각기 다른 의미를 부여하고 있다. 양자가 동일한 수준의 구속력을 가지는 것은 아니지만 일정한 조건하에서는 구속력이 있다. 국제 표준과 자국의 국내 규칙 사이에 차이가 있을 경우 체약국은 이를 즉각 ICAO에 통보할 의무를 가진다. ICAO 표준의 개정 내용이 자국 규칙과 상이한 체약국은 자국 규칙을 ICAO 표준에 부합하도록 개정하는 조치를 취하지 않는 경우 국제 표준 채택으로부터 60일 이내에 ICAO에 통보할 의무가 있다. 국제 표준과 자국의 규칙 사이의 차이점을 ICAO 이사회에 통보하지 않을 경우 국제 표준이 구속력 있게 적용된다. 또한, 동 차이점과 관련하여 부속서 15(Aeronautical Information Services)는 국내의 규정과 방식(practices)이 ICAO의 표준 및 권고방식과 상이할 때 체약 당사국이 이를 항공 간행물로 발간할 의무를 부과하였다. 이와 같이 ICAO에서 국제 표준으로 설정한 기준이 있는 경우 체약국은 이를 필수적으로 준수하여야 하며, 불가피하게 체약국의 기준이 ICAO에서 정한 표준과 다른 경우에는 ICAO에 통보하여야 한다. 반면에 ICAO에서 규정한 권고방식과 상이한 국내 규칙에 관하여는 ICAO에 통보할 의무는 협약에 규정되어 있지 않다. 권고방식과 국내에서 실시하는 규칙과의 상이점을 통보하는 것이 협약상의 의무는 아니나 ICAO 총회와 이사회는 결의문을 통하여 표준과 권고방식을 따르도록 권고하고 이것이 불가할 경우에는 표준은 물론 권고방식도 다른 국내 규칙상의 차이점을 ICAO에 통보할 것이 요청된다.

2.1.5. 민간항공기와 국가 항공기에 대한 시카고 협약

시카고 협약 제3조에서는 민간항공기 및 국가 항공기의 구분 기준 및 시카고 협약을 국가 항공기(군용, 세관용, 경찰용)를 제외한 민간항공기에만 적용함을 명시하고 있으며 제4조에서는 민간항공의 남용에 대해 다음과 같이 규정하고 있다. 또한, 동경협약과 같이 항공 기내 범죄와 관련된 국제협약에서도 국가 항공기를 제외한 민간항공기만을 대상으로 하고 있다.

시카고 협약 제3조 민간항공기 및 국가항공기

(a) 본 협약은 민간항공기에 한하여 적용하고 국가의 항공기에는 적용하지 아니한다.

(b) 군, 세관과 경찰업무에 사용하는 항공기는 국가의 항공기로 간주한다.

(c) 어떠한 체약국의 국가 항공기도 특별 협정 또는 기타 방법에 의한 허가를 받고 또한 그 조건에 따르지 아니하고는 타국의 영역의 상공을 비행하거나 또는 그 영역에 착륙하여서는 아니 된다.

(d) 체약국은 자국의 국가 항공기에 관한 규칙을 제정하는 때에는 민간항공기의 항행의 안전을 위하여 타당한 고려를 할 것을 약속한다.

시카고 협약 제4조 민간항공의 남용

각 체약국은, 본 협약의 목적과 양립하지 아니하는 목적을 위하여 민간 항공을 사용하지 아니할 것을 동의한다.

이와 관련하여 국내 항공안전법에서도 시카고 협약에서 규정하고 있는바, 군용, 경찰용 및 세관용 항공기에 대해서는 적용하지 않는다고 명시하고 있다. 여기서 적용하지 않는다는 의미는 국가 소속으로 되어 있는 모든 군용, 경찰용, 세관용을 절대적이고 포괄적으로 규정하는 것이 아니라 해당 목적에 부합하여 행하는 업무로 한정하여 해석하는 것이 합당하다.

2.2. 국제민간항공기구

국제민간항공기구(ICAO)는 시카고 협약에 의거 국제 민간항공의 안전, 질서유지와 발전을 위해 항공기술, 시설 등 합리적인 발전을 보장 및 증진하기 위해 설립되고 준 입법, 사법, 행정 권한이 있는 UN 전문기구이다. ICAO는 ICAO 설립 취지에 맞게 '글로벌 민간항공 시스템의 지속적 성장 달성'이라는 비전을 제시하고 있으며 이러한 비전 달성을 위해 ICAO의 미션 및 전략 목표도 이에 부합하는 내용들을 담고 있다. 그중에서 항공안전은 가장 중요한 요소 중의 하나이다.

시카고 협약 Part Ⅱ(제43조부터 제66조)는 ICAO의 설립 · 운영에 대한 전반적인 사항을 규율하는데, 여기에서 ICAO 총회, 이사회, 항행위원회, 인원, 재정, 기타 국제 문제를 규율하고 있으며, 협약 제44조는 ICAO의 목적을 국제 공중 항행의 원칙과 기술을 발전시키며 국제 항공운송의 계획과 발달을 진작시키고자 다음과 같이 규정하고 있다.

- 전 세계에 걸쳐 국제 민간항공의 안전하고 질서 있는 성장을 보장하며
- 평화적 목적을 위한 비행기 디자인과 운항의 기술을 권장하며

- 국제 민간항공을 위한 항공로, 비행장, 항공 시설의 발달을 권장하며
- 안전하고, 정기적이며, 효율적임과 동시에 경제적인 항공운송을 위한 세계 모든 사람의 욕구를 충족하며
- 불합리한 경쟁에서 오는 경제적 낭비를 방지하며
- 체약국의 권리가 완전 존중되고 각 체약국이 국제 민간항공을 운항하는 공평한 기회를 갖도록 보장하며
- 체약국 간 차별을 피하며
- 국가 공중항행에 있어서 비행의 안전을 증진하며
- 국제 민간항공 제반 분야의 발전을 일반적으로 증진한다.

시카고 협약에 의거 ICAO는 동 기구 내에 총회(Assembly), 이사회(Council), 사무국(Secretariat)을 두고 있으며, 이사회의 산하 기관으로 항행위원회(Air Navigation Commission), 항공운송위원회(Air Transport Committee), 법률위원회(Legal Committee), 불법방해위원회(Committee on Unlawful Interference) 등이 설치되어 있다.

총회(Assembly)는 이사국 선출, 분담금, 예산 및 협약 승인 등을 결정하는 ICAO의 최고 의사 결정 기구이다. 체약국은 협약 제62조에 따른 분담금을 지불하지 않은 경우 등으로 인해 총회에서 투표권을 상실할 수 있는 것을 제외하고는 1국 1표의 동등한 투표권을 행사한다. 총회는 통상 3년마다 개최되지만 이사회나 체약국의 1/5 이상의 요청에 의하여 특별 총회가 소집될 수 있다(제48조(a)). 시카고 협약은 ICAO의 최고 기관인 총회의 강제적 권한과 의무를 다음과 같이 규정하고 있다.

- 이사국 선출(제50~55조)
- 이사회의 보고서를 심의하고 적의 조처하며 이사회가 제기하는 모든 문제에 관하여 결정(제49조(c))
- 자체 의사 규칙을 채택하며 필요시 보조기구를 설치(제49조(d))
- 예산안 투표 및 협약 제12장(제61~63조) 규정에 따른 ICAO의 재정분담 결정(제49조(e)).
- ICAO의 지출을 심사하고 계정을 승인(제49조(f))
- 이사회 또는 자체 보조기구에 자체 심의안건을 이송하고, 이사회에 기구의 임무수행 권한을 위임(제49조(g), (h))
- 기타 유엔 기구와의 협정 체결권 등을 규정한 협약 제13장(제64~66조)의 규정을 이행
- 협약의 개정안 심의 및 체약국에 대한 동 권고(제94조)
- 이사회에 부여되지 않은 기구 관할 사항인 모든 문제(제49조(k))

2.2.1. 국제민간항공기구 이사회

이사회(Council)는 3종류의 회원국을 대표하는 36개 이사국으로 구성된다.

이사국은 3년마다 개최되는 정기 총회 시마다 선출된다. 이사회의 주요 기능 및 이사국 종류의 구분 기준은 다음과 같다.

2.1.1.1. 이사회의 주요 기능

① 일반적 기능

- 총회에 연차보고서 제출(제54조(a))

- 총회의 지시를 이행하고 협약에 규정된 권리 · 의무를 수행(제54조(b))
- 체약국이 제기하는 협약에 관련한 모든 문제를 심의(제54조(n))

② 국제 행정 및 사법 기능
- 여타 국제기구와 협정 등을 체결(제65조)
- 국제항공 통과 협정과 국제항공 운송 협정이 위임한 업무를 수행(제66조)
- 공항과 여타 항행시설의 제공과 개선(제69~76조)
- 분쟁의 해결 및 협약 위반에 대한 제재(제84~88조)
- 협약의 위반 또는 이사회의 권고사항이나 결정의 위반을 총회와 체약국에 보고(제54조(j)-(k))

③ 입법기능
- 항행의 안전, 질서 및 효율에 관련한 문제에 있어서의 '국제표준과 권고방식'(SARPs)을 수록하는 협약의 부속서를 채택하고 개정(제54조(l), (m))

④ 정보교류기능
- 항행과 국제 항공 운항의 발전에 필요한 정보를 취합하고 발간(제54조(i))
- 체약국의 국제 항공사에 관련한 운송 보고와 통계를 접수(67조)
- 체약국이 당사자로 되어 있는 항공 관련 협정을 등록받고 발간(제81조, 83조)

⑤ 기구 내부 행정
- 협약 제12장과 제15조의 규정에 따른 재정을 관리(제54조(f))
- 사무총장 등의 인선과 임무부여(제54조(h), 58조)

⑥ 연구 · 검토
- 국제적 중요성을 갖는 항공 운송과 항행에 관련한 모든 부문에 대한 연구(제55조(c))
- 국제 항공 운송의 기구와 활동에 영향을 주는 모든 문제를 검토하고 이에 대한 계획을 총회에 보고(제55조(d))
- 체약국의 요청에 따라 국제 공중항행의 발전에 지장을 줄 수 있는 모든 상황을 조사하고 이에 관하여 보고서를 제출(제55조(e))

2.1.1.2. 이사국 종류
- PART I: States of chief importance in air transport(주요 항공 운송국, 11개국)
- PART II: States which make the largest contribution to the provision of facilities for international civil air navigation(항공 시설 기여국 12개국).
- PART III: States ensuring geographic representation(Part I II 이외 지역 대표국 13개국)

2.1.2. 시카고 협약과 국내항공법과의 관계

항공법은 국제적 성격이 강한 바, 항공 질서 확립을 목적으로 하는 국내 항공법에서도 국제법과의 관계를 명시하고 있다. 따라서 항공법규의 적용 및 해석에 있어, 해당 항공 법령 이외에 헌법, 국제 조약 등에서 정한 기준을 고려해야 하는 것은 당연하다.

한편 유엔 헌장 제103조는 어느 조약도 유엔 헌장에 우선할 수 없다고 규정하였다. 따라서 유엔 헌장과 조약 그리고 우리 국내법 3자간의 조약에 관련한 내용에 있어서는 유엔헌장이 먼저이고 조약과 국내법은 동등한 지위에 있는 것으로 해석된다. 또한, 헌법 제6조 제1항은 "헌법에 의하여 체결 · 공포된 조약과 일반적으로 승인된 국제 법규는 국내법과 같은 효력을 가진다."라고 규정하고 있어 시카고 협약상의 내용이 국내법과 동등한 지위에 있는 것으로 해석된다.

이와 관련하여 국제 항공법과 국내 항공법과의 관계 및 시카고 협약을 인용한 국내 항공법규를 살펴보면 다음과 같다.

[표 2-3] 국제항공법과 국내항공법과의 관계

구분	내용
국제항공법	• (UN 헌장): 국제조약과 상충 시 헌장상의 의무가 우선함 • 국제 민간 항공 협약 및 국제 민간 항공 협약 부속서(국제 표준 및 권고방식) • 항공기 운항 상 안전을 위해 체결된 형사법적 국제 조약(1963 동경협약, 1970 헤이그 협약, 1971 몬트리올 협약 등) • 항공기 사고 시 승객의 사상과 화물의 피해에 대한 배상 등에 관한 국제 조약(1929 바르샤바조약, 1999 몬트리올협약 등) • 항공기에 의한 지상 피해 시 배상에 관한 조약(1952 로마협약, 1978 몬트리올 의정서)
국내항공법	• 헌법 • 항공사업법/시행령/시행규칙 • 항공안전법/시행령/시행규칙 • 공항시설법/시행령/시행규칙 • 항공보안법/시행령/시행규칙 • 항공 · 철도 사고조사에 관한 법률/시행령/시행규칙 • 상법(제6편 항공운송)/시행령 • 운항기술기준(FSR) 등
국제 및 국내항공법 관계	• (헌법) 승인된 국제 법규는 국내법과 같은 효력을 가진다. • (항공안전법) 「국제민간항공조약」 및 같은 조약의 부속서에서 채택된 표준과 방식에 따라… • (항공보안법) 이 법에서 규정하는 사항 이외에는 다음 각 호의 국제협약에 따른다. • 「항공기 내에서 범한 범죄 및 기타 행위에 관한 협약」 • 「항공기의 불법납치 억제를 위한 협약」 • 「민간항공의 안전에 대한 불법적 행위의 억제를 위한 협약」 등 • (항공 · 철도사고조사에 관한 법률) 「국제민간항공조약」에 의하여 대한민국이 관할권으로 하는 항공사고 등에 적용. 이 법에서 규정하지 아니한 사항은 「국제민간항공조약」과 같은 조약의 부속서에서 채택된 표준과 방식에 따라 실시한다. • (상법_제6편 항공운송): 국제 항공조약 중 사법성격의 내용을 반영

[표 2-3] 국제항공법과 국내항공법과의 관계

구분	내용	비고
항공안전법	제1조(목적) 이 법은 「국제민간항공협약」 및 같은 협약의 부속서에서 채택된 표준과 권고되는 방식에 따라 항공기, 경량항공기 또는 초경량비행장치가 안전하게 항행하기 위한 방법을 정함으로써 생명과 재산을 보호하고, 항공기술 발전에 이바지함을 목적으로 한다.	항공안전법과 시카고 협약 및 부속서 관계
공항시설법	제35조(항공학적 검토위원회) ② 위원회에서 항공학적 검토에 관한 사항을 심의 · 의결하는 때에는「국제민간항공조약」 및 같은 조약의 부속서(附屬書)에서 채택된 표준과 방식에 부합하도록 하여야 한다.	공항시설법과 시카고 협약 관계
항공보안법	제1조(목적) 이 법은 「국제민간항공협약」 등 국제협약에 따라 공항시설, 항행안전시설 및 항공기 내에서의 불법행위를 방지하고 민간항공의 보안을 확보하기 위한 기준 · 절차 및 의무사항 등을 규정함을 목적으로 한다.	항공보안법과 시카고 협약 관계

구분	내용	비고
항공 철도 사고 조사에 관한 법률	제3조(적용범위 등) ① 이 법은 다음(중략) 사고조사에 관하여 적용한다. 2. 대한민국 영역 밖에서 발생한 항공사고 등으로서 「국제민간항공조약」에 의하여 대한민국을 관할권으로 하는 항공사고 등 ④ 항공사고 등에 대한 조사와 관련하여 이 법에서 규정하지 아니한 사항은 「국제민간항공조약」과 같은 조약의 부속서에서 채택된 표준과 방식에 따라 실시한다.	항공철도 사고조사에 관한 법률과 시카고 협약 관계

2.3. 국가별 항공법 개관

항공법규와 관련하여 ICAO는 시카고 협약에 따라 총 19개 부속서를 채택하여 규정하고 있다. 이와 관련하여 시카고 협약 체약국인 대한민국은 항공법 등에 관련 내용을 규정하고 있고 미국은 우주분야를 포함하여 14CFR에 Part로 구분하여 규정하고 있으며 EU는 기본법(Basic Regulation)과 함께 11종류의 이행법률을 규정하고 있다.

2.3.1. 국내 항공법규

국내 항공법은 항공 관련 국내에서 규정하고 있는 항공법규를 총칭하는 것으로 모든 국내의 항공공법 및 항공사법을 포함한다. 대한민국의 국내 항공법규는 다음과 같으며, 각 법률을 관장하는 주무부처에서 하위 법령을 제정하여 운영하고 있다.

[표 2-5] 국내 항공법규 현황

구분	시행령	시행규칙
항공안전법 항공사업법 공항시설법	동법시행령	동법시행규칙 (국토교통부령)
항공보안법	동법시행령	동법시행규칙 (국토교통부령)
항공 · 철도사고조사에 관한 법률	동법시행령	동법시행규칙 (국토교통부령)
공항소음방지 및 소음대책지역 지원에 관한 법률	동법시행령	동법시행규칙 (국토교통부령)

2.3.1.1. 항공안전법

항공안전법은 1961년 제정된 「항공법」중 항공안전에 관련된 부분을 2016년 분법 한 것으로서 항공기의 등록 · 안전성 인증, 항공종사자의 자격 증명, 국토교통부장관 이외의 자가 항공교통 업무를 제공하는 경우 항공교통 업무 증명을 받도록 하는 한편 항공운송 사업자에게 운항 증명을 받도록 하는 등 항공안전에 관한 내용으로 제정하였다.

국내 항공법의 기본으로서 총칙, 항공기 등록, 항공기 기술기준 및 형식증명, 항공종사자, 항공기의 운항, 공역 및 항공교통 업무, 항공운송 사업자 등에 대한 안전관리, 외국 항공기, 경량 항공기, 초경량 비행장치, 보칙, 벌칙 등 12장으로 구성되어 있다.

항공안전법 제1조에서 이 법의 목적을 "「국제민간항공협약」 및 같은 협약의 부속서에서 채택된 표준과 권고되는 방식에 따라 항공기, 경량 항공기 또는 초경량 비행장치가 안전하게 항행하기 위한 방법을 정함으로써 생명과 재산을 보호하고, 항공 기술 발전에 이바지함을 목적으로 한다." 라고 규정하고 있듯이 이 법은 국제 항공법규 준수 성격이 강하여 국제기준 변경 등 국제 환경 변화가 있을 때마다 이를 반영하기 위하여 개정작업이 이루어지고 있다.

항공안전법의 장별 주요 내용은 표 2-6과 같다.

[표 2-6] 항공안전법 주요 내용

구분	내용
제1장 총칙	항공안전법의 목적과 개념, 항공용어의 정의, 군용항공기와 국가기관항공기등의 적용특례, 임대차 항공기 운영, 항공안전정책 기본계획의 수립 등
제2장 항공기 등록	항공기 등록, 국적의 취득, 등록기호표의 부착 및 항공기 국적 등의 표시
제3장 항공기기술기준 및 형식증명 등	항공기 기술기준, 형식증명, 제작증명, 감항증명 및 감항성 유지, 소음기준적합증명, 수리 · 개조승인, 항공기 등의 검사 및 정비 등의 확인, 항공기 등에 발생한 고장, 결함 또는 기능장애 보고 의무
제4장 항공종사자 등	항공종사자 자격증명시험, 항공기승무원 신체검사, 계기비행증명 및 조종교육증명, 항공영어구술능력증명, 항공기의 조종연습, 항공교통관제연습, 전문교육기관의 지정 등
제5장 항공기의 운항	무선설비의 설치 · 운용 의무, 항공계기 등의 설치 · 탑재 및 운용, 항공기의 연료 및 등불, 운항승무원의 비행경험, 승무원 피로관리, 주류 등의 섭취 · 사용 제한, 항공안전프로그램, 항공안전 의무보고 및 자율보고, 기장의 권한 및 운항자격, 위험물 운송, 전자기기의 사용제한, 회항시간 연장운항의 승인, 수직분리축소공역 등에서의 항공기 운항 승인, 항공기의 안전운항을 위한 운항기술기준
제6장 공역 및 항공교통업무 등	공역 등의 지정 및 관리, 항공교통업무, 수색 · 구조 지원계획의 수립 · 시행, 항공정보의 제공 등
제7장 항공운송사업자 등에 대한 안전관리	항공운송사업자, 항공기사용사업자 및 정비업자에 대한 안전관리
제8장 외국 항공기	외국항공기 항행, 외국항공기 국내사용, 외국인 국제항공운송사업
제9장 경량 항공기	경량항공기 안전성인증, 경량항공기 조종사 자격증명, 경량항공기 전문교육기관의 지정 등
제10장 초경량 비행장치	초경량비행장치 신고, 안전성인증, 조종자 증명, 비행승인 등
제11장 보칙	항공안전 활동, 항공운송 사업자에 관한 안전도 정보의 공개, 보고의 의무, 재정지원, 권한의 위임/위탁, 청문, 수수료
제12장 벌칙	항행 중 및 항공상 위험 발생 등의 죄 등의 벌칙과 양벌규정 및 과태료 등

2.3.1.2. 항공사업법

「항공사업법」은 과거의 「항공법」 중에서 항공사업 분야와 「항공운송사업진흥법」을 통합하여 제정되었으며, 총칙, 항공운송사업, 항공기사용사업, 외국인 국제항공운송사업, 항공교통이용자 보호, 항공사업의 진흥, 보칙 및 벌칙 등 8개의 장으로 구성되어있다.

항공사업법의 장별 주요 내용은 표 2-7과 같다.

[표 2-7] 항공사업법 주요 내용

구분	내용
제1장 총칙	항공사업법의 목적과 개념, 용어의 정의, 항공정책기본계획의 수립, 항공정책위원회의 설치 및 운영 등, 항공기술개발계획의 수립, 항공사업의 정보화 등
제2장 항공운송사업	국내항공운송사업과 국제항공운송사업, 항공운송사업 면허의 기준 및 면허의 결격사유, 소형항공운송사업, 항공기사고 시 지원계획서, 사업계획의 변경, 항공운송사업 운임 및 요금의 인가, 국제항공운수권 등 및 항공기 운항시각의 배분, 항공운송사업 면허의 취소, 과징금 부과 등
제3장 항공기사용사업 등	항공기사용사업, 항공기정비업, 항공기취급업, 항공기대여업, 초경량비행장치 사용사업 및 항공레저스포츠 사업의 등록, 항공기사용 사업의 양도 · 양수 · 합병 · 상속, 상업서류송달업 등의 신고 등
제4장 외국인 국제항공운송사업	외국인 국제항공운송사업의 허가 및 취소, 외국항공기의 유상운송, 군수품 수송의 금지
제5장 항공교통이용자 보호	항공교통이용자 보호, 이동지역에서의 지연 금지, 운송약관 등의 비치, 항공교통서비스 평가, 항공교통이용자를 위한 정보의 제공 등
제6장 항공사업의 진흥	항공사업자에 대한 재정지원, 항공기담보의 특례, 한국항공협회의 설립, 항공 관련 기관 · 단체 및 항공산업의 육성, 무인항공 분야 항공산업의 안전증진 및 활성화 등

구분	내용
제7장 보칙	항공보험 등의 가입의무, 경량항공기 등의 영리 목적 사용금지, 보고, 출입 및 검사, 권한의 위임/위탁, 청문, 수수료 등
제8장 벌칙	보조금 등의 부정 교부 및 사용 등에 관한 죄, 항공사업자 및 외국인 국제항공운송사업자 의 업무 등에 관한 죄, 경량항공기 등의 영리 목적 사용에 관한 죄, 검사 거부 등의 죄, 양벌규정, 과태료 등

2.3.1.3. 공항시설법

「공항시설법」은 과거 「항공법」의 공항시설 분야와 「수도권신공항건설촉진법」을 통합하여 제정한 것으로서 총칙, 공항 및 비행장의 개발, 공항 및 비행장의 관리 · 운영, 항행안전시설, 보칙, 벌칙 등 6개의 장으로 구성되어있다.

공항시설법의 장별 주요 내용은 표 2-8과 같다.

[표 2-8] 공항시설법 주요 내용

구분	내용
제1장 총칙	공항시설법의 목적, 용어의 정의 등
제2장 공항 및 비행장의 개발	공항개발 종합 및 기본 계획의 수립, 공항개발기술심의위원회, 국공유지의 처분제한, 행위 등의 제한, 토지 등의 수용 및 매수청구, 부대공사의 시행, 투자허가 및 시설물의 귀속, 공항시설 및 비행장시설의 설치기준, 이착륙장 설치 등
제3장 공항 및 비행장의 관리 · 운영	공항시설관리권, 비행장시설관리권, 시설의 관리기준, 사용료의 징수, 장애물의 제한, 항공학적 검토위원회, 항공장애 표시등의 설치, 항공등화와 유사한 등화의 제한, 공항운영증명 및 공항운영규정 등
제4장 항행안전시설	항행안전시설의 설치, 설치 실시계획의 수립 및 승인, 완성검사, 변경, 관리, 비행검사, 폐지, 사용료 징수, 성능적합증명 등, 항공통신업무
제5장 보칙	출입 및 검사, 금지행위, 시정명령, 허가의 취소, 과징금의 부과, 권한의 위임, 청문, 수수료, 규제의 재검토 등
제6장 벌칙	공항운영증명, 개발 사업에 따른 시설의 불법 사용, 명령의 위반, 업무방해, 제지 · 퇴거명령에 대한 불이행의 죄 양벌규정, 과태료, 이행강제금 등

2.3.1.4. 항공보안법

민간항공 보안에 관한 동경협약, 헤이그협약, 몬트리올협약의 채택은 많은 나라가 항공기 보안 문제에 대한 경각심을 갖고 별도의 국내법을 제정하는 계기가 되었다. 우리나라도 1974.12.26. 법률 제2742호로 「항공기운항안전법」을 제정하였으나, 몬트리올 협약상의 범죄가 누락되는 등 미흡한 점이 많았다. 「항공기운항안전법」은 2002.8.26. 전면 개정되어 법률 제6734호 「항공안전 및 보안에 관한 법률」로 제정되었으나, 2013.4.5. 법률 제11753호로 이 법의 명칭을 다시 「항공보안법」으로 변경하고 항공보안에 관한 사항을 전반적으로 정비하였다. 이 법의 명칭을 「항공보안법」으로 변경한 이유는 항공안전에 관한 사항은 당시의 「항공법」에 총괄적으로 규정되어 있어 이 법에서 항공안전에 관한 사항을 별도로 규정할 이유가 없기 때문이다.

우리나라의 「항공보안법」은 국제민간항공 협약 및 1963년 항공기 내에서 범한 범죄 및 기타 행위에 관한 협약(동경협약), 1970년 항공기의 불법납치 억제를 위한 협약(헤이그협약), 1971년 민간항공의 안전에 대한 불법적 행위의 억제를 위한 협약(몬트리올협약), 1988년 민간항공의 안전에 대한 불법적 행위의 억제를 위한 협약을 보충하는 국제 민간항공에 사용되는 공항에서의 불법적 폭력 행위의 억제를 위한 의정서, 1991년 플라스틱 폭약의 탐지를 위한 식별조치에 관한 협약 등 항공범죄 관련 국제 협약에서 정한 기준을 준거하여 규정하고 있다.

이 법은 총 8장으로 구성되어 있으며 주요 내용으로는 항공보안협의회 구성 및 운영 등에 관한 사항, 국가항공보안계획의 수립에 관한 사항, 공항운영자 등의 자체 보안계획의 수립에 관한 사항, 공항시설,

보호구역, 승객의 검색 등 보안에 관한 사항, 무기 등 위해물품의 휴대금지, 보안장비, 교육훈련 등에 관한 사항, 항공보안을 위협하는 정보의 제공, 우발계획 수립, 항공보안감독, 항공보안 자율신고 등에 관한 사항, 항공기이용 피해구제, 권한위임 등에 관한 사항을 규정하고 있다.

[표 2-9] 항공보안법 주요 내용

구분	내용
제1장 총칙	항공보안법의 목적, 용어의 정의, 국제협약의 준수, 국가의 책무 등
제2장 항공보안 협의회	항공보안협의회, 항공보안 기본계획, 국가항공보안계획 등의 수립 등
제3장 공항 · 항공기 등의 보안	공항시설 등의 보안, 공항시설 보호구역의 지정, 보호구역에의 출입허가, 승객의 안전 및 항공기의 보안, 승객 등의 검색, 승객이 아닌 사람 등에 대한 검색, 상용화주 지정, 기내식 등의 통제 등
제4장 항공기 내의 보안	무기 등 위해물품 휴대 금지, 기장의 권한, 승객의 협조의무, 수감 중인 사람 등의 호송, 범인의 인도 · 인수 등
제5장 항공보안장비	항공보안장비 성능인증, 성능인증 시험기관의 지정, 교육훈련, 검색기록의 유지 등
제6장 항공보안 위협에 대한 대응	항공보안을 위협하는 정보의 제공, 국가항공보안 우발계획 등의 수립, 보안조치, 항공보안 감독, 항공보안 자율신고 등
제7장 보칙	재정지원, 감독, 항공보안정보체계의 구축, 벌칙적용에서의 공무원 의제 등
제8장 벌칙	항공기 파손죄, 항공기 납치죄, 항공시설 파손죄, 항공기항로 변경죄, 직무집행 방해죄, 위험물건 탑재죄, 공항운영 방해죄, 항공기내 폭행죄, 항공기 점거 및 농성죄, 운항방해 정보죄, 양벌규정, 과태료 등

2.3.1.5. 항공 · 철도사고조사에 관한 법률

「항공 · 철도 사고조사에 관한 법률」은 항공법과 철도안전법에서 사고조사에 관한 업무를 하나로 통합하면서 2005년에 통합하면서 신규로 제정되었다. 사고의 원인규명과 예방을 위한 사고조사를 독립적으로 수행하기 위하여 독립적으로 운영되던 항공사고조사위원회와 철도사고조사위원회를 통합하여 항공 · 철도사고조사위원회를 설치하고 해당 장관은 사고조사에 관여하지 못하도록 하는 법적 근거를 마련하였다. 이 법은 항공 · 철도 사고조사에 관한 전반적인 사항을 총 5개의 장으로 구분하여 규정하고 있다.

[표 2-10] 항공 · 철도사고조사에 관한 법률 주요 내용

구분	내용
제1장 총칙	항공 · 철도 사고조사에 관한 법률의 목적, 용어의 정의, 적용범위 등
제2장 항공 · 철도사고조사위원회	항공 · 철도사고조사위원회의 설치, 업무, 구성 위원의 자격요건, 결격사유, 신분보장, 임기 위원장의 직무, 분과위원회, 자문위원, 사무국 등
제3장 사고조사	항공 · 철도사고등의 발생 통보, 사고조사의 개시 및 수행, 사고조사단의 구성 및 운영, 국토교통부장관의 지원, 시험 및 의학적 검사, 관계인 등의 의견청취, 사고조사보고서의 작성, 안전권고, 정보의 공개금지, 사고조사에 관한 연구 등
제4장 보칙	다른 절차와의 분리, 비밀누설의 금지, 불이익의 금지, 벌칙적용에서의 공무원 의제 등
제5장 벌칙	사고조사방해, 비밀누설, 사고발생 통보 위반의 죄, 양벌규정, 과태료 등

2.3.2. 미국항공법

미국의 항공법규는 Law(Legislation, Act), Regulation, Directives AC, Handbook, Order 등으로 공포되며, Law는 미국 의회가 제정하고 대통령이 서명한 법률로서 일반적으로 Airport & Airway Improvement Act와 같이 특정내용을 담고 있는 한

정된 법이며, Regulation과 Directives는 FAA가 입안하고 제정한 법률이며, AC 및 Order 등은 기술적인 내용이나 표준 등에 관한 사항을 수록하고 있는 지침서이다.

항공 부문에 대한 실질적인 기준은 미국 연방 규정집(Code of Federal Regulations, CFR)의 14 CFR(일명, FAR이라 한다.)에 약 190개의 Part로 규정되어 있으며,[1] 지속적으로 제ㆍ개정되고 있다. 14 CFR의 전반적인 법규체계는 다음과 같다.

[표 2-11] 14CFR 항공우주 법규체계(Title 14 Aeronautics and Space)[2]

구분	내용		Part
Chapter I	Federal Aviation Administration, Department of Transportation(미국 교통부 미연방항공청)		1~199
	Subchapter A	Definitions(정의)	1~3
	B	Procedural Rules(절차관련 규칙)	11~17
	C	Aircraft 항공기)	21~59
	D	Airmen(항공종사자)	60~67
	E	Airspace(공역)	71~77
	F	Air Traffic and General Operating Rules (항공교통 및 일반 운항 규칙)	91~109
	G	Air Carriers and Operators for Compensation or Hire: Certification and Operations(항공사 및 운영자의 운항증명 및 운영)	110~139
	H	Schools and Other Certificated Agencies(항공학교 및 기타 인증기관)	140~147
	I	Airports(공항)	150~169
	J	Navigational Facilities(항법시설)	170~171
	K	Administrative Regulations(행정법규)	183~193
	N	War Risk Insurance(전쟁위험보험)	198~199
Chapter II	Office of The Secretary, Department Of Transportation(Aviation Proceedings) (미국 교통부장관실 항공 프로시딩)		200~399
Chapter III	Commercial Space Transportation, Federal Aviation Administration, Department of Transportation (미국 교통부 미연방항공청 상업우주운송)		400~1199
Chapter V	National Aeronautics and Space Administration(미국항공우주국)		1200~1299
Chapter VI	Air Transportation System Stabilization (항공운송체계 안정)		1300~1399

1) 미국연방규정집(CFR)이란 미국관보에 발표된 관련 규정을 기록한 것으로 코드 체계로 분류되어 있으며, CFR은 총 50개의 타이틀(title)로 구성되어 있고 각 title은 여러 장(chapter)으로 구성되어 있음. 이 중 항공ㆍ우주와 관련된 규정인 14 CFR은 'Title 14 of the Code of Federal Regulations(Aeronautics and Space)를 말하며, 14 CFR은 일반적으로 FAR(Federal Aviation Regulations)으로 더 잘 알려져 있음.

2) FAA homepage상의 14CFR을 chapter (federal aviation administration, department of transportation) 위주로 Regulation 체계를 정리한 것임. (http://www.faa.gov/regulations_policies/)

14CFR은 ICAO SARPs 개정내용을 지속적으로 반영하고 있으며 2012년에는 이에 부응하여 승무원 피로관리와 관련한 14CFR Part 117(일명, FAR Part 117이라 한다)을 신설하였다.

14CFR의 각 Part는 일반적으로 동일 항목에 대해서도 적용 대상에 따라 적용 기준이 다르다. 따라서 해당 내용이 어느 Part에 해당하는지가 매우 중요한 의미를 갖는다. 예를 들어 14CFR Part 121(일명, FAR Part 121이라 한다.)[3]은 미국 소속의 항공사 중에 국제선 및 국내선을 운항하는 항공사에게 적용하는 기준이며 14CFR Part 129(일명, FAR Part 129라 한다.)[4]는 미국에 운항하는 외국 항공사에게 적용하는 기준이다. FAR Part 121에 규정하고 있는 내용은 다음과 같다.

- Subpart A. General(일반)
- Subpart B. Certification Rules for Domestic and Flag Air Carriers(국내 · 국제 항공사 운항증명 기준)
- Subpart C. Certification Rules for Supplemental Air Carriers and Commercial Operators(부정기 및 항공운송사업자 운항증명 기준)
- Subpart D. Rules Governing All Certificate Holders Under This Part(운항증명소지자 관리 기준)
- Subpart E. Approval of Routes: Domestic and Flag Operations(항로인가: 국내선, 국제선)
- Subpart F. Approval of Areas And Routes for Supplemental Operations(부정기 운항을 위한 지역 및 항로 승인)
- Subpart G. Manual Requirements(매뉴얼 요건)
- Subpart H. Aircraft Requirements(항공기 요건)
- Subpart I. Airplane Performance Operating Limitations(비행기 운항 성능 제한)
- Subpart J. Special Airworthiness Requirements(특수 감항성 요건)
- Subpart K. Instrument and Equipment Requirements(계기 및 장비 요건)
- Subpart L. Maintenance, Preventive Maintenance, and Alterations(정비, 예방정비 및 개조)
- Subpart M. Airman and Crewmember Requirements(항공종사자 및 승무원 요건)
- Subpart N. Training Program(훈련 프로그램)
- Subpart O. Crewmember Qualifications(승무원 운항자격)
- Subpart P. Aircraft Dispatcher Qualifications and Duty Time(운항관리사 자격 및 근무시간)
- Subpart Q. Flight Time Limitations and Rest Requirements: Domestic Operations(비행시

3) FAR Part 121(Operating requirements: domestic, flag, and supplemental operations.)은 CFR Title 14, Chapter I, Subchapter G중 Part 121에 해당하는 것임.

4) FAR Part 129(Operations: foreign air carriers and foreign operators of U.S.-registered aircraft engaged in common carriage)는 CFR Title 14, Chapter I, Subchapter G중 Part 129에 해당하는 것임.

간 제한 및 휴식요건: 국내선 운항)
- Subpart R. Flight Time Limitations: Flag Operations(비행시간 제한: 국제선 운항)
- Subpart S. Flight Time Limitations: Supplemental Operations(비행시간 제한: 부정기 운항)
- Subpart T. Flight Operations(항공기 운항)
- Subpart U. Dispatching and Flight Release Rules(운항관리 및 운항허가 기준)
- Subpart V. Records and Reports(기록 및 보고)
- Subpart W. Crewmember Certificate: International(승무원 자격증: 국제선)
- Subpart X. Emergency Medical Equipment and Training(비상 의료 장비 및 훈련)
- Subpart Y, Advanced Qualification Program(선진적인 자격 프로그램)
- Subpart Z, Hazardous Materials Training Program(위험물 훈련 프로그램)
- Subpart AA, Continued Airworthiness and Safety Improvements(지속적인 감항성 및 항공안전 증진)
- Subpart DD, Special Federal Aviation Regulations(특수 미연방 항공규정)

2.3.3. 유럽항공법

항공활동의 가장 큰 특성 중의 하나가 국제성에 있듯이, 항공안전을 확보하기 위한 세계 각 국가의 항공법규는 기본적으로 시카고 협약을 따르며, 유럽의 항공법규도 시카고 협약에서 정한 SARPs 기준을 반영하고 있다. 유럽의 통일된 항공법규는 유럽의 항공안전 전문기관인 EASA의 체계적인 지원으로 지속적인 발전을 하고 있다.

EU가 적용하는 주요 항공법규의 형태는 조약(Treaties), 규정(Regulations), 지침(Directives), 항공 당국의 결정(Decisions)과 같이 4가지 형태로 근거를 찾을 수 있다.

EU는 유럽공동체조약(EC Treaty)에 의거 EU 회원국에게 적용되는 법을 규정(Regulations)과 지침(Directives) 형태로 제정하여 시행하는데, 이러한 규정과 지침은 조약에서 규정한 범위를 벗어날 수 없다. 만일, 관련 조약에서 정한 범위를 벗어난 것으로 판단되면 EU 사법재판소(Court of Justice of the European Union)가 해당 법규를 폐기할 수 있다.

항공안전 증진을 위한 실질적인 항공법의 내용을 명시하고 있는 EU의 항공법규는 기본적으로 모법인 기본법률(Basic Regulation) 하에 11종류의 이행법률(Implementing Rules) 및 이에 해당하는 법규 준수 방식에 대하여 다음과 같이 4가지 형태의 법규로 구성되어 있으며, 2014년에는 피로관리 및 제3국 항공사(TCO)에 대한 이행 법률이 추가되는 등 제 · 개정 작업이 활발히 진행되고 있다.

- 기본법률(BR: Basic Regulation): 항공안전 증진과 관련하여 EU 및 EASA에서 적용하는 항공관련 기본법으로 회원국에게 법적 구속력을 가지며 대한민국의 현행 항공안전법에 해당한다. Basic Regulation은 항공안전 관련 전반적인 분야에 대한 기본적인 요건을 규정하고 있으며 좁은 의미로는 Basic Regulation 자체가 EU의 기본적인 항공법이라 할 수 있다.
- 이행법률(IR: Implementing Rule):

Implementing Rule은 민간항공 분야의 안전을 확보할 목적으로 Basic Regulation에서 관장하고 있는 분야 및 항목에 대하여 필수 요건과 이행 법률의 수준에 대해 규정한다. Implementing Rule은 회원국에게 법적 구속력을 가지며, 대한민국의 항공안전법 시행령 및 시행규칙에 해당한다. 이와 같이 민간항공 분야에서 일반적인 법적 요건의 이행법률은 Implementing Rule에서 규정하는 반면에 이에 대한 세부적인 이행 기준 및 준수 방법은 EASA가 별도로 채택한 인가기준(CS) 및 준수 방식(AMC)을 따른다.

- 준수방식 및 지침자료(AMC/GM: Acceptable Means of Compliance and Guidance Material): AMC/GM은 EU가 규정한 Basic Regulation 및 Implementing Rule에 대한 준수방식의 일환으로 수립되어 EASA에 의해 채택된 표준이나, 법적 구속력이 없는 연성법(soft law)이다.
- 인증 기준(CS: Certification Specification): CS는 EU가 규정한 Basic Regulation 및 Implementing Rule에 대한 준수방식의 일환으로 EASA에 의해 채택된 부품 등에 대한 기술적 표준이나, AMC/GM과 마찬가지로 법적 구속력이 없는 연성법(soft law)이다.

이와 같이 Basic Regulation은 민간항공에 있어 항공안전과 환경적 지속 가능 법규에 대한 일반적인 요건을 규정하고 있으며 유럽집행위원회에 법규 이행을 위한 세부 규칙을 채택할 수 있는 권한을 부여하고 있다. Basic Regulation에서는 적용범위 및 EASA의 기능 등에 대해서도 규정하고 있으며, Basic Regulation 제1조 제2항에 의거 군용, 세관용, 경찰, 수색 및 구조, 해안경비 등의 항공기는 국가 항공기로서 EU Regulation이 적용되지 않는다.

항공안전 분야에 있어서도 EU의 법은 통일된 기준이 적용되며, 아직 EU의 법이 마련되지 않은 부문에서는 각 국가에서 정한 기준이 적용된다.

항공기가 EU 국가 내에서 인증된 경우, 다른 EU 회원국의 인증을 받은 것으로 인정된다. Basic Regulation 제11조는 "회원국은 추가적인 기술적 요건이나 평가 없이 이 규정에 따라 발급된 증명서를 인정해야 한다. 최초 인정이 특정 목적을 위한 것이라면, 부가적인 인정도 같은 목적으로만 간주되어야 한다."라고 규정하고 있듯이 항공기가 EU 국가 내에서 인증된 경우, 다른 EU 회원국의 인증을 받은 것으로 인정된다. EU에서 관련 법규가 발효되기 전까지는 회원국의 기준을 적용한다. 또한, EU에서 Basic Regulation으로는 규정하고 있는 사항이라 할지라도 이에 대한 이행 기준(Implementing Rule)이 발효되지 않은 경우에도 회원국의 기준을 적용한다.

새로운 규정을 채택하여 적용하고자 할 경우, 원활한 법규 제정 및 효율적인 운영을 위해 규정별 특성을 고려하여 선택 적용이 가능하도록 명시하고 있으며 적정한 적용 유예기간을 설정하여 운영한다. 예를 들어, 그동안 Basic Regulation에만 준수해야 할 요건으로 규정되어 있던 승무원 피로관리 기준의 경우 2014년 Implementing Rule이 EU의 Official Journal을 통해 공포(2014.1.31.)되었지만, 발효 시점은 공포 후 20일 후에 발효하는 것으로 규정되어 있으며, 모든 회원국이 의무적으로 적용해야 할 시점은 발효한지 2년이 경과한 시점(2016.2.18.)부터 적용하는 것으로 명시하고 있다.

항공안전 관련 Basic Regulation을 적절히 이행하기 위하여 감항성 인증, 승무원, 항공기 운항, TCO, 항행 시스템, 항공교통관제사, 공역, 비행규칙, 공항 등 다양한 분야별 Implementing Rule을 규정하고 있다. 특히 승무원, 항공기 운항, TCO의 Implementing Rule은 자격종류별 구분은 물론, 인허가를 수행하는 항공당국과 실질적 적용을 하는 운영자의 요건을 별도로 명확히 구분하여 명시하고 있다.

유럽 항공법규에 있어 EASA는 대단히 중요한 역할을 수행하고 있다. EASA는 European public law에 의해 설립 운영되는 EU의 항공안전 기관으로 '유럽항공안전청'이라 한다. EASA는 유럽의회(Parliament), 유럽이사회(Council), 유럽집행위원회(Commission)와 구별되며 고유의 법적 지위를 갖는다. EASA는 유럽의 Council and Parliament Regulation인 Regulation(EC) No 1592/2002에 의해 2003년 9월에 설립 되었는데, EASA 설립 이유는 유럽지역 항공당국 연합인 JAA(Joint Aviation Authorities)가 구속력 있는 규범을 제정하는 데 어려움이 있고 다양한 조직으로 인한 일관성 문제가 있는 것을 보완하기 위해 적합한 역할을 할 수 있는 단일 전문기관이 필요한 것에 기인한다. EASA는 민간항공안전 및 제품의 환경보호 관련하여 법규수립 지원 및 법규이행과 관련된 업무를 담당한다. EASA의 기본적인 임무는 민간항공분야의 전반적인 안전기준 및 환경보호기준을 최상의 기준으로 증진하는 것이다. EASA가 관장하는 업무는 항공안전과 관련하여 감항 분야로 시작하여 항공기 운항 분야로 확대되었다. EASA 설립 초기에는 감항성과 제품에 대한 환경 적합성(Environmental Compatibility of Products) 분야만 관장하였으나, Regulation(EC) 216/2008에 의거 항공기 운항 및 승무원 부문으로

[표 2-12] EU Regulation Structure

	Implementing Rule	
Basic Regulation	Initial Airworthiness	Part-21
	Continuing Airworthiness	Part-M, Part-145, Part-66, Part-147
	Air Crew	Part-FCL, Conversion of national licenses, Licenses of non-EU states, Part-MED, Part-CC, Part-ARA, Part-ORA
	Air Operations	DEF, Part-ARO, Part-ORO, Part-CAT Part-SPA, Part-NCC, Part-NCO, Part-SPO
	Third country operators	Part TCO, Part ART
	ANS common reg.	GEN, ATS, MET, AIS, CNS
	ATM/ANS safety oversight	
	ATCO Licensing	
	Airspace usage reg.	Part-ACAS
	SERA	Rules of the air(RoA)
	Aerodromes	DEF, PART-ADR.AR, PART-ADR.OR, PART-ADR.OPS

확대한데 이어, Regulation(EC) 1108/2009에 의거 공항 안전 및 ATM(Air Traffic Management)에 대한 입법 업무 및 표준화 부문을 관장하는 것으로 그 업무 범위가 확대되었다.

EASA 설립 이전에 유럽에서의 항공안전 업무는 기본적으로 각 국가가 담당했다. Council Regulation(EEC) No 3922/91에 의하여 감항 및 정비 분야에 제한된 기준을 제외하고, 회원국이 항공안전 관련 법규에 대한 책임을 가졌다. JAA(Joint Aviation Authorities)가 항공안전을 위한 요건과 방식을 일치시키고자 노력했지만 어려움이 노출되었고, 법적 근거 하에 단일 특별 전문 기구인 EASA의 탄생과 회원국의 협조로 EASA가 EU 내 항공안전 관련 기준 수립 업무를 담당하게 되었으며 관장 분야도 점차 확대되었다. EASA는 2008년 JAA의 기능을 인수하였으며, EASA의 발전으로 JAA가 관장하던 항공안전 관련 기준 수립 업무는 해체되고 JAA는 JAATO라는 훈련 부문만을 운영하게 되었다.

EASA는 Basic Regulation에서 언급하고 있는 '단일 특별 전문기구(single specialized expert body)'의 필요성에 부합된다고 볼 수 있다. Basic Regulation에서 정한 기준에 대한 세부 지침을 위해 EU 기관에 적합한 전문 지식을 제공하고 국가 수준에서 적용할 회원국의 준수 기준을 마련하여 제공하고 있다. EASA는 회원국에 대한 점검을 통해 이행 여부를 모니터하고, 기술적 전문 지식과 연구 조사 활동 등을 제공하며, 항공기나 조종사 자격 증명과 같은 다양한 업무를 지속적으로 수행하기 위해 각 국가 항공당국과 긴밀한 협조 체계를 유지하고 있다. 이와 관련하여 EASA의 항공안전 증진을 위한 주요 업무는 다음과 같다.

- 입법업무: 항공안전 관련 각 부문에 대한 입법안 마련 및 유럽집행위원회 및 EASA 회원국에 기술 지원
- 모든 회원국에서 EU 항공안전 관련 법규의 통일된 이행을 보증하기 위한 점검, 훈련, 표준화 프로그램 운영
- 항공기, 엔진 및 부품에 대한 안전 및 환경 증명
- 항공기 디자인 및 생산 조직 승인
- 정비조직 승인
- TCO(Third Country Operator)에 대한 승인
- 유럽 내 공항을 사용하는 외국 항공기의 안전과 관련하여 SAFA 프로그램 협조
- 항공안전 증진을 위한 데이터 수집, 분석 및 연구 조사

이상과 같이 EASA는 EU의 항공법규 체계 확립에 대단히 중요한 업무를 수행하고 있으며, 지속적으로 관장하는 업무 분야가 확대될 것으로 예상된다. 또한, 국제 항공에 있어서도 EASA의 영향력이 점점 커질 것으로 예상된다.

03 항공안전법

3 항공안전법

3.1. 항공안전법의 목적

이 법은「국제민간항공협약」및 같은 협약의 부속서에서 채택된 표준과 권고되는 방식에 따라 항공기, 경량항공기 또는 초경량비행장치의 안전하고 효율적인 항행을 위한 방법과 국가, 항공사업자 및 항공종사자 등의 의무 등에 관한 사항을 규정함을 목적으로 한다.

[표 3-1] 항공안전법 주요 내용

구분	내용
제1장 총칙	항공안전법의 목적과 개념, 항공용어의 정의, 군용항공기와 국가기관항공기등의 적용특례, 임대차 항공기 운영, 항공안전정책기본계획의 수립 등
제2장 항공기 등록	항공기 등록, 국적의 취득, 등록기호표의 부착 및 항공기 국적 등의 표시
제3장 항공기기술기준 및 형식증명 등	항공기 기술기준, 형식증명, 제작증명, 감항증명 및 감항성 유지, 소음기준적합증명, 수리 · 개조승인, 항공기등의 검사 및 정비등의 확인, 항공기 등에 발생한 고장, 결함 또는 기능장애 보고 의무
제4장 항공종사자 등	항공종사자 자격증명시험, 항공기승무원 신체검사, 계기비행증명 및 조종교육증명, 항공영어구술능력증명, 항공기의 조종연습, 항공교통관제연습, 전문교육기관의 지정 등
제5장 항공기의 운항	무선설비의 설치 · 운용 의무, 항공계기 등의 설치 · 탑재 및 운용, 항공기의 연료 및 등불, 운항승무원의 비행경험, 승무원 피로관리, 주류등의 섭취 · 사용 제한, 항공안전프로그램, 항공안전 의무보고 및 자율보고, 기장의 권한 및 운항자격, 위험물 운송, 전자기기의 사용제한, 회항시간 연장운항의 승인, 수직분리축소공역 등에서의 항공기 운항 승인, 항공기의 안전운항을 위한 운항기술기준
제6장 공역 및 항공교통업무 등	공역 등의 지정 및 관리, 항공교통업무, 수색 · 구조 지원계획의 수립 · 시행, 항공정보의 제공 등
제7장 항공운송사업자 등에 대한 안전관리	항공운송사업자, 항공기사용사업자 및 정비업자에 대한 안전관리
제8장 외국항공기	외국항공기 항행, 외국항공기 국내사용, 외국인 국제항공운송사업
제9장 경량항공기	경량항공기 안전성인증, 경량항공기 조종사 자격증명, 경량항공기 전문교육기관의 지정 등
제10장 초경량비행장치	초경량비행장치 신고, 안전성인증, 조종자 증명, 비행승인 등
제11장 보칙	항공안전 활동, 항공운송사업자에 관한 안전도 정보의 공개, 보고의 의무, 재정지원, 권한의 위임/위탁, 청문, 수수료
제12장 벌칙	항행 중 및 항공상 위험 발생 등의 죄 등의 벌칙과 양벌규정 및 과태료 등

3.2. 총칙

「항공안전법」 제1장 총칙은 항공법의 목적, 항공용어 정의, 국가 항공기 적용 특례, 항공정책기본계획의 수립 등을 명시하고 있으며, 시카고협약 등에서 정한 기준을 준거하여 규정하고 있다.「항공안전법」에서 정한 주요 용어 정의는 다음과 같으며 특별히 제한하여 규정하지 않는 한 항공법규 전반에서 통일된 의미를 가진다.

3.2.1. 용어의 정의

- "항공기"란 공기의 반작용(지표면 또는 수면에 대한 공기의 반작용은 제외한다. 이하 같다)으로 뜰 수 있는 기기로서 최대이륙중량, 좌석 수 등 국토교통부령으로 정하는 기준에 해당하는 다음 각 목의 기기와 그 밖에 대통령령으로 정하는 기기를 말한다.
  가. 비행기
  나. 헬리콥터
  다. 비행선
  라. 활공기(滑空機)
- "경량항공기"란 항공기 외에 공기의 반작용으로 뜰 수 있는 기기로서 최대이륙중량, 좌석 수 등 국토교통부령으로 정하는 기준에 해당하는 비행기, 헬리콥터, 자이로플레인(gyroplane) 및 동력패러슈트(powered parachute) 등을 말한다.
- "초경량비행장치"란 항공기와 경량항공기 외에 공기의 반작용으로 뜰 수 있는 장치로서 자체중량, 좌석 수 등 국토교통부령으로 정하는 기준에 해당하는 동력비행장치, 행글라이더, 패러글라이더, 기구류 및 무인비행장치 등을 말한다.
- "국가기관등항공기"란 국가, 지방자치단체, 그 밖에 「공공기관의 운영에 관한 법률」에 따른 공공기관으로서 대통령령으로 정하는 공공기관(이하 "국가기관등"이라 한다)이 소유하거나 임차(賃借)한 항공기로서 다음 각 목의 어느 하나에 해당하는 업무를 수행하기 위하여 사용되는 항공기를 말한다. 다만, 군용 · 경찰용 세관용 항공기는 제외한다.
  가. 재난 · 재해 등으로 인한 수색(搜索) · 구조
  나. 산불의 진화 및 예방
  다. 응급환자의 후송 등 구조 · 구급활동
  라. 그 밖에 공공의 안녕과 질서유지를 위하여 필요한 업무
- "항공업무"란 다음 각 목의 어느 하나에 해당하는 업무를 말한다.
  가. 항공기의 운항(무선설비의 조작을 포함한다) 업무(제46조에 따른 항공기 조종연습은 제외한다)
  나. 항공교통관제(무선설비의 조작을 포함한다) 업무(제47조에 따른 항공교통관제연습은 제외한다)
  다. 항공기의 운항관리 업무
  라. 정비 · 수리 · 개조(이하 "정비등"이라 한다)된 항공기 · 발동기 · 프로펠러(이하 "항공기등"이라 한다), 장비품 또는 부품에 대하여 안전하게 운용할 수 있는 성능(이하 "감항성"이라 한다)이 있는지를 확인하는 업무 및 경량항공기 또는 그 장비품 · 부품의 정비사항을 확인하는 업무
- "항공기사고"란 사람이 비행을 목적으로 항공기에 탑승하였을 때부터 탑승한 모든 사람이 항공기에서 내릴 때까지[사람이 탑승하지 아니하고 원격조종 등의 방법으로 비행하는 항공기(이하 "무인항공기"라 한다)의 경우에는 비행을 목적으로 움직이는 순간부터 비행이 종료되어 발동기가 정지되는 순간까지를 말한다] 항공기의 운항과 관련하여 발생한 다음 각 목의 어느 하나에 해당하는 것으로서 국토교통부령으로 정하는 것을 말한다.
  가. 사람의 사망, 중상 또는 행방불명

나. 항공기의 파손 또는 구조적 손상
다. 항공기의 위치를 확인할 수 없거나 항공기에 접근이 불가능한 경우

- "경량항공기사고"란 비행을 목적으로 경량항공기의 발동기가 시동되는 순간부터 비행이 종료되어 발동기가 정지되는 순간까지 발생한 다음 각 목의 어느 하나에 해당하는 것으로서 국토교통부령으로 정하는 것을 말한다.

가. 경량항공기에 의한 사람의 사망, 중상 또는 행방불명
나. 경량항공기의 추락, 충돌 또는 화재 발생
다. 경량항공기의 위치를 확인할 수 없거나 경량항공기에 접근이 불가능한 경우

- "초경량비행장치사고"란 초경량비행장치를 사용하여 비행을 목적으로 이륙[이수(離水)를 포함한다. 이하 같다]하는 순간부터 착륙[착수(着水)를 포함한다. 이하 같다]하는 순간까지 발생한 다음 각 목의 어느 하나에 해당하는 것으로서 국토교통부령으로 정하는 것을 말한다.

가. 초경량비행장치에 의한 사람의 사망, 중상 또는 행방불명
나. 초경량비행장치의 추락, 충돌 또는 화재 발생
다. 초경량비행장치의 위치를 확인할 수 없거나 초경량비행장치에 접근이 불가능한 경우

- "항공기준사고"(航空機準事故)란 항공안전에 중대한 위해를 끼쳐 항공기사고로 이어질 수 있었던 것으로서 국토교통부령으로 정하는 것을 말한다.
- "항공안전장애"란 항공기사고 및 항공기준사고 외에 항공기의 운항 등과 관련하여 항공안전에 영향을 미치거나 미칠 우려가 있는 것을 말한다.
- "항공안전위해요인"이란 항공기사고, 항공기준사고 또는 항공안전장애를 발생시킬 수 있거나 발생 가능성의 확대에 기여할 수 있는 상황, 상태 또는 물적 · 인적요인 등을 말한다.
- "위험도"(Safety risk)란 항공안전위해요인이 항공안전을 저해하는 사례로 발전할 가능성과 그 심각도를 말한다.
- "항공안전데이터"란 항공안전의 유지 또는 증진 등을 위하여 사용되는 다음 각 목의 자료를 말한다.

가. 제33조에 따른 항공기 등에 발생한 고장, 결함 또는 기능장애에 관한 보고
나. 제58조제4항에 따른 비행자료 및 분석결과
다. 제58조제5항에 따른 레이더 자료 및 분석결과
라. 제59조 및 제61조에 따라 보고된 자료
마. 제60조 및 「항공 · 철도 사고조사에 관한 법률」 제19조에 따른 조사결과
바. 제132조에 따른 항공안전 활동 과정에서 수집된 자료 및 결과보고
사. 「기상법」 제12조에 따른 기상업무에 관한 정보
아. 「항공사업법」 제2조제34호에 따른 공항운영자가 항공안전관리를 위해 수집 · 관리하는 자료 등
자. 「항공사업법」 제6조제1항 각 호에 따라 구축된 시스템에서 관리되는 정보
차. 「항공사업법」 제68조제4항에 따른 업무수행 중 수집한 정보 · 통계 등
카. 항공안전을 위해 국제기구 또는 외국정부 등이 우리나라와 공유한 자료
타. 그 밖에 국토교통부령으로 정하는 자료

- "항공안전정보"란 항공안전데이터를 안전관리 목적으로 사용하기 위하여 가공(加工) · 정리 · 분석한 것을 말한다.
- "비행정보구역"이란 항공기, 경량항공기 또는 초경량비행장치의 안전하고 효율적인 비행과 수색 또는 구조에 필요한 정보를 제공하기 위한 공역(空域)으로서 「국제민간항공협약」 및 같은 협약 부속서에 따라 국토교통부장관이 그 명칭, 수직 및 수평 범위를 지정 · 공고한 공역을 말한다.
- "영공"(領空)이란 대한민국의 영토와 「영해 및 접속수역법」에 따른 내수 및 영해의 상공을 말한다.
- "항공로"(航空路)란 국토교통부장관이 항공기, 경량항공기 또는 초경량비행장치의 항행에 적합하다고 지정한 지구의 표면상에 표시한 공간의 길을 말한다.
- "항공종사자"란 제34조제1항에 따른 항공종사자 자격증명을 받은 사람을 말한다.
- "모의비행장치"란 항공기의 조종실을 모방한 장치로서 기계 · 전기 · 전자장치 등에 대한 통제기능과 비행의 성능 및 특성 등이 실제의 항공기와 동일하게 재현될 수 있게 고안된 장치를 말한다.
- "계기비행"(計器飛行)이란 항공기의 자세 · 고도 · 위치 및 비행방향의 측정을 항공기에 장착된 계기에만 의존하여 비행하는 것을 말한다.
- "계기비행방식"이란 계기비행을 하는 사람이 제84조제1항에 따라 국토교통부장관 또는 제85조제1항에 따른 항공교통업무증명(이하 "항공교통업무증명"이라 한다)을 받은 자가 지시하는 이동 · 이륙 · 착륙의 순서 및 시기와 비행의 방법에 따라 비행하는 방식을 말한다.
- "피로위험관리시스템"이란 운항승무원과 객실승무원이 충분한 주의력이 있는 상태에서 해당 업무를 할 수 있도록 피로와 관련한 위험요소를 경험과 과학적 원리 및 지식에 기초하여 지속적으로 감독하고 관리하는 시스템을 말한다.

3.2.2. 항공기 정의 및 분류

시카고협약 부속서 7 항공기 국적 및 등록에서 규정하고 있는 항공기 정의 및 분류는 다음과 같다.

Aircraft.(시카고협약 부속서 7의 1. Definitions)

지구표면에 대한 반작용이 아닌 공기에 대한 반작용으로 대기 중에 뜰 수 있는 힘을 받는 모든 기계장치

시카고협약 부속서 상의 항공기에 대한 용어정의는 특정 기기가 항공기에 포함하는지 여부에 대한 판단기준을 제공한다.

첫째, 지표면에 대한 반작용으로 힘을 받는 기기는 항공기에 해당하지 않는다.

둘째, 항공기는 공기에 대한 반작용으로 대기 중에 뜰 수 있는 기기여야 한다.

대표적인 현실적 의미의 항공기는 비행기와 헬리콥터이지만 다양한 형태의 항공기가 있을 수 있다.

반면에 항공안전법에서는 항공기에 대한 용어 정의를 다음과 같이 규정하고 있는데 이는 시카고협약 부속서에서 규정하고 있는 개념적인 정의 없이 항공기의 종류만을 기술하고 있다.

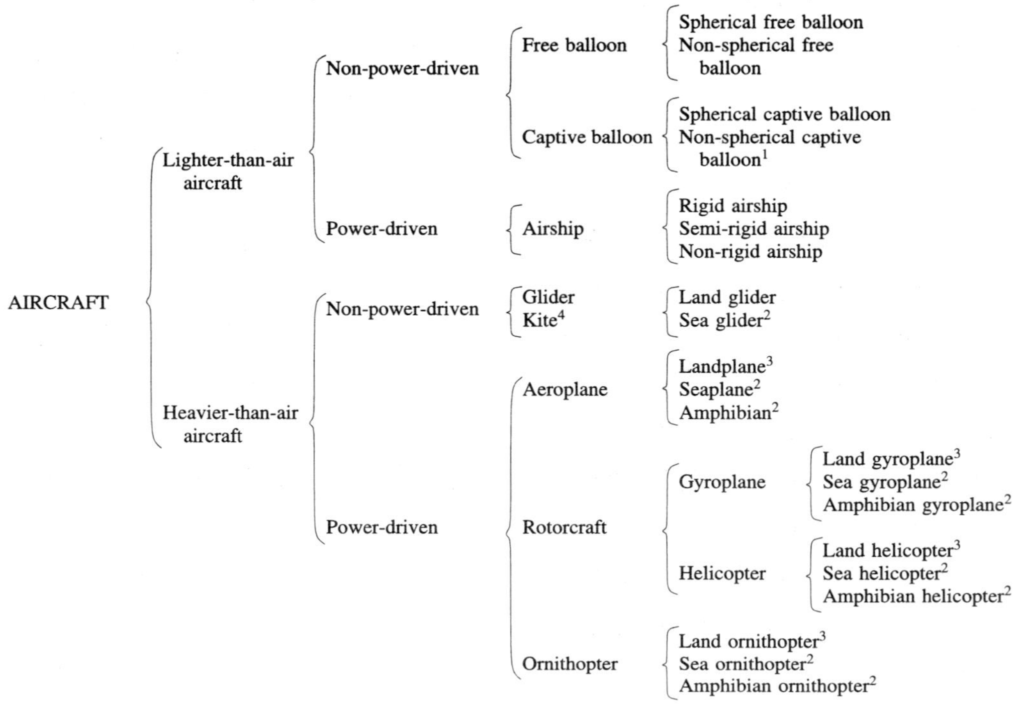

1. Generally designated “kite-balloon”.
2. “Float” or “boat” may be added as appropriate.
3. Includes aircraft equipped with ski-type landing gear (substitute “ski” for “land”).
4. For the purpose of completeness only.

[그림 3-1] 항공기의 분류

• 항공안전법시행령 제2조(항공기의 범위)

「항공안전법」(이하 "법"이라 한다) 제2조제1호 각 목 외의 부분에서 "대통령령으로 정하는 기기"란 다음 각 호의 어느 하나에 해당하는 기기를 말한다.

1. 최대이륙중량, 좌석 수, 속도 또는 자체중량 등이 국토교통부령으로 정하는 기준을 초과하는 기기
2. 지구 대기권 내외를 비행할 수 있는 항공우주선

3.3. 항공기 등록

「항공안전법」 제2장 항공기 등록은 항공기의 등록 및 말소 관련사항 등에 대하여 규정하고 있다. 항공기의 등록에 대해서는 시카고협약 및 동 협약 부속서 등에서 정한 기준을 준거하여 규정하고 있다. 항공기의 항공운송사업에 항공기를 사용하기 위해서는 해당 항공기에 대하여 유효한 등록증명서, 감항증명서, 소음기준적합증명서 등이 있어야 한다. 항공기 등 관련 분류체계는 항공기, 경량항공기, 초경량비행장치로 항공기를 구분하고 있다.

우리나라는 항공 레저스포츠의 활성화 및 이용자의 안전 확보를 위하여 경량항공기 제도를 도입(2009.09.09.)하였으며, 항공레저스포츠 및 경량항공기 서비스 및 제작산업 활성화를 위하여 지속적으로 관련 법령 체계 보완을 추진하고 있다.

3.3.1. 항공기 국적 및 등록

3.3.1.1. 시카고 협약 국적 및 등록

항공기는 전문적인 기술이 요구되는 복잡한 기기로 구성되어 있고 고가의 물건으로 시카고협약에 항공기의 국적, 이중등록 방지, 등록국의 의무 및 역할 등을 규정하고 있다. 아울러 시카고협약 부속서 7에 항공기 동체에 부착될 등록과 국적표시 및 등록증명서에 대한 세부 기준을 규정하고 있다.

제17조 항공기 국적[1)]

항공기는 등록국의 국적을 가진다.

제18조 이중등록[2)]

항공기는 2개 국가 이상에서 유효하게 등록할 수 없다. 그러나 등록을 한 국가에서 다른 국가로 변경할 수는 있다.

제19조 등록에 관한 국내법[3)]

체약국은 자국의 법률 및 규정에 따라 항공기를 등록하거나 등록을 이관해야 한다.

제20조 기호의 표시[4)]

국제항공에 사용되는 모든 항공기는 그 적당한 국적과 등록표시가 있어야 한다.

제21조 등록의 보고[5)]

각 체약국은 자국에서 등록된 특정한 항공기의 등록과 소유권에 관한 정보를, 요구가 있을 때에는, 타체약국 또는 ICAO에 제공할 것을 약속한다. 또 각 체약국은 ICAO에 대하여 동기구가 규정하는 규칙에 의하여 자국에서 등록되고 또 항상 국제항공에 종사하고 있는 항공기의 소유권과 관리에 관한 입수 가능한 관련 자료를 게시한 보고서를 제공한다. ICAO는 이와 같이 입수한 자료를 체약국이 요청하면 언제든지 취득한 자료를 제공할 수 있어야 한다.

3.3.1.2. 항공안전법 국적 및 등록

한국도 항공기 등록의무, 등록제한, 등록사항 등에 대한 항공기 등록제도를 이행함으로써 국적을 취득하고 항공기에 대한 소유권, 임차권 및 저당권 등의 효력이 발생하게 되며, 외국 국적을 가진 항공기는 등록할 수 없다. 이와 관련하여 항공안전법 등에서 규정하고 있는 주요 내용은 다음과 같다.

1) 시카고협약 Article 17 Nationality of aircraft.
2) 시카고협약 Article 18 Dual registration.
3) 시카고협약 Article 19 National laws governing registration.
4) 시카고협약 Article 20 Display of marks.
5) 시카고협약 Article 21 Report of registrations.

제7조(항공기의 등록)

항공기를 소유하거나 임차하여 항공기를 사용할 수 있는 권리가 있는 자(이하 "소유자 등"이라 한다)는 항공기를 국토교통부장관에게 등록하여야 한다. 다만, 대통령령으로 정하는 항공기는 그러하지 아니하다.

제8조(항공기 국적의 취득)

제3조에 따라 등록된 항공기는 대한민국의 국적을 취득하고 이에 따른 권리와 의무를 갖는다.

제9조(항공기의 소유권 등)

① 항공기에 대한 소유권의 취득 · 상실 · 변경은 등록하여야 그 효력이 생긴다.

② 항공기에 대한 임차권은 등록하여야 제3자에 대하여 그 효력이 생긴다.

제10조(항공기 등록의 제한)

① 다음 각 호의 어느 하나에 해당하는 자가 소유하거나 임차하는 항공기는 등록할 수 없다. 다만, 대한민국의 국민 또는 법인이 임차하거나 그 밖에 항공기를 사용할 수 있는 권리를 가진 자가 임차한 항공기는 그러하지 아니하다.

1. 대한민국 국민이 아닌 사람
2. 외국정부 또는 외국의 공공단체
3. 외국의 법인 또는 단체
4. 제1호부터 제3호까지의 어느 하나에 해당하는 자가 주식이나 지분의 2분의 1 이상을 소유하거나 그 사업을 사실상 지배하는 법인
5. 외국인이 법인등기부상의 대표자이거나 외국인이 법인등기부상의 임원 수의 2분의 1 이상을 차지하는 법인

② 제1항 단서에도 불구하고 외국 국적을 가진 항공기는 등록할 수 없다.

제11조(항공기 등록 사항)

① 국토교통부장관은 제7조에 따라 항공기의 등록을 신청한 경우에는 항공기 등록원부에 다음 각 호의 사항을 기록하여야 한다.

1. 항공기의 형식
2. 항공기의 제작자
3. 항공기의 제작번호
4. 항공기의 정치장
5. 소유자 또는 임차인 · 임대인의 성명 또는 명칭과 주소 및 국적
6. 등록 연월일
7. 등록기호

② 제1항에서 규정한 사항 외에 항공기의 등록에 필요한 사항은 대통령령으로 정한다.

제17조(등록기호표의 부착)

① 소유자 등은 항공기를 등록한 경우에는 그 항공기의 등록기호표를 국토교통부령으로 정하는 형식 · 위치 및 방법 등에 따라 항공기에 붙여야 한다.

② 제1항에 따른 국적 등의 표시에 관한 사항과 등록기호의 구성 등에 필요한 사항은 국토교통부령으로 정한다.

3.3.1.3. 항공기 등록국의 역할 및 의무

항공기 등록은 국적을 취득함과 동시에 항공기 등록국에게 중요한 역할과 의무를 부과한다. 이와 관

련하여 시카고협약에서 규정하고 있는 주요 내용은 다음과 같다.

제12조 항공규칙[6)]

각 체약국은 그 영역의 상공을 비행 또는 동 영역 내에서 동작하는 모든 항공기와 그 소재의 여하를 불문하고 그 국적표지를 게시하는 모든 항공기가 당해지에 시행되고 있는 항공기의 비행 또는 동작에 관한 법규와 규칙에 따르는 것을 보장하는 조치를 취하는 것을 약속한다. 각 체약국은 이에 관한 자국의 규칙을 가능한 한 광범위하게 본 협약에 의하여 수시 설정되는 규칙에 일치하게 하는 것을 약속한다. 공해의 상공에서 시행되는 법규는 본 협약에 의하여 설정된 것으로 한다. 각 체약국은 적용되는 규칙에 위반한 모든 자의 소추를 보증하는 것을 약속한다.

제26조 사고 조사[7)]

체약국의 항공기가 타 체약국의 영역에서 사고를 발생시키고 또 그 사고가 사망 혹은 중상을 포함하든가 또는 항공기 또는 항공보안시설의 중대한 기술적 결함을 표시하는 경우에는 사고가 발생한 국가는 자국의 법률이 허용하는 한 국제민간항공기구가 권고하는 절차에 따라 사고의 진상 조사를 개시한다. 그 항공기의 등록국에는 조사에 임석할 입회인을 파견할 기회를 준다. 조사를 하는 국가는 등록 국가에 대하여 그 사항에 관한 보고와 소견을 통보하여야 한다.

제30조 항공기 무선장비[8)]

(a) 각 체약국의 항공기는, 그 등록국의 적당한 관헌으로부터, 무선송신기를 장비하고 또 운용하는 면허장을 받은 때에 한하여, 타 체약국의 영역 내에서 또는 그 영역의 상공에서 전기의 송신기를 휴행할 수 있다. 피 비행 체약국의 영역에서의 무선송신기의 사용은 동국이 정하는 규칙에 따라야 한다.

(b) 무선송신기의 사용은 항공기 등록국의 적당한 관헌에 의하여 발급된 그 목적을 위한 특별한 면허장을 소지하는 항공기 승무원에 한한다.

제31조 감항증명서[9)]

국제항공에 종사하는 모든 항공기는 그 등록국이 발급하거나 또는 유효하다고 인정한 감항증명서를 비치한다.

3.3.1.4. 등록국의 역할과 의무를 운항국으로 이관

전 세계 많은 항공기들이 항공기 임대차 등으로 등록국이 아닌 다른 국가의 운영자에 의해 국제항공에 투입되고 있다. 이런 항공기의 경우 조종사의 자격 및 항공기의 지속적인 감항성과 관련하여 등록국으로서의 역할과 의무를 철저히 수행하기도 어렵거니와 항공기 사고 발생 시 책임 소재를 규정하기에도 어려움이 많을 수밖에 없었다. 이와 같은 문제를 해결하고자 ICAO는 시카고협약을 개정하였는데 이것이 시카고협약 83bis이다.

---

6) 시카고협약 Article 12 Rules of the air.
7) 시카고협약 Article 26 Investigation of accidents.
8) 시카고협약 Article 30 Aircraft radio equipment.
9) 시카고협약 Article 31 Certificates of airworthiness.

제83조의 2 일정한 권한 및 의무의 이양[10)]

(a) 제12, 30, 31 및 32조(a)의 규정에도 불구하고, 체약국에 등록된 항공기가 항공기의 임차 · 대절 또는 상호교환 또는 이와 유사한 조치를 위한 협정에 따라 주 영업지, 주 영업지가 없을 경우에는 상주지가 타방 체약국에 속해 있는 사용자에 의해 운용되고 있을 때는, 등록국은 여타국과의 협정에 의해 제12, 30, 31 및 32조(a)에 따라 등록국의 권한 및 의무의 전부 또는 일부를 이양할 수 있다. 등록국은 이양된 권한 및 의무에 관하여 책임을 면제받는다.

(b) 상기 이양은 이양이 규정된 관련국간의 협정이 제83조에 따라 이사회에 등록되고 공표되거나, 협정의 존재나 범위가 협정당사국에 의하여 여타 관련 체약국에 직접 통지되기 전에는 여타 체약국에 대하여 효력을 가지지 아니한다.

(c) 상기(a) 및(b)항의 규정은 제77조에 언급된 제 경우에도 적용된다.

3.3.2. 국적 및 등록기호 표시

항공안전법 제18조(항공기 국적 등의 표시)에 따라 항공기를 운항하고자 하는 자는 항공기에 국적, 등록기호 및 소유자 등의 성명 또는 명칭을 표시하고 사용하여야 한다. 이는 항공기를 육안으로 식별하기 위한 국제적인 필요성 때문이다. 국적 등의 표시는 국적기호, 등록기호 순으로 지워지지 아니하도록 선명하게 표시하고, 국적기호는 로마자의 대문자 "HL"로 표시하며 장식체를 사용해서는 안 된다. 다만, 국내에서 수리 · 개조 또는 신규로 제작한 후 수출할 항공기, 국내에서 제작되거나 외국으로부터 수입하는 항공기로서 대한민국의 국적을 취득하기 전에 감항증명을 위한 검사를 신청한 항공기와 항공기 제작자, 연구기관 등에서 연구 및 개발 중인 항공기의 경우에는 국적 등을 표시하지 않고 항공에 사용이 가능하다. [표 3-2]는 국제민간항공기구에서 국가별로 지정한 국적기호의 일부를 나타낸다.

[표 3-2] 국적기호 표시

국가(지역)	국적기호	국가(지역)	국적기호
대한민국 (Korea)	HL	영국 (United Kingdom)	G
미국(USA)	N	프랑스(France)	F
중국(China)	B	싱가포르 (Singapore)	9V
일본(Japan)	JA	베트남(Vietnam)	VN
독일 (Germany)	D	북한(DPR Korea)	P

[그림 3-2] 항공기 등록부호

10) 시카고협약 Article 83 bis. Transfer of certain functions and duties;(이하 생략).

3.4. 항공기 기술기준 및 형식 증명 등

「항공안전법」 제3장에서는 항공기 기술기준, 형식증명, 제작증명, 감항증명 및 감항성 유지, 소음기준 적합증명, 수리 · 개조승인, 항공기등의 검사 및 정비등의 확인, 항공기 등에 발생한 고장, 결함 또는 기능장애 보고 의무 등에 대하여 규정하고 있으며, 시카고협약 및 동 협약 부속서 등에서 정한 기준을 준거하여 규정하고 있다.[11]

3.4.1. 형식증명 및 제작증명

항공기의 형식증명(Type certification) 및 제작증명(Production approval)에 대해서는 시카고협약 부속서 8 및 항공안전법에 규정하고 있다.

제20조(형식증명)

① 항공기등의 설계에 관하여 외국정부로부터 형식증명을 받은 자가 해당 항공기등에 대하여 항공기기술기준에 적합함을 승인(이하 "형식증명승인"이라 한다)받으려는 경우 국토교통부령으로 정하는 바에 따라 항공기등의 형식별로 국토교통부장관에게 형식증명승인을 신청하여야 한다. 다만, 다음 각 호의 어느 하나에 해당하는 항공기의 경우에는 장착된 발동기와 프로펠러를 포함하여 신청할 수 있다.

1. 최대이륙중량 5천700킬로그램 이하의 비행기
2. 최대이륙중량 3천175킬로그램 이하의 헬리콥터

② 제1항에도 불구하고 대한민국과 항공기등의 감항성에 관한 항공안전협정을 체결한 국가로부터 형식증명을 받은 제1항 각 호의 항공기 및 그 항공기에 장착된 발동기와 프로펠러의 경우에는 제1항에 따른 형식증명승인을 받은 것으로 본다.

③ 국토교통부장관은 형식증명승인을 할 때에는 해당 항공기등(제2항에 따라 형식증명승인을 받은 것으로 보는 항공기 및 그 항공기에 장착된 발동기와 프로펠러는 제외한다)이 항공기기술기준에 적합한지를 검사하여야 한다. 다만, 대한민국과 항공기등의 감항성에 관한 항공안전협정을 체결한 국가로부터 형식증명을 받은 항공기등에 대해서는 해당 협정에서 정하는 바에 따라 검사의 일부를 생략할 수 있다.

④ 국토교통부장관은 제3항에 따른 검사 결과 해당 항공기등이 항공기기술기준에 적합하다고 인정하는 경우에는 국토교통부령으로 정하는 바에 따라 형식증명승인서를 발급하여야 한다.

⑤ 국토교통부장관은 형식증명 또는 형식증명승인을 받은 항공기등으로서 외국정부로부터 그 설계에 관한 부가형식증명을 받은 사항이 있는 경우에는 국토교통부령으로 정하는 바에 따라 부가적인 형식증명승인(이하 "부가형식증명승인"이라 한다)을 할 수 있다.

⑥ 국토교통부장관은 부가형식증명승인을 할 때에는 해당 항공기등이 항공기기술기준에 적합한지를 검사한 후 적합하다고 인정하는 경우에는 국

11) 시카고협약 제31조(감항증명서) 제33조(증명서 및 면허의 승인) 제6장(국제표준 및 권고방식), 동 부속서 8(항공기의 감항성), 부속서 16 Vol 1(항공기소음) 등.

토교통부령으로 정하는 바에 따라 부가형식증명 승인서를 발급하여야 한다. 다만, 대한민국과 항공기등의 감항성에 관한 항공안전협정을 체결한 국가로부터 부가형식증명을 받은 사항에 대해서는 해당 협정에서 정하는 바에 따라 검사의 일부를 생략할 수 있다.

⑦ 국토교통부장관은 다음 각 호의 어느 하나에 해당하는 경우에는 해당 항공기등에 대한 형식증명승인 또는 부가형식증명승인을 취소하거나 6개월 이내의 기간을 정하여 그 효력의 정지를 명할 수 있다. 다만, 제1호에 해당하는 경우에는 형식증명승인 또는 부가형식증명승인을 취소하여야 한다.

1. 거짓이나 그 밖의 부정한 방법으로 형식증명승인 또는 부가형식증명승인을 받은 경우
2. 항공기등이 형식증명승인 또는 부가형식증명승인 당시의 항공기기술기준에 적합하지 아니하게 된 경우

제21조(형식증명승인)

항공기등의 설계에 관하여 외국정부로부터 형식증명을 받은 자가 해당 항공기등에 대하여 항공기기술기준에 적합함을 승인(이하 "형식증명승인"이라 한다)받으려는 경우 국토교통부령으로 정하는 바에 따라 항공기등의 형식별로 국토교통부장관에게 형식증명승인을 신청하여야 한다. 다만, 다음 각 호의 어느 하나에 해당하는 항공기의 경우에는 장착된 발동기와 프로펠러를 포함하여 신청할 수 있다.

(이하 생략)

제22조(제작증명)

형식증명 또는 제한형식증명에 따라 인가된 설계에 일치하게 항공기등을 제작할 수 있는 기술, 설비, 인력 및 품질관리체계 등을 갖추고 있음을 증명(이하 "제작증명"이라 한다)받으려는 자는 국토교통부령으로 정하는 바에 따라 국토교통부장관에게 제작증명을 신청하여야 한다.

(이하 생략)

3.4.2. 감항증명

항공기의 감항증명(airworthiness certification)에 대해서는 시카고협약 제31조 및 제33조, 동 협약 부속서 6과 부속서 8 및 항공법에 규정하고 있다. 항공기 등록국은 항공기에 대한 감항증명서를 발급하여야 하며, 항공법상의 항공기의 감항성에 대한 기준은 시카고협약 및 부속서 등에서 정한 기준을 준거하여 규정하고 있다.

제23조(감항증명 및 감항성 유지)

① 항공기가 안전하게 비행할 수 있는 성능(이하 "감항성"이라 한다)이 있다는 증명(이하 "감항증명"이라 한다)을 받으려는 자는 국토교통부령으로 정하는 바에 따라 국토교통부장관에게 감항증명을 신청하여야 한다.

② 감항증명은 대한민국 국적을 가진 항공기가 아니면 받을 수 없다. 다만, 국토교통부령으로 정하는 항공기의 경우에는 그러하지 아니하다.

③ 누구든지 다음 각 호의 어느 하나에 해당하는 감항증명을 받지 아니한 항공기를 운항하여서는 아니 된다.

1. 표준감항증명: 해당 항공기가 형식증명 또는 형식증명승인에 따라 인가된 설계에 일치하게 제작되고 안전하게 운항할 수 있다고 판단되는 경우에 발급하는 증명
2. 특별감항증명: 해당 항공기가 제한형식증명을 받았거나 항공기의 연구, 개발 등 국토교통부령으로 정하는 경우로서 항공기 제작자 또는 소유자등이 제시한 운용범위를 검토하여 안전하게 운항할 수 있다고 판단되는 경우에 발급하는 증명

④ 국토교통부장관은 제3항 각 호의 어느 하나에 해당하는 감항증명을 하는 경우 국토교통부령으로 정하는 바에 따라 해당 항공기의 설계, 제작과정, 완성 후의 상태와 비행성능에 대하여 검사하고 해당 항공기의 운용한계(運用限界)를 지정하여야 한다. 다만, 다음 각 호의 어느 하나에 해당하는 항공기의 경우에는 국토교통부령으로 정하는 바에 따라 검사의 일부를 생략할 수 있다.

1. 형식증명, 제한형식증명 또는 형식증명승인을 받은 항공기
2. 제작증명을 받은 자가 제작한 항공기
3. 항공기를 수출하는 외국정부로부터 감항성이 있다는 승인을 받아 수입하는 항공기

⑤ 감항증명의 유효기간은 1년으로 한다. 다만, 항공기의 형식 및 소유자등(제32조제2항에 따른 위탁을 받은 자를 포함한다)의 감항성 유지능력 등을 고려하여 국토교통부령으로 정하는 바에 따라 유효기간을 연장할 수 있다.

⑥ 국토교통부장관은 제4항에 따른 검사 결과 항공기가 감항성이 있다고 판단되는 경우 국토교통부령으로 정하는 바에 따라 감항증명서를 발급하여야 한다.

⑦ 국토교통부장관은 다음 각 호의 어느 하나에 해당하는 경우에는 해당 항공기에 대한 감항증명을 취소하거나 6개월 이내의 기간을 정하여 그 효력의 정지를 명할 수 있다. 다만, 제1호에 해당하는 경우에는 감항증명을 취소하여야 한다.

1. 거짓이나 그 밖의 부정한 방법으로 감항증명을 받은 경우
2. 항공기가 감항증명 당시의 항공기기술기준에 적합하지 아니하게 된 경우

⑧ 항공기를 운항하려는 소유자등은 국토교통부령으로 정하는 바에 따라 그 항공기의 감항성을 유지하여야 한다.

⑨ 국토교통부장관은 제8항에 따라 소유자등이 해당 항공기의 감항성을 유지하는지를 수시로 검사하여야 하며, 항공기의 감항성 유지를 위하여 소유자등에게 항공기등, 장비품 또는 부품에 대한 정비등에 관한 감항성개선 또는 그 밖의 검사 · 정비등을 명할 수 있다.

3.4.3. 소음기준적합증명

항공기의 소음기준적합증명(Aircraft Noise Certification)에 대해서는 시카고협약 부속서 16 및 항공법에 규정하고 있으며, 항공기 소유자 등은 항공기의 소음기준적합증명(Aircraft Noise Certification)을 받아야 요건을 충족해야 한다.

제25조(소음기준적합증명)

① 국토교통부령으로 정하는 항공기의 소유자 등은 감항증명을 받는 경우와 수리 · 개조 등으로 항

공기의 소음치(騷音値)가 변동된 경우에는 국토교통부령으로 정하는 바에 따라 그 항공기가 제19조제2호의 소음기준에 적합한지에 대하여 국토교통부장관의 증명(이하 "소음기준적합증명"이라 한다)을 받아야 한다.

② 소음기준적합증명을 받지 아니하거나 항공기기술기준에 적합하지 아니한 항공기를 운항해서는 아니 된다. 다만, 국토교통부령으로 정하는 바에 따라 국토교통부장관의 운항허가를 받은 경우에는 그러하지 아니하다.

(이하 생략)

3.4.4. 시카고협약 부속서 8 항공기 감항성

시카고협약 부속서 8(Airworthiness of Aircraft)은 안전운항을 위한 항공기의 감항성과 관련하여 체약국이 이행해야 하는 국제표준 및 권고방식을 내용으로 하며, 시카고협약 부속서 1 및 6과 함께 가장 기본이 되는 부속서이다.

본 부속서는 시카고협약 제37조 규정에 따라 1949년 3월 1일 ICAO 총회에서 채택함으로써 탄생하였으며, 2015년 7월 1일 현재 104번째 개정판이 적용되고 있다. 시카고협약 부속서 8에서는 대형비행기, 회전익비행기, 소형비행기, 엔진 및 프로펠러 등에 대한 감항성에 대하여 규정하고 있다.

제31조(항공기등의 검사 등)

① 국토교통부장관은 제20조부터 제25조까지, 제27조, 제28조, 제30조 및 제97조에 따른 증명·승인 또는 정비조직인증을 할 때에는 국토교통부장관이 정하는 바에 따라 미리 해당 항공기등 및 장비품을 검사하거나 이를 제작 또는 정비하려는 조직, 시설 및 인력 등을 검사하여야 한다.

② 국토교통부장관은 제1항에 따른 검사를 하기 위하여 다음 각 호의 어느 하나에 해당하는 사람 중에서 항공기등 및 장비품을 검사할 사람(이하 "검사관"이라 한다)을 임명 또는 위촉한다.

1. 제35조제8호의 항공정비사 자격증명을 받은 사람
2. 「국가기술자격법」에 따른 항공분야의 기사 이상의 자격을 취득한 사람
3. 항공기술 관련 분야에서 학사 이상의 학위를 취득한 후 3년 이상 항공기의 설계, 제작, 정비 또는 품질보증 업무에 종사한 경력이 있는 사람
4. 국가기관등항공기의 설계, 제작, 정비 또는 품질보증 업무에 5년 이상 종사한 경력이 있는 사람

③ 국토교통부장관은 국토교통부 소속 공무원이 아닌 검사관이 제1항에 따른 검사를 한 경우에는 예산의 범위에서 수당을 지급할 수 있다.

제32조(항공기등의 정비등의 확인)

① 소유자등은 항공기등, 장비품 또는 부품에 대하여 정비등(국토교통부령으로 정하는 경미한 정비 및 제30조제1항에 따른 수리·개조는 제외한다. 이하 이 조에서 같다)을 한 경우에는 제35조제8호의 항공정비사 자격증명을 받은 사람으로서 국토교통부령으로 정하는 자격요건을 갖춘 사람으로부터 그 항공기등, 장비품 또는 부품에 대하여 국토교통부령으로 정하는 방법에 따라 감항성을 확인받지 아니하면 이를 운항 또는

항공기등에 사용해서는 아니 된다. 다만, 감항성을 확인받기 곤란한 대한민국 외의 지역에서 항공기등, 장비품 또는 부품에 대하여 정비등을 하는 경우로서 국토교통부령으로 정하는 자격요건을 갖춘 자로부터 그 항공기등, 장비품 또는 부품에 대하여 감항성을 확인받은 경우에는 이를 운항 또는 항공기등에 사용할 수 있다.

② 소유자등은 항공기등, 장비품 또는 부품에 대한 정비등을 위탁하려는 경우에는 제97조제1항에 따른 정비조직인증을 받은 자 또는 그 항공기등, 장비품 또는 부품을 제작한 자에게 위탁하여야 한다.

제33조(항공기 등에 발생한 고장, 결함 또는 기능장애 보고 의무)

① 형식증명, 부가형식증명, 제작증명, 기술표준품형식승인 또는 부품등제작자증명을 받은 자는 그가 제작하거나 인증을 받은 항공기등, 장비품 또는 부품이 설계 또는 제작의 결함으로 인하여 국토교통부령으로 정하는 고장, 결함 또는 기능장애가 발생한 것을 알게 된 경우에는 국토교통부령으로 정하는 바에 따라 국토교통부장관에게 그 사실을 보고하여야 한다.

② 항공운송사업자, 항공기사용사업자 등 대통령령으로 정하는 소유자등 또는 제97조제1항에 따른 정비조직인증을 받은 자는 항공기를 운영하거나 정비하는 중에 국토교통부령으로 정하는 고장, 결함 또는 기능장애가 발생한 것을 알게 된 경우에는 국토교통부령으로 정하는 바에 따라 국토교통부장관에게 그 사실을 보고하여야 한다.

3.5. 항공종사자

「항공안전법」 제4장 항공종사자는 항공기의 안전운항을 확보하기 위해 항공 업무에 종사하는 자에 대한 항공종사자의 자격증명 종류 및 업무 범위, 자격증명의 한정, 전문교육기관, 항공신체검사증명, 계기비행증명, 항공영어구술능력증명 등에 대하여 규정하고 있으며. 시카고협약 및 동 협약 부속서 1에서 정한 기준을 준거하여 규정하고 있다.[12)]

3.5.1. 항공종사자 자격증명

3.5.1.1. 시카고 협약의 항공종사자 자격증명

시카고협약과 동 협약 부속서 1에서는 '자격증명'과 관련하여 다음과 같이 규정하고 있다.

- 국제항공에 종사하는 체약국의 항공기에는 본 협약에서 정한 조건에 따라 승무원 자격증명(Licence)을 휴대해야 한다.[13)]
- 국제항공에 종사하는 모든 항공기의 조종사는 항공기의 등록국이 발급하거나 유효하다고 인정한 자격증명을 소지한다.[14)]
- 각 체약국은 자국민에 대하여 타 체약국이 발급

12) 시카고협약 제32조(항공종사자 면허) 및 동 협약 부속서 1(항공종사자 면허) 등.
13) 시카고협약 제29조.
14) 시카고협약 제32조.

한 자격증명을 자국 영역의 상공 비행에 있어 인정하지 아니할 수 있는 권리를 갖는다.[15)]

- 운항승무원 및 운항승무원 이외의 종사자에 대한 자격증명의 종류, 제한 권한 등에 대해서는 시카고협약 부속서 1에서 규정하고 있다.[16)]
- 각 체약국은 항공기의 등록국이 발급하거나 유효하다고 인정한 자격증명이 협약에 따라 정한 최저 표준을 준수한 경우 유효한 것으로 인정해야 한다.[17)]
- 조종사 자격증명은 항공당국이 발급 및 인정할 권리를 가지며 운송용조종사 자격증명과 같이 항공당국이 부여하는 기본 면장을 취득함으로써 자격이 부여된다. 자격증명에 대한 심사는 항공당국 또는 승인된 훈련기관의 위촉된 자에 의해 수행된다.[18)]
- 항공종사자에 대한 인가된 훈련은 인가된 훈련기관에서 수행되어야 한다.[19)]
- 항공당국은 자격증명을 발행할 때 시카고협약 체약국이 rating의 유효성을 쉽게 판단할 수 있도록 자격증명을 발행해야 한다.[20)]

3.5.1.2. 항공안전법의 항공종사자 자격증명

우리나라의 경우 「항공안전법」 제4장에서 항공종사자의 자격증명에 대해 규정하고 있다. 항공종사자는 항공기의 안전운항을 확보하기 위해 항공업무에 종사하는 자에 대한 항공종사자의 자격증명, 자격증명의 종류, 업무범위, 자격증명의 한정, 시험의 실시 및 면제, 항공신체검사증명, 계기비행증명, 항공영어구술능력증명, 전문교육기관의 지정 등에 대하여 규정하고 있으며, 국제민간항공 협약 및 동 협약 부속서 1에서 정한 기준을 준거하여 규정하고 있다. 항공종사자 자격증명과 관련된 주요 내용은 다음과 같다.

제34조(항공종사자 자격증명 등)

① 항공업무에 종사하려는 사람은 국토교통부령으로 정하는 바에 따라 국토교통부장관으로부터 항공종사자 자격증명(이하 "자격증명"이라 한다)을 받아야 한다. 다만, 항공업무 중 무인항공기의 운항 업무인 경우에는 그러하지 아니하다.

② 다음 각 호의 어느 하나에 해당하는 사람은 자격증명을 받을 수 없다.

---

15) 시카고협약 제32조.

16) 시카고협약 부속서 1, 1.2 General rules concerning licences
Note 2.– International Standards and Recommended Practices are established for licensing the following personnel:
a) Flight crew:
private pilot(aeroplane, airship, helicopter or powered–lift); commercial pilot(aeroplane, airship, helicopter or powered–lift); multi–crew pilot(aeroplane); airline transport pilot(aeroplane, helicopter or powered–lift), glider pilot; free balloon pilot; flight navigator; flight engineer.
b) Other personnel:
aircraft maintenance(technician/engineer/mechanic); air traffic controller; flight operations officer / flight dispatcher; aeronautical station operator.

17) 시카고협약 제33조

18) 시카고협약 부속서 1, Appendix 2. 10.

19) 시카고협약 부속서 1, 1.2.8.

20) 시카고협약 부속서 1, 5.1.1.1.

1. 다음 각 목의 구분에 따른 나이 미만인 사람
   가. 자가용 조종사 자격: 17세(제37조에 따라 자가용 조종사의 자격증명을 활공기에 한정하는 경우에는 16세)
   나. 사업용 조종사, 부조종사, 항공사, 항공기관사, 항공교통관제사 및 항공정비사 자격: 18세
   다. 운송용 조종사 및 운항관리사 자격: 21세
2. 제43조제1항에 따른 자격증명 취소처분을 받고 그 취소일부터 2년이 지나지 아니한 사람(취소된 자격증명을 다시 받는 경우에 한정한다)

③ 제1항 및 제2항에도 불구하고 「군사기지 및 군사시설 보호법」을 적용받는 항공작전기지에서 항공기를 관제하는 군인은 국방부장관으로부터 자격인정을 받아 항공교통관제 업무를 수행할 수 있다.

제37조(자격증명의 한정)

① 국토교통부장관은 다음 각 호의 구분에 따라 자격증명에 대한 한정을 할 수 있다.
1. 운송용 조종사, 사업용 조종사, 자가용 조종사, 부조종사 또는 항공기관사 자격의 경우: 항공기의 종류, 등급 또는 형식
2. 항공정비사 자격의 경우: 항공기 · 경량항공기의 종류 및 정비분야

[별표] 자격증명별 업무 범위 (제36조제1항 관련)

자격	업무 범위
운송용 조종사	항공기에 탑승하여 다음 각 호의 행위를 하는 것 1. 사업용 조종사의 자격을 가진 사람이 할 수 있는 행위 2. 항공운송사업의 목적을 위하여 사용하는 항공기를 조종하는 행위
사업용 조종사	항공기에 탑승하여 다음 각 호의 행위를 하는 것 1. 자가용 조종사의 자격을 가진 사람이 할 수 있는 행위 2. 무상으로 운항하는 항공기를 보수를 받고 조종하는 행위 3. 항공기사용사업에 사용하는 항공기를 조종하는 행위 4. 항공운송사업에 사용하는 항공기(1명의 조종사가 필요한 항공기만 해당한다)를 조종하는 행위 5. 기장 외의 조종사로서 항공운송사업에 사용하는 항공기를 조종하는 행위
자가용 조종사	항공기에 탑승하여 보수를 받지 아니하고 무상운항을 하는 항공기를 조종하는 행위
부조종사	비행기에 탑승하여 다음 각 호의 행위를 하는 것 1. 자가용 조종사의 자격을 가진 자가 할 수 있는 행위 2. 기장 외의 조종사로서 비행기를 조종하는 행위
항공사	항공기에 탑승하여 그 위치 및 항로의 측정과 항공상의 자료를 산출하는 행위
항공기관사	항공기에 탑승하여 발동기 및 기체를 취급하는 행위(조종 장치의 조작은 제외한다)
항공교통 관제사	항공교통의 안전 · 신속 및 질서를 유지하기 위하여 항공기 운항을 관제하는 행위
항공정비사	다음 각 호의 행위를 하는 것 제32조제1항에 따라 정비등을 한 항공기등, 장비품 또는 부품에 대하여 감항성을 확인하는 행위 제108조제4항에 따라 정비를 한 경량항공기 또는 그 장비품 · 부품에 대하여 안전하게 운용할 수 있음을 확인하는 행위
운항관리사	항공운송사업에 사용되는 항공기의 운항에 필요한 다음 각 호의 사항을 확인하는 행위 1. 비행계획의 작성 및 변경 2. 항공기 연료 소비량의 산출 3. 항공기 운항의 통제 및 감시

② 제1항에 따라 자격증명의 한정을 받은 항공종사자는 그 한정된 종류, 등급 또는 형식 외의 항공기·경량항공기나 한정된 정비분야 외의 항공업무에 종사해서는 아니 된다.

③ 제1항에 따른 자격증명의 한정에 필요한 세부사항은 국토교통부령으로 정한다.

제38조(시험의 실시 및 면제)

① 자격증명을 받으려는 사람은 국토교통부령으로 정하는 바에 따라 항공업무에 종사하는 데 필요한 지식 및 능력에 관하여 국토교통부장관이 실시하는 학과시험 및 실기시험에 합격하여야 한다.

② 국토교통부장관은 제37조에 따라 자격증명을 항공기·경량항공기의 종류, 등급 또는 형식별로 한정(제44조에 따른 계기비행증명 및 조종교육증명을 포함한다)하는 경우에는 항공기·경량항공기 탑승경력 및 정비경력 등을 심사하여야 한다. 이 경우 항공기·경량항공기의 종류 및 등급에 대한 최초의 자격증명의 한정은 실기시험으로 심사할 수 있다.

③ 국토교통부장관은 다음 각 호의 어느 하나에 해당하는 사람에게는 국토교통부령으로 정하는 바에 따라 제1항 및 제2항에 따른 시험 및 심사의 전부 또는 일부를 면제할 수 있다.

1. 외국정부로부터 자격증명을 받은 사람
2. 제48조에 따른 전문교육기관의 교육과정을 이수한 사람
3. 항공기·경량항공기 탑승경력 및 정비경력 등 실무경험이 있는 사람
4. 「국가기술자격법」에 따른 항공기술분야의 자격을 가진 사람

④ 국토교통부장관은 제1항에 따라 학과시험 및 실기시험에 합격한 사람에 대해서는 자격증명서를 발급하여야 한다.

3.5.1.3. 항공안전법 시행규칙의 항공종사자 자격증명

항공종사자 자격증명과 관련하여 ① 응시경력, ② 자격증명시험 및 한정심사의 과목 및 범위, ③ 자격증명을 가진 사람의 학과시험 면제기준, ④ 자격증명시험 및 한정심사의 일부 면제에 대해서는 항공안전법 시행규칙에서 규정하고 있다.[21)]

우리나라는 항공종사자의 자격증명 종류 및 자격증명 취득 요건 등에 대해서는 ICAO 기준을 준수하고 있으나, 자격증명의 유효기간에 대해서는 자격증명에 구체적인 언급이 없다. 이와 관련하여 국내 항공법규에서 예외적으로 인정되는 경우를 제외하고 일반적으로 적용되는 주요 내용은 다음과 같다.[22)]

- 교통안전공단이사장이 발행한 항공종사자 자격증명에는 특정한 자격 만료 일자를 정하지 않는다.
- 조종사 자격증명이 항공법령에 의하여 발급되지 않았거나 또는 항공기가 등록된 나라에서 발급되

21) 항공안전법 시행규칙 [별표 4] 자격증명 응시경력(제75조 관련), [별표 5] 자격증명시험 및 한정심사의 과목 및 범위(제82조제1항 관련), [별표 6] 자격증명을 가진 사람의 학과시험 면제기준(제86조제2항 관련), [별표 7] 자격증명시험 및 한정심사의 일부 면제(제88조제2항 및 제89조제3항 관련).
22) 운항기술기준 2.1.2 자격증명, 한정자격, 허가서(License, Ratings, and Authorizations).

지 않았다면, 민간항공기의 조종사로 비행하여서는 아니 된다.

- 항공기에 대한 적절한 종류, 등급, 형식 한정자격(등급 및 형식 한정자격이 요구되는 경우)이 없는 자와 경량항공기 자격이 없는 자는 항공기의 조종사로서 임무를 수행하여서는 아니 된다.
- 자격증명을 받은 자는 그가 받은 자격증명의 종류에 따른 항공업무 외의 항공업무에 종사하여서는 아니 된다.
- 자가용 조종사 자격증명을 소지한 사람이 같은 종류의 항공기에 대하여 사업용 조종사, 부조종사 또는 운송용 조종사 자격증명을 받은 경우에는 종전의 자격증명에 관한 항공기의 등급 · 형식의 한정 또는 계기비행증명에 관한 한정은 새로 받은 자격증명에 관해서도 유효하다.
- 사업용 조종사 또는 부조종사 자격증명을 소지한 사람이 운송용 조종사 자격증명을 받은 경우에는 종전의 자격증명에 관한 항공기의 등급 · 형식의 한정 또는 계기비행증명에 관한 한정은 새로 받은 자격증명에 관해서도 유효하다.
- 체약국에서 적법하게 발급된 항공기 한정자격(aircraft rating) 및 계기비행증명(Instrument rating)은 국내 자격증명 발급 시 소정의 확인절차 후 인정될 수 있다.

3.5.2. 항공정비사 자격증명

항공정비사는 항공안전법 제2조(정의)에서 기술한 항공종사자의 범위에 포함되며 항공종사자는 항공안전법 제34조제1항에 따른 항공종사자 자격증명을 받은 사람을 말한다.

항공종사자 자격증명은 1944년 시카고조약에서 각국의 의무사항으로 개인의 기량과 지식수준을 평가하여 발행하도록 하면서 국제표준의 기틀이 마련되었으며 국제민간항공협회(ICAO)에서도 1949년 5월 부속서 1권(Annex 1)을 항공종사자 면허업무에 관한 기준으로 규정하였다. 그동안 개정내용의 특징을 살펴보면 1950년대에는 신체적 건강과 정신적 건강이 주요 이슈였고, 1960년대에는 항공종사자의 심리학 및 생리학 발전에 관한 규정의 개정이 있었으며, 1980년대에는 항공기 항법장비의 개선과 항공기 기술의 전반적인 발전에 의해 기관사의 탑승이 필요 없는 상황에 따른 대대적인 개정과 동시에 조종사의 인적요인에 대한 연구가 지속적으로 진행되었다.

2000년대 들어서는 인적요인이 조종사뿐만 아니라 항공정비사에게도 적용되는 개정이 이루어졌다. 최근의 항공종사자 자격증명제도는 교육과정 분석을 통한 효과적인 항공종사자 양성과 인적요인에 의한 사고예방 초점을 맞추고 있다.

항공종사자 자격증명제도는 개인의 기량과 지식수준을 평가하여 해당 항공업무를 수행할 수 있는 자격을 부여하는 제도로 세계 각국은 국제적인 기준을 바탕으로 자국의 실정에 알맞도록 자격증명제도를 운영하고 있다.

3.5.2.1. 항공기 정비사 업무 범위

항공안전법 제36조(업무범위)에 근거하여 항공정비사 자격증명을 받은 사람은 그가 받은 자격증명의 종류에 따른 정비 또는 개조(국토교통부령으로 정하는 경미한 정비 및 제19조제1항에 따른 수리 · 개조는 제외한다)한 항공기에 대하여 항공안전법 제32조에 따른 항공기등, 장비품 또는 부품에 대하여 정비

등을 한 경우에 그 항공기등, 장비품 또는 부품이 기술기준에 적합하다는 감항성 확인을 한다.

3.5.2.2. 자격증명 신청

항공안전법 제34조에 따라서 항공업무에 종사하려는 사람은 국토교통부령으로 정하는 바에 따라 국토교통부장관으로부터 항공종사자 자격증명을 받아야 한다. 항공정비사는 국토교통부령으로 정하는 경미한 정비와 수리 개조를 제외한 정비 또는 개조한 항공기에 대하여 항공안전법 제32조에 따라서 항공기등, 장비품 또는 부품에 대하여 국토교통부령으로 정하는 방법에 따라 감항성을 확인하는 권한을 가진다. 항공정비사 자격증명을 취득하기 위해서는 2단계 시험을 실시한다. 1단계는 학과시험이고 2단계는 학과시험 합격자만 응시할 수 있는 실기시험이다. 항공정비사 자격증명 신청은 응시하고자 하는 한정에 따라 분류되는데 한정은 항공기의 종류와 정비업무 범위에 따라 구분된다.

3.5.2.3. 응시자격

항공정비사 자격증명을 취득하기 위한 응시자격은 항공안전법 제34조에 따라 나이가 18세 이상이고, 항공안전법 제43조에 따른 자격증명 취소처분을 받은 경우 그 취소일로부터 2년이 지나야 가능하다. 이 외에도 항공정비사 자격증명을 취득하기 위해서는 다음에 해당하는 경력을 보유하여야 한다.

• 항공기 종류 한정이 필요한 항공정비사 자격증명을 신청하는 경우에는 다음의 어느 하나에 해당하는 사람

① 4년 이상의 항공기 정비업무경력(자격증명을 받으려는 항공기가 활공기인 경우에는 활공기의 정비와 개조)이 있는 사람. 다만, 자격증명을 받으려는 항공기와 동급 이상의 것에 대한 6개월 이상의 경력이 포함되어야 한다.

② 「고등교육법」에 따른 대학·전문대학(다른 법령에서 이와 동등한 수준 이상의 학력이 있다고 인정되는 교육기관을 포함한다) 또는 「학점인정 등에 관한 법률」에 따라 학습하는 곳에서 별표 5 제1호에 따른 항공정비사 학과시험의 범위를 포함하는 각 과목을 이수하고, 자격증명을 받으려는 항공기와 동등한 수준 이상의 것에 대하여 교육과정 이수 후의 정비실무경력이 6개월 이상이거나 교육과정 이수 전의 정비실무경력이 1년 이상인 사람

③ 국토교통부장관이 지정한 전문교육기관에서 해당 항공기 종류에 필요한 과정을 이수한 사람(외국의 전문교육기관으로서 그 외국정부가 인정한 전문교육기관에서 항공기 정비에 필요한 과정을 이수한 사람을 포함한다). 이 경우 해당 항공기 종류에 필요한 과정을 이수한 사람은 해당 경량항공기 종류에 필요한 과정을 이수한 것으로 본다.

④ 외국정부가 발급한 해당 항공기 종류 한정 자격증명을 받은 사람

• 정비분야 한정이 필요한 항공정비사 자격증명을 신청하는 경우에는 다음 각 목의 어느 하나에 해당하는 사람

① 항공기 전자·전기·계기 분야에서 4년 이상의 정비실무경력이 있는 사람

② 국토교통부장관이 지정한 전문교육기관에서

항공기 전자 · 전기 · 계기 정비에 필요한 과정을 이수한 사람으로서 항공기 전자 · 전기 · 계기 분야에서 정비실무경력이 2년 이상인 사람

- 자격증명 한정심사를 신청하는 경우에는 다음 각 목의 어느 하나에 해당하는 사람

① 항공기 종류 한정의 경우 항공정비사 자격증명 취득일부터 해당 항공기 종류에 대한 6개월 이상의 정비실무경력이 있는 사람

② 전기 · 전자 · 계기 분야 한정의 경우 항공정비사 자격증명 취득일부터 항공기 전기 · 전자 · 계기 분야에 대한 2년 이상의 정비실무경력이 있는 사람

3.5.2.4. 응시절차

항공정비사 자격증명을 받으려는 사람은 항공안전법 제38조에 근거하여 국토교통부령으로 정하는 바에 따라 항공업무에 종사하는 데 필요한 지식 및 능력에 관하여 국토교통부장관이 실시하는 학과시험 및 실기시험에 합격하여야 한다.

국토교통부장관은 항공안전법 제135조 5항에 따라 자격증명시험 심사업무와 자격증명서의 발급에 관한 업무를 교통안전공단에 위탁하여 운영하고 있어 실제 모든 항공종사자 자격증명 시험은 교통안전공단에서 실시하고 있다.

이에 따라 교통안전공단 이사장은 자격증명시험을 실시하려는 경우에는 매년 말까지 다음 연도의 자격증명시험의 학과시험 및 실기시험의 일정, 응시자격, 응시과목 등을 포함한 계획을 공고하여야 한다. 그러나 항공종사자 자격증명시험의 경우 자격증명시험의 학과시험 제도를 전용 전산망과 연결된 컴퓨터 방식인 상시원격 학과시험 시스템을 도입하여 자격증명시험의 학과시험 일정에 관한 다음 해 계획의 공고를 생략하고 있다.

항공정비사 자격증명시험에 응시하려는 사람은 항공종사자 자격증명시험(한정심사) 응시원서에 응시할 수 있는 경력과 면제 받을 수 있는 자격 또는 경력 등이 있음을 증명하는 서류를 첨부하여 교통안전안전공단의 이사장에게 온라인으로 제출하여야 한다. 다만, 경력이 있음을 증명하는 서류는 실기시험 응시원서 접수 시까지 제출할 수 있다.

항공안전법 시행규칙 제85조(과목합격의 유효)에 따르면 항공종사자 자격증명시험 또는 한정심사의 학과시험의 일부 과목 또는 전 과목에 합격한 사람이 같은 종류의 항공기에 대하여 자격증명시험 또는 한정심사에 응시하는 경우에는 합격 통보가 있는 날(전 과목을 합격한 경우에는 최종 과목의 합격 통보가 있는 날)부터 2년 이내에 실시(시험 또는 심사 접수 마감일 기준)하는 시험 또는 한정심사에서 그 합격을 유효로 한다.

학과시험에 합격한 사람은 이전의 학과시험 응시절차와 동일한 절차로 실기시험을 위한 항공종사자 자격증명시험(한정심사) 응시원서를 교통안전안전공단의 이사장에게 제출하여야 한다. 이때 명시하여야 할 사항은 시험에 응시할 수 있는 경력이 있음을 증명하는 서류를 학과시험 시 제출하지 않았다면 응시자격에 필요한 경력증명서를 첨부하여 심사를 먼저 실시하여야 한다. 실기시험은 자격별 실무를 수행할 수 있는 능력유무를 판정할 수 있는 장비로 실시하며 실기시험의 일부를 면제받는 응시자에게는 실기시험 채점표에 의하여 구술로 실시할 수 있다.

실기시험의 방법은 응시자 1명에 대하여 실기시험

■ 항공안전법 시행규칙 [별지 제35호서식]

(앞 쪽)

항공종사자 자격증명시험(한정심사) 응시원서

본인은 년도 제 차 항공종사자 자격증명시험(한정심사)의 학과시험/실기시험에 응시하고자 원서를 제출합니다.

※ 아래 작성사항은 사실과 다름이 없으며, 만약 시험 합격 후에 허위 또는 부실작성 사실이 발견되었을 때에는 합격의 취소처분에도 이의를 제기하지 아니할 것을 서약합니다.

년 월 일

응시자 (서명 또는 인)

한국교통안전공단이사장 귀하

<table>
<tr><td rowspan="2">① 신청인 성명</td><td>한글</td><td colspan="2"></td><td rowspan="2" colspan="2">② 주민등록번호
(여권번호)</td><td rowspan="2" colspan="2"></td></tr>
<tr><td>영문</td><td colspan="2"></td></tr>
<tr><td rowspan="2">③ 주소</td><td>한글</td><td colspan="4">우편번호(-)</td><td>④ 전화 번호</td><td></td></tr>
<tr><td>영문</td><td colspan="4"></td><td>⑤ E-MAIL</td><td></td></tr>
<tr><td>⑥ 응시자격명
(한정사항)</td><td colspan="7"></td></tr>
<tr><td rowspan="3">⑦ 종류구분</td><td>항공기종류</td><td colspan="6">[ ]비행기 [ ]헬리콥터 [ ]비행선 [ ]활공기 [ ]항공우주선</td></tr>
<tr><td>경량항공기종류</td><td colspan="6">[ ]타면조종형비행기 [ ]체중이동형비행기
[ ]경량헬리콥터 [ ]자이로플레인 [ ]동력패러슈트</td></tr>
<tr><td>정비분야</td><td colspan="6">[ ]전자 · 전기 · 계기</td></tr>
<tr><td>⑧ 등급</td><td colspan="7">[ ]육상([ ]단발 [ ]다발) [ ]수상([ ]단발[ ]다발) [ ]활공기([ ]상급[ ]중급)</td></tr>
<tr><td rowspan="2">⑨ 응시과목</td><td colspan="7">학과시험:</td></tr>
<tr><td colspan="7">실기시험: [ ]구술 [ ]실기</td></tr>
<tr><td>⑩ 면제과목</td><td colspan="7"></td></tr>
<tr><td>⑪ 면제근거</td><td colspan="7">[ ]관련자격취득 [ ]일부과목합격 [ ]지정전문교육기관수료 [ ]경력소지 [ ]기타</td></tr>
<tr><td>⑫ 응시번호</td><td colspan="2">학과*</td><td>실기*</td><td>⑬구비 서류</td><td colspan="3">경력증명서 각 1부 / 자격증사본 각 1부
졸업증명서 1부 / 과목합격증 각 1부</td></tr>
<tr><td>⑭ 시험장소</td><td colspan="3"></td><td>⑮ 시험일시</td><td colspan="3">. . . .</td></tr>
</table>

························· 자르는 선 ·························

<table>
<tr><td>⑥ 응시자격명</td><td colspan="2"></td><td colspan="3">응시표</td></tr>
<tr><td>⑭ 시험장소</td><td colspan="2"></td><td>⑮ 시험일시</td><td colspan="2">. . . .</td></tr>
<tr><td>⑫ 응시번호</td><td colspan="3">학과*</td><td colspan="2">실기*</td></tr>
<tr><td rowspan="2">① 성명</td><td>한글</td><td></td><td rowspan="2" colspan="2">② 주민등록번호
(여권번호)</td><td rowspan="2">( )</td></tr>
<tr><td>영문</td><td></td></tr>
<tr><td colspan="6">년 월 일
한국교통안전공단이사장 직인</td></tr>
</table>

위원 1명이 실시함을 원칙으로 하며 실기시험 중 구술로 진행하는 시험은 실기시험 표준서를 기준으로 진행하며, Part I은 항공기체 및 항공발동기 분야로 구성되고, Part II는 항공전자, 전기, 계기, 장비로 구성된다. 각각의 Part는 법규 및 관계규정, 기본작업, 항공기 정비작업으로 이루어져 있다. 실기시험 위원은 실기시험 표준서를 기준으로 응시자가 신청한 자격종류에 해당하는 업무를 수행할 수 있는 지식과 기량을 보유하고 있는지 여부를 평가하며 해당 채점표에 의한 실기시험결과 모든 항목이 S등급(Satisfactory)이어야 합격이 된다.

3.5.2.5. 시험과목

항공정비사 자격증명 학과시험의 과목과 범위는 항공기 종류 한정이 필요한 항공정비사 자격증명의 경우 각 분야별로 5과목(비행기.헬리콥터.비행선, 경량비행기.경량헬리콥터), 4과목(전자 · 전기 · 계기 분야 한정)과 3과목(활공기)으로 구성되어 있으며 과목별 범위는 아래 표와 같다. 모든 학과시험에서 항공법규와 항공역학은 공통으로 포함되고 나머지 과목은 자격증명의 한정을 하려는 자격의 특성에 따라서 과목을 달리하고 있다.

- 항공정비사 자격증명 학과시험의 과목별 범위는 아래 표와 같다.

항공정비사	비행기 · 헬리콥터 · 비행선	항공법규	해당 업무에 필요한 항공법규
		정비일반	가. 정비일반의 이론과 항공기의 중심위치의 계산 등에 관한 지식 나. 항공정비 분야와 관련된 인적 수행능력에 관한 지식(위협 및 오류 관리에 관한 원리를 포함한다)
		항공기체	항공기체의 강도·구조·성능과 정비에 관한 지식
		항공 발동기	항공기용 동력장치의 구조·성능·정비에 관한 지식과 항공기 연료·윤활유에 관한 지식
		전자 · 전기 · 계기(기본)	항공기 장비품의 구조·성능·정비 및 전자·전기·계기에 관한 지식
	경량비행기 · 경량헬리콥터 (자이로플레인을 포함한다)	항공법규	비행기 · 헬리콥터 · 비행선의 항공법규에서 정한 범위와 같음
		정비일반	비행기 · 헬리콥터 · 비행선의 정비일반에서 정한 범위와 같음
		항공기체	비행기 · 헬리콥터 · 비행선의 항공기체에서 정한 범위와 같음
		항공 발동기	비행기 · 헬리콥터 · 비행선의 항공발동기에서 정한 범위와 같음
		전자 · 전기 · 계기(기본)	비행기 · 헬리콥터 · 비행선의 전자 · 전기 · 계기(기본)에서 정한 범위와 같음
	활공기	항공법규	해당 업무에 필요한 항공법규
		정비일반	가. 정비일반의 이론과 항공기의 중심위치의 계산 등에 관한 지식 나. 항공정비 분야와 관련된 인적 수행능력에 관한 지식(위협 및 오류 관리에 관한 원리를 포함한다)
		활공기체	활공기의 기체와 장비품(예항장치의 착탈장치를 포함한다)의 강도·성능·정비와 개조에 관한 지식
	전자 · 전기 · 계기 분야	항공법규	해당 업무에 필요한 항공법규
		정비일반	가. 정비일반의 이론과 항공기의 중심위치의 계산 등에 관한 지식 나. 항공정비 분야와 관련된 인적 수행능력에 관한 지식(위협 및 오류 관리에 관한 원리를 포함한다)
		전자 · 전기 · 계기(기본)	항공기 장비품의 구조·성능·정비 및 전자·전기·계기에 관한 지식
		전자 · 전기 · 계기(심화)	항공기용 전자·전기·계기의 구조·성능·시험·정비와 개조에 관한 심화지식

• 항공정비사 자격증명 실기시험의 범위는 아래 표와 같다.

항공정비사	비행기(경량비행기를 포함한다) · 헬리콥터(경량헬리콥터 및 자이로플레인을 포함한다) · 비행선	가. 기체동력장치나 그 밖에 장비품의 취급 · 정비와 검사방법 나. 항공기(경량항공기를 포함한다) 탑재중량의 배분과 중심위치의 계산 다. 해당 자격의 수행에 필요한 기술
	활공기	가. 기체장비품(예항줄과 착탈장치를 포함한다)의 취급 · 정비 · 개조 및 검사방법 나. 활공기 탑재중량의 배분과 중심위치의 계산 다. 해당 자격의 수행에 필요한 기술
	전자 · 전기 · 계기 관련분야	가. 전자 · 전기 · 계기의 취급 · 정비 · 개조와 검사방법 나. 해당 자격의 수행에 필요한 기술

• 항공정비사 한정심사의 실기시험 범위는 아래 표와 같다.

자격증명 한정을 받으려는 내용	과목	범위
항공기(경량항공기를 포함한다) 종류의 한정	1. 다른 항공기(경량항공기를 포함한다) 종류 한정을 받은 경우에는 없음	없음
	2. 전자 · 전기 · 계기 분야의 한정을 받은 경우에는 항공기체, 항공발동기의 내용을 포함한 과목	가목(자격증명시험)에서 정한 범위와 같음
정비분야의 한정	항공기 종류 한정을 받은 경우에는 전자 · 전기 · 계기 분야(심화)의 내용을 포함한 과목	가목(자격증명시험)에서 정한 범위와 같음

• 항공정비사 자격증명 자격증명 한정심사 실기시험의 범위는 아래 표와 같다.

자격증명의 한정을 받으려는 내용	범 위
항공기 종류(경량항공기를 포함한다)의 한정	해당 종류에 맞는 항공기 정비업무에 필요한 기술
정비분야의 한정	전자 · 전기 · 계기 분야(기본 및 심화)의 정비업무에 필요한 기술

3.5.2.6. 시험의 면제

항공정비사 자격시험은 응시자격, 응시절차, 시험과목 등에서 절차가 복잡하고 각 시험에 대한 면제기준은 더욱 복잡하다. 더하여 항공정비사 자격증명은 국제민간항공기구 부속서를 바탕으로 발행하므로 외국정부로부터 자격증명을 받은 경우도 있어 이에 대한 이인정 및 면제기준을 별도로 정하고 있다. 국토교통부장관은 항공안전법 제38조(시험의 실시 및 면제) 3항과 항공안전법 시행규칙 제88조(자격증명시험의 면제), 항공안전법 시행규칙 제89조(한정심사의 면제)를 근거로 다음 각 호의 어느 하나에 해당하는 사람에게는 국토교통부령으로 정하는 바에 따라 시험 및 심사의 전부 또는 일부를 면제하고 있다.

• 외국정부로부터 자격증명을 받은 사람(외국정부가 발행한 임시 자격증명을 가진 사람을 포함한다)에게는 항공법규를 제외한 학과시험을 면제한다.
• 국토교통부장관이 지정한 전문교육기관의 교육과정을 이수한 사람과 해당 종류 또는 정비업무 범위와 관련하여 5년 이상의 정비실무경력이 있는 사람이 해당 자격증명시험에 응시하는 경우에는 실기시험 중 구술시험만 실시한다.
• 국가기술자격법에 따른 항공기술사, 항공정비기

능장, 항공기사 또는 항공산업기사의 자격을 취득한 사람에 대해서는 다음 각 호의 구분에 따라 시험을 면제한다.

① 항공기술사 자격을 취득한 사람이 항공정비사 종류별 자격시험에 응시하는 경우: 항공법규를 제외한 학과시험 면제

② 항공정비기능장 또는 항공기사자격을 취득한 사람이 항공정비사 종류별 자격시험에 응시하는 경우: 자격 취득 후 항공기 정비업무에 1년 이상 종사한 경력이 있는 경우에만 항공법규를 제외한 학과시험 면제

③ 항공산업기사 자격을 취득한 사람이 항공정비사 종류별 자격시험에 응시하는 경우: 자격 취득 후 항공기 정비업무에 2년 이상 종사한 경력이 있는 경우에만 항공법규를 제외한 학과시험 면제

- 외국정부로부터 자격증명의 한정을 받은 사람(외국정부가 발행한 임시 한정자격증명을 가진 사람을 포함한다)이 해당 한정심사에 응시하는 경우에는 학과시험과 실기시험을 면제한다.
- 해당 종류 또는 정비업무 범위와 관련하여 5년 이상의 정비 실무경험이 있는 사람이 한정심사에 응시하는 경우에는 실기시험 중 구술시험만 실시한다.

[별표 7] 실기시험 면제기준

1. 자격증명시험

자격증명의 종류	면제대상 및 면제범위
	실기시험 중 구술시험만 실시
항공 정비사	1. 하당 종류 또는 정비업무 범위와 관련하여 5년 이상의 정비실무경력이 있는 사람 2. 국토교통부장관이 지정한 전문교육기관에서 항공정비사에게 필요한 과정을 이수한 사람

2. 한정심사

자격증명의 종류		면제대상 및 면제범위
		실기시험 중 구술시험만 실시
항공 정비사	종류추가	해당 종류의 항공기 정비실무경력이 5년 이상인 사람
	정비업무 범위 추가	해당 정비업무 범위의 정비와 개조의 실무경력이 5년 이상인 사람

3.5.2.7. 자격 증명 발급

항공안전법 시행규칙 제83조(시험 및 심사 결과의 통보 등)에 근거하여 교통안전공단의 이사장은 자격증명시험 또는 한정심사의 학과시험 및 실기시험을 실시한 경우에는 각각 합격 여부 등 그 결과를 해당 시험에 응시한 사람 에게 통보한다. 학과시험 합격여부 결과는 CBT 시험 시행 후 그 결과를 즉시 확인할 수 있고, 실기시험 역시 당일 결과를 발표하고 있다.

자격증명시험 또는 한정심사의 실기시험에 합격한 사람은 사진, 서명 등을 스캔하여 교통안전공단 홈페이지의 [나의 시험정보]-[증명서관리(사진/서명관리)]에 등록한 후 "자격증신청-인터넷신청"에서 신청한다. 이후 교통안전공단은 신청내용을 확인 후 항공종사자 자격증명서를 등기우편으로 신청자에게 발송하거나 방문자에게 교부한다.

항공종사자 자격증명서를 발급받은 사람은 항공종사자 자격증명서를 분실하거나 자격증명서가 헐어 못 쓰게 된 경우 또는 그 기재사항을 변경하려는 경우에는 자격증명서 재발급신청서(전자문서로 된 신청서를 포함한다)를 교통안전공단의 이사장에게 제출하고 재발급 신청을 받은 안전공단의 이사장은 그 신청 사유가 적합하다고 인정되면 항공종사자 자격증명서를 재발급한다.

3.5.2.8. 자격 증명 한정

항공정비사 자격증명은 항공안전법 제37조(자격증명의 한정)에 따라 항공기 종류 및 정비분야에 따라 한정하고 이러한 자격증명의 한정을 받은 항공정비사는 그 한정된 항공기 종류 외의 항공기나 한정된 업무범위 외의 항공업무에 종사하여서는 아니 된다.

항공안전법 시행규칙 제81조(자격증명의 한정)에 따라서 항공정비사의 자격증명을 한정하는 항공기의 종류는 비행기, 헬리콥터, 비행선, 활공기 및 항공우주선으로 구분하고 항공정비사의 자격증명을 한정하는 정비분야의 범위는 전자 · 전기 · 계기 분야이다.

3.5.2.9. 자격 증명 취소

항공정비사가 자격증명 취득 후 항공정비 업무를 제대로 수행하지 않는 경우에 국토교통부장관은 항공안전법 제43조(자격증명의 취소 등)에 근거하여 그 자격증명이나 자격증명의 한정을 취소하거나 1년 이내의 기간을 정하여 자격증명 등의 효력 정지를 명할 수 있다. 다만, 부정한 방법으로 자격증명 등을 받은 경우와 자격증명 등의 정지명령을 위반하여 정지기간에 항공업무에 종사한 경우에는 해당 자격증명을 취소한다.

① 거짓이나 부정한 방법으로 자격증명 등을 받은 경우
② 이 법을 위반하여 벌금 이상의 형을 선고받은 경우
③ 항공종사자로서 항공업무를 수행할 때, 고의 또는 중대한 과실로 항공기사고를 일으켜 인명피해나 재산피해를 발생시킨 경우
④ 정비 등을 확인하는 항공종사자가 기술기준에 적합하지 아니한 항공기등 · 장비품 또는 부품을 적합한 것으로 확인한 경우
⑤ 자격증명의 종류에 따른 항공업무 외의 항공업무에 종사한 경우
⑥ 자격증명의 한정을 받은 항공종사자가 한정된 종류 · 등급 또는 형식 외의 항공기나 한정된 정비업무 외의 항공업무에 종사한 경우
⑦ 주류 등의 영향으로 항공업무를 정상적으로 수행할 수 없는 상태에서 항공업무에 종사한 경우
⑧ 항공업무에 종사하는 동안에 주류 등을 섭취하거나 사용한 경우
⑨ 주류 등의 섭취 및 사용 여부의 측정 요구에 따르지 아니한 경우
⑩ 고의 또는 중대한 과실로 항공안전장애 또는 경미한 항공안전장애를 발생시킨 경우
⑪ 항공종사자가 자격증명서 또는 국토교통부령으로 정하는 자격증명서를 지니지 아니하고 항공업무에 종사한 경우
⑫ 운항기술기준을 지키지 아니하고 업무를 수행한 경우
⑬ 운영기준을 지키지 아니하고 업무를 수행한 경우
⑭ 정비규정을 지키지 아니하고 업무를 수행한

[별지 제38호서식]

(앞 쪽)

Ⅰ. 대한민국

사진
(2.5×3cm)

Ⅱ. 자 격 명
Ⅲ. 자격번호
Ⅳ. 성　명
Ⅳ. 생년월일　　　　년　　월　　일
Ⅴ. 주　소
Ⅵ. 국　적
Ⅹ. 교 부 일　　　　년　　월　　일

Ⅸ. 「항공안전법」 제38조제4항·제112조제4항 및 같은 법 시행규칙 제90조에 따라 위와 같이 항공종사자 자격증명서를 발급합니다.

Ⅷ. **교통안전공단이사장**　　　　XI.　　　　직인

(뒤 쪽)

Ⅷ. 한정사항

XⅢ. 특기사항

– 항공영어구술능력등급(유효기간):

– 제한사항

Ⅶ. 소지자 서명:

86㎜×54㎜(PVC 카드)

경우

⑮ 자격증명 등의 정지명령을 위반하여 정지기간에 항공업무에 종사한 경우

3.5.3. 해외 항공정비사 자격제도

3.5.3.1. 국제민간항공기구(ICAO)

ICAO에서 권고하는 항공정비사 자격시험의 응시 연령은 만 18세 이상이며, 응시경력은 5년이고, 전문교육기관을 이수한 경우에는 실무경력을 2년으로서 교육기간 동안의 경력만 인정해준다. 학과 시험 과목으로는 아래의 5개 과목으로 구성되어 있으며, 전문교육기관 수료자 및 다 경력자에 대한 시험과목의 면제제도는 없고, 정비인적요인 중 인적성능과 한계를 별도의 과목으로 지정하였다.

- 항공법과 감항성 필요조건 (Air Law & Airworthiness requirements)
- 자연과학과 항공기 일반지식(Natural science and aircraft general knowledge)
- 항공기 공학기술(Aircraft engineering)
- 항공기 정비(Aircraft maintenance)
- 인적성능과 한계 (Human performance & Limitations)

3.5.3.2. 유럽연방항공청(EASA)

EASA는 업무범위별로 자격을 아래와 같이 4가지 카테고리로 분류하여 자격사항을 세분화하였으며, 카테고리별로 항공기 한정을 터빈과 피스톤으로 구분하였다. Category B1/B2/C는 A의 상위 등급이며, 최대이륙중량 5,700kg 이상의 항공기에 대한 형식한정을 추가하기 위해서는 반드시 B1/B2가 필요하다.

자격시험 응시를 위한 실무경력은 Category A의 경우 3년 이상의 경력이 요구되나, EASA 147 전문교육기관에서 기본 교육을 이수한 경우에는 1년으로 경력을 감면하고 있다. Category C의 경우에는 B1, B2 자격을 취득하고 3년 이상 항공사에서 정비경험이 있거나, Category C 관련 정비 업무를 보조한 경력이 있어야 한다. 항공관련 대학을 졸업한 사람은 B1, B2 자격이 없어도 3년간 민간항공정비 업무 경험을 갖고 있는 경우에는 B1 또는 B2에서 요구하는 지식 충족 후, 이 과정을 거쳐 자격을 발급받을 수 있도록 되어 있다.

EASA의 항공정비사 시험과목은 모듈별 시험이 실시되는데 터빈 비행기 항공정비사(B1.1)의 경우, 수학, 물리, 기초 전기 및 전자 등을 비롯하여 인적요인 등 13개의 모듈을 통과하여야 하며, ICAO와 마찬가지로 전문교육기관 이수자 또는 다 경력자에 대한 과목 면제조항은 없다.

자격종류 (category)	업무범위	항공기 한정자격종류	
A	Limited maintenance activities	A1	Aeroplanes Turbine
		A2	Aeroplanes Piston
		A3	Helicopters Turbine
		A4	Helicopters Piston
B1	Airframe, Engine, Electrical, LRU replacement & Simple test	B1.1	Aeroplanes Turbine
		B1.2	Aeroplanes Piston
		B1.3	Helicopters Turbine
		B1.4	Helicopters Piston
B2	Avionic & Electrical system	B2	Avionics
C	Heavy maintenance Certification		

3.5.3.3. 미국(FAA)

FAA의 항공정비사 자격은 기체와 발동기 분야로 구분되어 있으며, 두 분야 자격 모두 취득하게 되면 기체 및 발동기 정비사(Airframe & Powerplant Mechanic)로서 항공기 전 분야에 대한 정비기술을 취득한 자격자로 인정한다.

응시자격은 18세 이상으로 FAA가 인가한 항공관련 대학이나 항공정비기술학교의 전 과정 수료자 또는 항공기 정비경력를 갖추어야 한다. 항공기 정비 경력으로는 기체 또는 발동기, 한 분야를 응시하는 경우에는 각 경력이 18개월 이상, 기체 및 발동기를 통합하여 응시하는 경우에는 30개월 이상의 경력이 있어야 한다.

필기시험은 공개된 문제은행에서 임의로 문제를 선정하여 출제하고 있으며, 모든 문제는 객관식 3지선다형 문제로 FAA 웹사이트에 공개되어 있다. 또한, 필기시험 합격 후에 실기시험에 곧바로 응시가 가능하며, 인근 FAA 지역사무소나 FAA가 지정한 시험관과 개인적으로 실기심사 일정을 협의하여 응시자와 시험관이 1:1로 구술과 실기시험을 실시한다.

미국 항공정비사 자격 관련 법규

연방 규정 규정(14 CFR : Code of Federal Regulations) 파트 65(part 65)

이 장에서는 비행 승무원 이외의 항공종사자 인증(certification of airmen)에 관한 연방 항공 관리국(FAA) 규정에 대해 설명되며, 이 장은 14 CFR part 65를 기반으로 하며 다음과 같은 서브파트(subpart)가 있다.

- 서브파트 A– 일반
- 서브파트 B – 항공 교통 관제탑 운영자
- 서브파트 C – 항공기 발송자
- 서브파트 D – 정비사
- 서브파트 E – 수리
- 서브파트 F – 낙하산 리거(Parachute Riggers)

정비사 자격
(Mechanic Certification): Subpart A–일반

섹션 65.3, 항공기 승무원 이외의 외국 항공종사자에 대한 인증

일반적으로 FAA는 이 증명서를 미국에 거주하는 미국 시민이나 거주 외국인에게만 발급한다. 단, FAA가 미국 이외의 지역에 위치한 개인에 대한 인증서 발급이 미국 등록 민간 항공기의 운영과 지속적인 감항성에 필요하다고 판단되고 필요한 요건을 충족한다면, 해당 개인에게 인증서를 발급한다.

섹션 65.11, 신청 및 발행

정비사 자격증 취득 기준을 충족하는 사람은 FAA Form 8610–2, Airman Certificate 또는 Rating Application을 통해 신청해야 한다. 정비사가 자격증을 일시 정지 당한 경우 정지 기간 동안 추가 등급을 신청하지 못할 수 있습니다. 정비사 자격증 취소는 해당자가 취소 후 1 년 이내에 인증서를 신청할 수 없다.

섹션 65.12, 알코올 및 마약 관련 범죄

마약범죄와 관련된 연방법령이나 주법령 위반으로 유죄판결을 받은 사람은 유죄판결일로부터 1년까지 자격증 신청이나 한정(rating) 신청이 거부될 수 있다. 마약, 마리화나, 우울증 또는 흥분제를 재배, 가공, 제조, 판매, 폐기, 소유, 운반 또는 수입하는 행

위 중 하나 이상의 위반과 관련될 수 있다. 또한 현재 보유하고 있는 자격증의 정지 또는 취소에 처해질 수 있다.

섹션 65.13, 임시 인증서

최소 70%의 점수로 모든 필수 시험에 합격한 응시자는 120일 이하의 기간 동안 유효한 임시 자격증을 발급받을 수 있다. 이 기간 내에 FAA는 신청서와 모든 보충 서류를 검토하고 공식 증명서와 등급을 발급한다.

섹션 65.14, 보안 부적격

이 섹션은 2001년 9월 11일 테러 공격 이후 추가되었다. 기본적으로 교통보안청(TSA)에 의해 보안 위협으로 결정된 사람이 인증서를 신청하는 경우 신청서를 보류하거나, 보유한 자격증 취소가 명시되어 있다.

섹션 65.15, 인증서 기간

Mechanic의 증명서는 포기, 정지 또는 해지될 때까지 유효하다. 이 용어의 차이는 다음과 같이 요약할 수 있다.

- 반납이란 자발적으로 포기하는 것을 의미한다.
- 정지란 FAA가 일시적으로 자격증을 삭제하는 것을 말한다.
- 해지됨이란 FAA가 영구히 자격증을 삭제하는 것을 말한다.

섹션 65.17, 시험: 일반 절차

FAA는 정비사 자격증 취득과 관련된 시험을 실시할 특정인(designated administer)을 지정한다. 이 시험의 최소 합격 점수는 70%이다.

섹션 65.18, 필기 시험: 부정행위 또는 기타 승인되지 않은 내용

정비사(mechanic 또 repairmen) 신청자가 부정행위 또는 기타 불법행위에 연루된 것으로 판명된 경우, 1년의 동안 본 장에 따른 어떠한 자격증이나 한정도 받을 수 없다. 또한 이미 한정을 보유하고 있는 사람도 정지되거나 취소될 수 있다. 서면 시험에서 허용되지 않는 행위의 예는 다음과 같다.

- 시험 복사 또는 의도적으로 삭제.
- 시험 사본의 일부를 주고 받음.
- 시험기간 중 도움을 주거나 받는 것.
- 다른 사람을 대신하여 시험의 한 부분이라도 응시.
- 시험 중 공인시험관리자가 제공하지 않는 재료 또는 보조기구 사용.
- 앞의 행위에 의도적인 유발, 방조 또는 참여.

섹션 65.19, 불합격 후 재시험

정비사(mechanic 또 repairmen) 응시자가 최소 합격 점수를 달성하지 못할 경우 재시험을 신청하고자 할 때 두 가지 선택이 있다.

- 시험 불합격일로부터 30일의 기간을 기다렸다가 다시 시험 응시.
- 불합격된 과목영역의 추가 지침을 찾아보고, 신청자가 필요한 교육을 받았으며 시험 준비가 되었다는 것을 확인할 수 있는 인증된 기술자의 서명된 문서(statement)를 첨부.

정비사 자격증: 서브파트 D–정비사

섹션 65.71, 자격 요건

정비사 자격증을 취득하기 위한 요건은 다음과 같다.

- 최소 18세 이상.
- 영어를 읽고 쓰고 말하고 이해할 수 있다. (참고: 신청자가 이 요건을 충족하지 못하고 미국 운송업자에 의해 미국 밖에서 고용된 경우, 자격증은 "미국 밖에서만 유효하다"는 조건으로 승인).
- 신청 후 24개월 이내에 필요한 시험(서면, 구술, 실기)을 모두 통과.
- 받고자 하는 인증 등급에 대한 적절한 지식과 기술을 보유하고 입증해야 한다. 기술자가 한정(rating) 중 하나를 갖고 다른 한정을 추가하려는 경우 섹션 65.77에 명시된 요구 사항을 충족하고 24 개월 이내에 서면, 구술 및 실기 테스트를 수행해야 한다.

섹션 65.73, 한정(rating)

FAA는 두 가지 한정을 인정한다. : 기체, 엔진

이는 개별적 또는 결합된 자격증으로 개인이 성공적으로 신청하고 시험을 통해 취득될 수 있다. 1952년 6월 15일 이전에 항공기(A) 또는 항공기 엔진(E) 인증서를 소지한 사람은 해당 날짜에 유효한 인증서로 교환할 수 있다. 두 등급이 모두 유지될 경우 A&E 인증서를 A&P(Airframe and Powerplant)로 교환할 수 있다.

섹션 65.75, 지식 요구 사항

섹션 65.77에 열거된 경험 요건을 충족하는 신청자는 항공기의 제작 및 유지보수(construction and maintenance of aircraft)를 다루는 서면 시험(섹션 65.17에 기술된 최소 합격점수 70%)을 통과해야 한다. A&P 인증 신청자가 합격해야 하는 시험은 세 가지다. 일반(60문항), 기체(100문항), 파워플랜트(100문항). 14 CFR 43과 91의 적용 가능한 부분도 시험에 포함된다. 프로펠러 설치 및 유지관리에 대한 기본 원칙은 엔진 한정에 대해 시행되는 시험에 포함된다. 응시자가 섹션 65.79에서 식별된 구술 및 실기 시험을 신청하기 전에 필기시험을 성공적으로 완료해야 한다.

섹션 65.77, 경험 요건

각 정비사 지원자는 인증 된 항공 정비 기술자 학교 (aviation maintenance technician school : AMTS) (14 CFR part 147)에서 수료증을 받거나 항공기 또는 엔진 유지 보수와 관련된 최소 18 개월의 실제 경험에 대한 문서화 된 증거를 제공해야 한다. (기체와 엔진 모두에 대해 인증 신청하는 경우 30 개월 필요)

섹션 65.79, 기술 요구 사항

신청인이 필기시험을 성공적으로 완료 한 후 요구되는 인증서 또는 평가에 필요한 지원자의 기본 지식과 기술을 결정하기위한 구술 및 실기 시험이 필요하다. 실기 시험은 또한 엔진 한정의 일부로 프로펠러에 대한 소 수리 및 소 개조가 요구된다. 신청자를 지원하기 위해 FAA는 항공 정비사 실습 시험 표준 (Aviation Mechanic Practical Test Standards : PTS)을 발행하여 A&P 인증 신청자가 숙지해야하는 시험 표준을 제공했다. 항공 정비사 PTS에는 항공 정비사 인증서 발급 및 한정 추가에 대한 지식 및 기술 분야가 포함된다. 주제 영역은 항공 정비사 지원

자가 지식을 보유하고 기술을 입증해야하는 내용 이다. PTS는 FAA 웹 사이트 www.faa.gov에서 이용할 수 있다.

섹션 65.89, 인증서 제시

기술자가 정비사 자격증을 받으면 자격증은 일반적으로 작업을 수행하고 부여된 권한을 행사하는 인근에 보관해야 한다. 정비사는 FAA의 검사, NTSB (National Transportation Safety Board) 또는 연방, 주 또는 지방 법 집행관의 승인 된 대리인으로부터 자격증 제시를 요청받을 경우 자격증을 제시해야 한다.

3.5.4. 항공정비사 양성교육기관

3.5.4.1. 항공종사자 전문교육기관 지정

「항공안전법」 제48조에 따라 국토교통부장관은 항공종사자를 육성하기 위하여 국토교통부령으로 정하는 바에 따라 항공종사자 전문교육기관을 지정할 수 있으며, 전문교육기관 지정 업무절차는 3단계(① 전문교육기관 지정신청서 접수, ② 적합 여부 심사(서류 및 현장심사) ③ 전문교육기관 지정서 교부)로 이루어진다.

3.5.4.2. 국내 전문교육기관

국토교통부장관은 항공안전법 제48조(전문교육기관의 지정 등)에 근거하여 항공정비사를 양성하기 위하여 항공정비사 양성 전문교육기관을 지정하고, 지정된 전문교육기관이 항공운송사업에 필요한 항공정비사를 양성하는 경우에는 예산의 범위에서 필요한 경비의 전부 또는 일부를 지원할 수 있다.

전문교육기관으로 지정을 받으려는 자는 항공안전법 시행규칙 제104조(전문교육기관의 지정 등)에 근거하여 항공종사자 전문교육기관 지정신청서에 교육과목 및 교육방법, 교관 현황(교관의 자격, 경력 및 정원), 교육 훈련 시설 및 장비의 개요, 교육평가방법, 연간 교육계획과 교육규정이 포함된 교육계획서를 첨부하여 국토교통부장관에게 제출하고, 전문교육기관 지정 신청이 있을 경우 국토교통부장관은 신청서를 심사하여 그 내용이 지정기준에 적합한 경우에는 전문교육기관 지정서를 발급한다.

- **교육과목 및 교육방법**

과목별 교육내용 및 시간은 다음을 표준으로 하되, 총교육시간은 2,410시간 이상이어야 한다. 다만, 과목별 교육시간은 100분의 35의 범위에서 조정할 수 있고, 교육내용별 교육시간은 조정하여 실시할 수 있다.

과목	교육 내용	학과 시간	실기 시간	계
항공법규	국제항공법(ICAO와 IATA에 관한 내용 포함) 국내항공법(사고조사 및 항공보안 포함)	45	-	45
	항공정비관리(정비관련 규정, 도서, 정비조직, 정비프로그램, 정비방식 및 양식기록에 관한 내용 포함)	45	-	45
	중간시험(2회 이상)	5	-	5
	소계	**95**	**-**	**95**

과목	교육 내용	학과 시간	실기 시간	계
정비일반	수학 · 물리	30	–	30
	항공역학	45	–	45
	항공기 도면	20	25	45
	항공기 중량 및 평형관리	10	20	30
	항공기 재료, 공정, 하드웨어	20	25	45
	항공기 세척 및 부식방지	15	15	30
	유체 라인 및 피팅	10	35	45
	일반공구와 측정공구	10	20	30
	안전 및 지상취급과 서비스작업	20	10	30
	검사원리 및 기법	30	15	45
	인적수행능력 (위기 및 오류 관리 포함)	45	–	45
	중간시험(2회 이상)	10	–	10
	소계	**265**	**165**	**430**
항공기체	항공기 구조	30	30	60
	항공기 천, 외피, 목재와 구조물 수리	20	10	30
	항공기 금속구조 수리	30	60	90
	항공기 용접	20	40	60
	첨단 복합 소재	25	50	75
	항공기 도색 및 마무리	10	20	30
	항공기 유압계통	30	30	60
	항공기 착륙장치 계통	30	30	60
	항공기 연료계통	30	30	60
	화재방지, 제빙(De-icing) · 방빙(Anti-icing) 및 빗물 제어(Rain Control)	15	15	30
	객실공조 및 공기압력 제어계통	20	25	45
	헬리콥터 구조 및 계통	20	25	45
	중간시험(2회 이상)	15	–	15
	소계	**295**	**365**	**660**
항공 발동기	왕복엔진일반 및 흡기 · 배기계통	20	25	45
	왕복엔진 연료 및 연료조절계통	20	25	45
	왕복엔진 점화 및 시동계통	20	25	45
	왕복엔진 윤활 및 냉각계통	20	25	45
	프로펠러	20	25	45
	헬리 콥터 엔진	20	25	45
	왕복엔진 장착, 탈착 및 교환	20	25	45
	왕복엔진 정비 및 작동 (화재방지계통 포함)	20	25	45
	경량항공기 엔진	10	5	15
	가스터빈엔진 일반 및 구조	20	25	45
	가스터빈엔진 연료 및 연료조절계통	20	25	45
	가스터빈엔진 점화 및 시동계통	20	25	45
	가스터빈엔진 윤활 및 냉각계통	20	25	45
	가스터빈엔진 장착, 탈착 및 교환	20	25	45
	가스터빈엔진 정비 및 작동(화재방지계통 포함)	10	20	30
	중간시험(2회 이상)	5	5	10
	소계	**285**	**355**	**640**
전기 · 전자 · 계기	기초전기 · 전자	120	75	195
	항공기 전기계통	60	30	90
	항공기 계기계통	60	30	90
	항공기 통신 및 항법계통, 자동비행장치	120	60	180
	중간시험(2회 이상)	5	10	15
	소계	**365**	**205**	**570**
최종시험	종합평가 시험	5	10	15
	계	**1,310**	**1,100**	**2,410**

• 교관 확보기준

1) 학과교관

가) 자격요건

(1) 21세 이상일 것

(2) 해당 과목에 대한 지식과 능력을 갖추고 있을 것

(3) 해당 과목에 대한 교육경력이 있을 것

(4) 해당 과정에 맞는 항공정비사 자격증명 가진 사람으로서 3년 이상의 실무경력(항공법규, 기초전기, 인적성능 및 한계, 수학 · 물리 · 일반기계 과목의 학과교관의 경우에는 제외한다)을 가질 것.

(5) 다음 표에 해당하는 교과목별 학과교관이 가져야 할 자격증명은 다음과 같다.

과목	자격증명 등
1.항공장비 (전기, 계기, 전자, 무 선통신, 레이더 및 항법장비 등)	항공정비사 또는 해당 과목 교육에 적합한 국가기술자격을 소지하고, 항공전자(전기, 계기 포함) 교육과정을 이수한 사람
2.인적 성능 및 한계	항공종사자 자격증명 또는 항공의학, 심리학, 철학을 전공하고 인적성능 및 한계과정을 이수한 사람
3. 수학, 물리, 일반기계	해당 과목에 대한 학사 이상 자격을 소지하고 교육기관에서 교육경험이 있는 사람

나) 운영기준

(1) 학과교관의 강의는 1주당 20시간을 초과하지 않을 것(정비실기교관으로 근무한 시간을 포함하며, 학과시험감독으로 근무한 시간은 제외한다)

(2) 학과교관의 강의준비 시간은 강의 1시간당 1시간 이상 주어질 것

다) 학과교관의 강의준비 시간은 강의 1시간당 1시간을 표준으로 한다.

2) 정비실기교관

가) 자격요건

(1) 21세 이상일 것

(2) 해당 과정에 맞는 항공정비사 자격증명 또는 군 교육기관의 경우 군의 항공정비사 실기교관자격으로 3년 이상의 실무경력을 가져야 한다.

나) 운영기준

(1) 정비실기교관의 교육시간은 1주당 20시간(학과교관으로 근무한 시간을 포함하며, 학과시험 감독으로 근무한 시간은 제외한다)을 초과하지 아니할 것

(2) 정비실기교관 한명이 담당하는 교육생은 12명 이하로 할 것

3) 주임교관

가) 24세 이상일 것

나) 해당 교육과정 운영에 필요한 지식, 경력, 능력 및 지휘통솔력을 갖춘 학과 및 정비실기 교관 중 각각 1명을 학과주임교관 및 실기주임교관으로 임명할 것

4) 실기시험관

가) 자격요건

(1) 23세 이상일 것

(2) 해당 과정의 실기시험에 필요한 항공정비사 자격증명 또는 군의 항공정비사 실기평가교관 자격을 소지하고 3년 이상의 정비 실기교육 경력을 포함한 5년 이상의 항공정비사로

서의 실무경력을 가질 것

(3) 최근 2년 이내에 「항공법」 또는 「항공안전법」을 위반하여 행정처분을 받은 사실이 없을 것

나) 운영기준

(1) 필요 시 실기시험관을 학과교관 및 정비실기 교관을 겸임할 수 있도록 할 것

(2) 전문교육기관 설치자 및 관리자는 실기시험관을 겸직하지 않도록 할 것

(3) 실기시험관은 자신이 정비실기 과목을 교육한 학생에 대해서는 그 과목에 대한 평가업무를 수행할 수 없도록 할 것

• **시설 및 장비 확보기준**

1) 강의실, 정비실습실, 자료열람실, 교관실 및 행정사무실 등 학과교육 및 정비실기교육에 필요한 교육훈련시설은 학생 수를 고려하여 충분히 확보해야 하며, 건축 관계 법규, 「소음 · 진동관리법」 및 「소방법」등 관련 법규의 기준에 적합할 것

2) 정비실기를 위해 갖추어야 할 장비는 다음과 같다.

구분	장비 및 공구
1. 기초금속 가공실기	가. 장비 1) 동력 그라인더 2) 동력 드릴링머신 3) 바이스(Vise) 12개 이상 및 작업대 3대 이상 4) 형상 가공장비 5) 금속 절단용 동력 쇠톱 나. 측정 및 금 긋기 개인용 공구 1) 스틸자 2) 삼각자 3) 필러 게이지 세트 4) 디바이더(Divider) 세트 5) 버니어 캘리퍼스(Vernier calipers)(내 · 외경 측정) 6) 마이크로미터(내 · 외경 측정) 다. 조립용 공구 1) 일반공구 세트 2) 사이드 커터 플라이어 3) 핸드 드릴과 소형 다이아 미터 드릴 세트 4) 해머 세트(볼핀, 동, 라바, 피혁, 플라스틱, 크로스형)
2.용접실기	가. 산소-아세틸렌 용접장비 세트 나. 전기 아크 용접기 1대 다. 용접 보호장구(눈 및 얼굴 가리개, 보안경, 가죽 장갑 및 앞치마) 라. 점 용접용 전기저항 용접기 1대
3.판금실기	가. 장비 1) 절단기 1대 2) 그라인더 1대 3) 판재 접기 장치(Cornice brake) 4) 핸드 바이스(Hand Vise) 1개 5) 형상 롤러(Forming Roll) 1대 6) 정밀드릴링머신(Sensitive Drilling Machine) 1대 7) 공기 압축기(Air Compressor) 나. 공구 1) 판금(Plate) 게이지 1개 2) 판금 공구 세트 3) 쇠톱 4) 줄 세트 5) 센터 및 핀 펀치 세트 6) 평면 정과 여러 단면의 정 세트 7) 복합소재 수리 공구

구분	장비 및 공구
4. 발동기 실기	가. 장비 1) 왕복발동기 1대 이상 2) 가스-터빈 발동기 5대 이상 3) 시운전이 가능한 발동기 또는 작동모습을 시현할 수 있는 발동기 1대 이상 4) 발동기 분해 시 부품 보관용 스탠드 5) 부품 세척용 장비 6) 이동용 호이스트(Hoist) 7) 발동기 슬링 8) 발동기 분해 및 조립용 공구 세트 9) 비파괴검사용 장비(초음파검사, 형광침투검사, 와전류검사, 자분탐상검사) 10) 내시경검사 장비 나. 공구 1) 일반 공구 세트 2) 토크 렌치(Torque Wrench) 3) 스트랩 렌치(Strap Wrench)
5. 항공 기체 실기	가. 헬리콥터, 비행기를 포함한 항공기 3대(가동 할 수 있거나 정비가 가능할 것) 이상 나. 유압식 리프트 잭, 리프트 슬링 등 작업대 다. 기술도서(圖書) 비치용 책상 및 진열대 라. 작업용 운반차 마. 소화장비(CO_2소화기 등) 바. 작업대, 초크 등 격납고용 비품 사. 이동용 소형 크레인 아. 타이어 수리용 장비 자. 오일 및 연료 보충용 장비 차. 케이블 스웨이징(Swaging) 장비 카. 이동용 유압식 실험 트롤리(Trolley) 타. 일반 공구 세트
6. 항공기 계통실기	가. 유압계통 부품 나. 착륙장치계통 부품 다. 공압계통 부품 라. 비행조종장치 부품 마. 객실 공기조절장치 부품 바. 산소계통 부품 자. 제빙계통 부품 차. 비상장치, 방빙장치 등의 다양한 부품

구분	장비 및 공구
7. 항공전기 · 전자 · 계기 실기	가. 특수공구 및 측정기기 1) 전기 납땜인두 12세트 이상 2) 전선 스트리퍼 1개 이상 3) 전기 · 전자 · 계기용 공구 1세트 이상 4) 크림핑(Crimping) 공구 1세트 이상 5) 멀티미터 1세트 이상 6) 오실로스코프(Oscilloscope) 1세트 이상 7) 메가 옴(Mega Ohm) 미터 1세트 이상 8) 배터리 충전장치 9) 직류(5 – 28 volt DC) · 교류 전원공급 장치 10) 전원공급장치 11) 신호발생기(실기 교육용 포함) 12) 교류 전압계 13) 변압기 나. 소요자재 1) 실기교육용 항공기 케이블 2) 항공기 플러그, 리셉터클(Receptacle) 등 3) 항공기 램프(직류 및 교류용) 다. 시험 또는 훈련장비 1) 압력계기 시험용 장비 2) 고도계기 시험용 장비 3) 공기누설 점검용 장비(모형장비를 포함한다) 4) 컴퍼스 교정 모의장치 5) 간단한 형태의 자동조종장치 6) 항공전자 작동 모의장치 라. 탑재장비 및 계기 1) 매니폴드 압력 게이지 2) 유압 게이지 3) 발동기 오일 압력 게이지 4) 속도계기 5) 피토(Pitot) 정압 헤드 6) 고도계 7) 상승계 8) 선회경사지시계 9) 방향 자이로스코프(Gyroscope) 10) 인공수평계 11) 발동기회전계기 12) 발동기온도계기 13) 발동기 배기가스 온도계기 14) 연료량계기 15) 송신기(Transmitter) 16) 초단파 · 고주파 송수신기 17) 계기착륙장치[착륙경로수신기, 마커(Marker)수신기] 18) 장거리 항법 장비(GPS, IRs) 19) 탑재항법장비 20) 무선고도계기 21) 항공기 마그네토(Magneto) 및 점화용 전선 22) 직류 발전기 또는 교류 발전기 23) 전압 조정기 및 전류제한 장치 24) 시동기(Starter Motor) 25) 정지형 인버터(Static Inverter)

• **교육평가방법**

① 학과시험은 9회 이상 실시하도록 할 것

② 실기시험은 8회 이상 실시하도록 할 것

③ 교육생은 총 교육시간의 100분의 85 이상을 이수하도록 할 것

④ 학과시험은 제9호가목에 따른 과목별로 실시한다.

⑤ 실기시험은 제9호가목에 따른 과목별로 실시한다.

⑥ 과목별 합격기준은 100분의 70 이상으로 할 것

⑦ 과목별 불합격자는 해당 과목 교육시간의 100분의 20 이내에서 추가교육을 한 후 2회의 재시험을 실시할 수 있도록 할 것

• **교육계획** : 교관, 시설 및 장비 등을 고려한 연간 최대 교육인원을 포함한 교육계획을 수립하여야 한다.

• **교육규정에 포함하여야 할 사항은 다음과 같다.**

① 교육기관의 명칭

② 교육기관의 소재지

③ 항공종사자 자격별 교육과정명

④ 교육목표 및 목적

⑤ 교육기관 운영과 관련된 조직 및 인원과 관련된 임무

⑥ 교육생 응시기준 및 선발방법 등

⑦ 교육생 정원(연간 최대 교육인원)

⑧ 편입기준

⑨ 결석자에 대한 보충교육 방법

⑩ 시험시행 횟수, 시기 및 방법

⑪ 학사운영(입학 및 수료 등) 보고에 관한 사항

⑫ 수료증명서 발급에 관한 사항

⑬ 교육과정 운영과 관련된 기록 · 유지 등에 관한 사항

⑭ 그 밖에 전문교육기관 운영에 필요한 사항 등

3.5.4.3. 해외 전문교육기관 및 외국 발행 자격증

시카고조약 제32조에 따르면 ICAO 체약국들은 자체적으로 자격증명을 발행하거나 다른 체약국이 발행한 자격증명을 인정하여야 한다고 되어 있어 항공안전법 제38조(시험의 실시 및 면제) 제3항에 근거하여 외국정부로부터 자격증명을 받은 사람은 시험및 심사의 일부 또는 전부를 면제하고, 외국의 전문교육기관으로서 그 외국정부가 인정한 전문교육기관에서 항공기 정비에 필요한 과정을 이수한 사람에게는 항공정비사 응시자격을 부여하고 있다.

3.6. 항공기의 운항

「항공안전법」 제5장 항공기의 운항은 무선설비 설치 운용 의무, 항공계기 등의 설치.탑재 및 운용, 항공기의 연료, 항공기의 등불, 승무시간 기준, 주류등의 섭취.사용 제한, 국가 항공안전프로그램, 항공안전 의무보고, 항공안전자율보고, 항공안전데이터 등의 수집 및 처리시스템, 기장의 권한, 조종사의 운항자격, 운항관리사, 비행규칙, 비행 중 금지행위, 긴급항공기 지정, 위험물 운송, 전자기기 사용 제한, 회항시간 연장운항 승인, 수직분리축소공역 운항, 승무원의 탑승, 항공기안전을 위한 운항기술기준 등에 대하여 규정하고 있으며. 시카고협약 및 동 협약 부속서에서 정한 기준을 준거하여 규정하고 있다.

3.6.1. 무선설비의 설치 · 운용

항공안전법 제51조(무선설비의 설치 · 운용 의무)에 근거하여 항공기를 항공에 사용하려는 자 또는 소유자 등은 해당 항공기에 다음과 같이 국토교통부령으로 정하는 무선설비를 설치 · 운용하여야 한다. 항공기에 설치 · 운용하여야 하는 무선설비에 대한 상세 요구사항은 다음과 같으며, 시계비행방식에 의한 비행을 하는 경우에는 무선전화 송수신기, 2차 감시 레이더용 트랜스폰더, 자동방향탐지기만 설치하여 운용하면 된다.

- 비행 중 항공교통관제기관과 교신할 수 있는 초단파(VHF) 또는 극초단파(UHF) 무선전화 송수신기 각 2대
- 기압고도에 관한 정보를 제공하는 2차 감시 항공교통관제 레이더용 트랜스폰더 1대(Mode 3/A 및 Mode C SSR transponder 또는 국외를 운항하는 항공운송사업용 항공기의 경우에는 Mode S transponder)
- 자동방향탐지기(ADF) 1대(무지향표지시설(NDB) 신호로만 계기접근절차가 구성되어 있는 공항에 운항하는 항공운송사업에 사용되는 항공기와 계기비행방식에 의한 비행을 하는 경우만 해당)
- 계기착륙시설(ILS) 수신기 1대(최대이륙중량 5,700kg 미만의 항공기와 헬리콥터 및 무인항공기는 제외, 항공운송사업에 사용되는 항공기와 계기비행방식에 의한 비행을 하는 경우만 해당)
- 전방향표지시설(VOR) 수신기 1대(무인항공기는 제외, 항공운송사업에 사용되는 항공기와 계기비행방식에 의한 비행을 하는 경우만 해당)
- 거리측정시설(DME) 수신기 1대(무인항공기는 제외, 항공운송사업에 사용되는 항공기와 계기비행방식에 의한 비행을 하는 경우만 해당)
- 다음 구분에 따라 비행 중 뇌우 또는 잠재적인 위험 기상조건을 탐지할 수 있는 기상레이더 또는 악기상 탐지장비
  ① 국제선 항공운송사업에 사용되는 비행기로서 여압장치가 장착된 비행기의 경우: 기상레이더 1대
  ② 국제선 항공운송사업에 사용되는 헬리콥터의 경우: 기상레이더 또는 악기상 탐지장비 1대
  ③ 항공운송사업 목적이 아닌 상태에서 국외를 운항하는 비행기로서 여압장치가 장착된 비행기의 경우: 기상레이더 또는 악기상 탐지장비 1대
- 비상위치지시용 무선표지설비(ELT) : 2대를 설치하여야 하는 경우 비상위치지시용 무선표지설비 2대 중 최소 1대는 자동으로 작동되는 구조를 가져야 한다.

23) 시카고협약 제34조(항공일지), 동 협약 부속서 6 Part 1 11.4(Journey log book), 항공법시행규칙 제124조(항공일지).
24) 시카고협약 제16조 및 제29조.

[그림 3-4] 비상위치지시용 무선표지설비(ELT)

3.6.2. 항공계기 등의 설치 · 탑재 및 운용 등

항공안전법 제51조(무선설비의 설치 · 운용

3.6.2.1. 항공일지

항공기를 항공에 사용하려는 자 또는 소유자 등은 해당 항공기에 항공기 안전운항을 위하여 필요한 항공계기, 장비, 서류, 구급용구 등을 설치하거나 탑재하여 운용하여야 한다. 항공기에 탑재하여 운용하는 서류 중에는 항공일지가 있는데 항공기의 소유자 등은 탑재용 항공일지, 지상 비치용 발동기 항공일지 및 지상 비치용 프로펠러 항공일지를 갖추어야 한다. 항공일지에 대한 세부 내용 및 탑재용 항공일지에 포함되어야 할 내용에 대해서는 시카고협약에서 정한 기준을 토대로 항공법시행규칙에 규정하고 있다.[23)]

"탑재용항공일지"라 함은 항공기에 탑재하는 서류로서 국제민간항공협약의 요건을 충족하기 위한 정보를 수록하기 위한 것을 말한다. 항공일지는 두 개의 독립적인 부분, 즉 비행자료 기록부분과 항공기 정비기록 부분으로 구성된다. 즉, "탑재용항공일지"란 운항 중 발견된 항공기의 결함 및 고장을 기록하거나 항공기 주 정비시설이 있는 기지로의 운항이 계획된 사이에 수행한 모든 정비사항을 세부적으로 기록하기 위하여 항공기에 비치된 서류를 말하며, 탑재용항공일지에는 운항승무원이 숙지해야 할 비행안전과 관련된 운항정보와 정비기록이 포함되어야 한다.

3.6.2.2. 항공기 검사 및 탑재서류

시카고협약 체약국들은 자국의 영역 안에서 다른 체약국의 항공기에 대해 부당한 지장을 주지 않는 범위에서 항공기 및 관련 서류를 검사할 수 있으며, 국제항공업무에 사용되는 모든 항공기는 등록증명서 등을 휴대하여야 한다.[24)]

항공기 탑재서류 종류에 대해서는 시카고협약에서 정한 기준을 토대로 항공법시행규칙에서 규정하고 있다.

항공안전법시행규칙 113조(항공기에 탑재하는 서류)

법 제52조제2항에 따라 항공기(활공기 및 법 제23조제3항제2호에 따른 특별감항증명을 받은 항공기는 제외한다)에는 다음 각 호의 서류를 탑재하여야 한다

- 항공기 등록증명서
- 감항증명서
- 탑재용 항공일지
- 운용한계 지정서 및 비행교범
- 운항규정(제260조 및 제269조에 따른 교범 중 훈련교범 · 위험물교범 · 사고절차교범 · 보안업무교범 · 항공기 탑재 및 처리 교범은 제외한다)
- 항공운송사업의 운항증명서 사본(항공당국의 확인을 받은 것을 말한다) 및 운영기준 사본(국제운

송사업에 사용되는 항공기의 경우에는 영문으로 된 것을 포함한다)
- 소음기준적합증명서
- 각 운항승무원의 유효한 자격증명서 및 조종사의 비행기록에 관한 자료
- 무선국 허가증명서(radio station license)
- 탑승한 여객의 성명, 탑승지 및 목적지가 표시된 명부(passenger manifest)(항공운송사업용 항공기만 해당한다)
- 해당 항공운송사업자가 발행하는 수송화물의 화물목록(cargo manifest)과 화물 운송장에 명시되어 있는 세부 화물신고서류(detailed declarations of the cargo)(항공운송사업용 항공기만 해당한다)
- 해당 국가의 항공당국 간에 체결한 항공기 등의 감독 의무에 관한 이전협정서 사본(임대차 항공기의 경우만 해당한다)
- 비행 전 및 각 비행 단계에서 운항승무원이 사용해야 할 점검표
- 그 밖에 국토교통부장관이 정하여 고시하는 서류

3.6.3. 사고예방장치 등

항공안전법시행규칙 제109조(사고예방장치 등)

① 법 제52조제2항에 따라 사고예방 및 사고조사를 위하여 항공기에 갖추어야 할 장치는 다음 각 호와 같다. 다만, 국제항공노선을 운항하지 아니하는 헬리콥터의 경우에는 제2호 및 제3호의 장치를 갖추지 아니할 수 있다.

1. 다음 각 목의 어느 하나에 해당하는 비행기에는 「국제민간항공협약」 부속서 10에서 정한 바에 따라 운용되는 공중충돌경고장치(Airborne Collision Avoidance System, ACAS Ⅱ) 1기 이상
   가. 항공운송사업에 사용되는 모든 비행기. 다만, 소형항공운송사업에 사용되는 최대이륙중량이 5천 700킬로그램 이하인 비행기로서 그 비행기에 적합한 공중충돌경고장치가 개발되지 아니하거나 공중충돌경고장치를 장착하기 위하여 필요한 비행기 개조 등의 기술이 그 비행기의 제작자 등에 의하여 개발되지 아니한 경우에는 공중충돌경고장치를 갖추지 아니 할 수 있다.
   나. 2007년 1월 1일 이후에 최초로 감항증명을 받는 비행기로서 최대이륙중량이 1만5천킬로그램을 초과하거나 승객 30명을 초과하여 수송할 수 있는 터빈발동기를 장착한 항공운송사업 외의 용도로 사용되는 모든 비행기
   다. 2008년 1월 1일 이후에 최초로 감항증명을 받는 비행기로서 최대이륙중량이 5,700킬로그램을 초과하거나 승객 19명을 초과하여 수송할 수 있는 터빈발동기를 장착한 항공운송사업 외의 용도로 사용되는 모든 비행기
2. 다음 각 목의 어느 하나에 해당하는 비행기 및 헬리콥터에는 그 비행기 및 헬리콥터가 지표면에 근접하여 잠재적인 위험상태에 있을 경우 적시에 명확한 경고를 운항승무원에게 자동으로 제공하고 전방의 지형지물을 회피할 수 있는 기능을 가진 지상접근경고장치(Ground Proximity Warning System) 1기 이상

가. 최대이륙중량이 5,700킬로그램을 초과하거나 승객 9명을 초과하여 수송할 수 있는 터빈발동기를 장착한 비행기

나. 최대이륙중량이 5,700킬로그램 이하이고 승객 5명 초과 9명 이하를 수송할 수 있는 터빈발동기를 장착한 비행기

다. 최대이륙중량이 5,700킬로그램을 초과하거나 승객 9명을 초과하여 수송할 수 있는 왕복발동기를 장착한 모든 비행기

라. 최대이륙중량이 3,175킬로그램을 초과하거나 승객 9명을 초과하여 수송할 수 있는 헬리콥터로서 계기비행방식에 따라 운항하는 헬리콥터

3. 다음 각 목의 어느 하나에 해당하는 항공기에는 비행자료 및 조종실 내 음성을 디지털 방식으로 기록할 수 있는 비행기록장치 각 1기 이상

가. 항공운송사업에 사용되는 터빈발동기를 장착한 비행기. 이 경우 비행기록장치에는 25시간 이상 비행자료를 기록하고, 2시간 이상 조종실 내 음성을 기록할 수 있는 성능이 있어야 한다.

나. 승객 5명을 초과하여 수송할 수 있고 최대이륙중량이 5,700킬로그램을 초과하는 비행기 중에서 항공운송사업 외의 용도로 사용되는 터빈발동기를 장착한 비행기. 이 경우 비행기록장치에는 25시간 이상 비행자료를 기록하고, 2시간 이상 조종실 내 음성을 기록할 수 있는 성능이 있어야 한다.

다. 1989년 1월 1일 이후에 제작된 헬리콥터로서 최대이륙중량이 3천 180킬로그램을 초과하는 헬리콥터. 이 경우 비행기록장치에는 10시간 이상 비행자료를 기록하고, 2시간 이상 조종실 내 음성을 기록할 수 있는 성능이 있어야 한다.

라. 그 밖에 항공기의 최대이륙중량 및 제작 시기 등을 고려하여 국토교통부장관이 필요하다고 인정하여 고시하는 항공기

4. 최대이륙중량이 5,700킬로그램을 초과하거나 승객 9명을 초과하여 수송할 수 있는 터빈발동기(터보프롭발동기는 제외한다)를 장착한 항공운송사업에 사용되는 비행기에는 전방돌풍경고장치 1기 이상. 이 경우 돌풍경고장치는 조종사에게 비행기 전방의 돌풍을 시각 및 청각적으로 경고하고, 필요한 경우에는 실패접근(missed approach), 복행(go-around) 및 회피기동(escape manoeuvre)을 할 수 있는 정보를 제공하는 것이어야 하며, 항공기가 착륙하기 위하여 자동착륙장치를 사용하여 활주로에 접근할 때 전방의 돌풍으로 인하여 자동착륙장치가 그 운용한계에 도달하고 있는 경우에는 조종사에게 이를 알릴 수 있는 기능을 가진 것이어야 한다.

5. 최대이륙중량 2만 7천킬로그램을 초과하고 승객 19명을 초과하여 수송할 수 있는 항공운송사업에 사용되는 비행기로서 15분 이상 해당 항공교통관제기관의 감시가 곤란한 지역을 비행하는 하는 경우 위치추적 장치 1기 이상

② 제1항제2호에 따른 지상접근경고장치는 다음 각 호의 구분에 따라 경고를 제공할 수 있는 성능이 있어야 한다.

1. 제1항제2호가목에 해당하는 비행기의 경우에

는 다음 각 목의 경우에 대한 경고를 제공할 수 있을 것

가. 과도한 강하율이 발생하는 경우

나. 지형지물에 대한 과도한 접근율이 발생하는 경우

다. 이륙 또는 복행 후 과도한 고도의 손실이 있는 경우

라. 비행기가 다음의 착륙형태를 갖추지 아니한 상태에서 지형지물과의 안전거리를 유지하지 못하는 경우

1) 착륙바퀴가 착륙위치로 고정

2) 플랩의 착륙위치

마. 계기활공로 아래로의 과도한 강하가 이루어진 경우

2. 제1항제2호나목 및 다목에 해당하는 비행기와 제1항제2호라목에 해당하는 헬리콥터의 경우에는 다음 각 목의 경우에 대한 경고를 제공할 수 있을 것

가. 과도한 강하율이 발생되는 경우

나. 이륙 또는 복행 후에 과도한 고도의 손실이 있는 경우

다. 지형지물과의 안전거리를 유지하지 못하는 경우

③ 제1항제3호에 따른 비행기록장치의 종류, 성능, 기록하여야 하는 자료, 운영방법, 그 밖에 필요한 사항은 법 제77조에 따라 고시하는 운항기술기준에서 정한다.

④ 제1항제3호에도 불구하고 다음 각 호의 어느 하나에 해당하는 경우에는 비행기록장치를 장착하지 아니할 수 있다.

1. 제3항에 따른 운항기술기준에 적합한 비행기록장치가 개발되지 아니하거나 생산되지 아니하는 경우

2. 해당 항공기에 비행기록장치를 장착하기 위하여 필요한 항공기 개조 등의 기술이 그 항공기의 제작사 등에 의하여 개발되지 아니한 경우

3.6.3.1. 파괴위치 표시 (Marking of Break-in Points)

항공기 비상시 구조요원들이 파괴하기에 적합한 동체부분이 있다면 그 장소를 아래 그림과 같이 동체부분에 적색 또는 황색으로 표시하여야 하며, 필요 시 배경과 대조되는 백색으로 윤곽을 나타내어야 한다.

양쪽 모퉁이의 표지가 2미터 이상 벌어지면 중간지점에서 9x3 센치미터 선을 표시 간격이 2미터가 되지 않도록 다음 그림과 같이 표시 한다.

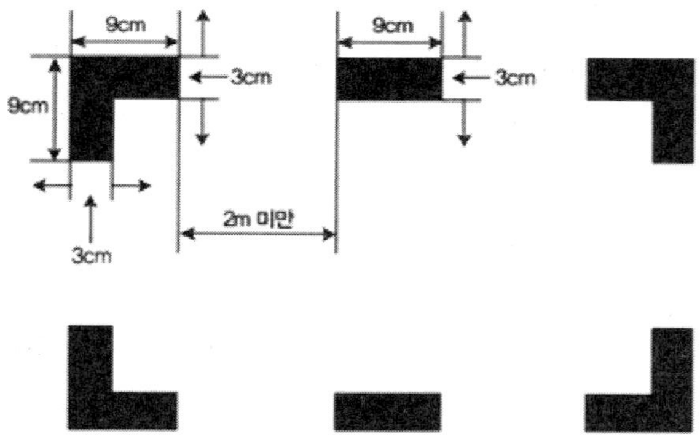

3.6.3.2. 조종실음성기록장치(Cockpit Voice Recorders) 및 조종실음향기록시스템(Cockpit Audio Recording Systems)

CVR과 CARS는 자력으로 비행기가 움직이기 전에 기록이 시작되어야 하고, 자력으로 더 이상 비행기가 움직일 수 없어서 비행이 종료될 때까지 기록이

지속되어야 한다. 또한 CVR 및 CARS는 가용 전력 사정에 따라서 비행 시작 시에는 엔진 시동 전, 조종실 점검(cockpit check)시 가능한 한 신속히 기록되어야 하고 비행 종료 시에는 엔진이 꺼진 직후 조종실 점검을 마무리할 때까지 기록이 이루어져야 하며, CVR은 아래 내용을 기록하여야 한다.

- 비행기 내의 무선설비를 사용하여 송수신 되는 음성통화
- 조종실내의 모든 소리
- 조종실내에서 비행기 내선 통화 장치를 사용한 운항승무원 사이의 음성통화
- 헤드셋이나 스피커에서 나오는 항행 또는 진입 보조물 식별에 관한 음성이나 청각신호
- 기내 방송 시스템이 설치되어 있는 경우 이를 이용하여 안내한 운항승무원의 방송 내용

3.6.3.3. 지상접근경고장치(Ground Proximity Warning System)

항공기 소유자 또는 항공운송사업자가 비행기에 장착해야 하는 지상접근경고장치는 비행기가 지상의 지형지물에 접근하는 경우 조종실내의 화면상에 비행기가 위치한 지역의 지형지물을 표시하여 조종사에게 사전에 예방조치를 할 수 있도록 경고해 주는 기능을 가진 구조이어야 하며, 지상접근경고장치는 강하율, 지상접근, 이륙 또는 복행 후 고도손실, 부정확한 착륙 비행형태 및 활공각 이하로의 이탈 등에 대하여 시각신호와 함께 청각신호로 시기적절하고 분명한 청각신호를 운항승무원에게 자동으로 제공하여야 한다.

지상접근경고장치(GPWS)는 과도한 강하율, 과도한 지형접근율, 이륙 또는 복행후 과도한 고도상실, 착륙외형(Landing Configuration, 착륙장치와 고양력장치)이 아닌 상태로 장애물 안전고도를 확보하지 못한 상태에서 불안전한 지형근접, 계기활공각(Instrument glide path) 아래로 과도한 강하와 같은 상황을 추가로 경고하여야 한다.

3.6.3.4. 공중충돌경고장치 (Airborne Collision Avoidance System)

항공기 소유자는 공중충돌경고장치(Airborne Collision Avoidance System, ACAS Ⅱ)를 항공기에 장착하여야 한다. 공중충돌경고장치는 조종사에게 타 항공기의 위치 및 접근율 등이 계기상에 나타나야 하며, 위험한 상황을 피할 수 있는 지시계기 및 청각경고를 제공하여야 한다.

3.6.4. 항공기 계기 및 장비 (Instrument and Equipment)

3.6.4.1. 적용

항공기를 소유 또는 임차하여 사용할 수 있는 권리가 있는 자(이하 "소유자등" 이라 한다)가 항공기를 항공에 사용하고자 하는 경우 항공기에 갖추어야 할 계기 및 장비 등에 관한 최소의 요건을 규정하고 있으며, 특별히 명시된 것을 제외하고 항공에 사용하는 모든 민간항공기(이하 "모든 항공기"라 한다)에 적용된다.

항공기에는 감항증명서 발행에 필요한 최소장비에 추가하여 해당 운항에 투입되는 항공기 및 운항상황에 따라 규정한 계기, 장비 및 비행서류 등을 적합하도록 장착하거나 탑재하여야 한다.

항공기에는 감항성 요건에 따라 요구되는 인가된

계기 및 장비가 장착되어야 하며, 대한민국에 등록되지 않은 항공기를 운항할 경우 대한민국이 요구하는 계기 및 장비를 장착하지 않은 항공기는 등록국의 요건에 따라 장착되고 검사하여야 한다.

항공기 운항 중 1명의 항공기승무원에 의해 사용되는 장비는 좌석에서 쉽게 작동시킬 수 있도록 장착되어야 하며, 하나의 장비가 2명 이상의 항공기승무원에 의해 작동되는 경우에는 어느 좌석에서도 작동이 가능하도록 장착하여야 한다.

3.6.4.2. 항공기 계기 및 장비의 운항 요건

항공기의 안전한 운항을 위해 아래와 같은 요건을 갖추고 운항 하여야 한다.

- 운항증명소지자는 항공기에 장착된 계기 및 장비가 최소성능기준과 운항 및 감항 요건을 충족할 것
- 항로 비행 중 통신이나 항법에 필요한 장비들 중에서 어느 하나의 장비에 결함이 발생하여도 안전하게 통신이나 항법을 수행할 수 있을 것
- 최소장비목록(MEL)에 적용되는 경우를 제외하고는 운항에 적합한 작동상태를 유지할 것

3.6.4.3. 항공계기, 장치, 서류 등의 설치 · 탑재 및 운용

항공안전법 제52조(항공계기 등의 설치 · 탑재 및 운용 등)에 근거하여 항공기를 운항하려는 자 또는 소유자등은 해당 항공기에 항공기 안전운항을 위하여 필요한 항공계기, 장치, 서류, 구급용구 등(이하 "항공계기 등"이라 한다)을 설치하거나 탑재하여 운용하여야 하며 항공기에 갖추어야 할 항공계기 기준은 시계비행방식 또는 계기비행방식에 따라 [표 3-3]과 같다.

[표 3-3] 항공기에 탑재하는 항공계기

비행 구분	계기명	수량			
		비행기		헬리콥터	
		항공운송사업용	항공운송사업용 외	항공운송사업용	항공운송사업용 외
시계비행방식	나침반	1	1	1	1
	시계(시, 분, 초의 표시)	1	1	1	1
	정밀기압고도계	1	–	1	1
	기압고도계	–	1	–	–
	속도계	1	1	1	1
계기비행방식	나침반	1	1	1	1
	시계(시, 분, 초의 표시)	1	1	1	1
	정밀기압고도계	2	1	2	1
	기압고도계	–	1	–	–
	동결방지장치가 되어 있는 속도계	1	1	1	1
	선회 및 경사지시계	1	1	–	–
	경사지시계	–	–	1	1
	인공수평자세지시계	1	1	조종석당 1개 및 여분의 계기 1개	
	자이로식 기수방향지시계	1	1	1	1
	외기온도계	1	1	1	1
	승강계	1	1	1	1
	안정성유지시스템	–	–	1	1
	착륙등	2 이상	1 이상	–	–
	충돌방지등	1	1	–	–

야간에 비행하려는 항공기에는 계기비행방식으로 비행할 때 갖추어야 하는 항공계기에 추가로 착륙등, 충돌방지등, 항공기의 위치를 나타내는 우현등, 좌현등 및 미등, 운항승무원이 항공계기 및 장치를 쉽게 식별할 수 있도록 해주는 조명설비, 객실조명설비, 운항승무원 및 객실승무원이 각 근무위치에서 사용할 수 있는 손전등(flashlight)과 같은 조명설비를 갖추어야 한다. 또한 마하수(Mach number) 단위로 속도제한을 나타내는 항공기에서 마하수 환산이 가능한 속도계를 장착하지 아니한 경우에는 마하수 지시계(Mach number Indicator)를 장착하여야 한다.

- **항공장비**: 항공기 안전운항을 위하여 항공기에 갖추어야 할 항공장비는 승객 및 승무원의 좌석, 산소 저장 및 분배장치, 방사선투사량계기, 제빙 · 방빙장치, 그리고 사고예방장치와 특별감항증명을 받은 항공기나 곡예비행을 하는 항공기에 갖추는 낙하산 장비가 있다.

- **좌석**: 항공기에는 2세 이상의 승객과 모든 승무원을 위한 안전벨트가 달린 좌석을 장착하여야 하고, 항공운송사업에 사용되는 항공기의 모든 승무원의 좌석에는 안전벨트 외에 급감속시 상체를 자동적으로 제어하는 어깨끈을 장착하여야 한다.

- **산소 저장 및 분배장치**: 고고도 비행을 하는 항공기는 비행 중 승객 전원과 승무원 전원이 비행고도 등 비행환경에 따라 적합하게 필요로 하는 호흡용 산소의 양을 저장하고 분배할 수 있는 장치를 장착하여야 한다. 특히 항공운송사업에 사용되는 항공기로서 기내의 대기압이 376헥토파스칼(hPa) 미만인 비행고도로 비행하거나 376헥토파스칼(hPa) 이상인 비행고도에서 620헥토파스칼(hPa)의 비행고도까지 4분 이내에 안전하게 강하할 수 없는 경우에는 승객 및 객실승무원 좌석 수를 더한 수보다 최소한 10%를 초과하는 수의 자동으로 작동되는 산소 분배장치를 장착하여야 한다. 여압장치가 있는 비행기로서 기내의 대기압이 376헥토파스칼(hPa) 미만인 비행고도에서 비행하려는 비행기는 기내의 압력이 떨어질 때, 운항승무원에게 이를 경고할 수 있는 기압저하경보장치 1기를 장착하여야 하고 운항승무원의 산소마스크는 운항승무원이 산소의 사용이 필요할 때에 비행임무를 수행하는 좌석에서 즉시 사용할 수 있는 형태여야 한다.

- **방사선투사량계기**: 항공운송사업용 항공기 또는 국외를 운항하는 비행기가 평균해면으로부터 15,000m(4만 9,000ft)를 초과하는 고도로 운항하려면 투사된 총 우주방사선의 비율과 비행 시마다 누적된 양을 계속적으로 측정하고 이를 나타낼 수 있으며, 운항승무원이 측정된 수치를 쉽게 볼 수 있는 방사선투사량계기(Radiation Indicator) 1기를 갖추어야 한다.

- **제빙 · 방빙장치**: 결빙이 있거나 결빙이 예상되는 지역으로 운항하려는 항공기에는 결빙을 제거할 수 있는 제빙(De-icing)장치 또는 결빙을 방지할 수 있는 방빙(Anti-icing)장치를 갖추어야 한다.

- **사고예방장치**: 항공기는 사고예방 및 사고조사를 위하여 공중충돌경고장치, 지상접근경고장치, 비행자료기록장치 및 조종실음성기록장치, 전방돌풍경고 장치를 갖추어야 한다.

① 항공운송사업에 사용되는 모든 비행기와 2008년 1월 1일 이후에 최초로 감항증명을 받는 비행기로서 최대이륙중량이 5,700kg을 초과하거나 승객 19명을 초과하여 수송할 수 있는 터빈발동기를 장착한 모든 비행기는 국제민간항공조약 부속서 10에서 정한 바에 따라 운용되는 공중충돌경고장치 1기 이상을 장착하여야 한다.

② 터빈발동기를 장착한 비행기로서 2004년 1월 1일 이후에 제작되었거나 최대이륙중량이 5,700kg을 초과하거나 승객 9명을 초과하여 수송할 수 있는 모든 비행기, 2007년 1월 1일 이후에 제작되는 비행기로서 최대이륙중량이 5,700kg을 초과하거나 승객 9명을 초과하여 수송할 수 있는 피스톤발동기를 장착한 모든 비행기, 그리고 최대이륙중량이 3,175kg을 초과하거나 승객 9명을 초과하여 수송할 수 있는 헬리콥터로서 계기비행방식에 따라 운항하는 헬리콥터는 지표면에 근접하여 잠재적인 위험상태에 있을 경우, 적시에 명확한 경고를 운항승무원에게 자동으로 제공하고 전방의 지형지물을 회피할 수 있는 기능을 가진 지상접근경고장치 1기 이상을 장착하여야 한다.

③ 항공운송사업에 사용되는 터빈발동기를 장착한 모든 비행기와 1989년 1월 1일 이후에 제작된 비행기로서 최대이륙중량이 5700kg을 초과하는 항공운송사업 외의 용도로 사용되는 비행기에는 국제민간항공조약 부속서 6에서 정한 디지털 방식으로 자료를 기록할 수 있는 비행자료기록장치 및 조종실음성기록장치 1기 이상을 장착하여야 한다.

④ 헬리콥터는 항공운송사업에 사용되는지 여부와 최대이륙중량에 따라서 적용되는 제작일자가 비행자료기록장치와 조종실음성기록장치가 각각 다르나 최근의 추세는 최대이륙중량 3,180kg을 초과하는 모든 헬리콥터에 대하여 비행자료기록장치와 조종실음성기록장치 1기 이상 장착을 의무화하고 있다.

⑤ 최대이륙중량이 5,700kg을 초과하거나 승객 9명을 초과하여 수송할 수 있는 터빈발동기를 장착한 항공운송사업에 사용되는 비행기에는 전방돌풍경고장치 1기 이상을 장착하여야 한다. 이 경우 돌풍경고장치는 조종사에게 비행기 전방의 돌풍을 시각 및 청각적으로 경고하고, 필요한 경우에는 실패접근, 복행 및 회피기동을 할 수 있는 정보를 제공하는 것이어야 하며, 항공기가 착륙하기 위하여 자동착륙장치를 사용하여 활주로에 접근할 때 전방의 돌풍으로 인하여 자동착륙장치가 그 운용한계에 도달하고 있는 경우에는 조종사에게 이를 알릴 수 있는 기능을 가진 것이어야 한다.

- **항공일지**: 항공기의 소유자 등은 탑재용 항공일지, 지상 비치용 발동기 항공일지 및 지상 비치용 프로펠러 항공일지를 갖춰 두어야 한다. 다만, 활공기의 소유자 등은 활공기용 항공일지를, 외국 국적의 항공기 소유자 등은 탑재용 항공일지를 갖춰 두어야 한다. 항공기의 소유자 등은 항공

기를 항공에 사용하거나 개조 또는 정비한 경우에는 지체 없이 항공일지에 기록하여야 한다. 항공일지에 기록할 세부 내용은 본서의 항공일지에 설명되어 있다.

- **구급용구**: 항공기의 소유자 등이 항공기에 갖추어야 할 구명동의, 음성신호발생기, 구명보트, 불꽃조난신호장비, 휴대용 소화기, 도끼, 메가폰, 구급의료용품 등은 [표 3-4]와 같다.

1. 다음 표의 구급용구를 갖추어야 한다.

[표 3-4] 항공기에 장비하여야 할 구급용구

구분	품목	수량	
		항공운송사업 및 항공기사용사업에 사용하는 경우	그 밖의 경우
가. 수상비행기(수륙 양용 비행기를 포함한다)	· 구명동의 또는 이에 상당하는 개인부양장비 · 음성신호발생기 · 해상용 닻 · 일상용 닻	탑승자 한 명당 1개 1기 1개 1개	탑승자 한 명당 1개 1기 1개(해상이동에 필요한 경우만 해당한다) 1개
나. 육상비행기(수륙 양용 비행기를 포함한다) 1) 착륙에 적합한 해안으로부터 93km(50해리) 이상의 해상을 비행하는 다음의 경우 가) 쌍발비행기가 임계발동기가 작동하지 않아도 최저안전고도 이상으로 비행하여 교체비행장에 착륙할 수 있는 경우 나) 3발 이상의 비행기가 2개의 발동기가 작동하지 않아도 항로상 교체비행장에 착륙할 수 있는 경우 2) 1) 외의 육상단발비행기가 해안으로부터 활공거리를 벗어난 해상을 비행하는 경우 3) 이륙경로나 착륙접근경로가 수상에서의 사고 시에 착수가 예상되는 경우	· 구명동의 또는 이에 상당하는 개인부양장비	탑승자 한 명당 1개	탑승자 한 명당 1개
다. 장거리 해상을 비행하는 비행기 1) 비상착륙에 적합한 육지로부터 120분 또는 740km(400해리) 중 짧은 거리 이상의 해상을 비행하는 다음의 경우 가) 쌍발비행기가 임계발동기가 작동하지 않아도 최저안전고도 이상으로 비행하여 교체비행장에 착륙할 수 있는 경우 나) 3발 이상의 비행기가 2개의 발동기가 작동하지 않아도 항로상 교체비행장에 착륙할 수 있는 경우	· 구명동의 또는 이에 상당하는 개인부양장비 · 구명보트 · 불꽃조난신호장비	탑승자 한 명당 1개 적정 척 수 1기	탑승자 한 명당 1개 적정 척 수 1기
2) 1) 외의 비행기가 30분 또는 185km(100해리) 중 짧은 거리 이상의 해상을 비행하는 경우	· 육상비행기 또는 수상비행기의 구분에 따라 가 또는 나에서 정한 품목 · 구명보트 · 불꽃조난신호장비	육상비행기 또는 수상비행기의 구분에 따라 가 또는 나에서 정한 수량 적정 척 수 1기	 적정 척 수 1기

구분	품목	수량	
		항공운송사업 및 항공기사용사업에 사용하는 경우	그 밖의 경우
3) 비행기가 비상착륙에 적합한 육지로부터 93km(50해리) 이상의 해상을 비행하는 경우 4) 비상착륙에 적합한 육지로부터 단발기는 185km(100해리), 다발기는 1개의 발동기가 작동하지 않아도 370km(200해리) 이상의 해상을 비행하는 경우	· 구명동의 또는 이에 상당하는 개인부양장비 · 구명보트 · 불꽃조난신호장비		탑승자 한 명당 1개 적정 척 수 1기
라. 수색구조가 특별히 어려운 산악지역, 외딴지역 및 국토교통부장관이 정한 해상 등을 횡단 비행하는 비행기(헬리콥터를 포함한다)	· 불꽃조난신호장비 · 구명장비	1기 이상 1기 이상	1기 이상 1기 이상
마. 헬리콥터 1) 제1종 또는 제2종 헬리콥터가 육지(비상착륙에 적합한 섬을 포함한다)로부터 순항속도로 10분 거리 이상의 해상을 비행하는 경우	· 헬리콥터 부양장치 · 구명동의 또는 이에 상당하는 개인부양장비 · 구명보트 · 불꽃조난신호장비	1조 탑승자 한 명당 1개 적정 척 수 1기	1조 탑승자 한 명당 1개 적정 척 수 1기
2) 제3종 헬리콥터가 다음의 비행을 하는 경우 가) 비상착륙에 적합한 육지 또는 섬으로부터 자동회전 또는 안전강착거리를 벗어난 해상을 비행하는 경우	· 헬리콥터 부양장치	1조	1조
나) 비상착륙에 적합한 육지 또는 섬으로부터 자동회전거리를 초과하되, 국토교통부장관이 정한 육지로부터의 거리 내의 해상을 비행하는 경우 다) 가)에서 정한 지역을 초과하는 해상을 비행하는 경우	· 구명동의 또는 이에 상당하는 개인부양장비	탑승자 한 명당 1개	탑승자 한 명당 1개
3) 제2종 및 제3종 헬리콥터가 이륙 경로나 착륙접근 경로가 수상에 서의 사고 시에 착수가 예상되는 경우	· 구명동의 또는 이에 상당하는 개인부양장비	탑승자 한 명당 1개	탑승자 한 명당 1개
4) 앞바다(offshore)를 비행하거나 국토교통부장관이 정한 수상을 비행할 경우	· 구명보트 · 불꽃조난신호장비 · 구명동의 또는 이에 상당하는 개인부양장비 · 헬리콥터 부양장치	적정 척 수 1기 탑승자 한 명당 1개 1조	적정 척 수 1기 탑승자 한 명당 1개 1조

2. 다음 각 목의 소화기를 갖춰야 한다.

가. 항공기에는 적어도 조종실 및 조종실과 분리되어 있는 객실에 각각 한 개 이상의 이동이 간편한 소화기를 갖춰 두어야 한다. 다만, 소화기는 소화액을 방사 시 항공기 내의 공기를 해롭게 오염시키거나 항공기의 안전운항에 지장을 주는 것이어서는 안 된다.

나. 항공기의 객실에는 다음 표의 소화기를 갖춰 두어야 한다.

승객 좌석 수	소화기의 수량
1) 6석부터 30석까지	1
2) 31석부터 60석까지	2
3) 61석부터 200석까지	3
4) 201석부터 300석까지	4
5) 301석부터 400석까지	5
6) 401석부터 500석까지	6
7) 501석부터 600석까지	7
8) 601석 이상	8

3. 항공운송사업용 및 항공기사용사업용 항공기에는 사고 시 사용할 도끼 1개를 갖춰 두어야 한다.
4. 항공운송사업용 여객기에는 다음 표의 메가폰을 갖추어야 한다.

승객 좌석 수	소화기의 수량
61석부터 99석까지	1
100석부터 199석까지	2
200석 이상	3

5. 모든 항공기에는 가목의 구급의료용품(First-aid Kit)을 탑재해야 하고, 항공운송사업용 항공기에는 나목의 감염예방의료용구(Unversal Precaution Kit)와 다목의 비상의료용구(Emergency Medical Kit)를 추가하여 탑재해야 한다. 다만, 다목의 비상의료용구는 비행시간이 2시간 이상이고 승객 좌석 수가 101석 이상의 항공운송사업용 항공기만 해당하며 1조 이상 탑재해야 한다.

가. 구급의료용품의 수량

승객 좌석 수	구급의료용품의 수
0석부터 100석	1조
101석부터 200석까지	2조
201석부터 300석까지	3조
301석부터 400석까지	4조
401석부터 500석까지	5조
501석 이상	6조

나. 감염예방 의료용구의 수량

승객 좌석 수	구급의료용품의 수
0석부터 250석	1조
251석부터 500석까지	2조
501석 이상	3조

다. 비상의료용구

장비	약품
청진기, 혈압계, 인공기도, 주사기, 주사바늘, 정맥주사용 카테터, 항균 소독포, 일회용 의료 장갑, 주사 바늘 폐기함, 도뇨관, 정맥 혈류기(수액세트), 지혈대, 스폰지 거즈, 접착 테이프, 외과용 마스크, 기관 카테터, 탯줄 집게(제대 겸자), 체온계(비수은 체온계), 인공호흡용 Bag-valve 마스크, 손전등(펜라이트)과 건전지	아드레날린제, 항히스타민제(주사용), 정맥주사용 포도당, 니트로글리세린 정제, 진통제, 항경련제(주사용), 진토제(주사용), 기관지 확장제(흡입식), 아트로핀, 부신피질스테로이드(주사제), 이뇨제(주사용), 자궁수축제, 주사용 생리식염수, 아스피린(경구용), 경구용 베타수용체 차단제

항공기 사용자는 항공기에 항공기등록증명서, 감항증명서, 탑재용 항공일지, 운용한계 지정서 및 비행교범, 운항규정, 항공운송사업의 운항증명서 사본 및 운영기준 사본, 소음기준적합증명서, 각 운항승무원의 유효한 자격증명서 및 조종사의 비행기록에 관한 자료, 무선국 허가증명서, 탑승한 여객의 성명, 탑승지 및 목적지가 표시된 명부(passenger manifest, 항공운송사업용 항공기만 해당), 수송화물의 화물목록(cargo manifest)과 화물 운송장에 명시되어 있는 세부 화물신고서류(항공운송사업용 항공기만 해당), 해당 국가의 항공당국 간에 체결한 항공기 등의 감독 의무에 관한 이전협정서 사본(임대차 항공기의 경우만 해당), 비행 전 및 각 비행 단계에서 운항승무원이 사용해야 할 점검표의 서류를 탑재하고 운항해야 한다.

3.6.4.4. 연료, 오일탑재 계획 및 불확실 요인의 보정(Fuel, Oil Planning and Contingency Factors)

항공기는 계획된 비행을 안전하게 완수하고 계획된 운항과의 편차를 감안하여 충분한 연료를 탑재해야만 한다.

탑재연료량은 적어도 연료소모감시시스템에서 얻은 특정 항공기의 최신자료 또는 항공기 제작사에서 제공된 자료, 비행계획에 포함되어야 할 운항 조건(예상 항공기 중량, 항공고시보(NOTAM), 현재 기상보고 또는 기상보고 및 기상예보의 조합, 항공교통업무 절차, 제한사항 및 예측된 지연, 정비이월, 외장변경의 영향, 항공기 착륙지연 또는 연료와 오일의 소모를 증가시킬만한 사항) 사항을 근거로 산출되어야 한다.

기장은 착륙할 때 계획된 최종예비연료가 남아있고 안전한 착륙이 가능한 공항까지 도달하는데 필요한 연료보다 탑재된 사용 가능한 연료량을 지속적으로 확인하여야 한다. 최종예비연료(final reserve fuel) 보호는 기존의 계획대로 안전한 운항이 종료될 수 없는 예기치 못한 사건이 발생할 경우 어떠한 공항에도 안전하게 착륙할 수 있기 위함이다. 재분석, 조정, 재계획 검토를 포함한 비행 중 계획에 관한 세부사항은 Flight Planning and Fuel Management Manual(Doc 9976)을 참조한다.

3.6.4.5. 항공기 연료 오일 탑재

항공안전법 제53조(항공기의 연료)에 따라 항공기 소유자 등은 항공기에 [표 3-5] 에서 정하는 양의 연료 및 오일을 싣지 아니하고 항공기를 운항하여서는 아니 된다.

[표 3-5] 항공기에 실어야 할 연료 및 오일의 양

구분		연료 및 오일의 양	
		왕복발동기 장착 항공기	터빈발동기 장착 항공기
항공운송사업용 및 항공기사용 사업용 비행기	계기비행으로 교체비행장이 요구될 경우	다음 각 호의 양을 더한 양 1. 이륙 전에 소모가 예상되는 연료(taxi fuel)의 양 2. 이륙부터 최초 착륙예정 비행장에 착륙할 때까지 필요한 연료(trip fuel)의 양 3. 이상사태 발생 시 연료 소모가 증가할 것에 대비하기 위한 것으로서 운항기술기준에서 정한 연료(Contingency fuel)의 양 4. 다음 각 목의 어느 하나에 해당하는 연료의 양 가. 1개의 교체비행장이 요구되는 경우: 다음의 양을 더한 양 1) 최초 착륙예정 비행장에서 한 번의 실패접근에 필요한 양 2) 교체비행장까지 상승비행, 순항비행, 강하비행, 접근비행 및 착륙에 필요한 양 나. 2개 이상의 교체비행장이 요구되는 경우: 각각의 교체비행장에 대하여 가목에 따라 산정된 양 중 가장 많은 양 5. 교체비행장에 도착 시 예상되는 비행기의 중량 상태에서 순항속도 및 순항고도로 45분간 더 비행할 수 있는 연료(final reserve fuel)의 양 6. 그 밖에 비행기의 비행성능 등을 고려하여 운항기술기준에서 정한 추가 연료의 양	다음 각 호의 양을 더한 양 1. 이륙 전에 소모가 예상되는 연료의 양 2. 이륙부터 최초 착륙예정 비행장에 착륙할 때까지 필요한 연료의 양 3. 이상사태 발생 시 연료 소모가 증가할 것에 대비하기 위한 것으로서 운항기술기준에서 정한 연료의 양 4. 다음 각 목의 어느 하나에 해당하는 연료의 양 가. 1개의 교체비행장이 요구되는 경우: 다음의 양을 더한 양 1) 최초 착륙예정 비행장에서 한 번의 실패접근에 필요한 양 2) 교체비행장까지 상승비행, 순항비행, 강하비행, 접근비행 및 착륙에 필요한 양 나. 2개 이상의 교체비행장이 요구되는 경우: 각각의 교체비행장에 대하여 가목에 따라 산정된 양 중 가장 많은 양 5. 교체비행장에 도착 시 예상되는 비행기의 중량 상태에서 표준대기 상태에서의 체공속도로 교체비행장의 450m(1,500ft)의 상공에서 30분간 더 비행할 수 있는 연료의 양 6. 그 밖에 비행기의 비행성능 등을 고려하여 운항기술기준에서 정한 추가 연료의 양

<table>
<tr><th colspan="2" rowspan="2">구분</th><th colspan="2">연료 및 오일의 양</th></tr>
<tr><th>왕복발동기 장착 항공기</th><th>터빈발동기 장착 항공기</th></tr>
<tr><td></td><td>계기비행으로 교체비행장이 요구되지 않을 경우</td><td>다음 각 호의 양을 더한 양
1. 이륙 전에 소모가 예상되는 연료의 양
2. 이륙부터 최초 착륙예정 비행장에 착륙할 때까지 필요한 연료의 양
3. 이상사태 발생 시 연료소모가 증가할 것에 대비하기 위한 것으로서 운항기술기준에서 정한 연료의 양
4. 다음 각 목의 어느 하나에 해당하는 연료의 양
가. 제186조제3항제1호에 해당하는 경우: 표준대기상태에서 최초 착륙예정 비행장의 450m(1,500ft)의 상공에서 체공속도로 15분간 더 비행할 수 있는 양
나. 제186조제3항제2호에 해당하는 경우: 다음의 어느 하나에 해당하는 양 중 더 적은 양
1) 제5호에 따른 연료의 양을 포함하여 순항속도로 45분간 더 비행할 수 있는 양에 순항고도로 계획된 비행시간의 15%의 시간을 더 비행할 수 있는 양을 더한 양
2) 순항속도로 2시간을 더 비행할 수 있는 양
5. 최초 착륙예정 비행장에 도착 시 예상되는 비행기 중량 상태에서 순항속도 및 순항고도로 45분간 더 비행할 수 있는 연료의 양. 다만, 제4호나목1)에 따라 연료를 실은 경우에는 제5호에 따른 연료를 실은 것으로 본다.
6. 그 밖에 비행기의 비행성능 등을 고려하여 운항기술기준에서 정한 추가 연료의 양</td><td>다음 각 호의 양을 더한 양
1. 이륙 전에 소모가 예상되는 연료의 양
2. 이륙부터 최초 착륙예정 비행장에 착륙할 때까지 필요한 연료의 양
3. 이상사태 발생 시 연료소모가 증가할 것에 대비하기 위한 것으로서 운항기술기준에서 정한 연료의 양
4. 다음 각 목의 어느 하나에 해당하는 연료의 양
가. 제186조제3항제1호에 해당하는 경우: 표준대기상태에서 최초 착륙예정 비행장의 450m(1,500ft)의 상공에서 체공속도로 15분간 더 비행할 수 있는 양
나. 제186조제3항제2호에 해당하는 경우: 제5호에 따른 연료의 양을 포함하여 최초 착륙예정 비행장의 상공에서 정상적인 순항 연료소모율로 2시간을 더 비행할 수 있는 양
5. 최초 착륙예정 비행장에 도착 시 예상되는 비행기 중량 상태에서 표준대기 상태에서의 체공속도로 최초 착륙예정 비행장의 450m(1,500ft)의 상공에서 30분간 더 비행할 수 있는 양. 다만, 제4호나목에 따라 연료를 실은 경우에는 제5호에 따른 연료를 실은 것으로 본다.
6. 그 밖에 비행기의 비행성능 등을 고려하여 운항기술기준에서 정한 추가 연료의 양</td></tr>
<tr><td></td><td>시계비행을 할 경우</td><td colspan="2">다음 각 호의 양을 더한 양
1. 최초 착륙예정 비행장까지 비행에 필요한 양
2. 순항속도로 45분간 더 비행할 수 있는 양</td></tr>
<tr><td rowspan="4">항공운송사업용 및 항공기사용사업용 외의 비행기</td><td>계기비행으로 교체비행장이 요구될 경우</td><td colspan="2">다음 각 호의 양을 더한 양
1. 최초 착륙예정 비행장까지 비행에 필요한 양
2. 그 교체비행장까지 비행을 마친 후 순항고도로 45분간 더 비행할 수 있는 양</td></tr>
<tr><td>계기비행으로 교체비행장이 요구되지 않을 경우</td><td colspan="2">다음 각 호의 양을 더한 양
1. 제186조제3항 단서에 따라 교체비행장이 요구되지 않는 경우 최초 착륙예정 비행장까지 비행에 필요한 양
2. 순항고도로 45분간 더 비행할 수 있는 양</td></tr>
<tr><td>주간에 시계비행을 할 경우</td><td colspan="2">다음 각 호의 양을 더한 양
1. 최초 착륙예정 비행장까지 비행에 필요한 양
2. 순항고도로 30분간 더 비행할 수 있는 양</td></tr>
<tr><td>야간에 시계비행을 할 경우</td><td colspan="2">다음 각 호의 양을 더한 양
1. 최초 착륙예정 비행장까지 비행에 필요한 양
2. 순항고도로 45분간 더 비행할 수 있는 양</td></tr>
</table>

<table>
<tr><th colspan="2" rowspan="2">구분</th><th colspan="2">연료 및 오일의 양</th></tr>
<tr><th>왕복발동기 장착 항공기</th><th>터빈발동기 장착 항공기</th></tr>
<tr><td rowspan="4">항공운송사업용 및 항공기사용사업용 헬리콥터</td><td>시계비행을 할 경우</td><td colspan="2">다음 각 호의 양을 더한 양
1. 최초 착륙예정 비행장까지 비행에 필요한 양
2. 최대항속속도로 20분간 더 비행할 수 있는 양
3. 이상사태 발생 시 연료소모가 증가할 것에 대비하기 위한 것으로서 운항기술기준에서 정한 연료의 양</td></tr>
<tr><td>계기비행으로 교체비행장이 요구될 경우</td><td colspan="2">다음 각 호의 양을 더한 양
1. 최초 착륙예정 비행장까지 비행하여 한 번의 접근과 실패접근을 하는 데 필요한 양
2. 교체비행장까지 비행하는 데 필요한 양
3. 표준대기 상태에서 교체비행장의 450m(1,500ft)의 상공에서 30분간 체공하는 데 필요한 양에 그 비행장에 접근하여 착륙하는 데 필요한 양을 더한 양
4. 이상사태 발생 시 연료소모가 증가할 것에 대비하기 위한 것으로서 운항기술기준에서 정한 연료의 양</td></tr>
<tr><td>계기비행으로 교체비행장이 요구되지 않을 경우</td><td colspan="2">제186조제7항제1호의 경우에는 다음 각 호의 양을 더한 양
1. 최초 착륙예정 비행장까지 비행에 필요한 양
2. 표준대기 상태에서 최초 착륙예정 비행장의 450m(1,500ft)의 상공에서 30분간 체공하는 데 필요한 양에 그 비행장에 접근하여 착륙하는 데 필요한 양을 더한 양
3. 이상사태 발생 시 연료소모가 증가할 것에 대비하기 위한 것으로서 운항기술기준에서 정한 연료의 양</td></tr>
<tr><td>계기비행으로 적당한 교체비행장이 없을 경우</td><td colspan="2">제186조제7항제2호의 경우에는 다음 각 호의 양을 더한 양
1. 최초 착륙예정 비행장까지 비행에 필요한 양
2. 최초 착륙예정 비행장의 상공에서 체공속도로 2시간 동안 체공하는 데 필요한 양</td></tr>
<tr><td rowspan="4">항공운송사업용 및 항공기사용사업용 외의 헬리콥터</td><td>시계비행을 할 경우</td><td colspan="2">다음 각 호의 양을 더한 양
1. 최초 착륙예정 비행장까지 비행에 필요한 양
2. 최대항속속도로 20분간 더 비행할 수 있는 양
3. 이상사태 발생 시 연료 소모가 증가할 것에 대비하여 소유자 등이 정한 추가의 양</td></tr>
<tr><td>계기비행으로 교체비행장이 요구될 경우</td><td colspan="2">다음 각 호의 양을 더한 양
1. 최초 착륙예정 비행장까지 비행하여 한 번의 접근과 실패접근을 하는 데 필요한 양
2. 교체비행장까지 비행하는 데 필요한 양
3. 표준대기 상태에서 교체비행장의 450m(1,500ft)의 상공에서 30분간 체공하는 데 필요한 양에 그 비행장에 접근하여 착륙하는 데 필요한 양을 더한 양
4. 이상사태 발생 시 연료 소모가 증가할 것에 대비하여 소유자 등이 정한 추가의 양</td></tr>
<tr><td>계기비행으로 교체비행장이 요구되지 않는 경우</td><td colspan="2">다음 각 호의 양을 더한 양
1. 최초 착륙예정 비행장까지 비행에 필요한 양
2. 표준대기 상태에서 최초 착륙예정 비행장의 450m(1,500ft)의 상공에서 30분간 체공하는 데 필요한 양에 그 비행장에 접근하여 착륙하는 데 필요한 양을 더한 양
3. 이상사태 발생 시 연료 소모가 증가할 것에 대비하여 소유자 등이 정한 추가의 양</td></tr>
<tr><td>계기비행으로 적당한 교체비행장이 없을 경우</td><td colspan="2">다음 각 호의 양을 더한 양
1. 최초 착륙예정 비행장까지 비행에 필요한 양
2. 그 비행장의 상공에서 체공속도로 2시간 동안 체공하는 데 필요한 양</td></tr>
</table>

3.6.4.6. 승객이 기내에 있거나 승 · 하기 중 일 때 연료보급(Refueling with Passengers on Board)

비행기의 경우, 기장은 승객이 기내에 있을 때나 탑승 또는 하기 중에는 항공기에 탈출 시작과 탈출을 지시할 준비가 되어있는 자격을 갖춘 자를 배치한 때, 항공기에 배치한 자격을 갖춘 자와 연료보급을 감독하는 지상요원간에 상호 송수신 통신이 유지될 경우를 제외하고 연료보급을 금지하고 있다.

3.6.5. 운항기술기준 고시 및 준수

항공안전법 제77조(항공기 안전운항을 위한 운항기술기준)에 근거하여 국토교통부장관은 항공기 안전운항을 확보하기 위하여 이 법과 「국제민간항공조약」 및 같은 협약 부속서에서 정한 범위에서 항공정비사의 자격증명을 포함한 다음 각 호의 사항이 포함된 운항기술기준을 정하여 고시하고 항공운송사업자는 이에 따라서 운항기술기준을 준수하여야 한다.

제77조(항공기의 안전운항을 위한 운항기술기준)

국토교통부장관은 항공기 안전운항을 확보하기 위하여 이 법과 「국제민간항공협약」 및 같은 협약 부속서에서 정한 범위에서 다음 각 호의 사항이 포함된 운항기술기준을 정하여 고시할 수 있다.

1. 자격증명
2. 항공훈련기관
3. 항공기 등록 및 등록부호 표시
4. 항공기 감항성
5. 정비조직인증기준
6. 항공기 계기 및 장비
7. 항공기 운항
8. 항공운송사업의 운항증명 및 관리
9. 그 밖에 안전운항을 위하여 필요한 사항으로서 국토교통부령으로 정하는 사항

3.7. 항공운송사업자 등에 대한 안전관리

「항공안전법」 제7장 항공운송사업자 등에 대한 안전관리는 제1절 항공운송사업자에 대한 안전관리, 제2절 항공기사용사업자에 대한 안전관리, 제3절 항공기정비업자에 대한 안전관리에 대하여 규정하고 있다.

제1절 항공운송사업자에 대한 안전관리에서는 항공운송사업자의 운항증명, 과징금의 부과, 운항규정 및 정비규정, 안전개선명령 등에 대하여 규정하고 있다.

제2절 항공기사용사업자에 대한 안전관리에서는 항공기사용사업자의 운항증명 취소 및 항공기사용사업자에 대한 준용규정 등에 대하여 언급하고 있다.

제3절 항공기정비업자에 대한 안전관리에서는 정비조직인증 및 과징금의 부과에 대하여 규정하고 있다.

3.7.1. 운항증명 및 안전운항체계 변경검사 신청

항공안전법 제90조(항공운송사업의 운항증명)에 근거하여 항공운송사업자는 국토교통부령으로 정하는 기준에 따라 인력, 장비, 시설, 운항관리지원 및 정비관리지원 등 안전운항체계에 대하여 국토교통부장관의 검사를 받아 운항증명을 받은 후 운항을 시작하여야 하며, 운항증명을 하는 경우에는 운항하려는 항로, 공항 및 항공기 정비방법 등에 관하여 국토

교통부령으로 정하는 운항조건과 제한사항이 명시된 운영기준을 정하여 함께 발급받아야 한다.

항공운송사업자는 최초로 운항증명을 받았을 때의 안전운항체계를 유지하여야 하며, 새로운 노선의 개설 등으로 안전운항체계가 변경된 경우에는 항공안전법 시행규칙 제262조(안전운항체계 변경검사) 안전운항체계 변경검사 신청서에 항공정비사를 비롯한 항공종사자의 확보상태 및 능력을 포함한 다음 각 호의 사항이 포함된 안전운항체계 변경에 대한 입증자료(이하 이 조에서 "안전적합성 입증자료"라 한다)와 별지 제93호 서식의 운영기준 변경신청서(운영기준의 변경이 있는 경우만 해당한다)를 첨부하여 운항개시 예정일 5일 전까지 국토교통부장관 또는 지방항공청장에게 제출하여야 한다.

- 사용 예정 항공기
- 항공기 및 그 부품의 정비시설
- 항공기 급유시설 및 연료저장시설
- 예비품 및 그 보관시설
- 운항관리시설 및 그 관리방식
- 지상조업시설 및 장비
- 운항에 필요한 항공종사자의 확보상태 및 능력
- 취항 예정 비행장의 제원 및 특성
- 여객 및 화물의 운송서비스 관련 시설
- 면허조건 또는 사업 개시 관련 행정명령 이행실태

제90조(항공운송사업자의 운항증명)

① 항공운송사업자는 운항을 시작하기 전까지 국토교통부령으로 정하는 기준에 따라 인력, 장비, 시설, 운항관리지원 및 정비관리지원 등 안전운항체계에 대하여 국토교통부장관의 검사를 받은 후 운항증명을 받아야 한다.

② 국토교통부장관은 제1항에 따른 운항증명(이하 "운항증명"이라 한다)을 하는 경우에는 운항하려는 항공로, 공항 및 항공기 정비방법 등에 관하여 국토교통부령으로 정하는 운항조건과 제한 사항이 명시된 운영기준을 운항증명서와 함께 해당 항공운송사업자에게 발급하여야 한다.

③ 국토교통부장관은 항공기의 안전운항을 확보하기 위하여 필요하다고 판단되면 직권으로 또는 항공운송사업자의 신청을 받아 제2항에 따른 운영기준을 변경할 수 있다.

④ 항공운송사업자 또는 항공운송사업자에 속한 항공종사자는 제2항에 따른 운영기준을 준수하여야 한다.

⑤ 운항증명을 받은 항공운송사업자는 최초로 운항증명을 받았을 때의 안전운항체계를 유지하여야 하며, 노선의 개설 등으로 안전운항체계가 변경된 경우에는 국토교통부장관이 실시하는 검사를 받아야 한다.

⑥ 국토교통부장관은 항공기 안전운항을 확보하기 위하여 운항증명을 받은 항공운송사업자가 안전운항체계를 유지하고 있는지를 정기 또는 수시로 검사하여야 한다.

⑦ 국토교통부장관은 제6항에 따른 정기검사 또는 수시검사를 하는 중에 다음 각 호의 어느 하나에 해당하여 긴급한 조치가 필요하게 되었을 때에는 국토교통부령으로 정하는 바에 따라 항공기 또는 노선의 운항을 정지하게 하거나 항공종사자의 업무를 정지하게 할 수 있다.

1. 항공기의 감항성에 영향을 미칠 수 있는 사항이 발견된 경우

2. 항공기의 운항과 관련된 항공종사자가 교육훈련 또는 운항자격 등 이 법에 따라 해당 업무에 종사하는 데 필요한 요건을 충족하지 못하고 있음이 발견된 경우
3. 승무시간 기준, 비행규칙 등 항공기의 안전운항을 위하여 이 법에서 정한 기준을 따르지 아니하고 있는 경우
4. 운항하려는 공항 또는 활주로의 상태 등이 항공기의 안전운항에 위험을 줄 수 있는 상태인 경우
5. 그 밖에 안전운항체계에 영향을 미칠 수 있는 상황으로 판단되는 경우

⑧ 국토교통부장관은 제7항에 따른 정지처분의 사유가 없어진 경우에는 지체 없이 그 처분을 취소하여야 한다.

3.7.2. 항공기 정비요건 (Aircraft Maintenance Requirement)

항공기 정비요건은 대한민국에 등록되어 국내외를 운항하고 항공법령의 적용을 받는 민간 항공기에 대한 검사행위를 규정하고, 항공기가 대한민국에 등록되었는지의 여부와 관계없이 모든 민간 항공기에 적용된다. 타 등록국에서 승인하고 인정한 점검프로그램에 의하여 운영되는 외국적 항공기가 대한민국 내를 운항하기 위하여 요구되는 장비를 구비하지 못한 경우 대한민국 내를 운항하기 전에 그 항공기의 소유자/운영자는 해당 장비를 장착한 후 운항할 수 있다.

등록된 항공기의 소유자 또는 운영자는 모든 감항성개선지시서의 이행을 포함하여 항공기를 감항성이 있는 상태로 유지할 책임이 있고, 누구든지 항공관계법령 또는 운항기술기준을 따르지 아니하고 항공기 정비, 예방정비, 수리 또는 개조행위를 해서는 안 된다.

항공기 소유자 또는 운영자가 인가받은 정비프로그램 또는 검사프로그램에는 항공기의 지속적인 감항성 유지를 위하여 제작사에서 발행한 정비교범 또는 지침서에서 요구하는 부품 등의 강제교환시기, 점검주기 및 관련 절차를 포함 하여야 한다.

국토교통부장관으로부터 정비프로그램 또는 검사프로그램을 인가 받은 자는 인가 받은 프로그램에 따라 정비 등을 수행하여야 하며, 인가 받지 못한 자는 제작사가 제공하는 정비교범에 따라 정비 등을 수행하여야 한다.

국내에 등록된 항공기의 소유자 또는 운영자는 항공기 형식증명소유자가 권고하는 주기마다 중량측정을 수행하여야 하며, 중량측정을 수행한 경우에는 중량측정기록, 중량 및 중심위치 명세서 및 기본장비목록을 포함한 중량 및 평형보고서를 작성하여 유지하여야 한다.

사고 등으로 감항성을 상실했던 항공기가 감항성 회복을 위하여 중량 및 평형(weight and Balance)이 변화한 경우 소유자 또는 운영자는 감항증명 또는 수리개조승인을 위한 신청서류에 중량 및 평형보고서를 추가하여야 한다.

항공기의 소유자 또는 운영자는 제작사가 권고한 최신의 검사프로그램, 운항증명소지자가 사용하도록 국토교통부장관이 인가한 항공기의 지속적인 정비프로그램, 항공기 소유자 또는 운영자에 의해 설정된 것으로 지방항공청장의 인가를 받은 검사프로그램 중 어느 하나를 선택하여 사용하여야 하고, 항공기 정비기록에서 이를 확인할 수 있어야 한다.

항공기 소유자 또는 운영자는 선택한 검사프로그램에서 요구하는 검사항목에 대한 일정관리에 대한 책임자를 명시하고 항공기에 대한 검사를 수행하는 자에게 검사프로그램의 사본을 제공해야 한다.

항공기 소유자 또는 운영자는 항공기 사양서(specifications), 형식자료집(type data sheets) 또는 국토교통부장관으로부터 인가받은 도서에 명시된 수명한계품목(life limited parts)의 교환요건을 충족하지 않거나 선택한 검사프로그램에 따라 설정된 기체, 엔진, 프로펠러, 장비품(appliances), 구명장비(survival equipment) 및 비상장비(emergency equipment)를 포함한 항공기에 대한 검사가 수행되지 않은 항공기를 운항하여서는 안 된다.

검사프로그램을 제정하거나 개정하려는 자는 국토교통부 고시 「항공기 기술기준」Part 21 Subpart H 부록 D에 따라 다음 사항을 포함한 검사프로그램을 수립하여 관할 지방항공청장의 승인을 받아야 한다.

운영자가 적용 중인 검사프로그램을 다른 프로그램으로 변경하고자 하는 경우 새로운 프로그램에 따른 검사시기의 결정은 이전 프로그램에 따라 누적된 사용시간, 사용일자, 작동횟수를 적용하여야 한다.

항공기 검사프로그램은 사용자가 사용에 편리하도록 인적요인(Human Factors) 개념을 반영하여 설계하여야 한다. 인적요인의 적용에 관한 지침은 ICAO Doc 9683(Human Factors Training Manual)을 참조한다.

3.7.2.1. 정비기록 보존(Maintenance Records Retention)

항공기 소유자 또는 운영자는 반복되는 차기 작업 또는 동등한 작업범위의 다른 작업에 의해 대체될 때까지 최소 1년 이상 정비기록을 보존하도록 하고 있다.

소유자등은 항공기를 매각 또는 임대할 경우 가항에 따른 기록을 항공기와 함께 양도하여야 하고, 결함 현황은 결함이 해소되어 항공기가 사용 가능한 상태로 환원될 때까지 보존한다.

항공기 소유자 또는 운영자는 국토교통부장관 또는 항공철도사고조사위원회의 검사가 가능하도록 모든 정비사항을 기록하여야 하고, 대한민국에 등록된 항공기를 매각하거나 임대하는 소유자 혹은 운영자는 항공기를 매각하거나 임대할 때 구매자 혹은 임차자에게 항공기 정비기록을 양도해야 한다.

3.7.2.2. 정비 기록(Maintenance Records)

항공기 운영자는 항공기와 수명한계 장비품의 총 사용 시간(시간, 사용일수 및 사이클), 모든 의무적인 지속적 감항성 정보에 대한 현재 이행 기록, 항공기와 중요 장비품에 대한 개조와 수리의 세부사항, 정해진 오버홀 수명에 근거한 항공기 또는 그 부분품의 마지막 오버홀 이후에 사용된 시간(시간, 사용일수 및 사이클 등), 정비 및 검사프로그램 이행 기록, 정비확인과 감항성확인에 대한 서명을 위한 요건이 충족되었음을 증빙하는 세부 정비 기록 등을 포함한 정비기록을 유지하도록 하고 있다.

3.7.3. 정비조직의 인증 (Approval for Maintenance Organization)

3.7.3.1. 적용

법 집행의 일관성 및 객관성을 제고하고 항공기 안전성 확보를 위하여 정비조직인증을 위한 기준을 정하고 있으며, 타인의 수요에 맞추어 항공기, 기체, 발동기, 프로펠러, 장비품 및 부품 등에 대하여 정비 또는 수리 · 개조 등(이하 "정비등"이라 한다)의 작업을 수행하고 감항성을 확인하거나, 항공기 기술관리 또는 품질관리 등을 지원하기 위하여 정비조직 인증을 받고자 하는 자 또는 인증을 받은 자를 대상으로 한다.

인증 받은 정비조직이 한정 받은 품목에 대하여 정비 등을 수행하는 때에는 항공기 및 장비품 등의 제작자가 지속 감항성 유지를 위하여 발행한 현행 정비 매뉴얼 · 지침 등에 기재된 방법, 기술 및 기능 드는 국토교통부장관이 인정한 방법, 기술 및 기능을 따라야 하고, 인가된 정비, 예방정비 또는 개조작업을 수행하는데 필요한 장비, 공구 및 재료를 갖추어야 하며 장비, 공구 및 재료는 제작자가 권고한 것이거나 적어도 제작자의 권고, 국토교통부장관이 인정한 사항을 준수하여야 한다.

3.7.3.2. 정비훈련프로그램

정비조직이 운영하는 훈련프로그램은 훈련과정, 훈련방법, 강사자격, 평가, 훈련기록에 대한 내용이 포함되어야 하고 훈련시간 등의 기준은 아래와 같다.

- 안전교육: 년 8시간 이상
- 초도교육: 60시간 이상
- 보수교육: 1회당 4시간 이상
- 항공기 기종교육: 항공기 제작회사 또는 제작회사가 인정한 교육기관이 실시하는 교육시간 이상
- 인적요소: 년 4시간 이상
- 초도 및 항공기 기종교육 이수기준: 평가시험 70% 이상 취득
- 인증받은 정비조직의 교육훈련 교관은 정비분야 3년 이상의 근무경력

3.8. 외국항공기

「항공안전법」 제8장에서 외국항공기는 외국항공기 항행, 외국항공기 국내사용, 군수품 수송의 금지, 외국인 국제항공운송사업, 외국항공기의 국내 운송 금지 등 외국항공기 및 외국인이 사용하는 항공기에 대하여 규정하고 있으며. 시카고협약 및 동 협약 부속서에서 정한 기준을 준거하여 규정하고 있다.

외국 국적을 가진 항공기에 대하여 국내 항행, 국내 지역 간 운항, 군수품 수송 금지 및 외국인 국제항공운송사업의 허가 등에 대한 기준을 규정하고 있다. 또한, 안전운항을 위한 외국인 국제항공운송사업자가 준수해야 할 의무, 국토교통부장관이 행하는 검사 및 필요시 운항정지 조치 등의 기준을 명시하고 있다. 이들 국제항공운송사업자 등에 대한 검사는 기본적으로 시카고협약 부속서에서 정한 기준 및 인가받은 내용의 준수여부를 확인하는 것이다.

3.9. 경량항공기

「항공안전법」 제9장 항공경량항공기에서는 경량항공기에 대한 안전성인증, 경량항공기 조종사 자격증명, 경량항공기 전문교육기관의 지정 등에 대하여 규정하고 있다.

3.10. 초경량비행장치

「항공안전법」 제10장 초경량비행장치에서는 초경

량비행장치에 대한 신고, 안전성인증, 조종자증명, 전문교육기관의 지정 등에 대하여 규정하고 있다.

3.11. 보칙

「항공안전법」 제11장 보칙은 항공종사자 · 항공운송사업자 등에 대한 항공안전 활동, 항공운송사업자에 관한 안전도 정보의 공개, 권한의 위임 · 위탁, 청문 등에 대하여 규정하고 있다.

3.12. 벌칙

「항공안전법」 제12장 벌칙은 각 장에서 규정하고 있는 법 조문의 실효성을 확보하기 위해 각종의 벌칙을 규정하고 있으며 항행 중 항공기 위험 발생의 죄, 항행 중 항공기 위험 발생으로 인한 치사 · 치상의 죄, 미수범, 기장 등의 탑승자 권리행사 방해의 죄, 기장의 항공기 이탈의 죄, 과실에 따른 항공상 위험 발생 등의 죄, 감항증명을 받지 아니한 항공기 사용 등의 죄, 운항증명 등의 위반에 관한 죄, 주류 등의 섭취 · 사용 등의 죄, 항공교통업무증명 위반에 관한 죄, 무 표시 등의 죄, 승무원 등을 승무시키지 아니한 죄, 무자격자의 항공업무 종사 등의 죄, 수직분리축소공역 등에서 승인 없이 운항한 죄, 기장 등의 탑승자 권리행사 방해의 죄, 기장의 항공기 이탈의 죄, 기장의 보고의무 등의 위반에 관한 죄, 비행장 불법 사용 등의 죄, 항행안전시설 무단설치의 죄, 초경량비행장치 불법 사용 등의 죄, 경량항공기 불법 사용 등의 죄, 항공운송사업자의 업무 등에 관한 죄, 항공운송사업자의 운항증명 등에 관한 죄, 외국인 국제항공운송사업자의 업무 등에 관한 죄, 항공운송사업자의 업무 등에 관한 죄, 검사 거부 등의 죄, 양벌 규정, 벌칙 적용의 특례, 과태료, 과태료의 부과 · 징수절차 등을 규정하고 있다.

3.12.1. 자격증명 취소

국토교통부장관은 항공안전법 제43조(자격증명의 취소 등)에 근거하여 항공정비사가 다음 각 호의 어느 하나에 해당하면 그 자격증명이나 자격증명의 한정을 취소하거나 1년 이내의 기간을 정하여 자격증명등의 효력 정지를 명할 수 있다. 다만, 부정한 방법으로 자격증명 등을 받은 경우와 자격증명등의 정지명령을 위반하여 정지기간에 항공업무에 종사한 경우에는 해당 자격증명 등을 취소하고 2년간 이 법에 따른 자격증명 등의 시험에 응시하거나 심사를 받을 수 없다.

① 거짓이나 그 밖의 부정한 방법으로 자격증명등을 받은 경우
② 항공안전법을 위반하여 벌금 이상의 형을 선고받은 경우
③ 항공종사자로서 항공업무를 수행할 때 고의 또는 중대한 과실로 항공기사고를 일으켜 인명피해나 재산피해를 발생시킨 경우
④ 정비 등을 확인하는 항공종사자가 기술기준에 적합하지 아니한 항공기등 · 장비품 또는 부품을 적합한 것으로 확인한 경우
⑤ 자격증명의 종류에 따른 항공업무 외의 항공업무에 종사한 경우
⑥ 자격증명의 한정을 받은 항공종사자가 한정된 종류 · 등급 또는 형식 외의 항공기나 한정된 정비업무 외의 항공업무에 종사한 경우

⑦ 주류, 마약류 또는 환각물질 등의 영향으로 항공업무를 정상적으로 수행할 수 없는 상태에서 항공업무에 종사한 경우
⑧ 항공업무에 종사하는 동안에 주류, 마약류 또는 환각물질 등을 섭취하거나 사용한 경우
⑨ 주류, 마약류 또는 환각물질 등의 섭취 및 사용 여부의 측정 요구에 따르지 아니한 경우
⑩ 고의 또는 중대한 과실로 항공안전장애 또는 경미한 항공안전장애를 발생시킨 경우
⑪ 항공종사자가 자격증명서를 지니지 아니하고 항공업무에 종사한 경우
⑫ 운항기술기준을 지키지 아니하고 비행을 하거나 업무를 수행한 경우
⑬ 운영기준을 지키지 아니하고 비행을 하거나 업무를 수행한 경우
⑭ 정비규정을 지키지 아니하고 업무를 수행한 경우
⑮ 자격증명 등의 정지명령을 위반하여 정지기간에 항공업무에 종사한 경우

3.12.2. 항공운송사업 운항증명 취소

국토교통부장관은 항공안전법 제91조(항공운송사업자의 운항증명 취소 등)에 근거하여 운항증명을 받은 항공운송사업자가 항공기 정비와 관련하여 다음 중 어느 하나에 해당하면 운항증명을 취소하거나 6개월 이내의 기간을 정하여 항공기 운항의 정지를 명할 수 있다. 다만, 거짓이나 그 밖의 부정한 방법으로 운항증명을 받은 경우, 항공기 운항의 정지처분에 따르지 아니하고 항공기를 운항한 경우와 항공기 운항의 정지명령을 위반하여 운항 정지 기간에 운항한 경우에는 운항증명을 취소하여야 한다.

① 거짓이나 그 밖의 부정한 방법으로 운항증명을 받은 경우
② 감항증명을 받지 아니한 항공기를 항공에 사용한 경우
③ 항공기의 감항성 유지를 위한 항공기등 · 장비품 또는 부품에 대한 정비 등에 관한 감항성 개선지시 또는 그 밖에 검사, 정비 등 명령을 이행하지 아니하고 이를 항공에 사용한 경우
④ 기술기준이 변경되어 형식증명을 받은 항공기가 변경된 기술기준에 적합하지 아니하게 되었는데도 불구하고 감항성에 관한 승인을 받지 아니하고 항공기를 항공에 사용한 경우
⑤ 수리 · 개조승인을 받지 아니한 항공기등을 운항하거나 장비품 · 부품을 항공기등에 사용한 경우
⑥ 형식승인을 받지 아니한 기술표준품이나 부품등 제작자증명을 받지 아니한 장비품 또는 부품을 항공기등 또는 장비품에 사용한 경우
⑦ 정비 등을 한 항공기등 · 장비품 또는 부품을 기술기준에 적합하다는 확인을 받지 아니하고 운항하거나 항공기등에 사용한 경우
⑧ 항공기에 무선설비를 설치하지 아니한 항공기 또는 설치한 무선설비가 운용되지 아니하는 항공기를 항공에 사용한 경우
⑨ 항공기에 항공계기 등을 설치하거나 탑재하지 아니하고 항공에 사용하거나, 그 운용방법 등을 따르지 아니한 경우
⑩ 항공종사자가 주류, 마약류 또는 환각물질 등의 영향으로 항공업무를 정상적으로 수행할 수 없는 상태에서 항공업무에 종사하게 한 경우

⑪ 항공기사고, 항공기준사고 또는 항공안전장애가 발생한 경우에 국토교통부령으로 정하는 바에 따라 사고 사실을 보고하지 아니한 경우
⑫ 운항기술기준, 운영기준을 지키지 아니하고 비행하거나 업무를 한 경우
⑬ 운항증명을 받지 아니하고 운항을 시작한 경우
⑭ 안전운항체계를 계속적으로 유지하지 아니하거나 변경된 안전운항체계를 검사받지 아니하거나 항공기 운항의 정지처분에 따르지 아니하고 항공기를 운항한 경우
⑮ 신고를 하지 아니하거나 인가를 받지 아니하고 정비규정을 제정하거나 변경한 경우
⑯ 정비규정을 지키지 아니하고 항공기를 운항하거나 정비한 경우
⑰ 항공안전활동을 수행하기 위한 공무원의 항공기등에의 출입이나 장부 · 서류 등의 검사를 거부 · 방해 또는 기피한 경우
⑱ 항공안전활동을 수행함에 따른 관계인에 대한 질문에 답변하지 아니하거나 거짓으로 답변한 경우
⑲ 고의 또는 중대한 과실에 의하거나 항공종사자의 선임 · 감독에 관하여 상당한 주의의무를 게을리함으로써 항공기사고 또는 항공기준사고를 발생시킨 경우
⑳ 이 조에 따른 항공기 운항의 정지명령을 위반하여 운항정지기간에 운항한 경우

3.12.3. 형사처벌

항공정비사가 항공안전법 제149조(과실에 따른 항공상 위험 발생 등의 죄)에 근거하여 과실로 항공기 · 경량항공기 · 초경량비행장치 · 비행장 · 이착륙장 · 공항시설 또는 항행안전시설을 파손하거나, 그 밖의 방법으로 항공상의 위험을 발생시키거나 항행 중인 항공기를 추락 또는 전복시키거나 파괴하는 경우에는 1년 이하의 징역 또는 2천만원 이하의 벌금에 처하고, 업무상 과실 또는 중대한 과실로 상기의 죄를 지은 경우에는 3년 이하의 징역또는 5천만원 이하의 벌금에 처한다.

항공정비사가 다음 각 호의 어느 하나에 해당하는 감항증명을 받지 아니하고 항공기를 사용하는 경우에는 항공안전법 제144조(감항증명을 받지 아니한 항공기 사용 등의 죄)에 근거하여 3년 이하의 징역 또는 5천만 원 이하의 벌금에 처한다.

① 감항증명 또는 소음기준적합증명을 받지 아니하거나 감항증명 또는 소음기준적합증명이 취소 또는 정지된 항공기를 운항한 자
② 기술표준품형식승인을 받지 아니한 기술표준품을 제작 · 판매하거나 항공기등에 사용한 자
③ 부품등제작자증명을 받지 아니한 장비품 또는 부품을 제작 · 판매하거나 항공기등 또는 장비품에 사용한 자
④ 수리 · 개조승인을 받지 아니한 항공기등, 장비품 또는 부품을 운항 또는 항공기등에 사용한 자
⑤ 정비등을 한 항공기등, 장비품 또는 부품에 대하여 감항성을 확인받지 아니하고 운항 또는 항공기등에 사용한 자

항공정비사가 주류, 마약류 또는 환각물질 등의 영향으로 항공업무를 정상적으로 수행할 수 없는 상태에서 그 업무에 종사하거나, 주류, 마약류 또는 환각물질 등을 섭취 또는 사용하거나, 주류, 마약류 또는 환각물질 등의 섭취 및 사용 여부의 측정 요구에 따르지 아니하는 경우에는 항공안전법 제146조(주류 등의 섭취 · 사용 등의 죄)에 근거하여 3년 이하의 징역 또는 3천만원 이하의 벌금에 처한다.

항공정비사가 자격증명을 받지 아니하고 항공업무에 종사하거나 업무정지명령을 위반하거나 업무 범위를 위반하여 항공업무에 종사하는 경우에는 항공안전법 제148조(무자격자의 항공업무 종사 등의 죄)에 근거하여 2년 이하의 징역 또는 1천만원 이하의 벌금에 처한다.

항공사업자가 운항증명을 받지 아니하고 운항을 시작하거나, 항공기정비업자가 정비조직인증을 받지 아니하고 항공기등, 장비품 또는 부품에 대한 정비 등을 하는 경우에는 항공안전법 제145조(운항증명 등의 위반에 관한 죄)에 근거하여 3년 이하의 징역 또는 3천만원 이하의 벌금에 처한다.

04

항공사업법

4 항공사업법

「항공사업법」은 과거 「항공법」내용 중 항공사업 분야와 「항공운송사업진흥법」을 통합하여 항공사업의 질서유지 및 항공교통 이용자의 편의를 향상시켜 공공복리의 증진을 목적으로 제정된 것으로서 총칙, 항공운송사업, 항공기사용사업 등, 외국인 국제항공운송사업, 항공교통이용자 보호, 항공사업의 진흥, 보칙, 벌칙 등 8개의 장으로 구성되어 있다.

[표 4-1] 항공사업법 주요 내용

구분	내용
제1장 총칙	항공사업법의 목적과 개념, 용어의 정의, 항공정책기본계획의 수립, 항공정책위원회의 설치 및 운영 등, 항공기술개발계획의 수립, 항공사업의 정보화 등
제2장 항공운송사업	국내항공운송사업과 국제항공운송사업, 항공운송사업 면허의 기준 및 면허의 결격사유, 소형항공운송사업, 항공기사고 시 지원계획서, 사업계획의 변경, 항공운송사업 운임 및 요금의 인가, 국제항공운수권 등 및 항공기 운항시각의 배분, 항공운송사업 면허의 취소, 과징금 부과 등
제3장 항공기사용사업 등	항공기사용사업, 항공기정비업, 항공기취급업, 항공기대여업, 초경량비행장치 사용사업 및 항공레저스포츠 사업의 등록, 항공기사용사업의 양도 · 양수 · 합병 · 상속, 상업서류송달업 등의 신고 등
제4장 외국인 국제항공운송사업	외국인 국제항공운송사업의 허가 및 취소, 외국항공기의 유상운송, 군수품 수송의 금지
제5장 항공교통이용자 보호	항공교통이용자 보호, 이동지역에서의 지연금지, 운송약관 등의 비치, 항공교통서비스 평가, 항공교통이용자를 위한 정보의 제공 등
제6장 항공사업의 진흥	항공사업자에 대한 재정지원, 항공기담보의 특례, 한국항공협회의 설립, 항공 관련 기관 · 단체 및 항공산업의 육성, 무인항공 분야 항공산업의 안전증진 및 활성화 등
제7장 보칙	항공보험 등의 가입의무, 경량항공기 등의 영리 목적 사용금지, 보고, 출입 및 검사, 권한의 위임/위탁, 청문, 수수료 등
제8장 벌칙	보조금 등의 부정 교부 및 사용 등에 관한 죄, 항공사업자 및 외국인 국제항공운송사업자의 업무 등에 관한 죄, 경량항공기 등의 영리목적 사용에 관한 죄, 검사 거부 등의 죄, 양벌규정, 과태료 등

4.1. 항공사업법 제1조(목적)

이 법은 항공정책의 수립 및 항공 사업에 관하여 필요한 사항을 정하여 대한민국 항공사업의 체계적인 성장과 경쟁력 강화 기반을 마련하는 한편, 항공사업의 질서유지 및 건전한 발전을 도모하고 이용자의 편의를 향상시켜 국민경제의 발전과 공공복리의 증진에 이바지함을 목적으로 한다.

4.2. 항공사업법 내용

4.2.1. 제1장 총칙

「항공사업법」 제1장 총칙에서는 법의 목적 및 용어 정의 등에 대하여 규정하고 있다.

4.2.1.1. 제1조(목적)

이 법은 항공정책의 수립 및 항공 사업에 관하여 필요한 사항을 정하여 대한민국 항공사업의 체계적인 성장과 경쟁력 강화 기반을 마련하는 한편, 항공사업의 질서유지 및 건전한 발전을 도모하고 이용자의 편의를 향상시켜 국민경제의 발전과 공공복리의 증진에 이바지함을 목적으로 한다.

4.2.1.2. 제2조(정의)

이 법에서 사용하는 용어의 뜻은 다음과 같다.

1. "항공사업"이란 이 법에 따라 국토교통부장관의 면허, 허가 또는 인가를 받거나 국토교통부장관에게 등록 또는 신고하여 경영하는 사업을 말한다.
2. "항공기"란 「항공안전법」 제2조제1호에 따른 항공기를 말한다.
3. "경량항공기"란 「항공안전법」 제2조제2호에 따른 경량항공기를 말한다.
4. "초경량비행장치"란 「항공안전법」 제2조제3호에 따른 초경량비행장치를 말한다.
5. "공항"이란 「공항시설법」 제2조제3호에 따른 공항을 말한다.
6. "비행장"이란 「공항시설법」 제2조제2호에 따른 비행장을 말한다.
7. "항공운송사업"이란 국내항공운송사업, 국제항공운송사업 및 소형항공운송사업을 말한다.
8. "항공운송사업자"란 국내항공운송사업자, 국제항공운송사업자 및 소형항공운송사업자를 말한다.
9. "국내항공운송사업"이란 타인의 수요에 맞추어 항공기를 사용하여 유상으로 여객이나 화물을 운송하는 사업으로서 국토교통부령으로 정하는 일정 규모 이상의 항공기를 이용하여 다음 각 목의 어느 하나에 해당하는 운항을 하는 사업을 말한다.
   가. 국내 정기편 운항: 국내공항과 국내공항 사이에 일정한 노선을 정하고 정기적인 운항계획에 따라 운항하는 항공기 운항
   나. 국내 부정기편 운항: 국내에서 이루어지는 가목 외의 항공기 운항
10. "국내항공운송사업자"란 제7조제1항에 따라 국토교통부장관으로부터 국내항공운송사업의 면허를 받은 자를 말한다.
11. "국제항공운송사업"이란 타인의 수요에 맞추어 항공기를 사용하여 유상으로 여객이나 화물을 운송하는 사업으로서 국토교통부령으로 정하는 일정 규모 이상의 항공기를 이용하여 다음 각 목의 어느 하나에 해당하는 운항을 하는 사업을 말한다.
   가. 국제 정기편 운항: 국내공항과 외국공항 사이 또는 외국공항과 외국공항 사이에 일정한 노선을 정하고 정기적인 운항계획에 따라 운항하는 항공기 운항
   나. 국제 부정기편 운항: 국내공항과 외국공항 사이 또는 외국공항과 외국공항 사이에 이루어지는 가목 외의 항공기 운항
12. "국제항공운송사업자"란 제7조제1항에 따라 국토교통부장관으로부터 국제항공운송사업의 면허를 받은 자를 말한다.
13. "소형항공운송사업"이란 타인의 수요에 맞추어 항공기를 사용하여 유상으로 여객이나 화물을 운송하는 사업으로서 국내항공운송사업 및 국제항공운송사업 외의 항공운송사업을 말한다.
14. "소형항공운송사업자"란 제10조제1항에 따라 국토교통부장관에게 소형항공운송사업을 등록

한 자를 말한다.

15. "항공기사용사업"이란 항공운송사업 외의 사업으로서 타인의 수요에 맞추어 항공기를 사용하여 유상으로 농약살포, 건설자재 등의 운반, 사진촬영 또는 항공기를 이용한 비행훈련 등 국토교통부령으로 정하는 업무를 하는 사업을 말한다.
16. "항공기사용사업자"란 제30조제1항에 따라 국토교통부장관에게 항공기사용사업을 등록한 자를 말한다.
17. "항공기정비업"이란 타인의 수요에 맞추어 다음 각 목의 어느 하나에 해당하는 업무를 하는 사업을 말한다.
    가. 항공기, 발동기, 프로펠러, 장비품 또는 부품을 정비·수리 또는 개조하는 업무
    나. 가목의 업무에 대한 기술관리 및 품질관리 등을 지원하는 업무
18. "항공기정비업자"란 제42조제1항에 따라 국토교통부장관에게 항공기정비업을 등록한 자를 말한다.
19. "항공기취급업"이란 타인의 수요에 맞추어 항공기에 대한 급유, 항공화물 또는 수하물의 하역과 그 밖에 국토교통부령으로 정하는 지상조업(地上操業)을 하는 사업을 말한다.
20. "항공기취급업자"란 제44조제1항에 따라 국토교통부장관에게 항공기취급업을 등록한 자를 말한다.
21. "항공기대여업"이란 타인의 수요에 맞추어 유상으로 항공기, 경량항공기 또는 초경량비행장치를 대여(貸與)하는 사업(제26호나목의 사업은 제외한다)을 말한다.
22. "항공기대여업자"란 제46조제1항에 따라 국토교통부장관에게 항공기대여업을 등록한 자를 말한다.
23. "초경량비행장치사용사업"이란 타인의 수요에 맞추어 국토교통부령으로 정하는 초경량비행장치를 사용하여 유상으로 농약살포, 사진촬영 등 국토교통부령으로 정하는 업무를 하는 사업을 말한다.
24. "초경량비행장치사용사업자"란 제48조제1항에 따라 국토교통부장관에게 초경량비행장치사용사업을 등록한 자를 말한다.
25. "항공레저스포츠"란 취미·오락·체험·교육·경기 등을 목적으로 하는 비행[공중에서 낙하하여 낙하산(落下傘)류를 이용하는 비행을 포함한다]활동을 말한다.
26. "항공레저스포츠사업"이란 타인의 수요에 맞추어 유상으로 다음 각 목의 어느 하나에 해당하는 서비스를 제공하는 사업을 말한다.
    가. 항공기(비행선과 활공기에 한정한다), 경량항공기 또는 국토교통부령으로 정하는 초경량비행장치를 사용하여 조종교육, 체험 및 경관조망을 목적으로 사람을 태워 비행하는 서비스
    나. 다음 중 어느 하나를 항공레저스포츠를 위하여 대여하여 주는 서비스
        1) 활공기 등 국토교통부령으로 정하는 항공기
        2) 경량항공기
        3) 초경량비행장치
    다. 경량항공기 또는 초경량비행장치에 대한 정비, 수리 또는 개조서비스
27. "항공레저스포츠사업자"란 제50조제1항에 따

라 국토교통부장관에게 항공레저스포츠사업을 등록한 자를 말한다.

28. "상업서류송달업"이란 타인의 수요에 맞추어 유상으로 「우편법」 제1조의2제7호 단서에 해당하는 수출입 등에 관한 서류와 그에 딸린 견본품을 항공기를 이용하여 송달하는 사업을 말한다.

29. "상업서류송달업자"란 제52조제1항에 따라 국토교통부장관에게 상업서류송달업을 신고한 자를 말한다.

30. "항공운송총대리점업"이란 항공운송 사업자를 위하여 유상으로 항공기를 이용한 여객 또는 화물의 국제운송계약 체결을 대리(代理)[사증(査證)을 받는 절차의 대행은 제외한다]하는 사업을 말한다.

31. "항공운송총대리점업자"란 제52조제1항에 따라 국토교통부장관에게 항공운송총대리점업을 신고한 자를 말한다.

32. "도심공항터미널업"이란 「공항시설법」 제2조제4호에 따른 공항구역이 아닌 곳에서 항공여객 및 항공화물의 수송 및 처리에 관한 편의를 제공하기 위하여 이에 필요한 시설을 설치·운영하는 사업을 말한다.

33. "도심공항터미널업자"란 제52조제1항에 따라 국토교통부장관에게 도심공항터미널업을 신고한 자를 말한다.

34. "공항운영자"란 「인천국제공항공사법」, 「한국공항공사법」 등 관계 법률에 따라 공항운영의 권한을 부여받은 자 또는 그 권한을 부여받은 자로부터 공항운영의 권한을 위탁·이전받은 자를 말한다.

35. "항공교통사업자"란 공항 또는 항공기를 사용하여 여객 또는 화물의 운송과 관련된 유상서비스(이하 "항공교통서비스"라 한다)를 제공하는 공항운영자 또는 항공운송 사업자를 말한다.

36. "항공교통이용자"란 항공교통사업자가 제공하는 항공교통서비스를 이용하는 자를 말한다.

37. "항공보험"이란 여객보험, 기체보험(機體保險), 화물보험, 전쟁보험, 제3자보험 및 승무원보험과 그 밖에 국토교통부령으로 정하는 보험을 말한다.

38. "외국인 국제항공운송사업"이란 제54조제1항에 따라 타인의 수요에 맞추어 항공기를 사용하여 유상으로 여객이나 화물을 운송하는 사업을 말한다.

39. "외국인 국제항공운송사업자"란 제54조제1항에 따라 국토교통부장관으로부터 외국인 국제항공운송사업의 허가를 받은 자를 말한다.

4.2.2. 제2장 항공운송사업

「항공사업법」 제2장 항공운송사업에서는 국내 및 국제 항공운송사업, 소형항공운송사업을 의미한다. 본 장은 항공정비사의 업무 관련이 낮아 주요 내용만 개략적으로 서술한다.

4.2.2.1. 제7조(국내항공운송사업과 국제항공운송사업)

① 국내항공운송사업 또는 국제 항공운송사업을 경영하려는 자는 국토교통부장관의 면허를 받아야 한다. 다만, 국제항공운송사업의 면허를 받은 경우에는 국내항공운송사업의 면허를 받은 것으로 본다.

② 제1항에 따른 면허를 받은 자가 정기편 운항을 하려면 노선별로 국토교통부장관의 허가를 받아야 한다.

③ 제1항에 따른 면허를 받은 자가 부정기편 운항을 하려면 국토교통부장관의 허가를 받아야 한다.

④ 제1항에 따른 면허를 받으려는 자는 신청서에 사업운영계획서를 첨부하여 국토교통부장관에게 제출하여야 하며, 제2항에 따른 허가를 받으려는 자는 신청서에 사업계획서를 첨부하여 국토교통부장관에게 제출하여야 한다.

⑤ 국토교통부장관은 제1항에 따라 면허를 발급하거나 제28조에 따라 면허를 취소하려는 경우에는 관련 전문가 및 이해관계인의 의견을 들어 결정하여야 한다.

⑥ 제1항부터 제3항까지의 규정에 따른 면허 또는 허가를 받은 자가 그 내용 중 국토교통부령으로 정하는 중요한 사항을 변경하려면 변경면허 또는 변경허가를 받아야 한다.

⑦ 제1항부터 제6항까지의 규정에 따른 면허, 허가, 변경면허 및 변경허가의 절차, 면허 등 관련 서류 제출, 의견수렴에 필요한 사항 등에 관한 사항은 국토교통부령으로 정한다.

항공사업법시행규칙 제2조(국내항공운송사업 및 국제 항공운송사업용 항공기의 규모)

법 제2조제9호 각 목외의 부분 및 같은 조 제11호 각 목외의 부분에서 "국토교통부령으로 정하는 일정 규모 이상의 항공기"란 각각 다음 각 호의 요건을 모두 갖춘 항공기를 말한다.

1. 여객을 운송하기 위한 사업의 경우 승객의 좌석 수가 51석 이상일 것
2. 화물을 운송하기 위한 사업의 경우 최대이륙중량이 2만5천 킬로그램을 초과할 것
3. 조종실과 객실 또는 화물칸이 분리된 구조일 것

항공사업법시행규칙 제3조(부정기편 운항의 구분)

법 제2조제9호나목, 제11호나목 및 제13호에 따른 국내 및 국제 부정기편 운항은 다음 각 호와 같이 구분한다.

1. 지점 간 운항: 한 지점과 다른 지점 사이에 노선을 정하여 운항하는 것
2. 관광비행: 관광을 목적으로 한 지점을 이륙하여 중간에 착륙하지 아니하고 정해진 노선을 따라 출발지점에 착륙하기 위하여 운항하는 것
3. 전세운송: 노선을 정하지 아니하고 사업자와 항공기를 독점하여 이용하려는 이용자 간의 1개의 항공운송계약에 따라 운항하는 것

4.2.2.2. 제27조(사업개선 명령)

국토교통부장관은 항공교통서비스의 개선을 위하여 필요하다고 인정되는 경우에는 항공교통사업자에게 다음 각 호의 사항을 명할 수 있다.

1. 사업계획의 변경
2. 운임 및 요금의 변경
3. 항공기 및 그 밖의 시설의 개선
4. 「항공안전법」 제2조제6호에 따른 항공기사고로 인하여 지급할 손해배상을 위한 보험계약의 체결
5. 항공에 관한 국제조약을 이행하기 위하여 필요한 사항
6. 항공교통이용자를 보호하기 위하여 필요한 사항

7. 제63조의 항공교통서비스 평가 결과에 따른 서비스 개선계획 제출 및 이행
8. 국토교통부령으로 정하는 바에 따른 재무구조 개선
9. 그 밖에 항공기의 안전운항에 대한 방해 요소를 제거하기 위하여 필요한 사항

4.2.3. 제3장 항공기사업 등

4.2.3.1. 제30조(항공기사용사업의 등록)

① 항공기사용사업을 경영하려는 자는 국토교통부령으로 정하는 바에 따라 운항개시예정일 등을 적은 신청서에 사업계획서와 그 밖에 국토교통부령으로 정하는 서류를 첨부하여 국토교통부장관에게 등록하여야 한다.

② 제1항에 따른 항공기사용사업을 등록하려는 자는 다음 각 호의 요건을 갖추어야 한다.

1. 자본금 또는 자산평가액이 7억 원 이상으로서 대통령령으로 정하는 금액 이상일 것
2. 항공기 1대 이상 등 대통령령으로 정하는 기준에 적합할 것
3. 그 밖에 사업 수행에 필요한 요건으로서 국토교통부령으로 정하는 요건을 갖출 것

③ 제9조 각 호의 어느 하나에 해당하는 자는 항공기사용사업의 등록을 할 수 없다.

항공사업법시행규칙 제4조
(항공기사용사업의 범위)

법 제2조제15호에서 "농약살포, 건설자재 등의 운반 또는 사진촬영 등 국토교통부령으로 정하는 업무"란 다음 각 호의 어느 하나에 해당하는 업무를 말한다.

1. 비료 또는 농약 살포, 씨앗 뿌리기 등 농업 지원
2. 해양오염 방지약제 살포
3. 광고용 현수막 견인 등 공중광고
4. 사진촬영, 육상 및 해상 측량 또는 탐사
5. 산불 등 화재 진압
6. 수색 및 구조(응급구호 및 환자 이송을 포함한다)
7. 헬리콥터를 이용한 건설자재 등의 운반(헬리콥터 외부에 건설자재 등을 매달고 운반하는 경우만 해당한다)
8. 산림, 관로(管路), 전선(電線) 등의 순찰 또는 관측
9. 항공기를 이용한 비행훈련(「항공안전법」 제48조제1항에 따른 전문교육기관 및 「고등교육법」 제2조에 따른 학교가 실시하는 비행훈련 등 다른 법률에서 정하는 바에 따라 실시하는 경우는 제외한다)
10. 항공기를 이용한 고공낙하
11. 글라이더 견인
12. 그 밖에 특정 목적을 위하여 하는 것으로서 국토교통부장관 또는 지방항공청장이 인정하는 업무

4.2.3.2. 제42조(항공기정비업의 등록)

① 항공기정비업을 경영하려는 자는 국토교통부령으로 정하는 바에 따라 국토교통부장관에게 등록하여야 한다. 등록한 사항 중 국토교통부령으로 정하는 사항을 변경하려는 경우에는 국토교통부장관에게 신고하여야 한다.

② 제1항에 따른 항공기정비업을 등록하려는 자는 다음 각 호의 요건을 갖추어야 한다.
  1. 자본금 또는 자산평가액이 3억 원 이상으로서 대통령령으로 정하는 금액 이상일 것
  2. 정비사 1명 이상 등 대통령령으로 정하는 기준에 적합할 것
  3. 그 밖에 사업 수행에 필요한 요건으로서 국토교통부령으로 정하는 요건을 갖출 것
③ 다음 각 호의 어느 하나에 해당하는 자는 항공기정비업의 등록을 할 수 없다.
  1. 제9조제2호부터 제6호(법인으로서 임원중에 대한민국 국민이 아닌 사람이 있는 경우는 제외한다)까지의 어느 하나에 해당하는 자
  2. 항공기정비업 등록의 취소처분을 받은 후 2년이 지나지 아니한 자. 다만, 제9조제2호에 해당하여 제43조제7항에 따라 항공기정비업 등록이 취소된 경우는 제외한다.

항공사업법시행규칙 제41조(항공기정비업의 등록)

① 법 제42조에 따른 항공기정비업을 하려는 자는 별지 제26호서식의 등록신청서(전자문서로 된 신청서를 포함한다)에 다음 각 호의 서류(전자문서를 포함한다)를 첨부하여 지방항공청장에게 제출하여야 한다. 이 경우 지방항공청장은 「전자정부법」 제36조제1항에 따른 행정정보의 공동이용을 통하여 법인 등기사항증명서(신청인이 법인인 경우만 해당한다) 및 부동산 등기사항증명서(타인의 부동산을 사용하는 경우는 제외한다)를 확인하여야 한다.
  1. 해당 신청이 법 제42조제2항에 따른 등록요건을 충족함을 증명하거나 설명하는 서류
  2. 다음 각 목의 사항을 포함하는 사업계획서
    가. 자본금
    나. 상호 · 대표자의 성명과 사업소의 명칭 및 소재지
    다. 해당 사업의 취급 예정 수량 및 그 산출근거와 예상 사업수지계산서
    라. 필요한 자금 및 조달방법
    마. 사용시설 · 설비 및 장비 개요
    바. 종사자의 수
    사. 사업 개시 예정일
  3. 부동산을 사용할 수 있음을 증명하는 서류(타인의 부동산을 사용하는 경우만 해당한다)
② 지방항공청장은 제1항에 따른 등록신청서의 내용이 명확하지 아니하거나 첨부서류가 미비한 경우에는 7일 이내에 그 보완을 요구하여야 한다.
③ 지방항공청장은 제1항에 따라 등록신청을 받았을 때에는 법 제42조제2항에 따른 항공기정비업 등록요건을 충족하는지를 심사하여 신청내용이 적합하다고 인정되면 별지 제9호서식의 등록대장에 그 사실을 적고, 별지 제10호서식의 등록증을 발급하여야 한다.
④ 지방항공청장은 제3항에 따른 등록 신청 내용을 심사할 때 항공기정비업의 등록 신청인과 계약한 항공종사자, 항공운송사업자, 공항 또는 비행장 시설 · 설비의 소유자 등이 해당 계약을 이행할 수 있는지에 관하여 관계 행정기관 또는 단체의 의견을 들을 수 있다.
⑤ 제3항의 등록대장은 전자적 처리가 불가능한 특별한 사유가 없으면 전자적 처리가 가능한 방법으로 작성 · 관리하여야 한다.

4.2.3.3. 제44조(항공기취급업의 등록)

① 항공기취급업을 경영하려는 자는 국토교통부령으로 정하는 바에 따라 신청서에 사업계획서와 그 밖에 국토교통부령으로 정하는 서류를 첨부하여 국토교통부장관에게 등록하여야 한다. 등록한 사항 중 국토교통부령으로 정하는 사항을 변경하려는 경우에는 국토교통부장관에게 신고하여야 한다.

② 제1항에 따른 항공기취급업을 등록하려는 자는 다음 각 호의 요건을 갖추어야 한다.

1. 자본금 또는 자산평가액이 3억 원 이상으로서 대통령령으로 정하는 금액 이상일 것
2. 항공기 급유, 하역, 지상조업을 위한 장비 등이 대통령령으로 정하는 기준에 적합할 것
3. 그 밖에 사업 수행에 필요한 요건으로서 국토교통부령으로 정하는 요건을 갖출 것

③ 다음 각 호의 어느 하나에 해당하는 자는 항공기취급업의 등록을 할 수 없다.

1. 제9조제2호부터 제6호(법인으로서 임원중에 대한민국 국민이 아닌 사람이 있는 경우는 제외한다)까지의 어느 하나에 해당하는 자
2. 항공기취급업 등록의 취소처분을 받은 후 2년이 지나지 아니한 자. 다만, 제9조제2호에 해당하여 제45조제7항에 따라 항공기취급업 등록이 취소된 경우는 제외한다.

항공사업법시행규칙 제5조(항공기취급업의 구분)

법 제2조제19호에 따른 항공기취급업은 다음 각 호와 같이 구분한다.

1. 항공기급유업: 항공기에 연료 및 윤활유를 주유하는 사업
2. 항공기하역업: 화물이나 수하물(手荷物)을 항공기에 싣거나 항공기에서 내려서 정리하는 사업
3. 지상조업사업: 항공기 입항 · 출항에 필요한 유도, 항공기 탑재 관리 및 동력 지원, 항공기 운항정보 지원, 승객 및 승무원의 탑승 또는 출입국 관련 업무, 장비 대여 또는 항공기의 청소 등을 하는 사업

4.2.3.4. 제46조(항공기대여업의 등록)

① 항공기대여업을 경영하려는 자는 국토교통부령으로 정하는 바에 따라 신청서에 사업계획서와 그 밖에 국토교통부령으로 정하는 서류를 첨부하여 국토교통부장관에게 등록하여야 한다. 등록한 사항 중 국토교통부령으로 정하는 사항을 변경하려는 경우에는 국토교통부장관에게 신고하여야 한다.

② 제1항에 따른 항공기대여업을 등록하려는 자는 다음 각 호의 요건을 갖추어야 한다.

1. 자본금 또는 자산평가액이 3천만 원 이상으로서 대통령령으로 정하는 금액 이상일 것
2. 항공기, 경량항공기 또는 초경량비행장치 1대 이상 등 대통령령으로 정하는 기준에 적합할 것
3. 그 밖에 사업 수행에 필요한 요건으로서 국토교통부령으로 정하는 요건을 갖출 것

③ 다음 각 호의 어느 하나에 해당하는 자는 항공기대여업의 등록을 할 수 없다.

1. 제9조 각 호의 어느 하나에 해당하는 자
2. 항공기대여업 등록의 취소처분을 받은 후 2년이 지나지 아니한 자. 다만, 제9조제2호에

해당하여 제47조제8항에 따라 항공기대여업 등록이 취소된 경우는 제외한다.

4.2.3.5. 제48조 (초경량비행장치사용사업의 등록)

① 초경량비행장치사용사업을 경영하려는 자는 국토교통부령으로 정하는 바에 따라 신청서에 사업계획서와 그 밖에 국토교통부령으로 정하는 서류를 첨부하여 국토교통부장관에게 등록하여야 한다. 등록한 사항 중 국토교통부령으로 정하는 사항을 변경하려는 경우에는 국토교통부장관에게 신고하여야 한다.

② 제1항에 따른 초경량비행장치사용사업을 등록하려는 자는 다음 각 호의 요건을 갖추어야 한다.

1. 자본금 또는 자산평가액이 3천만 원 이상으로서 대통령령으로 정하는 금액 이상일 것. 다만, 최대이륙중량이 25킬로그램 이하인 무인비행장치만을 사용하여 초경량비행장치사용사업을 하려는 경우는 제외한다.
2. 초경량비행장치 1대 이상 등 대통령령으로 정하는 기준에 적합할 것
3. 그 밖에 사업 수행에 필요한 요건으로서 국토교통부령으로 정하는 요건을 갖출 것

③ 다음 각 호의 어느 하나에 해당하는 자는 초경량비행장치사용사업의 등록을 할 수 없다.

1. 제9조 각 호의 어느 하나에 해당하는 자
2. 초경량비행장치사용사업 등록의 취소처분을 받은 후 2년이 지나지 아니한 자. 다만, 제9조제2호에 해당하여 제49조제8항에 따라 초경량비행장치사용사업 등록이 취소된 경우는 제외한다.

항공사업법시행규칙 제6조
(초경량비행장치사용사업의 사업범위 등)

① 법 제2조제23호에서 "국토교통부령으로 정하는 초경량비행장치"란 「항공안전법 시행규칙」 제5조제2항제5호에 따른 무인비행장치를 말한다.

② 법 제2조제23호에서 "농약살포, 사진촬영 등 국토교통부령으로 정하는 업무"란 다음 각 호의 어느 하나에 해당하는 업무를 말한다.

1. 비료 또는 농약 살포, 씨앗 뿌리기 등 농업 지원
2. 사진촬영, 육상 · 해상 측량 또는 탐사
3. 산림 또는 공원 등의 관측 또는 탐사
4. 조종교육
5. 그 밖의 업무로서 다음 각 목의 어느 하나에 해당하지 아니하는 업무
   가. 국민의 생명과 재산 등 공공의 안전에 위해를 일으킬 수 있는 업무
   나. 국방 · 보안 등에 관련된 업무로서 국가 안보를 위협할 수 있는 업무

4.2.3.6. 제50조(항공레저스포츠사업의 등록)

① 항공레저스포츠사업을 경영하려는 자는 국토교통부령으로 정하는 바에 따라 국토교통부장관에게 등록하여야 한다. 등록한 사항 중 국토교통부령으로 정하는 사항을 변경하려는 경우에는 국토교통부장관에게 신고하여야 한다.

② 제1항에 따른 항공레저스포츠사업을 등록하려는 자는 다음 각 호의 요건을 갖추어야 한다.

1. 자본금 또는 자산평가액이 3천만 원 이상으로

서 대통령령으로 정하는 금액 이상일 것
2. 항공기, 경량항공기 또는 초경량비행장치 1대 이상 등 대통령령으로 정하는 기준에 적합할 것
3. 그 밖에 사업 수행에 필요한 요건으로서 국토교통부령으로 정하는 요건을 갖출 것

③ 다음 각 호의 어느 하나에 해당하는 자는 항공레저스포츠사업의 등록을 할 수 없다. 〈개정 2017. 12. 26.〉
1. 제9조 각 호의 어느 하나에 해당하는 자
2. 항공기취급업, 항공기정비업, 또는 항공레저스포츠사업(제2조제26호 각 목의 사업 중 해당하는 사업의 경우에 한정한다) 등록의 취소처분을 받은 후 2년이 지나지 아니한 자. 다만, 제9조제2호에 해당하여 제43조제7항, 제45조제7항 또는 제51조제7항에 따라 등록이 취소된 경우는 제외한다.

④ 항공레저스포츠사업이 다음 각 호의 어느 하나에 해당하는 경우 국토교통부장관은 항공레저스포츠사업 등록을 제한할 수 있다.
1. 항공레저스포츠 활동의 안전사고 우려 및 이용자들에게 심한 불편을 주거나 공익을 해칠 우려가 있는 경우
2. 인구밀집지역, 사생활 침해, 교통, 소음 및 주변환경 등을 고려할 때 영업행위가 부적합하다고 인정하는 경우
3. 그 밖에 항공안전 및 사고예방 등을 위하여 국토교통부장관이 항공레저스포츠사업의 등록제한이 필요하다고 인정하는 경우

항공사업법시행규칙 제7조
(항공레저스포츠사업에 사용되는 항공기 등)

① 법 제2조제26호 가목에서 "국토교통부령으로 정하는 초경량비행장치"란 다음 각 호의 어느 하나에 해당하는 것을 말한다.
1. 인력활공기(人力滑空機)
2. 기구류
3. 동력패러글라이더(착륙장치가 없는 비행장치로 한정한다)
4. 낙하산류

② 법 제2조제26호나목1)에서 "활공기 등 국토교통부령으로 정하는 항공기"란 활공기 또는 비행선을 말한다.

4.2.4. 제4장 외국인 국제항공운송사업

대한민국 국민이 아닌 사람, 외국정부 또는 외국의 공공단체 및 외국 법인 또는 단체 중 자가 주식이나 지분의 2분의 1 이상을 소유하거나 지배하는 자가 항공기를 사용하여 유상으로 여객이나 화물 운송을 하는 사업을 말한다.

4.2.4.1. 제54조 (외국인 국제항공운송사업의 허가)

① 제7조제1항 및 제10조제1항에도 불구하고 다음 각 호의 어느 하나에 해당하는 자는 국토교통부장관의 허가를 받아 타인의 수요에 맞추어 유상으로 「항공안전법」 제100조제1항 각 호의 어느 하나에 해당하는 항행(이러한 항행과 관련하여 행하는 더한민국 각 지역 간의 항행을 포함한다)을 하여 여객 또는 화물을 운송하는 사업을 할

수 있다. 이 경우 국토교통부장관은 국내항공운송사업의 국제항공 발전에 지장을 초래하지 아니하는 범위에서 운항 횟수 및 사용 항공기의 기종(機種)을 제한하여 사업을 허가할 수 있다.

1. 대한민국 국민이 아닌 사람
2. 외국정부 또는 외국의 공공단체
3. 외국의 법인 또는 단체
4. 제1호부터 제3호까지의 어느 하나에 해당하는 자가 주식이나 지분의 2분의 1 이상을 소유하거나 그 사업을 사실상 지배하는 법인. 다만, 우리나라가 해당 국가(국가연합 또는 경제공동체를 포함한다)와 체결한 항공협정에서 달리 정한 경우에는 그 항공협정에 따른다.
5. 외국인이 법인등기사항증명서상의 대표자이거나 외국인이 법인등기사항증명서상 임원 수의 2분의 1 이상을 차지하는 법인. 다만, 우리나라가 해당 국가(국가연합 또는 경제공동체를 포함한다)와 체결한 항공협정에서 달리 정한 경우에는 그 항공협정에 따른다.

② 제1항에 따른 허가기준은 다음 각 호와 같다.

1. 우리나라와 체결한 항공협정에 따라 해당 국가로부터 국제항공운송사업자로 지정받은 자일 것
2. 운항의 안전성이 「국제민간항공협약」 및 같은 협약의 부속서에서 정한 표준과 방식에 부합하여 「항공안전법」 제103조제1항에 따른 운항증명승인을 받았을 것
3. 항공운송사업의 내용이 우리나라가 해당 국가와 체결한 항공협정에 적합할 것
4. 국제 여객 및 화물의 원활한 운송을 목적으로 할 것

③ 제1항에 따른 허가를 받으려는 자는 국토교통부령으로 정하는 바에 따라 신청서에 사업계획서와 그 밖에 국토교통부령으로 정하는 서류를 첨부하여 운항개시예정일 60일 전까지 국토교통부장관에게 제출하여야 한다.

4.2.4.2. 제56조 (외국항공기의 국내 유상 운송 금지)

제54조, 제55조 또는 「항공안전법」 제101조 단서에 따른 허가를 받은 항공기는 유상으로 국내 각 지역 간의 여객 또는 화물을 운송해서는 아니 된다.

4.2.5. 제5장 항공교통이용자 보호

「항공사업법」 제5장 항공교통이용자 보호에서는 항공교통이용자 보호 등, 운송약관 등의 비치 등, 항공교통서비스 평가 등, 항공교통이용자를 위한 정보의 제공 등에 대한 내용에 대해 규정한다.

4.2.5.1. 제61조(항공교통이용자 보호 등)

① 항공교통사업자는 영업개시 30일 전까지 국토교통부령으로 정하는 바에 따라 항공교통이용자를 다음 각 호의 어느 하나에 해당하는 피해로부터 보호하기 위한 피해구제 절차 및 처리계획(이하 "피해구제계획"이라 한다)을 수립하고 이를 이행하여야 한다. 다만, 제12조제1항 각 호의 어느 하나에 해당하는 사유로 인한 피해에 대하여 항공교통사업자가 불가항력적 피해임을 증명하는 경우에는 그러하지 아니하다.

1. 항공교통사업자의 운송 불이행 및 지연

2. 위탁수화물의 분실 · 파손
3. 항공권 초과 판매
4. 취소 항공권의 대금환급 지연
5. 탑승위치, 항공편 등 관련 정보 미제공으로 인한 탑승 불가
6. 그 밖에 항공교통이용자를 보호하기 위하여 국토교통부령으로 정하는 사항

② 피해구제계획에는 다음 각 호의 사항이 포함되어야 한다.

1. 피해구제 접수처의 설치 및 운영에 관한 사항
2. 피해구제 업무를 담당할 부서 및 담당자의 역할과 임무
3. 피해구제 처리 절차
4. 피해구제 신청자에 대하여 처리결과를 안내할 수 있는 정보제공의 방법
5. 그 밖에 국토교통부령으로 정하는 항공교통이용자 피해구제에 관한 사항

③ 항공교통사업자는 항공교통이용자의 피해구제 신청을 신속 · 공정하게 처리하여야 하며, 그 신청을 접수한 날부터 14일 이내에 결과를 통지하여야 한다.

④ 제3항에도 불구하고 신청인의 피해조사를 위한 번역이 필요한 경우 등 특별한 사유가 있는 경우에는 항공교통사업자는 항공교통이용자의 피해구제 신청을 접수한 날부터 60일 이내에 결과를 통지하여야 한다. 이 경우 항공교통사업자는 통지서에 그 사유를 구체적으로 밝혀야 한다.

⑤ 제3항 및 제4항에 따른 처리기한 내에 피해구제 신청의 처리가 곤란하거나 항공교통이용자의 요청이 있을 경우에는 그 피해구제 신청서를 「소비자기본법」에 따른 한국소비자원에 이송하여야 한다.

⑥ 항공교통사업자는 항공교통이용자의 피해구제 신청현황, 피해구제 처리결과 등 항공교통이용자 피해구제에 관한 사항을 국토교통부령으로 정하는 바에 따라 국토교통부장관에게 정기적으로 보고하여야 한다.

⑦ 국토교통부장관은 관계 중앙행정기관의 장, 「소비자기본법」 제33조에 따른 한국소비자원의 장에게 항공교통이용자의 피해구제 신청현황, 피해구제 처리결과 등 항공교통이용자 피해구제에 관한 자료의 제공을 요청할 수 있다. 이 경우 자료의 제공을 요청받은 자는 특별한 사유가 없으면 이에 따라야 한다.

⑧ 국토교통부장관은 항공교통이용자의 피해를 예방하고 피해구제가 신속 · 공정하게 이루어질 수 있도록 다음 각 호의 어느 하나에 해당하는 사항에 대하여 항공교통이용자 보호기준을 고시할 수 있다.

1. 제1항 각 호에 해당하는 사항
2. 항공권 취소 · 환불 및 변경과 관련하여 소비자 피해가 발생하는 사항
3. 항공권 예약 · 구매 · 취소 · 환불 · 변경 및 탑승과 관련된 정보제공에 관한 사항

⑨ 국토교통부장관은 제8항에 따라 항공교통이용자 보호기준을 고시하는 경우 관계 행정기관의 장과 미리 협의하여야 하며, 항공교통사업자, 「소비자기본법」 제29조에 따라 등록한 소비자단체, 항공 관련 전문가 및 그 밖의 이해관계인 등의 의견을 들을 수 있다.

⑩ 항공교통사업자, 항공운송총대리점업자 및 「관광진흥법」 제4조에 따라 여행업 등록을 한 자(이

하 "여행업자"라 한다)는 제8항에 따른 항공교통 이용자 보호기준을 준수하여야 한다.

⑪ 국토교통부장관은 「교통약자의 이동편의 증진법」 제2조제1호에 해당하는 교통약자를 보호하고 이동권을 보장하기 위하여 다음 각 호의 어느 하나에 해당하는 사항에 대하여 교통약자의 항공교통이용 편의기준을 국토교통부령으로 정할 수 있다. 〈신설 2019. 8. 27.〉

1. 항공교통사업자가 교통약자를 위하여 제공하여야 하는 정보 및 정보제공방법에 관한 사항
2. 항공교통사업자가 교통약자의 공항이용 및 항공기 탑승 · 하기(下機)를 위하여 제공하여야 하는 서비스에 관한 사항
3. 항공운송사업자가 교통약자를 위하여 항공기 내에서 제공하여야 하는 서비스에 관한 사항
4. 항공교통사업자가 교통약자 관련 서비스를 제공하기 위하여 실시하여야 하는 종사자 훈련 · 교육에 관한 사항
5. 교통약자 관련 서비스에 대하여 접수된 불만 처리에 관한 사항

⑫ 항공교통사업자는 제11항에 따른 교통약자의 항공교통이용 편의기준을 준수하여야 한다.

4.2.5.2. 제61조의2 (이동지역에서의 지연 금지 등)

① 항공운송사업자는 항공교통이용자가 항공기에 탑승한 상태로 이동지역(활주로 · 유도로 및 계류장 등 항공기의 이륙 · 착륙 및 지상이동을 위하여 사용되는 공항 내 지역을 말한다. 이하 같다)에서 다음 각 호의 시간을 초과하여 항공기를 머무르게 하여서는 아니 된다. 다만, 승객의 하기(下機)가 공항운영에 중대한 혼란을 초래할 수 있다고 관계 기관의 장이 의견을 제시하거나, 기상 · 재난 · 재해 · 테러 등이 우려되어 안전 또는 보안상의 이유로 승객을 기내에서 대기시킬 수밖에 없다고 관계 기관의 장 또는 기장이 판단하는 경우에는 그러하지 아니하다.

1. 국내항공운송: 3시간
2. 국제항공운송: 4시간

② 항공운송사업자는 항공교통이용자가 항공기에 탑승한 상태로 이동지역에서 항공기를 머무르게 하는 경우 해당 항공기에 탑승한 항공교통이용자에게 30분마다 그 사유 및 진행상황을 알려야 한다.

③ 항공운송사업자는 항공교통이용자가 항공기에 탑승한 상태로 이동지역에서 항공기를 머무르게 하는 시간이 2시간을 초과하게 된 경우 해당 항공교통이용자에게 적절한 음식물을 제공하여야 하며, 국토교통부령으로 정하는 바에 따라 지체 없이 국토교통부장관에게 보고하여야 한다.

④ 제3항에 따른 항공운송사업자의 보고를 받은 국토교통부장관은 관계 기관의 장 및 공항운영자에게 해당 지연 상황의 조속한 해결을 위하여 필요한 협조를 요청할 수 있다. 이 경우 요청을 받은 자는 특별한 사유가 없으면 이에 따라야 한다.

⑤ 그 밖에 이동지역 내에서의 지연 금지 및 관계 기관의 장 등에 대한 협조 요청의 절차와 내용에 관한 사항은 대통령령으로 정한다.

4.2.5.3. 제63조(항공교통서비스 평가 등)

① 국토교통부장관은 공공복리의 증진과 항공교통 이용자의 권익보호를 위하여 항공교통사업자가 제공하는 항공교통서비스에 대한 평가를 할 수 있다.

② 제1항에 따른 항공교통서비스 평가항목은 다음 각 호와 같다.

1. 항공교통서비스의 정시성 또는 신뢰성
2. 항공교통서비스 관련 시설의 편의성
3. 항공교통서비스의 안전성
4. 그 밖에 제1호부터 제3호까지에 준하는 사항으로서 국토교통부령으로 정하는 사항

③ 국토교통부장관은 항공교통서비스의 평가를 할 경우 항공교통사업자에게 관련 자료 및 의견 제출 등을 요구하거나 서비스에 대한 실지조사를 할 수 있다.

(이하 생략)

4.2.6. 제6장 항공사업의 진흥

「항공사업법」 제6장 항공사업의 진흥에서는 항공사업자에 대한 재정지원, 항공기담보의 특례, 보조 또는 융자 자금의 목적 외 사용금지, 한국항공협회의 설립, 항공관련 기관 · 단체 및 항공산업의 육성, 무인항공 분야 항공산업의 안전증진 등에 대한 내용에 대해 규정한다.

4.2.6.1. 제68조(한국항공협회의 설립)

① 다음 각 호에 해당하는 자는 항공운송사업의 발전, 항공운송사업자의 권익보호, 공항운영 개선 및 항공안전에 관한 연구와 그 밖에 정부가 위탁한 업무를 효율적으로 수행하기 위하여 한국항공협회(이하 "협회"라 한다)를 설립할 수 있다.

1. 국내항공운송사업자 또는 국제항공운송사업자
2. 「인천국제공항공사법」에 따른 인천국제공항공사
3. 「한국공항공사법」에 따른 한국공항공사
4. 그 밖에 항공과 관련된 사업자 및 단체

② 협회는 법인으로 한다.

③ 협회는 그 주된 사무소의 소재지에서 설립등기를 함으로써 성립한다.

④ 협회의 정관, 업무 및 감독 등에 관하여 필요한 사항은 대통령령으로 정한다.

⑤ 국토교통부장관은 필요하다고 인정되는 경우에는 협회가 다음 각 호의 어느 하나에 해당하는 사업을 원활하게 할 수 있도록 예산의 범위에서 협회에 재정지원을 할 수 있다.

1. 항공 진흥 및 안전을 위한 연구사업
2. 항공 관련 정보의 수집 · 관리를 위한 사업
3. 외국 항공기관과의 국제협력 촉진을 위한 사업
4. 그 밖에 항공운송산업 발전을 위하여 국토교통부장관이 필요하다고 인정하는 사업

⑥ 협회에 관하여는 이 법에서 규정한 것을 제외하고는 「민법」 중 사단법인에 관한 규정을 준용한다.

4.2.6.2. 제69조의2(무인항공 분야 항공산업의 안전증진 및 활성화)

국가는 「항공안전법」 제2조제3호에 따른 초경량비

행장치 중 무인비행장치 및 같은 조 제6호에 따른 무인항공기의 인증, 정비 · 수리 · 개조, 사용 또는 이와 관련된 서비스를 제공하는 무인항공 분야 항공산업의 안전증진 및 활성화를 위하여 대통령령으로 정하는 바에 따라 다음 각 호의 사업을 추진할 수 있다.

1. 무인항공 분야 항공산업의 발전을 위한 기반 조성
2. 무인항공 분야 항공산업에 대한 현황 및 관련 통계의 조사 · 연구
3. 무인비행장치 및 무인항공기의 안전기술, 운영 · 관리체계 등에 대한 연구 및 개발
4. 무인비행장치 및 무인항공기의 조종, 성능평가 · 인증, 안전관리, 정비 · 수리 · 개조 등 전문인력의 양성
5. 무인항공 분야의 우수한 기업의 지원 및 육성
6. 무인비행장치 및 무인항공기의 사용 촉진 및 보급
7. 무인비행장치 및 무인항공기의 안전한 운영 · 관리 등을 위한 인프라 또는 비행시험 시설의 구축 · 운영
8. 무인항공 분야 항공산업의 발전을 위한 국제협력 및 해외진출의 지원
9. 그 밖에 무인항공 분야 항공산업의 안전증진 및 활성화를 위하여 필요한 사항

4.2.7. 제7장 보칙

「항공사업법」 제7장 보칙은 항공보험 등의 가입의무, 경량항공기 등의 영리 목적 사용금지, 수수료, 보고 · 출입 및 검사, 권한의 위임 · 위탁, 청문 등에 대하여 규정하고 있다.

4.2.7.1. 제70조(항공보험 등의 가입의무)

① 다음 각 호의 항공사업자는 국토교통부령으로 정하는 바에 따라 항공보험에 가입하지 아니하고는 항공기를 운항할 수 없다.
   1. 항공운송사업자
   2. 항공기사용사업자
   3. 항공기대여업자

② 제1항 각 호의 자 외의 항공기 소유자 또는 항공기를 사용하여 비행하려는 자는 국토교통부령으로 정하는 바에 따라 항공보험에 가입하지 아니하고는 항공기를 운항할 수 없다.

③ 「항공안전법」 제108조에 따른 경량항공기소유자등은 그 경량항공기의 비행으로 다른 사람이 사망하거나 부상한 경우에 피해자(피해자가 사망한 경우에는 손해배상을 받을 권리를 가진 자를 말한다)에 대한 보상을 위하여 같은 조 제1항에 따른 안전성인증을 받기 전까지 국토교통부령으로 정하는 보험이나 공제에 가입하여야 한다.

④ 초경량비행장치를 초경량비행장치사용사업, 항공기대여업 및 항공레저스포츠사업에 사용하려는 자는 국토교통부령으로 정하는 보험 또는 공제에 가입하여야 한다.

⑤ 제1항부터 제4항까지의 규정에 따라 항공보험 등에 가입한 자는 국토교통부령으로 정하는 바에 따라 보험가입신고서 등 보험가입 등을 확인할 수 있는 자료를 국토교통부장관에게 제출하여야 한다. 이를 변경 또는 갱신한 때에도 또한 같다.

4.2.8. 제8장 벌칙

「항공사업법」 제8장 벌칙은 보조금 등의 부정 교부 및 사용 등에 관한 죄, 항공사업자의 업무 등에 관한 죄, 외국인 국제항공운송사업자 등의 업무 등에 관한 죄, 경량항공기 등의 영리 목적 사용에 관한 죄, 검사 거부 등의 죄, 양벌규정, 벌칙 적용의 특례, 과태료에 대하여 규정하고 있다.

05 공항시설법

5 공항시설법

「공항시설법」은 과거 「항공법」의 공항시설 분야와 「수도권신공항건설촉진법」을 통합하여 제정한 것으로서 총칙, 공항 및 비행장의 개발, 공항 및 비행장의 관리 · 운영, 항행안전시설, 보칙, 벌칙 등 6개의 장으로 구성되어있다.

[표 5-1] 공항시설법 주요 내용

구분	내용
제1장 총칙	공항시설법의 목적, 용어의 정의 등
제2장 공항 및 비행장의 개발	공항개발 종합 및 기본 계획의 수립, 공항개발기술 심의위원회, 국공유지의 처분제한, 행위 등의 제한, 토지 등의 수용 및 매수청구, 부대공사의 시행, 투자허가 및 시설물의 귀속, 공항시설 및 비행장시설의 설치기준, 이착륙장 설치 등
제3장 공항 및 비행장의 관리 · 운영	공항시설관리권, 비행장시설관리권, 시설의 관리기준, 사용료의 징수, 장애물의 제한, 항공학적 검토위원회, 항공장애 표시등의 설치, 항공등화와 유사한 등화의 제한, 공항운영증명 및 공항운영규정 등
제4장 항행안전 시설	항행안전시설의 설치, 설치 실시계획의 수립 및 승인, 완성검사, 변경, 관리, 비행검사, 폐지, 사용료 징수, 성능적합증명 등, 항공통신업무
제5장 보칙	출입 및 검사, 금지행위, 시정명령, 허가의 취소, 과징금의 부과, 권한의 위임, 청문, 수수료, 규제의 재검토 등
제6장 벌칙	공항운영증명, 개발 사업에 따른 시설의 불법 사용, 명령의 위반, 업무방해, 제지 · 퇴거명령에 대한 불이행의 죄 양벌규정, 과태료, 이행강제금 등

5.1. 제1조(목적)

이 법은 공항 · 비행장 및 항행안전시설의 설치 및 운영 등에 관한 사항을 정함으로써 항공산업의 발전과 공공복리의 증진에 이바지함을 목적으로 한다.

5.2. 공항시설법 내용

5.2.1. 제1장 총칙

「공항시설법」 제1장 총칙에서는 법의 목적 및 용어 정의 등에 대하여 규정하고 있다.

5.2.1.1. 제1조(목적)

이 법은 공항 · 비행장 및 항행안전시설의 설치 및 운영 등에 관한 사항을 정함으로써 항공산업의 발전과 공공복리의 증진에 이바지함을 목적으로 한다.

5.2.1.2. 제2조(정의)

이 법에서 사용하는 용어의 뜻은 다음과 같다.

1. "항공기"란 「항공안전법」 제2조제1호에 따른 항공기를 말한다.
2. "비행장"이란 항공기 · 경량항공기 · 초경량비행장치의 이륙 및 이수(離水)와 착륙 및 착수(着水)를 위하여 사용되는 육지 또는 수면(水

面)의 일정한 구역으로서 대통령령으로 정하는 것을 말한다.

[표 5-2] 공항시설법 시행령 제2조 (비행장의 구분)

「공항시설법」제2조제2호에서 "대통령령으로 정하는 것"이란 다음 각 호의 것을 말한다.
1. 육상비행장 2. 육상헬기장 3. 수상비행장 4. 수상헬기장 5. 옥상헬기장 6. 선상(船上)헬기장 7. 해상구조물헬기장

3. "공항"이란 공항시설을 갖춘 공공용 비행장으로서 국토교통부장관이 그 명칭 · 위치 및 구역을 지정 · 고시한 것을 말한다.
4. "공항구역"이란 공항으로 사용되고 있는 지역과 공항 · 비행장개발예정지역 중 「국토의 계획 및 이용에 관한 법률」 제30조 및 제43조에 따라 도시 · 군계획시설로 결정되어 국토교통부장관이 고시한 지역을 말한다.
5. "비행장구역"이란 비행장으로 사용되고 있는 지역과 공항 · 비행장개발예정지역 중 「국토의 계획 및 이용에 관한 법률」 제30조 및 제43조에 따라 도시 · 군계획시설로 결정되어 국토교통부장관이 고시한 지역을 말한다.
6. "공항 · 비행장 개발 예정지역"이란 공항 또는 비행장 개발사업을 목적으로 제4조에 따라 국토교통부장관이 공항 또는 비행장의 개발에 관한 기본계획으로 고시한 지역을 말한다.
7. "공항시설"이란 공항구역에 있는 시설과 공항구역 밖에 있는 시설 중 대통령령으로 정하는 시설로서 국토교통부장관이 지정한 다음 각 목의 시설을 말한다.
   가. 항공기의 이륙 · 착륙 및 항행을 위한 시설과 그 부대시설 및 지원시설
   나. 항공 여객 및 화물의 운송을 위한 시설과 그 부대시설 및 지원시설

[표 5-3] 공항시설법 시행령 제3조 (공항시설의 구분)

법 제2조제7호 각 목외의 부분에서 "대통령령으로 정하는 시설"이란 다음 각 호의 시설을 말한다.
1. 다음 각 목에서 정하는 기본시설 가. 활주로, 유도로, 계류장, 착륙대 등 항공기의 이착륙시설 나. 여객터미널, 화물터미널 등 여객시설 및 화물처리시설 다. 항행안전시설 라. 관제소, 송수신소, 통신소 등의 통신시설 마. 기상관측시설 바. 공항 이용객을 위한 주차시설 및 경비 · 보안시설 사. 공항 이용객에 대한 홍보시설 및 안내시설 2. 다음 각 목에서 정하는 지원시설 가. 항공기 및 지상조업장비의 점검 · 정비 등을 위한 시설 나. 운항관리시설, 의료시설, 교육훈련시설, 소방시설 및 기내식 제조 · 공급 등을 위한 시설 다. 공항의 운영 및 유지 · 보수를 위한 공항 운영 · 관리시설 라. 공항 이용객 편의시설 및 공항근무자 후생복지시설 마. 공항 이용객을 위한 업무 · 숙박 · 판매 · 위락 · 운동 · 전시 및 관람집회 시설 바. 공항교통시설 및 조경시설, 방음벽, 공해배출 방지시설 등 환경보호시설 사. 공항과 관련된 상하수도 시설 및 전력 · 통신 · 냉난방 시설 아. 항공기 급유시설 및 유류의 저장 · 관리 시설 자. 항공화물을 보관하기 위한 창고시설 차. 공항의 운영 · 관리와 항공운송사업 및 이와 관련된 사업에 필요한 건축물에 부속되는 시설 카. 공항과 관련된 「신에너지 및 재생에너지 개발 · 이용 · 보급 촉진법」 제2조제3호에 따른 신에너지 및 재생에너지 설비 3. 도심공항터미널 4. 헬기장에 있는 여객시설, 화물처리시설 및 운항지원시설 5. 공항구역 내에 있는 「자유무역지역의 지정 및 운영에 관한 법률」 제4조에 따라 지정된 자유무역지역에 설치하려는 시설로서 해당 공항의 원활한 운영을 위하여 필요하다고 인정하여 국토교통부장관이 지정 · 고시하는 시설

8. "비행장시설"이란 비행장에 설치된 항공기의 이륙 · 착륙을 위한 시설과 그 부대시설로서 국

토교통부장관이 지정한 시설을 말한다.

9. "공항개발사업"이란 이 법에 따라 시행하는 다음 각 목의 사업을 말한다.
   가. 공항시설의 신설 · 증설 · 정비 또는 개량에 관한 사업
   나. 공항개발에 따라 필요한 접근교통수단 및 항만시설 등 기반시설의 건설에 관한 사업
   다. 공항이용객 및 항공과 관련된 업무종사자를 위한 사업 등 대통령령으로 정하는 사업
10. "비행장개발사업"이란 이 법에 따라 시행하는 다음 각 목의 사업을 말한다.
   가. 비행장시설의 신설 · 증설 · 정비 또는 개량에 관한 사업
   나. 비행장개발에 따라 필요한 접근교통수단 등 기반시설의 건설에 관한 사업
11. "공항운영자"란 「항공사업법」 제2조제34호에 따른 공항운영자를 말한다.
12. "활주로"란 항공기 착륙과 이륙을 위하여 국토교통부령으로 정하는 크기로 이루어지는 공항 또는 비행장에 설정된 구역을 말한다.

[표 5-4] 육상비행장 분류기준

분류요소 1		분류요소 2	
분류 번호	항공기의 최소이륙거리	분류 문자	항공기 주 날개 폭
1	800m 미만	A	15m 미만
2	800m 이상 1,200m 미만	B	15m 이상 24m 미만
		C	24m 이상 36m 미만
3	1,200m 이상 1,800m 미만	D	36m 이상 52m 미만
4	1,800m 이상	E	52m 이상 65m 미만
		F	65m 이상 80m 미만

13. "착륙대"(着陸帶)란 활주로와 항공기가 활주로를 이탈하는 경우 항공기와 탑승자의 피해를 줄이기 위하여 활주로 주변에 설치하는 안전지대로서 국토교통부령으로 정하는 크기로 이루어지는 활주로 중심선에 중심을 두는 직사각형의 지표면 또는 수면을 말한다.

[표 5-5] 비행장의 착륙대 등급 분류기준

비행장의 종류	착륙대의 등급	활주로 또는 착륙대의 길이
육상비행장	A	2,550m 이상
	B	2,150m 이상 2,550m 미만
	C	1,800m 이상 2,150m 미만
	D	1,500m 이상 1,800m 미만
	E	1,280m 이상 1,500m 미만
	F	1,080m 이상 1,280m 미만
	G	900m 이상 1,080m 미만
	H	500m 이상 900m 미만
	J	100m 이상 500m 미만
수상비행장	4	1,500m 이상
	3	1,200m 이상 1,500m 미만
	2	800m 이상 1,200m 미만
	1	800m 미만

14. "장애물 제한표면"이란 항공기의 안전운항을 위하여 공항 또는 비행장 주변에 장애물(항공기의 안전운항을 방해하는 지형 · 지물 등을 말한다)의 설치 등이 제한되는 표면으로서 대통령령으로 정하는 구역을 말한다.

[표 5-6] 공항시설법 시행규칙 제5조 (장애물 제한표면의 구분)

① 법 제2조제14호에서 "대통령령으로 정하는 구역"이란 다음 각 호의 것을 말한다.
   1. 수평표면
   2. 원추표면
   3. 진입표면 및 내부진입표면
   4. 전이(轉移)표면 및 내부전이표면
   5. 착륙복행(着陸復行)표면

② 장애물 제한표면의 기준 등에 관하여 필요한 사항은 국토교통부령으로 정한다.

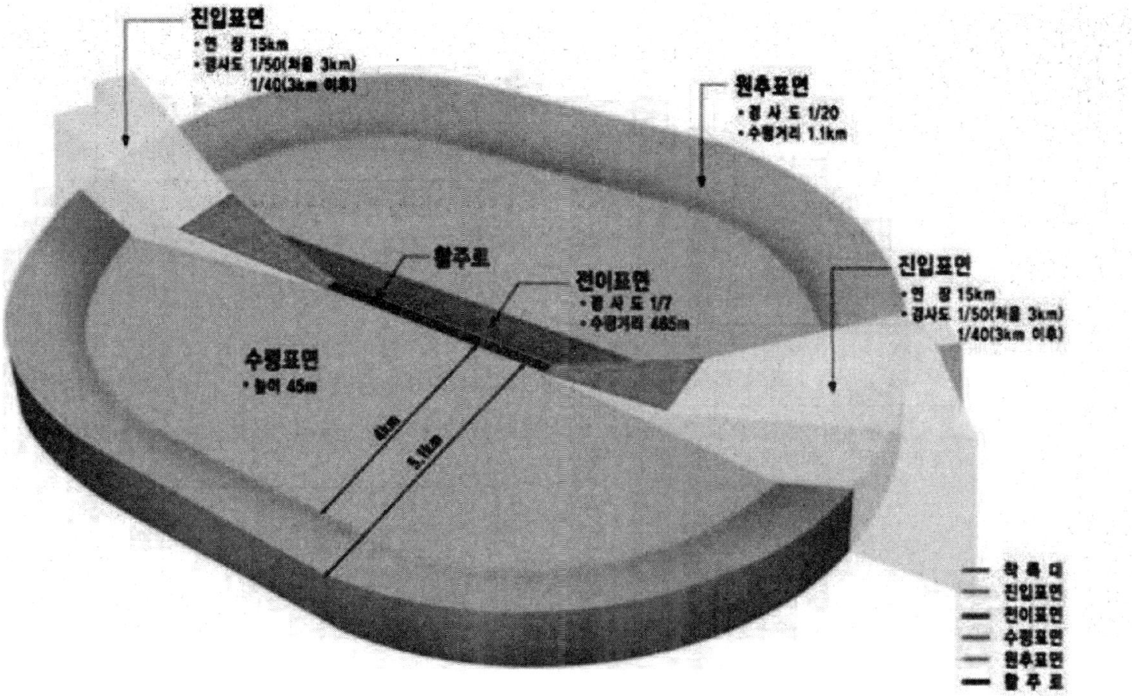

[그림 5-1] 장애물 제한표면

15. "항행안전시설"이란 유선통신, 무선통신, 인공위성, 불빛, 색채 또는 전파(電波)를 이용하여 항공기의 항행을 돕기 위한 시설로서 항공등화, 항행안전무선시설 및 항공정보통신시설을 말한다.
16. "항공등화"란 불빛, 색채 또는 형상(形象)을 이용하여 항공기의 항행을 돕기 위한 항행안전시설로서 국토교통부령으로 정하는 시설을 말한다.
17. "항행안전무선시설"이란 전파를 이용하여 항공기의 항행을 돕기 위한 시설로서 국토교통부령으로 정하는 시설을 말한다.

[표 5-7] 공항시설법 시행규칙 제7조 (항행안전무선시설)

법 제2조제17호에서 "국토교통부령으로 정하는 시설"이란 다음 각 호의 시설을 말한다.
1. 거리측정시설(DME) 2. 계기착륙시설(ILS/MLS/TLS) 3. 다변측정감시시설(MLAT) 4. 레이더시설(ASR/ARSR/SSR/ARTS/ASDE/PAR) 5. 무지향표지시설(NDB) 6. 범용접속데이터통신시설(UAT) 7. 위성항법감시시설(GNSS Monitoring System) 8. 위성항법시설(GNSS/SBAS/GRAS/GBAS) 9. 자동종속감시시설(ADS, ADS-B, ADS-C) 10. 전방향표지시설(VOR) 11. 전술항행표지시설(TACAN)

18. "항공정보통신시설"이란 전기통신을 이용하여 항공교통업무에 필요한 정보를 제공 · 교환

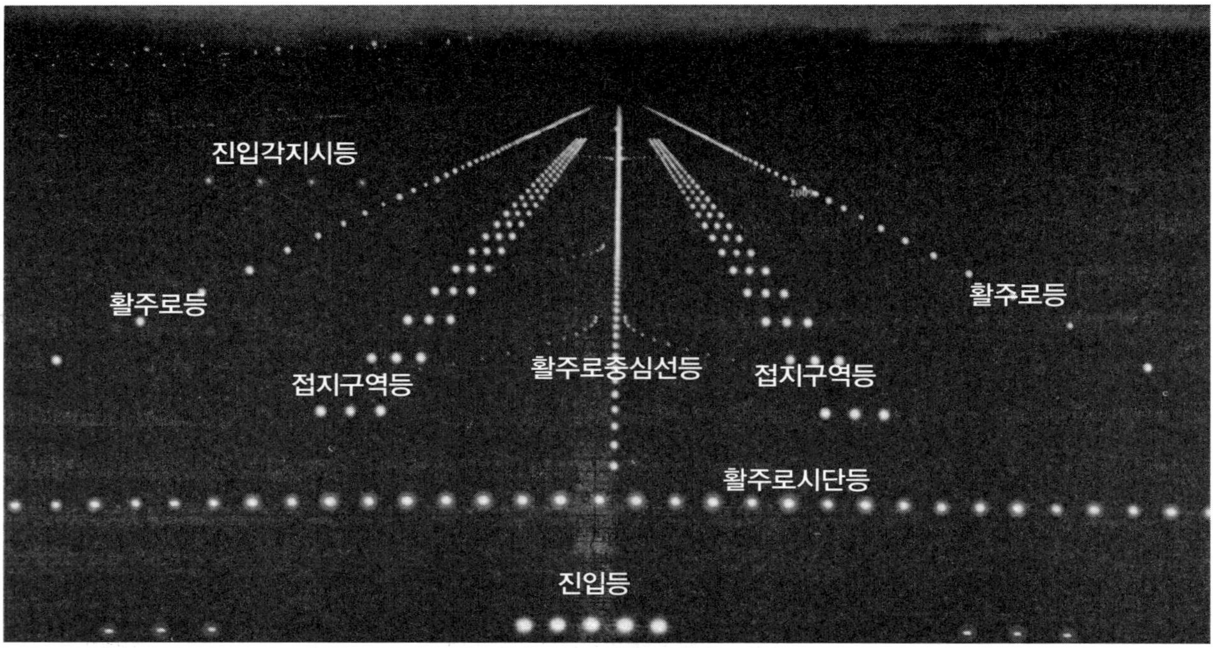

[그림 5-2] 항공등화 시설

하기 위한 시설로서 국토교통부령으로 정하는 시설을 말한다.

[표 5-8] 공항시설법 시행규칙 제8조 (항공정보통신시설)

법 제2조제18호에서 "국토교통부령으로 정하는 시설"이란 다음 각 호의 시설을 말한다.
1. 항공고정통신시설 가. 항공고정통신시스템(AFTN/MHS) 나. 항공관제정보교환시스템(AIDC) 다. 항공정보처리시스템(AMHS) 라. 항공종합통신시스템(ATN) 2. 항공이동통신시설 가. 관제사 · 조종사간 데이터 링크 통신시설(CPDLC) 나. 단거리이동통신시설(VHF/UHF Radio) 다. 단파 데이터 이동통신시설(HFDL) 라. 단파이동통신시설(HF Radio) 마. 모드 S 데이터통신시설 바. 음성통신제어시설(VCCS, 항공직통전화시설 및 녹음시설을 포함한다) 사. 초단파디지털이동통신시설(VDL, 항공기출발허가시설 및 디지털공항정보방송시설을 포함한다) 아. 항공이동위성통신시설[AMS(R)S] 3. 항공정보방송시설: 공항정보방송시설(ATIS)

19. "이착륙장"이란 비행장 외에 경량항공기 또는 초경량비행장치의 이륙 또는 착륙을 위하여 사용되는 육지 또는 수면의 일정한 구역으로서 대통령령으로 정하는 것을 말한다.
20. "항공학적 검토"란 항공안전과 관련하여 시계비행 및 계기비행절차 등에 대한 위험을 확인하고 수용할 수 있는 안전수준을 유지하면서도 그 위험을 제거하거나 줄이는 방법을 찾기 위하여 계획된 검토 및 평가를 말한다.

5.2.2. 제2장 공항 및 비행장의 개발

「공항시설법」 제2장 공항 및 비행장의 개발에서는 공항개발 계획의 수립, 공항개발 기술심의위원회, 공항개발 인허가등의 의제, 국공유지의 처분 및 개발 행위 등의 제한, 토지 수용 및 사용 제한, 부대공

[그림 5-3] VOR/DME 초단파방향표지시설 및 거리측정장치

[그림 5-4] ILS 로컬라이저 안테나

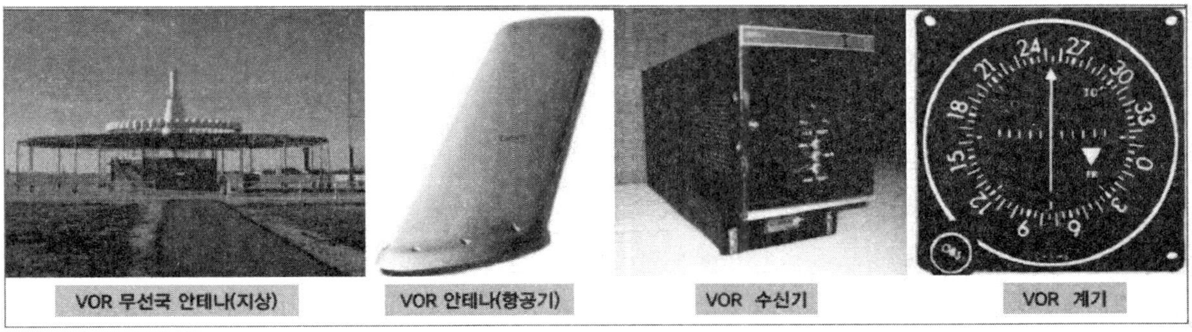

[그림 5-5] 초단파전방향표지장치 주요 구성품 (VOR system components)

사의 시행, 준공확인 및 재정지원, 공항시설 및 비행장시설의 설치기준 등에 대하여 규정하고 있다.

5.2.2.1 공항개발 종합계획의 수립(제3조)

① 국토교통부장관은 공항개발사업을 체계적이고 효율적으로 추진하기 위하여 5년마다 다음 각 호의 사항이 포함된 공항개발 종합계획(이하 "종합계획"이라 한다)을 수립하여야 한다.

1. 항공 수요의 전망
2. 권역별 공항 또는 국가의 재정지원 규모가 300억원 이상의 범위에서 대통령령으로 정하는 규모 이상의 비행장개발 등에 관한 계획
3. 투자 소요 및 재원조달방안
4. 그 밖에 공항 및 비행장 개발과 운영 등에 관한 사항

② 종합계획은 「항공사업법」 제3조에 따른 항공정책기본계획, 「국가통합교통체계효율화법」 제4조 및 제6조에 따른 국가기간교통망계획 및 중기 교통시설투자계획과 조화를 이루도록 수립하여야 한다.

③ 국토교통부장관은 종합계획 내용 중 공항개발계획의 변경 등 대통령령으로 정하는 중요한 사항을 변경하려면 대통령령으로 정하는 바에 따

라 종합계획을 변경하여야 한다.

④ 국토교통부장관은 종합계획을 수립하거나 제3항에 따라 종합계획을 변경(이하 이 조에서 "변경"이라 한다)하려는 경우에는 관할 지방자치단체의 장의 의견을 들은 후 관계 중앙행정기관의 장과 협의하여야 한다.

⑤ 국토교통부장관은 관계 행정기관의 장에게 종합계획의 수립 또는 변경에 필요한 자료를 요구할 수 있다. 이 경우 요구를 받은 관계 행정기관의 장은 정당한 사유가 없으면 협조하여야 한다.

⑥ 국토교통부장관은 종합계획을 수립하거나 변경하려는 경우에는 「항공사업법」 제4조에 따른 항공정책위원회의 심의를 거쳐야 한다.

⑦ 국토교통부장관은 종합계획을 수립하거나 변경하였을 때에는 대통령령으로 정하는 바에 따라 그 내용을 고시하여야 한다.

5.2.2.2 공항개발 기본계획의 수립(제4조)

① 국토교통부장관은 공항 또는 비행장을 개발하려면 공항 또는 비행장의 개발에 관한 기본계획(이하 "기본계획"이라 한다)을 수립하여야 한다. 다만, 공항시설 또는 비행장시설의 개량에 관한 사업 등 대통령령으로 정하는 경미한 개발사업의 경우에는 기본계획을 수립하지 아니할 수 있다.

② 기본계획에는 다음 각 호의 사항이 포함되어야 한다.

1. 공항 또는 비행장의 현황 분석
2. 공항 또는 비행장의 수요전망
3. 공항ㆍ비행장개발예정지역 및 장애물 제한표면
4. 공항 또는 비행장의 규모 및 배치
5. 건설 및 운영계획
6. 재원조달계획
7. 환경관리계획
8. 그 밖에 공항 또는 비행장 개발 및 운영 등에 필요한 사항

③ 국토교통부장관은 기본계획 내용 중 새로운 활주로의 건설 등 대통령령으로 정하는 중요한 사항을 변경하려면 대통령령으로 정하는 바에 따라 기본계획을 변경하여야 한다.

④ 기본계획의 수립 또는 제3항에 따른 기본계획의 변경에 관하여는 제3조제4항부터 제6항까지의 규정을 준용한다.

⑤ 국토교통부장관은 기본계획을 수립하거나 제3항에 따라 기본계획을 변경하였을 때에는 대통령령으로 정하는 바에 따라 그 내용을 고시하여야 한다. 이 경우 지형도면의 고시에 관하여는 「토지이용규제 기본법」 제8조에 따른다.

⑥ 국토교통부장관은 제5항에 따라 기본계획을 고시한 경우에는 그 기본계획을 관계 특별시장ㆍ광역시장ㆍ도지사(이하 "시ㆍ도지사"라 한다)ㆍ특별자치시장ㆍ특별자치도지사에게 송부하여 14일 이상 일반인에게 공람시켜야 한다.

5.2.3. 제3장 공항 및 비행장의 관리 · 운영

「공항시설법」 제3장 공항 및 비행장의 관리 운영 개발에서는 공항시설 관리권, 비행장시설 관리권, 시설의 관리기준, 안전관리기준의 준수, 사용료의 징수, 장애물의 제한, 항공학적 검토위원회에 대하

여 규정하고 있다.

5.2.3.1 제34조(장애물의 제한 등)

① 누구든지 제4조제5항에 따른 기본계획의 고시(변경 고시를 포함한다) 또는 제7조제6항에 따른 실시계획의 고시(변경 고시를 포함한다) 이후에는 해당 고시에 따른 장애물 제한표면의 높이 이상의 건축물·구조물(고시 당시 이미 관계 법령에 따라 행위허가를 받았거나 허가를 받을 필요가 없는 행위에 관하여 그 공사에 착수한 건축물 또는 구조물은 제외한다)·식물 및 그 밖의 장애물을 설치·재배하거나 방치해서는 아니 된다. 다만, 다음 각 호의 어느 하나에 해당하는 경우에는 그러하지 아니하다. 〈개정 2017. 12. 26.〉

1. 관계 행정기관의 장이 국토교통부령으로 정하는 바에 따라 국토교통부장관 또는 사업시행자등과 협의하여 설치 또는 방치를 허가하거나 그 공항 또는 비행장의 사용 개시 예정일 전에 제거할 예정인 가설물이나 그 밖에 국토교통부령으로 정하는 장애물의 경우
2. 국토교통부령으로 정하는 항공학적 검토 기준 및 방법 등에 따른 항공학적 검토 결과에 대하여 제35조에 따른 항공학적 검토위원회의 의결로 국토교통부장관이 항공기의 비행안전을 특히 해치지 아니한다고 결정하는 경우

② 국토교통부장관은 제1항을 위반하여 설치·재배 또는 방치한 장애물(식물이 성장하여 장애물 제한표면 위로 나오는 경우를 포함한다)에 대한 소유권 및 그 밖의 권리를 가진 자에게 그 장애물의 제거를 명할 수 있다.

③ 국토교통부장관 및 사업시행자등은 제1항 각 호에 따른 고시 이전에 장애물 제한표면의 높이를 넘어선 장애물에 대한 소유권 및 그 밖의 권리를 가진 자에게 그 장애물의 제거를 요구할 수 있다. 이 경우 국토교통부장관 또는 사업시행자등은 대통령령으로 정하는 바에 따라 그 장애물에 대한 소유권 및 그 밖의 권리를 가진 자에게 장애물의 제거로 인한 손실을 보상하여야 한다.

④ 제3항에 따른 장애물 또는 장애물이 설치되어 있는 토지의 소유자는 그 장애물의 제거로 인하여 그 장애물 또는 토지의 사용·수익이 곤란하게 된 경우에는 대통령령으로 정하는 바에 따라 국토교통부장관 또는 해당 사업시행자등에게 그 장애물 또는 토지의 매수를 요구할 수 있다.

⑤ 국토교통부장관은 제3항 후단에 따른 손실보상에 대하여 당사자 간의 협의가 이루어지지 아니하여 그 장애물을 제거할 수 없는 경우로서 해당 공항 또는 비행장의 원활한 관리·운영을 위하여 특히 필요하다고 인정될 때에는 장애물에 대한 소유권 및 그 밖의 권리를 가진 자에게 그 장애물의 제거를 명할 수 있다.

⑥ 제2항 및 제5항에 따라 장애물의 제거명령을 받은 자가 그 명령에 따르지 아니하는 경우에는 국토교통부장관은 「행정대집행법」에서 정하는 바에 따라 그 장애물을 제거할 수 있다.

⑦ 제5항에 따라 장애물을 제거하는 경우에는 국토교통부장관 또는 사업시행자등이 장애물에 대한 소유권 및 그 밖의 권리를 가진 자에게 그 장애물의 제거로 인한 손실을 보상하여야 한

다. 이 경우 손실보상 금액은 당사자 간의 협의로 결정하되, 협의가 이루어지지 아니하거나 협의를 할 수 없는 경우에는 대통령령으로 정하는 바에 따라 「공익사업을 위한 토지 등의 취득 및 보상에 관한 법률」 제51조에 따른 관할 토지수용위원회에 재결을 신청할 수 있다.

⑧ 사업시행자등은 항공기 안전운항에 지장이 없도록 장애물에 대한 정기적인 현황조사 등 국토교통부령으로 정하는 바에 따라 장애물을 관리하여야 한다.

⑨ 제1항제2호에 따른 항공기의 비행안전에 관한 국토교통부장관의 결정을 받고자 하는 자는 국토교통부령으로 정하는 전문기관에 신청하여 항공학적 검토를 거쳐 그 검토 결과보고서를 국토교통부령으로 정하는 절차에 따라 제출하여야 한다. 이 경우 항공학적 검토에 소요되는 비용은 신청하는 자가 부담한다.

5.2.3.2. 제35조(항공학적 검토위원회)

① 항공학적 검토에 관한 사항을 심의 · 의결하기 위하여 국토교통부에 항공학적 검토위원회(이하 이 조에서 "위원회"라 한다)를 둔다.

② 위원회에서 항공학적 검토에 관한 사항을 심의 · 의결하는 때에는「국제민간항공조약」 및 같은 조약의 부속서(附屬書)에서 채택된 표준과 방식에 부합하도록 하여야 한다.

③ 위원회는 위원장 1명을 포함한 10명 이내의 위원으로 구성하되, 위원 중 과반수 이상은 외부 관계 전문가로 한다.

④ 위원회는 필요한 경우 행정기관의 장, 「공공기관의 운영에 관한 법률」 제4조에 따른 공공기관의 장, 그 밖에 관련 기관 · 단체의 장에게 자료의 제공 등 협조를 요청할 수 있다. 이 경우 해당 기관이나 단체의 장은 정당한 사유가 없으면 이에 따라야 한다.

⑤ 위원회의 위원 중 공무원이 아닌 사람은「형법」 제129조 부터 제132조까지를 적용할 때에는 공무원으로 본다.

⑥ 그 밖에 위원회의 구성과 운영 등에 필요한 사항은 대통령령으로 정한다.

5.2.3.3. 제36조(항공장애 표시등의 설치 등)

① 국토교통부장관 또는 사업시행자등은 장애물 제한표면에서 수직으로 지상까지 투영한 구역에 있는 구조물로서 국토교통부령으로 정하는 구조물에는 국토교통부령으로 정하는 항공장애 표시등(이하 "표시등"이라 한다) 및 항공장애 주간(晝間)표지(이하 "표지"라 한다)의 설치 위치 및 방법 등에 따라 표시등 및 표지를 설치하여야 한다.

② 장애물 제한표면 밖의 지역에서 지표면이나 수면으로부터 높이가 60미터 이상 되는 구조물을 설치하는 자는 제1항에 따른 표시등 및 표지의 설치 위치 및 방법 등에 따라 표시등 및 표지를 설치하여야 한다.

③ 국토교통부장관은 국토교통부령으로 정하는 바에 따라 제1항 및 제2항에 따른 구조물 외의 구조물이 항공기의 항행안전을 현저히 해칠 우려가 있으면 구조물에 표시등 및 표지를 설치하여야 한다.

④ 제1항 및 제3항에 따른 구조물의 소유자 또는 점유자는 국토교통부장관 또는 사업시행자등

에 의한 표시등 및 표지의 설치를 거부할 수 없다. 이 경우 국토교통부장관 또는 사업시행자등은 제1항 본문 또는 제3항에 따른 표시등 및 표지의 설치로 인하여 해당 구조물의 소유자 또는 점유자에게 손실이 발생하면 대통령령으로 정하는 바에 따라 그 손실을 보 상하여야 한다.

⑤ 국토교통부장관 외의 자가 제1항 또는 제2항에 따라 표시등 또는 표지를 설치하려는 경우에는 국토교통부장관과 미리 협의하여야 하며, 해당 시설을 설치한 날부터 15일 이내에 국토교통부령으로 정하는 바에 따라 국토교통부장관에게 신고하여야 한다.

⑥ 제1항부터 제3항까지에 따라 표시등 또는 표지가 설치된 구조물을 소유 또는 관리하는 자가 해당 구조물에 설치된 표시등 또는 표지를 철거하거나 변경하려는 경우에는 국토교통부장관과 미리 협의하여야 하며, 해당 시설을 철거 또는 변경한 날부터 15일 이내에 국토교통부령으로 정하는 바에 따라 국토교통부장관에게 신고하여야 한다.

⑦ 제1항부터 제3항까지의 규정에 따라 표시등 또는 표지가 설치된 구조물을 소유 또는 관리하는 자는 국토교통부령으로 정하는 바에 따라 그 표시등 및 표지를 관리하여야 한다.

5.2.3.4. 제38조(공항운영증명 등)

① 국제항공노선이 있는 공항 등 대통령령으로 정하는 공항을 운영하려는 공항운영자는 국토교통부령으로 정하는 바에 따라 공항을 안전하게 운영할 수 있는 체계를 갖추어 국토교통부장관의 증명(이하 "공항운영증명"이라 한다)을 받아야 한다.

② 국토교통부장관은 공항운영증명을 하는 경우 공항의 사용목적, 항공기의 운항 횟수 등을 고려하여 대통령령으로 정하는 바에 따라 공항운영증명의 등급을 구분하여 증명할 수 있다.

③ 공항운영증명을 받은 자가 해당 공항의 공항운영증명의 등급 등 공항운영증명의 내용을 변경하려는 경우에는 국토교통부령으로 정하는 바에 따라 국토교통부장관의 공항운영증명 변경인가를 받아야 한다.

④ 국토교통부장관은 공항의 안전운영체계를 위하여 필요한 인력, 시설, 장비 및 운영절차 등에 관한 기술기준(이하 "공항안전운영기준"이라 한다)을 정하여 고시하여야 한다.

[표 5-9] 공항운영증명의 등급

등급	사용목적	운항횟수 (최근 5년 기준)
1등급	국내항공운송사업 및 국제항공운송사업	평균 연간 운항횟수가 3만회 이상인 공항
2등급	국내항공운송사업 및 국제항공운송사업	평균 연간 운항횟수가 3만회 미만인 공항
3등급	국내항공운송사업	
4등급	소형항공운송사업	1~3등급에 해당하지 아니하는 공항

5.2.3.5. 제39조(공항운영규정)

① 공항운영증명을 받으려는 공항운영자는 공항안전운영기준에 따라 그가 운영하려는 공항의 운영규정(이하 "공항운영규정"이라 한다)을 수립하여 국토교통부장관의 인가를 받아야 하며, 이를 변경하려는 경우에도 또한 같다.

② 제1항에도 불구하고 공항운영자는 공항운영자의 자체적인 세부 운영규정 등 국토교통부령으

로 정하는 경미한 사항을 변경하려는 경우에는 국토교통부장관에게 신고하여야 한다.

③ 공항운영증명을 받은 공항운영자는 공항안전운영기준이 변경되거나 공항의 안전 또는 위험의 방지 등을 위하여 국토교통부장관이 공항운영규정의 변경을 명하는 경우에는 국토교통부령으로 정하는 바에 따라 공항운영규정을 변경하여야 한다.

④ 국토교통부장관은 제1항에 따른 인가의 신청을 받은 날부터 20일 이내에 인가 여부를 신청인에게 통지하여야 한다.

5.2.4. 제4장 항행안전시설

5.2.4.1. 제43조(항행안전시설의 설치)

① 항행안전시설(제6조에 따른 개발 사업으로 설치하는 항행안전시설 외의 것을 말한다)은 국토교통부장관이 설치한다.

② 국토교통부장관 외에 항행안전시설을 설치하려는 자는 국토교통부령으로 정하는 바에 따라 국토교통부장관의 허가를 받아야 한다. 이 경우 국토교통부장관은 항행안전시설의 설치를 허가할 때 해당 시설을 국가에 귀속시킬 것을 조건으로 하거나 그 시설의 설치 및 운영 등에 필요한 조건을 붙일 수 있다.

③ 국토교통부장관은 제2항 전단에 따른 허가의 신청을 받은 날부터 15일 이내에 허가 여부를 신청인에게 통지하여야 한다.

④ 제2항에 따라 국가에 귀속된 항행안전시설의 사용 · 수익에 관하여는 제22조를 준용한다.

⑤ 제1항 및 제2항에 따른 항행안전시설의 설치기준, 허가기준 등 항행안전시설 설치에 필요한 사항은 국토교통부령으로 정한다.

[표 5-10] 항공등화 색상

항공등화의 종류		색상
진입등 시스템	중심선 표시등 및 횡선 표시등	흰색
	측렬 표시등	붉은색
활주로 시단등	시단등(始端燈)	녹색
	시단연장등	녹색
접지구역등		흰색
활주로 중심선등	30미터 간격의 등	흰색
	15미터 간격의 등	흰색
활주로 종단등(終端燈)		붉은색
활주로등		흰색

5.2.4.2. 제48조(항행안전시설의 비행검사)

① 항행안전시설설치자등은 국토교통부장관이 항행안전시설의 성능을 분석할 수 있는 장비를 탑재한 항공기를 이용하여 실시하는 항행안전시설의 성능 등에 관한 검사(이하 "비행검사"라 한다)를 받아야 한다.

② 비행검사의 종류, 대상시설, 절차 및 방법 등에 관하여 필요한 사항은 국토교통부장관이 정하여 고시한다.

5.2.4.3. 제53조(항공통신업무 등)

① 국토교통부장관은 항공교통업무가 효율적으로 수행되고, 항공안전에 필요한 정보 · 자료가 항공통신망을 통하여 편리하고 신속하게 제공 · 교환 · 관리될 수 있도록 항공통신에 관한 업무(이하 "항공통신업무"라 한다)를 수행하여야 한다.

② 항공통신업무의 종류, 운영절차 등에 관하여 필요한 사항은 국토교통부령으로 정한다.

공항시설법 시행규칙 제44조 (항공통신업무의 종류 등)

① 법 제53조제1항에 따라 지방항공청장(항공로용으로 사용되는 항공정보통신시설 및 항행안전무선시설의 경우에는 항공교통본부장을 말한다)이 수행하는 항공통신업무의 종류와 내용은 다음 각 호와 같다.

1. 항공고정통신업무: 특정 지점 사이에 항공고정통신시스템(AFTN/MHS) 또는 항공정보처리시스템(AMHS) 등을 이용하여 항공정보를 제공하거나 교환하는 업무
2. 항공이동통신업무: 항공국과 항공기국 사이에 단파이동통신시설(HF Radio) 등을 이용하여 항공정보를 제공하거나 교환하는 업무
3. 항공무선항행업무: 항행안전무선시설을 이용하여 항공항행에 관한 정보를 제공하는 업무
4. 항공방송업무: 단거리이동통신시설(VHF/UHF Radio) 등을 이용하여 항공항행에 관한 정보를 제공하는 업무

5.2.5. 제5장 보칙

5.2.5.1. 제56조(금지행위)

① 누구든지 국토교통부장관, 사업시행자등 또는 항행안전시설설치자등의 허가 없이 착륙대, 유도로(誘導路), 계류장(繫留場), 격납고(格納庫) 또는 항행안전시설이 설치된 지역에 출입해서는 아니 된다.

② 누구든지 활주로, 유도로 등 그 밖에 국토교통부령으로 정하는 공항시설 · 비행장시설 또는 항행안전시설을 파손하거나 이들의 기능을 해칠 우려가 있는 행위를 해서는 아니 된다.

③ 누구든지 항공기, 경량항공기 또는 초경량비행장치를 향하여 물건을 던지거나 그 밖에 항행에 위험을 일으킬 우려가 있는 행위를 해서는 아니 된다.

④ 누구든지 항행안전시설과 유사한 기능을 가진 시설을 항공기 항행을 지원할 목적으로 설치 · 운영해서는 아니 된다.

⑤ 항공기와 조류의 충돌을 예방하기 위하여 누구든지 항공기가 이륙 · 착륙하는 방향의 공항 또는 비행장 주변지역 등 국토교통부령으로 정하는 범위에서 공항 주변에 새들을 유인할 가능성이 있는 오물처리장 등 국토교통부령으로 정하는 환경을 만들거나 시설을 설치해서는 아니 된다.

⑥ 누구든지 국토교통부장관, 사업시행자등, 항행안전시설설치자등 또는 이착륙장을 설치 · 관리하는 자의 승인 없이 해당 시설에서 다음 각 호의 어느 하나에 해당하는 행위를 해서는 아니 된다.

1. 영업행위
2. 시설을 무단으로 점유하는 행위
3. 상품 및 서비스의 구매를 강요하거나 영업을 목적으로 손님을 부르는 행위
4. 그 밖에 제1호부터 제3호까지의 행위에 준하는 행위로서 해당 시설의 이용이나 운영에

현저하게 지장을 주는 대통령령으로 정하는 행위

⑦ 국토교통부장관, 사업시행자등, 항행안전시설 설치자등, 이착륙장을 설치·관리하는 자, 국가경찰공무원(의무경찰을 포함한다) 또는 자치경찰공무원은 제6항을 위반하는 자의 행위를 제지(制止)하거나 퇴거(退去)를 명할 수 있다.

공항시설법 시행규칙 제47조 (금지행위 등)

① 법 제56조제2항에서 "국토교통부령으로 정하는 공항시설·비행장시설 또는 항행안전시설"이라 함은 다음 각 호의 시설을 말한다.

1. 착륙대, 계류장 및 격납고
2. 항공기 급유시설 및 항공유 저장시설

② 법 제56조제3항에 따른 항행에 위험을 일으킬 우려가 있는 행위는 다음 각 호와 같다.

1. 착륙대, 유도로 또는 계류장에 금속편·직물 또는 그 밖의 물건을 방치하는 행위
2. 착륙대·유도로·계류장·격납고 및 사업시행자등이 화기 사용 또는 흡연을 금지한 장소에서 화기를 사용하거나 흡연을 하는 행위
3. 운항 중인 항공기에 장애가 되는 방식으로 항공기나 차량 등을 운행하는 행위
4. 지방항공청장의 승인 없이 레이저광선을 방사하는 행위
5. 지방항공청장의 승인 없이 「항공안전법」 제78조제1항제1호에 따른 관제권에서 불꽃 또는 그 밖의 물건(「총포·도검·화약류 등의 안전관리에 관한 법률 시행규칙」 제4조에 따른 장난감용 꽃불류는 제외한다)을 발사하거나 풍등(風燈)을 날리는 행위
6. 그 밖에 항행의 위험을 일으킬 우려가 있는 행위

5.2.5.2. 제59조(과징금의 부과)

① 국토교통부장관은 공항운영자 또는 사업시행자·항행안전시설설치자에게 제41조제1항 각 호의 어느 하나에 해당하여 공항운영의 정지를 명하여야 하거나 제58조에 따라 사업의 시행 및 관리에 관한 허가·승인의 효력 정지, 공사의 중지를 명하여야 하는 경우로서 그 처분이 해당 시설의 이용자에게 심한 불편을 주거나 그 밖에 공익을 침해할 우려가 있을 때에는 그 처분을 갈음하여 10억원 이하의 과징금을 부과·징수할 수 있다.

② 제1항에 따라 과징금을 부과하는 위반행위의 종류와 위반정도에 따른 과징금의 금액 등에 관하여 필요한 사항은 대통령령으로 정한다.

③ 국토교통부장관은 제1항에 따른 과징금을 내야 할 자가 납부기한까지 과징금을 내지 아니하면 국세 체납처분의 예에 따라 징수한다.

5.2.6. 제6장 벌칙

5.2.6.1. 제64조(공항운영증명에 관한 죄)

제38조를 위반하여 공항운영증명을 받지 아니하고 공항을 운영한 자는 3년 이하의 징역 또는 3천만원 이하의 벌금에 처한다.

5.2.6.2. 제66조(명령 등의 위반 죄)

다음 각 호의 어느 하나에 해당하는 자는 1년 이하

의 징역 또는 1천만원 이하의 벌금에 처한다.

1. 제10조제1항에 따라 허가 또는 변경허가를 받아야 할 사항을 허가 또는 변경허가를 받지 아니하고 건축물의 건축 등의 행위를 하거나 거짓 또는 부정한 방법으로 허가를 받은 자
2. 정당한 사유 없이 제11조제1항(토지에 출입 및 사용)에 따른 행위를 방해하거나 거부한 자
3. 제25조제8항(이착륙장 사용의 중지)에 따른 명령을 위반한 자
4. 정당한 사유 없이 제57조(시정명령) 및 제58조제1항(허가등의 취소)에 따른 국토교통부장관의 명령 또는 처분을 위반한 자

5.2.6.3. 제68조(양벌규정)

법인의 대표자나 법인 또는 개인의 대리인, 사용인, 그 밖의 종업원이 그 법인 또는 개인의 업무에 관하여 제65조부터 제67조까지 및 제67조의2의 위반행위를 하면 행위자를 벌하는 외에 그 법인 또는 개인에게도 해당 조문의 벌금형을 과(科)한다. 다만, 법인 또는 개인이 그 위반행위를 방지하기 위하여 해당 업무에 관하여 상당한 주의와 감독을 게을리하지 아니한 경우에는 그러하지 아니하다.

5.2.6.4. 제69조(과태료)

① 다음 각 호의 어느 하나에 해당하는 자에게는 500만원 이하의 과태료를 부과한다.

1. 제25조제5항을 위반하여 준공확인증명서를 받기 전에 이착륙장을 사용하거나 사용허가를 받지 아니하고 이착륙장을 사용한 자
2. 제32조제2항 또는 제50조제2항에 따라 사용료를 신고 또는 승인을 받지 아니하거나 신고 또는 승인한 사용료와 다르게 사용료를 받은 자
3. 제36조(항공장애 표시등의 설치)에 따라 표시등 및 표지를 설치 또는 관리하지 아니한 자
4. 제39조제1항을 위반하여 인가를 받지 아니하고 공항운영규정을 변경한 공항운영자
5. 제39조제3항을 위반하여 공항운영규정을 변경하지 아니한 공항운영자
6. 제40조제1항을 위반하여 공항안전운영기준 및 공항운영규정에 따라 공항의 안전운영체계를 지속적으로 유지하지 아니한 공항운영자

② 다음 각 호의 어느 하나에 해당하는 자에게는 200만원 이하의 과태료를 부과한다.

1. 제36조(항공장애 표시등의 설치)를 위반하여 표시등 또는 표지의 설치 · 변경 · 철거에 관한 신고를 하지 아니한 자
2. 제37조제2항에 따른 명령을 위반한 자
3. 제39조제2항을 위반하여 신고를 하지 아니하고 공항운영규정을 변경한 공항운영자

06 항공보안법

6 항공보안법

우리나라의 「항공보안법」은 국제민간항공 협약 및 1963년 항공기 내에서 범한 범죄 및 기타 행위에 관한 협약(동경협약), 1970년 항공기의 불법납치 억제를 위한 협약(헤이그협약), 1971년 민간항공의 안전에 대한 불법적 행위의 억제를 위한 협약(몬트리올협약), 1988년 민간항공의 안전에 대한 불법적 행위의 억제를 위한 협약을 보충하는 국제 민간항공에 사용되는 공항에서의 불법적 폭력 행위의 억제를 위한 의정서, 1991년 플라스틱 폭약의 탐지를 위한 식별조치에 관한 협약 등 항공범죄 관련 국제 협약에서 정한 기준을 준거하여 규정하고 있다.

이 법은 총 8장으로 구성되어 있으며 주요 내용으로는 항공보안협의회 구성 및 운영 등에 관한 사항, 국가항공보안계획의 수립에 관한 사항, 공항운영자 등의 자체 보안계획의 수립에 관한 사항, 공항시설, 보호구역, 승객의 검색 등 보안에 관한 사항, 무기 등 위해물품의 휴대금지, 보안장비, 교육훈련 등에 관한 사항, 항공보안을 위협하는 정보의 제공, 우발계획 수립, 항공보안감독, 항공보안 자율신고 등에 관한 사항, 항공기이용 피해구제, 권한위임 등에 관한 사항을 규정하고 있다.

[표 6-1] 항공보안법 주요 내용

구분	내용
제1장 총칙	항공보안법의 목적, 용어의 정의, 국제협약의 준수, 국가의 책무 등
제2장 항공보안 협의회	항공보안협의회, 항공보안 기본계획, 국가항공보안계획 등의 수립 등
제3장 공항 · 항공기 등의 보안	공항시설 등의 보안, 공항시설 보호구역의 지정, 보호구역에의 출입허가, 승객의 안전 및 항공기의 보안, 승객 등의 검색, 승객이 아닌 사람 등에 대한 검색, 상용화주 지정, 기내식 등의 통제 등
제4장 항공기 내의 보안	무기 등 위해물품 휴대 금지, 기장의 권한, 승객의 협조의무, 수감 중인 사람 등의 호송, 범인의 인도 · 인수 등
제5장 항공보안장비	항공보안장비 성능인증, 성능인증 시험기관의 지정, 교육훈련, 검색기록의 유지 등
제6장 항공보안 위협에 대한 대응	항공보안을 위협하는 정보의 제공, 국가항공보안 우발계획 등의 수립, 보안조치, 항공보안 감독, 항공보안 자율신고 등
제7장 보칙	재정지원, 감독, 항공보안정보체계의 구축, 벌칙 적용에서의 공무원 의제 등
제8장 벌칙	항공기 파손죄, 항공기 납치죄, 항공시설 파손죄, 항공기항로 변경죄, 직무집행 방해죄, 위험물건 탑재죄, 공항운영 방해죄, 항공기내 폭행죄, 항공기 점거 및 농성죄, 운항방해 정보죄, 양벌규정, 과태료 등

6.1. 제1조(목적)

이 법은 「국제민간항공협약」 등 국제협약에 따라 공항시설, 항행안전시설 및 항공기 내에서의 불법행위를 방지하고 민간항공의 보안을 확보하기 위한 기준 · 절차 및 의무사항 등을 규정함을 목적으로 한다.

6.2. 항공보안 개념

항공분야에서 사고 예방 및 안전 확보를 위해 '항공안전' 및 '항공보안'은 함께 고려된다. 일반적으로 항공법규에서 보안(security)은 의도적 위해(intentional harm)로부터의 방지를 의미한다. 국내 사전에서 정의하고 있는 용어를 종합하여 고려하면 '항공보안'은 '비행기로 공중을 날아다님과 관련하여 항공기 내의 안녕 및 안전을 저해하는 행위를 방지하는 일'이라고 정의할 수 있다.

2001년 9월 11일의 비극적인 테러사건은 '항공보안'이 기술적인 관점의 사고 예방을 넘어 더욱 넓게 정치적, 전략적 차원까지 확장된다는 것을 보여주고 있으며, '항공보안'이 예방적이고 징벌적인 수단들을 포함한다는 것을 재확인하게 되었고 위험요인 관리가 더욱 중요하게 인식되는 계기가 되었다.

항공보안과 관련하여 시카고 협약 부속서 17 Securityt에서는 '보안(security)이란 폭파, 납치, 위해정보 제공 등 불법 방해 행위(acts of unlawful interference)에 맞서 행하는 항공기 및 항행안전시설 등 민간항공을 보호하기 위한 제반 활동'으로 정의하며, 보안은 적절한 대응조치 및 인적 · 물적 자원의 결합으로 그 목적이 달성된다.

이상과 같이 여러 상황을 종합하여 고려할 때, 항공활동을 행함에 있어 '항공보안'이란 '폭파, 납치, 위해정보 제공 등 불법 방해 행위(acts of unlawful interference)에 맞서 민간항공을 안전하게 보호하기 위한 제반 활동'으로 정의할 수 있다.

6.3. ICAO의 항공보안 발전 연혁 및 동향

시카고 협약 체결 초기단계에는 항공안전 및 항공발전에 초점을 두었을 뿐 항공보안은 관심 밖의 주제였다. 2001년 9.11 테러 이전에는 민간 항공기를 불법적으로 압류하여 테러 공격에 사용한다는 것은 상상하기 어려웠고, 1944년 시카고 협약 체결 당시에는 이러한 보안 위협 및 보안조치의 필요성을 예견하지 못했다. 1960년대 후반에는 항공보안상에 심각한 문제가 발생하여 불법방해 행위(acts of unlawful interference)를 해결하기 위해 국제적 공조를 채택할 필요가 있었다. 이후 국제수준의 항공보안 정책과 대응조치가 요구되었으며 이런 연유로 국제 항공보안에 대한 규정은 시카고 협약이 체결된 지 30년 후인 1974년이 되어서야 부속서 17로 채택되었다.

ICAO는 2014년부터 2016년까지 전략 목표를 ① Safety, ② Air Navigation Capacity and Efficiency, ③ Security & Facilitation, ④ Economic Development of Air Transport, ⑤ Environmental Protection의 5가지로 설정하여 추진하였으며 그중의 하나가 '항공보안'이다. 또한, 항공보안에 대한 전략적 목표는 ICAO Annex 17 Security(항공보안) 및 Annex 9 Facilitation(출입국 간소화)과 관련하여 항공보안을 증진하는 것이다. 아울러 항공보안, 출입국 간소화 및 보안 관련 사항에 대한 ICAO의 역할을 반영하고 강화하는 것이다.

최근 항공보안 활동이 확대되고 있으며 기본적으로 ① Policy Initiatives ② Universal Security Audit Programme ③ Assistance to States 3

개 영역으로 나누어 수행되며, 보안점검은 항공보안평가(USAP: Universal Security Audit Programme)로 수행된다.

6.3.1. 시카고 협약 부속서 17 항공보안

항공보안과 관련하여 시카고 협약 부속서 17(Security)은 불법방해 행위로부터 국제민간항공을 보호하기 위해 체약국이 이행해야 하는 국제 표준 및 권고방식을 내용으로 하며, 1970년 ICAO 총회에서 채택함으로써 탄생하였다. 1944년 시카고 협약 체결 당시에는 이러한 보안 위협 및 보안 조치의 필요성을 예견하지 못했다. 이런 연유로 국제 항공보안에 대한 규정은 시카고 협약이 체결된 지 30년 후인 1974년에야 부속서 17을 채택하게 되었다.

1974년 부속서 17을 채택한 후 초기에는 SARPs 조항의 개정 및 보완에 초점을 맞추었다. 부속서 17의 출현으로 ICAO는 국제 보안 조치의 이행을 지원하기 위해 국가에 가이드를 제공하기 시작했으며, 항공보안 관련하여 가장 기본적인 가이드가 되는 매뉴얼인 Doc 8973(Security Manual for Safeguarding Civil Aviation Against Acts of Unlawful Interference)을 마련하여 접근제한 문서 형태로 유지하고 있다. 시카고 협약 부속서 17에서는 항공보안관련 용어정의 및 일반원칙과 함께 조직, 사전보안대책 및 불법 방해 행위에 대한 대응 관리 등에 대하여 규정하고 있다.

6.3.2. 시카고 협약 부속서 17과 국내 항공보안 체계

헌법 제6조 제1항에는 "헌법에 의하여 체결 · 공포된 조약과 일반적으로 승인된 국제법규는 국내법과 같은 효력을 가진다."라고 규정하고 있으며, 항공보안법 제1조와 제3조에서는 다음과 같이 국제협약과 항공보안법과의 관계를 명시하고 있다.

항공보안법 제1조(목적)

이 법은 「국제민간항공협약」 등 국제협약에 따라 공항시설, 항행안전시설 및 항공기 내에서의 불법행위를 방지하고 민간항공의 보안을 확보하기 위한 기준 · 절차 및 의무사항 등을 규정함을 목적으로 한다.

항공보안법 제3조(국제협약의 준수)

① 민간항공의 보안을 위하여 이 법에서 규정하는 사항 외에는 다음 각 호의 국제협약에 따른다.

1. 「항공기 내에서 범한 범죄 및 기타 행위에 관한 협약」
2. 「항공기의 불법납치 억제를 위한 협약」
3. 「민간항공의 안전에 대한 불법적 행위의 억제를 위한 협약」
4. 「민간항공의 안전에 대한 불법적 행위의 억제를 위한 협약을 보충하는 국제민간항공에 사용되는 공항에서의 불법적 폭력행위의 억제를 위한 의정서」
5. 「가소성 폭약의 탐지를 위한 식별조치에 관한 협약」

② 제1항에 따른 국제협약 외에 항공보안에 관련

된 다른 국제협약이 있는 경우에는 그 협약에 따른다.

6.3.3. 항공보안평가(USAP)

ICAO는 체약국을 대상으로 항공당국 전반에 대하여 항공보안수준, 구체적으로는 항공보안 관리체계 및 이행 수준을 평가하는 항공보안평가(USAP[1])를 실시하고 있다. 항공보안평가는 시카고 협약 부속서 17(항공보안)뿐만 아니라 부속서 9(출입국간소화)의 보안 분야까지 평가범위를 확대하였으며, 항공보안평가 결과에 의하면 대한민국의 항공보안체계는 세계적 수준으로 평가되고 있다.

USAP의 내용을 요약하여 정리하면 다음 표와 같다.

[표 6-2] ICAO의 항공보안평가(USAP)

구분	내용
개요	• ICAO가 체약국에 대하여 항공보안 관련 국제기준 이행실태 점검, 평가하는 제도 • USAP 평가 결과를 공개함으로써 간접적 제재 효과
도입 배경	• 2001년 9/11 테러에서는 민간항공기 자체가 불법방해 행위의 수단으로 사용됨 • ICAO 총회 긴급 개최(제33차,'01.10월): 「민간 항공기를 테러행위 및 파괴무기로 오용하는 것을 방지하는 선언」 결의안 A33-1호로 채택 • ICAO 이사회(제166차, '02.6): 「ICAO 항공보안활동계획」 시행 채택
USAP 도입	• ICAO 항공보안 활동계획 시행에 따라 ICAO 항공보안평가 도입 실시(2002.11)
USAP 발전 단계	• 제1차 USAP(2002.11~2007, 181 member states, 9개국 보안 문제로 인해 미실시) – 정부조직, 법령 · 규정분야, 공항시설 · 장비분야, 공항보안검색 및 경비분야, 항공기보안 분야, 유사시의 비상조치 상황 등 시카고 협약 부속서 17의 표준 항목에 대하여 평가 • 제2차 USAP(2008~2013) – 국가별 보안체계, 보안감독활동 및 미비점에 대한 개선절차 등을 집중 평가 – 평가범위 확대(Annex 17 이외에 Annex 9도 평가 범위에 포함) • 항공보안평가 상시모니터평가방식(USAP CMA: Continuous Monitoring Approach, 2013년 이후)

6.4. 항공보안법 내용

민간항공 보안에 관한 동경협약, 헤이그협약, 몬트리올협약의 채택은 많은 나라가 항공기 보안 문제에 대한 경각심을 갖고 별도의 국내법을 제정하는 계기가 되었다. 우리나라도 1974.12.26. 법률 제2742호로 「항공기운항안전법」을 제정하였으나, 몬트리올 협약상의 범죄가 누락되는 등 미흡한 점이 많았다. 「항공기운항안전법」은 2002.8.26. 전면 개정되어 법률 제6734호 「항공안전 및 보안에 관한 법률」로 제정되었으나, 2013.4.5. 법률 제11753호로 이 법의 명칭을 다시 「항공보안법」으로 변경하고 항공보안에 관한 사항을 전반적으로 정비하였다. 이 법의 명칭을 「항공보안법」으로 변경한 이유는 항공안전에 관한 사항은 당시의 「항공법」에 총괄적으로 규정되어 있어 이 법에서 항공안전에 관한 사항을 별도로 규정할 이유가 없기 때문이다.

1) USAP: Universal Security Audit Programme. 항공보안에 대하여 국가가 행하는 종합적인 관리감독체계 및 이행수준을 평가함.

이 법은 국제민간항공 협약 및 1963년 항공기 내에서 범한 범죄 및 기타 행위에 관한 협약(동경협약), 1970년 항공기의 불법납치 억제를 위한 협약(헤이그협약), 1971년 민간항공의 안전에 대한 불법적 행위의 억제를 위한 협약(몬트리올협약), 1988년 민간항공의 안전에 대한 불법적 행위의 억제를 위한 협약을 보충하는 국제 민간항공에 사용되는 공항에서의 불법적 폭력 행위의 억제를 위한 의정서, 1991년 플라스틱 폭약의 탐지를 위한 식별조치에 관한 협약 등 항공범죄 관련 국제 협약에서 정한 기준을 준거하여 규정하고 있다.

이 법은 총 8장으로 구성되어 있다. 주요 내용으로는 항공보안협의회 구성 및 운영 등에 관한 사항, 국가항공보안계획의 수립에 관한 사항, 공항운영자 등의 자체 보안계획의 수립에 관한 사항, 공항시설, 보호구역, 승객의 검색 등 보안에 관한 사항, 무기 등 위해물품의 휴대금지, 보안장비, 교육훈련 등에 관한 사항, 항공보안을 위협하는 정보의 제공, 우발계획 수립, 항공보안감독, 항공보안 자율신고 등에 관한 사항, 항공기이용 피해구제, 권한위임 등에 관한 사항을 규정하고 있다.

6.4.1. 총칙

「항공보안법」 제1장 총칙에서는 법의 목적, 용어정의, 국제협약의 준수, 국가의 책무 및 공항운영자 등의 협조의무를 규정하고 있다.

6.4.1.1. 제1조(목적)

이 법은 「국제민간항공협약」 등 국제협약에 따라 공항시설, 항행안전시설 및 항공기 내에서의 불법행위를 방지하고 민간항공의 보안을 확보하기 위한 기준 · 절차 및 의무사항 등을 규정함을 목적으로 한다.

6.4.1.2. 제2조(정의)

법의 목적에 비추어볼 때 항공보안법상의 용어는 중요한 의미를 가질 수밖에 없다. 이에 따라 항공보안법에서는 운항 중, 불법방해 행위, 보안검색, 항공보안검색요원 등에 대하여 다음과 같이 용어를 정의하고 있으며, 아울러 이 법에 특별히 규정한 것을 제외하고는 「항공법」에서 정하는 바에 따른다고 명시하고 있다.

이 법에서 사용하는 용어의 뜻은 다음과 같다. 다만, 이 법에 특별한 규정이 있는 것을 제외하고는 「항공사업법」 · 「항공안전법」 · 「공항시설법」에서 정하는 바에 따른다.

1. "운항중"이란 승객이 탑승한 후 항공기의 모든 문이 닫힌 때부터 내리기 위하여 문을 열 때까지를 말한다.
2. "공항운영자"란 「항공사업법」 제2조제34호에 따른 공항운영자를 말한다.
3. "항공운송사업자"란 「항공사업법」 제7조에 따라 면허를 받은 국내항공운송사업자 및 국제항공운송사업자, 같은 법 제10조에 따라 등록을 한 소형항공운송사업자 및 같은 법 제54조에 따라 허가를 받은 외국인 국제항공운송업자를 말한다.
4. "항공기취급업체"란 「항공사업법」 제44조에 따라 항공기취급업을 등록한 업체를 말한다.
5. "항공기정비업체"란 「항공사업법」 제42조에 따

라 항공기정비업을 등록한 업체를 말한다.

6. "공항상주업체"란 공항에서 영업을 할 목적으로 공항운영자와 시설이용 계약을 맺은 개인 또는 법인을 말한다.
7. "항공기내보안요원"이란 항공기 내의 불법방해행위를 방지하는 직무를 담당하는 사법경찰관리 또는 그 직무를 위하여 항공운송사업자가 지명하는 사람을 말한다.
8. "불법방해행위"란 항공기의 안전운항을 저해할 우려가 있거나 운항을 불가능하게 하는 행위로서 다음 각 목의 행위를 말한다.
   가. 지상에 있거나 운항중인 항공기를 납치하거나 납치를 시도하는 행위
   나. 항공기 또는 공항에서 사람을 인질로 삼는 행위
   다. 항공기, 공항 및 항행안전시설을 파괴하거나 손상시키는 행위
   라. 항공기, 항행안전시설 및 제12조에 따른 보호구역(이하 "보호구역"이라 한다)에 무단 침입하거나 운영을 방해하는 행위
   마. 범죄의 목적으로 항공기 또는 보호구역 내로 제21조에 따른 무기 등 위해물품(危害物品)을 반입하는 행위
   바. 지상에 있거나 운항중인 항공기의 안전을 위협하는 거짓 정보를 제공하는 행위 또는 공항 및 공항시설 내에 있는 승객, 승무원, 지상근무자의 안전을 위협하는 거짓 정보를 제공하는 행위
   사. 사람을 사상(死傷)에 이르게 하거나 재산 또는 환경에 심각한 손상을 입힐 목적으로 항공기를 이용하는 행위
   아. 그 밖에 이 법에 따라 처벌받는 행위
9. "보안검색"이란 불법방해행위를 하는 데에 사용될 수 있는 무기 또는 폭발물 등 위험성이 있는 물건들을 탐지 및 수색하기 위한 행위를 말한다.
10. "항공보안검색요원"이란 승객, 휴대물품, 위탁수하물, 항공화물 또는 보호구역에 출입하려고 하는 사람 등에 대하여 보안검색을 하는 사람을 말한다.

6.4.2. 제2장 항공보안협의회 등

「항공보안법」 제2장 항공보안협의회 등에서는 항공보안협의회, 지방항공보안협의회, 항공보안기본계획 및 국가항공보안계획 등의 수립에 대해서 규정하고 있다.

6.4.2.1. 제9조(항공보안 기본계획)

① 국토교통부장관은 항공보안에 관한 기본계획(이하 “기본계획”이라 한다)을 5년마다 수립하고, 그 내용을 공항운영자, 항공운송사업자, 항공기취급업체, 항공기정비업체, 공항상주업체, 항공여객 · 화물터미널운영자, 그 밖에 국토교통부령으로 정하는 자(이하 “공항운영자 등”이라 한다)에게 통보하여야 한다.

6.4.3. 제3장 공항 · 항공기 등의 보안

「항공보안법」 제3장 공항 · 항공기 등의 보안에서는 공항시설 등의 보안, 공항시설 보호구역의 지정, 보호구역에의 출입허가, 항공기의 보안, 승객 및 사

람에 대한 검색, 통과 승객 또는 환승 승객에 대한 보안검색, 상용화주, 기내식 등의 통제 및 비행 서류의 보안관리 절차 등에 대해 규정하고 있다.

6.4.3.1. 제12조 (공항시설 보호구역의 지정)

① 공항운영자는 보안검색이 완료된 구역, 활주로, 계류장(繫留場) 등 공항시설의 보호를 위하여 필요한 구역을 국토교통부장관의 승인을 받아 보호구역으로 지정하여야 한다.

항공보안법 시행규칙 제4조 (보호구역의 지정)

법 제12조제1항에 따른 보호구역에는 다음 각 호의 지역이 포함되어야 한다.

1. 보안검색이 완료된 구역
2. 출입국심사장
3. 세관검사장
4. 관제탑 등 관제시설
5. 활주로 및 계류장(항공운송사업자가 관리 · 운영하는 정비시설에 부대하여 설치된 계류장은 제외한다)
6. 항행안전시설 설치지역
7. 화물청사
8. 제4호부터 제7호까지의 규정에 따른 지역의 부대지역

6.4.3.2. 제14조(승객의 안전 및 항공기의 보안)

① 항공운송사업자는 승객의 안전 및 항공기의 보안을 위하여 필요한 조치를 하여야 한다.

② 항공운송사업자는 승객이 탑승한 항공기를 운항하는 경우 항공기 내 보안요원을 탑승시켜야 한다.

③ 항공운송사업자는 국토교통부령으로 정하는 바에 따라 조종실 출입문의 보안을 강화하고 운항중에는 허가받지 아니한 사람의 조종실 출입을 통제하는 등 항공기에 대한 보안조치를 하여야 한다.

④ 항공운송사업자는 매 비행 전에 항공기에 대한 보안점검을 하여야 한다. 이 경우 보안점검에 관한 세부 사항은 국토교통부령으로 정한다.

⑤ 공항운영자 및 항공운송사업자는 액체, 겔(gel)류 등 국토교통부장관이 정하여 고시하는 항공기 내 반입금지 물질이 보안검색이 완료된 구역과 항공기 내에 반입되지 아니하도록 조치하여야 한다.

⑥ 항공운송사업자 또는 항공기 소유자는 항공기의 보안을 위하여 필요한 경우에는 「청원경찰법」에 따른 청원경찰이나 「경비업법」에 따른 특수경비원으로 하여금 항공기의 경비를 담당하게 할 수 있다.

항공보안법 시행규칙 제7조 (항공기 보안조치)

① 항공운송사업자는 법 제14조제3항에 따라 여객기의 보안강화 등을 위하여 조종실 출입문에 다음 각 호의 보안조치를 하여야 한다.

1. 조종실 출입통제 절차를 마련할 것
2. 객실에서 조종실 출입문을 임의로 열 수 없는 견고한 잠금장치를 설치할 것
3. 조종실 출입문열쇠 보관방법을 정할 것
4. 운항중에는 조종실 출입문을 잠글 것

② 항공운송사업자는 법 제14조제4항에 따라 항공기의 보안을 위하여 매 비행 전에 다음 각 호

의 보안점검을 하여야 한다.

1. 항공기의 외부 점검
2. 객실, 좌석, 화장실, 조종실 및 승무원 휴게실 등에 대한 점검
3. 항공기의 정비 및 서비스 업무 감독
4. 항공기에 대한 출입 통제
5. 위탁수하물, 화물 및 물품 등의 선적 감독
6. 승무원 휴대물품에 대한 보안조치
7. 특정 직무수행자 및 항공기내보안요원의 좌석 확인 및 보안조치
8. 보안 통신신호 절차 및 방법
9. 유효 탑승권의 확인 및 항공기 탑승까지의 탑승과정에 있는 승객에 대한 감독
10. 기장의 객실승무원에 대한 통제, 명령 절차 및 확인

③ 항공운송사업자는 제2항제4호에 따른 항공기에 대한 출입통제를 위하여 다음 각 호에 대한 대책을 수립하여야 한다.

1. 탑승계단의 관리
2. 탑승교 출입통제
3. 항공기 출입문 보안조치
4. 경비요원의 배치

6.4.3.3. 제15조 (승객 등의 검색 등)

① 항공기에 탑승하는 사람은 신체, 휴대물품 및 위탁수하물에 대한 보안검색을 받아야 한다.

② 공항운영자는 항공기에 탑승하는 사람, 휴대물품 및 위탁수하물에 대한 보안검색을 하고, 항공운송사업자는 화물에 대한 보안검색을 하여야 한다. 다만, 관할 국가경찰관서의 장은 범죄의 수사 및 공공의 위험예방을 위하여 필요한 경우 보안검색에 대하여 필요한 조치를 요구할 수 있고, 공항운영자나 항공운송사업자는 정당한 사유 없이 그 요구를 거절할 수 없다.

③ 공항운영자 및 항공운송사업자는 제2항에 따른 보안검색을 직접 하거나 「경비업법」 제4조 제1항에 따른 경비업자 중 공항운영자 및 항공운송사업자의 추천을 받아 제6항에 따라 국토교통부장관이 지정한 업체에 위탁할 수 있다.

④ 공항운영자는 제2항에 따른 보안검색에 드는 비용에 충당하기 위하여 「공항시설법」 제32조 및 제50조에 따른 사용료의 일부를 사용할 수 있다.

⑤ 항공운송사업자는 공항 및 항공기의 보안을 위하여 항공기에 탑승하는 승객의 성명, 국적 및 여권번호 등 국토교통부령으로 정하는 운송정보를 공항운영자에게 제공하여야 한다. 이 경우 운송정보 제공 방법 및 절차 등 필요한 사항은 국토교통부령으로 정한다.

⑥ 제2항에 따른 보안검색의 방법 · 절차 · 면제 등에 관하여 필요한 사항은 대통령령으로 정한다.

⑦ 제3항에 따라 보안검색 업무를 위탁받으려는 업체는 국토교통부령으로 정하는 바에 따라 국토교통부장관의 지정을 받아야 한다.

⑧ 국토교통부장관은 제6항에 따라 지정을 받은 업체가 다음 각 호의 어느 하나에 해당하는 경우에는 그 지정을 취소할 수 있다. 다만, 제1호 또는 제2호에 해당하면 지정을 취소하여야 한다.

1. 거짓이나 그 밖의 부정한 방법으로 지정을 받은 경우

2. 「경비업법」에 따른 경비업의 허가가 취소되거나 영업이 정지된 경우
3. 국토교통부령에 따른 지정기준에 미달하게 된 경우. 다만, 일시적으로 지정기준에 미달하게 되어 3개월 이내에 지정기준을 다시 갖춘 경우에는 그러하지 아니하다.
4. 보안검색 업무의 수행 중 고의 또는 중대한 과실로 인명피해가 발생하거나 보안검색에 실패한 경우

항공보안법 시행령 제12조
(화물에 대한 보안검색방법 등)

① 법 제15조에 따라 여객기에 탑재하는 화물에 대한 항공운송사업자의 보안검색에 대해서는 제11조제2항 및 제3항을 준용한다. [개정 2017.5.8]

② 항공운송사업자는 화물기에 탑재하는 화물에 대해서는 다음 각 호의 어느 하나에 해당하는 방법으로 보안검색을 하여야 한다.

1. 개봉검색
2. 엑스선 검색장비에 의한 검색
3. 폭발물 탐지장비 또는 폭발물 흔적탐지장비에 의한 검색
4. 폭발물 탐지견에 의한 검색
5. 압력실을 사용한 검색

6.4.3.4. 제17조(통과 승객 또는 환승 승객에 대한 보안검색 등)

① 항공운송사업자는 항공기가 공항에 도착하면 통과 승객이나 환승 승객으로 하여금 휴대물품을 가지고 내리도록 하여야 한다.

② 공항운영자는 제1항에 따라 항공기에서 내린 통과 승객, 환승 승객, 휴대물품 및 위탁수하물에 대하여 보안검색을 하여야 한다.

③ 제2항에 따른 보안검색에 드는 비용은 공항운영자가 부담하고, 항공운송사업자는 통과 승객이나 환승 승객에 대한 운송정보를 공항운영자에게 제공하여야 한다.

6.4.3.5. 제17조의2(상용화주)

① 국토교통부장관은 검색장비, 항공보안검색요원 등 국토교통부령으로 정하는 기준을 갖춘 화주 또는 항공화물을 포장하여 보관 및 운송하는 자를 지정하여 항공화물 및 우편물에 대하여 보안검색을 실시하게 할 수 있다.

② 국토교통부장관은 제1항에 따라 지정된 자[이하 "상용화주"라 한다]가 준수하여야 할 화물보안통제절차 등에 관한 항공화물보안기준을 정하여 고시하여야 한다.

③ 항공운송사업자는 상용화주가 보안검색을 한 항공화물 및 우편물에 대하여 보안검색을 아니할 수 있다.

6.4.4. 제4장 항공기 내의 보안

「항공보안법」 제4장 항공기 내의 보안에서는 무기 등 위해물품 휴대 금지, 기장 등의 권한, 승객의 협조 의무, 수감 중인 사람 등의 호송 및 범인의 인도 · 인수 등에 대하여 규정하고 있다.

6.4.4.1. 제22조(기장 등의 권한)

기장이나 기장으로부터 권한을 위임받은 승무원

(이하 "기장등"이라 한다) 또는 승객의 항공기 탑승 관련 업무를 지원하는 항공운송사업자 소속 직원 중 기장의 지원요청을 받은 사람은 다음 각 호의 어느 하나에 해당하는 행위를 하려는 사람에 대하여 그 행위를 저지하기 위한 필요한 조치를 할 수 있다.

1. 항공기의 보안을 해치는 행위
2. 인명이나 재산에 위해를 주는 행위
3. 항공기 내의 질서를 어지럽히거나 규율을 위반하는 행위

항공기 내에 있는 사람은 제1항에 따른 조치에 관하여 기장등의 요청이 있으면 협조하여야 한다.

기장등은 제1항 각 호의 행위를 한 사람을 체포한 경우에 항공기가 착륙하였을 때에는 체포된 사람이 그 상태로 계속 탑승하는 것에 동의하거나 체포된 사람을 항공기에서 내리게 할 수 없는 사유가 있는 경우를 제외하고는 체포한 상태로 이륙하여서는 아니 된다.

기장으로부터 권한을 위임받은 승무원 또는 승객의 항공기 탑승 관련 업무를 지원하는 항공운송사업자 소속 직원 중 기장의 지원요청을 받은 사람이 제1항에 따른 조치를 할 때에는 기장의 지휘를 받아야 한다.

기장의 권한 및 책임에 대한 국내외 기준

항공기의 기장은 비행 중 승무원, 승객, 화물 및 항공기의 안전에 대하여 최종적인 권한과 책임을 지는 사람으로서 그 항공기의 승무원을 지휘 · 감독하며 그 항공기에 위난이 발생하였을 때에는 여객을 구조하고, 지상 또는 수상에 있는 사람이나 물건에 대한 위난 방지에 필요한 수단을 마련하여야 하며, 여객과 그 밖에 항공기에 있는 사람을 그 항공기에서 나가게 한 후가 아니면 항공기를 떠나서는 아니 된다.

국제조약에 의하면 항공기 안전운항 및 항공기 내 질서유지를 위해 기장에게 막중한 권한과 책임을 부여하고 있으며, 국내항공법규에서도 이를 반영하고 있다. 기장의 막강한 권한 및 책임에 대해서는 다음과 같이 1963년 동경협약 및 시카고 협약 부속서에서 그 내용을 확인할 수 있으며, 국내항공법규에서도 기장의 권한과 함께 승객의 협조 의무 등에 대하여 규정하고 있다.

동경협약 상 기장의 권한 (Powers of the aircraft commander)

- 비행 중(in flight) 범죄행위에 대한 기장의 권한 행사 기간은 항공기의 모든 출입문이 승객 탑승(embarkation) 후 문이 닫힐 때로부터 승객들이 내리기(disembarkation) 위하여 출입문이 열릴 때까지로 보며, 강제착륙(forced landing)의 경우에는 본장의 규정은 당해국의 관계당국이 항공기 및 기내의 탑승자와 재산에 대한 책임을 인수할 때까지 기내에서 범하여진 범죄와 행위에 관하여 계속 적용된다(협약 제5조 제2항).
- 기장은 항공기내에서 누군가 제1조 제1항에 규정된 범죄나 행위를 하였거나 기도한 자에 대하여 항공기 안전 운항 유지 등을 목적으로 감금을 포함한 필요한 조치를 취할 수 있다(협약 제6조 제1항).
- 기장은 항공범죄자를 감금하기 위하여 승무원에게 원조를 요청할 수 있다(협약 제6조 제2항).
- 기장은 자신의 판단에 따라 항공기의 등록국의 형사법에 규정된 중대한 범죄를 기내에서 범하였

다고 믿을만한 상당한 이유가 있는 자에 대하여 누구임을 막론하고 항공기가 착륙하는 영토국인 체약국의 관계당국에 그 자를 인도할 수 있다(협약 제9조 제1항).

- 기장은 전항의 규정에 따라 인도하려고 하는 자를 탑승시킨 채로 착륙하는 경우 가급적 조속히 그리고 가능하면 착륙이전에 동 특정인을 인도하겠다는 의도와 그 사유를 동 체약국의 관계당국에 통보하여야 한다(협약 제9조 제2항).
- 기장은 본조의 규정에 따라 범죄인 혐의자를 인수하는 당국에게 항공기 등록국의 법률에 따라 기장이 합법적으로 소지하는 증거와 정보를 제공하여야 한다(협약 제9조 제3항).
- 본 협약에 따라서 제기되는 소송에 있어서 항공기 기장이나 기타 승무원, 승객, 항공기의 소유자나 운항자는 물론 비행의 이용자는 피소된 자가 받은 처우로 인하여 어떠한 소송상의 책임도 부담하지 아니한다(협약 제10조).

시카고 협약 부속서상의 기장 (Pilot in command)의 권한

- 항공기의 기장은 기장임무수행 중에 항공기의 처리에 있어 최종적인 권한을 가져야 한다(부속서 2).
- 기장(PIC)이란 비행 중 안전운항을 책임지는 자로 운영자에 의해 기장으로 지명된 조종사를 말한다(부속서 6).
- 기장은 항공기 문이 닫혀있는 동안 모든 승무원, 승객, 화물의 안전에 대해 책임을 가져야 하며 비행시간 동안 항공기 안전운항 책임이 있다(부속서 6 등.

6.4.4.2. 제23조(승객의 협조의무)

① 항공기 내에 있는 승객은 항공기와 승객의 안전한 운항과 여행을 위하여 다음 각 호의 어느 하나에 해당하는 행위를 하여서는 아니 된다.

1. 폭언, 고성방가 등 소란행위
2. 흡연(흡연구역에서의 흡연은 제외한다)
3. 술을 마시거나 약물을 복용하고 다른 사람에게 위해를 주는 행위
4. 다른 사람에게 성적 수치심을 일으키는 행위
5. 「항공안전법」 제73조를 위반하여 전자기기를 사용하는 행위
6. 기장의 승낙 없이 조종실 출입을 기도하는 행위
7. 기장등의 업무를 위계 또는 위력으로써 방해하는 행위

② 승객은 항공기의 보안이나 운항을 저해하는 폭행 · 협박 · 위계행위를 하거나 출입문 · 탈출구 · 기기의 조작을 하여서는 아니 된다.

③ 승객은 항공기가 착륙한 후 항공기에서 내리지 아니하고 항공기를 점거하거나 항공기 내에서 농성하여서는 아니 된다.

④ 항공기 내의 승객은 항공기의 보안이나 운항을 저해하는 행위를 금지하는 기장등의 정당한 직무상 지시에 따라야 한다.

⑤ 항공운송사업자는 금연 등 항공기와 승객의 안전한 운항과 여행을 위한 규제로 인하여 승객이 받는 불편을 줄일 수 있는 방안을 마련하여야 한다.

⑥ 기장등은 승객이 항공기 내에서 제1항제1호부터 제5호까지의 어느 하나에 해당하는 행위를 하거나 할 우려가 있는 경우 이를 중지하게 하거나

하지 말 것을 경고하여 사전에 방지하도록 노력하여야 한다.

⑦ 항공운송사업자는 다음 각 호의 어느 하나에 해당하는 사람에 대하여 탑승을 거절할 수 있다.
  1. 제15조 또는 제17조에 따른 보안검색을 거부하는 사람
  2. 음주로 인하여 소란행위를 하거나 할 우려가 있는 사람
  3. 항공보안에 관한 업무를 담당하는 국내외 국가기관 또는 국제기구 등으로부터 항공기 안전운항을 해칠 우려가 있어 탑승을 거절할 것을 요청받거나 통보받은 사람
  4. 그 밖에 항공기 안전운항을 해칠 우려가 있어 국토교통부령으로 정하는 사람

⑧ 누구든지 공항에서 보안검색 업무를 수행 중인 항공보안검색요원 또는 보호구역에의 출입을 통제하는 사람에 대하여 업무를 방해하는 행위 또는 폭행 등 신체에 위해를 주는 행위를 하여서는 아니 된다.

6.4.4.3. 제25조(범인의 인도 · 인수)

① 기장등이 항공기 내에서 죄를 범한 범인을 인도할 때에는 직접 또는 해당 관계 기관 공무원을 통하여 해당 공항을 관할하는 국가경찰관서에 인도하여야 한다.

② 기장등이 다른 항공기 내에서 죄를 범한 범인을 인수한 경우에 그 항공기 내에서 구금을 계속할 수 없을 때에는 직접 또는 해당 관계 기관 공무원을 통하여 해당 공항을 관할하는 국가경찰관서에 지체 없이 인도하여야 한다.

③ 제1항 및 제2항에 따라 범인을 인도받은 국가경찰관서의 장은 범인에 대한 처리 결과를 지체 없이 해당 항공운송 사업자에게 통보하여야 한다.

6.4.5. 제5장 항공보안장비 등

「항공보안법」 제5장 항공보안장비 등에서는 항공보안장비, 교육훈련 및 검색 기록의 유지 등에 대하여 규정하고 있다.

6.4.6. 항공보안위협에 대한 대응

「항공보안법」 제6장 항공보안 위협에 대한 대응에서는 항공보안을 위협하는 정보의 제공, 국가항공보안 우발계획의 수립, 항공보안 감독 및 항공보안 자율신고 등에 대하여 규정하고 있다.

6.4.6.1. 제30조(항공보안을 위협하는 정보의 제공)

국토교통부장관은 항공보안을 해치는 정보를 알게 되었을 때에는 관련 행정기관, 국제민간항공기구, 해당 항공기 등록국가의 관련 기관 및 항공기 소유자 등에 그 정보를 제공하여야 한다.

6.4.6.2. 제33조의2(항공보안 자율신고)

① 민간항공의 보안을 해치거나 해칠 우려가 있는 사실로서 국토교통부령으로 정하는 사실을 안 사람은 국토교통부장관에게 그 사실을 신고할 수 있다.

② 국토교통부장관은 항공보안 자율신고를 한 사람의 의사에 반하여 신고자의 신분을 공개하여서는 아니 되며, 그 신고 내용을 보안사고 예방

및 항공보안 확보 목적 외의 다른 목적으로 사용하여서는 아니 된다.

③ 공항운영자등은 소속 임직원이 항공보안 자율신고를 한 경우에는 그 신고를 이유로 해고, 전보, 징계, 그 밖에 신분이나 처우와 관련하여 불이익한 조치를 하여서는 아니 된다.

④ 국토교통부장관은 제1항 및 제2항에 따른 항공보안 자율신고의 접수 · 분석 · 전파에 관한 업무를 대통령령으로 정하는 바에 따라 「한국교통안전공단법」에 따른 한국교통안전공단에 위탁할 수 있다.

또한, 시카고 협약 부속서 17에서 규정한 바에 따라 항공보안법에 '항공보안 자율신고 제도'를 규정하여 운영하고 있는데 이는 항공보안을 저해하는 사건 · 상황 · 상태 등에 관한 보안위험 정보를 수집하기 위하여 도입한 제도로서 보고자에 대해서는 철저한 비밀이 보장되는 자율적인 보고제도이다.

교통안전공단은 국토교통부로부터 '항공보안 자율신고 제도' 운영기관으로 지정됨에 따라 2011년 6월 1일부터 항공보안 비밀제도를 시행하고 있다. 보고자는 승객, 승무원, 공항운영자 및 항공사 등의 보안업무 종사자를 포함하여 항공보안을 해치거나 해칠 우려가 있는 상황이 발생하였거나 발생한 것을 안 사람 또는 발생될 것이 예상된다고 판단되는 사람은 누구든지 보고할 수 있다.

6.4.7. 제7장 보칙

「항공보안법」 제7장 보칙에서는 재정지원, 국토교통부장관의 감독, 항공보안 정보체계의 구축 및 청문 등에 대하여 규정하고 있다.

6.4.8. 벌칙

「항공보안법」 제8장 벌칙에서는 항공기 파손, 항공기 납치, 항공시설 파괴, 항공기 항로변경, 직무집행방해, 항공기 위험물건 탑재, 공항운영 방해, 항공기 점거 및 농성, 항공기 운항방해에 대한 죄에 대하여 벌칙으로 징역, 벌금 또는 과태료 부과 등에 대하여 규정하고 있다. 또한 징역이나 벌금을 처하는 경우에는 해당되는 사람과 함께 그 사용자에게도 해당조문의 벌금을 과하는 양벌제도도 규정하고 있다.

[표 6–3] 항공보안법 위반에 대한 벌칙

법 조항	죄명	벌칙
제39조	운항중인 항공기 파손	사형, 무기징역 또는 5년 이상의 징역
제39조	계류중인 항공기 파손	7년 이하의 징역
제40조	항공기 납치	무기징역 또는 5년 이상의 징역
제40조	항공기 납치로 사람을 사상에 이르게 함	사형 또는 무기징역
제40조	항공기 납치 음모	5년 이하의 징역
제41조	항공시설 파괴하여 항공기 안전운항 방해	10년 이하의 징역
제41조	항공시설 파괴하여 항공기 안전운항 방해하여 사람을 사상에 이르게 함	사형, 무기징역 또는 7년 이상의 징역
제42조	항공기 항로변경	1년 이상 10년 이하의 징역
제43조	직무집행을 방해하여 항공기와 승객의 안전을 해침	10년 이하의 징역
제44조	탑재가 금지된 물건을 항공기에 휴대 또는 탑재	2년 이상 5년 이하의 징역 또는 2천만원 이상 5천만원 이하의 벌금
제45조	폭행, 협박 및 위계로써 공항운영 방해	5년 이하의 징역 또는 5천만원 이하의 벌금

법 조항	죄명	벌칙
제46조	항공기의 보안이나 운항을 저해하는 폭행 · 협박 · 위계행위	10년 이하의 징역
제47조	항공기 점거 및 농성	3년 이하의 징역 또는 3천만원 이하의 벌금
제48조	운항 방해 거짓 정보 제공	3년 이하의 징역 또는 3천만원 이하의 벌금
제49조	기장등의 업무를 위계 또는 위력으로써 방해	10년 이하의 징역 또는 1억원 이하의 벌금
제50조	항공보안검색요원 또는 보호구역에의 출입을 통제하는 사람에 대하여 업무 방해	5년 이하의 징역 또는 5천만원 이하의 벌금
제51조	항공보안법에서 요구하는 업무 불이행	1천만원 이하의 과태료

07

항공 · 철도 사고조사에 관한 법률

7 항공 · 철도사고조사에 관한 법률

「항공 · 철도 사고조사에 관한 법률」은 시카고 협약 및 동 협약 부속서에서 정한 항공기 사고조사 기준을 준거하여 규정하고 있다. 이 법은 항공 · 철도 사고조사에 관한 전반적인 사항을 총 5장(제1장 총칙, 제2장 항공 · 철도사고조사위원회, 제3장 사고조사, 제4장 보칙, 제5장 벌칙)으로 구분하여 규정하고 있다.[1)]

7.1. 항공 · 철도 사고조사에 관한 법률의 목적

본 법률은 항공 · 철도사고조사위원회를 설치하여 항공사고 및 철도사고 등에 대한 독립적이고 공정한 조사를 통하여 사고 원인을 정확하게 규명함으로써 항공사고 및 철도사고 등의 예방과 안전 확보에 이바지함을 목적으로 한다.

본 법률은 항공사고와 철도사고를 다루고 있으나 본 교재에서는 철도사고와 관련된 내용은 설명하지 않고 항공사고와 관련된 내용만을 설명한다.

7.2. 시카고 협약과 항공사고

7.2.1. 항공사고 조사 국가

시카고 협약 제26조는 항공기사고 발생 시 사고 발

[표 7-1] 항공 · 철도사고조사에 관한 법률 주요 내용

구분	내용
제1장 총칙	항공 · 철도 사고조사에 관한 법률의 목적, 용어의 정의, 적용범위 등
제2장 항공 · 철도사고조사위원회	항공 · 철도사고조사위원회의 설치, 업무, 구성 위원의 자격요건, 결격사유, 신분보장, 임기 위원장의 직무, 분과위원회, 자문위원, 사무국 등
제3장 사고조사	항공 · 철도사고등의 발생 통보, 사고조사의 개시 및 수행, 사고조사단의 구성 및 운영, 국토교통부장관의 지원, 시험 및 의학적 검사, 관계인 등의 의견청취, 사고조사보고서의 작성, 안전권고, 정보의 공개금지, 사고조사에 관한 연구 등
제4장 보칙	다른 절차와의 분리, 비밀누설의 금지, 불이익의 금지, 벌칙적용에서의 공무원 의제 등
제5장 벌칙	사고조사방해, 비밀누설, 사고발생 통보 위반의 죄, 양벌규정, 과태료 등

1) 시카고 협약 제25조(조난항공기), 제26조(사고조사), 동 협약 부속서 12(수색 및 구조), 부속서 13(항공기 사고조사) 등에 따라 규정하고 있음.

생지 국가가 사고조사를 하도록 규정하고 있다. 또한, 시카고 협약 부속서 13(Aircraft accident and incident Investigation)은 “항공기 사고조사”를 항공기 사고 등과 관련된 정보 · 자료 등의 수집 · 분석 및 원인규명과 항공안전에 관한 안전권고 등 항공기 사고 등의 예방을 목적으로 사고조사위원회가 수행하는 과정 및 활동으로 정의하였다. 항공기 사고조사의 경우 기본적으로 항공기 사고가 발생한 영토가 속한 국가가 사고조사의 권리와 의무를 갖는다. 항공기사고 발생국은 사고조사 업무의 전부 또는 일부를 항공기 등록국 또는 항공기 운영국에 위임할 수 있으며, 협약 체결국에게 기술적인 지원을 요청할 수 있다. 만약 항공기 사고가 어느 국가의 영토도 아닌 곳에서 발생하면 항공기 등록국이 항공기 사고의 권리와 의무를 갖는다. 항공기 사고 발생 시 발생지국은 항공기 사고 발생을 국제민간항공기구 및 관련국에 통보하고 사고조사를 실시해야 한다.

시카고 협약은 조난 항공기나 항공기 사고조사와 관련하여 항공기 조난이나 사고 발생 시 발생지국의 의무를 규정하고 있으며, 사고조사에 대한 세부 기준은 시카고 협약 부속서 13에 규정하고 있다.

시카고 협약 제25조 조난 항공기 (Aircraft in distress)

각 체약국은 그 영역 내에서 조난한 항공기에 대하여 실행 가능하다고 인정되는 구호조치를 취할 것을 약속하고 또 동 항공기의 소유자 또는 동항공기의 등록국의 관헌이 상황에 따라 필요한 구호조치를 취하는 것을, 그 체약국의 관헌의 감독에 따르는 것을 조건으로, 허가할 것을 약속한다. 각 체약국은 행방불명의 항공기의 수색에 종사하는 경우에 있어서는 본 협약에 따라 수시 권고되는 공동조치에 협력한다.

시카고 협약 제26조 사고 조사 (Investigation of accidents)

항공기가 타 체약국의 영역에서 사고를 발생시키고 또 그 사고가 사망이나 중상을 포함하거나 항공기 또는 항공보안시설의 중대한 기술적 결함이 발생한 경우에는 사고가 발생한 국가는 자국의 법률이 허용하는 한 ICAO가 권고하는 절차에 따라 사고 조사를 실시한다. 그 항공기의 등록국에는 조사에 참여할 기회를 준다. 조사를 하는 국가는 등록국가에 대하여 그 사항에 대한 보고와 소견을 통보하여야 한다.

시카고 협약 부속서 13에 따라 시카고 협약 체약국은 항공기 사고가 체약국 영토상에서 발생할 경우 항공기 사고조사를 해야 하며 항공기 사고 조사국은 항공기사고와 이해관계가 있는 국가에게 연락을 취하여야 한다. 시카고 협약 부속서 13도 사고 조사국이 사고에 이해관계가 있는 항공기 제조국, 설계국, 등록국은 물론 항공기 사고로 희생된 승객의 소속 국가도 상호 연락을 취하도록 기술하고 있다. 사고 조사국은 또한, 사고조사 최종 결과를 항공기 등록국을 포함한 이해관계국은 물론 ICAO에도 통보하여야 한다. 자국 항공기의 사고가 자국 영토 내에서나 공해상에서 발생할 경우 사고 조사국은 항공기 등록국이 된다. 이 경우에도 사고 조사국은 조사 결과를 ICAO와 관계 국가에 통보하여 재발방지에 기여하여야 한다.

항공기 사고조사와 관련하여 ICAO Annex 13(Aircraft accident and incident Investigation)에서는 사고조사 관련 용어정의, 사고조사 목적 및 대상, 사고조사 실시, 사고조사 보고 및 사고 대응 조치 등에 대하여 규정하고 있다.

7.2.2. 항공사고 분류

ICAO와 체약국은 물론 모든 항공 종사자에게 사고 및 사고조사와 관련하여 Accident, Serious Incident, Incident는 매우 중요한 의미를 갖고 있다. 시카고 협약 부속서 13 및 부속서 19는 Accident, Serious Incident, Incident 발생 시 의무적으로 보고할 것을 규정하고 있으며, Incident에 대해서는 동시에 자율적인 보고를 장려하고 있다. 아울러 Accident 및 Serious Incident에 대해서는 ICAO에 보고하도록 규정하고 있다. Accident, Serious Incident, Incident 자체가 절대적으로 항공안전의 수준을 매길 수 있는 것은 아니지만 경우에 따라서는 항공안전 수준을 가늠하는 잣대로 활용될 수 있어 이들 용어에 대한 명확한 인식을 토대로 정확한 용어를 사용하는 것이 필요하다.

사고조사와 관련하여 시카고 협약 부속서 13에서 Accident, Serious Incident, Incident를 규정하고 있고, 대한민국은 「항공안전법」 및 「항공 · 철도 사고조사에 관한 법률」에서 이를 각기 항공기 사고[2], 항공기 준사고[3], 항공안전장애[4]로 규정하고 있다. 이러한 용어에 대한 통일된 개념 정립을 토대로 발생 내용 및 발생 방지에 관한 사안들을 규정하여야 하는바, 우리나라는 부속서에서 정한 국제기준을 국내 법규에 반영하여 적용하고 있다. 그러나 항공법규에 반영된 내용에도 불구하고, 중사고를 Serious Incident가 아닌 Incident로 오기하는 사례가 정부 및 학계의 자료에서도 빈번하게 발생하고 있고, 현행 법규체계 하에서 향후에도 오류 발행이 지속될 것으로 예상되는바 이에 대한 적절한 조치가 필요하다.

국내항공법에 따르면 "항공기 사고(Accident)"란 사람이 항공기에 비행을 목적으로 탑승한 때부터 탑승한 모든 사람이 항공기에서 내릴 때까지 항공기의 운항과 관련하여 발생한 사람의 사망[5] · 중상[6] 또는 행방불명, 항공기의 중대한 손상 · 파손 또는 구조상의 고장 및 항공기에 접근이 불가능한 경우를 말하고, "항공기 준사고(Serious Incident)"란 항공기사고 외에 항공기사고로 발전할 수 있었던 것으로서 항공기 간 근접비행(항공기간 거리가 500피트 미만으로 근접) 등 항공안전법시행규칙 별표 2에 명시된 사항을 말하며, "항공안전장애(Incident)"란 항공기사고, 항공기준사고 외에 항공기 운항 및 항행안전시설과 관련하여 항공안전에 영향을 미치거나 미칠 우려가 있었던 것으로서 항공기와 관제기관 간 양방향 무선통신이 두절된 경우 등 항공안전법시행규칙 별표 3에에 명시된 사항을 말한다.

사고조사의 대상, 요건 및 책임 등에 있어 무엇보다 중요한 것은Accident, Serious Incident, Incident에 대한 개념 및 국내외 기준이다. 특히, 시카고 협약 부속서 13에 따라 모든 체약국은 5700kg 초과 항공기에 대하여 Serious Incident에 해당하는 경우가 발생하면, ICAO에 예비보고(Preliminary Report)와 항

2) 국내법에서 'accident' 를 '사고'로 번역하여 사용.
3) 국내법에서 'serious incident'를 '준사고'로 번역하여 사용.
4) 국내법에서 'incident'를 '항공안전장애'로 번역하여 사용.
5) 부속서 13 제1장은 사고일로부터 30일 이내에 사망한 손상을 사망(fatal injury)으로 분리함.
6) 부속서 13 제1장은 사람이 상해를 입은 지 7일 이내에 48시간 이상의 입원을 요하는 경우로 정의함.

공기 사고 및 항공안전장애 데이터 보고(Accident/Incident Data Report)를 해야 할 의무가 있기 때문에 각 체약국에서 Serious Incident(심각한 항공안전장애, 준사고) 항목으로 분류하여 규정하는 것은 더욱 중요한 의미를 가진다. 또한, 시카고 협약 부속서 19에 따라 Incident가 발생한 경우 필수적인 보고가 요구되기도 하지만 한편으로는 자율보고가 권장되기도 하며, 자율보고의 경우 비처벌의 면책기준이 적용되고 있다.

ICAO Annex 13에 따르면, 항공기 사고(Accident)와 항공기 준사고(Serious Incident)는 주로 해당 원인에 대한 결과가 사고로 발생했는지 여부에 따라 구분된다. 또한, 항공안전장애로 국내에서 번역 사용되고 있는 Incident를 "운항 안전에 영향을 주거나 줄 수 있는 항공기의 운항에 관련한 것으로서 사고(accident) 이외의 발생"으로 정의하였다. 따라서 incident, 즉 항공안전장애는 사고 이외에 항공안전에 관련하여 심각하거나 경미한 발생의 경우를 모두 포함하는 것으로서 serious incident 이외의 항목으로 한정하는 것이 아니라 serious incident 항목을 포함하는 것이다.

Serious incident란 incident 중 사고방지를 의해 특별히 주의가 요구되는 항목이다. 사망이나 중상 등과 같이 결과가 발생할 경우에는 사고(accident)로 포함되지만 그렇지 않고 사고로 규정하는 상황이 발생할 뻔했던 경우는 serious incident(심각한 항공안전장애, 준사고)로 분류된다. 다시 말해, accident과 serious incident의 차이는 인적, 물적 손상의 결과가 있었느냐의 여부에 달려 있다.

「항공 · 철도 사고조사에 관한 법률」에서 "항공사고"라 함은 항공안전법 제2조 6호에 따른 항공기사고, 같은 조 제7호에 따른 경량항공기사고 및 같은 조 제8호에 따른 초경량비행장치사고를 말한다. 항공안전법에서 "항공기 사고(accident)"란 사람이 비행을 목적으로 항공기에 탑승하였을 때부터 탑승한 모든 사람이 항공기에서 내릴 때까지[사람이 탑승하지 아니하고 원격조종 등의 방법으로 비행하는 항공기(이하 "무인항공기"라 한다)의 경우에는 비행을 목적으로 움직이는 순간부터 비행이 종료되어 발동기가 정지되는 순간까지를 말한다. 항공기의 운항과 관련하여 발생한 것으로서 국토교통부령으로 정하는 것을 말한다.

이상과 같이 항공기 사고와 관련하여 국내법에서는 ICAO Annex 13에서 정한 기준을 토대로 accident,

[표 7-2] Accident, Serious Incident, Incident 비교

구분	accident, serious incident, incident			비고 (용어정의상 차이)
ICAO	Accident – 3 가지 유형	Incident (세부적으로 incident와 serious incident로 구분) Serious incident: 18개 예시 항목 Incident: 예시항목 없음		incident는 accident 이외의 항목이며 serious incident를 포함하는 개념임
대한민국	항공기사고 – 3가지 유형	준사고 (serious incident) 16개 항목	항공안전장애 (incident) 49개 항목	항공안전장애를 항공기사고, 준사고 이외의 항목으로 규정함으로써 항공안전장애에 준사고가 포함되지 않음

serious incident, incident를 항공기 사고, 항공기 준사고, 항공안전장애로 규정하면서 우리 정부는 ICAO Annex에서 정한 국제기준을 국내 법규에 반영하여 적용하고 있다. 그러나 ICAO의 경우 incident가 serious incident를 포함하는 개념이지만, 이를 번역 · 반영하여 사용하는 국내항공법에서는 항공안전장애(incident)가 준사고(serious incident)를 포함하지 않는 것으로 정의하고 있다.

7.2.3. ICAO의 항공안전 의무보고 및 자율보고[7)]

ICAO는 부속서 19에서 항공기 사고를 방지하고 안전을 증진하기 위하여 '항공안전장애 의무보고시스템(mandatory incident reporting system)' 및 '항공안전장애 자율보고시스템(voluntary incident reporting system)' 도입을 의무화하고 있는데 주요 내용은 다음과 같다.

- 각 체약국은 항공안전장애 의무보고시스템 및 항공안전장애 자율보고시스템을 수립해야 한다. 자율보고시스템은 의무보고시스템에서 수집되지 않는 실질적, 잠재적 안전 결함에 대한 정보 수집을 촉진하기 위한 것이다.
- 항공안전장애 자율보고시스템은 비처벌(non-punitive)로 운영되어야 하며 비행자료 정보원이 적합하게 보호되어야 한다.
- 각 체약국은 항공안전장애 의무보고시스템 및 항공안전장애 자율보고시스템으로 수집되지 않는 안전정보를 수집하기 위해 또 다른 '안전 데이터의 수집 및 처리 시스템(Safety Data Collection and Processing Systems; 이하 "SDCPS"라고 한다)'을 마련하는 것이 권고된다.
- 항공안전 보고시스템 및 안전데이터 분석결과로 얻어진 안전데이터는 안전과 관련된 목적 이외의 용도로 사용하지 않는다. 단, 해당 국내법에 따라 합당한 승인권자에 의해 특정 목적을 위해 공개 및 사용하는 것이 공개로 인한 악영향보다 훨씬 중요하다고 결정된 경우에는 예외로 적용할 수 있다.

의무보고시스템은 자율보고시스템에서 다루는 문제점 및 위험보다 다소 높은 수준의 위험요소를 보고대상으로 한다. 일반적으로 항공기 사고, 심각한 항공안전장애(준사고), 항공안전장애, 활주로 침범 등의 실질적, 잠재적 안전결함은 의무보고 항목에 포함된다.

자율보고시스템은 의무보고시스템으로 수집되지 않는 실질적, 잠재적 안전 결함에 대한 정보 수집을 촉진하기 위한 보고시스템으로서 조종사, 관제사, 정비사 등이 의무보고시스템을 통해 수집되지 않는 운영상의 결함, 인적요소 등 위험요소와 관련된 안전정보를 보고하는 시스템이며, 기명 및 무기명으로 보고가 가능하다. 따라서 의무보고와 달리 자율보고는 자율보고시스템의 사용자들이 안전 및 예방을 위해서는 유용하지만 보고하지 않으면 확인하기 어려운 사항임으로 자율보고로 인해 처벌받지 않는다는 확신이 있어야 한다. 이런 연유로 자율보고시스템은 비처벌 원칙에 따라 운영된다.

7) ICAO 원문은 의무보고는 mandatory incident reporting system이고, 자율보고는 voluntary incident reporting system임

자율보고의 성공적인 운영을 위해 보고자에 대한 면책과 관련 정보의 보호가 필수적으로 요구되며 자율보고에 대한 효과적인 장려제도(incentive) 운영이 필요하다. 보고자를 공개하거나 처벌할 경우, 오히려 사실을 감추는 역효과를 초래할 수 있기 때문에 자율보고를 기대할 수 없다. 이런 연유로 자율보고 시스템은 사고예방을 위하여 보고자를 보호하고 비처벌 및 면책을 부여하는 것이 일반적인 특징이다. ICAO는 이러한 목적에 부응 및 적절한 이행을 위하여 항공안전 자율보고시스템을 제3의 기관이 독립적으로 운영할 것을 권고하고 있다. 안전 정보의 지속적인 사용을 위해서는 부적절한 사용을 예방하는 것이 필수적이다. 안전과 관련되지 않은 다른 이유로 안전 정보를 사용하는 것은 안전에 부정적인 영향을 미칠 뿐만 아니라 향후 안전 정보의 이용가능성을 저해할 수 있기 때문이다.

7.2.4. ICAO의 정보 보호에 관한 법적 지침

"정보의 공개가 그로 인해 향후 조사를 받게 될 불리한 영향보다 더 중요하다고 관할당국이 결정하지 않는 한" 보고제도를 통해 얻은 정보가 항공기 사고 또는 준사고 조사 이외의 목적으로 사용될 수 없다. ICAO Annex 13의 Attachment E 및 Annex 19의 Attachment B는 "안전데이터 수집 및 처리 시스템으로부터의 정보 보호에 관한 법적 지침"에 대한 안내 지침을 동시에 제공하고 있으며[8], 이 안내 지침에는 각국의 법규에 반영이 필요한 안전정보의 보호원칙 등과 같은 핵심적인 내용을 제시하고 있다.

항공기 사고 및 심각한 항공안전장애 조사는 형사 또는 민사 책임을 결정하는 "법적(legal)" 조사로부터 분리, 독립되어야 한다. 항공기 사고조사는 관련자에게 책임을 지우려는 것이 아니라 사고 또는 심각한 항공안전장애의 원인을 밝히고자 하는 것이다. 안전정보는 반드시 항공기 사고조사 등에 사용하기 위해 기밀로 취급되어야 한다. 예를 들어, 안전 데이터는 법에 명시된 조사를 거쳐 비행안전 향상이라는 맥락에서 최소한으로 필요한 한도 내에서만 공개되어야 한다.

7.3. 항공 · 철도사고조사에 관한 법률 내용

7.3.1. 제1장 총칙

「항공 · 철도 사고조사에 관한 법률」 제1장 총칙에서는 법의 목적, 용어정의, 및 적용범위 등에 대하여 규정하고 있다.

7.3.1.1. 제1조 (목적)

이 법은 항공 · 철도사고조사위원회를 설치하여 항공사고 및 철도사고 등에 대한 독립적이고 공정한 조사를 통하여 사고 원인을 정확하게 규명함으로써 항공사고 및 철도사고 등의 예방과 안전 확보에 이바지함을 목적으로 한다.

이는 조사의 목적이 비난이나 책임을 추궁하는 것을 목적으로 하는 것이 아니라 사고조사의 유일한 목

8) Legal guidance for the protection of information from safety data collection and processing systems(ICAO Annex 13, Attachment E. / ICAO Annex 19, Attachment B.).

적이 사고의 방지에 있음을 명확히 명시하고 있는 것으로 시카고 협약 부속서 13에서 명시한 조사의 목적을 반영한 것이다.

법의 목적에 비추어볼 때 「항공 · 철도 사고조사에 관한 법률」상 용어는 사고조사를 이행함에 있어 중요한 의미를 가질 수밖에 없다. 이에 따라 항공사고, 항공기준사고, 사고조사 등에 대하여 다음과 같이 용어를 정의하고 있으며, 아울러 이 법에서 사용하는 용어 외에는 「항공안전법」에서 정하는 바에 따른다고 명시하고 있다.

7.3.1.2. 제2조 (정의)

'항공기사고' 및 '항공기준사고'는 항공법에서 정한 용어 정의와 같음을 명시하고 있으며, 항공법에서 정한 '항공안전장애'에 대해서는 별도로 명시하고 있지 않다. 반면에 항공법에서 명시하지 않은 '항공사고' 및 '항공사고 등'을 규정하고 있는데, '항공사고'는 '항공기사고', '경량항공기사고' 및 '초경량비행장치사고'를 포함하는 것을 말하며, '항공사고 등'은 '항공사고' 및 '항공기준사고'를 의미하는데 이는 이 법이 항공안전장애에 대해서는 규율하지 않음을 말하는 것이다. 이 법에서 사용하는 용어의 뜻은 다음과 같다.

① 이 법에서 사용하는 용어의 뜻은 다음과 같다.

1. "항공사고"라 함은 「항공안전법」 제2조제6호에 따른 항공기사고, 같은 조 제7호에 따른 경량항공기사고 및 같은 조 제8호에 따른 초경량비행장치사고를 말한다.
2. "항공기준사고"라 함은 「항공안전법」 제2조제9호에 따른 항공기준사고를 말한다.
3. "항공사고 등"이라 함은 제1호의 규정에 의한 항공사고 및 제2호의 규정에 의한 항공기준사고를 말한다.

(중략)

7. "사고조사"란 항공사고 등 및 철도사고(이하 "항공 · 철도사고 등"이라 한다)와 관련된 정보 · 자료 등의 수집 · 분석 및 원인규명과 항공 · 철도안전에 관한 안전권고 등 항공 · 철도사고 등의 예방을 목적으로 제4조의 규정에 의한 항공 · 철도사고조사위원회가 수행하는 과정 및 활동을 말한다.

② 이 법에서 사용하는 용어 외에는 「항공사업법」 · 「항공안전법」 · 「공항시설법」 및 「철도안전법」에서 정하는 바에 따른다.

7.3.1.3. 제3조(적용범위 등)

이 법은 다음 각 호의 어느 하나에 해당하는 항공 · 철도사고 등에 대한 사고조사에 관하여 적용한다.

1. 대한민국 영역 안에서 발생한 항공 · 철도사고 등
2. 대한민국 영역 밖에서 발생한 항공사고 등으로서 「국제민간항공조약」에 의하여 대한민국을 관할권으로 하는 항공사고 등

제1항의 규정에 불구하고 「항공안전법」 제2조제4호에 따른 국가기관등항공기에 대한 항공사고조사에 있어서는 다음 각 호의 어느 하나에 해당하는 경우 외에는 이 법을 적용하지 아니한다.

1. 사람이 사망 또는 행방불명된 경우
2. 국가기관등 항공기의 수리 · 개조가 불가능하게 파손된 경우
3. 국가기관등 항공기의 위치를 확인할 수 없거나

국가기관등항공기에 접근이 불가능한 경우

제1항의 규정에 불구하고 「항공안전법」 제3조(군용항공기 등의 적용 특례)의 규정에 의한 항공기의 항공사고조사에 있어서는 이 법을 적용하지 아니한다.

항공사고 등에 대한 조사와 관련하여 이 법에서 규정하지 아니한 사항은 「국제민간항공조약」과 같은 조약의 부속서에서 채택된 표준과 방식에 따라 실시한다.

7.3.1.4. 항공기사고와 관련된 항공안전법 내용

항공 · 철도사고조사에 관한 법률의 많은 내용이 항공안전법에 정하는 내용에 따르고 있으며 항공안전법에 포함된 항공기사고에 대한 구체적인 내용은 다음과 같다.

- **항공기 사고(항공안전법 제2조제6호).**

"항공기사고"란 사람이 비행을 목적으로 항공기에 탑승하였을 때부터 탑승한 모든 사람이 항공기에서 내릴 때까지[사람이 탑승하지 아니하고 원격조종 등의 방법으로 비행하는 항공기(이하 "무인항공기"라 한다)의 경우에는 비행을 목적으로 움직이는 순간부터 비행이 종료되어 발동기가 정지되는 순간까지를 말한다] 항공기의 운항과 관련하여 발생한 다음 각 목의 어느 하나에 해당하는 것으로서 국토교통부령으로 정하는 것을 말한다.

가. 사람의 사망, 중상 또는 행방불명

나. 항공기의 파손 또는 구조적 손상

다. 항공기의 위치를 확인할 수 없거나 항공기에 접근이 불가능한 경우

- **항공기의 중대한 손상 · 파손 또는 구조상의 고장 (항공안전법 시행규칙 제8조 – 별표 1)**

1. 다음 각 목의 어느 하나에 해당되는 경우에는 항공기의 중대한 손상 · 파손 및 구조상의 결함으로 본다.

가. 항공기에서 발동기가 떨어져 나간 경우

나. 발동기의 덮개 또는 역추진장치 구성품이 떨어져 나가면서 항공기를 손상시킨 경우

다. 압축기, 터빈블레이드 및 그 밖에 다른 발동기 구성품이 발동기 덮개를 관통한 경우. 다만, 발동기의 배기구를 통해 유출된 경우는 제외한다.

라. 레이돔(radome)이 파손되거나 떨어져 나가면서 항공기의 동체 구조 또는 시스템에 중대한 손상을 준 경우

마. 플랩(flap), 슬랫(slat) 등 고양력장치 및 윙렛(winglet)이 손실된 경우. 다만, 외형변경목록(Configuration Deviation List)을 적용하여 항공기를 비행에 투입할 수 있는 경우는 제외한다.

바. 바퀴다리(landing gear leg)가 완전히 펴지지 않았거나 바퀴(wheel)가 나오지 않은 상태에서 착륙하여 항공기의 표피가 손상된 경우. 다만, 간단한 수리를 하여 항공기가 비행할 수 있는 경우는 제외한다.

사. 항공기 내부의 감압 또는 여압을 조절하지 못하게 되는 구조적 손상이 발생한 경우

아. 항공기준사고 또는 항공안전장애 등의 발생에 따라 항공기를 점검한 결과 심각한 손상이 발견된 경우

자. 비상탈출로 중상자가 발생했거나 항공기가 심각한 손상을 입은 경우

차. 그 밖에 가목부터 자목까지의 경우와 유사한

항공기의 손상 · 파손 또는 구조상의 결함이 발생한 경우

2. 제1호에 해당하는 경우에도 다음 각 목의 어느 하나에 해당하는 경우에는 항공기의 중대한 손상 · 파손 및 구조상의 결함으로 보지 아니 한다.
   가. 덮개와 부품(accessory)을 포함하여 한 개의 발동기의 고장 또는 손상
   나. 프로펠러, 날개 끝(wing tip), 안테나, 프로브(probe), 베인(vane), 타이어, 브레이크, 바퀴, 페어링(faring), 패널(panel), 착륙장치 덮개, 방풍창 및 항공기 표피의 손상
   다. 주회전익, 꼬리회전익 및 착륙장치의 경미한 손상
   라. 우박 또는 조류와 충돌 등에 따른 경미한 손상 [레이돔(radome)의 구멍을 포함한다]

• **경량 항공기 사고(항공안전법 제2조제7호).**

경량 항공기의 비행과 관련하여 발생한 다음 각 목의 어느 하나에 해당하는 것을 말한다.

가. 경량항공기에 의한 사람의 사망 · 중상 또는 행방불명
나. 경량항공기의 추락 · 충돌 또는 화재 발생
다. 경량항공기의 위치를 확인할 수 없거나 경량항공기에 접근이 불가능한 경우

• **초경량비행장치 사고((항공안전법 제2조제8호).**

초경량비행장치의 비행과 관련하여 발생한 다음 각 목의 어느 하나에 해당하는 것을 말한다.

가. 초경량비행장치에 의한 사람의 사망 · 중상 또는 행방불명
나. 초경량비행장치의 추락 · 충돌 또는 화재 발생
다. 초경량비행장치의 위치를 확인할 수 없거나 초경량비행장치에 접근이 불가능한 경우

• **항공기준사고(항공안전법 제2조제9호).**

항공기사고 외에 항공기사고로 발전할 수 있었던 것으로서 국토교통부령으로 정하는 것을 말하며, 항공안전법 시행규칙 별표 2에서 항공기준사고의 범위를 규정하고 있다.

요약컨대 항공사고조사의 적용범위로는 대한민국 영역 안에서 발생한 항공사고 및 항공기준사고로 하되, 대한민국 영역 밖에서 발생한 항공사고 및 항공기준사고에 대해서는 국제조약에 의거하여 대한민국이 관할권을 갖는 항공사고 및 항공기준사고인 경우에 사고조사를 실시한다. 단, 국가기관 등 항공기에 대한 항공사고조사에 있어서는 다음의 어느 하나에 해당하는 경우에 한하여 사고조사를 실시한다.

1. 사람이 사망 또는 행방불명된 경우
2. 국가기관 등 항공기의 수리 · 개조가 불가능하게 파손된 경우
3. 국가기관 등 항공기의 위치를 확인할 수 없거나 국가기관 등 항공기에 접근이 불가능한 경우

7.3.2. 제2장 항공 · 철도사고조사위원회

제2장에서는 항공 · 철도사고조사위원회에 대하여 규정하고 있다. 세부적으로는 위원회의 설치, 위원의 자격조건, 결격사유, 신분보장, 임기 등을 규정하고 있으며 아울러 회의의결, 분과위원회, 자문위원, 직무종사의 제한, 사무국에 대한 기준을 규정하고

있다.

항공 · 철도사고조사위원회는 항공 · 철도 사고조사에 관한 법률이 2006년 7월 9일 시행됨에 따라 2006년 7월 10일 항공사고조사위원회와 철도사고조사위원회가 항공 · 철도사고 조사위원회로 통합 출범하였다. 항공 · 철도사고 등의 원인규명과 예방을 위한 사고조사를 독립적으로 수행하기 위하여 국토교통부에 본 위원회를 두고 있으며, 국토교통부장관은 일반적인 행정사항에 대하여는 위원회를 지휘 · 감독하되, 사고조사에 대하여는 관여하지 못한다고 규정하고 있다(제4조). 다시 말하여 본 위원회의 설치 목적은 사고원인을 명확하게 규명하여 향후 유사한 사고를 방지하는 데 있으며, 더 나아가서는 고귀한 인명과 재산을 보호함으로써 국민의 삶의 질을 향상시키는 데 있다.

7.3.2.1. 제4조(항공 · 철도사고조사위원회의 설치)

① 항공 · 철도사고등의 원인규명과 예방을 위한 사고조사를 독립적으로 수행하기 위하여 국토교통부에 항공 · 철도사고조사위원회를 둔다.

② 국토교통부장관은 일반적인 행정사항에 대하여는 위원회를 지휘 · 감독하되, 사고조사에 대하여는 관여하지 못한다.

시카고 협약 부속서 13에서 사고조사당국은 독립성을 가져야 함을 규정하고 있고, 「항공 · 철도 사고조사에 관한 법률」 제1조에서도 사고 등에 대한 독립적이고 공정한 조사를 통하여 사고 원인을 정확하게 규명함으로써 사고 등의 예방과 안전 확보를 목적으로 함을 명시하고 있다. 이와 같이 사고조사체계에 있어 가장 기본적인 개념은 독립성 및 사고예방을 목적으로 한다는 것이다.

7.3.2.2. 제5조(위원회의 업무)

위원회는 다음 각 호의 업무를 수행한다.

1. 사고조사
2. 제25조의 규정에 의한 사고조사보고서의 작성 · 의결 및 공표
3. 제26조의 규정에 의한 안전권고 등
4. 사고조사에 필요한 조사 · 연구
5. 사고조사 관련 연구 · 교육기관의 지정
6. 그 밖에 항공사고조사에 관하여 규정하고 있는 「국제민간항공조약」 및 동 조약부속서에서 정한 사항

위원회는 상기의 업무를 수행하기 위하여 제6조(위원회의 구성)에 근거하여 위원회와 상임위원회를 구성하고 사고조사를 효율적으로 심의하기 위하여 분과위원회를 두고 운영한다. 또한 위원회의 사무를 처리하기 위하여 제16조 (사무국)에 근거하여 위원회에 사무국을 두고 있다.

이와 같이 사고조사당국은 독립성을 갖고 사고조사의 근본적인 목적을 재발 방지에 두어야 하나 이에 대한 국내 인식은 오랫동안 미흡한 상태로 남아있었고, 조사체계의 구축도 형식적으로 출발하여 모양새를 갖추는 형태가 되었다. 항공기 사고조사와 관련한 사고조사위원회 조직의 발전 연혁 및 조직도는 다음과 같다.

• **항공 · 철도사고조사위원회 연혁**

1990.6.21 교통부 항공국 항공기술과 사고조사담당

1998.2.28 건설교통부 항공국 항공안전과 사고조

사담당

2001.7.16 건설교통부 항공국 사고조사과

2002.8.12 건설교통부 항공사고조사위원회

2006.7.10 건설교통부 항공,철도사고조사위원회

2008.2.29 국토해양부 항공,철도사고조사위원회

2013.3.23 국토교통부 항공,철도사고조사위원회

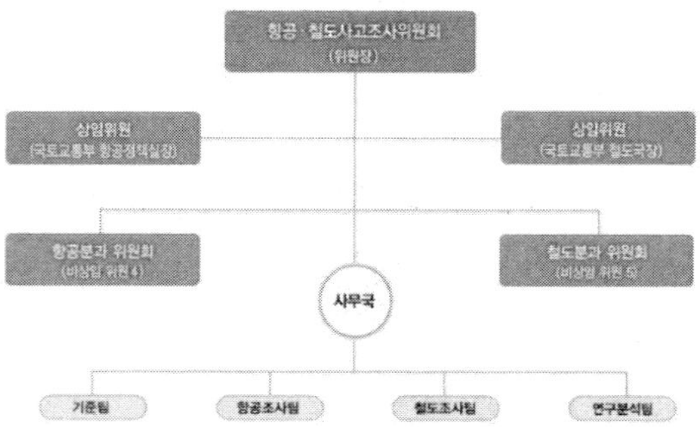

[그림 7-1] 항공 · 철도사고조사위원회 조직도

이상과 같이 1990년에 교통부 항공기술과 내에 사고조사 담당직원 2명을 배치한 것이 항공사고를 전담하기 위한 정부 조직의 효시이며, 2001년 교통부 항공안전과를 사고조사과로 확대 개편한 후 ICAO에서 권고하는 독립된 사고조사기구의 설립 필요성을 논의한 결과 2002년에 항공사고조사위원회가 설치되었다. 이후 「항공법」에서 분법하여 항공사고조사 부분을 규율하기 위한 항공 · 철도사고조사에 관한 법률이 2006년 7월 제정됨에 따라 항공사고조사위원회는 2006.7.10 건설교통부 항공 · 철도사고조사위원회로 새롭게 통합 발족하여 현재에 이르고 있다.

7.3.3. 제3장 사고조사

제3장 사고조사에서는 항공사고 등의 발생 통보, 사고조사 및 사고조사단 운영, 사고조사보고서 작성, 안전권고 및 사고조사에 관한 연구 등에 대하여 규정하고 있다.

"항공사고조사"란 항공사고 등과 관련된 정보 · 자료 등의 수집 · 분석 및 원인규명과 항공안전에 관한 안전권고 등 항공사고 등의 예방을 목적으로 항공사고조사위원회가 수행하는 과정 및 활동을 말한다. 항공사고조사의 경우 기본적으로 항공사고가 발생한 영토가 속한 국가가 사고조사의 권리와 의무를 갖는다. 항공사고 발생국은 사고조사 업무의 전부 또는 일부를 항공기 등록국 또는 항공기 운용국에 위임할 수 있으며, 조약체결국에게 기술적인 지원을 요청할 수 있다. 만약 항공사고가 어느 국가의 영토도 아닌 곳에서 발생하면 항공기 등록국이 항공기 사고의 권리와 의무를 갖는다. 항공사고가 발생 시 발생국은 항공사고 발생을 국제민간항공기구 및 관련국에 통보하고 사고조사를 실시한다.

한편 항공사고 등이 발생한 것을 알게 된 항공기의 기장, 항공기의 소유자, 항공종사자 등은 지체 없이 그 사실을 위원회에 통보하여야 하며, 위원회는 지체 없이 사고조사를 개시하여야 한다. 사고조사 요건 관련 주요 내용은 다음과 같다.

7.3.3.1. 제17조(항공 · 철도사고 등의 발생 통보)

항공사고등이 발생한 것을 알게 된 항공기의 기장, 「항공안전법」 제62조제5항 단서에 따른 그 항공기의 소유자등, 항공종사자, 그 밖의 관계인은 지체 없이 그 사실을 위원회에 통보하여야 한다. 다만, 「항공안전법」 제2조제4호에 따른 국가기관등항공기의 경우에는 그와 관련된 항공업무에 종사하는 사람은 소관 행정기관의 장에게 보고하여야 하며, 그 보고를 받은 소관 행정기관의 장은 위원회에 통보하여야 한다.

제1항에 따른 항공종사자와 관계인의 범위, 통보에 포함되어야 할 사항, 통보시기, 통보방법 및 절차 등은 국토교통부령으로 정한다.

위원회는 제1항에 따라 항공 · 철도사고등을 통보한 자의 의사에 반하여 해당 통보자의 신분을 공개하여서는 아니 된다.

- **항공 · 철도 사고조사에 관한법률 시행규칙 제2조 (항공 · 철도종사자와 관계인의 범위)**

법 제17조제1항에 따라 항공사고등의 발생사실을 법 제4조제1항에 따른 위원회에 통보해야 하는 항공종사자와 관계인의 범위는 다음 각 호와 같다.

1. 경량항공기 조종사(조종사가 통보할 수 없는 경우에는 그 경량항공기의 소유자)
2. 초경량비행장치의 조종자(조종자가 통보할 수 없는 경우에는 그 초경량비행장치의 소유자)

- **항공 · 철도 사고조사에 관한 법률 시행규칙 제3조 (통보사항)**

법 제17조제1항에 따라 항공사고등의 발생 통보 시 포함되어야 할 사항은 다음 각 호와 같다.

가. 항공기사고등의 유형
나. 발생 일시 및 장소
다. 기종(통보자가 알고 있는 경우만 해당한다)
라. 발생 경위(통보자가 알고 있는 경우만 해당한다)
마. 사상자 등 피해상황(통보자가 알고 있는 경우만 해당한다)
바. 통보자의 성명 및 연락처
사. 가목부터 바목까지에서 규정한 사항 외에 사고조사에 필요한 사항

7.3.3.2. 제18조(사고조사의 개시 등)

위원회는 제17조제1항에 따라 항공사고 등을 통보받거나 발생한 사실을 알게 된 때에는 지체 없이 사고조사를 개시하여야 한다. 다만, 대한민국에서 발생한 외국항공기의 항공사고 등에 대한 원활한 사고조사를 위하여 필요한 경우 해당 항공기의 소속국가 또는 지역사고조사기구(Regional Accident Investigation Organization)와의 합의나 협정에 따라 사고조사를 그 국가 또는 지역사고조사기구에 위임할 수 있다.

- **항공사고조사 진행단계**

1. 사고발생보고: 기장 또는 항공기 소유자
2. 사고 발생 보고 접수: 항공기 등록국, 운영국, 설계국, 제작국 및 ICAO에 통보
3. 사고조사 개시: 사고조사단 구성
4. 현장조사: 현장보존, 관련정보 및 자료 수집
5. 초동보고서 발송: 사고 발생 후 30일 이내 관련국 및 ICAO
6. 시험 및 분석
7. 사실조사보고서 작성: 분야별 사실조사 정보 통합
8. 공청회: 사실정보 검증, 필요시 사실정보 보완, 사고조사의 객관성, 공정성 및 신뢰성 확보
9. 최종보고서 작성: 사고 원인 및 안전권고사항 포함
10. 관련국 의견수렴: 60일 기간
11. 의원회 심의 및 의결: 최종보고서 완료

12. 최종 사고조사결과 발표 및 최종 사고조사 보고서 발표: 언론매체 등을 통한 발표 및 관련국과 ICAO(항공기 최대중량 5,700kg 이상)에 배포

• 항공사고조사 절차

1. 사고 현장에서의 초동조치
2. 잔해조사의 착수
3. 운항분야 조사
4. 비행기록장치 조사
5. 구조물 조사
6. 동력장치 조사
7. 시스템 조사
8. 정비관련 조사
9. 인적요소 조사
10. 탈출, 수색, 구조 및 소화에 대한 조사
11. 폭발물에 의한 고의파괴에 대한 조사
12. 기술검토회의 또는 공청회(필요한 경우 실시)
13. 최종발표

7.3.3.3. 제19조(사고조사의 수행 등)

① 위원회는 사고조사를 위하여 필요하다고 인정되는 때에는 위원 또는 사무국 직원으로 하여금 다음 각 호의 사항을 조치하게 할 수 있다.

1. 항공기 또는 초경량비행장치의 소유자, 제작자, 탑승자, 항공사고등의 현장에서 구조 활동을 한 자 그 밖의 관계인에 대한 항공사고등 관련 보고 또는 자료의 제출 요구
2. 생략
3. 사고현장 및 그밖에 필요하다고 인정되는 장소에 출입하여 항공기와 그 밖의 항공사고등과 관련이 있는 장부 · 서류 또는 물건(이하 "관계물건"이라 한다)의 검사
4. 항공사고등 관계인의 출석 요구 및 질문
5. 관계 물건의 소유자 · 소지자 또는 보관자에 대한 해당 물건의 보존 · 제출 요구 또는 제출한 물건의 유치
6. 사고현장 및 사고와 관련 있는 장소에 대한 출입통제

② 제1항제5호의 규정에 의한 보존의 요구를 받은 자는 해당 물건을 이동시키거나 변경 · 훼손하여서는 아니된다. 다만, 공공의 이익에 중대한 영향을 미친다고 판단되거나 인명구조 등 긴급한 사유가 있는 경우에는 그러하지 아니하다.

③ 위원회는 제1항제5호의 규정에 의하여 유치한 관련물건이 사고조사에 더 이상 필요하지 아니할 때에는 가능한 한 조속히 유치를 해제하여야 한다.

7.3.3.4. 제20조(항공 · 철도사고조사단의 구성 · 운영)

① 위원회는 사고조사를 위하여 필요하다고 인정되는 때에는 분야별 관계 전문가를 포함한 항공 · 철도사고조사단을 구성 · 운영할 수 있다.

7.3.3.5. 제25조(사고조사보고서의 작성 등)

① 위원회는 사고조사를 종결한 때에는 다음 각 호의 사항이 포함된 사고조사보고서를 작성하여야 한다.

1. 개요
2. 사실정보
3. 원인분석
4. 사고조사결과

5. 제26조의 규정에 의한 권고 및 건의사항

7.3.3.6. 제26조(안전권고 등)

위원회는 제29조제2항에 따른 조사 및 연구활동 결과 필요하다고 인정되는 경우와 사고조사과정 중 또는 사고조사결과 필요하다고 인정되는 경우에는 항공사고 등의 재발방지를 위한 대책을 관계 기관의 장에게 안전권고 또는 건의할 수 있다.

7.3.3.7. 제28조(정보의 공개금지)

① 위원회는 사고조사 과정에서 얻은 정보가 공개됨으로써 당해 또는 장래의 정확한 사고조사에 영향을 줄 수 있거나, 국가의 안전보장 및 개인의 사생활이 침해될 우려가 있는 경우에는 이를 공개하지 아니할 수 있다. 이 경우 항공사고 등과 관계된 사람의 이름을 공개하여서는 아니 된다.

7.3.4. 제4장 보칙

제4장 보칙에서는 사고조사와 관련하여 비밀누설의 금지, 불이익의 금지 등에 대하여 규정하고 있다.

7.3.4.1. 제31조 (비밀누설의 금지)

위원회의 위원 · 자문위원 또는 사무국 직원, 그 직에 있었던 자 및 위원회에 파견되거나 위원회의 위촉에 의하여 위원회의 업무를 수행하거나 수행하였던 자는 그 직무상 알게 된 비밀을 누설하여서는 아니된다.

7.3.4.2. 제32조 (불이익의 금지)

이 법에 의하여 위원회에 진술 · 증언 · 자료 등의 제출 또는 답변을 한 사람은 이를 이유로 해고 · 전보 · 징계 · 부당한 대우 또는 그 밖에 신분이나 처우와 관련하여 불이익을 받지 아니한다.

7.3.5. 제5장 벌칙

제5장 벌칙에서는 사고조사방해의 죄, 비밀누설의 죄, 사고발생 통보 위반의 죄, 양벌규정및 과태료 등에 대하여 규정하고 있다.

7.3.5.1. 제35조 (사고조사방해의 죄)

다음 각 호의 어느 하나에 해당하는 자는 3년 이하의 징역 또는 3천만원 이하의 벌금에 처한다.

1. 제19조제1항제1호 및 제2호의 규정을 위반하여 항공사고등에 관하여 보고를 하지 아니하거나 허위로 보고를 한 자 또는 정당한 사유 없이 자료의 제출을 거부 또는 방해한 자
2. 제19조제1항제3호의 규정을 위반하여 사고현장 및 그 밖에 필요하다고 인정되는 장소의 출입 또는 관계 물건의 검사를 거부 또는 방해한 자
3. 제19조제1항제5호의 규정을 위반하여 관계 물건의 보존 · 제출 및 유치를 거부 또는 방해한 자
4. 제19조제2항의 규정을 위반하여 관계 물건을 정당한 사유 없이 보존하지 아니하거나 이를 이동 · 변경 또는 훼손시킨 자

7.3.5.2. 제36조의2 (사고발생 통보 위반의 죄)

제17조제1항 본문을 위반하여 항공 · 철도사고등이 발생한 것을 알고도 정당한 사유 없이 통보를 하지 아니하거나 거짓으로 통보한 항공 · 철도종사자등은 500만원 이하의 벌금에 처한다.

7.3.5.3. 제37조 (양벌규정)

법인의 대표자나 법인 또는 개인의 대리인, 사용인, 그 밖의 종업원이 그 법인 또는 개인의 업무에 관하여 제35조 또는 제36조의2의 어느 하나에 해당하는 위반행위를 하면 그 행위자를 벌하는 외에 그 법인 또는 개인에게도 해당 조문의 벌금형을 과(科)한다. 다만, 법인 또는 개인이 그 위반행위를 방지하기 위하여 해당 업무에 관하여 상당한 주의와 감독을 게을리하지 아니한 경우에는 그러하지 아니하다.

7.3.5.4. 제38조 (과태료)

① 다음 각 호의 어느 하나에 해당하는 자는 1천만 원 이하의 과태료에 처한다.

1. 제19조제1항제1호 및 제2호의 규정을 위반하여 항공사고등과 관계가 있는 자료의 제출을 정당한 사유 없이 기피 또는 지연시킨 자
2. 제19조제1항제3호의 규정을 위반하여 항공사고등과 관련이 있는 관계 물건의 검사를 기피한 자
3. 제19조제1항제4호의 규정을 위반하여 정당한 사유 없이 출석을 거부하거나 질문에 대하여 허위로 진술한 자
4. 제19조제1항제5호의 규정을 위반하여 관계 물건의 제출 및 유치를 기피 또는 지연시킨 자
5. 제19조제1항제6호의 규정을 위반하여 출입통제에 불응한 자
6. 제32조의 규정을 위반하여 이 법에 의하여 위원회에 진술, 증언, 자료 등의 제출 또는 답변을 한 자에 대하여 이를 이유로 해고, 전보, 징계, 부당한 대우 그 밖에 신분이나 처우와 관련하여 불이익을 준 자

08

항공사업의 면허, 등록, 증명

8 항공사업의 면허, 등록, 증명

8.1. 항공사업

8.1.1. 항공사업법

항공사업법(Aviation Business Act)에 따라 국토교통부장관의 면허, 허가 또는 인가를 받거나, 국토교통부장관에게 등록 또는 신고하여 경영하는 사업을 항공사업이라고 한다.

항공사업법의 주목적은 "항공사업의 체계적인 성장, 질서유지 및 건전한 발전, 이용자의 편의 향상"이며, 이를 위해 항공사업자의 면허, 허가, 등록, 신고의 의무를 규정하고 있다. 항공사업법의 체계는 그림 8-1과 같다.

8.1.2. 항공안전법

항공안전법은 "국제민간항공협약과 그 부속서에서 채택된 표준과 권고되는 방식에 따라 항공기, 경량항공기 또는 초경량비행장치의 안전하고 효율적인 항행을 위한 방법과 국가, 항공사업자 및 항공종사자 등의 의무 등에 관한 사항을 규정함을 목적"으로 하고 있다. 항공사업자의 안전관리는 항공안전법 제7장 항공운송사업자 등에 대한 안전관리로 규정"하고 있다. 〈개정 2019. 8. 27, 시행일 : 2020. 2. 28〉. 항공안전법의 체계는 그림 8-2와 같다.

8.1.3. 항공사업에 대한 면허, 등록, 신고 등

항공사업은 "항공운송사업", "항공기사용사업", "항공기취급업", "항공기정비업", "항공기 대여업",

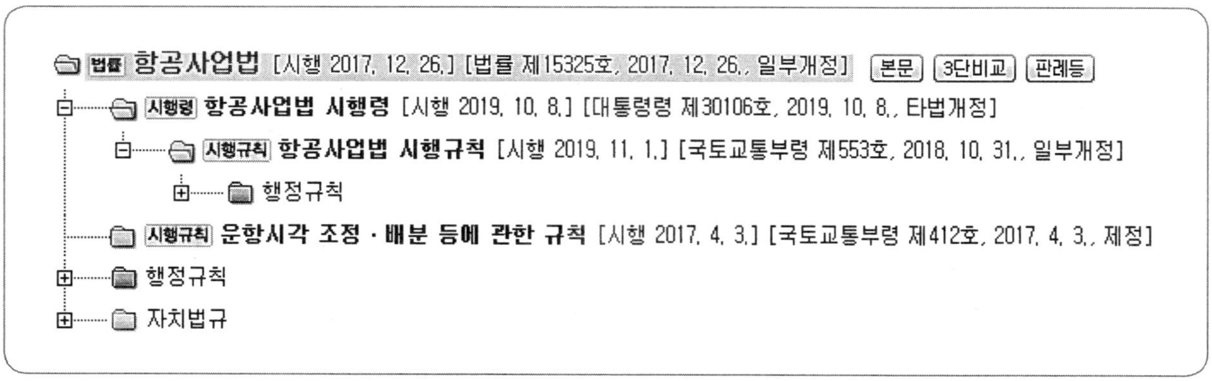

[그림 8-1] 항공사업법 체계도, 출처: https://www.moleg.go.kr/

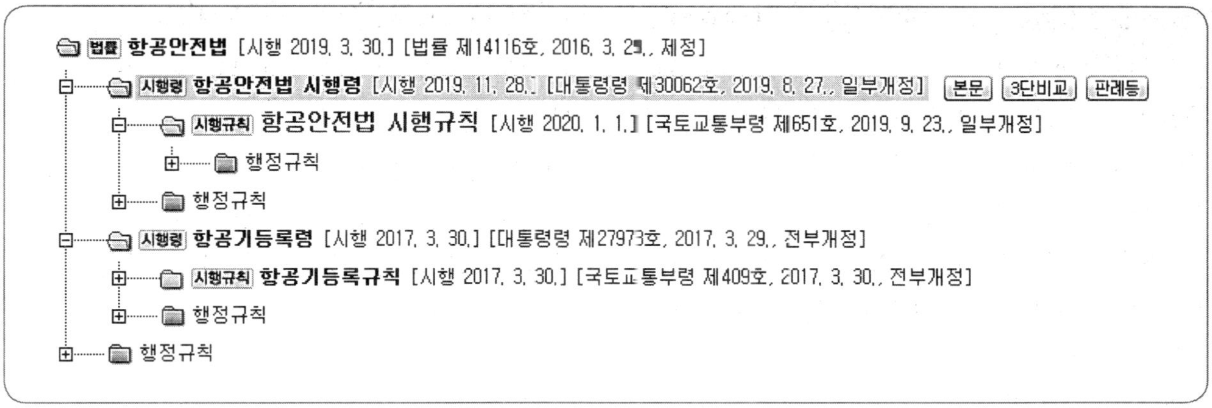

[그림 8–2] 항공안전법 체계도, 출처: https://www.moleg.go.kr/

"초경량비행장치사용사업", "상업서류 송달업", "항공운송 총대리점업", "도심공항터미널업" 등이 있다.

항공사업을 경영하려는 자는 국토교통부장관(지방항공청장)의 면허를 받거나 또는 등록 또는 신고를 하여야 한다. 항공사업 종류별 사업허가 요건은 표 8–1과 같다.

[표 8–1] 항공사업에 대한 면허, 등록, 신고

사업 허가 요건 구분	사업 종류
면허	국제항공운송사업, 국내항공운송사업
등록	소형항공운송사업, 항공기사용사업, 항공기취급업, 항공기정비업, 항공기 대여업, 초경량비행장치사용사업
신고	상업서류 송달업, 항공운송 총대리점업, 도심공항터미널업

8.2. 항공운송사업 면허와 등록 등

8.2.1. 항공운송사업의 종류

항공운송사업은 국내항공운송사업, 국제항공운송사업 및 소형항공운송사업으로 표 8–2와 같이 구분할 수 있다. 국내항공운송사업과 국제항공운송사업은 국토교통부장관의 면허와 운항증명을 받아야 하고 소형항공운송사업은 등록과 운항증명을 받아야 한다.

[표 8–2] 항공운송사업 종류

구분		내용
국내항공운송사업	국내 정기편 운항	국내공항과 국내공항 사이 정기적인 운항
	국내 부정기편운항	국내 정기편 운항 외의 운항 ※ 부정기편: 지점간 운항, 관광비행, 전세운송 등.
국제항공운송사업	국제 정기편 운항	국내공항과 외국공항 사이 외국공항과 외국공항 사이 정기적인 운항
	국제 부정기편 운항	국내공항과 외국공항 사이, 외국공항과 외국공항 사이에 이루어지는 국제 정기편 운항 외의 운항
소형항공운송사업		국내항공운송사업 및 국제항공운송사업 외의 항공운송사업 ※ 승객 좌석 수 50석 이하 항공기(여객기)에 해당.

"국내항공운송사업"은 타인의 수요에 맞추어 항공기를 사용하여 유상으로 여객이나 화물을 운송하는 사업으로서 국토교통부령으로 정하는 일정 규모 이상의 항공기를 이용하여 국내 정기편 운항과 부정기편 운항을 하는 사업을 말한다.

"국제항공운송사업"은 타인의 수요에 맞추어 항공기를 사용하여 유상으로 여객이나 화물을 운송하는 사업으로서 국토교통부령으로 정하는 일정 규모 이상의 항공기를 이용하여 국제 정기편 운항과 부정기편 운항을 하는 사업을 말한다.

국토교통부령으로 정하는 일정규모 이상의 항공기는 항공사업법 시행규칙 제2조에 규정된 바와 같이 여객기는 51석 이상, 화물기는 최대이륙중량이 2만5천킬로그램을 초과해야 하며, 조종실과 화물칸은 분리된 구조이어야 한다.

"소형항공운송사업"은 타인의 수요에 맞추어 항공기를 사용하여 유상으로 여객이나 화물을 운송하는 사업으로서 국내항공운송사업 및 국제항공운송사업 외의 항공운송사업이다.

"외국인 국제항공운송사업"은 타인의 수요에 맞추어 항공기를 사용하여 유상으로 여객이나 화물을 운송하는 사업으로, "외국인 국제항공운송사업자"는 국토교통부장관으로부터 외국인 국제항공운송사업의 허가를 받아야 한다.

8.2.2. 국내(국제) 항공운송사업 면허

항공사업법 제7조에 따라 국내항공운송사업 또는 국제항공운송사업을 경영하려는 자는 국토교통부장관의 면허를 받아야 한다. 다만, 국제항공운송사업의 면허를 받은 경우에는 국내항공운송사업의 면허를 받은 것으로 본다. 소형항공운송사업을 경영하려는 자는 국토교통부령으로 정하는 바에 따라 등록하여야 한다.

항공운송사업면허를 받은 자가 정기편 운항을 하려면 국토교통부장관의 "정기편 노선허가"를 받아야 하고, 부정기편 운항을 하려면 "부정기편 운항허가"를 받아야 한다.

8.2.2.1. 면허 신청

항공운송사업면허 신청은 그림8-3의 항공사업법 시행규칙 별지 1호의 면허신청서에 사업운영계획서 등 다음 서류를 첨부하여 국토교통부장관에게 신청한다.

1. 사업운영계획서에는 다음 사항이 포함된다.
   가. 취항 예정 노선, 운항계획, 영업소와 그 밖의 사업소(이하 "사업소"라 한다) 등 개략적 사업계획
   나. 사용 예정 항공기의 수(도입계획을 포함한다) 및 각 항공기의 형식
   다. 신청인이 다른 사업을 하고 있는 경우에는 그 사업의 개요와 해당 사업의 재무제표 및 손익계산서
   라. 주주총회의 의결사항(「상법」 상 주식회사인 경우만 해당한다)
2. 면허기준을 충족함을 증명하거나 설명하는 서류
   가. 안전 관련 조직과 인력의 확보계획 및 교육훈련 계획
   나. 정비시설 및 운항관리시설의 개요
   다. 최근 10년간 항공기 사고, 항공기 준사고, 항공안전장애 내용 및 소비자 피해 구제 접수 건수(신청인이 항공운송사업자인 경우만 해당

■ 항공사업법 시행규칙 [별지 제1호서식] <개정 2018. 10. 31.>

[[ ] 국내항공운송사업 / [ ] 국제항공운송사업] 면허신청서

※ 색상이 어두운 난은 신청인이 작성하지 아니하며, [ ]에는 해당하는 곳에 √ 표시를 합니다. (앞쪽)

접수번호	접수일시	발급일	처리기간 90일

신청인	상호(법인명)	성명(대표자)	생년월일(법인등록번호)
	주소(소재지)		전화번호
			팩스번호

신청내용	자본금
	사업범위 [ ] 국내(여객) [ ] 국내(화물) [ ] 국제(여객) [ ] 국제(화물)
	운항예정노선 또는 사업구역
	운항개시예정일
	임원의 명단

「항공사업법」 제7조제1항 및 같은 법 시행규칙 제8조제1항에 따라

[[ ] 국내항공운송사업 / [ ] 국제항공운송사업] 면허를 신청합니다.

년 월 일

신청인 (서명 또는 인)

국토교통부장관 귀하

신청인 제출서류	1. 「항공사업법 시행규칙」 제8조제1항제1호 각 목의 사항을 포함하는 사업운영계획서 2. 해당 신청이 「항공사업법」 제8조에 따른 면허기준을 충족함을 증명하거나 설명하는 서류로서 「항공사업법 시행규칙」 제8조제1항제2호 각 목의 서류를 포함하는 서류 3. 신청인이 「항공사업법」 제9조 각 호에 따른 결격사유에 해당하지 않음을 증명하는 서류 4. 「항공사업법」 제11조제1항에 따른 항공기사고 시 지원계획서	수수료 「항공사업법 시행규칙」 제71조
담당공무원 확인사항	법인 등기사항증명서(법인인 경우만 해당합니다)	

유의사항

1. 면허를 받으신 후 사업개시 전까지 다음 각 목의 사항에 대하여 증명 또는 인가를 받거나 신고를 하여야 합니다.
   가. 운항증명(「항공안전법」 제90조)
   나. 운항규정 및 정비규정의 인가(「항공안전법」 제93조)
   다. 운임 및 요금의 인가 및 신고(「항공사업법」 제14조, 국제항공운송사업만 해당합니다)
2. 면허신청서에 적은 운항개시예정일까지 사업을 개시하여야 합니다.
3. 그 밖에 필요한 사항은 국토교통부 항공산업과(전화번호 044-201-4228)로 문의하시기 바랍니다.

210mm×297mm[백상지(80g/㎡) 또는 중질지(80g/㎡)]

[그림 8-3] 항공운송사업 면허신청서(앞)

(뒤쪽)

처리절차

이 신청서는 아래와 같이 처리됩니다.

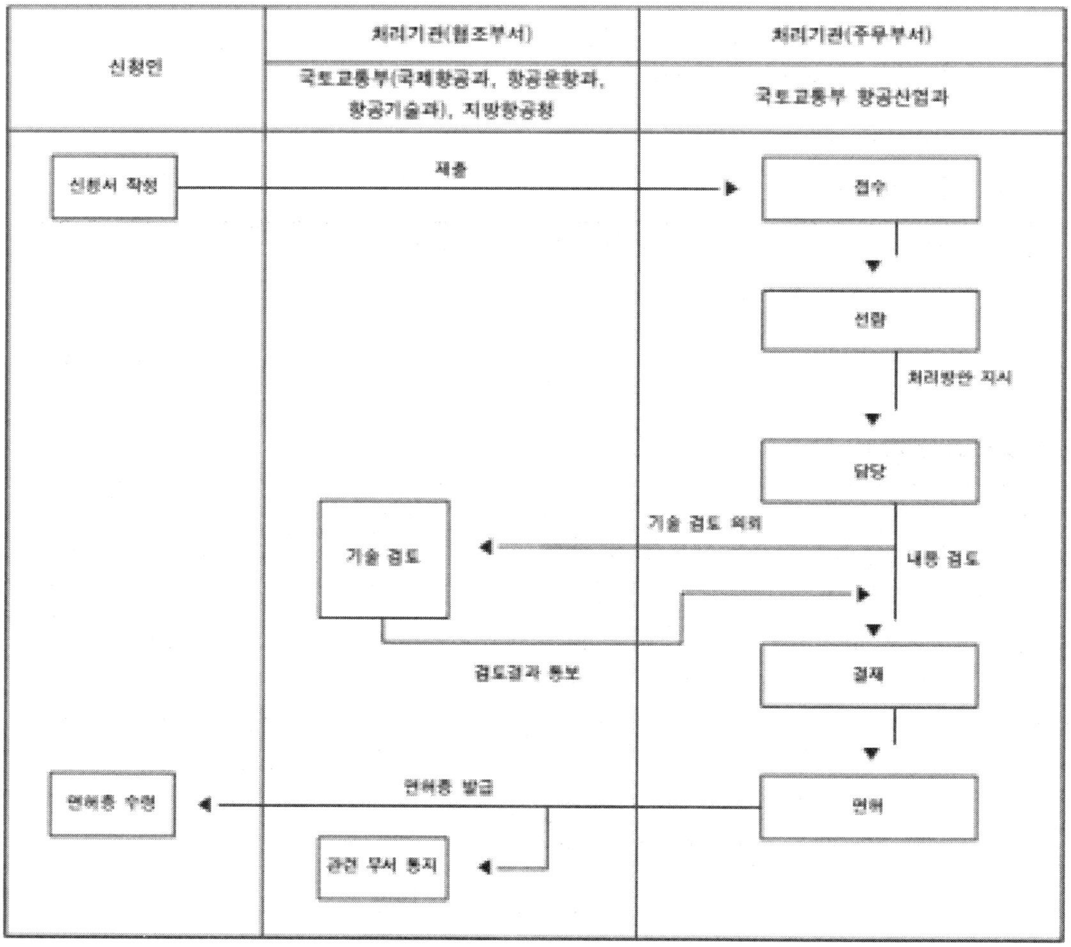

[그림 8–3] 항공운송사업 면허신청서(뒤)

한다)

라. 임원과 항공종사자의 항공사업법, 항공안전법, 공항시설법, 항공보안법 또는 항공 · 철도 사고조사에 관한 법률 위반 내용

마. 소비자 피해구제 계획의 개요

바. 항공보험 가입 여부 및 가입 계획

사. 운항개시예정일부터 2년 동안 사업운영계획서에 따라 항공운송사업을 운영하였을 경우에 예상되는 운영비 등의 비용 명세, 해당 기간 동안의 자금조달계획 및 확보 자금 증빙서류

아. 해당 국내항공운송사업 또는 국제항공운송사업을 경영하기 위하여 필요한 자금의 명세(자본금의 증감 내용을 포함한다)와 자금조달방법

자. 예상 사업수지 및 그 산출 기초

3. 신청인이 항공운송사업면허 신청의 결격사유에 해당하지 않음을 증명하는 서류

4. 항공기사고 시 지원계획서

8.2.2.2. 면허의 기준

항공사업법 제8조에 규정된 국내항공운송사업과 국제항공운송사업에 대한 면허의 기준이다.

1. 해당 사업이 항공교통의 안전에 지장을 줄 염려가 없을 것
2. 사업자 간 과당경쟁의 우려가 없고 해당 사업이 이용자의 편의에 적합할 것
3. 면허를 받으려는 자는 일정 기간 동안의 운영비 등 대통령령으로 정하는 기준에 따라 해당 사업을 수행할 수 있는 재무능력을 갖출 것
4. 다음 각 목의 요건에 적합할 것

가. 자본금 50억원 이상으로서 대통령령으로 정

[표 8-3] 국내항공운송사업 및 국제항긍운송사업의 면허기준(제12조관련)

구분	국내(여객) · 국내(화물) · 국제(화물)	국제(여객)
1. 재무능력	법 제19조제1항에 따른 운항개시예정일(이하 "운항개시예정일"이라 한다)부터 3년 동안 법 제7조제4항에 따른 사업운영계획서에 따라 항공운송사업을 운영하였을 경우에 예상되는 운영비 등의 비용을 충당할 수 있는 재무능력(해당 기간 동안 예상되는 영업수익 및 기타수익을 포함한다)을 갖출 것. 다만, 운항개시예정일부터 3개월 동안은 영업수익 및 기타수익을 제외하고도 해당 기간에 예상되는 운영비 등의 비용을 충당할 수 있는 재무능력을 갖추어야 한다.	
2. 자본금 또는 자산평가액	가. 법인: 납입자본금 50억원 이상일 것 나. 개인: 자산평가액 75억원 이상일 것	가. 법인: 납입자본금 150억원 이상일 것 나. 개인: 자산평가액 200억원 이상일 것
3. 항공기	가. 항공기 대수: 1대 이상 나. 항공기 성능 1) 계기비행능력을 갖출 것 2) 쌍발(雙發) 이상의 항공기일 것 3) 여객을 운송하는 경우에는 항공기의 조종실과 객실이, 화물을 운송하는 경우에는 항공기의 조종실과 화물칸이 분리된 구조일 것 4) 항공기의 위치를 자동으로 확인할 수 있는 기능을 갖출 것 다. 승객의 좌석 수가 51석 이상일 것(여객을 운송하는 경우만 해당한다) 라. 항공기의 최대이륙중량이 25,000킬로그램을 초과할 것(화물을 운송하는 경우만 해당한다)	가. 항공기 대수: 5대 이상(운항개시예정일부터 3년 이내에 도입할 것) 나. 항공기 성능 1) 계기 비행능력을 갖출 것 2) 쌍발 이상의 항공기일 것 3) 항공기의 조종실과 객실이 분리된 구조일 것 4) 항공기의 위치를 자동으로 확인할 수 있는 기능을 갖출 것 다. 승객의 좌석 수가 51석 이상일 것

하는 금액 이상일 것

나. 항공기 1대 이상 등 대통령령으로 정하는 기준에 적합할 것

다. 그 밖에 사업 수행에 필요한 요건으로서 국토교통부령으로 정하는 요건을 갖출 것

항공사업법 시행령 별표 1에 규정된 면허의 기준은 표 8-3과 같다.

사업 수행에 필요한 요건으로서 국토교통부령으로 정하는 요건은 다음과 같다.

1. 운항승무원 및 객실승무원 등 인력확보계획이 적정할 것
2. 법 제16조에 따른 운수권 확보 가능성 및 수요확보 가능성 등 노선별 취항 계획이 타당할 것 [본조신설 2018. 10. 31.]

8.2.2.3. 면허의 결격사유 등

국토교통부장관은 다음중 어느 하나에 해당하는 경우에는 국내항공운송사업 또는 국제항공운송사업의 면허를 해서는 안된다.(항공사업법 제9조)

1. 항공안전법 제10조제1항의 항공기 등록의 제한을 받은 자
2. 피성년후견인, 피한정후견인 또는 파산선고를 받고 복권되지 아니한 사람
3. 항공사업법, 항공안전법, 공항시설법, 항공보안법, 항공 · 철도 사고조사에 관한 법률을 위반하여 금고 이상의 실형을 선고받고 그 집행이 끝난 날 또는 집행을 받지 아니하기로 확정된 날부터 3년이 지나지 아니한 사람
4. 항공사업법, 항공안전법, 공항시설법, 항공보안법, 항공 · 철도 사고조사에 관한 법률을 위반하여 금고 이상의 형의 집행유예를 선고받고 그 유예기간 중에 있는 사람
5. 국내항공운송사업, 국제항공운송사업, 소형항공운송사업 또는 항공기사용사 업의 면허 또는 등록의 취소처분을 받은 후 2년이 지나지 아니한 자. 다만, 제2호에 해당하여 제28조제1항제4호 또는 제40조제1항제4호에 따라 면 허 또는 등록이 취소된 경우는 제외한다.
6. 임원 중에 제1호부터 제5호까지의 어느 하나에 해당하는 사람이 있는 법

8.2.2.4. 항공기 사고 시 지원계획

국내항공운송사업 및 국제항공운송사업의 면허를 받으려는 자 또는 소형항공운송사업 등록을 하려는 자는 면허 또는 등록을 신청할 때 국토교통부령으로 정하는 바에 따라 「항공안전법」 제2조제6호에 따른 항공기사고와 관련된 탑승자 및 그 가족의 지원에 관한 계획서(이하 "항공기사고 시 지원계획서"라 한다)를 첨부하여야 한다. 항공기 사고 지원계획서에 포함할 사항은 다음과 같다(항공사업법 제11조),

1. 항공기사고대책본부의 설치 및 운영에 관한 사항
2. 피해자의 구호 및 보상절차에 관한 사항
3. 유해(遺骸) 및 유품(遺品)의 식별 · 확인 · 관리 · 인도에 관한 사항
4. 피해자 가족에 대한 통지 및 지원에 관한 사항
5. 그 밖에 국토교통부령으로 정하는 사항

"항공기 사고"는 항공안전법 2조 6항에 정의되어 있다.

"항공기사고"란 사람이 비행을 목적으로 항공기에 탑승하였을 때부터 탑승한 모든 사람이 항공기에서 내릴 때까지[사람이 탑승하지 아니하고 원격조종 등

의 방법으로 비행하는 항공기(이하 "무인항공기"라 한다)의 경우에는 비행을 목적으로 움직이는 순간부터 비행이 종료되어 발동기가 정지되는 순간까지를 말한다] 항공기의 운항과 관련하여 발생한 다음 각 목의 어느 하나에 해당하는 것으로서 국토교통부령으로 정하는 것을 말한다.

가. 사람의 사망, 중상 또는 행방불명

나. 항공기의 파손 또는 구조적 손상

■ 항공사업법 시행규칙 [별지 제3호서식]

제 호

항공운송사업 면허증

1. 상호(법인명):
2. 성명(대표자):
3. 생년월일(법인등록번호):
4. 주소(소재지):
5. 사업범위:
6. 영업소:
7. (최초)면허연월일:

「항공사업법」 제7조제2항 및 같은 법 시행규칙 제8조제2항에 따라 ○○항공운송사업을 면허합니다.

년 월 일

국토교통부장관 직인

210mm×297mm[백상지(80g/㎡)]

[그림 8-4] 항공운송사업 면허증

다. 항공기의 위치를 확인할 수 없거나 항공기에 접근이 불가능한 경우

8.2.2.5. 면허 발급

국토교통부장관은 제1항에 따른 면허 신청을 받은 경우에는 법 제8조에 따른 면허기준을 충족하는지와

■ 항공사업법 시행규칙 [별지 제4호서식]

[ ] 국내 / [ ] 국제 / [ ] 소형 — [ ] 정기편 노선 / [ ] 부정기편 운항 — 허가 신청서 (신고서)

※ 소형항공운송사업의 부정기편 운항의 경우에는 신고서이며, [ ]에는 해당하는 곳에 √ 표시를 합니다. (앞쪽)

접수번호	접수일시	처리기간	정기편 노선허가 15일 부정기편 노선허가 5일 (군공항은 10일)

신청인	상호(법인명)	성명(대표자)	생년월일(법인등록번호)
	주소(소재지)		전화번호
			팩스번호

신청내용	개설노선명 또는 항행의 경로
	운항개시예정일

「항공사업법」 제7조제2항·제3항, 제10조제3항 및 같은 법 시행규칙 제8조제3항, 제14조제1항에 따라

[[ ] 정기편 노선 / [ ] 부정기편 운항] 을 허가 신청 또는 신고합니다.

년 월 일

신청인 (서명 또는 인)

국토교통부장관 / 지방항공청장 귀하

첨부서류	1. 해당 신청이 「항공사업법 시행규칙」 제8조제3항제1호 및 제2호의 기준에 적합함을 증명하는 서류(정기편인 경우에만 제출합니다) 2. 「항공사업법 시행규칙」 제8조제3항제3호 각 목의 사항을 포함하는 사업계획서(부정기편 운항허가를 신청하는 경우에는 「항공사업법 시행규칙」 제8조제3항제3호가목·다목 및 사목의 내용이 포함된 사업계획서만을 제출합니다)	수수료 「항공사업법 시행규칙」 제71조

허가관련 조치하여야 할 사항

1. 허가를 받으신 후 사업개시 전까지 운임 및 요금의 신고를 하거나 인가를 받아야 합니다.
2. 허가신청서에 적은 운항개시예정일까지 사업을 개시하여야 합니다.
3. 그 밖에 필요한 사항은 국토교통부 국제항공과(국제선 허가 신청 시, 전화번호 : 044-201-4212), 항공산업과(국내선 허가 신청 시, 전화번호 044-201-4228)로 문의하시기 바랍니다.

210mm×297mm[백상지(80g/㎡) 또는 중질지(80g/㎡)]

[그림 8-5] 노선(운항)허가 신청서(앞)

(뒤 쪽)

처리절차

이 신청서는 아래와 같이 처리됩니다.

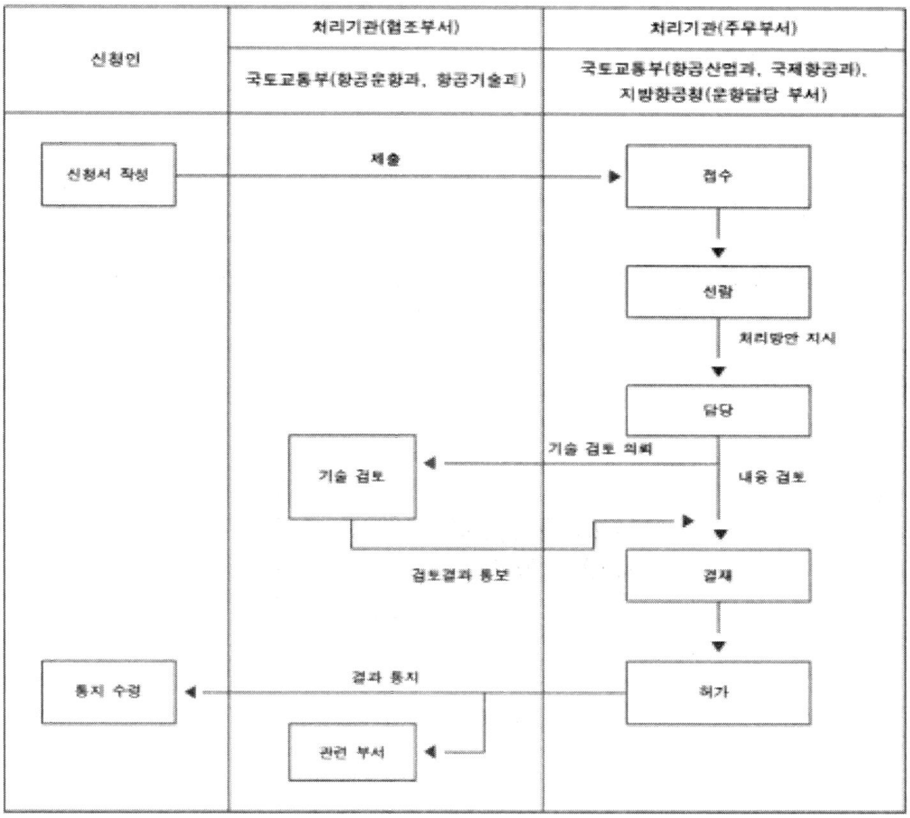

[그림 8-5] 노선(운항)허가 신청서(뒤)

■ 항공사업법 시행규칙 [별지 제5호서식]

제　　　호

정기편 노선허가증

1. 상호(법인명):

2. 성명(대표자):

3. 생년월일(법인등록번호):

4. 주소(소재지):

5. 노선명:

6. 허가연월일:

「항공사업법」 제7조제2항(제10조제3항) 및 같은 법 시행규칙 제8조제4항(제14조제2항)에 따라 정기편 노선의 개설을 허가합니다.

년　　월　　일

국토교통부장관
지 방 항 공 청 장　　직인

210mm×297mm[백상지(80g/㎡)]

[그림 8-6] 정기편 노선허가증

법 제9조에 따른 결격사유에 해당하는지를 심사한 후 신청내용이 적합하다고 인정하는 경우에는 별지 제2호서식의 면허대장에 그 사실을 적고 별지 그림 8-4의 제3호서식의 면허증을 발급하여야 한다.

국토교통부장관은 면허를 발급 또는 면허를 취소하려는 경우에는 관련 전문가 및 이해 관계인의 의견을 들어 결정하여야 한다.

8.2.2.6. 운항 허가

항공운송사업 면허를 받은 자가 정기편이나 부정기편 운항 허가를 받으려면 항공사업법 그림8-5의 항공사업법 시행규칙 별지 4호 허가신청서에 사업계획서를 첨부하여 국토교통부장관에게 신청한다. 정기편 노선 허가증은 그림 8-6의 항공사업법 시행규칙 별지 5호 서식이다.

8.2.3. 소형항공운송사업의 등록

8.2.3.1. 등록 요건 등

소형항공운송사업을 경영하려는 자는 국토교통부령으로 정하는 바에 따라 국토교통부장관에게 등록하여야 한다.

① 소형항공운송사업을 등록하려는 자는 다음 각 호의 요건을 갖추어야 한다.

1. 자본금 또는 자산평가액이 7억원 이상으로서 대통령령으로 정하는 금액 이상일 것
2. 항공기 1대 이상 등 대통령령으로 정하는 기준에 적합할 것
3. 그 밖에 사업 수행에 필요한 요건으로서 국토교통부령으로 정하는 요건을 갖출 것

② 소형항공운송사업을 등록한 자가 정기편 운항을 하려면 노선별로 국토교통부장관의 허가를 받아야 하며, 부정기편 운항을 하려면 국토교통부장관에게 신고하여야 한다.

③ 등록 또는 신고를 하거나 허가를 받으려는 자는 국토교통부령으로 정하는 바에 따라 운항개시예정일 등을 적은 신청서에 사업계획서와 그 밖에 국토교통부령으로 정하는 서류를 첨부하여 국토교통부장관에게 제출하여야 한다.

④ 등록 또는 신고를 하거나 허가를 받으려는 자가 그 내용 중 국토교통부령으로 정하는 중요한 사항을 변경하려면 국토교통부장관에게 변경등록 또는 변경신고를 하거나 변경허가를 받아야 한다.

⑤ 규정에 따른 등록, 신고, 허가, 변경등록, 변경신고 및 변경허가의 절차 등에 관한 사항은 국토교통부령으로 정한다.

⑥ 소형항공운송사업 등록의 결격사유에 관하여는 항공사업법 제9조를 준용한다.

8.2.3.2. 등록신청 서류, 심사 및 발급

① 항공사업법 제10조에 따른 소형항공운송사업을 하려는 자는 그림 8-7의 별지 제8호서식의 등록신청서에 다음의 서류를 첨부하여 지방항공청장에게 제출하여야 한다.

1. 소형항공운송사업 등록요건을 충족함을 증명하는 서류
2. 다음 각 목의 사항을 포함하는 사업계획서

가. 정기편 또는 제3조에 따른 부정기편 운항 구분

나. 사업활동을 하는 주된 지역. 다만, 국제선 운항의 경우에는 다음의 서류 또는 사항을 사업계획서에 포함시켜야 한다.

1) 외국에서 사업을 하는 경우에는 「국제민간항공조약」 및 해당 국가의 관계 법령 등에 어긋나지 아니하고 계약 체결 등 영업이 가능함을 증명하는 서류

2) 지점 간 운항의 경우에는 기점 · 기항지 · 종점 및 비행로와 각 지점 간의 거리에 관한 사항

3) 관광비행의 경우에는 출발지 및 비행로에 관한 사항

다. 사용 예정 항공기의 수 및 각 항공기의 형식(지점 간 운항 및 관광비행인 경우에는 노선별 또는 관광 비행구역별 사용 예정 항공기의 수 및 각 항공기의 형식)

라. 해당 운항과 관련된 사업을 경영하기 위하여

■ 항공사업법 시행규칙 [별지 제8호서식]

[ ] 소형항공운송사업 / [ ] 항공기사용사업 등록신청서

※ 색상이 어두운 난은 신청인이 작성하지 아니하며, [ ]에는 해당하는 곳에 √ 표시를 합니다. (앞쪽)

접수번호	접수일시	발급일	처리기간 25일(소형항공운송사업) 20일(항공기사용사업)

구분			
신청인	상호(법인명)	성명(대표자)	생년월일(법인등록번호)
	주소(소재지)		전화번호
			팩스번호

구분	
신청내용	자본금
	사업 범위 [ ] 소형(여객) [ ] 소형(화물) [ ] 항공기사용사업
	운항예정노선 또는 사업구역
	운항개시예정일
	임원의 명단
	기타 사업소의 명칭 및 소재지

「항공사업법」 제10조제1항, 제30조제1항 및 같은 법 시행규칙 제12조제1항, 제32조제1항에 따라

[[ ] 소형항공운송사업 / [ ] 항공기사용사업] 등록을 신청합니다.

년 월 일

신청인 (서명 또는 인)

지방항공청장 귀하

구분	내용	수수료
신청인 제출서류	1. 「항공사업법」 제10조제2항 또는 법 제30조제2항에 따른 등록요건을 충족함을 증명하는 서류 2. 「항공사업법 시행규칙」 제12조제1항제2호 및 제32조제1항제2호 각 목의 사항을 포함하는 사업계획서 3. 운항하려는 공항 또는 비행장시설의 이용이 가능함을 증명하는 서류(비행기를 이용하는 경우만 해당하며, 전세 운송의 경우는 제외합니다) 4. 「항공사업법」 제11조에 따른 항공기사고 시 지원계획서(소형항공운송사업의 경우에만 제출합니다) 5. 해당 사업의 경영을 위해 항공종사자 또는 항공기정비업자, 공항 또는 비행장 시설·설비의 소유자 또는 운영자, 헬기장 및 관련 시설의 소유자 또는 운영자, 항공기의 소유자 등과 계약한 서류 사본	「항공사업법 시행규칙」 제71조
담당공무원 확인사항	법인 등기사항증명서(법인인 경우만 해당합니다)	

유의사항

1. 등록을 하신 후 사업개시 전까지 다음 각 목의 사항에 대하여 증명 또는 인가를 받아야 합니다.
   가. 운항증명(「항공안전법」 제90조)
   나. 운항규정 및 정비규정의 인가(「항공안전법」 제93조)
2. 등록신청서에 적은 운항개시예정일까지 사업을 개시하여야 합니다.
3. 그 밖에 필요한 사항은 국토교통부 서울지방항공청 항공안전과(전화번호 032-740-2147), 부산지방항공청 항공운항과(전화번호 051-974-2154)에 문의하시기 바랍니다.

210㎜×297㎜[백상지(80g/㎡) 또는 중질지(80g/㎡)]

[그림 8-7] 소형항공운송업 신청서(앞)

(뒤 쪽)

처리절차

이 신청서는 아래와 같이 처리됩니다.

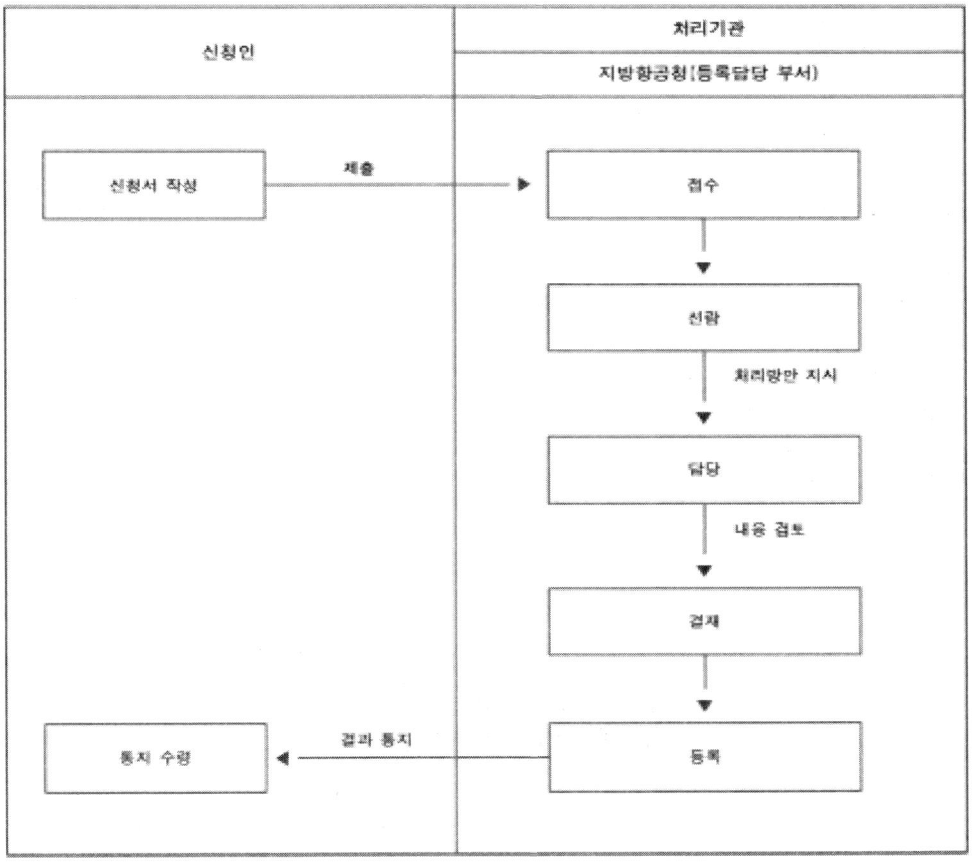

[그림 8-7] 소형항공운송업 신청서(뒤)

■ 항공사업법 시행규칙 [별지 제10호서식]

제 호

[ ] 소형항공운송사업
[ ] 항공기사용사업
[ ] 항공기정비업
[ ] 항공기취급업
[ ] 항공기대여업
[ ] 초경량비행장치사용사업
[ ] 항공레저스포츠사업

등록증

1. 상호(법인명)
2. 성명(대표자)
3. 생년월일(법인등록번호)
4. 주소(소재지)
5. 사업범위
6. 사업소
7. 등록연월일

「항공사업법」 제10조, 제30조, 제42조, 제44조, 제46조, 제48조 또는 제50조에 따라 위와 같이

[ ] 소형항공운송사업
[ ] 항공기사용사업
[ ] 항공기정비업
[ ] 항공기취급업
[ ] 항공기대여업
[ ] 초경량비행장치사용사업
[ ] 항공레저스포츠사업

을 등록합니다.

년 월 일

국 토 교 통 부 장 관
지 방 항 공 청 장

직인

210mm×297mm[백상지(80g/㎡)]

[그림 8-8] 소형항공운송사업 등록증

필요한 자금의 명세와 조달방법
마. 여객 · 화물의 취급 예정 수량 및 그 산출근거와 예상 사업수지
바. 도급사업별 취급 예정 수량 및 그 산출근거와 예상 사업수지
사. 신청인이 다른 사업을 하고 있는 경우에는 그 사업의 개요
3. 운항하려는 공항 또는 비행장시설의 이용이 가능함을 증명하는 서류(비행기를 이용하는 경우만 해당하며, 전세운송의 경우는 제외한다)
4. 항공사업법 제11조 제1항에 따른 항공기사고 시 지원계획서
5. 해당 사업의 경영을 위하여 항공종사자 또는 항공기정비업자, 공항 또는 비행장 시설 · 설비의 소유자 또는 운영자, 헬기장 및 관련 시설의 소유자 또는 운영자, 항공기의 소유자 등과 계약한 서류 사본

② 지방항공청장은 제1항에 따른 등록신청서의 내용이 명확하지 아니하거나 그 첨부서류가 미비한 경우에는 7일 이내에 보완을 요구하여야 한다.

③ 지방항공청장은 등록신청을 받은 경우에는 항공사업법 제10조제2항에 따른 소형항공운송사업의 등록을 충족하는지 심사한 후 신청내용이 적합하다고 인정되면 그림8-8의 별지 제10호서식의 등록증을 발급하여야 한다.

④ 지방항공청장은 등록 신청 내용을 심사하는 경우 ①항 5.에 따른 계약의 이행이 가능한지를 확인하기 위하여 관계 행정기관, 관련 단체 또는 계약 당사자의 의견을 들을 수 있다.

8.2.4. 항공기사용사업

8.2.4.1. 항공기사용사업의 정의

항공운송사업 외의 사업으로서 타인의 수요에 맞추어 항공기를 사용하여 유상으로 농약살포, 건설자재 등의 운반, 사진촬영 또는 항공기를 이용한 비행훈련 등

국토교통부령으로 정하는 업무를 하는 사업이다. "농약살포, 건설자재 등의 운반 또는 사진촬영 등 국토교통부령으로 정하는 업무"는 다음과 같다.

1. 비료 또는 농약 살포, 씨앗 뿌리기 등 농업 지원
2. 해양오염 방지약제 살포
3. 광고용 현수막 견인 등 공중광고
4. 사진촬영, 육상 및 해상 측량 또는 탐사
5. 산불 등 화재 진압
6. 수색 및 구조(응급구호 및 환자 이송을 포함한다)
7. 헬리콥터를 이용한 건설자재 등의 운반(헬리콥터 외부에 건설자재 등을 매달고 운반하는 경우만 해당한다)
8. 산림, 관로(管路), 전선(電線) 등의 순찰 또는 관측
9. 항공기를 이용한 비행훈련(「항공안전법에 따른 전문교육기관 및 「고등교육」에 따른 학교가 실시하는 비행훈련 등 다른 법률에서 정하는 바에 따라 실시하는 경우는 제외)
10. 항공기를 이용한 고공낙하
11. 글라이더 견인
12. 그 밖에 특정 목적을 위하여 하는 것으로서 국토교통부장관 또는 지방항공청장이 인정하는 업무

[표 8-4] 보증보험등의 가입 또는 예치 금액
(별표 1의2, 제32조의2 제1항 관련)

가입 또는 예치금액 직전 사업연도 매출액	보증보험	공제	영업보증금
1. 10억원 미만	2억원 이상	2억원 이상	2억원 이상
2. 10억원 이상 20억원 미만	3억원 이상	3억원 이상	3억원 이상
3. 20억원 이상 30억원 미만	4억원 이상	4억원 이상	4억원 이상
4. 30억원 이상	5억원 이상	5억원 이상	5억원 이상

비고
1. 직전 사업연도 매출액은 손익계산서에 표시된 매출액을 말하며, 비행훈련업자가 다른 사업을 겸업하는 경우에는 항공기를 이용한 비행훈련 업무를 하는 사업에서 발생한 매출액을 말한다.
2. 「소득세법」 제160조제3항 및 같은 법 시행령 제208조제5항에 따른 간편장부대상자의 경우에는 직전 사업연도 매출액이 10억원 미만인 경우의 기준을 적용한다.
3. 직전 사업연도의 매출액이 없는 사업개시 연도의 경우에는 직전 사업연도 매출액이 10억원 미만인 경우의 기준을 적용한다.

8.2.4.2. 항공기 사용사업의 등록

항공기사용사업을 경영하려는 자는 국토교통부령으로 정하는 바에 따라 운항개시예정일 등을 적은 신청서에 사업계획서와 그 밖에 국토교통부령으로 정하는 서류를 첨부하여 국토교통부장관에게 등록하여야 한다.

항공기사용사업을 등록하려는 자는 다음 각 호의 요건을 갖추어야 한다.

1. 자본금 또는 자산평가액이 7억원 이상으로서 대통령령으로 정하는 금액 이상일 것
2. 항공기 1대 이상 등 대통령령으로 정하는 기준에 적합할 것
3. 그 밖에 사업 수행에 필요한 요건으로서 국토교통부령으로 정하는 요건을 갖출 것

항공사업법 제9조 항공운송사업의 결격 사유의 어느 하나에 해당하는 자는 항공기사용사업의 등록을 할 수 없다.

8.2.4.3. 보증보험 등의 가입

항공기사용사업자 중 항공기를 이용한 비행훈련 업무를 하는 사업을 경영하는 자(이하 "비행훈련업자"라 한다)는 국토교통부령으로 정하는 바에 따라 교육비 반환 불이행 등에 따른 교육생의 손해를 배상할 것을 내용으로 하는 보증보험, 공제(共濟) 또는 영업보증금(이하 "보증보험등"이라 한다)에 가입하거나 예치하여야 한다. 다만, 해당 비행훈련업자의 재정적 능력 등을 고려하여 대통령령으로 정하는 경우에는 보증보험등에 가입 또는 예치하지 아니할 수 있다.

비행훈련업자가 가입하거나 예치하여야 하는 보증보험등의 가입 또는 예치 금액은 표 8-4의 보증보험등의 가입 또는 예치 금액(항공사업법 시행규칙 별표 1의2)와 같다. 보증보험등에 가입 또는 예치한 비행훈련업자는 보험증서, 공제증서 또는 예치증서의 사본을 지체없이 지방항공청장에게 제출하여야 한다. 변경 또는 갱신한 때에도 같다.

8.2.5. 항공기정비업

8.2.5.1. 항공정비업의 정의

"항공기정비업"은 타인의 수요에 맞추어 항공기, 발동기, 프로펠러, 장비품 또는 부품을 정비 · 스리 또는 개조하는 업무와 이 업무에 대한 업무에 대한 기술관리 및 품질관리 등을 지원하는 사업이다.

8.2.5.2. 항공기 정비업의 등록 요건

항공기정비업을 경영하려는 자는 국토교통부령으로 정하는 바에 따라 등록을 하여야 한다. 등록한 사항 중 국토교통부령으로 정하는 사항을 변경하려는 경우에는 국토교통부장관에게 신고하여야 한다. 항공기정비업을 등록하려는 자가 갖추어야 할 요건은 다음과 같다.(항공사업법 제42조)

1. 자본금 또는 자산평가액이 3억원 이상으로서 대통령령으로 정하는 금액 이상일 것
2. 정비사 1명 이상 등 대통령령으로 정하는 기준에 적합할 것
3. 그 밖에 사업 수행에 필요한 요건으로서 국토교통부령으로 정하는 요건을 갖출 것

항공사업법 제9조 항공운송사업의 결격 사유 제2호부터 6호까지에 해당하는 자(법인으로서 임원 중에 대한민국 국민이 아닌 사람이 있는 경우는 제외한다)와 항공기정비업 등록의 취소처분을 받은 후 2년이 지나지 아니한 자는 항공기정비업의 할 수 없다.

8.2.6. 항공기취급업

8.2.6.1. 항공기취급업의 정의

"항공기취급업"은 타인의 수요에 맞추어 항공기에 대한 급유, 항공화물 또는 수하물의 하역과 그 밖에 국토교통부령으로 정하는 지상조업(地上操業)을 하는 사업이다. 항공기취급업에는 항공기급유업, 항공기하역업, 지상조업사업으로 구분한다.

8.2.6.2. 항공기취급업의 등록 요건

항공기취급업을 경영하려는 자는 국토교통부령으로 정하는 바에 따라 신청서에 사업계획서와 그 밖에 국토교통부령으로 정하는 서류를 첨부하여 국토교통부장관에게 등록하여야 한다. 등록한 사항 중 국토교통부령으로 정하는 사항을 변경하려는 경우에는 국토교통부장관에게 신고하여야 한다. 항공기취급업을 등록하려는 자는 다음 각 호의 요건을 갖추어야 한다.(항공사업법 제44조)

1. 자본금 또는 자산평가액이 3억원 이상으로서 대통령령으로 정하는 금액 이상일 것
2. 항공기 급유, 하역, 지상조업을 위한 장비 등이 대통령령으로 정하는 기준에 적합할 것
3. 그 밖에 사업 수행에 필요한 요건으로서 국토교통부령으로 정하는 요건을 갖출 것

다음 각 호의 어느 하나에 해당하는 자는 항공기취급업의 등록을 할 수 없다.

1. 제9조제2호부터 제6호(법인으로서 임원 중에 대한민국 국민이 아닌 사람이 있는 경우는 제외한다)까지의 어느 하나에 해당하는 자
2. 항공기취급업 등록의 취소처분을 받은 후 2년이 지나지 아니한 자. 다만, 제9조제2호에 해당하여 제45조제7항에 따라 항공기취급업 등록이 취소된 경우는 제외한다.

8.2.7. 항공기대여업의 등록

"항공기대여업"은 타인의 수요에 맞추어 유상으로 항공기, 경량항공기 또는 초경량비행장치를 대여(貸與)하는 사업이다.

항공기대여업을 경영하려는 자는 국토교통부장관에게 항공기대여업을 등록하여야 한다.

8.2.8. 초경량비행장치사용사업의 등록

"초경량비행장치사용사업"은 타인의 수요에 맞추어 국토교통부령으로 정하는 초경량비행장치를 사용하여 유상으로 농약살포, 사진촬영 등

국토교통부령으로 정하는 업무를 하는 사업이다.

초경량비행장치사용사업을 경영하려는 자는 국토교통부장관에게 초경량비행장치사용사업을 등록하여야 한다.

여기서, 초경량비행장치는 무인비행장치이고 이 사업의 업무는 다음과 같다.

1. 비료 또는 농약 살포, 씨앗 뿌리기 등 농업 지원
2. 사진촬영, 육상 · 해상 측량 또는 탐사
3. 산림 또는 공원 등의 관측 또는 탐사
4. 조종교육
5. 그 밖의 업무로서 다음 각 목의 어느 하나에 해당하지 아니하는 업무
   가. 국민의 생명과 재산 등 공공의 안전에 위해를 일으킬 수 있는 업무
   나. 국방 · 보안 등에 관련된 업무로서 국가 안보를 위협할 수 있는 업무

8.2.9. 항공레저스포츠사업의 등록

"항공레저스포츠사업"이란 타인의 수요에 맞추어 유상으로 항공기(비행선과 활공기에 한정한다), 경량항공기 또는 국토교통부령으로 정하는 초경량비행장치를 사용하여 조종교육, 체험 및 경관조망을 목적으로 사람을 태워 비행하는 서비스, 항공레저스포츠를 위하여 활공기 등 국토교통부령으로 정하는 항공기, 경량항공기, 초경량비행장치를 대여하는 서비스, 경량항공기 또는 초경량비행장치에 대한 정비, 수리 또는 개조서비스를 하는 사업이다.

이 사업도 등록을 하여야 한다. "국토교통부령으로 정하는 초경량비행장치"는 인력활공기(人力滑空機), 기구류, 착륙장치가 없는 동력패러글라이더, 낙하산류이며, "활공기 등 국토교통부령으로 정하는 항공기"란 활공기 또는 비행선을 말한다.

8.2.10. 신고의무가 있는 항공사업

국토교통부장관에게 사업의 신고 의무가 있는 사업은 "상업서류송달업", "항공운송총대리점업", "도심공항터미널업" 등이다.

8.2.11. 외국인 국제항공운송사업 허가 기준

항공사업법 제54조에 규정된 다음 각 호의 외국인도 국토교통부장관의 허가를 받아 유상으로 국내항공운송사업의 국제항공 발전에 지장을 초래하지 아니하는 범위에서 운항 횟수 및 사용 항공기의 기종(機種)을 제한하여 여객 또는 화물을 운송하는 사업을 할 수 있다.(항공사업법 제54조)

1. 대한민국 국민이 아닌 사람
2. 외국정부 또는 외국의 공공단체
3. 외국의 법인 또는 단체
4. 제1호부터 제3호까지의 어느 하나에 해당하는 자가 주식이나 지분의 2분의 1 이상을 소유하거나 그 사업을 사실상 지배하는 법인. 다만, 우리나라가 해당 국가(국가연합 또는 경제공동체를 포함한다)와 체결한 항공협정에서 달리 정한 경우에는 그 항공협정에 따른다.
5. 외국인이 법인등기사항증명서상의 대표자이거나 외국인이 법인등기사항증명서상 임원 수의 2분의 1 이상을 차지하는 법인. 다만, 우리나라가 해당 국가(국가연합 또는 경제공동체를 포함한다)와 체결한 항공협정에서 달리 정한 경우에는 그 항공협정에 따른다.

외국인 국제항공운송사업의 허가기준은 다음과 같다.

1. 우리나라와 체결한 항공협정에 따라 해당 국가로부터 국제항공운송사업자로 지정받은 자일 것
2. 운항의 안전성이 「국제민간항공협약」 및 같은 협약의 부속서에서 정한 표준과 방식에 부합하여 「항공안전법」 제103조제1항에 따른 운항증명승인을 받았을 것
3. 항공운송사업의 내용이 우리나라가 해당 국가와 체결한 항공협정에 적합할 것
4. 국제 여객 및 화물의 원활한 운송을 목적으로 할 것

8.2.12. 항공교통이용자의 보호 등

항공교통사업자는 영업개시 30일 전까지 국토교통부령으로 정하는 바에 따라 항공교통이용자를 다음 각 호의 어느 하나에 해당하는 피해로부터 보호하기 위한 피해구제 절차 및 처리계획을 수립하고 이를 이행하여야 한다.(항공사업법 제61조)

1. 항공교통사업자의 운송 불이행 및 지연
2. 위탁수화물의 분실 · 파손
3. 항공권 초과 판매
4. 취소 항공권의 대금환급 지연
5. 탑승위치, 항공편 등 관련 정보 미제공으로 인한 탑승 불가

8.3. 항공운송사업자 등에 대한 안전관리

8.3.1. 항공운송사업 운항증명(Air Operator Certificate, AOC)

항공운송사업은 국내항공운송사업, 국제항공운송사업 및 소형항공운송사업이다. 항공운송사업 운항증명은 국토교통부장관 또는 지방항공청장이 항공운송사업을 경영하고자 하는 자가 안전운항을 지속적으로 수행할 수 있다고 판단하는 경우 당해 사업자에게 교부하는 증명을 말한다. 항공사의 인력, 장비, 시설 및 운항 관리, 정비 지원 등 안전운항 체계를 종합적으로 검사하여, 항공사가 적합한 안전운항 능력을 구비하였다고 판단한 경우에 국토교통부장관이 발행하는 증명(서)이다. (그림 8-9).

항공운송사업자는 해당 사업 면허나 등록 운항증명 허가를 받은 후에 해당 영업을 할 수 있다. AOC 신청, 검사, 발급 등에 대한 절차는 「항공안전법 제7장 항공운송사업자 등에 대한 안전관리」 부분에 규정되어 있다.

항공사가 유효한 AOC를 갖고 있다는 것은 항공운

송사업을 수행함에 있어 항공 안전체계를 갖추고 있다는 것이며, 항공사의 AOC 유지 요건은 다음과 같다.

- AOC 교부 당시의 안전운항체계 유지 및 운영기준 등 지속 준수
- 안전운항체계에 변경이 있을 경우 안전운항체계 변경검사 수검
- 항공당국은 안전운항체계 유지 여부를 정기 또는 수시로 지속적 검사 수행
- 법규 위반, 안전운항체계 미 유지 시 AOC의 효력 등에 대하여 정부의 제재 가능

AOC 허가에 대한 ICAO 표준은 체약국의 항공당국이 자국 내 항공사를 대상으로 허가서를 발행하는 것으로 체약국을 운항하는 외국 항공사에게까지 발급하도록 규정하고 있지 않다. 그러나, 시카고협약 일부 체약국은 외국항공사에게도 이를 발행하고 있다. 외국 항공사에 허가는 AOC는 FAOC(Foreign Air Operator Certificate)라고 하며, EASA에서는 EU Regulation에 'TCO(Third Country Operator) Authorisation'이라는 용어를 사용한다.

운항증명은 다음과 같이 단계별로 진행된다.

1. 신청단계(Application Phase),
2. 예비심사단계(Preliminary Assessment Phase),
3. 서류 및 현장 검사 단계(Operational Inspection),
4. 운항증명서 교부단계(Certification Phase),
5. 지속감독단계(Continuing Surveillance and Inspection).

8.3.2. 운영기준(Operations Specifications, OpSpec)

운항증명서는 운영기준(그림 8-10)과 함께 교부되며, 운항증명서 및 운영기준의 내용은 운항증명 신청자의 사업의 종류와 범위에 따라 다르다.

운영기준은 안전운항을 위하여 준수해야 할 항로 및 공항 등에 대한 운항조건 및 제한사항이 포함되어 있다. 구체적인 운항조건 및 제한사항으로는 위험물 운송, 저시정 운항, 회항시간 연장운항(EDTO), 수직분리축소공역운항(RVSM), 성능기반항행요구공역운항(PBN) 등에 대한 허가 사항 등이다. 시카고협약 체약국은 영문 외의 언어로 운영기준을 발행할 경우 영문을 포함하여 발행해야 한다. 항공사는 항공당국이 발행한 운영기준을 항공기에 탑재해야 한다.

운영기준에는 운항증명 신청자의 보유 항공기, 운항하고자 하는 노선의 구조 및 운항형태 등 운항의 범위와 성격 등을 고려하여 운항증명 신청자가 준수해야 할 안전기준과 제한사항을 명시하며, 다음과 같이 구성된다.

1. Part A : 일반사항
2. Part B : 항로인가, 제한사항 및 절차
3. Part C : 공항사용허가 및 제한사항 – 비행기
4. Part D : 정비
5. Part E : 중량배분
6. Part F : 항공기부품교환
7. Part G : 항공기 임차운항에 관한 사항
8. Part H : 공항사용허가 및 제한사항 – 회전익항공기

운 항 증 명 서
Air Operator Certificate

대한민국

국토교통부

Republic of Korea
Ministry of Land, Infrastructure and Transport

1. 운항증명번호(AOC No.): 2. AOC 형태(Type of AOC) ☐ International Air Carrier ☐ Domestic Air Carrier ☐ Small Commercial Air Transport Operator ☐ Aerial Work Operator	3. 사업자 명(Operator Name): 4. 주소(Operator Address): 5. 전화번호(Telephone): 6. 팩스(Fax): 7. E-mail:	8. 세부 연락처: 운영기준 Part ( ) 참조 Operational Points of Contact: Contact details, at which operational management can be contacted without undue delay, are listed in Op Spec Part( ).

9. 이 증명서는 ( )가 「항공안전법」 그리고 이에 관련된 모든 항공규정 및 운영기준에서 정한 운항조건과 제한사항에 따라 항공운송사업 및 항공기사용사업을 수행토록 인가되었음을 증명함

This certificate certifies that ( ) is authorized to perform commercial air operations and aerial work operations, as defined in the attached operations specifications, in accordance with the Operations Manual and the Aviation Safety Act of the Republic of Korea and regulations and standards.

10. 유효기간: 이 증명서는 양도될 수 없으며 정지 또는 취소되거나 반납하지 아니하는 한 무기한 유효함.

Expiry Date: This certificate is not transferable and unless returned, suspended or revoked, shall continue in effect until otherwise terminated.

11. 발행일자(Date of issue): 년(year) 월(month) 일(day)

국토교통부장관 [직인]

Minister of Land, Infrastructure and Transport

또는 **지방항공청장** [직인]

Administrator of Regional Aviation Administration

210㎜×297㎜[백상지(80g/㎡)]

[그림 8-9] 운항증명서

■ 항공안전법 시행규칙 [별지 제91호서식]

(제1쪽)

운영기준

Operations Specifications

(subject to the approved conditions in the Operations Manual)

발행기관 연락처(Issuing Authority Contact Details)

Telephone: Fax: E-mail:

운항증명 번호 AOC #	사업자 명칭 Operator Name, Dba Trading Name	발행일자 Date	발행자 서명 Signature

항공기 형식 Aircraft Model

운항 형태 Type of operation

[ ] Passengers [ ] Cargo [ ] Other : ___________

운항 지역 Area of operation

특별 제한사항 Special Limitations

특별 인가사항 Special Authorizations	Yes	No	세부 승인사항 Specific Approvals	비 고 Remarks
위험물 운송 Dangerous Goods	[ ]	[ ]		
저시정 운항 Low Visibility Operations				
Approach and Landing	[ ]	[ ]	CAT____, RVR____m, DH:____ft	
Take-off	[ ]	[ ]	RVR_____m	
Operational Credit(s)	[ ]	[ ]		
수직분리축소공역운항 RVSM [ ] N/A	[ ]	[ ]		
회항시간 연장운항 EDTO [ ] N/A	[ ]	[ ]	Threshold Time: _____minutes Maximum Diversion Time: ____minutes	
성능기반항행요구공역운항 Navigation Specifications for PBN Operations	[ ]	[ ]		
감항성지속유지 Continuing Airworthiness	╳	╳		
전자비행정보 EFB	╳	╳		
기타 Others	[ ]	[ ]		

210㎜×297㎜[백상지(150g/㎡)]

[그림 8-10] 운영기준(제1쪽)

(제2쪽)

대한민국 국토교통부 The Republic of Korea Ministry of Land, Infrastructure and Transport	운항증명 번호 Certificate No.:

운영기준

Operations Specifications

(항공운송사업자명 또는 항공기사용사업자명)

「항공안전법」 제90조 및 같은 법 시행규칙 제259조제1항에 따라 운영기준을 발급합니다.

국토교통부 항공운항과장 또는 항공기술과장
지방항공청 항공운항과장 또는 항공검사과장 (서명 또는 인)

적용일:

[그림 8-10] 운영기준(제2쪽)

8.3.3. 운항증명 절차

운항증명은 다음 5단계의 순서로 진행되며, 단계별 추진이 이행되기 전에 운항증명 신청자와 운항증명 담당부서 간 운항증명의 신청 및 증명을 위한 검사진행 일정에 관하여 사전 협의가 선행되어야 한다.

1. 신청 단계(Application Phase). 운항 증명서 신청 시에는 운항규정, 정비규정 등 항공안전법 시행규칙에서 정한 서류를 첨부하여야 하며 예비 신청 단계를 거쳐 정식 신청을 한다.
2. 예비 심사 단계(Preliminary Assessment Phase). 서류 수정 및 보완을 하며 서류 검사 및 현장 검사 일정 등을 수립한다.
3. 검사 단계(Operational Inspection). 서류 검사 단계와 현장 검사 단계로 구분한다.
   서류 검사 단계(Document Evaluation Phase): 운항규정, 정비규정, 종사자 훈련 프로그램 등 AOC 신청 시 제출된 제반 규정을 심사한다.
   현장 검사 단계(Demonstration and Inspection Phase): 운항 증명서 교부 전에 신청자가 항공법령을 준수하고 안전운항체계를 유지할 수 있는 능력이 있는지 확인한다.
4. 운항증명서 교부 단계(Certification Phase).
   서류 검사 단계와 현장 검사 단계가 만족스럽게 끝나면 항공 당국은 운항증명서(AOC)와 운항조건과 제한사항이 명시된 운영기준(Operations Specifications)을 신청자에게 교부한다. 신청자는 운항증명서 및 운영기준을 교부받아야 유상 항공운송사업을 개시할 수 있는 자격이 주어진다. 운영기준은 항공 당국에 의해 변경될 수 있으며 운항증명 소지자의 신청에 의해서 변경 승인될 수 있다.
5. 지속 감독 단계(Continuing Surveillance and Inspection). AOC 인가 절차가 완료되면, 항공운송사업자는 운항을 개시할 수 있으며, 안전운항체계에 변경이 있을 경우 안전운항체계 변경검사를 받아야 한다. 또한, 항공 당국은 안전운항체계 유지 여부를 확인하기 위하여 정기 또는 수시 점검을 실시하며, 법규 위반, 안전운항체계 미 유지 시 AOC 효력 등에 대하여 정부의 제재가 가능하다.

8.3.3.1. 운항증명의 신청

항공운송사업자는 항공안전법 시행규칙 별지 제89호 서식 운항증명 신청서에 운항규정, 정비규정 등 별표 32의 서류를 첨부하여 운항 개시 예정일 90일 전까지 국토교통부장관 또는 지방항공청장에게 제출하여야 한다. 운항증명 신청 시 제출하여야 할 서류 및 신청절차 등 준비사항에 관한 정보는 국토교통부 훈령 제1072호(시행 2018. 8. 22) “항공운송사업 운항증명 업무지침”에 따른 안내서를 참조한다.
AOC 신청 시 신청서에 첨부하여야 하는 서류는 다음과 같다.

1. 국토교통부장관 또는 지방항공청장으로부터 발급 받은「항공사업법」제7조에 따른 국내 항공운송사업면허증 또는 국제항공운송사업면허증, 「항공사업법」제10조제1항에 따른 소형항공운송사업등록증,「항공사업법」제30조에 따른 항공기사용사업등록증 중 해당 면허증 또는 등록증의 사본
2. 「항공사업법」제8조제1항제4호 또는 같은 법 제11조제1항제2호에 따라 제출한 사업계획서 내용

의 추진일정

3. 조직 · 인력의 구성, 업무분장 및 책임
4. 주요 임원의 이력서
5. 항공법규 준수의 이행 서류와 이를 증명하는 서류(Final Compliance Statement)
6. 항공기 또는 운항 · 정비와 관련된 시설 · 장비 등의 구매 · 계약 또는 임차 서류
7. 종사자 훈련 교과목 운영계획
8. 별표 36에서 정한 내용이 포함되도록 구성된 다음 각 목의 구분에 따른 교범. 이 경우 단행본으로 운영하거나 각 교범을 통합하여 운영할 수 있다.
 가. 운항일반교범(Policy and Administration Manual)
 나. 항공기운영교범(Aircraft Operating Manual)
 다. 최소장비목록 및 외형변경목록(MEL/CDL)
 라. 훈련교범(Training Manual)
 마. 항공기성능교범(Aircraft Performance Manual)
 바. 노선지침서(Route Guide)
 사. 비상탈출절차교범(Emergency Evacuation Procedures Manual)
 아. 위험물교범(Dangerous Goods Manual)
 자. 사고절차교범(Accident Procedures Manual)
 차. 보안업무교범(Security Manual)
 카. 항공기 탑재 및 처리교범(Aircraft Loading and Handling Manual)
 타. 객실승무원업무교범(Cabin Attendant Manual)
 파. 비행교범(Airplane Flight Manual)
 하. 지속감항정비프로그램(Continuous Airworthiness Maintenance Program)
9. 승객 브리핑카드(Passenger Briefing Cards)
10. 급유 · 재급유 · 배유절차
11. 비상구열 좌석(Exit Row Seating)절차
12. 약물 및 주정음료 통제절차
13. 운영기준에 포함될 자료
14. 비상탈출 시현계획(Emergency Evacuation Demonstration Plan)
15. 운항증명을 위한 현장검사 수검계획(Flight Operations Inspection Plan)
16. 환경영향평가서(Environmental Assessment)
17. 훈련계약에 관한 사항
18. 정비규정
19. 그 밖에 국토교통부장관이 정하는 사항

8.3.3.2. 운항증명 검사

8.3.3.2.1. 검사일반

국토교통부 운항증명 검사팀장은 안전운항에 대해 궁극적인 책임을 갖는 운항증명 신청자가 운항증명을 받을 자격이 있고, 안전하고 효율적인 운항을 포함하여 적용되는 규정과 규칙 등을 충분히 이행할 수 있는 능력의 보유 여부 등을 정확하게 판단할 수 있도록 관련 증빙자료를 확인한다.

- 검사는 서류검사와 현장검사로 구분하여 실시한다.
- 신청자의 사업의 종류와 범위, 항공기의 종류 등을 고려하여 검사내용 등의 일부를 생략할 수 있다.
- 검사는 예비평가-서류검사-현장검사의 순으로 수행되며, 서류검사와 현장검사를 동시에 수행할 수 있다.

8.3.3.2.2. 예비평가(Preliminary Assessment of The Application)

접수된 운항증명 신청서에 필요한 자료가 정확하게

기록되었는지와 관련 첨부 서류가 적절히 제출되었는지 확인한다.

- 운항증명 신청서 및 첨부서류에 잘못이 있거나 관련 자료가 누락된 경우, 경미한 사항에 대하여는 신청자에게 즉시 보완토록 하고, 중대한 사항에 대해서는 신청반려사유를 명시하여 신청서 및 첨부서류를 반려한다.
- 구성된 운항증명 검사팀장으로 하여금 제출된 서류 등을 기초로 하여 예비심사 실시(예비평가단계에서 확인해야 할 사항의 확인)한다.
- 서류검사와 현장검사를 포함한 운항증명 검사계획을 수립하여 통보한다.

8.3.3.2.3. 서류검사(Document Compliance Phase)

- 운항증명 검사팀장은 운항증명 신청자가 제출한 서류에 대해 항공법령에서 정한 바에 따라 항공기의 안전운항을 위해 운항증명 신청자가 구비해야 할 규정과 서류 등에 대하여 검사를 한다.
- 신청자가 제출한 서류가 항공법령 등에 위배되는 등 미비점이 있을 경우, 운항증명 신청자에게 보완요청서를 발부하여 조치결과를 제출토록 하여야 한다.
- 신청자가 계획된 운항에 대한 적절한 관리를 이행할 수 있는지를 확인하기 위하여 관련 절차, 지침, 관리 방식 및 조직 구조 등을 서류 검사단계에서 평가한다.
- 서류검사단계에서 확인해야 할 서류와 검사 범위 및 기준 등은 표8-5와 같다.
- 신청자가 제출한 서류가 모든 요건에 부합되고 만족하다고 판단한 경우, 운항증명 신청자가 운항증명에 필요한 업무를 계속 진행할 수 있도록, 운항규정, 정비규정, 항공종사자 훈련프로그램 등 교범 및 절차 등을 운항증명이 교부되기 전에 인 · 허가 또는 승인할 수 있다.

8.3.3.2.4. 현장검사(Demonstration and Inspections Phase)

- 현장검사는 신청서에 명시된 운항을 안전하게 수행할 수 있는 안전운항체계를 운항증명 신청자가 지속적으로 유지할 수 있는지 여부를 확인하기 위해 운항증명 신청자의 직원 배치상태, 훈련과정, 지상장비 및 운항/정비시설 등에 관하여 현장검사를 실시하여 그 적합성 여부를 확인한다.
- 운항증명 검사팀장은 운항증명 신청자의 비행, 운항관리 등을 포함한 모든 업무수행능력을 관찰하고 항공기 정비 장비 및 시설 등의 적절성 여부와 운항증명 신청자가 실시하는 비상탈출시범 및 비상착수시범 등을 검사하고 적합 여부를 판단하여야 하며, 검사과정에서 미비점이 있을 경우, 운항증명 신청자에게 보완요청서를 발부하고, 조치결과를 제출토록 하여야 한다.
- 운항증명 검사팀장은 현장검사를 통하여 안전운항체계유지를 위해 운항증명 신청자가 제출한 각종 규정, 교범 및 서류 등에서 기술된 대로 제반 업무가 효과적으로 수행되는지를 평가하여야 한다.
- 현장검사단계에서 확인해야 할 사항과 검사의 범위 및 기준 등은 표 8-6과 같다.

8.3.3.3. 운항증명 등의 발급

국토교통부장관 또는 지방항공청장은 제258조에

[표 8-5] 서류검사 기준

검사 항목 및 검사 기준	적용대상 사업자			
	항공운송사업			항공기 사용사업
	국제	국내	소형	
가. 「항공사업법」 제8조제1항제4호 또는 제11조제1항제2호에 따라 제출한 사업계획서 내용의 추진일정 국토교통부장관 또는 지방항공청장이 운항증명을 위한 검사를 시작하기 전에 완료되어야 하는 항목, 활동 내용 및 항공기등의 시설물 구매에 관한 내용이 정확한 예정일 순서에 따라 이치에 맞게 수립되어 있을 것	○	○	○	○
나. 조직 · 인력의 구성, 업무분장 및 책임 신청자가 인가받으려는 운항을 하기에 적합한 조직체계와 충분한 인력을 확보하고 업무분장을 명확하게 유지할 것	○	○	○	○
다. 항공법규 준수의 이행 서류와 이를 증명하는 서류(Regulations Compliance Statement) 항공운송사업자 또는 항공기사용사업자에게 적용되는 항공법규의 준수방법을 논리적으로 진술하거나 또는 증명서류로 확인시킬 수 있을 것	○	○	○	○
라. 항공기 또는 운항 · 정비와 관련된 시설 · 장비 등의 구매 · 계약 또는 임차 서류 신청자가 제시한 운항을 하는 데 필요한 항공기, 시설 및 업무 준비를 마쳤음을 증명할 수 있을 것	○	○	○	○
마. 종사자 훈련 교과목 운영계획 기초훈련, 비상절차훈련, 지상운항절차훈련, 비행훈련, 정기훈련(Recurrent Training), 전환 및 승격훈련(Transition and Upgrade Training), 항공기차이점훈련(Differences Training), 보안훈련, 위험물취급훈련, 검열운항승무원/비행교관훈련, 객실승무원훈련, 운항관리사훈련 및 정비인력훈련을 포함한 종사자에 대한 훈련계획이 적절히 수립되어 있을 것	○	○	○	○
바. 별표 36에서 정한 내용이 포함되도록 구성된 다음의 구분에 따른 교범				
1) 운항일반교범(Policy and Administration Manual)	○	○	○	○
2) 항공기운영교범(Aircraft Operating Manual)	○	○	○	해당될 경우 적용
3) 최소장비목록 및 외형변경목록(MEL/CDL)	○	○	○	해당될 경우 적용
4) 훈련교범(Training Manual)	○	○	○	○
5) 항공기성능교범(Aircraft Performance Manual)	○	○	○	○
6) 노선지침서(Route Guide)	○	○	○	–
7) 비상탈출절차교범(Emergency Evacuation Procedures Manual)	○	○	해당될 경우 적용	–
8) 위험물교범(Dangerous Goods Manual)	○	○	해당될 경우 적용	–
9) 사고절차교범(Accident Procedures Manual)	○	○	○	○
10) 보안업무교범(Security Manual)	○	○	○	–
11) 항공기 탑재 및 처리교범(Aircraft Loading and Handling Manual)	○	○	○	–
12) 객실승무원업무교범(Cabin Attendant Manual)	○	○	–	–

검사 항목 및 검사 기준	적용대상 사업자			
	항공운송사업			항공기 사용사업
	국제	국내	소형	
13) 비행교범(Airplane Flight Manual)	○	○	○	○
14) 지속감항정비프로그램(Continuous Airworthiness Maintenance Program)	○	○	해당될 경우 적용	해당될 경우 적용
15) 지상조업 협정 및 절차	○	○	○	–
사. 승객 브리핑카드(Passenger Briefing Cards) 운항승무원 및 객실승무원이 도울 수 없는 비상상황에서 승객이 필요로 하는 기능과 승객의 재착석절차 등이 적절하게 정해져 있을 것	○	○	○	–
아. 급유 · 재급유 · 배유절차 연료 주입과 배유 시 처리절차 및 안전조치가 적절하게 정해져 있을 것	○	○	○	해당될 경우 적용
자. 비상구열 좌석(Exit Row Seating)절차 비상상황 발생 시 객실승무원의 객실안전업무를 보조하도록 하기 위한 비상구열좌석의 배정방법 등의 절차가 적절하게 정해져 있을 것	○	○	해당될 경우 적용	–
차. 약물 및 주류등 통제절차 항공기 안전운항을 해칠 수 있는 승무원의 약물 또는 주류등의 섭취를 방지할 대책이 적절히 마련되어 있을 것	○	○	○	○
카. 운영기준에 포함될 자료 운항하려는 항로 · 공항 및 항공기 정비방법 등에 관한 기초자료가 적절히 작성되어 있을 것	○	○	○	○
타. 비상탈출 시현계획(Emergency Evacuation Demonstration Plan) 비상상황에서 운항승무원 및 객실승무원이 취해야 할 조치능력을 모의로 시현할 수 있는 시나리오 및 일정 등이 적절히 짜여져 있을 것	○	○	해당될 경우 적용	–
파. 항공기 운항 검사계획(Flight Operations Inspection Plan) 항공법규를 준수하면서 모든 운항업무를 수행할 수 있음을 시범 보일 수 있는 시나리오 및 일정 등 계획이 적절히 짜여져 있을 것	○	○	○	–
하. 환경영향평가서(Environmental Assessment) 자체적으로 또는 외부기관으로부터 환경영향평가에 관한 종합적 분석자료가 준비되어 있을 것	○	○	○	–

[표 8-6] 현장검사 기준

검사 항목 및 검사 기준	적용 대상 사업자			
	항공운송사업			항공기 사용사업
	국제	국내	소형	
가. 지상의 고정 및 이동시설 · 장비 검사 주 운항기지, 주 정비기지, 국내외 취항공항 및 교체공항(국토교통부장관 드는 지방항공청장이 지정하는 곳만 해당한다)의 지상시설 · 장비, 인력 및 훈련프로그램 등이 신청자가 인가받으려는 운항을 하기에 적합하게 갖추어져 있을 것	○	○	○	○
나. 운항통제조직의 운영 운항통제, 운항 감독방법, 운항관리사의 배치와 임무 배정 등이 안전운항을 위하여 적절하게 이루어지고 있을 것	○	○	○	○
다. 정비검사시스템의 운영 정비방법 · 기준 및 검사절차 등이 적합하게 갖추어져 있을 것	○	○	○	○
라. 항공종사자 자격증명 검사 조종사 · 항공기관사 · 운항관리사 및 정비사의 자격증명 소지 등 자격관리가 적절히 이루어지고 있을 것	○	○	○	○
마. 훈련프로그램 평가 1) 훈련시설, 훈련스케줄 및 교과목 등이 적절히 짜여져 있고 실행되고 있음을 증명할 것 2) 운항승무원에 대한 훈련과정이 기초훈련, 비상절차훈련, 지상훈련, 비행훈련 및 항공기차이점훈련을 포함하여 효과적으로 짜여져 있고 자격을 갖춘 교관이 훈련시키고 있음을 증명할 것 3) 검열운항승무원 및 비행교관 훈련과정이 적절하게 짜여져 있고 그대로 실행하고 있을 것 4) 객실승무원 훈련과정이 기초훈련, 비상절차훈련 및 지상훈련을 포함하여 적절하게 짜여져 있고 그대로 실행하고 있음을 증명할 것. 다만, 화물기 및 소형항공운송사업의 경우에는 적용하지 않는다. 5) 운항관리사의 훈련과정이 적절하게 짜여져 있고 그대로 실행되고 있음을 증명할 것 6) 위험물취급훈련 및 보안훈련과정이 적절하게 짜여져 있고 그대로 실행되고 있음을 증명할 것 7) 정비훈련과정이 적절하게 짜여져 있고 그대로 실행되고 있음을 증명할 것	○	○	○	해당될 경우 적용
바. 비상탈출 시현 비상상황에서 비상탈출 및 구명장비의 사용 등 운항승무원 및 객실승무원이 취해야 할 조치를 적절하게 할 수 있음을 시범 보일 것	○	○	해당될 경우 적용	–
사. 비상착수 시현 수면 위로 비행하게 될 항공기의 기종과 모델별로 비상착수 시 비상장비의 사용 등 필요한 조치를 적절하게 할 수 있음을 시범 보일 것	○	○	해당될 경우 적용	–
아. 기록 유지 · 관리 검사 1) 운항승무원 훈련, 비행시간 · 휴식시간, 자격관리 등 운항 관련 기록이 적절하게 유지 및 관리되고 있을 것 2) 항공기기록, 직원훈련, 자격관리 및 근무시간 제한 등 정비 관련 기록이 적절하게 관리 · 유지되고 있을 것 3) 비행기록(Flight Records)이 적절하게 유지되고 있을 것	○	○	○	○
자. 항공기 운항검사(Flight Operations Inspection) 비행 전(Pre-flight), 비행 중(In-flight) 및 비행 후(Post-flight)의 모든 운항절차가 적절하게 이루어지고 있음을 시범 보일 것	○	○	○	–
차. 객실승무원 직무능력 평가 비행 중 객실 내 안전업무를 수행하기에 적절한 능력을 보유하고 있음을 시범 보일 것	○	○	해당될 경우 적용	–
카. 항공기 적합성 검사(Aircraft Conformity Inspection) 항공기가 안전하게 비행할 수 있는 성능을 유지하고 있음을 증명할 것	○	○	○	○
타. 주요 간부직원에 대한 직무지식에 관한 인터뷰 검사관이 실시하는 주요 보직자에 대한 무작위 인터뷰 시 해당직무에 대한 이해와 필요한 지식을 보유하고 있음을 증명할 것	○	○	○	○

따른 운항증명검사 결과 검사기준에 적합하다고 인정하는 경우에는 그림 8-9의 운항증명서 와 "국토교통부령으로 정하는 운항조건과 제한사항"이 명시된 그림 8-10의 운영기준을 발급한다.

"국토교통부령으로 정하는 운항조건과 제한사항"은 다음과 같다.

1. 항공운송사업자의 주 사업소의 위치와 운영기준에 관하여 연락을 취할 수 있는 자의 성명 및 주소
2. 항공운송사업에 사용할 정규 공항과 항공기 기종 및 등록기호
3. 인가된 운항의 종류
4. 운항하려는 항공로와 지역의 인가 및 제한 사항
5. 공항의 제한 사항
6. 기체 · 발동기 · 프로펠러 · 회전익 · 기구와 비상장비의 검사 · 점검 및 분해정밀검사에 관한 제한시간 또는 제한시간을 결정하기 위한 기준
7. 항공운송사업자 간의 항공기 부품교환 요건
8. 항공기 중량 배분을 위한 방법
9. 항공기등의 임차에 관한 사항
10. 그 밖에 안전운항을 위하여 국토교통부장관이 정하여 고시하는 사항

8.3.4. 운항규정, 정비규정 및 프로그램

항공운송사업자는 운항을 시작하기 전까지 항공안전법 시행규칙에서 정하는 바에 따라 항공기의 운항에 관한 운항규정 및 정비에 관한 정비규정을 마련하여 국토교통부장관으로 부터 인가를 받아야 한다. 다만, 운항규정 및 정비규정을 운항증명에 포함하여 운항증명을 받은 경우에는 그러하지 아니하다.(항공안전법 제93조)

운항규정, 정비규정, 항공종사자 훈련프로그램 등 교범 및 절차 등을 운항증명이 교부되기 전에 인 · 허가 또는 승인할 수 있다.

인가를 받은 운항규정 또는 정비규정을 변경하려는 경우에는 국토교통부령으로 정하는 바에 따라 국토교통부장관에게 신고하여야 한다. 다만, 최소장비목록, 승무원 훈련프로그램 등 국토교통부령으로 정하는 중요사항을 변경하려는 경우에는 국토교통부장관의 인가를 받아야 한다.

국토교통부장관은 제77조제1항에 따른 운항기술기준에 적합한지를 확인하여야 하고 조건 또는 기한을 붙이거나 조건 또는 기한을 변경할 수 있다. 다만, 그 조건 또는 기한은 공공의 이익 증진이나 인가의 시행에 필요한 최소한도의 것이어야 하며, 해당 항공운송사업자에게 부당한 의무를 부과하는 것이어서는 아니 된다.

항공운송사업자는 국토교통부장관의 인가를 받거나, 국토교통부장관에게 신고한 운항규정 또는 정비규정을 항공기의 운항 또는 정비에 관한 업무를 수행하는 종사자에게 제공하여야 한다. 이 경우 항공운송사업자와 항공기의 운항 또는 정비에 관한 업무를 수행하는 종사자는 운항규정 또는 정비규정을 준수하여야 한다.

ICAO 부속서 6에서는 국제선을 운항하는 일반항공 운영자도 종사자 등에게 운항규정(Operations Manual)을 제공하도록 규정하고 있다.

8.3.4.1. 운항규정

운항규정(Operations manual)"은 운항업무 관련 종사자들이 임무수행을 위해서 사용하는 절차, 지시, 지침을 포함하고 있는 운영자의 규정을 말한

다. 운항규정은 항공안전법시행규칙에 따라 제/개정되며, 국토교통부 장관으로부터 신고 및 인가(일부)를 받는다. 운항규정은 단행본이나 통합본으로 운영할 수 있으며, 일반적으로 운항일반교범, 항공기 운영교범, 최소장비목록, 훈련교범, 객실승무원업무교범 등을 포함한다. 항공안전법 시행규칙 별표 36은 운항규정에 포함되어야 할 사항을 규정하고 있다. (표 8-7)

8.3.4.1.1. 비행교범(Flight Manual)

항공기 감항성 유지를 위한 제한사항 및 비행성능과 항공기의 안전운항을 위해 운항승무원들에게 필요로 한 정보와 지침을 포함되어 있으며 항공당국이 승인한 교범을 말한다.

8.3.4.1.2. 항공기 운영교범(Aircraft Operating Manual)

정상, 비정상 및 비상절차, 점검항목, 제한사항, 성능에 관한 정보, 항공기 시스템의 세부사항과 항공기 운항과 관련된 기타 자료들이 수록되어 있는 항공기 운영국가에서 승인한 교범을 말한다. 항공안전법 시행규칙 및 운항기술기준에서는 항공기 운영교범(Aircraft Operating Manual)이라는 용어를 사용하고 있으나 항공기 제작사에서는 주로 이에 해당하는 Manual의 명칭을 FCOM(Flight Crew Operations Manual)으로 사용한다.

8.3.4.1.3. 표준최소장비목록(MMEL: Master Minimum Equipment List)

비행 시작 시 1개 또는 그 이상 부작동하는 요소들이 있어도 운항할 수 있도록 항공기 제작국가의 승인하에 제작자가 특정 항공기 형식에 대하여 설정한 요건을 말한다. 표준최소장비목록은 특별한 운항조건, 제한사항, 절차 등과 연관되어 있다. MMEL은 항공사가 규정하는 MEL의 기본 Guideline을 제시하는 Technical Document로서, 항공기 형식(Type)별로 발행된다.

8.3.4.1.4. 최소장비목록(Minimum equipment list(MEL))

정해진 조건 하에 특정 장비품이 작동하지 않는 상태에서 항공기 운항에 관한 사항을 규정한다. 이 목록은 항공기 제작사가 해당 항공기 형식에 대하여 제정하고 설계국이 인가한 MMEL 에 부합되거나 또는 더 엄격한 기준에 따라 운송사업자가 작성하여 국토교통부장관의 인가를 받은 것을 말한다. 예를 들어, Boeing사의 항공기에 대한 MMEL은 Boeing사가 작성하여 Boeing사가 소속된 항공당국인 FAA의 인가를 받고, Boeing사의 항공기를 운영하는 국내 항공사는 FAA의 인가를 받은 MMEL을 기초로 MEL을 발행하여 국내 항공사가 소속된 항공당국인 국토교통부의 인가를 받는다.

8.3.4.1.5 외형변경목록(Configuration deviation list)

형식증명소지자가 해당 감항당국의 승인을 받고 작성한 목록으로서 비행을 개시함에 있어 누락될 수 있는 항공기 외부부품의 확인에 사용하며, 필요한 경우 항공기 운항한계와 성능보정에 관한 정보를 포함한다.

[표 8-7] 운항규정에 포함되어야 할 사항(항공안전법 시행규칙 제266조, 별표36)

1. 비행기를 이용하여 항공운송사업 또는 항공기사

용사업을 하려는 자의 운항규정은 다음과 같은 구성으로 운항의 특수한 상황을 고려하여 분야별로 분리하거나 통합하여 발행할 수 있다.

가. 일반사항(General)

1) 항공기 운항업무를 수행하는 종사자의 책임과 의무
2) 운항승무원 및 객실승무원의 승무시간 · 근무시간 제한 및 휴식시간 제공에 관한 기준과 운항관리사의 근무시간 제한에 관한 규정
3) 성능기반항행요구(PBN)공역의 운항을 위한 요건을 포함한 항공기에 장착하여야 할 항법장비의 목록
4) 장거리 운항과 관련된 장소에서의 장거리항법절차, 회항시간 연장운항을 위한 운항통제, 운항절차, 교육훈련, 비행감시절차 및 중요시스템 고장시의 절차 및 회항공항의 이용 절차
5) 무선통신 청취를 유지하여야 할 상황
6) 최저비행고도 결정방법
7) 비행장 기상최저치 결정방법
8) 승객이 항공기에 탑승하고 있는 상태에서의 연료 재급유 중 안전예방조치
9) 지상조업 협정 및 절차
10) 「국제민간항공협약」 부속서 12에서 정한 항공기 사고를 목격한 기장의 행동절차
11) 지휘권 승계의 지정을 포함한 운항형태별 운항승무원
12) 항로상에서 1개 또는 그 이상의 발동기가 고장이 날 가능성을 포함한 운항의 모든 환경을 고려한 항공기에 탑재하여야 할 연료 및 오일양의 산출에 관한 세부지침
13) 산소의 요구량과 사용하여야 하는 조건
14) 항공기의 중량 및 균형 관리를 위한 지침
15) 지상에서의 제빙 · 방빙(De-icing/Anti-icing) 작업수행 및 관리를 위한 지침
16) 운항비행계획서(Operational flight plan)의 세부사항
17) 각 비행단계별 표준운항절차(Standard operating procedures)
18) 정상 점검표(Normal checklist)의 사용 및 사용시기에 관한 지침
19) 출발 시 돌발사태 대응절차
20) 고도 인지의 유지 및 자동으로 설정하거나 운항승무원의 고도 복명 · 복창(Altitude call-out)에 관한 지침
21) 계기비행기상상태(IMC)에서의 자동조종장치(Autopilots) 및 자동추력조절장치(Auto-throttles)의 사용에 관한 지침
22) 지형회피가 포함된 곳에서의 항공교통관제(ATC) 승인의 확인 및 수락에 관한 지침
23) 출발 및 접근 브리핑 내용
24) 지역 · 항로 및 공항을 익숙하게 하기 위한 절차
25) 안정된 접근절차(Stabilized approach procedure)
26) 지표면 근처에서의 많은 강하율에 대한 제한
27) 계기접근을 시작하거나 계속하기 위한 요구조건
28) 정밀 및 비정밀 계기접근절차의 수행을 위한 지침
29) 야간 및 계기비행기상상태에서의 계기접근 및 착륙하는 동안 승무원의 업무량 관리를 위한 운항승무원 임무 및 절차의 할당
30) 비행 중 육지 또는 수면 충돌사고(CFIT) 회피를 위한 지침 및 훈련요건과 지상접근경고장치(GPWS)의 사용을 위한 정책

31) 공중충돌회피 및 공중충돌회피장치(ACAS)의 사용을 위한 정책 · 지침 · 절차 및 훈련요건

32) 다음을 포함한 민간 항공기의 요격에 관한 정보 및 지침

(가) 「국제민간항공협약」 부속서 2에서 정한 요격을 받은 항공기의 기장의 행동절차

(나) 요격하는 항공기 및 요격을 받은 항공기가 사용하는 「국제민간항공협약」 부속서 2에 포함된 시각신호 사용방법

33) 15,000미터(49,000피트)를 초과하는 고도로 비행하는 항공기를 위한 다음의 사항

(가) 태양 우주방사선에 노출될 경우 취하여야 할 최선의 진로를 조종사가 결정할 수 있도록 하는 정보

(나) 강하하기로 결정하였을 경우 다음 사항이 포함된 절차

(1) 적절한 항공교통업무(ATS) 기관에 사전 경고를 줄 필요성과 잠정적인 강하허가를 받을 필요성

(2) 항공교통업무 기관과 통신설정이 아니 되거나 간섭을 받을 경우 취하여야 할 조치

34) 항공안전관리시스템의 운영 및 관리에 관한 사항

35) 비상의 경우 취하여야 할 조치사항을 포함한 위험물 수송에 관한 정보 및 지침

36) 보안 지침 및 안내서

37) 「국제민간항공협약」 부속서 6에서 정한 수색절차 점검표

38) 항공기에 탑재된 항행장비에 사용되는 항행데이터(Electronic Navigation data)의 적합성을 브증하기 위한 절차 및 동 데이터를 적시에 배분하고 최신판으로 유지할 수 있도록 하는 절차

39) 비행 개시, 비행의 지속, 회항 및 비행의 종료에 관한 운항승무원 · 운항관리사의 기능과 책임을 포함하는 운항통제에 대한 책임과 운항통제에 관한 정책 및 관련 절차

40) 출발공항 또는 도착공항의 구조(救助) 및 소방등급 정보와 운항적합성 평가에 관한 사항(국외를 운항하는 경우에만 해당한다)

41) 전방시현장비 및 시각강화장비의 사용에 관한 지침 및 훈련 절차(전방시현장비 및 시각강화장비를 사용하는 경우에만 해당한다)

42) 전자비행정보장비의 사용에 관한 지침 및 훈련 절차(전자비행정보장비를 사용하는 경우에만 해당한다)

나. 항공기 운항정보(Aircraft operating information)

1) 형식증명 · 감항증명 등의 항공기 인증서 및 운용한계지정서에 명시된 항공기운항 제한사항(Aircraft certificate limitation and operating limitation)

2) 「국제민간항공협약」 부속서 6에서 정한 운항승무원이 사용할 정상 · 비정상 및 비상 절차와 이와 관련된 점검표

3) 모든 엔진작동 시 상승성능에 대한 운항지침 및 정보

4) 다른 추력 · 동력 및 속도 조절에 따른 비행전 · 비행 중 계획을 위한 비행계획자료

5) 항공기의 형식별 최대측풍과 배풍요소 및 동수치를 감소시키는 돌풍, 저시정, 활주로 상

태, 승무원 경험, 오토파일럿의 사용, 비정상 또는 비상상황, 그 밖에 운항과 관련된 요소

6) 중량 및 균형 계산을 위한 지침 및 자료

7) 항공기 화물탑재 및 화물의 고정을 위한 지침

8) 「국제민간항공협약」 부속서 6에서 정한 조종계통과 관련된 항공기 시스템과 그 사용을 위한 지침

9) 성능기반항행요구(PBN)공역에서의 운항을 위한 요건을 포함하여 승인을 얻거나 인가를 받은 특별운항 및 운항할 비행기의 형식에 맞는 최소장비목록(MEL)과 외형변경목록(CDL)

10) 비상 및 안전장비의 점검표 및 그 사용지침

11) 항공기 형식별 특정절차, 승무원 협조, 승무원의 비상시 위치할당 및 각 승무원에게 할당된 비상시의 임무를 포함한 비상탈출절차

12) 운항승무원과 객실승무원간의 협조를 위하여 필요한 절차의 설명을 포함한 객실승무원이 사용할 정상 · 비정상 및 비상 절차와 이와 관련된 점검표 및 필요하면 항공기 계통에 관한 정보

13) 요구되는 산소의 총량과 이용가능한 양을 결정하기 위한 절차를 포함한 다른 항로에 대한 생존 및 비상장비와 이륙 전 장비의 정상기능을 확인하는데 필요한 절차

14) 생존자가 지상에서 공중으로 사용할「국제민간항공협약」부속서 12에 포함된 시각신호코드

15) 운항승무원 및 운항업무를 담당하는 자에게 운항정보(NOTAM, AIP, AIC, AIRAC 등)에 수록된 정보를 배포하기 위한 절차

다. 지역, 노선 및 비행장(Areas, routes and aerodromes)

1) 운항승무원이 해당비행을 위하여 항공기 운항에 적용할 수 있는 통신시설, 항행안전시설, 비행장, 계기접근, 계기도착 및 계기출발에 관한 정보와 항공운송사업자 또는 항공기사용사업자가 항공기 운항의 적절한 수행을 위하여 필요하다고 판단되는 그 밖의 정보가 포함된 노선지침서(Route Guide)

2) 비행하려는 각 노선에 대한 최저비행고도

3) 최초 목적지 비행장 또는 교체 비행장으로 사용할만한 각 비행장에 대한 비행장 기상최저치

4) 접근 또는 비행장시설의 기능저하에 따른 비행장 기상최저치의 증가내용

5) 다음의 정보를 포함한 규정에서 요구하는 모든 비행 프로파일(Profile)의 준수를 위하여 필요한 정보(다만, 다음의 정보에는 제한을 두지는 아니한다)

(가) 이륙거리에 영향을 미치는 항공기 계통 고장을 포함한 건조, 젖은 상태 및 오염된 상태에서의 이륙 활주로 길이요건의 결정

(나) 이륙상승 제한의 결정

(다) 항로상승 제한의 결정

(라) 접근상승 및 착륙상승 제한의 결정

(마) 착륙거리에 영향을 미치는 항공기 계통 고장을 포함한 건조, 젖은 상태 및 오염된 상태에서의 착륙 활주로 길이요건의 결정

(바) 타이어 속도제한과 같은 추가적인 정보의 결정

라. 훈련(Training)

1) 「국제민간항공협약」 부속서 6에서 정한 운항승무원 훈련프로그램 및 요건의 세부내용

2)「국제민간항공협약」 부속서 6에서 정한 객실승무원 훈련프로그램의 세부내용

3)「국제민간항공협약」 부속서 6에서 정한 비행감독의 방법과 관련하여 고용된 운항관리사 훈련프로그램의 세부내용

4) 별표 12 제1호에 따른 자가용조종사 과정, 같은 별표 제2호에 따른 사업용조종사과정, 같은 별표 7호에 따른 계기비행증명과정 또는 같은 별표 제8호에 따른 조종교육증명과정의 지정기준의 학과교육, 실기교육, 교관확보기준, 시설 및 장비확보기준, 교육평가방법, 교육계획, 교육규정 등 세부내용(항공기를 이용하여 소속 직원 외에 타인의 수요에 따른 비행훈련을 하는 경우에 적용한다)

2. 헬리콥터를 이용하여 항공운송사업 또는 항공기사용사업을 하려는 자의 운항규정은 다음과 같은 구성으로 운항의 특수한 상황을 고려하여 분야별로 분리하거나 통합하여 발행할 수 있다.

가. 일반사항(General)

1) 항공기 운항업무를 수행하는 종사자의 책임과 의무

2) 운항승무원 및 객실승무원의 승무시간 · 근무시간 제한 및 휴식시간 제공에 관한 기준과 운항관리사의 근무시간 제한에 관한 규정

3) 항공기에 장착하여야 할 항법장비의 목록

4) 무선통신 청취를 유지하여야 할 상황

5) 최저비행고도 결정방법

6) 헬기장 기상최저치 결정방법

7) 승객이 항공기에 탑승하고 있는 상태에서의 연료 재급유 중 안전예방조치

8) 지상조업 협정 및 절차

9)「국제민간항공협약」 부속서 12에서 정한 항공기 사고를 목격한 기장의 행동절차

10) 지휘권 승계의 지정을 포함한 운항형태별 운항승무원

11) 항로상에서 1개 또는 그 이상의 발동기가 고장날 가능성을 포함한 운항의 모든 환경을 고려한 항공기에 탑재하여야 할 연료 및 오일 양의 산출에 관한 세부지침

12) 산소의 요구량과 사용하여야 하는 조건

13) 항공기 중량 및 균형 관리를 위한 지침

14) 지상에서의 제빙 · 방빙(De-icing/Anti-icing) 작업수행 및 관리를 위한 지침

15) 운항비행계획서(Operational flight plan)의 세부사항

16) 각 비행단계별 표준운항절차(Standard operating procedures)

17) 정상 점검표(Normal checklist)의 사용 및 사용시기에 관한 지침

18) 출발시 돌발사태 대응절차

19) 고도 인지의 유지에 관한 지침

20) 지형회피가 포함된 곳에서의 항공교통관제(ATC) 승인의 확인 및 수락에 관한 지침

21) 출발 및 접근 브리핑 내용

22) 항로 및 목적지를 익숙하게 하기 위한 절차

23) 계기접근을 시작하거나 계속하기 위한 요구조건

24) 정밀 및 비정밀 계기접근절차의 수행을 위한 지침

25) 야간 및 계기비행기상상태에서의 계기접근 및 착륙하는 동안 승무원의 업무량 관리를 위한 운항승무원의 임무 및 절차의 할당

26) 다음을 포함한 민간 항공기의 요격에 관한

정보 및 지침

가) 「국제민간항공협약」 부속서 2에서 정한 요격을 받은 항공기 기장의 행동절차

나) 요격하는 항공기 및 요격을 받은 항공기가 사용하는 「국제민간항공협약」 부속서 2에 포함된 시각신호사용방법

27) 「국제민간항공협약」 부속서 6에서 정한 안전정책과 종사자의 책임을 포함한 사고예방 및 비행안전프로그램의 세부내용

28) 비상의 경우에 취하여야 할 조치사항을 포함한 위험물 수송에 관한 정보 및 지침

29) 보안 지침 및 안내서

30) 「국제민간항공협약」 부속서 6에서 정한 수색절차 점검표

31) 비행 개시, 비행의 지속, 회항 및 비행의 종료에 관한 운항승무원 · 운항관리사의 기능과 책임을 포함하는 운항통제에 대한 책임과 운항통제에 관한 정책 및 관련 절차

나. 항공기 운항정보(Aircraft operating information)

1) 형식증명 · 감항증명 등의 항공기 인증서 및 운용한계지정서에 명시된 항공기 운항 제한사항(Aircraft certificate limitation and operating limitation)

2) 「국제민간항공협약」 부속서 6에서 정한 운항승무원이 사용할 정상 · 비정상 및 비상 절차와 이와 관련된 점검표

3) 다른 추력 · 동력 및 속도 조절에 따른 비행전 · 비행 중 계획을 위한 비행계획자료

4) 중량 및 균형 계산을 위한 지침 및 자료

5) 항공기 화물탑재 및 화물의 고정을 위한 지침

6) 「국제민간항공협약」 부속서 6에서 정한 조종계통과 관련된 항공기 시스템과 그 사용을 위한 지침

7) 헬리콥터 형식 및 인가받은 특정운항을 위한 최소장비목록(MEL)

8) 비상 및 안전장비의 점검표 및 그 사용지침

9) 형식별 특정절차, 승무원 협조, 승무원의 비상시 위치할당 및 각 승무원에게 할당된 비상시의 임무를 포함한 비상탈출절차

10) 운항승무원과 객실승무원간의 협조를 위하여 필요한 절차의 설명을 포함한 객실승무원이 사용할 정상 · 비정상 및 비상 절차와 이와 관련된 점검표 및 필요한 항공기 계통에 관한 정보

11) 요구되는 산소의 총량과 이용가능한 양을 결정하기 위한 절차를 포함한 다른 항로에 대한 생존 및 비상장비와 이륙 전 장비의 정상기능을 확인하는데 필요한 절차

12) 생존자가 지상에서 공중으로 사용할 「국제민간항공협약」 부속서 12에 포함된 시각신호코드

13) 엔진작동 시 상승성능에 대한 운항지침 및 정보(Information on helicopter climb performance with all engines operation). 이 경우 정보는 헬리콥터 제작사 등에서 제공한 자료를 기초로 한 것만을 말한다.

14) 운항승무원 및 운항업무를 담당하는 자에게 운항정보(NOTAM, AIP, AIC, AIRAC 등)에 수록된 정보를 배포하기 위한 절차

다. 노선 및 비행장(Routes and aerodromes)

1) 운항승무원이 해당비행을 위하여 항공기 운항에 적용할 수 있는 통신시설, 항행안전시설,

비행장, 계기접근, 계기도착 및 계기출발에 관한 정보와 항공운송사업자 또는 항공기사용사업자가 항공기 운항의 적절한 수행을 위하여 필요하다고 판단되는 그 밖의 정보가 포함된 노선지침서(Route Guide)

2) 비행하려는 각 노선에 대한 최저비행고도

3) 최초 목적지 헬기장 또는 교체 헬기장으로 사용할 만한 각 헬기장에 대한 헬기장 기상최저치

4) 접근 또는 헬기장 시설의 기능저하에 따른 헬기장 기상최저치의 증가내용

라. 훈련(Training)

1)「국제민간항공협약」 부속서 6에서 정한 운항승무원 훈련프로그램 및 요건의 세부내용

2)「국제민간항공협약」 부속서 6에서 정한 객실승무원 훈련프로그램의 세부내용

3)「국제민간항공협약」 부속서 6에서 정한 비행감독의 방법과 관련하여 고용된 운항관리사 훈련프로그램의 세부내용

4) 별표 12 제1호에 따른 자가용조종사 과정, 같은 별표 제2호에 따른 사업용조종사과정, 같은 별표 제6호에 따른 계기비행증명과정 또는 같은 별표 제7호에 따른 조종교육증명과정의 지정기준의 학과교육, 실기교육, 교관확보기준, 시설 및 장비확보기준, 교육평가방법, 교육계획, 교육규정 등 세부내용(항공기를 이용하여 소속 직원 외에 타인의 수요에 따른 비행훈련을 하는 경우에 적용한다)

8.3.4.2. 정비규정(Maintenance Control Manual)

정비 및 이와 관련된 업무를 수행하는 자가 업무수행에 사용하도록 되어 있는 절차, 지시, 지침 등이 포함되어 있는 교범을 말한다. 정비규정은 항공안전법 시행규칙에 따라 제/개정되며, 국토교통부 장관으로부터 신고 및 인가(일부)를 받는다. 인가 사항으로 중량 및 평형 계측 절차, 항공기의 감항성을 유지하기 위한 정비 및 검사 프로그램, 항공기 등 및 부품 등의 정비에 관한 품질 관리 방법 및 절차, 항공기 등 및 부품등의 신뢰성 관리 절차, 정비에 종사하는 사람의 훈련 방법, 정비를 하려는 범위, 항공기 등 및 부품 등의 정비 방법 및 절차 및 그 밖에 국토교통부장관이 정하여 고시하는 사항 등이 포함될 수 있다. 항공안전법 시행규칙 별표37은 정비규정에 포함되어야 할 사항을 규정하고 있다.(표 8-8)

8.3.4.2.1. 정비 프로그램(Maintenance Programme)

특정 항공기의 안전 운항을 위해 필요한 신뢰성 프로그램과 같은 관련 절차 및 주기적인 점검의 이행과 특별히 계획된 정비 행위 등을 기재한 서류를 말한다. "지속 정비 프로그램(Approved continuous maintenance program)" 국토교통부장관이 승인한 다.「항공안전법 제93조 및 같은 법 시행규칙 제266조 제2항 제2호에 따른 국제항공운송사업자 또는 국내항공운송사업자의 정비규정에 포함된 정비프로그램은 항공기의 감항성을 지속적이고 경제적으로 유지하기 위한 프로그램이다

8.3.4.2.2. 감항성개선지시(Airworthiness Directives)

항공안전법 제23조 제8항에 따라 외국으로 수출된 국산 항공기, 우리나라에 등록된 항공기와 이 항공기에 장착되어 사용되는 발동기 · 프로펠러, 장비품 또는 부품 등에 불안전한 상태가 존재하고, 이 상태가 형식 설계가 동일한 다른 항공 제품들에도 존재하

[표 8-8] 정비규정에 포함되어야 할 사항(항공안전법 시행규칙 별표37)

내용	항공 운송사업	항공기 사용사업	변경인가 대상
1. 일반사항			
가. 관련 항공법규와 인가받은 운영기준의 내용을 준수한다는 설명	O	O	
나. 정비규정에 따른 정비 및 운용에 관한 지침을 준수하여야 한다는 설명	O	O	
다. 정비규정을 여러 권으로 분리할 경우, 각 권에 대한 목록, 적용 및 사용에 관한 설명	O	O	
라. 정비규정의 제 · 개정절차 및 책임자, 그리고 배포에 관한 사항	O	O	
마. 개정기록, 유효페이지 목록, 목차 및 각 페이지의 유효일자, 개정표시 등의 방법	O	O	
바. 정비규정에 사용되는 용어의 정의 및 약어	O	O	
사. 정비규정의 일부 내용이 법령과 다른 경우, 법령이 우선한다는 설명	O	O	
아. 정비규정의 적용을 받는 항공기 목록 및 운항형태	O	O	
자. 지속감항정비프로그램(CAMP)에 따라 정비 등을 수행하여야 한다는 설명	O		
2. 항공기를 정비하는 자의 직무와 정비조직			
가. 정비조직도와 부문별 책임관리자	O	O	
나. 정비업무에 관한 분장 및 책임	O	O	
다. 외부 정비조직에 관한 사항	O	O	
라. 항공기 정비에 종사하는 자의 자격기준 및 업무범위	O	O	O
마. 항공기 정비에 종사하는 자의 근무시간, 업무의 인수인계에 관한 설명	O	O	
바. 용접, 비파괴검사 등 특수업무 종사자, 정비확인자 및 검사원의 자격인정 기준과 업무한정	O	O	O
사. 용접, 비파괴검사 등 특수업무 종사자, 정비확인자 및 검사원의 임명 방법과 목록	O	O	
아. 취항 공항지점의 목록과 수행하는 정비에 관한 사항	O		
3. 정비에 종사하는 사람의 훈련방법			
가. 교육과정의 종류, 과정별 시간 및 실시 방법	O	O	O
나. 강사(교관)의 자격 기준 및 임명	O	O	O
다. 훈련자의 평가기준 및 방법	O	O	O
라. 위탁교육 시 위탁기관의 강사, 커리큘럼 등의 적절성 확인 방법	O	O	
마. 정비훈련 기록에 관한 사항	O	O	
4. 정비시설에 관한 사항			
가. 보유 또는 이용하려는 정비시설의 위치 및 수행하는 정비작업	O	O	
나. 각 정비시설별로 갖추어야 하는 설비 및 환경기준	O	O	
5. 항공기의 감항성을 유지하기 위한 정비프로그램			
가. 항공기 정비프로그램의 개발, 개정 및 적용 기준	O		O
나. 항공기, 엔진/APU, 장비품 등의 정비방식, 정비단계, 점검주기 등에 대한 프로그램	O		O
다. 항공기, 엔진, 장비품 정비계획	O		
라. 비계획 정비 및 특별작업에 관한 사항	O		
마. 시한성 품목의 목록 및 한계에 관한 사항	O		O
바. 점검주기의 일시조정 기준	O		O
사. 경년항공기에 대한 특별정비기준	O		O

내용	항공 운송사업	항공기 사용사업	변경인가 대상
1) 경년항공기 안전강화 규정 2) 경년시스템 감항성 향상프로그램 3) 기체구조 반복 점검 프로그램 4) 연료탱크 안전강화 규정 5) 기체구조 수리평가 프로그램 6) 부식처리 및 관리 프로그램			
6. 항공기 검사프로그램			
가. 항공기 검사프로그램의 개정 및 적용 기준		O	O
나. 운용 항공기의 검사방식, 검사단계 및 시기(반복 주기를 포함한다)		O	O
다. 항공기 형식별 검사단계별 점검표		O	
라. 시한성 품목의 목록 및 한계에 관한 사항		O	O
마. 점검주기의 일시조정 기준		O	O
7. 항공기 등의 품질관리 절차			
가. 항공기등, 장비품 및 부품의 품질관리 기준 및 방침	O	O	O
나. 항공기체, 추진계통 및 장비품의 신뢰성 관리 절차	O		O
다. 지속적인 분석 및 감시 시스템(CASS)과 품질심사에 관한 절차	O		O
라. 필수검사항목 지정 및 검사 절차	O		O
마. 재확인 검사항목의 지정 및 검사 절차	O	O	O
바. 항공기 고장, 결함 및 부식 등에 대한 항공당국 및 제작사 보고 절차	O	O	
사. 정비프로그램의 유효성 및 효과분석 방법	O		
아. 정비작업의 면제 처리 및 예외 적용에 관한 사항	O		O
8. 항공기 등의 기술관리 절차			
가. 감항성 개선지시, 기술회보 등의 검토 및 수행절차	O	O	
나. 기체구조수리평가프로그램	O		
다. 항공기 부식 예방 및 처리에 관한 사항	O	O	O
라. 대수리 · 개조의 수행절차, 기록 및 보고 절차	O	O	
마. 기술적 판단 기준 및 조치 절차	O		O
바. 기체구조 손상허용 기술 승인 절차	O		O
사. 중량 및 평형계측 절차	O	O	
아. 사고조사장비 운용 절차	O	O	
9. 항공기등, 장비품 및 부품의 정비방법 및 절차			
가. 수행하려는 정비의 범위	O	O	O
나. 수행된 정비 등의 확인 절차(비행 전 감항성 확인, 비상장비 작동가능상타 확인 및 정비수행을 확인하는 자 등)	O	O	
다. 계약정비에 대한 평가, 계약 후 이행여부에 대한 심사절차	O	O	O
라. 계약정비를 하는 경우 정비확인에 대한 책임, 서명 및 확인절차	O	O	
마. 최소장비목록(MEL) 또는 외형변경목록(CDL) 적용기준 및 정비이월 절차(적용되는 경우에 한한다)	O	O	O
바. 제 · 방빙절차(적용되는 경우에 한한다)	O	O	
사. 지상조업 감독, 급유 · 급유량 · 연료품질관리 등 운항정비를 위한 절차	O	O	
아. 고도계 교정, 회항시간 연장운항(EDTO), 수직분리축소(RVSM), 정밀접근(CAT) 등 특정 사항에 따른 정비절차(적용되는 경우에 한한다)	O	O	

내용	항공 운송사업	항공기 사용사업	변경인가 대상
자. 발동기 시운전 절차	O	O	
차. 항공기 여압, 출발, 도착, 견인에 관한 사항	O	O	
카. 비행시험, 공수비행에 관한 기준 및 절차	O	O	O
10. 정비 매뉴얼, 기술문서 및 정비기록물의 관리방법			
가. 각종 정비 관련 규정의 배포, 개정 및 이용방법	O	O	
나. 전자교범 및 전자기록유지시스템(적용되는 경우에 한한다)	O		O
다. 탑재용항공일지, 비행일지, 정비일지 등의 정비기록 작성방법 및 관리절차	O	O	
라. 정비기록 문서의 관리책임 및 보존기간	O	O	O
마. 탑재용항공일지 서식 및 기록방법	O	O	O
바. 정비문서 및 각종 꼬리표의 서식 및 기록방법	O	O	
11. 자재, 장비 및 공구관리에 관한 사항			
가. 부품 임차, 공동사용, 교환, 유용에 관한 사항	O		O
나. 외부보관품목(External Stock) 관리에 관한 사항	O		
다. 정비측정장비 및 시험장비의 관리 절차	O	O	
라. 장비품, 부품의 수령 · 저장 · 반납 및 취급에 관한 절차	O	O	
마. 비인가부품 · 비인가의심부품의 판단 방법 및 보고 절차	O	O	
바. 구급용구 등의 관리 절차	O	O	
사. 정전기 민감 부품(ESDS)의 취급절차	O	O	
아. 장비 및 공구를 제작하여 사용하는 경우 승인절차	O	O	
자. 위험물 취급 절차	O	O	
12. 안전 및 보안에 관한 사항			
가. 항공정비에 관한 안전관리절차	O	O	
나. 화재예방 등 지상안전을 유지하기 위한 방법	O	O	
다. 인적요인에 의한 안전관리방법	O	O	
라. 항공기 보안에 관한 사항	O	O	
13. 그 밖에 항공운송사업자 또는 항공기사용사업자가 필요하다고 판단하는 사항	O	O	

거나 발생할 가능성이 있는 것으로 판단될 때, 국토교통부 장관이 해당 항공 제품에 대한 검사, 부품의 교환, 수리 · 개조를 지시하거나 운영상 준수하여야 할 절차 또는 조건과 한계 사항 등을 정하여 지시하는 문서를 말한다.

8.3.4.2.3. 정비조직절차교범(Maintenance Organization Procedures Manual)

정비조직절차교범에는 수행하려는 업무의 범위, 항공기등, 장비품 및 부품 등에 대한 정비방법 및 그 절차와, 항공기등, 장비품 및 부품 등의 정비에 관한 기술관리 및 품질관리의 방법과 절차, 그밖에 시설 · 장비 등 국토교통부장관이 정하여 고시하는 사항을 적어여 한다. 이 교범은 항공운송사업자의 정비조직과 항공정비업자의 정비조직의 정비절차교범이다.

8.3.4.2.4. 감항성 확인(Airworthiness Realease)

자신의 이익을 대표하는 개인 또는 정비 조직에 의해서 행해지는 것보다는 운용자(Air Operator)가 특별히 인가한 사람이 정비 후 행하는 확인 행위를 말한다. 실제로 감항성 확인에 서명하는 자는 운용자를 대신하는 인가자로서 임무를 수행하는 것이며, 감항성 확인에 포함된 정비 행위가 운용자의 지속적 정비 프로그램에 따라 수행되었음을 확인하는 것이다. 해당 정비 단계에 서명한 자는 각 단계별로 수행된 정비에 대해 책임을 지며, 감항성 확인은 전체 정비 작업에 대해 인증하는 것이다. 관계가 유(有)자격 항공 정비사나 정비 조직의 정비 역할 또는 그들이 수행하거나 감독할 임무에 대한 책임을 결코 덜어주는 것은 아니다. 운용자는 감항성 확인을 수행할 수 있는 권한을 가진 유자격 항공 정비사 또는 정비 조직의 이름 또는 직책을 지정할 책임이 있다. 이에 추가하여 운용자는 감항성 확인 시점을 지정해야 한다. 일반적으로 감항성 확인은 운영 기준의 정비 행위에 규정되어 있는 검사를 수행한 이후에 필요하다. 운영 기준의 정비 행위에는 점검이나 기타 주요 정비 등이 포함된다.

8.3.5. 안전운항체계 변경검사 등

안전운항체계가 변경된 경우는

1. 법 제90조제2항에 따라 발급된 운영기준에 등재되지 아니한 새로운 형식의 항공기를 도입한 경우
2. 새로운 노선을 개설한 경우
3. 「항공사업법」 제21조에 따라 사업을 양도 · 양수한 경우
4. 「항공사업법」 제22조에 따라 사업을 합병한 경우 등이다.

AOC를 발급받은 항공운송업자의 안전운항체계가 변경된 경우에는 항공안전법 시행규칙 별지 제95호 서식의 안전운항체계 변경검사 신청서에 안전운항체계 변경에 대한 안전 적합성 입증자료와 운영기준의 변경이 있는 경우에는 별지 제93호 서식의 운영기준 변경신청서를 첨부하여 운항 개시 예정일 5일 전까지 국토교통부장관 또는 지방항공청장에게 제출하여야 한다.

1. 사용 예정 항공기
2. 항공기 및 그 부품의 정비시설
3. 항공기 급유시설 및 연료저장시설
4. 예비품 및 그 보관시설
5. 운항관리시설 및 그 관리방식

6. 지상조업시설 및 장비
7. 운항에 필요한 항공종사자의 확보상태 및 능력
8. 취항 예정 비행장의 제원 및 특성
9. 여객 및 화물의 운송서비스 관련 시설
10. 면허조건 또는 사업 개시 관련 행정명령 이행실태
11. 그 밖에 안전운항과 노선운영에 관하여 국토교통부장관 또는 지방항공청장이 정하여 고시하는 사항

국토교통부장관 또는 지방항공청장은 제출받은 입증자료를 바탕으로 변경된 안전운항체계에 대하여 검사하고, 운영기준의 변경이 수반되는 경우에는 변경된 운영기준을 함께 발급한다. 사업계획의 변경 등으로 다른 기종의 항공기를 운항하려는 경우 등 항공기의 안전운항에 문제가 없다고 판단되는 경우에는 항공안전법 제77조 운항기술기준에서 정하는 바에 따라 안전운항체계의 변경에 따른 검사의 일부 또는 전부를 면제할 수 있다.

8.3.6. 항공기 또는 노선의 운항정지 및 항공종사자의 업무정지 사유

국토교통부장관 또는 지방항공청장은 정기검사 또는 수시검사를 하는 중에 다음과같이 긴급한 조치가 필요할 때에는 노선의 운항정지를 명할 수 있다.

1. 항공기의 감항성에 영향을 미칠 수 있는 사항이 발견된 경우
2. 교육훈련 또는 운항자격 등이 법에 따라 해당 업무에 종사하는데 필요한 요건을 충족하지 못하고 있을 때
3. 승무시간 기준, 비행규칙 등 항공기의 안전운항을 위하여 정한 기준을 따르지 않은 경우
4. 운항하려는 공항 또는 활주로의 상태 등이 항공기의 안전운항에 위험을 줄 수 있는 상태인 경우

8.3.7. 항공운송사업자의 운항증명 취소 등(항공안전법 제91조)

항공운송 사업자의 운항증명 취소에 대한 규정은 항공안전법 제91조와 항공안전법 시행규칙 제264조이다. 국토교통부장관은 운항증명을 취소하거나 6개월 이내의 기간을 정하여 항공기 운항의 정지를 명할 수 있다. 다만, 다음의 경우는 운항증명의 취소 사유가 된다.

- 거짓이나 그 밖의 부정한 방법으로 운항증명을 받은 경우
- 항공기 또는 노선 운항의 정지처분에 따르지 아니하고 항공기를 운항한 경우
- 항공기 운항정지 기간에 운항한 경우

8.3.8. 외국인 국제항공운송 사업자에 대한 운항증명 승인 등

항공안전법 제103조에는 항공사업법 제54조에 따라 외국인 국제항공운송사업 허가를 받으려는 자는 국토교통부령으로 정하는 기준에 따라 그가 속한 국가에서 발급받은 운항증명과 운항조건 · 제한사항을 정한 운영기준에 대하여 국토교통부장관의 운항증명승인을 받도록 하고 있다. 국토교통부장관은 운항증명승인을 하는 경우에 운항하려는 항공로, 공항 등에 관하여 운항조건 · 제한사항을 정한 서류를 운항증명승인서와 함께 발급할 수 있다.

외국인국제항공운송사업자는 대한민국에 노선의

개설 등에 따른 운항증명승인 또는 운항조건 · 지한 사항이 변경된 경우에는 국토교통부장관의 변경승인을 받아야 한다.

국토교통부장관은 항공기의 안전운항을 위하여 외국인국제항공운송사업자가 사용하는 항공기에 더하여 검사를 할 수 있다.

국토교통부장관은 제6항에 따른 검사 중 긴급히 조치하지 아니할 경우 항공기의 안전운항에 중대한 위험을 초래할 수 있는 사항이 발견되었을 때에는 국토교통부령으로 정하는 바에 따라 해당 항공기의 운항을 정지하거나 항공종사자의 업무를 정지할 수 있다.

항공안전법 시행규칙 제279조(외국인국제항공운송사업자에 대한 운항증명승인 등)

① 「항공사업법」 제54조에 따라 외국인 국제항공운송사업 허가를 받으려는 자는 법 제103조제1항에 따라 그 운항 개시 예정일 60일 전까지 별지 제106호서식의 운항증명승인 신청서에 다음 각 호의 서류를 첨부하여 국토교통부장관에게 제출하여야 한다. 다만, 「항공사업법 시행규칙」 제53조에 따라 이미 제출한 경우에는 다음 각 호의 서류를 제출하지 아니할 수 있다.

1. 「국제민간항공협약」 부속서 6에 따라 해당 정부가 발행한 운항증명(Air Operator Certificate) 및 운영기준(Operations Specifications)
2. 「국제민간항공협약」 부속서 6(항공기 운항)에 따라 해당 정부로부터 인가받은 운항규정(Operations Manual) 및 정비규정(Maintenance Control Manual)
3. 항공기 운영국가의 항공당국이 인정한 항공기 임대차 계약서(해당 사실이 있는 경우만 해당한다)
4. 별지 제107호서식의 외국항공기의 소유자등 안전성 검토를 위한 질의서(Questionnaire of Foreign Operators' Safety)

② 국토교통부장관은 제1항에 따라 운항증명승인 신청을 받은 경우에는 다음 각 호의 사항을 검사하여 적합하다고 인정되면 해당 국가에서 외국인국제항공운송사업자에게 발급한 운항증명이 유효함을 확인하는 별지 제108호서식의 운항증명 승인서 및 별지 제109호서식의 운항조건 및 제한사항을 정한 서류를 함께 발급하여야 한다.

1. 「항공사업법」 제54조제2항제2호에서 정한 사항
2. 운항증명을 발행한 국가에 대한 국제민간항공기구의 국제항공안전평가(ICAO USOAP 등) 결과
3. 운항증명을 발행한 국가 또는 외국인국제항공운송사업자에 대하여 외국정부가 공표한 항공안전에 관한 평가 결과

③ 국토교통부장관은 제2항 제1호부터 제3호까지 사항이 변경되었음을 알게 된 경우 또는 제4항에 따라 변경 내용 및 사유를 제출받은 경우에는 제2항에 따라 발급한 별지 제108호서식의 운항증명승인서 또는 별지 제109호서식의 운항조건 및 제한사항을 개정할 필요가 있다고 판단되면 해당 내용을 변경하여 발급할 수 있다.

④ 외국인국제항공운송사업자는 제2항에 따라 국토교통부장관이 발급한 별지 제108호서식의 운항증명 승인서 또는 별지 제109호서식의 운항조건 및 제한사항에 변경사항이 발생하면 그 사유가 발생한 날로부터 30일 이내에 그 변경의 내용 및 사유를 국토교통부장관에게 제출하여야 한다.

국제민간항공협약 체약국이 외국 항공사에게 FAOC 인가 시 주요 점검사항은 항공 안전성 검토로 ICAO Doc 8335에 근거하고 있으며 다음과

같은 특징이 있다.

- 일반적으로 체약국은 FAOC 발행여부와 상관없이 ICAO, IATA 및 EU의 항공안전평가 결과 및 항공기 사고여부 등을 확인한다.
- FAOC는 ICAO에서 규정한 국제 표준이 아니므로 대다수 체약국은 운항 개시 전에 신청자료, 사전질의서 답변자료 및 기타 제출 자료를 확인하되 별도의 FAOC는 발행하지 않는다.
- 외국 항공사가 운항신청을 하는 경우 체약국은 일반적으로 FAOC 인가 제도의 유무와 상관없이 당해 항공사에 대한 항공기 사고 기록 및 ICAO, IATA, EU의 항공안전평가 결과 등을 확인하여 외국 항공사의 안전성 평가 자료로 활용한다.
- 서류검사는 주로 사전질의서 응답 내용과 제출된 서류를 이용하며, 주로 요구되는 내용은 시카고 협약 부속서 1, 6, 8 등의 국제 표준 준수 여부를 확인하는 내용이다.
- FAOC는 국제 표준으로 규정된 내용이 아니므로 FAOC의 명칭, 양식 및 포함 내용이 다양하며 ICAO에서 정한 국제표준 준수 조건 하에 인가된다.
- FAOC는 외국 항공사가 당해 항공당국으로부터 인가받은 사항에 한하여 인가된다.
- FAOC 유효기간은 일정기간을 명시하는 경우와 특별히 제한하지 않는 경우가 있으며 항공안전에 위험이 있거나 인가 요건 불이행 시 유효기간과 관계없이 허가를 중지할 수 있음을 규정하고 있다.
- 일반적으로 항공기 운항과 관련하여 항공기 형식, 취항 공항, 특수운항 허가내용 등 기본적인 내용을 인가해주고 있으나 일부 국가의 경우 운항하는 각 개별 항공기를 포함하여 인가해 주고 있어 불편을 초래하고 있다. 이에 반해 EASA는 TCO(Third Country Operator)는 시카고협약 체약국이 자국 등록 항공사에게 허가하여 교부하는 AOC 양식과 비슷한 TCO 양식을 활용하고 있다.
- FAOC 발급 후 지속 감독은 FAOC 개정, 유효기간 내 갱신, 램프지역 점검(Ramp Inspection) 등을 통하여 수행된다.
- 대다수 체약국은 FAOC 신청 시 소요 비용이 없으나 호주 등 일부 국가는 FAOC 신청 시 소요 비용을 지불해야 한다.

8.4. 정비조직의 인증(Approval for Maintenance Organization)

8.4.1. 적용

항공기 안전성 확보를 위하여 정비조직인증을 위한 기준을 정하고 있으며, 타인의 수요에 맞추어 항공기, 기체, 발동기, 프로펠러, 장비품 및 부품 등에 대하여 정비 또는 수리 · 개조 등(이하 "정비등"이라 한다)의 작업을 수행하고 감항성을 확인하거나, 항공기 기술관리 또는 품질관리 등을 지원하기 위하여 정비조직 인증을 받고자 하는 자 또는 인증을 받은 자를 대상으로 한다.

인증 받은 정비조직이 한정 받은 품목에 대하여 정비 등을 수행하는 때에는 항공기 및 장비품 등의 제작자가 지속 감항성 유지를 위하여 발행한 현행 정비매뉴얼 · 지침 등에 기재된 방법, 기술 및 기능 또는 국토교통부장관이 인정한 방법, 기술 및 기능을 따라야 하고, 인가된 정비, 예방정비 또는 개조작업을 수행하는데 필요한 장비, 공구 및 재료를 갖추어야 하며 장비, 공구 및 재료는 제작자가 권고한 것이거나 적어도 제작자의 권고, 국토교통부장관이 인정한 사항을 준수하여야 한다.

8.4.2. 항공기정비업

항공사업법 제2조(정의) 제17호에 따르면 항공기정비업이란 타인의 수요에 맞추어 항공기, 발동기, 프로펠러, 장비품 또는 부품을 정비 · 수리 또는 개조하거나, 이러한 업무에 대한 기술관리 및 품질관리 등을 지원하는 업무를 하는 사업을 말한다.

항공사업법 제42조(항공기정비업의 등록)에 근거하여 항공기정비업을 경영하려는 자는 국적에 관계없이 항공운송사업 면허의 결격사유에 해당하거나 항공기정비업의 등록취소처분을 받고 2년이 지나지 아니한 자가 아니면 항공기정비업 등록을 할 수가 있다. 신청자는 항공기정비업 등록신청서에 해당 신청이 항공기정비업 등록요건에 적합함을 증명 또는 설명하는 서류와 사업계획서를 첨부하여 지방항공청장에게 제출한다. 사업계획서에는 자본금, 상호 · 대표자의 성명, 사업소의 명칭 및 소재지, 해당 사업의 취급 예정수량 및 그 산출근거와 예상 사업수지계산서, 필요한 자금 및 조달방법, 사용시설 및 설비개요, 작업용 공구 및 정비작업에 필요한 장비 개요, 유자격 정비사를 포함한 종사자의 수, 사업 개시 예정일을 포함한다.

항공기정비업 신청을 받은 지방항공청장은 등록신청서의 내용이 항공기정비업 등록기준에 적합한지 여부를 심사한 후 그 신청내용이 적합하다고 인정되면 등록대장에 이를 기재하고 항공기정비업 등록증을 발급하여야 한다. 지방항공청장은 등록 신청 내용을 심사하는 경우 항공기정비업의 등록 신청인과 계약한 항공종사자, 항공운송사업자, 공항 또는 비행장 시설 · 설비의 소유자 등이 해당 계약을 이행할 수 있는지 여부에 관하여 관계 행정기관 또는 단체의 의견을 들을 수 있다.

8.4.3. 정비조직인증

항공안전법 제97조(정비조직인증 등)에는 대한민국 국적을 취득한 항공기와 이에 사용되는 발동기, 프로펠러, 장비품 또는 부품의 정비등의 업무 등 국토교통부령으로 정하는 업무를 하려는 항공기정비업자 또는 외국의 항공기정비업자는 그 업무를 시작하기 전까지 국토교통부장관이 정하여 고시하는 인력, 설비 및 검사체계 등에 관한 기준(이하 "정비조직인증기준"이라 한다)에 적합한 인력, 설비 등을 갖추어 국토교통부장관의 인증(이하 "정비조직인증"이라 한다)을 받아야 한다고 규정되어 있다.

다만, 대한민국과 정비조직인증에 관한 항공안전협정을 체결한 국가로부터 정비조직인증을 받은 자는 국토교통부장관의 정비조직인증을 받은 것으로 본다.

정비조직의 인증을 받으려는 자는 정비조직인증 신청서에 정비조직절차교범을 첨부하여 지방항공청장에게 제출하여야 하며, 정비조직절차교범에는 수행하려는 업무의 범위, 항공기등, 장비품 및 부품 등에 대한 정비방법 및 그 절차와, 항공기등, 장비품 및 부품 등의 정비에 관한 기술관리 및 품질관리의 방법과 절차, 그밖에 시설 · 장비 등 국토교통부장관이 정하여 고시하는 사항을 적어야 한다.

■ 항공안전법 시행규칙 [별지 제99호서식]

대 한 민 국
국토교통부
The Republic of Korea
Ministry of Land, Infrastructure and Transport

정비조직인증서
APPROVED MAINTENANCE ORGANIZATION CERTIFICATE

1. 인증서 번호 :
Certificate Number

2. 사업자 명칭 :
Title of Approved Maintenance Organization

3. 사업자 주소 :
Address

4. 본 증명서는 상기 정비조직인증을 발급받은 사업자가 「항공안전법」 제97조 및 같은 법 시행규칙 제272조에 따라 정비조직인증기준에 적합한 것으로 판명됨에 따라 아래와 같은 한정 내에서 인가된 정비조직을 운영하는 것을 승인합니다.
Upon finding that its organization complies in all respects with the requirements of Article 97 of Aviation Safety Act and Article 272 of Enforcement Regulation of Aviation Safety Act an Approved Maintenance Organization and is empowered to operate an Approved Maintenance Organization with the following ratings.

5. 한정사항 : 세부적인 한정사항은 운영기준에 명기합니다.
Ratings : The detailed ratings are specified in the Operations Specification.

6. 유효기간 :
Validity period

[ ] 이 정비조직승인서는 양도될 수 없으며 일시 자격정지 또는 무효화되거나 반납하지 않는 한 무기한 유효함
This certificate is not transferable and shall continue in effect unless it is suspended, revoked, or surrendered.

[ ] 이 정비조직승인서는 양도될 수 없으며 일시 자격정지 또는 무효화되거나 반납하지 않는 한, 발행일로부터 ______년 ___월 ___일까지 유효함.
This certificate is not transferable and shall continue in effect until MM.DD.YYYY unless it is suspended, revoked, or surrendered.

발행일 : 년 월 일
Date of Issuance

지방항공청장 직인

Administrator of ○○ Regional Office of Aviation

210mm×297mm[백상지(120g/㎡)]

[그림 8-11] 정비조직인증서

국토교통부장관은 정비조직인증을 하는 경우에는 정비의 범위 · 방법 및 품질관리절차 등을 정한 세부 운영기준을 그림 8-11의 정비조직인증서와 함께 발급하여야 한다.

정비조직인증을 받은 자가 항공기등, 장비품 또는 부품등에 대한 정비 등을 하는 경우에는 그 항공기등, 장비품 또는 부품등을 제작한 자가 정하거나 국토교통부장관이 인정한 정비등에 관한 방법 및 절차 등을 준수하여야 한다.

항공기등, 장비품 또는 부품등의 정비등과 이에 대한 기술관리 및 품질관리 등을 지원하는 업무를 위탁하려는 자는 정비조직인증을 받은 자 또는 그 항공기

등, 장비품 또는 부품등을 제작자에게 위탁한다.

해외에서 우리나라의 정비조직인증을 받으려는 자는 동일한 절차를 밟아 우리나라 국토교통부장관에게 정비조직인증 신청서를 제출하여야 하나, 대한민국과 정비조직인증에 관한 항공안전협정을 체결한 국가로부터 정비조직인증을 받은 자는 국토교통부장관의 정비조직인증을 받은 것으로 본다.

8.4.3.1. 정비조직인증을 받아야하는 대상 업무

항공안전법 제97조에 규정된 정비조직인증을 받아

정비조직인증 신청서
Application for an AMO Certificate

※ 색상이 어두운 난은 신청인이 작성하지 아니합니다. (앞 쪽)

접수번호		접수일시	처리기간 (Durations) 25일	
신 청 인 (Applicant)	성명 또는 명칭 Name		생년월일 Date of Birth	
	주소 Address	전화(Tel):		
정비하고자 하는 범위 Ratings Applied for				
정비범위 설정사유 Reason for the Ratings				

「항공안전법」 제97조 및 같은 법 시행규칙 제271조에 따라 정비조직인증을 받고자 관련서류를 첨부하여 신청합니다.

In accordance with Article 97 of Aviation Act and Article 271 of Enforcement Regulation of Aviation Act, I hereby apply for an Approved Maintenance Organization certificate and submit herewith the required documents.

년 월 일

신청인 (서명 또는 인)

지방항공청장 귀하

첨부서류 (Documents)	1. 정비조직절차교범(copy of Maintenance Organization Procedure Manual, 1. 수행하려는 업무의 범위, 2. 항공기등·부품등의 정비방법 및 그 절차, 3. 항공기등-부품등의 정비에 관한 기술관리 및 품질관리의 방법과 절차, 4. 그 밖에 시설·장비 등 국토교통부장관이 정하여 고시하는 사항을 포함한다)	수수료(Fee) 「항공안전법 시행규칙」 제321조에서 정한 수수료

210㎜×297㎜[백상지(80g/㎡) 또는 중질지(80g/㎡)]

[그림 8-12] 정비조직인증 신청서(앞)

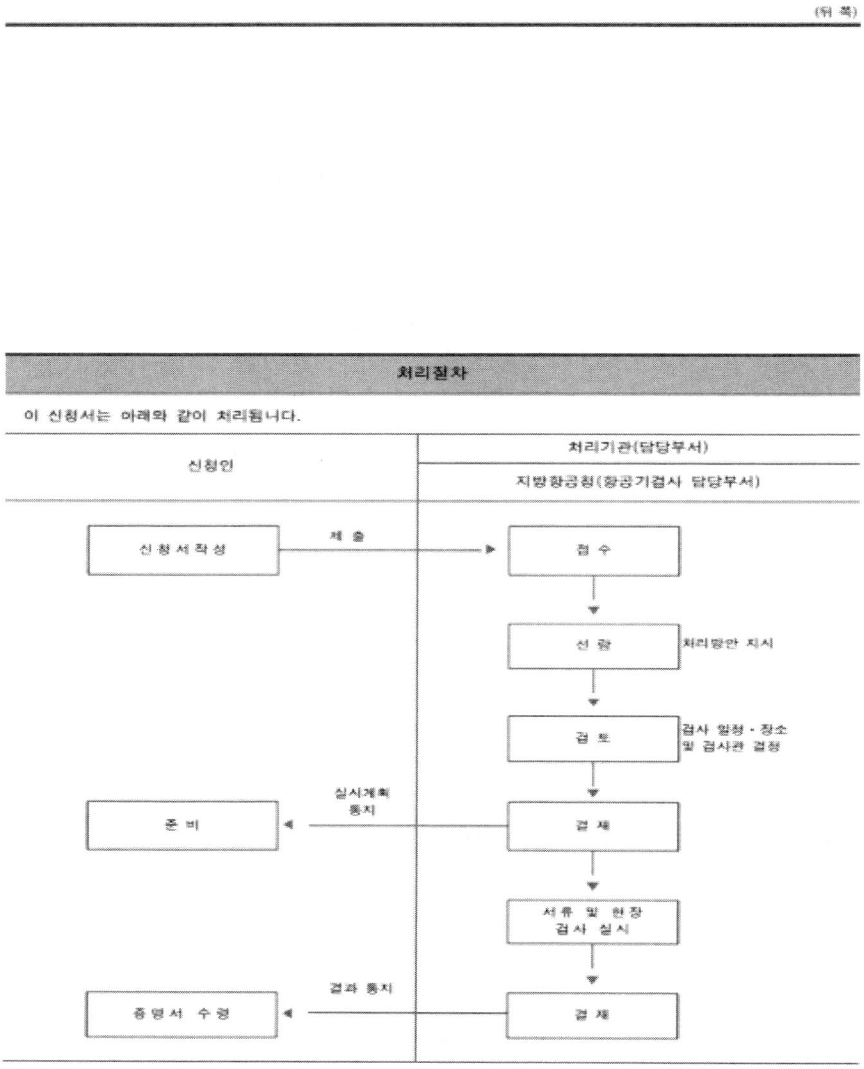

[그림 8-12] 정비조직인증 신청서(뒤)

야 하는 업무는 "국토교통부령으로 정하는 업무"는 항공안전법 시행규칙 제270조에 다음과 같이 규정하고 있다.

1. 항공기등 또는 부품등의 정비등의 업무
2. 제1호의 업무에 대한 기술관리 및 품질관리 등을 지원하는 업무

8.4.3.2. 정비조직인증의 신청과 정비절차교범

항공안전법 제97조에 따른 정비조직인증을 받으려는 자는 그림 8-12의 별지 제98호서식의 정비조직인증 신청서에 정비조직절차교범을 첨부하여 지방항공청장에게 제출하여야 한다.

정비조직절차교범에는 다음의 사항을 적어야 한다.

1. 수행하려는 업무의 범위
2. 항공기등 · 부품등에 대한 정비방법 및 그 절차
3. 항공기등 · 부품등의 정비에 관한 기술관리 및 품질관리의 방법과 절차
4. 그 밖에 시설 · 장비 등 국토교통부장관이 정하여 고시하는 사항

(국토교통부훈령 제1022호, 정비조직인증 심사지침)

8.4.3.3. 정비조직인증의 취소 등

정비조직인증의 취소 등의 규정은 항공안전법 제98조이다. 국토교통부장관은 정비조직인증을 받은 자가 다음 중 어느 하나에 해당하는 경우에는 정비조직인증을 취소하거나 6개월 이내의 기간을 정하여 그 효력의 정지를 명할 수 있다. 다만, 1항 또는 5항에 해당하는 경우에는 그 정비조직인증을 취소한다.

1. 거짓이나 그 밖의 부정한 방법으로 정비조직인증을 받은 경우
2. 제58조제2항을 위반하여 다음 각 목의 어느 하나에 해당하는 경우
   가. 업무를 시작하기 전까지 항공안전관리시스템을 마련하지 아니한 경우
   나. 승인을 받지 아니하고 항공안전관리시스템을

[표 8-9] 정비조직인증 취소 등 행정처분기준(시행규칙 별표 38)

위반행위	근거 법조문	처분내용
1. 거짓이나 그 밖의 부정한 방법으로 정비조직인증을 받은 경우	법 제98조제1항제1호	인증취소
2. 법 제98조에 따른 업무정지 기간에 업무를 한 경우	법 제98조제1항제5호	인증취소
3. 법 제58조제2항을 위반하여 다음 각 목의 어느 하나에 해당하는 경우	법 제98조제1항제2호	
가. 업무를 시작하기 전까지 항공안전관리시스템을 마련하지 아니한 경우		업무정지(10일)
나. 승인을 받지 아니하고 항공안전관리시스템을 운용한 경우		업무정지(10일)
다. 항공안전관리시스템을 승인받은 내용과 다르게 운용한 경우		업무정지(10일)
라. 승인을 받지 아니하고 제130조제3항으로 정하는 중요 사항을 변경한 경우		업무정지(10일)
4. 정당한 사유 없이 법 제97조제1항에 따른 정비조직인증기준을 위반한 경우	법 제98조제1항제3호	
가. 인증받은 범위 외의 다음의 정비등을 한 경우		
1) 인증받은 정비능력을 초과하여 정비등을 한 경우		업무정지(10일)
2) 인증받은 형식 외의 항공기등에 대한 정비등을 한 경우		업무정지(15일)
3) 인증받은 장비품 · 부품 외의 장비품 · 부품의 정비등을 한 경우		업무정지(10일)
나. 인증받은 정비시설 또는 정비건물 등의 위치를 무단으로 변경하여 정비등을 한 경우		업무정지(7일)
다. 인증받은 장소가 아닌 곳에서 정비등을 한 경우		업무정지(10일)
라. 인증받은 범위에서 정비등을 수행한 후 법 제35조제8호의 항공정비사 자격증명을 가진 자로부터 확인을 받지 않은 경우		업무정지(15일)
마. 정비등을 하지 않고 거짓으로 정비기록을 작성한 경우		업무정지(7일)
바. 세부 운영기준에서 정한 정비방법 · 품질관리절차 및 수행목록 등을 위반하여 정비등을 한 경우(가목부터 마목까지의 규정에 해당되지 않는 사항을 말한다)		업무정지(5일)

위반행위	근거 법조문	처분내용
사. 가목부터 바목까지의 규정 외에 정비조직인증기준을 위반한 경우		업무정지(3일)
5. 고의 또는 중대한 과실에 의하여 또는 항공종사자에 대한 관리 · 감독에 관하여 상당한 주의의무를 게을리함으로써 항공기 사고가 발생한 경우	법 제98조제1항제4호	
가. 해당 항공기 사고로 인한 사망자가 200명이상인 경우		업무정지(180일)
나. 해당 항공기 사고로 인한 사망자가 150명 이상 200명 미만인 경우		업무정지(150일)
다. 해당 항공기 사고로 인한 사망자가 100명 이상 150명 미만인 경우		업무정지(120일)
라. 해당 항공기 사고로 인한 사망자가 50명 이상 100명 미만인 경우		업무정지(90일)
마. 해당 항공기 사고로 인한 사망자가 10명 이상 50명 미만인 경우		업무정지(60일)
바. 해당 항공기 사고로 인한 사망자가 10명 미만인 경우		업무정지(30일)
사. 해당 항공기 사고로 인한 중상자가 10명 이상인 경우		업무정지(30일)
아. 해당 항공기 사고로 인한 중상자가 5명 이상 10명 미만인 경우		업무정지(20일)
자. 해당 항공기 사고로 인한 중상자가 5명 미만인 경우		업무정지(15일)
차. 해당 항공기 사고로 인한 항공기 또는 제3자의 재산 피해가 100억원 이상인 경우		업무정지(90일)
카. 해당 항공기 사고로 인한 항공기 또는 제3자의 재산 피해가 50억원 이상 100억원 미만인 경우		업무정지(60일)
타. 해당 항공기 사고로 인한 항공기 또는 제3자의 재산피해가 10억원 이상 50억원 미만인 경우		업무정지(30일)
파. 해당 항공기 사고로 인한 항공기 또는 제3자의 재산피해가 1억원 이상 10억원 미만인 경우		업무정지(20일)
하. 해당 항공기 사고로 인한 항공기 또는 제3자의 재산피해가 1억원 미만인 경우		업무정지(10일)

비고
위 표의 제5호에 따른 정비등의 업무정지처분을 하는 경우 인명피해와 항공기 또는 제3자의 재산피해가 같이 발생한 경우에는 해당 정비등의 업무정지기간을 합산하여 처분하되, 합산하는 경우에도 정비등의 업무정지기간이 180일을 초과할 수 없다.

운용한 경우
다. 항공안전관리시스템을 승인받은 내용과 다르게 운용한 경우
라. 승인을 받지 아니하고 국토교통부령으로 정하는 중요 사항을 변경한 경우
3. 정당한 사유 없이 정비조직인증기준을 위반한 경우
4. 고의 또는 중대한 과실에 의하거나 항공종사자에 대한 관리 · 감독에 관하여 상당한 주의의무를 게을리함으로써 항공기사고가 발생한 경우
5. 이 조에 따른 효력정지기간에 업무를 한 경우

위의 2. 라.는 승인을 받지않고 다음 사항을 변경한 경우로써, 시행규칙 제273조 별표38(표 8-9)의 기준에 따라 행정 처분을 한다.

1. 안전목표에 관한 사항
2. 안전조직에 관한 사항
3. 안전장애 등에 대한 보고체계에 관한 사항
4. 안전평가에 관한 사항

8.4.4. 정비조직의 정비훈련프로그램

정비조직이 운영하는 훈련프로그램은 훈련과정,

훈련방법, 강사자격, 평가, 훈련기록에 관한 내용이 포함되어야 하고 훈련시간 등의 기준은 아래와 같다.

1) 안전교육: 년 8시간 이상
2) 초도교육: 60시간 이상
3) 보수교육: 1회당 4시간 이상
4) 항공기 기종교육: 항공기 제작회사 또는 제작회사가 인정한 교육기관이 실시하는 교육시간 이상
5) 인적요소: 년 4시간 이상
6) 초도 및 항공기 기종교육 이수기준: 평가시험 70% 이상 취득
7) 인증받은 정비조직의 교육훈련 교관은 정비분야 3년 이상의 근무경력

[표 8-10] A4A iSpec 2200

계통	하위 계통	제목	계통	하위 계통	제목
21		AIR CONDITIONING	31		ELECTRICAL/ELECTRONIC PANELS AND MULTIPURPOSE COMPONENTS
21	00	General	34		STRUCTURES
21	10	Compression	35		DOORS
21	20	Distribution	36		FUSELAGE
21	30	Pressurization Control	37		NACELLES/PYLONS
21	40	Heating	38		STABILIZERS
21	50	Cooling	39		WINDOWS
21	60	Temperature Control	40		WINGS
21	70	Moisture/Air Contaminate Control	49		AIRBORNE AUXILIARY POWER
22		AUTO FLIGHT	61		PROPELLERS
23		COMMUNICATIONS	65		ROTORS
24		ELECTRICAL POWER	71		POWERPLANT
25		EQUIPMENT/FURNISHINGS	72		(T) TURBINE/TURBOPROP
26		FIRE PROTECTION	72		(R) ENGINE RECIPROCATING
27		FLIGHT CONTROLS	73		ENGINE FUEL AND CONTROL
28		FUEL	74		IGNITION
29		HYDRAULIC POWER	75		BLEED AIR
30		ICE AND RAIN PROTECTION	76		ENGINE CONTROLS
31		INDICATING/RECORDING SYSTEMS	77		ENGINE INDICATING
32		LANDING GEAR	78		ENGINE EXHAUST
33		LIGHTS	79		ENGINE OIL
34		NAVIGATION	80		STARTING
35		OXYGEN	81		TURBINES (RECIPROCATING ENG)
28		PNEUMATIC	82		WATER INJECTION
29		VACUUM/PRESSURE	83		REMOTE GEAR BOXES (ENG DR)
30		WATER/WASTE			

8.5. 정비문서와 기술교범

8.5.1. 정비메뉴얼의 번호체계(ATA iSpec.)

미국항공운송협회(ATA, air transport association of america)는 정비매뉴얼의 기술 순서가 표준화되도록 ATA 100 번호부여 체계를 개발했하였다. 이 체계는 항공기 조종사, 정비사, 엔지니어로 하여금 매우 쉽고 편리하게 항공기 시스템을 학습하고 이해하며 자료를 찾도록 도와주고 있다. 이러한 표준번호 부여체계는 2000년에 ATA iSpec 2200으로 대체되었다. ATA TICC(Technical Information and Communications Committee)에서 민간항공업계를 위하여 ATA iSpec 2200이라는 새로운 표준을 개발하였다(표 8-10)

8.5.2. 정비회보(Service Bulletin, SB)

정비회보는 기체 제작사, 엔진 제작사, 그리고 장비품 제작사에서 항공기 운영자에게 항공기의 개선을 위하여 발행하는 권고적인 기술지시이다. 제작사는 정비회보 내용이 단순하게 제품의 성능을 향상하는 것만이 아니고 제품의 안전에 관련이 있다고 판단하면 긴급 정비회보(ASB, Alert SB)로 발행한다. 이러한 경우 ASB는 후에 감항당국의 AD 발행으로 발전하게 된다.

제작사는 SB의 중요도에 따라 Optional, Recommended, Alert, Mandatory, Informational로 분류한다. 제작사에서 해당 SB를 Mandatory로 분류하였다 하더라도 해당 SB는 감항당국에서 AD를 발행할 때까지는 법적으로 강제 수행사항은 아니나 대부분 항공기 운영자는 이를 우선적으로 수행한다.

제작사에서 발행한 정비회보는 발행 목적, 작업대상(기체, 엔진, 장비품), 작업방법(서비스, 조정, 개조, 검사), 필요한 부품의 공급원, 작업 소요 인시수(Manhour) 등이 기술되어 있다. 따라서 항공기 운영자는 발행된 SB가 강제 수행사항이 아니더라도 항공기의 안전을 개선하는 내용인 경우 이를 적극적으로 수행하도록 검토한다. 그러나, 해당 SB가 항공기의 성능을 향상시키는 내용인 경우에는 항공기 운영자는 철저하게 비용과 효용을 고려하여 수행할 것인지, 수행을 안 할 것인지, 또는 수행을 미루면서 관망할 것인지를 검토한다.

8.5.3. 감항성 개선지시(Airworthiness Directive, AD)

감항당국의 일차적인 안전 기능은 항공기, 엔진, 프로펠러에서 발견되는 불안전한 상태의 수정과 그러한 상황이 존재할 때 동일한 설계의 다른 항공기에도 존재하거나 전개될 것에 대비하여 필요한 조치를 요구하는 것이다. 불안전한 상태는 설계결함, 정비, 또는 다른 원인 때문에 존재하게 된다. 감항성 개선지시서는 이러한 불안전한 상태의 형식설계가 동일한 다른 항공제품들에도 존재하거나 발생될 가능성이 있는 것으로 판단될 때, 해당 항공제품에 대한 검사, 부품의 교환, 수리 · 개조를 지시하거나 운영상 준수하여야 할 절차 또는 조건과 한계사항 등을 정하여 지시하는 감항당국의 행정 명령이다. 감항성 개선지시서는 항공기 제작 회사의 감항당국 및 항공기 운용회사의 항공 감항당국 등이 발행하는 문서로, 위험요소가 발견된 항공기, 엔진, 장비품의 계속사용을 위하여 필요한 점검 및 조치, 운용상의 제한 조건 등을 포함하는 강제성 기술 지시 문서를 말한다.

AD는 항공기의 소유자를 포함하여 불안전한 상황과 관련이 있는 인원에게 정보를 주고, 항공기가 계속 운항할 수 있는 필요한 조치 사항을 규정하고 있다. AD는 수행시기에 따라 2가지 범주로 구분되는데, 접수 즉시 곧바로 긴급 수행을 요구하는 위급한 것과 일정기간 내에 수행을 요하는 긴급한 것이 있다. AD는 또한 반복 수행 여부에 따라 일회 수행으로 종료되는 것과 일정 주기로 반복적으로 검사를 수행하는 것이 있다. AD의 내용에는 AD 대상의 항공기, 엔진, 프로펠러, 기기의 형식과 일련번호가 기술되어 있다. 또한, 수행 시기, 기간, 개요, 수행절차, 수행방법이 기술된다. AD 수행지시를 받은 항공기 운영자는 감항성 개선지시서에 따른 사항을 수행하기 곤란할 경우 대체 수행 방법 등을 감항당국에 신청할 수 있고, 감항당국은 이러한 신청이 있을 경우 감항성 개선지시 유효기간 등을 고려하여 감항엔지니어, 설계책임기관 및 전문검사기관 등과 협의하여 그 결과를 항공기 운영자 등에게 30일을 초과하지 않도록 지체 없이 알려주어야 한다.

8.5.4. 정비메뉴얼

항공기 정비에 사용되는 정비메뉴얼은 항공기, 엔진, 장비품을 운영하고 정비하는 데 필요한 운용, 점검, 검사, 수리, 프로그램 설정, 예비품 구매, 이를 사용하기 위한 장비를 구매하고 제작하는 기술자료 등 항공기 운영과 관련하여 항공정비사를 안내하는 정보의 원천이다. 이러한 정비메뉴얼은 항공기, 엔진 및 장비품 제작사에서 발행하며, 항공기 기종 기준 약 20~30여 종에 대형항공기의 수백만 페이지 분량이다. 항공정비사는 이를 적절하고 철저하게 이용하여 항공기의 효율적인 운영과 정비를 도모할 수 있다.

기본적인 항공기 정비메뉴얼

1. Maintenance Planning Data, MPD,
2. Aircraft Maintenance Manual, AMM,
3. Fault Isolation Manual, FIM,
4. Illustrated Parts Catalog, IPC,
5. System Schematic Manual, SSM
6. Wiring Diagram Manual, WDM
7. Structural Repair Manual, SRM,
8. Corrosion Prevention Manual 등이 있다.
9. Component Maintenance Overhaul Manual, CMM,
10. Engine Maintenance Manual, EMM
11. Illustrated Tool & Equipment List
12. Non- Destructive Testing Manual 등.

AMM은 ATA 번호체계에 따라 항공기에 장착된 모든 계통과 장비품의 운용 및 정비를 위하여 해당 계통 및 장비품의 개요, 검사방법, 장탈 및 장착 방법, 고장탐구 방법이 수록되어 있다. 다만, 장착된 엔진 및 장비품과 부품의 오버홀에 대한 정비방법은 각 엔진, 장비품 또는 부품의 오버홀 매뉴얼에 기술되어 있다.

① 전기, 유압, 연료, 조종, 동력계통 등의 개요
② 윤활 작업 주기, 윤활제등 사용 유체
③ 제 계통에 적용할 수 있는 압력, 전기 부하
④ 제 계통의 기능에 필요한 공차 및 조절 방법
⑤ 평형(leveling), 들어올리기(jack-up), 견인 방법
⑥ 조종익면의 밸런싱(balancing) 방법
⑦ 1차 구조재와 2차 구조재의 식별

⑧ 비행기의 운영에 필요한 검사 빈도, 한계
⑨ 적용되는 수리방법
⑩ X-ray, 초음파탐상검사, 자분탐상검사를 요하는 검사 기법
⑪ 특수공구 목록

SRM은 1, 2차 구조물을 수리하기 위한 해당 구조물의 제작사 정보와 특별한 수리지침을 기술하고 있다. SRM에는 외피, 프레임, 리브, 스트링어의 수리 방법이 기술되어 있고 필요 자재, 대체 자재, 특이한 수리 기법도 제시되어 있다.

CMM은 항공기에서 장탈된 장비품이나 부품에 대해 수행하는 정상적인 수리작업을 포함하여, 서술적인 오버홀 작업 정보와 상세한 단계별 오버홀 지침이 기술되어 있다. 오버홀이 오히려 비경제적인 스위치, 릴레이와 같은 간단하고 고가가 아닌 항목은 오버홀 매뉴얼에 포함되지 않는다.

IPC는 분해 순서로서 구조와 장비품의 구성 부품 내역을 기술하고 있다. 또한, 항공기 제작사에 의해서 제작된 모든 부품과 장비품에 대한 분해조립도와 상세한 단면도가 제시되어 있다.

8.5.5. 항공일지

항공기 운항을 위해 항공기 운용 회사가 항공 감항 당국으로부터 발급받은 증명서를 운항증명서(Air Operator Certificate)라고 하며, 이를 소지한 회사는 항공일지를 작성하여 영구 보존해야 한다.

항공일지는 항공기에 탑재하는 탑재용 항공일지와 활공기용 항공일지, 그리고 지상에 비치하는 지상비치용 발동기 항공일지와 지상비치용 프로펠러 항공일지가 있다. 항공일지 크기는 회사별로 다르고, 비행시간이 많고 항공기 수리 및 정비에 관한 사항이 많은 항공기는 여러 권의 항공일지를 가지고 있다.

탑재용 항공일지는 항공기에 관한 정비이력 데이터가 기록되어 있다. 항공기 상태, 검사일자, 기체, 엔진, 그리고 프로펠러의 사용시간과 사이클이 기록된다. 탑재용 항공일지는 한 페이지가 색깔이 다른 4~7장으로 구성되어 있으며, 첫 번째 장은 영구보관용, 두 번째 장은 운항승무원 보관용, 세 번째 페이지는 정비 모기지 보관용이고 나머지는 항공기가 운항하는 각 지점 보관용이다. 이처럼 한 페이지가 여러 장으로 구성된 이유는 각 임무별로 해당 기록을 자체 보관하고, 특히 항공기 사고가 발생한 경우 마지막 출발지에서 행한 정비 및 비행 기록까지도 사고 조사 시에 참고하려고 각 지점에 항공일지를 보관하기 위함이다.

항공일지에는 항공기, 엔진, 장비품에서 발생한 모든 주요 정비이력을 기록하고, 감항성 개선지시, 제작회사에서 발행하는 정비회보의 수행 사실이 기록된다. 항공일지를 기록하는 항공종사자는 누가 그것을 읽든 확실하게 이해할 수 있도록 바른 글씨체를 사용하고 쉽게 기록하여야 한다. 잘 기록된 항공일지는 항공기를 매각하거나 임대할 때 항공기의 가치를 높일 수 있다.

8.5.5.1. 탑재용 항공일지

항공기를 운항할 때에 반드시 항공기에 탑재하여야 하며, 본 일지에는 다음 사항을 포함하여 기록하여야 한다.

항공기용	활공기용
– 항공기의 등록부호 및 등록 연월일 – 항공기의 종류 · 형식 및 형식증명번호 – 감항분류 및 감항증명번호 – 항공기의 제작자 · 제작번호 및 제작 연월일 – 발동기 및 프로펠러의 형식 – 비행에 관한 다음의 기록 • 비행연월일 • 승무원의 성명 및 업무 • 비행목적 또는 편명 • 출발지 및 출발시각 • 도착지 및 도착시각 • 비행시간 • 항공기의 비행안전에 영향을 미치는 사항 • 기장의 서명 – 제작 후의 총 비행시간과 오버홀을 한 항공기의 경우 최근의 오버홀 후의 총 비행시간 – 발동기 및 프로펠러의 장비교환에 관한 다음의 기록 • 장비교환의 연월일 및 장소 • 발동기 및 프로펠러의 부품번호 및 제작일련번호 • 장비가 교환된 위치 및 이유	– 활공기의 등록부호 · 등록증번호 및 등록 연월일 – 활공기의 형식 및 형식증명번호 – 감항분류 및 감항증명번호 – 활공기의 제작자 · 제작번호 및 제작 연월일 – 비행에 관한 다음의 기록 비행 연월일 승무원의 성명 비행목적 비행 구간 또는 장소 비행시간 또는 이 · 착륙횟수 활공기의 비행안전에 영향을 미치는 사항 기장의 서명
– 수리 · 개조 또는 정비의 실시에 관한 다음의 기록 • 실시 연월일 및 장소 • 실시 이유, 수리 · 개조 또는 정비의 위치 및 교환부품 명 • 확인 연월일 및 확인자의 서명 또는 날인	– 수리 · 개조 또는 정비의 실시에 관한 다음의 기록 • 실시 연월일 및 장소 • 실시 이유, 수리 · 개조 또는 정비의 위치 및 교환부품 명 • 확인 연월일 및 확인자의 서명 또는 날인

8.5.5.2. 지상 비치용 항공 일지

발동기(엔진) 항공일지와 프로펠러 항공일지가 있다.

① 발동기 또는 프로펠러의 형식

② 발동기 또는 프로펠러의 제작자 · 제작번호 및 제작 연월일

③ 발동기 또는 프로펠러의 장비교환 시 장비교환의 연월일 및 장소, 장비가 교환된 항공기의 형식 · 등록부호 및 등록증번호, 장비교환 이유

④ 발동기 또는 프로펠러의 수리 · 개조 또는 정비를 실시할 경우 실시 연월일 및 장소, 실시이유, 수리 · 개조 또는 정비 위치, 교환 부품명, 확인 연월일 및 확인자의 서명 또는 날인

⑤ 발동기 또는 프로펠러의 사용 연월일, 사용시간과 제작 후의 총 사용시간, 최근 오버홀 후의 총 사용시간

8.6. 항공운송사업자용 정비프로그램(Air Carrier Maintenance Program)

8.6.1. 정비프로그램의 목적

국제항공운송사업자 또는 국내항공운송사업자의 정비규정에 포함된 정비프로그램의 목적은 항공기와 항공기의 모든 부속품이 의도된 기능을 발휘할 수 있도록 보증하고, 항공운송에 있어서 가능한 최고의 안전도를 확보를 목적으로 하는 프로그램으로, 다음과 같은 세부 목표를 반영하여야 한다.

1. 항공운송용 항공기는 감항성이 있는 상태에서 항공에 사용되어야 하고, 항공운송을 위하여 적합하게 감항성이 유지되어야 한다.
2. 항공운송사업자가 직접 수행하거나 타인이 대신하여 수행하는 정비 및 개조는 항공운송사업자의 정비규정을 따라야 한다.
3. 항공기의 정비 및 개조는 적합한 시설과 장비를 갖추고 자격이 있는 종사자에 의해 수행되어야 한다.

8.6.2. 정비프로그램 법적 근거

항공안전법 제23조, 제90조의2 및 같은 법 시행규칙 제38조, 제260조 그리고 국토교통부 고시「운항기술기준」제9장항공운송사업의 운항증명 및 관리를 바탕으로 한다 또한 항공운송사업자용 정비프로그램 기준은 항공기기술기준 part 21 항공기등, 장비품 및 부품 인증절차 부록 C. 항공운송사업자용 정비프로그램 기준에 규정되어 있다.

8.6.3. 항공운송사업자 정비프로그램의 인가

항공운송사업자는 항공안전법 제90조의2 및 같은 법 시행규칙 제262조에 따라 운항증명을 발급받을 때 운영기준(Operations Specifications)을 함께 발급받는다. 이 운영기준에는 항공운송사업자의 항공기는 지속감항유지프로그램(CAMP)에 따라 정비하여야 함을 명시하고 있다.

또한, 항공운송사업자는 항공안전법 제93조 및 같은 법 시행규칙 제269조, 제271조에 따라 정비규정을 제정하거나 변경하고자 하는 경우에는 국토교통부장관 또는 관할 지방항공청장의 인가를 받아야 한다. 이 정비규정에는 항공기의 감항성을 유지하기 위한 정비프로그램이 포함된다.

8.6.4. 항공운송사업자 정비프로그램의 요소

항공운송사업자 정비프로그램은 다음과 같은 10개의 요소를 포함한다.

(1) 감항성 책임(Airworthiness Responsibility)
(2) 정비매뉴얼(Maintenance Manual)
(3) 정비조직(Maintenance Organization)
(4) 정비 및 개조의 수행 및 승인(Accomplishment and Approval of Maintenance and Alteration)
(5) 정비계획(Maintenance Schedule)
(6) 필수검사항목(Required Inspection Items)
(7) 정비기록 유지시스템(Maintenance Recordkeeping System)
(8) 계약정비(Contract Maintenance)
(9) 종사자 훈련(Personnel Training)
(10) 지속적 감독 및 분석 시스템(Continuing Analysis and Surveillance System)

8.6.4.1. 정비프로그램 개발 및 승인

1. 항공운송사업자의 정비프로그램은 항공기의 감항성 유지를 위해 설계국가 또는 형식설계 책임조직("제작사")이 제공한 정비프로그램 정보(MRB Report, MPD 또는 AMM Chapter 5. Time limits and Maintenance Checks 등)와 운영 경험을 근거로 제정한다.
2. 이전에 승인받은 정비프로그램이 없는 새로운 형식의 항공기는 제작사의 권고사항, MRBR, 기타 감항성 정보에 근거하여 제정하며 감항당국의 승인을 받아야 한다. 이후 운영자의 경험을 반영하여 최적화한다.
3. 운영 중인 항공기 형식은 이미 승인된 정비프로그램을 비교할 수는 있으나, 다른 운영자가 승인받은 정비프로그램과 동일하게 승인받을 수 없으며 항공기의 가동률과 장비의 적합성, 특히 정비경험 등을 운영자가 평가하여 개정한다.

8.6.4.2. 정비프로그램 개정

1. 승인된 항공기 정비프로그램은 형식설계에 대한 책임이 있는 기관 또는 설계국가에 의해 만들어진 정비프로그램 정보, 감항성 유지정보(AD, SB 및 SL 등), 개조(Modifications), 운영경험 또는 감항당국 요구사항을 반영하여 운영자가 개정을 제기한다.
2. 정비프로그램을 개정하는 경우 운영자는 운영경험에 근거하여 점검주기와 시간 제한사항의 연장 타당성을 입증해야 한다.
3. 신뢰성 프로그램은 승인된 정비프로그램을 최신으로 개정하는 중요한 방법으로 신뢰성 분석결과에 따라 정비요목의 삭제 또는 주기연장 뿐만 아니라 필요시 정비요목이 추가 또는 주기가 단축될 수 있다.
4. 정비프로그램 개정은 개별 정비요목 또는 정시점검 단계의 주기 조정(연장 및 단축) 및 개별 정비요목(task)의 제정/개정 및 폐기를 포함한다.

8.6.4.3. 주기조정의 제한

항공기의 안전성에 큰 영향을 미치는 다음 항목은 자체 신뢰성 분석으로 주기를 연장하거나 점검요목을 수정할 수 없으며, 설계국가의 권고주기를 따른다.

1. 감항성개선지시(AD)에 의한 주기
2. 최소장비목록(MEL) 또는 외형변경목록(CDL) Time Limited items
3. 항공기 형식증명 자료에 명시된 사용한계 부품(LLP: Life Limited Parts)
4. 인증정비요목(CMR)
5. 감항성한계품목(AWL)
6. MRB Report 상의 항공기 기체관련 표본점검 주기
7. 부식방지 및 관리프로그램(Corrosion Prevention and Control program, CPCP)에 의한 반복점검 주기

8.7. 감항성 책임

8.7.1. 항공기 정비책임

항공운송사업자는 운영하는 항공기의 감항성에 대한 일차적인 책임이 있으며, 운영하는 항공기에 대한 모든 정비를 수행할 책임이 있다.

항공운송사업자는 운항증명을 승인받음에 따라, 운영하는 항공기에 대한 모든 정비, 예방정비 또는 개조를 직접 수행하거나, 항공안전법 제97조에 따라 정비조직인증(Approved Maintenance Organization)을 받은 자에게 정비, 예방정비 또는 개조를 위탁할 수 있다. 위탁받은 자는 반드시 항공운송사업자의 지시와 통제를 받아야 하고 항공운송사업자의 정비프로그램을 준수하여야 한다. 항공운송사업자의 항공기에 수행된 모든 작업에 대하여, 항공운송사업자는 그 작업을 자체 정비인력이 수행하였거나 위탁한 자가 수행하였을지라도, 모든 정비와 개조에 대한 수행 및 승인에 대한 일차적인 책임을 갖고 있다. 그러므로 항공운송사업자는 정비가 타인에 의해 수행되었다 할지라도 정비의 수행 및 승인에 대한 일차적인 책임을 갖고 있다.

8.7.2. 정비프로그램에 관한 책임

8.7.2.1. 정비프로그램 또는 검사프로그램의 사용

국내 · 국제 항공운송사업자는 항공안전법 제93조 및 같은 법 시행규칙 제269조에 따라 항공운송사업자용 정비프로그램을 인가받아 사용하여야 한다. 다만, 소형 항공운송사업자와 항공기 사용사업자는 조직의 규모에 따라 항공기 정비프로그램 또는 항공기 기술기준 부록 D에 따른 항공기 검사프로그램을 선택하여 인가받아 사용할 수 있으며, 그 밖의 비사업용 항공기 소유자 및 국가기관은 제작사가 제공하는 검사프로그램을 선택하거나 개발하여 사용할 수 있다.

8.7.2.2. 항공운송사업자용 정비프로그램에 관한 책임

정비프로그램을 사용하는 항공운송사업자는 요구되는 정비사항을 정하고, 정해진 정비사항을 수행하여, 항공기의 감항성 여부에 대하여 확인하는 책임이 있다. 항공운송사업자는 정비를 수행하기 위하여 적합한 정비확인자 등을 지명할 수 있는 권한이 있다. 그러나 정비는 정비프로그램과 정비매뉴얼에 따라 수행되어야 한다. 항공운송사업자는 정비의 이행에 대한 책임이 있을 뿐만 아니라 정비규정에 따라 자체 정비프로그램을 개발하고 사용할 책임이 있다. 이를 위하여 정비규정에는 정비프로그램의 관리, 정비수행방법, 필수검사항목 확인에 관한 시스템, 지속적 분석 및 감시 시스템, 정비조직에 대한 설명 및 기타 필요한 사항 등을 정하여, 종합적이면서 체계적으로 항공기가 감항성이 있는 상태로 유지될 수 있도록 하여야 한다. 항공운송사업자는 정비프로그램에 관한 최종적인 권한을 갖으며, 운영하는 항공기의 감항성에 대한 책임이 있다.

8.7.2.3. 항공기 검사프로그램에 관련한 책임

항공기 검사프로그램을 사용하는 항공기 운영자는 항공기를 지속적으로 감항성이 있는 상태로 유지할 책임이 있다. 이들은 기존의 검사프로그램을 선택하고 정비를 위한 검사계획을 수립할 책임이 있다. 또한, 계획된 검사와 차이가 발생할 경우 이를 수정하여야 한다. 이 항공기 운영자는 자격을 갖추고 인가받은 자가 검사와 정비를 수행하도록 하여야 한다. 자격을 갖추고 인가받은 자는 제작사의 매뉴얼 또는 인가받은 검사프로그램에 따라 적합하게 정비를 수행하고 항공기를 사용가능상태로 환원(Return to service)할 책임이 있다. 운영자가 직접 정비를 수행하지 않는다면 여기에 대한 책임은 없다. 그러나 운영자는 정비를 수행하는 자가 해당 항공기 정비확인에 대한 정비기록을 적합하게 하였는지 확인할 책임이 있다.

8.8. 항공운송사업자 정비매뉴얼

8.8.1. 항공운송사업자 정비매뉴얼의 역할

항공운송사업자의 정비매뉴얼은 정비프로그램의 표준화 및 일관성 있는 정비 등을 위해 중요한 역할을 한다. 항공운송사업자 정비매뉴얼에는 정비프로그램에 대한 정의, 설명이 포함되어야 하며, 사용, 관리 및 개정 등을 위한 지침과 절차가 있어야 한다. 정비매뉴얼은 항공운송사업자가 작성한 도서이며, 구성 및 기술적인 사항이 포함된 내용에 대하여는 항공운송사업자가 전적인 책임을 진다. 또한, 정비매뉴얼은 전자도서로 운영될 수 있다.

8.8.1.1. 항공운송사업자 정비매뉴얼의 주요 구성

항공운송사업자의 정비매뉴얼은 실용적인 순서로 구성되어야 한다. 정비매뉴얼은 '관리정책 및 절차', '정비프로그램의 관리, 처리 및 이행을 위한 세부 지침' 및 '정비기준, 방법, 기술 및 절차를 서술하는 기술 매뉴얼' 등 적어도 3개 이상이다. '관리정책 및 절차'는 항공운송사업자 정비프로그램을 구성하고, 지시하고, 개정하고, 통제하기 위한 처리지침 및 관리를 위한 부분이다. 조직상의 부서와 각 직원의 역할, 상호관계 및 권한을 도면으로 보여주는 조직도는 일반적으로 이 부분에 명시된다. 여기에는 정비조직 내에 있는 각 직책에 대한 설명, 임무, 책임 및 권한이 나열되어 있어야 한다. 권한과 책임에 대한 속성에 대하여는 누가 전반적인 권한과 책임을 갖고 있는지, 누가 권한과 책임에 대한 지시를 받는지 알 수 있어야 한다.

8.8.1.2. 정비프로그램의 관리, 처리 및 이행을 위한 세부 지침

정비프로그램은 정비시간의 한계, 기록유지, 정비프로그램의 관리감독, 계약정비의 관리감독 및 종사자 교육과 같은 각 정비프로그램 요소의 다양한 기능과 상호관계에 대한 세부적인 절차가 수록된다. 일반적으로 정시정비작업에 대한 설명, 정비작업 수행을 위한 절차상 정보 및 세부 절차를 포함하여야 한다. 또한, 시험비행 수행 기준과 필요한 절차상의 요건, 그리고 낙뢰, 꼬리동체하부 지면접촉, 엔진온도 초과 및 비정상 착륙 등과 같은 비계획 점검에 대한 기준과 절차상의 정보를 포함하여야 한다.

8.8.1.3. 정비 기준, 방법, 기술 및 절차를 서술하는 기술적 자료

특정 정비작업을 이행하기 위한 세부적인 절차를 다룬다. 항공운송사업자는 방법, 기법, 기술적 기준, 측정, 계측 기준, 작동시험 및 구조 수리 등에 대한 설명을 포함하여야 한다. 또한, 항공운송사업자는 항공기 중량과 평형, 들어 올림(Jacking, Lifting)과 버팀목 사용(Chocking), 저장, 추운 날씨에서의 작동, 견인, 항공기 지상주행, 항공기 세척 등에 대한 절차도 포함하여야 한다. 항공운송사업자는

제작사 매뉴얼 등을 참조하여 항공운송사업자 자체의 매뉴얼을 만들 수 있다. 항공운송사업자는 경

험, 조직 및 운항환경에 맞추어 정비매뉴얼을 지속적으로 개정하고 항공운송사업자의 체계에 맞추어 나가야 한다. 정비행위가 항공운송사업자 매뉴얼에 부합하는지를 확인하는 수단이되며, 정비행위를 체계화시키고 통제하는 데 사용되는 구체적이고 간결한 절차 지침이 된다. 항공운송사업자의 정비작업 기록유지에 대한 요건에 부합하는 수단으로 정비행위가 기록되도록 한다. 이 기능은 데이터 수집과 분석을 위하여 검사, 점검 및 시험 결과를 기록(문서화)하는 것이다.

8.8.2. 정비의 수행

항공운송사업자는 정비에 관한 별도의 허가를 받지 않아도 자신의 항공기에 대한 정비를 수행하고 이를 사용가능상태로 환원(Return to service, 이하 "정비확인"이라 한다)할 수 있는 권한이 있다. 항공운송사업자는 정비조직인증을 받아 자신의 정비규정과 정비프로그램에 따라 다른 항공운송사업자의 정비 등을 대신하여 수행할 수 있다. 그러나 이러한 정비행위에 대한 정비확인의 권한은 대신 수행하는 항공운송사업자에게 있지 않다. 즉, 정비행위를 타인에게 위탁하였을지라도 정비확인에 대한 권한은 항공기를 운영하는 자에게 있다. 감항성에 대하여 결정을 내리는 각 개인은 반드시 적합한 자격을 갖고 있어야 한다. 항공운송사업자는 어떤 정비작업을 수행하고자 할 경우 항공정비사 자격증명 소지자가 하도록 하여야 한다. 항공운송사업자는 적합한 항공정비사 자격증명(Certified)을 소지하고, 적합한 교육을 이수(Trained)하여 자격검증(Qualified)이 된 자에게 필수검사항목(RII) 수행 권한을 부여하여야 한다. 항공운송사업자는 정비확인을 수행할 권한의 부여는 적합한 한정을 가진 항공정비사 자격증명 소지자에게 하여야 한다. 정비본부장과 품질관리자는 기체와 발동기 한정의 항공정비사 자격증명이 있어야 한다. 이 자격증명 요건은 항공운송사업자의 자격부여 요건이지, 정비작업을 수행하기 위해 필요한 요건은 아니다. 항공기에 수행되는 모든 정비에 대한 정비확인 행위는 운항증명에 따라 항공운송사업자의 정비조직 또는 항공운송사업자가 권한을 부여한 사람에 의해 수행되는 것이며, 개인의 자격증명이나 조직의 인증에 따라 수행하는 것은 아니다. 항공운송사업자가 국외의 인가된 정비업체에 정비수행을 위탁한 경우에는 각 항공종사자 자격요건에 대한 예외사항이 발생한다. 그런 정비업체에는, 직접적으로 정비수행 임무 또는 필수검사 업무를 부여받은 각 개인은 우리나라의 항공종사자 자격증명 소지 요건에 해당하지 않는다.

8.8.2.1. 정비의 범위

8.8.2.1.1. 계획정비

계획정비는 정비시간한계에 따라 수행되는 모든 개별 정비작업들로 구성된다. 항공운송사업자의 계획정비 행위에는 정비작업에 대한 절차적인 지침이 포함되어야 하고 검사, 점검, 시험 및 그 밖에 다른 정비 수행의 결과를 기록하는 요건이 포함되어야 한다.

8.8.2.1.2. 비계획정비

비계획정비는 계획에 없거나 예측할 수 없는 상황에서 발생한 정비에 대한 절차, 지침, 및 기준들이 포함된다. 계획정비 작업의 결과, 조종사 보고서 경착륙, 초과중량 착륙, 동체후미 지상접촉(Tail strike), 지상손상, 낙뢰 또는 엔진 과열과 같은 예측하지 못한 사건들의 발생으로 비계획정비가 필요하게 된다. 항공운송사업자의 정비매뉴얼에는 비계획정비 수행과 기록에 관한 지침 및 기준, 모든 형태의 비계획정비의 기록에 대한 세부절차를 포함하고 있어야 한다. 항공기의 구조적 손상을 줄 수 있는 이벤트 발생에 대한 기준, 구조 손상에 대한 초도검사 및 추가적인 검사 방법등이 항공운송사업자의 정비매뉴얼에는 포함되어 있어야 한다.

8.8.2.1.3. 주요 항공기 장비품에 대한 점검 요건

(1) 엔진정비프로그램

항공운송사업자의 엔진 정비프로그램은 항공운송사업자에서 운용 중인 모든 엔진형식, 즉 항공기에 장착된(installed) 엔진과 장탈된(off-wing) 엔진을 포함하여야 한다. 항공운송사업자의 항공기에 보조동력장치(Auxiliary Power Unit)가 장착되어 있을 경우, 항공운송사업자는 보조동력장치 정비를 항공운송사업자의 엔진 정비프로그램의 일부분으로 포함시킬 수 있다.

(2) 프로펠러 정비프로그램

항공운송사업자 프로펠러 정비프로그램은 운용중인 모든 각 모델에 대한 장착된(installed) 프로펠러와 장탈된(off-wing) 프로펠러의 정비를 포함하여야 한다. 일반적으로, 항공기에 장착된 프로펠러 시스템의 계획정비 요건은 정비시간한계에 포함되어야 한다.

8.8.2.1.4. 장비품 및 부품에 대한 정비프로그램

대부분의 장비품 및 부품 정비프로그램은 작업장(shop) 운영을 포함하며, 계획 또는 비계획 정비업무를 포함할 수 있다. 항공운송사업자는 이들 작업장을 항공기 정비를 수행하는 장소가 아닌 다른 장소에 설치하여 관리할 수도 있다.

8.8.2.2. 정비계획의 구성 요소 및 운영

8.8.2.2.1. 정비요목

- 감항성개선지시(Airworthiness Directives)
- 정비개선회보/기술서신(Service Bulletins/Service Letter)
- 수명한계품목(Life-limited items)의 교환
- 주기적인 오버홀 또는 수리를 위한 장비품(Components)의 교환
- 특별검사(Special inspections)
- 점검 또는 시험(Checks or Tests)
- 윤활(Lubrication) 및 서비싱(Servicing)
- 정비검토위원회보고서(MRBR)에 명시된 작업사항(Tasks)
- 감항성한계품목(Airworthiness Limitations)
- 인증정비요목(CMRs)
- 부가적인 구조검사 문서(SSID)
- 전기배선 내부연결시스템(Electrical Wiring Interconnection System, EWIS)

8.8.2.2.2. 정비방법

정비요목(Maintenance Task)을 어떻게 수행할 것인가를 말하는 것이다. 계획된 정비요목은 정기적으로 수행하여야 하는 정비행위이다. 이 작업의 목적은 품목(Item)이 원래의 기능을 계속적으로 수행할 수 있도록 보장하고, 숨겨진 결함을 발견할 수 있어야 하고, 숨겨진 기능(Hidden function)의 정상작동 가능 여부를 확인할 수 있어야 한다.

8.8.2.2.3. 정비시기

계획정비작업(일시 또는 반복 작업)은 적정 시기/주기에 수행되어야 하며, 시기/주기를 산정하는 데 비행시간, 비행횟수, 경과일수 또는 다른 적정한 단위요소들을 사용할 수 있다.

8.8.2.2.4. 정비계획의 운영

종합적인 정비계획은 정확한 작업을 정확한 주기에 수행하는 것을 목적으로 한다. 자주 정비한다고 해서 항상 결과가 좋은 것은 아니므로, 주기를 단축하거나 정비요목을 추가할 때는 다른 정비프로그램 변경과 동일한 판단 과정을 통하여 처리하여야 한다. Task의 관리, 자재목록 및 심사를 위하여, 항공운송사업자는 정비계획에서 각각의 계획된 정비작업에 해당하는 정비요목(Task) 또는 작업카드(Work card)는 식별번호를 부여(Identify)하여 명확히 확인할 수 있도록 하여야 한다. 이러한 방법은 계획된 정비작업이 일정에 따라 빠짐없이 수행될 수 있도록 한다.

8.9. 경년 항공기(Aging Aircraft) 프로그램의 의미

항공기 제작사는 설계상의 사용수명 목표를 초과하였거나 근접한 대형 수송기, 커뮤터기 및 그 밖의 항공기에 대한 지속 감항성을 유지하기 위해 경년 항공기 프로그램을 개발하였다. 항공운송사업자는 경년 항공기에 대하여 제작사가 마련한 다음 각 호의 경년 항공기 정비프로그램을 항공사 정비프로그램에 포함하여 국토교통부장관에게 인가를 받아야 한다.

(1) 부식방지 및 관리프로그램(Corrosion Preventive and Control Program)
(2) 기체구조에 대한 반복점검프로그램(Supplemental Structural Inspection Program)
(3) 기체 구조부의 수리·개조 부위에 대한 점검프로그램(Aging Aircraft Safety Rule)
(4) 동체 여압부위에 대한 수리·개조 사항에 대한 적합여부 검사(Repair Assessment Program)
(5) 광범위 피로균열에 의한 손상(Widespread Fatigue Damage) 점검프로그램
(6) 전기배선 연결체계 점검프로그램(Electrical Wire Interconnection System)
(7) 연료계통 안전강화 프로그램

항공사는 경년항공기 운용 중 발생한 고장, 기능불량 등에 대한 분석결과를 검토하여 정비주기 단축, 점검신설 또는 점검강화 조치를 하여야 한다.

경년항공기는 신뢰성관리지표(안전지표)를 등록기 호별로 설정하고 운영하여야 한다.

8.10. 응급항공이송

"응급의료전용회전익항공기(Emergency Medical Service Helicopter(EMS/H))" 란 응급 항공 이송을 전담할 목적으로 응급 의료장비 및 부대장비 등을 갖추고 의료요원이 탑승하여 환자에게 응급의료를 실시할 수 있도록 지정된 회전익 항공기를 말하며, '응급의료전용헬기'라고도 한다. "응급항공이송(Emergency Medical Services, EMS)"이란 응급의료 전용 회전익항공기에 응급환자를 탑승시켜, 이송하는 행위를 말하는 것으로, 발생 장소 및 지형지물이 일정하지 않아 정기적으로 행하는 항공운송사업에 비해 상대적으로 위험에 노출되어 있어 이에 합당한 항공안전 감독기준 적용이 필요하다.

한국은 보건복지부의 국가응급의료체계 선진화사업의 일환으로 대국민 복지실현을 위해 중증외상환자의 골든 시간 내에 전문응급의료진 서비스가 가능하도록 외국 사례를 벤치마킹하여 2011년부터 응급항공이송업무(EMS)를 시작하였으며 지속적인 확대가 예상된다. 그러나 EMS 도입 초기 정부 부처 간 상호 협력이 부족하여 EMS에 대한 항공당국의 항공안전감독기준은 자가용 항공기에 적용하는 수준과 별 차이가 없이 항공사가 자발적으로 항공안전기준을 수립하여 적용하여 왔다. 2013년 발생한 항공기사용사업용 및 자가용 헬기의 연이은 사고로 정부는 헬기 특별점검을 실시하였으나, EMS 헬기를 점검할 특별한 기준 및 근거가 없는바, EMS 헬기에 대한 감독기관 차원의 항공안전기준의 강화 필요성이 더욱 제기되었다. 2014년에는 주로 헬기를 사용하는 항공기사용사업의 항공안전기준을 강화하고 EMS 헬기를 항공기사용사업의 범위에 포함시켜 항공기사용사업에 해당하는 관리감독을 받도록 하였다.

8.11. 항공위험물 운송기준

항공위험물 운송기술기준(이하 "기술기준"이라 한다)은 항공안전법 제70조(위험물 운송 등) 내지 제72조(위험물 취급에 관한 교육 등)에 따라 항공기에 의하여 운송되는 폭발성 또는 연소성이 높은 물건 및 물질 등(이하 "위험물" 이라 한다)의 포장 · 적재 · 저장 · 운송 또는 처리하는 자의 위험물 취급절차 및 방법 등에 관한 기준을 말한다. 국제민간항공기구(ICAO) 부속서18 및 기술지침서(Doc9284)에서는 위험물에 필요한 사항을 규정하고 있으며, 항공안전법 시행규칙 제209조(위험물 운송허가 등)와 UN의 위험물 운송전문가 위원회의 구분에 따르면 "폭발성이나 연소성이 높은 물건 등 국토교통부령으로 정하는 위험물"이란 다음 각 호의 어느 하나에 해당하는 것으로 아래의 표 8-10과 같이 구분한다.

[표 8-10] 위험물 종류

분류	위험물 내용	종류
제1류	폭발성 물질	화약, 탄약, 불꽃놀이 재료 등
제2류	가스류	부탄, 프로판, 아세틸렌 등
제3류	인화성 액체	가솔린, 페인트, 알코올 등
제4류	가연성 물질류	마그네슘, 나트륨, 인광성 물질 등
제5류	산화성 물질류	암모니아질산비료, 염소산염 등
제6류	독물류	비소, 청산가리, 농약 등
제7류	방사성 물질류	토리움, 코발트, 라돈 등
제8류	부식성 물질류	수산화물, 소듐, 수은 등
제9류	기타 유해성 물질류	드라이아이스, 자성물질 등

(1) 항공정비사의 위험물취급

8.11.1. 항공정비사의 위험물취급

항공안전 관련하여 선진 항공국 등의 위험물운송규정 준수여부 점검 및 위반사례에 대한 벌칙이 강화되고 있으며, 위험물의 범위가 넓고 작업자 개개인의 각별한 주의가 없으면 규정을 위반할 소지가 상존하고 있음에 따라 위험물 취급은 항공기 적재화물 취급자에게만 적용될 것이라는 인식에서 탈피하여야 한다.

특히 다음과 같은 항공기계통의 위험물을 장탈 · 착하거나 취급하는 항공정비사들의 위험물 식별 및 인식 제고 노력이 필요하다.

8.11.2. 항공기계통의 위험물

위험물(Dangerous Goods)은 Hazardous Material이라고도 불리며, 항공기 계통에 사용되는 대표적인 물질은 아래와 같다.

- 축전지(Battery)류 : 항공기에 장착되어 있는 각종 축전지(Battery), 셀(Cell) 및 축전지(Battery)를 내장하고 있는 구성품(Component)류(DFDR/IRU 등)
- 카트리지(Cartridge)류 : 기폭장치(Detonator), 카트리지(Cartridge), 기폭약(Initiator) 등 명칭을 가지고 있는 품목이나 기타 전기 등 외부자극으로 인해 폭발작용을 하게 되어 있는 모든 품목.
- 산소 발생기(Oxygen Generator)류 : 화학적 산소 발생기(Chemical Oxygen Generator)류 및 이를 장착하고 있는 PSU(Passenger Service Unit)류.
- 고압가스(Compressed Gas)류 : 질소(Nitrogen), 산소(Oxygen), 핼론(Halon) 등의 가스류가 충전된 소화기(Fire Extinguisher), 보틀(Bottle), 실린더(Cylinder) 류가 이에 속하며, 이를 내장하고 있는 비상탈출 미끄럼대(Escape Slide), 구명정(Life Raft), 구명동의(Life Vest) 등도 해당
- 방사능 물질(Radio Active)류 : 우라늄, 세슘, 크립톤 등의 방사능 물질을 포함하고 있는 모든 품목.
- 연료계통(Fuel System)류 : 연료제어장치(FMU, FCU 및 HMU 등), 연료펌프(Fuel Pump), 연료가열밸브(Fuel Heat Valve) 등 연료가 완전하게 제거되지 않은 연료 계통의 부품류
- 화공약품(Chemical/Liquid)류 : 폭발물, 독극물, 부식제, 인화성 물질 등.

09
항공안전평가

9 항공안전평가

9.1. 항공안전의 개념

항공법규에서 안전(safety)은 돌발적인 사고위험(accidental harm)으로부터의 방지를 말한다. '항공안전'은 '비행기로 공중을 날아다니는 것과 관련하여 위험이 생기거나 사고가 날 염려가 없거나 없는 상태'로 정의할 수 있다.

B737MAX 항공기의 추락 사고로 인한 운항 중단 사태는 항공안전이 기술적인 관점의 사고 예방을 넘어 해당 항공기 제작사는 물론 해당 항공기 항공운송사업자의 사업에도 막대한 피해를 준다는 교훈과 항공안전은 예방적이고 징벌적인 수단들을 포함하며, 위험요인 관리의 중요성을 재인식하는 계기가 되었다.

항공안전과 관련한 국제협약 및 미국과 유럽의 항공법규에서는 항공안전(Aviation Safety)에 대한 용어를 직접적으로 정의하지 않고 항공안전프로그램(Aviation Safety Program)의 국제기준을 규정하고 있다. 다만, 시카고협약 부속서 19 안전관리(Safety Management)에서는 항공안전과 관련하여 다음과 같이 용어를 정의하고 있다.

1. 안전(Safety): 항공기 운항과 관련되거나 직접적 지원 시 항공활동과 관련된 위험상태가 수용 가능이고, 통제가 가능한 상태.
2. 안전관리시스템(Safety Management System, SMS): 정책과 절차, 책임 및 필요한 조직구성을 포함한 안전관리를 위한 하나의 체계적인 접근 방법.
3. 국가안전프로그램(State Safety Programme, SSP): 항공안전을 확보하고 안전목표를 달성하기 위한 항공 관련 제반 규정 및 안전 활동을 포함한 종합적인 안전관리체계.

항공안전이란 안전을 저해하는 위험 요인에 대한 3가지 개념을 포함한다.

1. 인적 물적 피해 위험이 없는 상태,
2. 위험정도가 수용이 가능하도록 줄어든 상태,
3. 위험요인을 통제할 수 있는 상태

9.2. 시카고협약 부속서 19 항공안전관리

시카고협약은 국제 항공안전에 대한 최상의 기본규범으로 협약 전문에는 각 체약국이 민간항공을 안전하고 질서 있게 발전하기 위한 조치를 선언하고 있으며, 민간항공의 안전을 우선적으로 고려할 것을 요구하고 있다. 시카고협약 체약국들은 협약은 물론 부속서에서 정한 SARPs에 대하여 표준 또는 권고방식에 해당하는 의무를 준수하여야 한다. 국제 표준이 아닌 권고방식의 경우, 협약에서는 법적으로 준수할 의무를 부과하고 있지 않지만 때로는 ICAO의 결의 등으로 준수를 촉구하는 경우도 있다.

넓은 의미에서 항공안전은 시카고협약 및 총 19개의 부속서가 모두 해당되나 항공안전과 항공보안을 구분할 경우 부속서 9 및 부속서 17을 제외한 나머지 17개 부속서를 항공안전과 관련이 있는 부속서로 보며, ICAO의 항공안전평가(USOAP)도 17개 부속서를 대상으로 항공안전평가를 실시하고 있다.

ICAO는 2013년에 체계적인 안전관리를 위해 시카고협약 부속서 19 안전관리(Safety Management)를 새롭게 탄생시켰으며, 항공당국의 안전관리 책임 및 운영자의 안전관리시스템의 중요성이 더욱 더 확산되는 계기가 되었다. 부속서 19는 ICAO 체약국의 동의를 거쳐 최종적으로 채택되어 2013.11.14.부로 적용되고 있다.

시카고협약 부속서 19는 대부분 각 부속서에서 이미 적용하고 있는 국가안전프로그램(State Safety Programme, SSP), 안전관리시스템(Safety Management System, SMS), 안전 데이터의 수집 및 사용 등에 관한 기존의 부속서 1, 6, 8, 11, 13, 14에 산재되어 있던 안전관리 기준을 통합하였다.

9.3. 대한민국 항공안전관리체계

우리나라의 항공안전관리체계 및 항공안전프로그램은 기본적으로 시카고협약 부속서에서 정한 기준과 절차를 준수하고 있다. 시카고협약 부속서 19는 국가안전프로그램(State Safety Programme, SSP) 및 안전관리시스템(Safety Management System, SMS)을 운영함에 있어 예방안전 체계로의 전환을 유도하고 있다.

항공안전관리시스템이란 처벌 중심의 사후적 안전관리방식에서 탈피하여 잠재적인 안전 저해요소들을 발굴하여 이에 대한 방지책을 수립 및 이행하는 사전 예방적인 안전관리방식을 말하며, 전문교육기관, 항행안전시설 관리자, 공항운영자, 항공운송사업자 등은 항공기사고 등의 예방 및 비행안전의 확보를 위한 항공안전관리시스템을 마련하고 국토교통부장관의 승인을 받아 운용하여야 한다.

9.3.1. 항공안전 법규체계

항공안전프로그램은 시카고 협약 및 부속서(Annex), 항공안전법에 따른 기준과 절차를 준수해야하며, 그밖에 필요한 사항은 항공관계법규 및 행정규칙 등에서 규정한다. 항공안전에 관한 법령 체계 및 항공안전프로그램과 관련된 법령 · 규정에 관한 내용은 표 9-1과 같다. 항공안전에 관한 법령 등은 항공안전관리의 실효성을 보장하기 위하여 지속적으로 검토 · 보완 · 개정되어야한다.

9.3.2. 항공안전프로그램(Aviation Safety Programme)

항공안전프로그램이란 항공안전을 확보하고, 안전목표를 달성하기 위한 항공 관련 제반 법규정, 기준, 절차 및 안전활동을 포함한 종합적인 안전관리체계를 말한다. 그림 9-1은 우리나라의 항공안전프로그램 구성도이다.

항공안전프로그램은 국가의 정량적인 안전지표 · 목표에 따른 안전관리체계를 구축하기 위하여 적정안전성과 목표(ALoSP : Acceptable Level of Safety Performance)를 설정하고 이를 달성하기 위한 위험관리, 안전보증, 안전증진 활동을 정의한다.

항공안전법 제58조제1항에 규정된 기본적인 구성요소는 ① 항공안전에 관한 정책, 달성목표 및 조직체

[표 9-1] 항공안전 관계 법령현황

구분	책임 기관	법령위계	내 용	관련 ICAO Annex
항공안전예방 관리	국토 교통부	법률	• 항공안전법 • 항공사업법 • 공항시설법 • 항공보안법	Annex1 Annex2 Annex3 Annex4 Annex5 Annex6 Annex7 Annex8 Annex10 Annex11 Annex12 Annex14 Annex15 Annex16 Annex18
		대통령령	• 항공안전법 시행령 • 항공보안법 시행령	
		국토교통부령	• 항공안전법 시행규칙 • 항공보안법 시행규칙 • 공항시설관리규칙 • 항공기등록규칙 • 항공운송사업자감독규칙 • 항공정보간행물발간규정	
		고시	• 운항기술기준 등 다수	
		기타 행정규칙	• 훈령(항공기형식증명승인절차 등 다수) • 예규(운항자격심사관 업무교범 등 다수) • 지침(비행장치안전기준 인정절차 등 다수) • 지방항공청 훈령 등	
항공사고조사 관리	항공 · 철도 사고 조사 위원회	법률	• 항공 · 철도사고조사에 관한 법률	Annex13
		대통령령	• 항공 · 철도사고조사에 관한 법률 시행령	
		국토교통부령	• 항공 · 철도사고조사에 관한 법률 시행규칙	
		기타 행정규칙	• 항공 · 철도사고조사위원회 운영규정 등 다수	
안전관리(SMS)	국토 교통부	고시	• 항공안전프로그램	Annex19
		기타 행정규칙	• 안전관리시스템 승인 및 운용지침	

계, ② 항공안전 위험도의 관리, ③ 항공안전보증, ④ 항공안전증진이다.

☞ 항공안전법 제58조(항공안전프로그램 등)

① 국토교통부장관은 다음 각 호의 사항이 포함된 항공안전프로그램을 마련하여 고시하여야 한다.

1. 항공안전에 관한 정책, 달성목표 및 조직체계
2. 항공안전 위험도의 관리
3. 항공안전보증
4. 항공안전증진

② 다음 각 호의 어느 하나에 해당하는 자는 제작, 교육, 운항 또는 사업 등을 시작하기 전까지 제1항에 따른 항공안전프로그램에 따라 항공기사고 등의 예방 및 비행안전의 확보를 위한 항공안전관리시스템을 마련하고, 국토교통부장관의 승인을 받아 운용하여야 한다. 승인받은 사항 중 국토교통부령으로 정하는 중요사항을 변경할 때에도 또한 같다.

1. 형식증명, 부가형식증명, 제작증명, 기술표준품형식승인 또는 부품등제작자증명을 받은 자

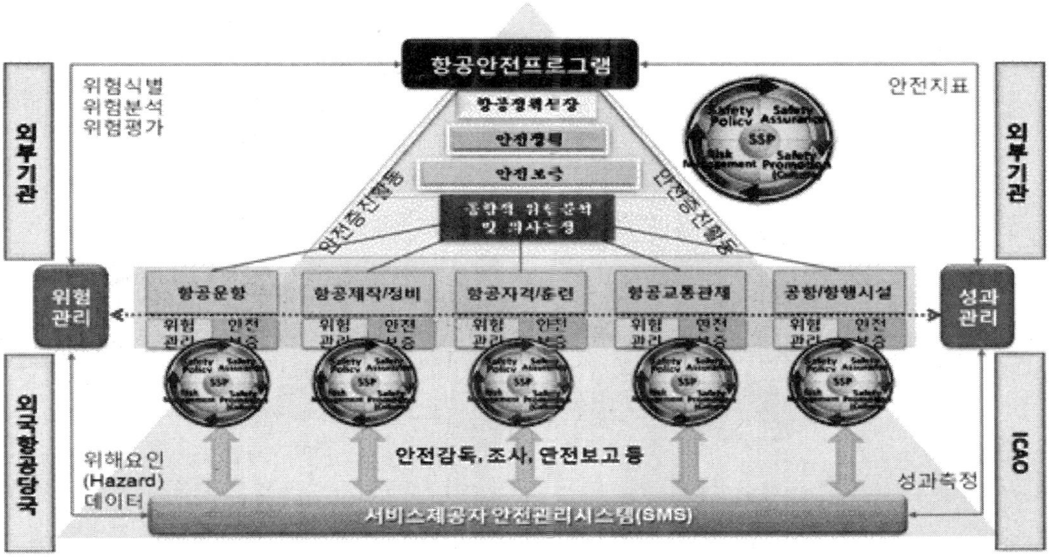

[그림 9-1] 항공안전프로그램 구성도
출처; 국가항공안전프로그램 (2017. 8.25, 국토교통부고시 제2017-578호)

2. 제35조제1호부터 제4호까지의 항공종사자 양성을 위하여 제48조제1항 단서에 따라 지정된 전문교육기관
3. 항공교통업무증명을 받은 자
4. 제90조(제96조제1항에서 준용하는 경우를 포함한다)에 따른 운항증명을 받은 항공운송사업자 및 항공기사용사업자
5. 항공기정비업자로서 제97조제1항에 따른 정비조직인증을 받은 자
6. 「공항시설법」 제38조제1항에 따라 공항운영증명을 받은 자
7. 「공항시설법」 제43조제2항에 따라 항행안전시설을 설치한 자
8. 제55조제2호에 따른 국외운항항공기를 소유 또는 임차하여 사용할 수 있는 권리가 있는 자

③ 국토교통부장관은 제83조제1항부터 제3항까지에 따라 국토교통부장관이 하는 업무를 체계적으로 수행하기 위하여 제1항에 따른 항공안전프로그램에 따라 그 업무에 관한 항공안전관리시스템을 구축 · 운용하여야 한다.

④ 제2항제4호에 따른 항공운송사업자 중 국토교통부령으로 정하는 항공운송사업자는 항공안전관리시스템을 구축할 때 다음 각 호의 사항을 포함한 비행자료분석프로그램(Flight data analysis program)을 마련하여야 한다.
1. 비행자료를 수집할 수 있는 장치의 장착 및 운영절차
2. 비행자료와 분석결과의 보호 및 활용에 관한 사항
3. 그 밖에 비행자료의 보존 및 품질관리 요건 등 국토교통부장관이 고시하는 사항

⑤ 국토교통부장관 또는 제2항제3호에 따라 항공

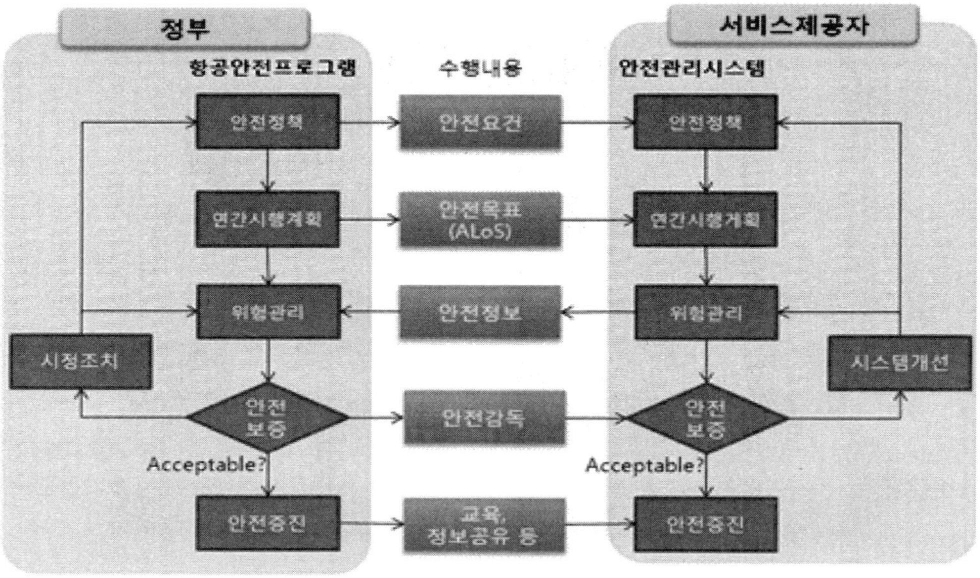

[그림 9-2] 항공안전프로그램과 안전관리시스템의 관계

안전관리시스템을 마련해야 하는 자가 제83조제1항에 따른 항공교통관제 업무 중 레이더를 이용하여 항공교통관제 업무를 수행하려는 경우에는 항공안전관리시스템에 다음 각 호의 사항을 포함하여야 한다.

1. 레이더 자료를 수집할 수 있는 장치의 설치 및 운영절차
2. 레이더 자료와 분석결과의 보호 및 활용에 관한 사항

⑥ 제4항에 따른 항공운송사업자 또는 제5항에 따라 레이더를 이용하여 항공교통관제 업무를 수행하는 자는 제4항 또는 제5항에 따라 수집한 자료와 그 분석결과를 항공기사고 등을 예방하고 항공안전을 확보할 목적으로만 사용하여야 하며, 분석결과를 이유로 관련된 사람에게 해고 · 전보 · 징계 · 부당한 대우 또는 그 밖에 신분이나 처우와 관련하여 불이익한 조치를 취해서는 아니 된다.

⑦ 제1항부터 제3항까지에서 규정한 사항 외에 다음 각 호의 사항은 국토교통부령으로 정한다.

1. 제1항에 따른 항공안전프로그램의 마련에 필요한 사항
2. 제2항에 따른 항공안전관리시스템에 포함되어야 할 사항, 항공안전관리시스템의 승인기준 및 구축 · 운용에 필요한 사항
3. 제3항에 따른 업무에 관한 항공안전관리시스템의 구축 · 운용에 필요한 사항

9.3.3. 항공안전관리 시스템 (Safety Management System)

안전관리시스템이란 서비스제공자(SP : Service

Provider)가 정부의 항공안전프로그램에 따라 자체적인 안전관리를 위하여 요구되는 조직, 책임과 의무, 안전정책, 안전관리절차 등을 포함하는 안전관리체계이다. 그림 9-2는 국가항공안전프로그램과 안전관리시스템의 관계도이다.

항공안전프로그램에서 정의된 국가의 정량적인 안전지표 · 목표를 달성하기위하여, 서비스제공자는 시행규칙 제130조부터 제132조까지의 규정에 따라 자체의 안전관리시스템을 수립 · 운영해야 한다.

1. 항행안전시설의 설치자 · 관리자는 "항행안전시설 및 항공통신업무 안전관리프로그램"에 관한 규정에 따라 안전관리시스템을 수립 · 운영해야 한다.
2. 공항운영자는 "공항안전운영기준"에 따라 안전관리시스템을 수립 운영해야 한다.
3. 국제항공운송사업자, 공항운영자, 항행안전시설의 설치자 · 관리자는 국토교통부장관으로부터 항공안전관리시스템 승인을 받아야 한다.
4. 국내항공운송사업자, 소형항공운송사업자 및 항공기정비업자는 지방항공청장의 항공 안전관리시스템 승인을 받아야 한다.

☞ 항공안전법 시행규칙 제130조(항공안전관리시스템의 승인 등)

① 법 제58조제2항에 따라 항공안전관리시스템을 승인받으려는 자는 별지 제62호서식의 항공안전관리시스템 승인신청서에 다음 각 호의 서류를 첨부하여 제작 · 교육 · 운항 또는 사업 등을 시작하기 30일 전까지 국토교통부장관 또는 지방항공청장에게 제출하여야 한다.

1. 항공안전관리시스템 매뉴얼
2. 항공안전관리시스템 이행계획서 및 이행확약서
3. 항공안전관리시스템 승인기준에 미달하는 사항이 있는 경우 이를 보완할 수 있는 대체운영절차

② 제1항에 따라 항공안전관리시스템 승인신청서를 받은 국토교통부장관 또는 지방항공청장은 해당 항공안전관리시스템이 별표 20에서 정한 항공안전관리시스템 승인기준 및 국토교통부장관이 고시한 운용조직의 규모 및 업무특성별 운용요건에 적합하다고 인정되는 경우에는 별지 제63호서식의 항공안전관리시스템 승인서를 발급하여야 한다.

③ 법 제58조제2항 후단에서 "국토교통부령으로 정하는 중요사항"이란 다음 각 호의 사항을 말한다.

1. 안전목표에 관한 사항
2. 안전조직에 관한 사항
3. 안전장애 등에 대한 보고체계에 관한 사항
4. 안전평가에 관한 사항

④ 제3항에서 정한 중요사항을 변경하려는 자는 별지 제64호서식의 항공안전관리시스템 변경승인 신청서에 다음 각 호의 서류를 첨부하여 국토교통부장관 또는 지방항공청장에게 제출하여야 한다.

1. 변경된 항공안전관리시스템 매뉴얼
2. 항공안전관리시스템 매뉴얼 신 · 구대조표

⑤ 국토교통부장관 또는 지방항공청장은 제4항에 따라 제출된 변경사항이 별표 20에서 정한 항공안전관리시스템 승인기준에 적합하다고 인정되는 경우 이를 승인하여야 한다.

☞ 항공안전법 시행규칙 제131조(항공안전프로그램의 마련에 필요한 사항)

법 제58조제4항제1호에 따라 항공안전프로그램을 마련할 때에는 다음 각 호의 사항을 반영하여야 한다. <개정 2018. 3. 23.>

1. 국가의 안전정책 및 안전목표
   가. 항공안전분야의 법규체계
   나. 항공안전조직의 임무 및 업무분장
   다. 항공기사고, 항공기준사고, 항공안전장애 등의 조사에 관한 사항
   라. 행정처분에 관한 사항
2. 국가의 위험도 관리
   가. 항공안전관리시스템의 운영요건
   나. 항공안전관리시스템의 운영을 통한 안전성과 관리절차
3. 국가의 안전성과 검증
   가. 안전감독에 관한 사항
   나. 안전자료의 수집, 분석 및 공유에 관한 사항
4. 국가의 안전관리 활성화
   가. 안전업무 담당 공무원에 대한 교육 · 훈련, 의견 교환 및 안전정보의 공유에 관한 사항
   나. 항공안전관리시스템 운영자에 대한 교육 · 훈련, 의견교환 및 안전정보의 공유에 관한 사항
5. 국제기준관리시스템의 구축 · 운영
6. 그 밖에 국토교통부장관이 항공안전목표 달성에 필요하다고 정하는 사항

항공안전법 시행규칙 제132조에는 항공안전관리시스템에 포함되어야 할 사항으로 ① 안전정책 및 안전목표, ② 위험도 관리, ③ 안전성과 검증, ④ 안전관리 활성화등을 규정하고 있다.

☞ 항공안전법 시행규칙 제132조(항공안전관리시스템에 포함되어야 할 사항 등)

① 법 제58조제4항제2호에 따른 항공안전관리시스템에 포함되어야 할 사항은 다음 각 호와 같다.

1. 안전정책 및 안전목표
   가. 최고경영자의 권한 및 책임에 관한 사항
   나. 안전관리 관련 업무분장에 관한 사항
   다. 총괄 안전관리자의 지정에 관한 사항
   라. 위기대응계획 관련 관계기관 협의에 관한 사항
   마. 매뉴얼 등 항공안전관리시스템 관련 기록 · 관리에 관한 사항
2. 위험도 관리
   가. 위험요인의 식별절차에 관한 사항
   나. 위험도 평가 및 경감조치에 관한 사항
3. 안전성과 검증
   가. 안전성과의 모니터링 및 측정에 관한 사항
   나. 변화관리에 관한 사항
   다. 항공안전관리시스템 운영절차 개선에 관한 사항
4. 안전관리 활성화
   가. 안전교육 및 훈련에 관한 사항
   나. 안전관리 관련 정보 등의 공유에 관한 사항
5. 그 밖에 국토교통부장관이 항공안전 목표 달성에 필요하다고 정하는 사항

② 최대이륙중량이 2만킬로그램을 초과하는 비행기를 사용하는 항공운송사업자 또는 최대이륙중량이 7천킬로그램을 초과하거나 승객 9명을 초과하여 수송할 수 있는 헬리콥터를 사용하여 국제항공노선을 취항하는 항공운송사업자는 제1항에 따른 항공안전관리시스템에 다음 각 호의 사항에 관한 비행자료분석프로그램(Flight data analysis program)이 포함되도록 하여야 한다.

1. 비행자료를 수집할 수 있는 장치의 장착 및 운영 절차
2. 비행자료와 그 분석결과의 보호에 관한 사항
3. 비행자료 분석결과의 활용에 관한 사항
4. 그 밖에 비행자료의 보존 및 품질관리 요건 등 국토교통부장관이 정하여 고시하는 사항

③ 항공운송사업자는 제2항에 따라 수집한 비행자료와 그 분석결과를 항공기사고 등을 예방하고 항공안전을 확보할 목적으로만 사용하여야 하며, 그 분석결과가 공개되지 아니하도록 하여야 한다.

④ 항공운송사업자는 제2항에 따라 비행자료의 분석 대상이 되는 항공기의 운항승무원에게는 자료의 분석을 통하여 나타난 결과를 이유로 징계 등 신분상의 불이익을 주어서는 아니 된다. 다만, 범죄 또는 고의적인 절차 위반행위가 확인되는 경우에는 그러하지 아니하다.

☞ **항공안전법 시행규칙 제133조(항공교통업무 안전관리시스템의 구축 · 운용에 관한 사항)**

① 법 제58조제4항제3호에 따른 항공교통업무 안전관리시스템의 구축 · 운용은 별표 20을 준용한다. 다만, 항공교통업무 중 레이더를 이용하여 항공교통관제 업무를 수행하는 경우에는 다음 각 호의 사항을 추가하여야 한다.

1. 레이더 자료를 수집할 수 있는 장치의 설치 및 운영 절차
2. 레이더 자료와 분석결과의 보호에 관한 사항
3. 레이더 자료와 분석결과의 활용에 관한 사항

② 제1항 각 호에 따른 레이더자료 및 분석결과는 항공기사고 등을 예방하고 항공안전을 위한 목적으로만 사용되어야 한다.

9.4 항공안전평가

항공안전평가제도와 관련하여 미국은 1990년 미국에서 발생한 콜롬비아 국적 아비앙카 항공기 사고 이후인 1992년에 국제항공안전평가(International Aviation Safety Assessment., IASA) 제도를 도입하여 미국에 출 · 도착하는 항공기를 운항하는 항공사의 항공당국을 대상으로 ICAO SARPs 준수 여부를 평가하고 있다. FAA의 IASA 평가 도입은 ICAO, EU, IATA에서 연이어 항공안전평가제도를 도입하는 시발점이 되었다. 결국 ICAO, EU 및 IATA의 항공안전평가제도는 ICAO SARPs로 규정한 항공안전기준 준수여부에 대한 문제의 심각성을 인식하면서 FAA의 조치에 동참하여 항공기 사고 방지를 위해 ICAO SARPs 이행 여부를 평가하고 그에 합당한 조치를 취하도록 한 것이다. 이는 항공안전기준에 관한 시카고협약 제33조의 취약성이 미국이라는 체약당사국에 의하여 현실적으로 보완한 것이다. 된 것인바, 이러한 관계는 EU도 가세한 가운데 유지되는 형국이다.

각각의 평가기관은 실질적인 항공안전 증진을 위해 개선방식을 지속적으로 연구하여 적용하고 있으며 주요 항공안전평가는 다음과 같다.

- FAA가 미국을 운항하는 항공사의 항공당국을 평가하는 항공안전평가(IASA)
- ICAO가 체약국을 대상으로 항공안전수준, 구체적으로는 항공안전관리체계 및 이행수준을 평가하는 항공안전평가(Universal Safety Oversight Audit Program, USOAP) – 이를 '항공안전종합

평가'라고도 한다.

- 유럽의 SAFA 참가국이 SAFA 참가국을 취항하는 항공사를 평가하는 항공안전평가(Safety Assessment of Foreign Aircraft, SAFA)
- IATA가 항공사를 대상으로 평가하는 항공안전평가(IATA Operational Safety Audit, IOSA)
- IATA가 지상조업사를 대상으로 평가하는 항공안전평가(IATA Safety Audit for Ground Operations, ISAGO)

9.4.1. 미국의 항공안전평가(IASA)

미연방항공청(FAA)의 항공안전평가 IASA란 미국을 출발 및 도착하는 항공사의 항공당국에 대한 항공안전평가를 말한다. FAA는 미국을 운항하거나 운항하고자 하는 항공사의 항공당국에 대하여 항공안전평가를 실시하며, 평가 결과 특정 국가의 항공당국의 안전기준이 ICAO의 안전기준에 미달하여 안전상의 결함이 있다고 판단되면 그 국가를 항공안전 2등급으로 분류하고 항공안전 2등급으로 분류된 국가에 속해있는 항공사에 운항제한 및 신규 운항허가 불허 등의 실질적인 불이익을 주고 있다.

한국은 2001년 FAA로부터 항공안전 2등급 판정을 받은 적이 있으며, 이로 인해 국가 위상 손상은 물론, 국적 항공사 코드쉐어 제한, 미주노선 증편 불가, 미국 군인 및 공무원의 우리 국적 항공기 이용금지 등의 제재 등 막대한 경제적 피해 및 사회적 물의를 경험하고, 4개월 후 1등급으로 회복한 바 있다.

IASA의 내용을 요약하여 정리하면 표 9-2와 같다.

9.4.2. ICAO의 항공안전평가(USOAP)

ICAO의 항공안전평가 USOAP란 ICAO가 전 세계에 통일적으로 적용되는 국제기준의 국가별 안전관

[표 9-2] FAA의 항공안전평가(IASA)

구분	내용
개요	• 미국을 출발 및 도착하는 항공사의 항공당국에 대한 항공안전평가 • 항공안전기준 미달 시 외국 항공사에게 운항허가 불허 또는 운항제한 등의 실질적 불이익 줌
도입 배경	• 1990년 초 항공교통량 급증, 항공기 사고 증가 • 미국 출/도착 항공기에 대해 ICAO 기준에 의거 항공안전감독 필요성 대두 • 1990년 콜롬비아 국적 아비앙카(Avianca) 항공 Boeing 707 사고 (뉴욕 롱아일랜드 Cove Neck 항공기 추락, 승무원 8명 전원 및 승객 150명 중 65명 사망 등 총 73명 사망)
IASA 도입	• 1992년 8월 IASA 도입
IASA 운영	• Checklist 구성: 일반 내용을 포함하여 9 Sections으로 구성 • Checklist 점검: 각 부문 전문가가 평가항목 점검(변호사, 운항전문가, 감항전문가 등) • Category 2 해당 사유: 법규 미흡, 항공당국 임무수행 조직 미흡, 기술인력 부족, 국제기준 준수 지침 미 제공, 항공사 감독 기능 미흡 등 • Category 2 분류 국가 불이익: 미국 신규 취항 허용 금지, 미국노선 신규/확대 제한 및 코드쉐어 허용 금지, 운항허가 취소 및 중지 가능 ㈜ 한국은 2001년 2등급으로 분류된 적이 있으나 4개월 만에 1등급 회복함.

[표 9-3] ICAO의 항공안전평가(USOAP)

구분	내용
개요	• ICAO가 체약국에 대하여 항공안전관련 국제기준 이행실태 점검, 평가 • USOAP 평가 결과를 open함으로써 간접적 제재 효과
도입 배경	• 1990년 초 항공교통량 급증, 국제기준 불이행으로 인한 항공기 사고 증가, 항공안전문제 심각
도입 효과	• 항공기 사고 발생률 감소 • 항공안전의식 및 항공안전감독능력 증진 • 국제기준에 대한 통일적 이행 기준 및 평가체계 마련
USOAP 발전 단계	• Voluntary(1996~1998: 부속서 1,6,8) • Mandatory(1999~2004: 부속서 1,6,8, 2005~2010, 16개 부속서) • USOAP CMA(항공안전 상시평가): 2년(2011~2012)간의 전환기간 후, 2013년부터 전면 시행
USOAP CMA	• 시행근거: ICAO와 체약국간 MOU(Memorandum of Understanding) • 8 USOAP Audit Area: 법령, 조직, 자격, 운항, 감항, 사고조사, 관제/항행, 비행장 • 8 USOAP Critical Elements: 법령, 규정, 조직, 자격, 기술지침, 면허/인증, 지속감독, 안전 위해 요소 • 운영단계(4단계) 1) 정보수집, 2) 정보분석/안전도 평가 3) 현장평가 방식 결정, 4) 현장평가 시행 • 정보수집 1) 회원국 정보: 사전질의서(SAAQ), 세부평가항목(PQ), 제기준이행실적자료(CC), 차이점 정보(EFOD) 2) ICAO 및 외부기관 정보: ICAO, COSCAP, IATA IOSA, EU SAFA 등 • 평가결과 1) 국제기준 미 이행률(LEI: Lack of Effective Implementations) 2) 중대 안전 우려 국가(SSC: Significant Safety Concern State)

리체계 및 이행실태를 종합적으로 평가하는 제도로서, 1990년대 초 세계적으로 항공기 사고가 빈발하고 국제기준 불이행이 주요 사고원인으로 지적됨에 따라 그 중요성이 부각되었다.

USOAP의 내용을 요약하여 정리하면 표 9-3과 같다.

9.4.3. 유럽의 항공안전평가(SAFA)

유럽의 항공안전평가 SAFA란 유럽 내 SAFA 참가국을 운항하는 제3국 항공기(TCA: Third Country Aircraft)에 대하여 점검하는 항공안전평가 프로그램을 말한다. "The official definition of 'third-country aircraft' is an aircraft which is not used or operated under the control of a competent authority of a European Community Member State." 실질적으로 TCA는 SAFA 참가국 이외의 국가에서 운영하는 항공기가 된다.

유럽은 EU를 포함한 SAFA 참가국을 취항하는 외국항공사를 대상으로 지속적으로 안전점검을 시행한 후 최소 안전기준에 미달하는 국가 및 항공사를 '블랙리스트로 선정하여 해당 항공사의 운항허가를 중지시키거나 제한하고 있다.

[표 9-4] 유럽의 항공안전평가(SAFA)

구분	내용
개요	• EU에서 TCA(Third Country Aircraft) Ramp Inspection을 통해 시행하는 외국 항공사 대상 항공안전평가 • 항공안전기준 미달 시 외국 항공사에게 운항금지 또는 운항제한 등의 실질적 불이익 줌
도입 배경	• 항공교통량 급증, 항공 안전에 부담 가중 및 유럽 도착 출발 항공기에 대한 체계적 관리 필요성 대두함에 따라 TCA 점검 강화 및 행정처분 강화 • 초기 자율 프로그램으로 시작(1996년) 하여 2004년 의무 프로그램으로 전환하였으며 2005년 행정처분 강화 • 2004.6 Egyptian Flash Airlines Boeing 737 홍해 추락 133명 사망 • 2005.8 West Caribbean Airways MD 82 베네수엘라 추락 160명 사망
SAFA 도입	• 최초 도입: 1996년 Voluntary • 의무 시행: 2004(Directive 2004/36/CE) • Regulation(EC) No. 2011/2005 공포(2005.12.14): 운항금지 근거 마련
SAFA 운영	• EU 집행위원회(European Commission)에서 제반 책임과 입법권 가짐 • EASA는 총체적인 자료 수집 및 분석과 프로그램 개발 및 운영 관장 • SAFA 참가국: TCA에 대한 Ramp Inspection 및 점검결과 전파 • SAFA Ramp Inspection 주요 check 항목(총 54개 항목): 조종사 자격증명, 탑재 매뉴얼, 절차 준수, 안전장비, 화물, 항공기 상태 • 안전상 문제가 아니면 항공기 운항 지연하지 않도록 함 • 심각한 지적 사항(Serious Finding)은 항공사의 항공당국에도 알리고 수정 조치 요청 • EU 집행위원회가 운항금지 및 운항제한(Operating ban and Operational restriction) 결정 – Annex A: 항공사 운항금지, – Annex B: 운항 가능한 항공기를 기종으로 제한 • SAFA Ramp Inspection Database: 매년 1만회 이상 보고서 추가되고 있으며 총 10만 건 이상의 자료 보유 중(2013 년 기준)

SAFA의 내용을 요약하여 정리하면 표 9-4와 같다.

9.4.4. IATA의 항공안전평가(IOSA)

국제항공운송협회(IATA)의 항공안전평가 IOSA는 IATA가 인정하는 평가기관이 항공사의 항공안전 상태를 평가하는 것이다. IOSA는 항공사의 항공안전과 관련하여 국제적으로 인증된 평가 시스템을 적용하여 항공사의 종합적인 운영관리와 통제체제를 평가한다. ISAGO는 IATA가 인정하는 평가기관이 항공사의 지상조업 부문이나, 지상조업회사(Ground Operator)의 항공안전 상태를 평가하는 것이다.

IOSA의 내용을 요약하여 정리하면 다음 표 9-5와 같다.

9.4.5. 항공안전평가 관련 착안사항

ICAO는 항공당국 전반에 대하여 항공안전평가를 실시하고 있고, IATA도 항공사에 대하여 항공안전평가를 실시하고 있으며, 항공안전 결함해소를 위해 FAOSD(Foreign Air Operator Surveillance Database) 활성화를 장려하고 있다. 미국 및 유럽도 자체적으로 자국 및 회원국을 운항하는 외국 항공 당국 및 항공사에 대하여 항공안전평가를 실시하여 그 평가 결과를 공포하고 항공 안전 불합격으로 평가된 경우 항공사에게 운항금지 또는 운항 제한과 같은 엄

[9-5] IATA의 항공안전평가(IOSA)

구분	내용
개요	IATA가 항공안전부문 국제기준 준수관련 항공사를 대상으로 실시하는 항공안전평가 IOSA 평가 합격 시 IATA 회원사 간 항공안전수준 인정 및 항공사 간 code share 정책 등에 활용
도입배경	공동운항 확대로 항공사간 사전 수시 안전평가 실시로 비용 및 운영상 불합리 평가제도 개선 및 체계적인 평가제도 필요성 공감 IOSA 평가결과 공유 필요성 대두
IOSA 도입	2001년 개발, 2003년 IATA 정기총회에서 채택 주요 매뉴얼: ISM(IOSA Standards Manual), IPM(IOSA Programme Manual), IAH(IOSA Auditor Handbook)
IOSA 프로그램 절차	항공사가 IATA에 수검 신청 항공사가 등록된 평가기관(AO) 하나 선정 및 계약 평가기관에 의한 평가 실시 문제점이 없거나 개선조치 완료 후 IOSA Registry에 등록 매 24개월 IOSA Registry 갱신을 위한 IOSA Audit 수검
IOSA 도입 이점 (항공사)	국제적으로 인증된 항공 안전 품질 기준 적용 IATA에 의한 품질 보증 표준화된 항공 안전 평가 체계 평가 횟수 감소로 비용 절감 효과 품질 보증으로 Code-share 등 운항 기회 확대 평가 공유 체계

중한 행정처분을 하여 불이익을 주고 있다.

이와 같은 체약국의 항공당국 및 외국 항공사 등에 대하여 실시하는 항공안전평가는 공통적으로 항공교통량 급증 및 항공기 사고 증가가 직접적인 계기가 되었으며, ICAO SARPs를 제대로 준수하고 있는지에 대한 이행 여부를 확인하고 이를 통해 항공기 사고로부터 당해 소속 국가의 국민을 보호하겠다는 의지가 강하게 담겨 있다고 볼 수 있다.

평가 방식으로는 정해진 기간 내 평가의 한계를 극복하기 위해 상시 평가방식을 강화하고 있으며, 평가 결과에 대해서도 상호 공유 수준을 확대하고 있다. 특히, IASA 및 SAFA 평가는 불합격 수준으로 판단하는 경우 운항금지 또는 운항제한과 같이 실질적인 불이익을 주고 있는데 이는 항공안전수준이 낮은 국가 및 항공사의 본질적인 문제점을 분석하고 해결하는 데 매우 긍정적으로 기여하고 있다고 평가할 수 있다.

시카고협약체계에서의 ICAO SARPs 및 관련 지침 수립 및 이행은 항공안전 달성에 초석이 되었으며, AOC & Operations Specifications 제도 및 전 세계 다양한 항공안전평가제도 운영은 실질적인 항공안전 수준을 한 단계 올리는 성과를 가져왔다.

9.5. 항공안전 보고

9.5.1. 항공안전 의무보고

항공안전 의무보고는 다음의 기준에 따라 항공안전

법 시행규칙 별지65호 서식을 이용하거나, 통합항공안전정보시스템(https://www.esky.go.kr)을 이용하여 보고한다.

의무보고 대상자는 항공기 사고, 항공기 준사고, 또는 항공안전장애를 발생시켰거나 발생한 것을 알게 된 항공종사자 등 관계인은 항공안전법 시행규칙 별표 3에 지정된 시기 이내에 보고하여야 한다.

의무보고 대상
• 항공기 기장 또는 소유자 • 항공정비사 또는 기관의 대표 • 공항 시설 관리 유지하는 자 • 항행안전시설을 설치, 관리하는 자 • 위험물 취급자

보고 시기
• 항공기 사고, 항공기준사고는 즉시 • 항공안전장애 1, 4, 6, 7항은 72시간, • 6항 가, 나, 마는 즉시 보고

☞ **항공안전법 제59조(항공안전 의무보고) [시행일 : 2020. 2. 28.]**

① 항공기사고, 항공기준사고 또는 항공안전장애 중 국토교통부령으로 정하는 사항(이하 "의무보고 대상 항공안전장애"라 한다)을 발생시켰거나 항공기사고, 항공기준사고 또는 의무보고 대상 항공안전장애가 발생한 것을 알게 된 항공종사자 등 관계인은 국토교통부장관에게 그 사실을 보고하여야 한다. 다만, 제33조에 따라 고장, 결함 또는 기능장애가 발생한 사실을 국토교통부장관에게 보고한 경우에는 이 조에 따른 보고를 한 것으로 본다. 〈개정 2019. 8. 27.〉

② 국토교통부장관은 제1항에 따른 보고(이하 "항공안전 의무보고"라 한다)를 통하여 접수한 내용을 이 법에 따른 경우를 제외하고는 제3자에게 제공하거나 일반에게 공개해서는 아니 된다. 〈신설 2019. 8. 27.〉

③ 누구든지 항공안전 의무보고를 한 사람에 대하여 이를 이유로 해고 · 전보 · 징계 · 부당한 대우 또는 그 밖에 신분이나 처우와 관련하여 불이익한 조치를 취해서는 아니 된다. 〈신설 2019. 8. 27.〉

④ 제1항에 따른 항공종사자 등 관계인의 범위, 보고에 포함되어야 할 사항, 시기, 보고 방법 및 절차 등은 국토교통부령으로 정한다. 〈개정 2019. 8. 27.〉

☞ **항공안전법 시행규칙 제134조(항공안전 의무보고의 절차 등)**

① 법 제59조제1항 및 법 제62조제5항에 따라 다음 각 호의 어느 하나에 해당하는 사람은 별지 제65호서식에 따른 항공안전 의무보고서 또는 국토교통부장관이 정하여 고시하는 전자적인 보고방법에 따라 국토교통부장관 또는 지방항공청장에게 보고하여야 한다.

1. 항공기사고를 발생시켰거나 항공기사고가 발생한 것을 알게 된 항공종사자 등 관계인
2. 항공기준사고를 발생시켰거나 항공기준사고가 발생한 것을 알게 된 항공종사자 등 관계인
3. 항공안전장애를 발생시켰거나 항공안전장애가 발생한 것을 알게 된 항공종사자 등 관계인(법 제33조에 따른 보고 의무자는 제외한다)

② 법 제59조제1항에 따른 항공종사자 등 관계인의 범위는 다음 각 호와 같다.

■ 항공안전법 시행규칙 [별지 제65호서식] <개정 2019. 9. 23.> 통합항공안전정보시스템(https://www.esky.go.kr)에서도 보고할 수 있습니다.

항공안전 의무보고서(Aviation Safety Mandatory Report)

보고 구분 (Category of Occurrence)	[ ] 항공기사고 (Accident) [ ] 항공기준사고 (Serious Incident) [ ] 항공안전장애 (Incident)		
분야 구분 (Fields)	[ ] 항공기운항 (Flight Operation) [ ] 항공기정비 (Maintenance) [ ]항공교통관제 (Air Traffic Control) [ ] 공항항행시설 (Aerodrome and NAVAID)		
발생유형 (Type of Occurrence)			
호출부호 (Call Sign)		등록기호(Registration)	
항공기기종·공항·항행안전시설 명칭 (Type of Aircraft or Name of Aerodrome or NAVAID)			
발생일시 (Date, Time)		발생장소·공항 (Location or Aerodrome)	
발생단계 (Phase of Flight)	[ ] 정지(standing) [ ] 푸시백/견인(push-back/towing) [ ] 유도로이동(taxi) [ ] 이륙(take-off) [ ] 초기 상승 (initial climb) [ ] 순항 (en-route) [ ] 접근(approach)	[ ] 착륙 (landing) [ ] 기동(maneuvering) [ ] 비상강하(emergency descent) [ ] 제어불능상태의 고도강하(uncontrolled descent) [ ] 충돌발생 후(post-impact) [ ] 불분명(unknown)	
비행구간 (Flight Route)		비행고도 (Altitude)	
승객수 (Number of Passengers)		승무원수 (Number of Crew Members)	운항승무원(Flight Crew): 객실승무원(Cabin Crew):
사망자수 (Number of Fatalities)		부상자수 (Number of Injuries)	
기상(Weather)	[ ] VMC	[ ]IMC	

발생 개요(Description of Occurrence)

사업자의 종류 (Type of Operations)	[ ] 국내 (Domestic Air Carrier) [ ] 국제 (International Air Carrier) [ ] 소형 (Small Commercial Air Transport Operator) [ ] 항공기사용사업 (Aerial Work) [ ] 기타 (Other)		
보고자의 성명 (Name)		보고자의 연락처 (Telephone)	

「항공안전법」 제59조제1항, 제62조제5항 및 같은 법 시행규칙 제134조제1항에 따라 항공기사고 등을 위와 같이 보고합니다.(In accordance with Paragraph 1, Article 59 and Paragraph 5, Article 62 of the Aviation Safety Act and Paragraph 1, Article 134 of the Ministerial Regulation of Aviation Safety Act, I hereby report the occurrence of mandatory reporting items as described above.)

년 월 일
Date:______/______/______ (YYYY/ MM/ DD)

보고자 (Name) (서명 또는 인) (Signature)

국토교통부장관 또는 지방항공청장 귀하
(Attention : Minister of Ministry of Land, Infrastructure and Transport or Administrator of Regional Aviation Administration)

210mm×297mm[백상지(80g/㎡) 또는 중질지(80g/㎡)]

[그림 9-3] 항공단전 의무보고서
(Aviation Safety Mandatory Report)

1. 항공기 기장(항공기 기장이 보고할 수 없는 경우에는 그 항공기의 소유자등을 말한다)
2. 항공정비사(항공정비사가 보고할 수 없는 경우에는 그 항공정비사가 소속된 기관·법인 등의 대표자를 말한다)
3. 항공교통관제사(항공교통관제사가 보고할 수 없는 경우 그 관제사가 소속된 항공교통관제기관의 장을 말한다)
4. 「공항시설법」에 따라 공항시설을 관리·유지하는 자
5. 「공항시설법」에 따라 항행안전시설을 설치·관리하는 자

6. 법 제70조제3항에 따른 위험물취급자

③ 제1항에 따른 보고서의 제출 시기는 다음 각 호와 같다.

1. 항공기사고 및 항공기준사고: 즉시
2. 항공안전장애:

가. 별표 3 제1호부터 제4호까지, 제6호 및 제7호에 해당하는 항공안전장애를 발생시켰거나 항공안전장애가 발생한 것을 알게 된 자: 인지한 시점으로부터 72시간 이내(해당 기간에 포함된 토요일 및 법정공휴일에 해당하는 시간은 제외한다). 다만, 제6호가목, 나목 및 마목에 해당하는 사항은 즉시 보고하여야 한다.

나. 별표 3 제5호에 해당하는 항공안전장애를 발생시켰거나 항공안전장애가 발생한 것을 알게 된 자: 인지한 시점으로부터 96시간 이내. 다만, 해당 기간에 포함된 토요일 및 법정공휴일에 해당하는 시간은 제외한다.

9.5.2. 항공안전 자율보고

항공안전을 해치거나 해칠 우려가 있는 사건 · 상황 · 상태 등을 항공안전위해요인이라한다. 항공안전위해요인을 발생시켰거나, 발생한 것을 안 사람 또는 발생할 것으로 예상된다고 판단한 사람은 그 사실을 국토교통부장관에게 보고하여야 한다. 항공안전 자율보고는 항공안전법 시행규칙 별지65호 서식을 이용하거나, 통합항공안전정보시스템(https://www.esky.go.kr)을 이용하여 보고한다.

국토교통부장관은 보고를 한 사람의 의사에 반하여 신분을 공개해서는 안된다.

항공안전위해요인을 발생시킨 사람 자신이 다음의 경우를 제외하고 10일 이내 자율보고를 하는 경우에는 처분을 아니할 수도 있다.

1. 고의로 발생 시킨 경우   2. 중대한 과실   3. 항공기 사고   4. 항공기 준사고

☞ **항공안전법 제61조(항공안전 자율보고)**

① 누구든지 제59조제1항에 따른 의무보고 대상 항공안전장애 외의 항공안전장애(이하 "자율보고대상 항공안전장애"라 한다)를 발생시켰거나 발생한 것을 알게 된 경우 또는 항공안전위해요인이 발생한 것을 알게 되거나 발생이 의심되는 경우에는 국토교통부령으로 정하는 바에 따라 그 사실을 국토교통부장관에게 보고할 수 있다.

② 국토교통부장관은 제1항에 따른 보고(이하 "항공안전 자율보고"라 한다)를 통하여 접수한 내용을 이 법에 따른 경우를 제외하고는 제3자에게 제공하거나 일반에게 공개해서는 아니 된다.

③ 누구든지 항공안전 자율보고를 한 사람에 대하여 이를 이유로 해고 · 전보 · 징계 · 부당한 대우 또는 그 밖에 신분이나 처우와 관련하여 불이익한 조치를 해서는 아니 된다.

④ 국토교통부장관은 자율보고대상 항공안전장애 또는 항공안전위해요인을 발생시킨 사람이 그 발생일부터 10일 이내에 항공안전 자율보고를 한 경우에는 고의 또는 중대한 과실로 발생시킨 경우에 해당하지 않는 한 이 법 및 「공항시설법」에 따른 처분을 하여서는 아니 된다.

⑤ 제1항부터 제4항까지에서 규정한 사항 외에 항공안전 자율보고에 포함되어야 할 사항, 보고 방법 및 절차 등은 국토교통부령으로 정한다.

보고할 수 있습니다.

항공안전 자율보고서(Aviation Safety Voluntary Report)

보고분야 구분 (Fields)	[ ] 운항 (Flight Operation) [ ] 객실 (Cabin Operation)	[ ] 관제 (air Traffic Control) [ ] 지상조업 (Ground Handling)	[ ] 정비 (Maintenance) [ ] 기타 (Others: ______)
직 책 (Function)		직책 근무년수 (Years at Function)	
소지 자격 (Qualification/Ratings)			
호출 부호 (Call Sign)		등록 기호 (Registration)	
항공기기종 또는 공항·항행시설 명칭 (Type of Aircraft or Name of Aerodrome or NAVAID)			
발생 일시 (Date, Time)	년/ 월/ 일/ 시: 분 (YYYY/MM/DD/hh:mm)	발생장소 또는 공항 (Location or Aerodrome)	
발생단계 (Phase of Flight)	[ ] 정지(standing) [ ] 푸시백/견인(push-back/towing) [ ] 유도로이동(taxi) [ ] 이륙(take-off) [ ] 초기 상승 (initial climb) [ ] 순항 (en-route) [ ] 접근(approach)	[ ] 착륙 (landing) [ ] 기동(maneuvering) [ ] 비상강하(emergency descent) [ ] 제어불능상태의 고도강하(uncontrolled descent) [ ] 충돌발생 후(post-impact) [ ] 불분명(unknown)	
비행 구간 (Flight Route)		비행 고도 (Altitude)	
기 상 (Weather)			
승객 수 (Number of Passengers)		승무원 수 (Number of Crew Members)	운항승무원(Flight Crew) 객실승무원(Cabin Crew)

사건/상황 기술 ※ 상황, 사건발생 경위 및 내용, 원인 조치사항 등을 되도록 구체적으로 적어주십시오.
(Description of Event/Situations. ※ Please describe the details of the event or situation, causes, and actions.)

「항공안전법」 제61조제1항 및 같은 법 시행규칙 제135조제1항에 따라 항공안전 자율보고 사항을 위와 같이 보고합니다.(In accordance with the Article 61 of the Aviation Safety Act and the Article 135 of the Ministerial Regulation of Aviation Safety Act, I hereby report the occurrence of voluntary reporting items as described above.)

년 월 일
Date: ____/____/____ (YYYY/MM/DD)

한국교통안전공단 이사장 귀하
(Attention : President of Korea Transportation Safety Authority)

접수번호는 ________번입니다. 보고서 제출 증빙자료로 활용하시기 바랍니다.

Your registration number is ________. • This number can be used when ensuring the report submission.

보고자 성명 (Name)			
보고자 주소 (Address)			
연락처 (Telephone)		이메일 주소 (e-mail Address)	

210mm×297mm[백상지(80g/㎡) 또는 중질지(80g/㎡)]

[그림 9-4] 항공단전 자율보고서
(Aviation Safety Voluntary Report)

☞ **항공안전법 제61조의 2(항공안전데이터 등의 수집 및 처리시스템)**

① 국토교통부장관은 항공안전의 증진을 위하여 항공안전데이터와 항공안전정보(이하 "항공안전데이터등"이라 한다)의 수집 · 저장 · 통합 · 분석 등의 업무를 전자적으로 처리하기 위한 시스템(이하 "통합항공안전데이터수집분석시스템"이라 한다)을 구축 · 운영할 수 있다.

② 국토교통부장관은 필요하다고 인정하는 경우 통합항공안전데이터수집분석시스템의 운영을 대통령령으로 정하는 바에 따라 관계 전문기관에 위탁할 수 있다.

③ 국토교통부장관은 통합항공안전데이터수집분석시스템의 운영을 위하여 다음 각 호의 사항이 포함된 통합항공안전데이터수집분석시스템의 운영기준을 정하여 고시할 수 있다.

1. 항공안전데이터등의 수집 · 저장 · 분석 절차
2. 항공안전데이터등의 제공기관과 분석결과 공유방법 및 절차
3. 그 밖에 통합항공안전데이터수집분석시스템 운영에 필요한 사항으로서 국토교통부령으로 정하는 사항

☞ **항공안전법 제61조의 3(항공안전데이터등의 개인정보 보호)**

국토교통부장관 또는 제61조의2제2항에 따라 통합항공안전데이터수집분석시스템의 운영을 위탁받은 전문기관은 같은 조 제1항에 따라 수집 · 저장 · 분석된 항공안전데이터등을 항공안전 유지 및 증진의 목적으로만 활용하여야 하며, 이 경우에도 「개인정보 보호법」 제2조제1호에 따른 개인정보가 보호될 수 있도록 시책을 마련하여 시행하여야 한다.

☞ **항공안전법 시행규칙 제135조(항공안전 자율보고의 절차 등)**

① 법 제61조제1항에 따라 항공안전 자율보고를 하려는 사람은 별지 제66호서식의 항공안전 자율보고서 또는 국토교통부장관이 정하여 고시하는 전자적인 보고방법에 따라 한국교통안전공단의 이사장에게 보고할 수 있다.

② 제1항에 따른 항공안전 자율보고의 접수 · 분석 및 전파 등에 관하여 필요한 사항은 국토교통부장관이 정하여 고시한다.

10 항공기 기술기준

Korea Airworthiness Standards, KAS

10 항공기 기술기준

Korea Airworthiness Standards, KAS

10.1. 항공기 기술기준의 구성 및 정의

항공기기술기준은 항공안전법 제3장(항공기기술기준 및 형식증명) 제19조(항공기기술기준)에 따라 국토교통부장관이 고시한 항공기 등의 항행의 안전을 확보하기 위한 기술상의 기준이다. 이 기준에는 1. 항공기등의 감항기준, 2. 항공기등의 환경기준(배출가스 배출기준 및 소음기준을 포함한다), 3. 항공기등이 감항성을 유지하기 위한 기준, 4. 항공기등, 장비품 또는 부품의 식별 표시 방법, 5. 항공기등, 장비품 또는 부품의 인증절차 등이 규정되어 있다.

본 장에서는 국토교통부 고시 제2018-452호(2018.7.23.) 17차 개정된 항공기기술기준의Part 1 총칙과 Part 21 항공기 등, 장비품 및 부품 인증절차와 그 부록에서 다루고 있는 정비프로그램의 주요 내용들과 개념, 그리고, Part 25 감항분류가 수송(T)류인 비행기에 대한 기술기준 중에서 항공기 정비영역의 내용을 중심으로 살펴본다. 그림 10-1은 형식인증의 기준과 KAS(FAR)의 관련 Part에 관한 설명이다.

10.1.1. 항공기기술기준 구성

항공기 기술기준은 15개 Part로 구성되어 있고 각 Part에는 필요한 부록이 있다. 표 10-1은 항공기기술기준의 목차 및 유효일자이다. 항공기기술기준 Part 21은 인증절차에 대한 기준이며, Part 23, 25, 27, 29, 33, 35는 감항분류별 기술표준, Part 34, 36은 환경기준이다.

10.1.2. 항공기기술기준의 적용 및 용어의 정의 (KAS Part 1 총칙)

10.1.2.1. 기준의 적용

(a) 이 기준은 「항공안전법」 제19조에 따라 항공기(장비품 등을 포함한다. 이하 같다)의 항행의 안전을 확보하기 위한 기술상의 기준을 규정한다.

(b) 국토교통부장관은 항공기가 이 기준에 적합한지 여부를 확인하기 위하여 필요하다고 인정되는 시험 또는 그 계산을 행할 것을 신청자에게 요구할 수 있다.

(c) 국토교통부장관은 항공기가 이 기준에 적합하지 아니한 경우에는 항공기의 운용을 제한할 수 있다.

(d) 이 기준에서 정하지 않은 재료 · 부품 등의 기준은 한국산업규격(KS), 미국 군사규격(MIL), 미국 항공우주규격(NAS), 미국 기술표준품표준서(TSO) 기타 국제적으로 공인된 규격기준을 준용한다.

(e) 이 기준의 제정 또는 개정 전에 형식증명을 받은 사실이 있는 항공기와 동일한 형식(동일 계열에 속하는 형식을 포함한다)의 항공기 또는

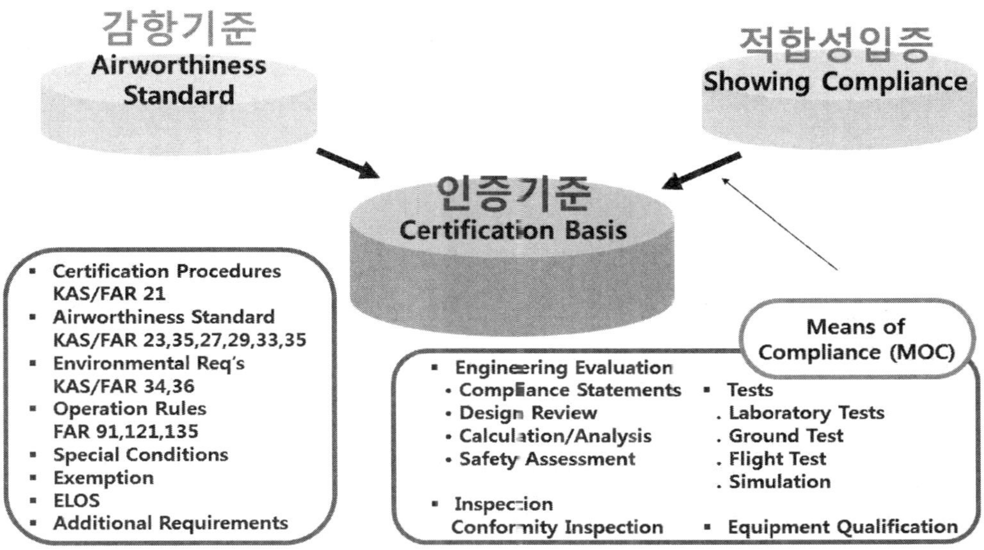

[그림 10-1] 항공기기술기준

감항증명을 받은 사실이 있는 항공기는 감항성 심사에 있어서 당해 형식증명 또는 감항증명을 위한 검사를 실시한 때에 적용한 기준 또는 방법에 의한다.

(f) 국제민간항공협약의 체약국에서 형식증명을 받은 사실이 있는 항공기와 동일한 형식(동일 계열에 속하는 형식을 포함한다)의 항공기 또는 감항증명을 받은 사실이 있는 항공기에 있어서는 당해 형식증명 또는 감항증명의 신청이 있을 때 유효한 기준 방법 또는 방법에 의한다. 그러나 국토교통부장관이 필요하다고 인정할 경우에는 당해 신청이 있은 후 유효한 기준 또는 방법에 의할 수 있다.

(g) 이 기준의 일부가 적용되지 않는 경우 또는 다른 방법으로 하는 것이 적당하다고 생각되는 경우에 항공기 검사관은 항행의 안전을 확보하기 위한 기술상의 기준에서 규정하는 범위 중 어떠한 것을 생략하거나 변경할 수도 있다. 이 경우에 있어서 항공기 검사관은 그 사유를 지체 없이 국토교통부장관에게 보고하여야 한다.

10.1.2.2. 유효기간

이 고시는 「훈령 · 예규 등의 발령 및 관리에 관한 규정」에 따라 이 고시를 발령한 후의 법령이나 현실 여건의 변화 등을 검토하여야 하는 2021년 5월 31일까지 효력을 가진다. 항공안전법 개정에 따라 또는 기술발전에 따라 개정이 계속된다.

10.1.2.3. 용어의 정의

항공기기술기준에서 사용하는 용어의 정의는 항공기기술기준 Part 1 총칙에 정의되어 있다. 용어는 별도로 명시된 사항이 있는 경우를 제외하고, 각 감항

[표 10-1] 항공기기술기준의 목차

순서	Parts	제 목	유효일자
1	KAS Part 1	총칙	2018.07.23
2	KAS Part 21	항공기등, 장비품 및 부품 인증절차	2018.07.23
3	KAS Part 22	활공기에 대한 기술기준	2017.06.02
4	KAS Part 23	감항분류가 보통(N)인 비행기에 대한 기술기준	2018.04.09
5	KAS Part 25	감항분류가 수송(T)류인 비행기에 대한 기술기준	2018.07.23
6	KAS Part 26	수송류 비행기에 대한 감항성 유지와 안전성향상기준	2016.12.28
7	KAS Part 27	감항분류가 보통(N)인 회전익항공기에 대한 기술기준	2017.06.02
8	KAS Part 29	감항분류가 수송(TA 또는 TB)인 회전익항공기에 대한 기술기준	2018.07.23
9	KAS Part 30	비행선에 대한 기술기준	2017.06.02
10	KAS Part 33	항공기 엔진에 대한 기술기준	2017.06.02
11	KAS Part 34	항공기 엔진의 연료 · 배기가스 배출기준	2017.06.02
12	KAS Part 35	프로펠러에 대한 기술기준	2018.04.09
13	KAS Part 36	항공기 소음기준	2018.07.23
14	KAS Part 45	Part 45 식별 표시	2013.04.15
15	KAS Part VLR	감항분류가 경회전익항공기(VLR)류 회전익항공기에 대한 기술기준	2013.04.15

분류별 항공기 기술기준에 적용된다.

- **비행기**(Aeroplane)라 함은 엔진으로 구동되는 공기보다 무거운 고정익 항공기로써 날개에 대한 공기의 반작용에 의하여 비행 중 양력을 얻는다.
- **항공기**(Aircraft)라 함은 지표면의 공기반력이 아닌 공기력에 의해 대기 중에 떠오르는 모든 장치를 말한다.
- **감항성이 있는**(Airworthy)이란 항공기, 엔진, 프로펠러 또는 부품이 인가된 설계에 합치하고 안전한 운용 상태에 있음을 말한다.
- **예상되는 운용 조건**(Anticipated operating conditions)이라 함은 경험으로 알게 된 상태 또는 해당 항공기가 제작 당시 운항이 가능하도록 만들어진 운항 조건을 고려할 때 항공기의 수명기간 내에 일어날 수 있는 것으로 예견될 수 있는 조건으로 대기의 기상상태, 지형의 형태, 항공기의 작동, 종사자의 능력 및 비행안전에 영향을 미치는 모든 요소를 고려한 조건을 말한다. 예상되는 운용조건에는 다음과 같은 사항은 포함되지 않는다.

(1) 운항절차에 따라서 효과적으로 피할 수 있는 극

단 상황

(2) 아주 드물게 발생하는 극단적인 상태로써 적합한 국제표준(ICAO 표준)이 충족되도록 요구하는 것이 경험상 필요하고 실질적인 것으로 입증된 수준보다 높은 수준의 감항성을 부여하게 될 정도의 극단적인 경우

- **당해 감항성 요건**(Appropriate airworthiness requirements)이라 함은 (인증등의) 대상이 되는 항공기, 엔진, 또는 프로펠러 등급에 대하여 국토교통부장관이 제정, 채택, 또는 인정한 포괄적이면서 구체적인 감항성 관련 규정을 말한다.
- **승인된**(Approved)이란 특정인이 규정되어 있지 않는 한 국토교통부장관에 의해 승인됨을 의미한다.
- **카테고리 A**(Category A)라 함은, 감항분류가 수송인 헬리콥터인 경우, Part 29에 따라 엔진과 시스템 격리 기능을 갖추고, 적절한 지정된 표면과 계속적인 안전한 비행 또는 안전한 이륙 단념을 위한 적절한 성능을 보장한다는 임계엔진 고장 개념에 따라 계획된 이륙과 착륙을 할 수 있도록 설계된 다발 엔진 헬리콥터를 말한다.
- **카테고리 B**(Category B)라 함은 감항분류가 수송인 회전익항공기의 경우에 있어, 카테고리 A의 모든 기준을 충분히 충족하지 못하는 단발 또는 다발 회전익항공기를 말한다. 카테고리 B 회전익항공기는 엔진이 정지하는 경우의 체공능력을 보증하지 못하며 이에 따라 계획되지 않은 착륙을 할 수도 있다.
- **형상**(Configuration)라 함은 항공기의 공기역학적 특성에 영향을 미치는 플랩, 스포일러, 착륙장치 기타 움직이는 부분 위치의 각종 조합을 말한다.
- **계속감항**(Continuing Airworthiness)이란 항공기, 엔진, 프로펠러 또는 부품이 운용되는 수명기간 동안 적용되는 감항성 요구조건을 충족하고, 안전한 운용상태를 유지하기 위하여 적용하는 일련의 과정을 말한다.
- **임계엔진**(Critical Engine)이란 어느 하나의 엔진이 고장난 경우 항공기의 성능 또는 조종특성에 가장 심각하게 영향을 미치는 엔진을 말한다.

  주– 일부 항공기에는 하나 이상의 동일한 임계엔진이 있을 수 있으며, 이 경우 '임계엔진'은 이러한 임계엔진들 중 어느 하나를 의미한다.
- **설계착륙질량**(Design landing mass)이라 함은 구조설계에 있어서 착륙할 때 계획된 예상 최대 항공기 질량을 말한다.
- **설계이륙질량**(Design takeoff mass)이라 함은 구조설계에 있어서 이륙 활주를 시작할 때 계획된 예상 최대항공기 질량을 말한다.
- **설계 지상활주 질량**(Design taxiing mass)이라 함은 이륙출발 이전에 지상에서 항공기를 이용하는 동안 발생할 수 있는 하중을 감당할 수 있도록 구조적인 준비가 된 상태의 항공기 최대 질량을 말한다.
- **개별원인손상**(Discrete source damage)이라 함은 조류충돌, 통제되지 않은 팬블레이드 · 엔진 및 고속회전 부품의 이탈 또는 이와 유사한 원인에 의한 비행기의 구조 손상을 말한다.
- **엔진**(Engine)이란 항공기의 추진에 사용하거나 사용하고자 하는 장치를 말한다. 여기에는 엔진의 작동과 제어에 필요한 구성품(Component) 및 장비(Equipment)를 포함하지만, 프로펠러

및 로터는 제외한다.

- **안전계수**(Factor of safety)라 함은 상용 운용상태에서 예상되는 하중보다 큰 하중이 발생할 가능성과 재료 및 설계상의 불확실성을 고려하여 사용하는 설계계수를 말한다.
- **최종접근 및 이륙 지역**[Final approach and take-off area (FATO)]이라 함은 하버를 하기 위한 접근기동의 마지막 단계의 지역 또는 착륙이 완료되는 지역, 및 이륙이 시작되는 정해진 지역을 말한다. FATO는 Class A 회전익항공기에 사용되며, 이륙포기 가능 지역을 포함한다.
- **불연성**(Fireproof)이라 함은 다음 각 호의 경우에 대하여 15분 동안 화염으로 인하여 발생하는 열을 견딜 수 있는 성능을 말한다.

(1) 지정방화구역 내에 화재를 가두기 위하여 사용하는 자재 및 부품의 경우에 있어서, 사용되는 목적에 따라 최소 강철과 같은 정도의 수준으로 화재로 인한 열을 견딜 수 있는 성질로서 해당 구역에 생긴 큰 화재가 상당 기간 지속되어도 이로 인하여 발생하는 열을 견딜 수 있어야 한다.

(2) 기타 자재 및 부품의 경우에 있어서, 사용되는 목적에 따라 최소 강철과 같은 정도의 수준으로 화재로 인한 열을 견딜 수 있는 성질을 말한다.

- **내화성**(Fire resistant)이라 함은 다음 각 호의 경우에 대하여 5분 동안 화염으로 인하여 발생하는 열을 견딜 수 있는 성능을 말한다.

(1) 강판 또는 구조부재의 경우에 있어서 사용되는 목적에 따라 최소한 알루미늄 합금 정도의 수준으로 화재로 인한 열을 견딜 수 있는 성질을 말한다.

(2) 유체를 전달하는 관, 유체시스템의 부품, 배선, 공기관, 피팅 및 동력장치 조절장치에 있어서, 설치된 장소의 화재로 인하여 있을 수 있는 열 및 기타 조건 하에서 의도한 성능을 발휘할 수 있는 성질을 말한다.

- **헬리콥터**(Helicopter)라 함은 대체로 수직축에 장착된 하나 또는 그 이상의 동력구동 회전익에 의한 공기의 반작용에 의해 부양되는 공기보다 무거운 항공기를 말한다.
- **인적요소 원칙**(Human factors principles)이라 함은 항공기 설계, 인증, 훈련, 운항, 및 정비 분야에 대하여 적용되는 원칙이며 사람의 능력을 적절하게 고려하여 사람과 다른 시스템 구성요소들 간의 안전한 상호작용을 모색하는 원칙을 말한다.
- **인적 업무수행 능력**(Human performance)이라 함은 항공분야 운용상의 안전과 효율에 영향을 주는 인적 업무수행능력 및 한계를 말한다.
- **착륙 표면**(Landing surface)이라 함은 특정 방향으로 착륙하는 항공기의 정상적인 지상활주 또는 수상 활주가 가능한 것으로 지정된 비행장의 표면 부분을 말한다.
- **제한하중**(Limit loads)이라 함은 예상되는 운용조건에서 일어날 수 있는 최대의 하중을 말한다.
- **하중배수**(Load factor)란 항공기의 전체 무게에 대한 특정 하중의 비를 의미한다. 특정 하중은 다음과 같다. 공기 역학적 힘, 관성력 또는 지상 또는 수상 반력
- **정비**(Maintenance)라 함은 항공기의 지속감항성 확보를 위해 수행되는 검사, 분해검사, 수리, 보호, 부품의 교환 및 결함의 수정을 의미하며,

조종사가 수행할 수 있는 비행전 점검 및 예방 정비는 포함하지 않는다.

- **형식설계 책임기관**(Organization responsible for the type design)이라 함은 체약국에서 발행한 항공기, 엔진 또는 프로펠러 형식에 관한 형식증명서 또는 이와 동등한 문서를 소지한 기관
- **동력장치**(Powerplant)란 엔진, 구동계통 구성품, 프로펠러, 보기장치(Accessory), 보조부품(Ancillary Part), 그리고 항공기에 장착된 연료계통 및 오일계통 등으로 구성되는 하나의 시스템을 말한다. 다만, 헬리콥터의 로터는 포함하지 않는다.
- **압력 고도**(Pressure altitude)라 함은 어떤 대기압을 표준 대기압에 상응하는 고도로 표현한 값을 말한다.
- **수리**(Repair)라 함은 항공제품을 감항성 요구 조건에서 정의된 감항조건으로 복구하는 것을 말한다.
- **만족스러운 증거**(Satisfactory evidence)이라 함은 감항성 요구조건에 합치함을 보여 주기에 충분하다고 감항당국이 인정하는 문서 또는 행위를 말한다.
- **표준대기**(Standard atmosphere)라 함은 1962년 미국 표준 대기에 정의된 대기를 의미하며, 다음과 같은 상태의 대기를 말한다.

(1) 공기는 완전한 건조 가스임

(2) 물리상수는 다음과 같은 공기;

- 해면고도에서 평균 분자의 질량 : $M_0 = 28.964420 \times 10^{-3}$kg mol^{-1}
- 해면고도에서 대기압 : $P_0 = 1013.250$ hPa
- 해면고도에서 온도 : $t_0 = 15$℃, $T_0 = 288.15$K
- 해면고도에서 공기밀도: $\rho_0 = 1.2250 kg/m^3$
- 빙점 온도 : Ti=273.15K
- 일반가스 상수 : $R^* = 8.31432^{-1}$ JK mol^{-1}

(3) 기온 변화도는 다음과 같다.;

Geopotential altitude (km)		*Temperature gradient (Kelvin per standard geopotential kilometre)*
From	*To*	
–5.0	11.0	–6.5
11.0	20.0	0.0
20.0	32.0	+1.0
32.0	47.0	+2.8
47.0	51.0	0.0
51.0	71.0	–2.8
71.0	80.0	–2.0

주1) 표준중력가속도는 9.80665 이다

주2) 온도, 압력, 밀도, 중력의 대응값 표 및 변수관계는 ICAO Doc 7488 참조

주3) 무게, 동점성계수, 점성계수 및 고도변화에서의 음속은 ICAO Doc 7488 참조

- **설계국가**(State of Design)라 함은 형식 설계에 책임이 있는 조직에 대한 관할권을 가지고 있는 국가를 말한다.
- **제작국가**(State of Manufacture)라 함은 항공기, 엔진 또는 프로펠러의 최종 조립에 대한 책임이 있는 조직에 대한 관할권을 가지고 있는 국가를 말한다.
- **등록국가**(State of Registry)라 함은 항공기가 등록된 국가를 말한다.
- **이륙 표면**(Takeoff surface)이라 함은 특정 방향으로 이륙하는 항공기의 정상적인 지상활주 또는 수상 활주가 가능한 것으로 지정된 비행장의 표면 부분을 말한다.

- **형식증명서**(Type certificate)라 함은 항공기, 엔진 또는 프로펠러의 설계가 정의되고 이 설계가 당해 감항성 요건에 적합하다고 인증 받아 항공당국이 발행하는 문서를 말한다.
  주– 일부 국가에서는 엔진 또는 프로펠러에 대하여 형식증명서와 동등한 문서를 발행할 수 있다.
- **형식설계**(Type Design)라 함은 감항성을 결정하기 위한 목적으로 항공기, 엔진 또는 프로펠러의 형식을 정의하는데 필요한 자료와 정보의 세트를 말한다.
- **극한하중**(Ultimate load)이라 함은 적절한 안전계수를 곱한 한계 하중을 말한다.
- **자이로다인**(Gyrodyne)이라 함은 수직축으로 회전하는 1개 이상의 엔진으로 구동하는 회전익에서 양력을 얻고, 추진력은 프로펠러에서 얻는 공기보다 무거운 항공기를 말한다.
- **자이로플레인**(Gyroplane)이라 함은 시동 시는 엔진 구동으로, 비행 시에는 공기력의 작용으로 회전하는 1개 이상의 회전익에서 양력을 얻고, 추진력은 프로펠러에서 얻는 회전익항공기를 말한다.
- **활공기**(Glider)라 함은 주로 엔진을 사용하지 않고 자유 비행을 하며 날개에 작용하는 공기력의 동적 반작용을 이용하여 비행이 유지되는 공기보다 무거운 항공기를 의미한다.
- **비행선**(Airship)이라 함은 엔진으로 구동하며 공기보다 가벼운 항공기로서 방향 조종이 가능한 것을 말한다.
- **회전익항공기**(Rotorcraft)라 함은 하나 이상의 로터가 발생하는 양력에 주로 의지하여 비행하는 공기보다 무거운 항공기를 의미한다.
- **자동회전**(Autorotation)이란 회전익항공기가 비행 중에 양력을 발생하는 로터가 엔진의 동력을 받지 않고 전적으로 공기의 작용에 의하여 구동되는 회전익항공기의 작동상태를 의미한다.
- **하버링**(Hovering)이라 함은 회전익항공기가 대기속도 영의 제자리 비행 상태를 말한다.
- **지상공진**이라 함은 회전익항공기가 지면과 접촉된 상태에서 발생하는 역학적 불안정진동을 말한다.
- **역학적불안정진동**이라 함은 회전익항공기가 지상 또는 공중에 있을 때 회전익과 기체구조부분의 상호작용으로 생기는 불안정한 공진상태를 말한다.
- **설계단위질량**(Design unit mass)이라 함은 구조설계에 있어 사용하는 단위질량으로 활공기의 경우를 제외하고는 다음과 같다.
  (1) 연료 0.72kg/l (6 lb/gal) 다만, 개소린 이외의 연료에 있어서는 그 연료에 상응하는 단위중량으로 한다.
  (2) 윤활유 0.9kg/l (7.5 lb/gal)
  (3) 승무원 및 승객 77kg/인(170 lb/인)
- **무연료중량**(Zero fuel weight)이라 함은 연료 및 윤활유를 전혀 적재하지 않은 항공기의 설계최대중량을 말한다.
- **지시대기속도**(Indicated airspeed)라 함은 해면고도에서 표준 대기 단열 압축류를 보정하고 대기속도 계통의 오차는 보정하지 않은 피토 정압식 대기속도계가 지시하는 항공기의 속도를 말한다.
- **교정대기속도**(Calibrated airspeed)라 함은 항공기의 지시대기속도를 위치오차 및 계기오차로서

보정한 속도를 말한다. 수정대기속도는 해면고도에서 표준 대기 상태의 진대기속도와 동일하다.

- **등가대기속도(Equivalent airspeed)**라 함은 항공기의 교정대기속도를 특정 고도에서의 단열 압축류에 대하여 보정한 속도를 말한다. 등가대기속도는 해면 고도에서 표준 대기상태의 교정대기속도와 동일하다.
- **진대기속도(True airspeed)**라 함은 잔잔한 공기에 상대적인 항공기의 대기속도를 말한다. 진대기속도는 등가대기속도에 (ρ0/ρ) 1/2를 곱한 것과 같다.
- V_A는 설계 기동 속도(design maneuvering speed)를 의미한다.
- V_B는 최대 돌풍 강도에서의 설계 속도(design speed for maximum gust intensity)를 의미한다.
- V_{BS}라 함은 활공기에 있어서 에어브레이크 또는 스포일러를 조각하는 최대속도를 말한다.
- V_C 는 설계 순항속도(design cruising speed)를 의미한다.
- V_D 는 설계 강하속도(design diving speed)를 의미한다.
- V_{DF}/M_{DF}는 실증된 비행 강하속도(demonstrated flight diving speed)를 의미한다.
- V_{EF} 는 이륙중 임계 엔진이 부작동되었 때를 가정했을 때의 속도를 의미한다.
- V_F 는 설계 플랩 속도(design flap speed)를 의미한다.
- V_H 는 최대 연속 출력에서의 최대 수평비항 속도를 의미한다.
- V_{FC}/M_{FC}는 안정성 특성에 대한 최대 속도를 의미한다.
- V_{MO}/M_{MO}는 최대 운용 제한속도를 의미한다.
- V_{LE} 는 최대 착륙장치 전개 속도를 의미한다.
- V_{LO} 는 최대 착륙장치 작동 속도를 의미한다.
- V_{LOF} 는 항공기가 양력을 받아 활주로 면에서 뜨는 속도(lift-off speed)를 의미한다.
- V_{MC} 는 임계엔진 부작동 시의 최소 조종 속도를 의미한다.
- V_{MU} 는 최소 이륙속도를 의미한다.
- V_{NE} 는 초과금지 속도를 의미한다.
- V_{NO} 는 최대 구조적 순항 속도를 의미한다.
- V_R는 회전속도를 의미한다.
- V_S 는 항공기가 조종 가능한 상태에서의 실속속도 또는 최소 정상 비행속도를 의미한다.
- V_{SF}라 함은 설계착륙중량에 있어서 플랩을 한칸 아래로 내렸을 경우 계산된 실속속도를 말한다.
- V_{SO}라 함은 플랩을 착륙위치로 했을 경우의 실속속도(최소정상비행속도)를 말한다.
- V_{SI}라 함은 정해진 형태에 있어서 실속속도(최소정상비행속도)를 말한다.
- V_T라 함은 설계비행기 예항속도를 말한다.
- V_W라 함은 설계윈치 예항속도(윈치 또는 자동차로 예항하는 속도)를 말한다.
- V_X라 함은 최량 상승각에 대응하는 속도를 말한다.
- V_Y라 함은 최량 상승율에 대응하는 속도를 말한다.
- V_1이라 함은 이륙결정속도를 말한다.
- V_2라 함은 안전이륙속도를 말한다.
- M이라 함은 마하수(진대기속도의 음속에 대한 비)를 말한다.
- **제한하중배수**라 함은 제한중량에 대응하는 하중

배수를 말한다.

- **극한하중배수**라 함은 극한하중에 대응하는 하중 배수를 말한다.
- **시험조작에 의한 세로 흔들림 운동**이라 함은 제한운동하중배수를 넘지 않는 범위 내에서 조종간이나 조종륜을 전방 또는 후방으로 급격히 조작하고 다음 반대방향으로 급격히 조작할 경우에 항공기의 세로 흔들림 운동을 말한다.
- **설계주익면적**이라 함은 익현을 포함하는 면 위에 있어서 주익윤곽(올린위치에 있는 플랩 및 보조익을 포함하는 필렛이나 훼어링은 제외한다)에 포함되는 면적을 말한다. 그 외형선은 낫셀 및 동체를 통하여 합리적 방법에 의하여 대칭면까지 연장하는 것으로 한다.
- **미익균형하중**이라 함은 세로 흔들림 각 가속도가 영이 되도록 항공기를 균형잡는데 필요한 미익 하중을 말한다.
- **결합부품**이라 함은 하나의 구조부재를 다른 부재에 결합하는 끝부분에 쓰이는 부품을 말한다.
- **축출력**이라 함은 엔진의 프로펠러축에 공급하는 출력을 말한다.
- **왕복엔진의 이륙출력**이라 함은 해면상 표준상태에서 이륙시에 항상 사용 가능한 크랭크축 최대 회전속도 및 최대흡기압력에서 얻어지는 축출력으로 연속사용이 엔진 규격서에 기재된 시간에 제한받는 것을 말한다.
- **정격 30분 OEI 출력**(Rated 30-minute OEI power)이라 함은 터빈 회전익항공기에 있어, 엔진이 Part 33의 규정에 따른 운용한계 내에 있을 때 지정된 고도 및 온도에서 정적 조건으로 결정되고 승인을 받은 제동마력을 말하는 것으로서 다발 회전익항공기의 한 개 엔진이 정지한 후에 30분 이내로 사용이 제한된다.
- **정격 2-1/2분 OEI 출력**(Rated 2 1/2-minute OEI power)이라 함은 터빈 회전익항공기에 있어서, 엔진이 Part 33의 규정에 따른 운용한계 내에 있을 때 지정된 고도 및 온도에서 정적 조건으로 결정되고 승인을 받은 제동마력을 말하는 것으로서 다발 회전익항공기의 한 개 엔진이 정지한 후에 2-1/2분 이내로 사용이 제한된다.
- **임계고도**(Critical altitude)라 함은 표준 대기상태에서의 규정된 일정한 회전 속도에서 규정된 출력 또는 규정된 다기관 압력을 유지할 수 있는 최대 고도를 말한다. 별도로 명시된 사항이 없는 한, 임계고도는 최대연속회전속도에서 다음 중 하나를 유지할 수 있는 최대 고도이다.

(1) 정격출력이 해면 고도 및 정격고도에서와 동일하게 되는 엔진의 경우에는 연속최대출력

(2) 일정한 다기관 압력에 의하여 연속최대출력이 조절되는 엔진의 경우에는 최대연속정격다기관압력

- **프로펠러**(Propeller)라 함은 항공기에 장착된 엔진의 구동축에 장착되어 회전 시 회전면에 수직인 방향으로 공기의 반작용으로 추진력을 발생시키는 장치를 의미한다. 이것은 일반적으로 제작사가 제공한 조종 부품은 포함하나, 주로터 및 보조로터, 또는 엔진의 회전하는 에어포일(rotating airfoils of engines)은 포함하지 않는다.
- **보충산소공급장치**(Supplemental oxygen equipment)라 함은 기내산소압력이 부족한 고도에서 산소의 결핍방지에 필요한 보충산소를 공급할 수 있도록 설계한 장치를 말한다.

- **호흡보호장치**(Protective breathing equipment)라 함은 비상시에 항공기 내에 존재하는 유해가스의 흡입을 막을 수 있도록 설계한 장치를 말한다.
- **기체**(airframe)라 함은 동체, 붐, 나셀, 카울링, 페어링, 에어포일 면(로터를 포함하며 프로펠러와 엔진의 회전하는 에어포일은 제외함) 및 항공기의 착륙장치와 그 보기류 및 조종 장치를 의미한다.
- **공항**(airport)이라 함은 항공기의 이착륙에 사용되거나 사용코자하는, 해당되는 경우 건물과 시설등을 포함하는 육지 또는 수면 영역을 의미한다.
- **고도 엔진**(altitude engine)은 해면고도에서부터 지정된 고고도까지 일정한 정격이륙출력을 발생하는 항공기용 왕복엔진을 말한다.
- **기구**(balloon)란 엔진에 의해 구동되지 않고 가스의 부양력 또는 탑재된 가열기의 사용을 통하여 비행을 유지하는 공기보다 가벼운 항공기를 의미한다.
- **제동마력**(Brake horsepower)이라 함은 항공기 엔진의 프로펠러 축(주 구동축 또는 주 출력축)에서 전달되는 출력을 말한다.
- **민간용 항공기**(Civil aircraft)란 군 · 경찰 · 세관용 항공기를 제외한 항공기를 의미한다.
- **승무원**(Crewmember)이란 비행중 항공기 내에서 임무를 수행토록 지정된 자를 의미한다.
- **기외하중물**(External loads)이라 함은 항공기 기내가 아닌 동체의 외부에 적재하여 운송하는 하중물을 말한다.
- **기외하중물 장착수단**(External-load attaching means)이라 함은 기외하중물 적재함, 장착 지점의 보조 구조물 및 기외 하중물을 투하할 수 있는 긴급장탈 장치를 포함하여 항공기에 기외하중물을 부착하기 위하여 사용하는 구조적 구성품을 말한다.
- **최종이륙속도**(Final takeoff speed)라 함은 한 개 엔진이 부작동하는 상태에서 이륙 경로의 마지막 단계에서 순항 자세가 될 때의 비행기 속도를 말한다.
- **내염성**(Flame resistant)이란 점화원이 제거된 이후 안전 한계를 초과하는 범위까지 화염이 진행되지 않는 연소 성질을 의미한다.
- **가연성**(Flammable)이란 유체 또는 가스의 경우 쉽게 점화되거나 또는 폭발하기 쉬운 성질을 의미한다.
- **플랩 내린 속도**(Flap extended speed)란 날개의 플랩을 규정된 펼침 위치로 유지할 수 있는 최대 속도를 의미한다.
- **내연성**(Flash resistant)이란 점화되었을 때 맹렬하게 연소되지 않는 성질을 의미한다.
- **운항승무원**(Flightcrew member)이란 비행 시간 중 항공기에서 임무를 부여받은 조종사, 운항 엔지니어 또는 운항 항법사를 의미한다.
- **비행 고도**(Flight level)란 수은주 압력 기준 29.92 inHg와 관련된 일정한 대기 압력고도를 의미한다. 이는 세자리 수로 표시하는데 첫 자리는 100 ft를 의미한다. 예를 들면 비행고도 250은 기압 고도 25,000 ft를 나타내며 비행고도 255는 기압고도 25,500 ft를 나타낸다.
- **비행 시간**(Flight time)은 다음을 의미한다.

(1) 항공기가 비행을 목적으로 자체 출력에 의해 움직이기 시작한 때를 시작으로 하고 착륙 후

항공기가 멈춘 때까지의 조종 시간.

(2) 자체 착륙능력이 없는 활공기의 경우, 활공기가 비행을 목적으로 견인된 때를 시작으로 착륙 후 활공기가 멈춘 때까지의 조종 시간.

- **전방날개**(Forward wing)란 카나드 형태(canard configuration) 또는 직렬형 날개(tandem-wing) 형태 비행기의 앞쪽의 양력 면을 의미함. 날개는 고정식, 움직일 수 있는 방식 또는 가변식 형상이거나 조종면의 유무와는 무관하다.
- **고-어라운드 출력 또는 추력 설정치**(Go-around power or thrust setting)란 성능 자료에 정의된 최대 허용 비행 출력 또는 추력 설정치를 의미한다.
- **헬리포트**(Heliport)란 헬리콥터의 이착륙에 사용되거나 사용코자하는 육상, 수상 또는 건물 지역을 의미한다.
- **공회전 추력**(Idle thrust)이란 엔진 출력조절장치를 최소 추력 위치에 두었을 때 얻어지는 제트 추력을 의미한다.
- **계기비행 규칙 조건**(IFR conditions)이란 시계비행 규칙에 따른 비행의 최소 조건 이하의 기상 조건을 의미한다.
- **계기**(Instrument)라 함은 항공기 또는 항공기 부품의 자세, 고도, 작동을 시각적 또는 음성적으로 나타내기 위한 내부의 메카니즘을 사용하는 장치를 말한다. 비행 중 항공기를 자동 조종하기 위한 전기 장치를 포함한다.
- **착륙장치 내림속도**(Landing gear extended speed)란 항공기가 착륙장치를 펼친 상태로 안전하게 비행할 수 있는 최대 속도를 의미한다.
- **착륙장치 작동속도**(Landing gear operating speed)란 착륙장치를 안전하게 펼치거나 접을 수 있는 최대 속도를 의미한다.
- **대형항공기**(Large aircraft)라 함은 최대인가 이륙중량이 5,700kg(12,500 lbs)를 초과하는 항공기를 말한다.
- **공기보다 가벼운 항공기**(Lighter-than-air aircraft)란 공기보다 가벼운 기체를 채움으로서 상승 유지가 가능한 항공기를 의미한다.
- **공기보다 무거운 항공기**(heavier-than-air aircraft) 란 공기 역학적인 힘으로부터 양력을 주로 얻는 항공기를 의미한다.
- **마하수**(Mach number)라 함은 음속 대 진대기속도와의 비율을 의미한다.
- **주 로터**(Main rotor)라 함은 회전익기의 주 양력을 발생시키는 로터를 의미한다.
- **대개조**(Major alteration)라 함은 항공기, 항공기용 엔진 또는 프로펠러에 대해서 다음에 열거된 영향을 미치지 않는 개조를 의미한다.

(1) 중량, 평형, 구조적 강도, 성능, 동력장치의 작동, 비행특성 또는 기타 강항성에 영향을 미치는 특성 등에 상당한 영향을 미침.

(2) 일반적인 관례에 따라 수행될 수 없거나, 기본적인 운용에 의하여 수행될 수 없음.

- **대검사 프로그램**(Major repair)라 함은 다음과 같은 검사 프로그램을 의미한다. :

(1) 부적당하게 수행될 경우, 중량, 평형, 구조적 강도, 성능, 동력장치의 작동, 비행특성 또는 기타 감항성에 영향을 미치는 특성 등에 상당한 영향을 미침

(2) 일반적인 관례에 따라 수행될 수 없거나, 기본적인 운용에 의하여 수행될 수 없음.

- **흡기관 압력**(Manifold pressure)이라 함은 흡기계통의 적절한 위치에서 측정되는 절대 압력으로서 대개 수은주 inch로 표시한다.
- **안정성 최대속도**(Maximum speed for stability characteristics), VFC/MFC라 함은 최대운항제한속도(VMO/MMO)와 실증된 비행강하속도(VDF/MDF)의 중간 속도보다 작지 않은 속도를 말한다. 마하수가 제한배수인 고도에 있어서 효율적인 속도 경보가 발생하는 마하수를 초과할 필요가 없는 MFC는 예외이다.
- **최소 하강 고도**(Minimum descent altitude)라 함은 계기접근 장치가 작동하지 않는 상태에서 표준 접근 절차를 위한 선회기동 중 또는 최종 접근이 인가된 하강 시 피트단위의 해발고도로 표현되는 가장 낮은 고도를 의미한다.
- **경미한 개조**(Minor alteration)라 함은 대개조가 아닌 개조를 의미한다.
- **경미한 검사 프로그램**(Minor repair)라 함은 대검사 프로그램이 아닌 검사 프로그램을 의미한다.
- **낙하산**(Parachute)이라 함은 공기를 통해서 물체의 낙하 속도를 감소시키는데 사용되는 장치를 의미한다.
- **피치세팅**(Pitch setting)이라 함은 프로펠러 교범에서 규정된 방법에 따라 일정한 반경에서 측정된 블레이드 각에 의하여 결정된 바에 따라 프로펠러 블레이드를 세팅하는 것을 말한다.
- **수직추력 이착륙기**(Powered-lift)라 함은 공기보다 무거운 항공기로서 수직 이착륙이 가능하고 저속비행 시에는 비행시간 동안 양력을 주로 엔진구동 양력장치 또는 엔진 추력에 의존하고 수평비행시 양력을 회전하는 에어포일이 아닌(nonrotating airfoil, 회전익항공기) 장치에 의존하여 비행이 가능한 항공기를 의미한다.
- **예방정비**(Preventive maintenance)라 함은 복잡한 조립을 필요로 하지 않는 소형 표준 부품의 교환과 단순 또는 경미한 예방 작업을 의미한다.
- **정격 30초 OEI 출력**(Rated 30-second OEI power)이라 함은 터빈 회전익항공기에 있어, 다발 회전익항공기의 한 개 엔진이 정지한 후에도 한 번의 비행을 계속하기 위하여 Part 33의 적용을 받은 엔진의 운용한계 내에 있는 특정고도 및 온도의 정적 조건에서 결정되고 승인을 받은 제동마력을 말한다. 어느 한 비행에서 매번 30초 내에 3 주기까지의 사용으로 제한되며 이후에는 반드시 검사를 하고 규정된 정비조치를 하여야 한다.
- **정격 2분 OEI 출력**(Rated 2-minute OEI power)이라 함은 터빈 회전익항공기에 있어, 다발 회전익항공기의 한 개 엔진이 정지한 후에도 한번의 비행을 계속하기 위하여 Part 33의 적용을 받은 엔진의 운용한계 내에 있는 특정고도 및 온도의 정적 조건에서 결정되고 승인을 받은 제동마력을 말한다. 어느 한 비행에서 매번 2분 내에 3 주기까지의 사용으로 제한되며 이후에는 반드시 검사를 하고 규정된 정비조치를 하여야 한다.
- **정격 연속 OEI 출력**(Rated continuous OEI power)이라 함은 터빈 회전익항공기에 있어, Part 33의 적용을 받은 엔진의 운용한계 내에 있는 특정고도 및 온도의 정적 조건에서 결정되고 승인을 받은 제동마력을 말하는 것으로 다발 회전익항공기의 한 개 엔진이 정지한 후에도 비행

을 완료하기 위하여 필요한 시간까지로 사용이 제한된다.

- **정격 최대연속 증가추력**(Rated maximum continuous augmented thrust)이라 함은 터보제트 엔진의 형식증명에 있어, 지정된 고도의 표준 대기조건에서 Part 33에 따라 규정된 엔진 운용한계 내에서 분리된 연소실에서 유체가 분사되고 있거나 또는 연료가 연소하고 있는 상태의 정적 조건 또는 비행 조건하에서 결정되고 승인을 받은 제트 추력을 말하는 것으로 사용 상 제한주기가 없는 것으로 승인을 받는다.
- **정격 최대연속 출력**(Rated maximum continuous power)이라 함은 왕복엔진, 터보프롭엔진 및 터보샤프트 엔진에 있어, 지정된 고도의 표준 대기조건에서 Part 33에 따라 규정된 엔진 운용한계 내에서 정적 조건 또는 비행 조건하에서 결정되고 승인을 받은 제동마력을 말하는 것으로 사용 상 제한주기가 없는 것으로 승인을 받는다.
- **정격 최대연속 추력**(Rated maximum continuous thrust)이라 함은 터보제트 엔진의 형식증명에 있어, 지정된 고도의 표준 대기조건에서 Part 33에 따라 규정된 엔진 운용한계 내에서 분리된 연소실에서 유체 분사나 연료 연소가 없는 상태의 정적 조건 또는 비행 조건하에서 결정되고 승인을 받은 제트 추력을 말하는 것으로 사용 상 제한주기가 없는 것으로 승인을 받는다.
- **정격 이륙증가 추력**(Rated takeoff augmented thrust)이라 함은 터보제트 엔진의 형식증명에 있어서, 표준 해면고도 조건에서 Part 33에 따라 규정된 엔진 운용한계 내에서 분리된 연소실에서 유체가 분사되고 있거나 또는 연료가 연소하고 있는 상태의 정적 조건 하에서 결정되고 승인을 받은 제트 추력을 말하는 것으로 이륙 운항 시 5분 이내의 주기로 사용이 제한된다.
- **정격 이륙출력**(Rated takeoff power)이라 함은 왕복엔진, 터보프롭 엔진 및 터보샤프트 엔진의 형식증명에 있어, 표준 해면고도 조건에서 Part 33에 따라 규정된 엔진 운용한계 내에서 정적 조건 하에서 결정되고 승인을 받은 제동마력을 말하는 것으로 이륙 운항 시 5분 이내의 주기로 사용이 제한된다.
- **정격 이륙추력**(Rated takeoff thrust)이라 함은 터보제트 엔진의 형식증명에 있어, 표준 해면고도 조건에서 Part 33에 따라 규정된 엔진 운용한계 내에서 분리된 연소실에서 유체 분사나 연료 연소가 없는 상태의 정적 조건 하에서 결정되고 승인을 받은 제트 추력을 말하는 것으로 이륙 운항 시 5분 이내의 주기로 사용이 제한된다.
- **기준 착륙속도**(Reference landing speed)라 함은 50ft 높이의 지점에서 규정된 착륙자세로 강하하는 비행기 속도를 말하는 것으로서 착륙거리의 결정에 관한 속도이다.
- 회전익항공기-하중물 조합(Rotorcraft-load combination)이라 함은 회전익항공기와 기외하중물 장착장치를 포함한 기외하중물의 조합을 말한다. 회전익항공기-하중물 조합은 Class A, Class B, Class C 및 Class D로 구분한다.

(1) Class A 회전익항공기-하중물 조합은 기외 하중물을 자유롭게 움직일 수 없으며 투하할 수도 없고 착륙장치 밑으로 펼쳐 내릴 수도 없는 것을 말한다.

(2) Class B 회전익항공기–하중물 조합은 기외 하중물을 떼어내 버릴 수 있으며 회전익항공기의 운항 중에 육상이나 수상에서 자유롭게 떠오를 수 있는 것을 말한다.

(3) Class C 회전익항공기–하중물 조합은 기외 하중물을 떼어내 버릴 수 있으며 회전익항공기 운항 중에 육상이나 수상과 접촉된 상태를 유지할 수 있는 것을 말한다.

(4) Class D 회전익항공기–하중abf 조합은 기외 화물이 Class A, B 또는 C 이외의 경우로서 국토교통부장관으로부터 특별히 운항 승인을 받아야 하는 것을 말한다.

• **해면고도 엔진**(Sea level engine)이라 함은 해면고도에서만 정해진 정격이륙출력을 낼 수 있는 왕복엔진을 말한다.

• **소형 항공기**(Small aircraft)라 함은 최대 인가 이륙중량이 5700 kg(12,500 lbs) 이하인 항공기를 말한다.

• **이륙 출력**(Takeoff power):

(1) 왕복엔진에 있어서, 표준해면고도 조건 및 정상 이륙의 경우로 승인을 받은 크랭크샤프트 회전속도와 엔진 다기관 압력이 최대인 조건 하에서 결정된 제동마력을 말한다. 승인을 받은 엔진 사양에서 명시된 시간까지 계속 사용하는 것으로 제한된다.

(2) 터빈 엔진에 있어서, 지정된 고도와 대기 온도에서의 정적 조건 및 정상 이륙의 경우로 승인을 받은 로터 축 회전속도와 가스 온도가 최대인 상태 하에서 결정된 제동마력을 말한다. 승인을 받은 엔진 사양에서 명시된 시간까지 계속 사용하는 것으로 제한된다.

• **안전이륙속도**(Takeoff safety speed)라 함은 항공기가 부양한 후에 한 개 엔진 부작동 시 요구되는 상승 성능을 얻을 수 있는 기준대기속도를 말한다.

• **안전이륙속도**(Takeoff safety speed)라 함은 항공기 이륙 부양 후에 얻어지는 기준 대기속도(referenced airspeed)로써 이때에 요구되는 한 개 엔진 부작동 상승 성능이 얻어 질 수 있다.

• **이륙추력**(Takeoff thrust)이라 함은 터빈 엔진에 있어서, 지정된 고도와 대기 온도에서의 정적 조건 및 정상 이륙의 경우로 승인을 받은 로터 축 회전속도와 가스 온도가 최대인 조건 하에서 결정된 제트 추력을 말한다. 승인을 받은 엔진 사양에서 명시된 시간까지 연속 사용이 제한된다.

• **탠덤 날개 형상**(Tandem wing configuration)이라 함은 앞뒤 일렬로 장착된, 유사한 스팬(span)을 가지는 2개의 날개 형상을 의미한다.

• 윙렛 또는 팁핀(Winglet or tip fin)은 양력 면으로부터 연장된 바깥쪽 면을 말하며 이 면은 조종면을 가지거나 가지지 않을 수 있다.

10.1.3. 항공기기술기준의 일반기준 (2007. 12. 13 이후 형식증명이 신청된 항공기)

10.1.3.1. 항공기 운용조건 특징

항공기는 모든 운용조건하에서 불완전한 특징 또는 특성이 나타나지 않아야 한다.

10.1.3.2. 소프트웨어 인증

모든 시스템 소프트웨어 본 기술기준에서 요구하는 안전수준에 적합하고, 계통 내에서 의도하는 기능으로 작동되도록 설계되고, 검증되어야 한다. 소프트웨어의 설계 및 시험은 RTCA/ DO-178 또는 EUROCAE ED12에 따른다.

10.1.3.3. 인적요소를 고려한 설계

(a) 항공기에 대한 정해진 성능을 정할 때에는 인적능력에 대하여 고려하여야 한다. 특히, 운항승무원으로 하여금 예외적인 기량이나 주의를 요하는 것이 없어야 한다.

(b) 항공기는 승무원, 승객, 견인 · 정비 · 급유등 지상 조업자 및 정비사의 능력내에서 안전하게 운용될 수 있도록 인적요소를 고려하여 설계되어야 한다.

(c) 10.1.3.3.3 항공기, 계기 및 장비품은 인적요소 훈련지침서 ICAO Doc 9683 및 ICAO Doc 9758에 따라 인적요소원칙을 고려하여 설계하여야 한다.

10.1.3.4. 비행승무원을 고려한 설계

(a) 비행승무원에 의해 안전하고, 효과적으로 조종될 수 있도록 설계되어야 한다.

(1) 비행승무원의 기술과 생리적인 변수를 포함한 예상되는 비행승무원의 기량으로 운용할 수 있도록 설계할 것

(2) 고장 및 윈드쉐어 등으로 인한 성능저하를 포함 여러 가지 예상되는 운항상태를 고려할 것

10.1.3.5. 인간공학

다음의 인간공학적 요소들을 고려하여 설계하여야 한다.

(a) 부주의한 오작동을 방지하고, 사용이 편리하여야 한다.

(b) 접근성의 용이하여야 한다.

(c) 작업환경을 고려하여야 한다.

(d) 표준화 및 공용화되어야 한다.

(e) 정비가 용이하여야 한다.

10.1.3.6. 운용환경 요소

비행승무원의 조종환경을 고려하여 설계하여야 한다.

(a) 산소의 농도, 온도, 습도, 소음 및 진동 같은 항공의학적 요소에 의한 영향

(b) 정상비행중의 체력의 영향

(c) 고도도 운항에 대한 영향

(d) 육체적 안락성

10.1.4. 형식설계 자료의 유지 · 보관

10.1.4.1. 국토교통부장관으로부터 형식증명, 부가형식증명 및 기술표준품 형식승인을 받은 자는 해당 항공기 또는 기술표준품이 운용되고 있는 동안 다음 각 호의 설계승인 기록물, 보고서, 도면 및 인증문서를 보관 · 유지하여야 한다.

(a) 제품에 적용된 기술기준에 적합함을 입증하고, 형상 정의에 필요한 도면, 사양서 및 도면, 사양서의 목록

(b) 적용된 기술기준에 적합함을 입증한 분석 및 시험 보고서

(c) 항공기, 엔진 또는 프로펠러의 제작에 사용된 정보, 재료 및 공정서

(d) 표준최소장비목(MMEL)과 외형변경목록(CDL)을 포함한 비행교범 또는 그와 동등한 문서(해당될 경우)

[그림 10-2] 항공기 인증

(e) 승인된 정비검토위원회보고서(MRBR), 정비프로그램 또는 제작자가 권고하고 국토교통부장관이 인정한 계획정비와 세부 절차가 기술된 정비교범

(f) 유사성 확인방식으로 동일 형식의 후속 제품에 대한 감항성과 소음특성(적용될 경우)을 판정하는데 필요한 자료

10.1.4.2. 국토교통부장관은 타국의 형식증명에 대하여 승인을 한 경우 다음 각 호의 자료를 보관 · 유지하여야 한다.

(a) 항공기, 엔진 및 프로펠러에 승인된 타국의 기술기준과 우리나라 기술기준의 차이점을 허용하는 설계국가에서 발행한 기술서

(b) 설계국가에서 발행한 항공기, 엔진, 프로펠러 등에 대한 형식증명/설계승인 또는 이와 동등한 문서

(c) 감항성개선지시 또는 이와 동등한 모든 문서와 목록

10.2. 항공기, 장비품 및 부품 인증절차 (KAS Part 21. Certification Procedures for Products and Parts)

10.2.1. 일반(KAS Part 21 Subpart A 일반)

항공기등 인증절차는 그림 10-2와 같이 항공기 설계가 감항기준에 적합한지를 판단하는 절차, 형식설계와 합치되게 생산되는지 판단하는 절차, 그리고 안전한 운항 상태 판단하는 절차이다.

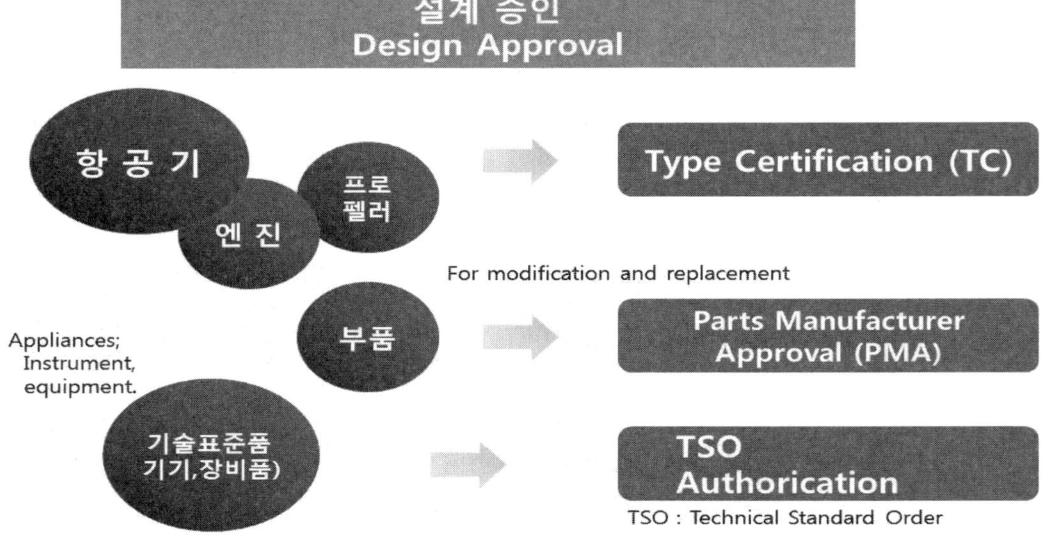

[그림 10-3] 설계승인(Design Approval)

그림 10-3과 같이 설계승인(Design Approval) 은 항공기, 엔진, 프로펠러는 형식증명으로, 개조나 교환용 부품(Parts)은 생산승인(PMA)으로, 기술표준품은 TSO 인가로 설계승인을 받는다.

KAS Part 21은 「항공안전법」 제20조 내지 제28조까지 및 제30조에 의한 항공기, 엔진, 프로펠러 및 부품의 감항성 인증에 대한 세부 절차를 규정한다. 이 절차에서 "항공기등"이라 함은 항공기, 항공기엔진 또는 프로펠러를 의미한다.

KAS Part 21 Subpart A 일반

21.1 적용

(a) 이 규정은 「항공안전법」 제20조 내지 제28조까지 및 제30조에 의한 항공기, 엔진, 프로펠러 및 부품의 감항성 인증에 대한 다음 내용의 세부 절차를 규정한다.

(1) 형식증명서의 교부 및 교부된 형식증명서에 대한 변경, 제작증명서의 교부 시 적용되는 절차적 요건

(2) 상기 (a)(1)항에서 규정하는 증명서소지자가 준수하여야 하는 사항

(3) 자재, 부품, 공정 및 장치품의 승인 시에 적용되는 절차적 요건

(b) 본 절차에서 "항공기등"이라 함은 항공기, 항공기엔진 또는 프로펠러를 의미한다. 단, Subpart L에서 "항공기등"이라 함은 항공기, 항공기 엔진 및 프로펠러용 구성품과 부품을 포함하며 또한 기술표준품형식승인 제도에 따라 승인을 받은 부품, 자재, 장치품을 포함한다.

21.2 신청서, 보고서 또는 기록의 위조

(a) 증명서 또는 승인서 소지자 및 신청자는 다음의 행위를 하여서는 아니 된다.

(1) 본 절차에서 규정하는 증명 또는 승인을 신청함에 있어 부정한 방법이나 의도적인 허위 진술

(2) 본 절차에 의해 교부되는 증명서 또는 승인서와 관련된 모든 요구조건에 대한 적합성을 입증하기 위하여 작성하여 보관하거나 또는 사용하는 모든 기록 또는 보고서 기록사항에 대한 부정한 방법 또는 의도적인 허위사실 기재

(3) 본 절차에 의해 교부되는 증명서 또는 승인서를 부정한 목적으로 복제

(4) 본 절차에 의해 교부되는 증명서 또는 승인서의 위조

(b) 상기 (a)항의 규정을 위반하는 경우에는 본 절차에 의해 교부된 증명서 또는 승인서를 철회하거나 중지시킬 수 있다.

21.3 고장, 기능불량 또는 결함 사항에 대한 보고

(a) 아래 (d)항에 명시한 경우를 제외하고 형식증명(부가형식증명을 포함한다), 부품등제작자증명(PMA), 기술표준품형식승인(KTSOA) 또는 그 면허 소지자는 아래의 (c)항에서 규정하는 결과를 초래할 경우 제품, 공정 또는 물품에 발생한 고장, 기능불량 또는 결함사항을 국토교통부장관에게 보고하여야 한다.

(b) 형식증명(부가형식증명을 포함한다), 부품등제작자증명(PMA) 또는 기술표준품형식승인(KTSOA)을 소지한 자 또는 그 면허를 소지한 자 품질시스템 관리범위를 벗어난 결함으로 인하여 아래 (c)항에서 규정한 사항을 초래할 것으로 판단되는 경우 이를 국토교통부장관에게 보고하여야 한다.

(c) 다음과 같은 사항이 발생할 경우 상기 (a)항 및 (b)항의 규정에 따라 보고하여야 한다.

(1) 시스템 또는 장비의 고장, 기능불량 또는 결함으로 인한 화재 발생시

(2) 엔진 및 엔진과 인접한 항공기 구조물, 장비, 구성품에 손상을 가하는 엔진의 배기계통의 고장, 기능불량 또는 결함 발생시

(3) 승무원실이나 객실에 유독성 기체가 축적 또는 누출 시

(4) 프로펠러 제어계통에 고장, 기능불량 또는 결함 발생 시

(5) 프로펠러, 회전익 항공기 축 또는 블레이드에 구조적 결함 발생 시

(6) 일반적으로 점화원이 존재하는 곳으로 가연성의 유체가 누설 시

(7) 운용 중 구조 또는 재료 문제로 인하여 브레이크계통에 고장이 발생시

(8) 피로, 부식 등 자체 원인으로 인해 주요 항공기 구조물에 결함 또는 고장이 발생 시

(9) 구조 또는 시스템의 고장, 기능불량 또는 결함으로 인해 비정상적인 진동이나 노킹현상이 발생시

(10) 엔진 고장 시

(11) 항공기의 정상적인 제어에 방해를 주어 운항품질을 저해시키는 구조적 결함 또는 항공제어시스템의 고장, 기능불량 또는 결함 발생 시

(12) 항공기 운용 시 발전계통이나 유압계통을 한 개 이상 완전히 상실할 때

(13) 운용 중 한 개 이상의 자세계, 속도계 또는 고

도계에 고장, 기능불량 또는 결함이 발생한 경우

(d) 상기 (a)항의 요구조건은 다음의 경우에는 적용되지 않는다.

(1) 형식증명(부가형식증명을 포함한다), 부품등제작자증명(PMA), 기술표준품형식승인(KTSOA) 또는 그 면허 소지자가 다음의 사유로 고장, 기능불량 또는 결함이 발생하였다고 판단한 경우

(i) 부적절한 정비나 사용에 기인

(ii) 제3자가 이미 국토교통부장관에게 보고한 경우

(iii) 사고조사위원회에 이미 보고된 경우

(2) 우리나라의 형식증명승인을 득한 외국의 제조업체에서 생산하였거나 우리나라로 수출한 항공기, 엔진, 프로펠러, 그 부품이나 물품에서 고장, 기능불량 또는 결함이 발생한 경우

(e) 보고는 다음 사항을 충족하여야 한다.

(1) 보고 사항이라고 결정한 시점부터 24시간 이내에 고장, 기능불량 또는 결함을 국토교통부장관에게 보고하여야 한다. 단, 주말의 경우는 월요일에 공휴일인 경우는 다음 근무일에 보고할 수 있다.

(2) 보고는 가장 신속한 방법으로 이루어져야 한다.

(3) 가능한 경우 아래의 내용을 명시하여야 한다.

(i) 항공기 일련번호

(ii) 기술표준품형식승인을 받은 제품의 고장, 기능불량 또는 결함 발생 시는 제품 일련번호와 형식 번호

(iii) 엔진, 프로펠러와 관련한 고장, 기능불량 또는 결함이 발생한 경우에는 엔진 또는 프로펠러의 일련번호

(iv) 제품 형식

(v) 관련된 부품, 구성품 또는 시스템의 식별사항, 식별사항 중 부품번호는 필수적으로 포함되어야 한다.

(vi) 고장, 기능불량 또는 결함 특성

(f) 제조 또는 설계 결함으로 인하여 기술표준품형식승인을 받은 제품에 불안전한 상태가 발생한 것으로 판단되는 경우, 제조업체는 국토교통부장관의 요구에 따라 조사결과 및 결함을 시정하기 위하여 필요한 조치사항을 국토교통부장관에게 보고하여야 한다. 이미 사용 중인 제품에 대한 시정조치가 필요한 경우, 제조업체는 감항성개선지시서(AD)의 발행에 관련한 자료를 국토교통부장관에게 제출하여야 한다.

21.4 회항시간 연장운항(EDTO) 승인을 받은 비행기의 보고 요건

(a) 회항시간 연장운항 조기승인(Early EDTO): 문제의 보고, 관리 및 해결. 항공기기술기준 Part 25의 부록 K에서 규정한 방법에 의해 회항시간 연장운항 조기승인을 받은 엔진을 장착한 비행기의 형식증명소지자는 본 절의 (a)(6)항에서 규정하는 사항 중 하나를 야기하는 문제가 발생하는 경우 이를 보고하고 관리하여 해결할 수 있는 시스템을 운영하여야 한다.

(1) 해당 시스템은 형식증명소지자가 즉각적으로 문제를 인지할 수 있고 국토교통부장관에게 보고하며 이를 해결할 수 있는 방안을 제출할 수 있는 것이어야 한다. 제출하는 해결방안은

다음과 같은 정보로 구성되어야 한다.

(i) 비행기 또는 엔진의 형식설계에 대한 변경

(ii) 제작공정에 대한 변경

(iii) 운항절차 또는 정비절차에 대한 변경; 또는

(iv) 국토교통부장관의 수락을 받을 수 있는 가능한 기타 방안

(2) 2개 이상의 엔진을 장착한 비행기의 경우, 장거리운항 조기승인을 받은 엔진을 장착한 비행기가 전 세계적으로 총 250,000 엔진운용시간에 도달하는 동안 해당 시스템을 운영하여야 한다.

(3) 쌍발비행기의 경우, 장거리운항 조기승인을 받은 엔진을 장착한 비행기가 전 세계적으로 총 250,000 엔진운용시간에 도달하는 동안 및 이후 다음과 같은 시간 동안 해당 시스템을 운영하여야 한다.

(i) 비행 중 엔진정지율(IFSD)의 12개월 이동평균이 전 세계적으로 본 절의 (b)(2)항에서 요구하는 값 이하에 도달하는 시간; 및

(ii) 국토교통부장관이 해당 이동평균값이 안정적으로 유지된다고 판단할 때 까지

(4) 이미 회항시간 연장운항(EDTO)이 승인된 비행기-엔진 조합을 변경한 파생 형식의 비행기-엔진 조합의 경우, 형식증명소지자가 국토교통부장관으로부터 기 승인받은 시스템이 있다면 파생 형식에 대한 시스템은 다음 표에서 규정하는 문제들을 다룰 수만 있으면 된다.

(5) 형식증명소지자는 해당 시스템에 사용할 자료의 출처와 내용을 식별하여야 한다. 자료는 본 절 또는 21.3(c)항에 따라 회항시간 연장운항의 승인 관련 안전성에 영향을 줄 수 있다고 보고된 사용상의 문제에 관한 특정 원인을 평가할 수 있는 것이어야 한다.

(6) 해당 시스템을 운영함에 있어, 형식증명소지자는 다음과 같은 사항을 보고하여야 한다.

(i) 비행 중 엔진정지(IFSD), 단 비행교육훈련을 위하여 의도된 경우에는 이를 제외한다.

(ii) 쌍발비행기의 경우, 비행 중 엔진정지율

(iii) 엔진 제어능력 상실 또는 의도한 추력이나 출력을 내지 못함.

(iv) 예방목적의 추력이나 출력 감소

(v) 비행 중의 엔진시동 능력 저하

(vi) 의도하지 않은 연료 손실 또는 연료사용 불가 또는 비행 중 연료 불균형의 보정 실패

(vii) 회항시간 연장운항(EDTO) 그룹 1의 중요시스템과 관련된 고장, 기능불량 또는 결함으

새로운 비행기 형식승인이 요구되지 않는 변경의 경우;	문제 추적과 해결 시스템은 다음의 사항을 명시하여야 한다.
(i) 신규 엔진 형식증명 필요	신규 엔진 장착 시 적용될 수 있는 모든 문제점, 및 비행기에 변경되는 시스템에서 발생할 수 있는 문제
(ii) 신규 엔진 형식증명 불필요	변경되는 시스템에 국한된 문제

로 인한 회항 또는 경로변경

(viii) 회항시간 연장운항(EDTO) 그룹 1의 중요시스템의 전원 손실. 해당 시스템에 예비전원을 공급하도록 설계된 모든 전원을 포함한다.

(ix) 회항시간 연장운항(EDTO)을 위한 비행 중에 비행기의 안전한 비행과 착륙을 저해할 수 있는 모든 사항

(x) 본 절에서 규정한 보고 대상 장애 중 하나를 유발할 수 있는 상태로 인하여 계획하지 않은 엔진의 탈착

(b) 쌍발비행기의 신뢰성

(1) 쌍발비행기의 사용 신뢰성 보고. 회항시간 연장운항(EDTO)의 승인을 받은 비행기의 형식증명소지자 및 회항시간 연장운항(EDTO)의 승인을 받은 비행기에 장착되는 엔진의 형식증명소지자는 전 세계적으로 운용되는 동일한 비행기 및 엔진의 신뢰성에 관한 사항을 매월 국토교통부장관에게 보고하여야 한다. 비행기 및 엔진 형식증명소지자가 제출하는 보고서는 회항시간 연장운항(EDTO)의 승인을 받은 각각의 비행기-엔진 조합에 대한 정보를 포함하여야 한다. 국토교통부장관은 비행기-엔진 조합의 비행중 엔진정지율(IFSD rate)이 국토교통부장관이 인정할 수 있는 기간 동안 본 절의 (b)(2)항에서 규정한 값 이하임이 실증된다면 당해 보고사항을 분기별로 승인할 수 있다. 이러한 보고사항은 21.3절에서 요구하는 보고사항과 함께 보고될 수 있다. 항공기등의 설계에 기인한 장애로 인해 발생한 비행중 엔진정지(IFSD)에 대해서는 책임있는 형식증명소지자가 그 원인을 조사한 후 국토교통부장관에게 조사 결과를 보고하여야 한다. 보고사항은 다음을 포함하여야 한다.

(i) 비행중 엔진정지(IFSD). 단, 비행교육훈련을 위하여 계획된 경우에는 이를 제외한다.

(ii) 비행교육훈련을 위하여 계획된 비행중 엔진정지(IFSD)를 제외한 모든 원인으로 인하여 전 세계적으로 발생한 비행중 엔진정지율(IFSD rate)의 12개월 이동평균

(iii) 운항사 목록, 운항사별 회항시간 연장운항(EDTO) 회항시간 인가, 비행시간 및 사이클 정보를 포함한 회항시간 연장운항(EDTO) 형식의 전 세계 사용실적

(2) 쌍발비행기에 대한 전 세계의 비행중 엔진정지율(IFSD rate). 회항시간 연장운항(EDTO)의 승인을 받은 비행기 및 당해 비행기에 장착되는 엔진의 형식증명 소지자는 당해 비행기 및 엔진을 운용하는 항공사에 운용정보를 발간하여 전 세계의 비행중 엔진정지율(IFSD rate)의 12개월 이동평균이 다음 수준 이하로 유지될 수 있도록 하여야 한다.

(i) 최대 120분 이하의 회항시간 연장운항(EDTO)의 승인을 받은 경우 전 세계 엔진 운용 1,000시간당 0.05. 회항시간 연장운항(EDTO)의 승인을 받은 모든 항공사가 장거리운항(ETOPS) 승인을 위한 조건으로서 개발한 CMP(Configuration, Maintenance and Procedures) 문서에서 요구하는 개선조치에 적합한 경우 유지되어야 하는 값은 전 세계 엔진 운용시간 1,000 시간 당 0.02 이하이다.

(ⅱ) 최대 180분 이하의 회항시간 연장운항(EDTO)의 승인을 받은 경우 전 세계 엔진 운용 1,000시간당 0.02.

(ⅲ) 180분을 초과하는 회항시간 연장운항(EDTO)의 승인을 받은 경우 전 세계 엔진 운용 1,000시간 당 0.01

21.5 비행기 또는 헬리콥터의 비행교범

(a) 비행기 또는 헬리콥터가 비행교범이 없는 상태로 형식증명을 받았다면, 형식증명소지자(부가형식증명소지자를 포함한다) 또는 그 면허권자는 비행기나 헬리콥터의 소유자에게 비행기 또는 헬리콥터를 인도하는 시점에 승인을 받은 최신 비행교범을 제공하여야 한다.

(b) 상기에서 요구하는 비행교범은 다음 정보를 명시하여야 한다.

(1) 형식증명을 받은 비행기 또는 헬리콥터에 적용되는 규정에서 비행교범(또는 교범, 표시, 게시물 등)에 수록하도록 요구하는 운용한계 및 정보사항

(2) 형식증명을 받은 항공기에 적용되는 규정에서 비행교범 상에 엔진의 냉각 운용한계에 대한 엔진의 외기온도를 요구하지 않은 경우, 엔진이 냉각되는 최대 외기온도를 명시해야 한다.

21.6 신규 항공기, 항공기엔진 및 프로펠러의 제작

(a) 본 절의 (b) 및 (c)항에서 규정하는 바를 제외하고, 다음의 사항을 만족하지 아니하는 자는 형식증명에 따라 신규항공기, 항공기엔진 또는 프로펠러를 제작할 수 없다.

(1) 형식증명소지자 또는 형식증명소지자로부터 항공기등을 제작할 수 있도록 면허를 받은 자일 것; 또한

(2) 본 절차의 Subpart G의 요건을 충족할 것.

(b) [예비]

(c) 본 절의 요건은 다음의 경우에는 적용되지 아니한다.

(1) 21.183(c)의 규정에 따라 수입되는 신규제작 항공기; 및

(2) 21.500의 규정에 따라 수입되는 신규제작 엔진 또는 프로펠러

21.7 감항분류가 수송급인 비행기의 감항성유지 및 안전성 개선

(a) 2007년 12월 10일부로 설계승인소지자 및 설계승인 신청자는 항공기기술기준 "수송류 비행기 감항성유지 및 안전성 개선 기준"의 적용 요건에 적합하여야 한다.

(b) 수송급 비행기를 신규 제작하는 경우, 형식증명소지자 또는 면허를 받은 자는 신규제작 항공기가 항공기기술기준 "수송류 비행기 감항성유지 및 안전성 개선 기준"의 적용 요건을 충족하도록 하여야 한다. 본 요건은 비행기 최종 조립의 책임을 가진 조직이 국토교통부장관의 관할을 받는 경우에만 적용한다.

10.2.2. 형식증명(KAS Part 21 Subpart B 형식증명)

10.2.2.1. 형식증명의 항공안전법 근거

항공기 등을 제작하려는 자는 그 항공기 등의 설계에 관하여 항공안전법과 항공안전법 시행규칙에서

정하는 바에 따라 형식증명을 받을 수 있다. "항공기 등"이라 함은 형식증명을 받은 항공기, 발동기 또는 프로펠러이다. 항공기 등의 형식증명과 부가형식증명에 대해서는 항공안전법 제20조 내지 제21조, 항공안전법항공안전법시행규칙 제18조 내지 제31조에 규정되어 있다.

10.2.2.2. 형식증명 신청

형식증명을 받으려는 자는 항공안전법 시행규칙 별지 제1호서식의 형식증명 신청서를 국토교통부장관에게 제출하여야 하며, 첨부하여야 할 서류는 다음과 같다.

(1) 인증계획서(Certification Plan)
(2) 항공기 3면도
(3) 발동기의 설계 · 운용 특성 및 운용한계에 관한 자료(발동기의 경우에만 해당한다)
(4) 제1호부터 제3호까지의 서류 외에 국토교통부장관이 정하여 고시하는 서류

10.2.2.3. 형식증명 교부 절차

형식증명서는 감항분류 기준으로 곡기(Acrobatic), 실용(Utility), 보통(Normal), 수송급(Transport)인 항공기로 구분하고, 이외에도 활공기, 비행선, 유인자유기구 등 특수항공기와 엔진 및 프로펠러로 구분하여 교부한다.

외국에서 제작하여 수입하는 항공기에 대한 형식증명은 항공기 제작국가가 해당 항공기의 형식증명에 대한 사항을 충족하였음을 검사, 시험 및 확인하고 신청자가 항공기 소음 및 감항성 등을 포함하여, 국토교통부장관이 요구하는 항공기등에 관한 기술자료를 제출한 경우 이를 심사하여 형식증명승인서로 교부한다. 항공안전협정 체결 국가로부터 형식증명을 받은 항공기를 수입하는 항공기에 대한 형식증명은 당해 국가로부터 형식증명 또는 형식증명과 동등한 문서가 발행된 것을 확인하고 신청자가 국토교통부장관이 요구하는 항공기등에 관한 기술자료를 제출한 경우 이를 심사하여 형식증명승인서로 교부한다.

10.2.2.4. 형식증명 유효기간

10.2.2.4.1. 형식증명 신청 유효기간

항공기기술기준에 의한 감항분류가 수송(T)인 항공기의 형식증명 신청 유효기간은 5년으로 하며, 기타 항공기의 형식증명 신청 유효기간은 3년으로 한다. 그러나, 신청 시점에서 신청자가 해당 제품의 설계, 개발 및 시험에 보다 많은 기간이 소요됨을 입증하고 국토교통부장관이 이를 승인한 경우는 유효기간을 연장할 수 있다. 제시된 도면이나 출력, 추력 또는 중량의 변경이 커서 관련 규정에의 적합성에 대한 실질적이고 완전한 조사가 필요하다고 국토교통부장관이 판단하는 경우, 항공기 등의 변경을 제안한 자는 신규 형식증명을 신청해야 한다.

10.2.2.4.2. 형식증명 유효기간

형식증명은 형식설계, 운용한계, 형식증명자료집, 국토교통부장관이 적용 규정에 따라 적합성을 명시한 기록 및 관련 요건에 따라 항공기 등에 대해 요구되는 기타의 조건이나 한계사항을 포함하는 것으로서, 형식증명은 국토교통부장관이 이를 양도, 정지, 취소하거나 또는 종료일을 별도로 지정한 시점까지 유효하다. 본다.

10.2.2.5. 형식증명의 양도 양수

형식증명서를 양도 · 양수하려는 자는 국토교통부령으로 정하는 바에 따라 국토교통부장관에게 양도 사실을 보고하고 형식증명서 재발급을 신청하여야 한다. 이 형식증명서를 양도 · 양수에 관련 보고 사항은 1. 형식증명서 번호, 2. 양수하려는 자의 성명 또는 명칭, 주소, 3. 양도 · 양수 일자 이며, 형식증명서 재발급 신청서 제4호 서식에 첨부하여야 할 서류는 1. 양도 및 양수에 관한 계획서, 2. 항공기 설계자료 및 감항성 유지 사항의 양도 · 양수 , 3. 그 밖에 국토교통부장관이 정하여 고시하는 서류이다. 국토교통부장관은 위에 기술한 서류를 확인하고 항공안전법 항공안전법시행규칙 별지 제3호서식의 형식증명서를 발급한다.

KAS Part 21 Subpart B 형식증명

21.11 적용

이 규정은 「항공안전법」 제20조 및 같은 법 시행규칙 제18조 내지 제25조에 다음의 세부사항에 대하여 규정한다.

(a) 항공기, 항공기엔진 및 프로펠러 형식증명의 교부에 관한 절차적 요건; 및

(b) 형식증명소지자에게 적용되는 규칙

21.13 적격성

형식증명을 받고자 하는 자는 모두 형식증명을 신청할 수 있다.

21.15 형식증명의 신청

(a) 국토교통부장관이 규정한 서식과 방법에 따라 형식증명 신청서류를 국토교통부장관에게 제출하여야 한다.

(b) 항공기 형식증명 신청 시 해당 항공기 3면도와 가용한 기본 설계 자료를 함께 제출하여야 한다.

(c) 항공기 엔진 형식증명 신청 시 엔진설계 특성에 대한 설명서, 엔진 운용특성 및 제안하고자 하는 엔진운용한계를 함께 제출해야 한다.

21.16 특수기술기준

항공기, 항공기엔진, 프로펠러가 새로운 방법으로 설계되었거나 특이한 설계 특성으로 인하여 항공기 기술기준에서 이에 관한 적절한 안전기준을 포함하고 있지 못할 경우, 국토교통부장관은 이에 대한 특수기술기준을 제정하여야 한다. 특수기술기준은 항공기기술기준 제1장 (총칙)에 의거 발행되며 항공기, 항공기엔진 또는 프로펠러에 대한 안전기준을 포함한다. 이때 안전기준은 항공기기술기준에서 규정하는 것과 동등한 수준의 안전을 확보할 수 있어야 한다.

21.17 적용기준의 지정

(a) 항공기기술기준 Part 25.2, 27.2, 29.2와 Part 34 및 Part 36에서 규정하는 사항을 제외하고 형식증명 신청자는 항공기, 항공기엔진 및 프로펠러가 다음을 충족함을 입증하여야 한다.

(1) 신청일 기준으로 유효한 적용 요건. 단, 다음의 사항은 예외로 한다.

(i) 국토교통부장관이 별도로 규정한 사항이 있는 경우; 또는

(ii) 본 절의 규정에서 신청일 이후 개정된 요건에의 적합성을 입증하도록 요구되거나 신청자가 선택한 경우

(2) 국토교통부장관이 규정한 특수기술기준

(b) 항공기기술기준이 발행되지 아니한 특수한 분류의 일반적이지 않은 항공기와 이에 장착되는 엔진 및 프로펠러의 경우, Part 23, 25, 27, 29, 31, 33 및 35에 포함된 요건 중에서 국토교통부장관이 해당 항공기에 적용하는 것이 적절하고 해당 형식설계에 적용할 수 있거나 안전기준으로서 동등 수준의 안전성(Equivalent level of safety)이 있다고 판단한 요건을 발췌하여 적용할 수 있다.

(c) 수송용 항공기의 형식증명 신청 유효기간은 5년으로 하며 기타 형식증명 신청 유효기간은 3년으로 한다. 단, 신청 시점에서 신청자가 해당 제품의 설계, 개발 및 시험에 보다 많은 기간이 소요됨을 입증하고 국토교통부장관이 이를 승인한 경우는 유효기간을 연장할 수 있다.

(d) 상기 (c)항에서 규정한 유효기간 내에 형식증명이 발행되지 않았거나 발행되지 않을 것이 확실한 경우 신청자는 다음 사항에 따라야 한다.

(1) 형식증명을 다시 신청하고 본 절의 (a)항의 규정에 따라야 한다.; 또는

(2) 유효기간의 연장을 요청하고 신청자가 정하는 특정일에 유효한 항공기기술기준의 적용 요건에 모두 적합하도록 하여야 한다. 이때 특정일은 최초 형식증명 신청 시 (c)항에서 규정한 유효기간에 의한 형식증명 교부일 이후의 일자이어야 한다.

(e) 형식증명을 신청한 이후 개정된 요건에의 적합성을 입증할 것을 신청자가 결정하는 경우, 국토교통부장관이 해당 요건과 직접적으로 관련이 있다고 판단한 다른 개정요건에의 적합성을 함께 입증하여야 한다.

(f) 2014.12.31.일 이후에 형식증명을 신청하는 항공기에 장착된 화장실, 엔진 및 보조동력장치(APU)의 소화계통에는 몬트리올 의정서에서 오존층 파괴물질로 지정한 Halon 1211, Halon 1301, Halon 2402를 사용하여서는 아니 된다.

주- 소화약제에 관한 정보는 UNEP Halons Technical Options Committee Technical Note No. 1 – New Technology Halon Alternatives and FAA Report No. DOT/FAA/AR-99-63, Options to the Use of Halons for Aircraft Fire Suppression Systems에 포함되어 있다.

21.19 신규 형식증명을 받아야 하는 변경

제시된 도면이나 출력, 추력 또는 중량의 변경이 커서 관련 규정에의 적합성에 대한 실질적이고 완전한 조사가 필요하다고 국토교통부장관이 판단하는 경우, 항공기등의 변경을 제안한 자는 신규 형식증명을 신청해야 한다.

21.21 형식증명서의 교부 : 감항분류가 보통, 실용, 곡기, 커뮤터 및 수송급인 항공기; 활공기, 비행선, 유인자유기구 등 특수항공기; 엔진; 프로펠러

신청자는 다음과 같은 경우 감항분류가 보통, 실용, 곡기, 커뮤터급인 항공기, 수송급항공기; 활공기, 비행선, 유인자유기구 등 특수항공기; 항공기엔진 또는 프로펠러에 대한 형식증명을 받을 자격이 주어진다.

(a) [예비]

(b) 인증을 받고자 하는 항공기등에 적용되는 항공

기기술기준, 항공기소음기준, 연료 및 배기가스 배출기준과 국토교통부장관이 부과한 특수기술기준을 충족함을 입증하기 위해 필요한 형식설계, 시험보고서, 계산자료를 신청자가 제출하였으며 국토교통부장관이 다음 사항을 확인한 경우

(1) 형식설계에 대한 조사 및 필요한 모든 시험과 검사를 완료한 결과 당해 형식설계와 항공기등이 적용되는 소음기준, 연료 및 배기가스 배출기준을 충족하고 관련 규정에 따라 적용되는 감항성에 관한 요건을 충족하며 적합하지 아니한 감항성 요건이 존재하는 경우 해당 요건은 동등 수준의 안전성을 달성할 수 있도록 불충족 원인이 보완되었을 때; 및

(2) 인증을 신청한 감항분류의 항공기의 안전을 저해하는 특징이나 특성이 없을 때

21.29 형식증명승인서의 교부 : 수입항공기등

(a) 국토교통부장관은 외국에서 제작한 항공기등이 다음과 같을 경우 형식증명승인서를 교부할 수 있다.

(1) 항공기등의 제작국가가 해당 항공기등이 아래의 사항을 충족함을 검사, 시험 및 확인한 경우

(ⅰ) 21.17절에서 적용하도록 지정한 항공기소음기준, 연료 및 배기가스배출기준이나 항공기등의 제작국가에서 적용한 항공기소음기준, 연료 및 배기가스 배출기준 및 21.17절에서 지정한 항공기소음기준, 연료 및 배기가스 배출기준보다 엄격하지 않은 수준으로 국토교통부장관이 부과할 수 있는 기타 요구조건들; 및

(ⅱ) 21.17절에서 적용하도록 지정한 감항성 요건이나 항공기등의 제작국가에서 적용한 감항성 요건 및 그리고 21.17절에서 지정한 감항성 요건과 동등 수준의 안전성을 제공하도록 국토교통부장관이 부과할 수 있는 기타 요건들

(2) 신청자가 항공기 소음 및 감항성, 국토교통부장관이 요구하는 항공기등에 관한 기술자료를 제출한 경우; 및

(3) 적용되는 감항성(해당되는 경우 소음 포함) 요건에서 요구하는 교범, 게시물, 목록 및 계기표지가 영문으로 작성되어 있는 경우

(b) 본 절의 규정에 따라 형식증명을 받은 항공기등은 본 절의 (a)(1)(i)항에 따라 Part 36의 소음기준 및 Part 34의 연료 및 배기가스 배출기준에 대한 적합성 인증을 받고 형식증명을 받은 것으로 간주한다. 또한 본 절의 (a)(1)(ii)항에 따라 항공기기술기준에 대한 적합성 인증을 받았거나 본 절의 (a)(1)(ii)항에 따라 동등 수준의 안전성을 인증 받고 형식증명을 받은 것으로 간주한다.

21.29A 형식증명승인서의 교부 : 항공안전협정 체결 국가로부터 형식증명을 받은 항공기등의 수입

(a) 국토교통부장관은 우리나라와 항공안전에 관한 협정을 체결한 국가로부터 형식증명을 받은 항공기등이 다음 각호의 조건을 만족할 경우 형식증명승인서를 교부할 수 있다.

(1) 당해 국가로부터 형식증명 또는 형식증명과 동등한 문서가 발행된 것을 확인한 경우; 및

(2) 신청자가 국토교통부장관에게 다음 각호의 서

류를 제출한 경우

(i) 형식증명을 발급한 국가로부터 형식설계가 승인되었다는 증명 서류

(ii) 형식증명 과정에서 작성된 안전동등성 결정 서류 또는 면제 사유가 명시된 서류

(iii) 당해 항공기등의 형식증명자료집(TCDS) 사본

(iv) 당해 국가로부터 인가된 당해 항공기등의 비행교범 사본

(v) 당해 항공기등의 감항성유지지침서 사본

(vi) 당해 항공기등의 부품 목록서(Parts Catalogue) 사본

(vii) 당해 항공기등에 적용되는 모든 문서 목록

(viii) 당해 형식항공기의 감항성유지지침서, 기술회보(Service bulletines)와 (2)(iv) 내지 (2)(vii)항의 개정된 문서를 국토교통부에 지속적으로 제공하겠다고 형식증명 소지자가 보증한 서류

21.31 형식설계

형식설계는 다음과 같이 구성된다.

(a) 항공기등에 적용되는 관련 요건에 적합함을 입증한 당해 항공기등의 형상과 설계특성을 정의하는데 필요한 도면 및 규격서와 그 목록 제품과 관련된 이 장의 요구조건에 부합하는 제품의 형상과 설계특성을 정의하는데 필요한 도면, 사양서 및 그 목록

(b) 항공기등의 구조 강도를 정의하는데 필요한 치수, 재료 및 공정에 대한 정보

(c) 항공기기술기준 Part 23, 25, 27, 29, 31, 33 및 35에서 요구하는 감항성유지지침서 중의 감항성 제한사항 또는 국토교통부장관이 요구하는 사항 및 21.17(b)항에 정의하는 특수 분류의 항공기에 대해 적용되는 감항성 기준에서 규정하는 사항

(d) [예비]

(e) 동일한 형식으로서 이후 생산되는 항공기등의 경우 비교분석에 의해 감항성, 소음특성, 연료 및 배기가스 배출(해당되는 경우)을 결정하는데 필요한 기타자료

21.33 검사 및 시험

(a) 각각의 신청자는 관련 요건에의 적합성을 확인하기 위해 필요한 검사, 비행시험 및 지상시험을 국토교통부장관이 수행할 수 있도록 해야 한다. 그러나 국토교통부장관이 별도로 인가하지 않은 경우에는 다음에 따른다.

(1) 항공기, 항공기 엔진, 프로펠러 또는 그 장착 부품이 본 항의 (b)(2)항 내지 (b)(4)항에의 적합함을 입증하지 못한 경우, 항공기, 항공기 엔진, 프로펠러 또는 그 장착 부품을 국토교통부장관에게 시험 목적으로 제출할 수 없다.

(2) 항공기, 항공기 엔진, 프로펠러 또는 그 부품 등이 본 절의 (b)(2)항 내지 (b)(4)항에 적합함을 입증한 시점부터 시험을 위해 국토교통부장관에게 제출한 시점 사이에 항공기, 항공기 엔진, 프로펠러 또는 그 부품에 대한 설계변경을 하지 말아야 한다.

(b) 신청자는 다음 사항을 결정하기 위해 필요한 모든 검사와 시험을 해야 한다.

(1) 적용되는 감항성, 항공기 소음, 연료 및 배기가스 배출요건에의 적합성

(2) 재료와 항공기등이 형식설계의 규격서에 합치함
(3) 항공기등에 장착되는 부품이 형식설계의 도면에 합치함; 및
(4) 제조공정, 제작 및 조립이 형식설계의 규정에 합치함.

21.35 비행시험

(a) 항공기 형식증명 신청자(21.29절의 경우는 제외)는 본 절의 (b)항에 수록한 시험을 실시해야 한다. 시험을 실시하기 전에 신청자는 다음 사항을 입증하여야 한다.
(1) 구조에 적용되는 요건에의 적합성
(2) 지상에서 요구되는 검사 및 시험의 종결
(3) 항공기가 형식설계에 합치함.; 및
(4) 신청자의 시험 결과가 명시되어 있는 비행시험보고서를 국토교통부장관이 신청자로부터 받았음(Part 25 인증을 받고자 하는 경우 신청자의 시험비행 조종사의 서명이 있어야 함)
(b) 본 절의 (a)항에의 적합성을 입증함에 있어, 신청자는 국토교통부장관이 아래 사항을 결정하기 위하여 필요하다고 판단하는 모든 비행시험을 수행하여야 한다.
(1) 적용되는 모든 요건에 대해 적합함.
(2) 활공기 및 Part 23에 따라 인증을 받고자 하는 저속, 인증수준 1, 2 비행기를 제외하고 인증을 받고자 하는 항공기에 있어서 항공기, 그 구성품 및 장비품이 신뢰성이 있으며 정상적으로 기능을 발휘함을 합리적으로 보증할 수 있음.
(c) 가능하다면, 신청자는 다음 사항에 적합함을 입증하기 위해 사용하는 항공기에 대해 본 항의 (b)(2)항에서 규정한 시험을 하여야 한다.
(1) 본 절의 (b)(1)항; 및
(2) 헬리콥터의 경우는, 27.923 또는 29.923에서 규정하는 Rotor Drive 내구성시험
(d) 신청자는 모든 비행시험(글라이더와 유인자유기구 제외)을 함에 있어서 비행시험 승무원이 사용할 수 있는 비상탈출 장비와 낙하산을 구비하고 있음을 입증하여야 한다.
(e) 글라이더와 유인자유기구를 제외하고 다음과 같은 사항이 발생할 경우 신청자는 시정조치가 취해지기 전까지 시험비행을 중단해야 한다.
(1) 신청자의 비행시험조종사가 요구된 비행시험을 할 수 없거나 또는 하고자 하지 않을 경우; 또는
(2) 부적합 사항이 발생하여 향후의 시험자료가 의미가 없게 되는 경우 또는 부적합 사항으로 인하여 위험한 상황이 야기될 수 있는 경우
(f) 본 절의 (b)(2)항에서 명시하는 비행시험은 다음 사항을 포함해야 한다.
(1) 이미 형식증명을 받은 항공기에 사용한 적이 없는 터빈 엔진을 사용하는 항공기의 경우, 형식증명에 합치하는 모든 엔진 구성품을 장착한 상태에서 최소 300 시간의 운전
(2) 기타 다른 항공기의 경우는 최소 150시간의 운전

21.37 비행시험 조종사

감항분류가 보통, 실용, 곡기, 커뮤터 또는 수송급 항공기의 형식증명 신청자는 본 절차에서 요구하는 비행시험을 할 수 있는 적절한 조종사 자격증을 소지한 인원을 제공해야 한다.

21.39 비행시험계기 교정 및 보정 보고서

(a) 감항분류가 보통, 실용, 곡기, 커뮤터 또는 수송급 항공기의 형식증명 신청자는 시험목적으로 사용되는 계기의 교정과 관련하여 요구되는 계산자료와 시험자료 및 표준기압조건으로 보정한 시험결과를 국토교통부장관에게 제출해야 한다.

(b) 신청자는 본 절의 (a)항에 따라 제출한 보고서의 정확도를 확인하기 위해 국토교통부장관이 필요하다고 판단한 모든 비행시험을 할 수 있도록 하여야 한다.

21.41 형식증명

형식증명은 형식설계, 운용한계, 형식증명자료집, 국토교통부장관이 적용 규정에 따라 적합성을 명시한 기록 및 관련 요건에 따라 항공기등에 대해 요구되는 기타의 조건이나 한계사항을 포함하는 것으로 본다.

21.43 제조시설의 위치

21.29절에서 규정하는 경우를 제외하고, 국토교통부장관은 항공기등에 적용되는 감항성 요건을 관리함에 있어 예산 등의 부담이 있다면 제작시설이 외국에 위치한 경우에는 형식증명서를 교부하지 아니 한다.

21.45 특권

형식증명소지자 또는 그 면허소지자는 다음의 사항을 할 수 있다.

(a) 항공기의 경우 21.173절 내지 21.189절의 요건에 적합하다면 감항증명을 받을 수 있다.

(b) 항공기엔진이나 프로펠러의 경우, 형식증명을 받은 항공기에 대한 장착승인을 받을 수 있다.

(c) 항공기등의 경우, 21.133절 내지 21.163절의 요건에 적합하다면 형식증명을 받은 항공기등에 대한 제작증명을 받을 수 있다.

(d) 해당 항공기등에 대한 교체부품 승인을 받을 수 있다.

21.47 양도

형식증명은 면허협정에 의해 제 3자에 양도되거나 제3자가 사용할 수 있다. 양도인은 증명의 양도 또는 면허협정의 이행이나 종료 후 30일 이내에 국토교통부장관에게 이를 서면으로 통지해야 한다. 당해 통지서는 양수인이나 면허소지자의 성명, 주소, 양도일, 면허협정의 경우에는 면허의 인가 범위 등을 기재해야 한다.

21.49 사용

형식증명소지자는 국토교통부장관이나 항공철도사고조사위원회가 요구 시 조사를 위하여 인증자료를 사용할 수 있도록 하여야 한다.

21.50 감항성유지지침서 및 감항한계를 명시한 제작자 정비교범

(a) 항공기기술기준 27.1529 (a)(2)항 또는 29.1529 (a)(2)항에 따라 “감항한계”를 포함하고 있는 헬리콥터 정비교범이 발행된 헬리콥터의 형식증명소지자 및 교범의 ‘감항한계’ 부분에서 교체시간, 검사주기 또는 관련된 절차를 변경할 수 있도록 승인을 받은 자는 동일 형식의 헬리콥터 운영자가 요청하는 경우 관련 변경사항을 알 수

있도록 해야 한다.

(b) 1981년 1월 28일 이후 신청한 항공기, 항공기엔진 또는 프로펠러의 형식증명 또는 부가형식증명 설계승인소지자는 감항성유지지침서 최소 1본을 각 항공기, 항공기엔진 또는 프로펠러의 소유자에게 제공하여야 한다. 제공시점은 항공기등을 납품하는 때 또는 당해 항공기에 대한 최초 표준감항증명이 발급되는 때 중 더 늦은 시점으로 한다. 감항성유지지침서는 23.1529, 25.1529, 25.1759, 27.1529, 29.1529, 31.82, 33.4, 35.4절 따라 작성하거나 21.17(b)항에서 정의한 특수분류의 항공기에 대해 적용되는 감항성 기준의 규정에 따라 작성하여야 한다. 관련 규정에 의해 감항성유지지침서를 준수하여야 하는 기타 모든 사람이 당해 지침서를 사용할 수 있도록 하여야 하며 또한 당해 지침서의 변경 내용도 사용할 수 있도록 하여야 한다.

21.51 유효기간

형식증명은 국토교통부장관이 이를 양도, 정지, 취소하거나 또는 종료일을 별도로 지정한 시점까지 유효하다.

21.53 합치성확인서

(a) 신청자는 형식증명을 받고자 하는 항공기엔진 및 프로펠러에 대한 "합치성확인서"를 국토교통부장관에게 제출해야 한다. 합치성확인서에는 항공기엔진이나 프로펠러가 형식설계에 합치한다는 사실을 명시하여야 한다.

(b) 신청자는 시험을 위해 국토교통부장관에게 제공하는 항공기와 항공기부품에 대한 "합치성확인서"를 국토교통부장관에게 제출해야 한다. (별도로 인가 받은 사항이 없다면) 신청자는 21.33(a)항에 적합하다는 사실을 합치성확인서에 명시하여야 한다.

21.55 형식증명소지자의 서면 면허협정서 제공 의무

신규 항공기, 항공기엔진 또는 프로펠러를 제작할 수 있도록 타인에게 형식증명의 사용을 허가한 형식증명소지자는 국토교통부장관이 수락가능한 면허협정서를 서면으로 작성하여 협정 상대자에게 제공하여야 한다.

10.2.3. 형식 설계 변경(KAS Part 21. Subpart D 형식증명에 대한 변경)

항공안전법제20조 및 항공안전법 시행규칙 18조 내지 제25조에 따라 항공기의 형식증명 또는 제한형식증명을 받은 자가 같은 형식설계를 변경하려면 항공안전법 시행규칙 별지 제2호 서식의 형식설계 변경신청서에 다음의 서류를 첨부하여 국토교통부장관에게 제출하여야 한다.

1. 별지 제3호서식에 따른 형식(제한형식)증명서
2. 제18조제2항 각 호의 서류

Subpart D 형식증명에 대한 변경은 형식설계 변경을 승인하는 절차로 설계변경을 중대한 변경(major change)과 경미한 변경(minor change)으로 구분한다. 경미한 변경은 중량, 평형, 구조강도, 신뢰성, 운용 특성이나 기타 항공기등의 감항성에 영향을 미치지 않는 변경을 말한다. 그 외의 모든 다른 변경은 중대한 변경으로 규정한다.

KAS Part 21 Subpart D 형식증명에 대한 변경

■ 항공안전법 시행규칙 [별지 제1호서식] <개정 2018. 6. 27.>

[ ] 형식증명 Application for Type Certificate
신청서
[ ] 제한형식증명 Application for Restricted Type Certificate

※ 색상이 어두운 난은 신청인이 작성하지 아니하며, [ ]에는 해당되는 곳에 √ 표를 합니다. (앞 쪽)

접수번호	접수일시	처리기간 (Durations) 30일

신청인 (Applicant)	성명 또는 명칭 Name	생년월일 Date of Birth
	주소 Address	

[ ] 항공기 (Aircraft) [ ] 발동기 (Engine) [ ] 프로펠러 (Propeller)	
	감항분류 Airworthiness category
	형식 또는 모델 Type or Model
	제작일련번호 Product Serial No.
	제작자 성명 또는 명칭 Name of Manufacturer
	제작자주소 Address of Manufacturer
	설계자 성명 또는 명칭 Name of Designer
비고 Remarks	

「항공안전법」 제20조제1항 및 같은 법 시행규칙 제18조제1항에 따라 ([ ] 형식증명, [ ] 제한형식증명)을 신청합니다.

In accordance with Paragraph 1, Article 20 of Aviation Safety Act and Paragraph 1, Article 18 of Enforcement Regulation of Aviation Safety Act, I hereby apply for ([ ]Type Certificate, [ ] Restricted Type Certificate) and submit herewith the required documents.

년 월 일

신청인 Applicant (서명 또는 인) (Signature)

국토교통부장관 귀하
Attention: Minister of Ministry of Land, Infrastructure and Transport

첨부서류 (Documents)	1. 인증계획서(Certification Plan) 2. 항공기 3면도(The three view drawing of that aircraft) 3. 발동기의 설계·운용 특성 및 운용한계에 관한 자료(The description of the engine design features, operating characteristics, and operating limitations)(발동기의 경우에만 해당) 4. 그 밖에 국토교통부장관이 정하여 고시하는 서류(Documents in specified Korean Airworthiness Standards)	수수료(Fee) 「항공안전법 시행규칙」 제321조에서 정한 수수료

210mm×297mm[백상지(80g/㎡) 또는 중질지(80g/㎡)]

[그림 10-4] 형식증명신청서

■ 항공안전법 시행규칙 [별지 제3호서식] <개정 2018. 6. 27.>

대 한 민 국 국 토 교 통 부 The Republic Korea Ministry of Land, Infrastructure and Transport	증명서 번호 Certificate No.:

[ ] 형 식 증 명 서(Type Certificate)
[ ] 제 한 형 식 증 명 서(Restricted Type Certificate)

1. 분류(Classification)	
2. 형식 또는 모델(Type or Model)	
3. 설계자의 성명 또는 명칭 (Name of Designer)	
4. 설계자 주소(Address of Designer)	
5. 감항분류(Airworthiness Category)	
6. 형식증명자료집 번호 (Type of Certificate Data Sheet No.)	

위의 [ ]항공기, [ ]발동기, [ ]프로펠러는 「항공안전법」 제20조제3항 및 같은 법 시행규칙 제21조제1항에 따라 (해당 특정업무와 관련된) 항공기기술기준에 적합한 형식임을 증명합니다.

In accordance with Paragraph 3, Article 20 of Aviation Safety Act and Paragraph 1, Article 21 of Enforcement Regulation of Aviation Safety Act, the Minister of Ministry of Land, Infrastructure and Transport hereby certifies that the abovementioned [aircraft, engine, propeller] (Restricted) type design meets airworthiness requirements of Aviation Safety Act(for operation of the special purposes).

년 월 일

Date of Issuance

국토교통부장관 [직인]

Minister of Ministry of Land, nfrastructure and Transport

210mm×297mm[백상지(120g/㎡)]

[그림 10-5] 형식증명서

21.91 적용

이 규정은「항공안전법」제20조 및 같은 법 시행규칙 제18조 내지 제25조에 의한 형식증명의 변경에 대한 승인 세부절차를 규정한다.

21.93 형식설계 변경의 분류

(a) 본 절의 (b)항에서 규정한 형식설계의 변경에 추가하여, 형식설계 변경은 중대한 변경(major change)과 경미한 변경(minor change)으로 구분한다. 경미한 변경은 중량, 평형, 구조강도, 신뢰성, 운용 특성이나 기타 항공기등의 감항성에 영향을 미치지 않는 변경을 말한다. 그 외의 모든 다른 변경은 중대한 변경으로 규정한다. (단 아래 (b)항에서 규정하는 사항을 제외한다.)

(b) 본 Chapter의 Part 36에 적합하도록 하기 위하여 항공기 소음 수준을 증가시킬 수 있는 형식설계의 변경을 다음 항공기별로 (본 절의 (a)항에서 경미한 변경 또는 중대한 변경 으로 분류한 것에 추가하여)" 소음에 영향을 주는 변경(acoustical change)이라 한다. 단, 다음의 (b)(2), (b)(3) 및 (b)(4)항은 예외로 한다.

(1) 수송급 대형 비행기

(2) 제트(터보제트로 동력을 공급하는) 비행기(감항분류에 상관없음). 본 항의 요건이 적용되는 비행기 중, "소음에 영향을 주는 변경(acoustical change)"이란 다음의 사항 중 하나에 국한되는 형식설계 변경은 포함하지 않는다.

(i) 모든 비행 시 하나 또는 그 이상의 접이식 착륙장치를 내린 상태로의 비행; 또는

(ii) 여분의 엔진과 항공기 외부의 엔진 지지대(그리고 파일런이나 기타 외부 고정장치의 장착), 또는

(iii) 한시적인 엔진 및/또는 나셀의 변경. 이 형식설계의 변경이 Part 36의 소음에 영향을 주는 변경 규정에 적합함을 입증하지 못한 경우 해당 비행기는 90일 이상은 운항할 수 없다고 형식설계 변경 시 규정한 경우를 말한다.

(3) 다음과 같은 비행기를 제외한 프로펠러로 동력이 공급되는 커뮤터급 비행기, 보통, 실용, 곡기급의 소형비행기 및 수송급 비행기

(i) [예비]

(ii) [예비]

(iii) 1955년 1월 1일 이전에 비행을 한 바 있는 우리나라 국적의 항공기, 또는

(iv) 플로우트나 스키를 장비하도록 구조 변경한 육상용 항공기. 이러한 구조변경은 21.93(b)항에 열거되지 않은 소음 변경 요건에 대한 추가적인 예외를 인정하지 않음.

(4) 다음의 경우를 제외한 헬리콥터

(i) 다음의 목적을 위해 독점적으로 지정된 헬리콥터

(A) [예비]

(B) 화재진압 물질의 살포; 또는

(C) [예비]

(ii) 외부장비를 설치 또는 제거하기 위해 개조한 헬리콥터. 이 항의 목적상 외부장비는 계기, 메커니즘, 부품, 장치, 기계, 또는 부속물들을 헬리콥터 외부에 장착하는 것으로 헬리콥터를 운용 또는 제어하는데 사용하지도 않고

항공기 구조물이나 엔진의 일부분이 아닌 것을 의미한다. "소음에 영향을 주는 변경"은 다음을 포함하지 않는다.

(A) 기외 장비의 추가 또는 제거

(B) 기외 장비를 추가 또는 제거하기 위한 목적이나 기외화물 부착 수단을 제공하기 위한 목적, 기외장비나 기외화물의 사용을 촉진하기 위한 목적 또는 기외화물을 장착하거나 운송하는 헬리콥터의 안전한 운항을 촉진하기 위한 목적으로 항공기 기체를 변경하는 경우

(C) 플로트와 스키의 장착 또는 제거를 통한 헬리콥터 형상변경

(D) 하나 이상의 출입문이나 창문을 제거하거나 개방한 자세로 비행

(E) 외부장비, 플로트, 스키의 추가 및 제거 또는 출입문 및/또는 창문을 제거하거나 개방한 자세로 비행하기 위한 목적으로 헬리콥터의 운용한계에 생기는 변경

(c) 항공기기술기준 Part 34에 적합하도록 하기 위하여, 비행기나 엔진에 연료 또는 배기가스 배출을 증가시킬 수 있는 설계변경을 하고자 할 때 이를 "배기변경(Emissions change)"이라 한다.

21.95 경미한 형식설계 변경 승인

형식설계의 경미한 변경은 입증 자료나 설명자료를 국토교통부장관에게 제출하기 전이라도 수락 가능한 방법에 의해 승인을 받을 수 있다.

21.97 중대한 형식설계 변경의 승인

(a) 형식설계에 중대한 변경이 있는 경우에는 신청자는 형식설계에 이를 반영할 수 있도록 형식설계의 변경에 관한 입증자료 및 필요한 설명자료를 제출하여야 한다.

(b) 항공기용 엔진의 형식 설계에 대한 중대한 변경의 승인은, 신청자가 변경사항을 형식설계에 반영하기 위한 목적으로 해당 변경이 동일한 엔진 형식의 다른 형상에도 적용될 수 있음을 설명자료에서 제시하지 못하고 변경사항이 다른 형상에도 적합함을 입증하지 못하는 경우에는, 변경이 이루어지는 특정한 엔진 형상으로 제한된다.

21.99 형식설계의 변경 요구

(a) 감항성개선지시서(AD)가 발행될 때 그 해당 항공기등의 형식증명소지자는 다음 사항을 따라야 한다.

(1) 국토교통부장관이 제품의 불안전한 상태를 수정하기 위하여 설계 변경이 필요하다고 판단하는 경우, 국토교통부장관의 요청에 따라 적절한 설계의 변경을 제출하여 승인을 받아야 한다.

(2) 승인을 받은 설계변경 사항은 형식증명에 따라 이미 인증을 받은 항공기등의 모든 운용자가 해당 변경 내용이 포함된 설명자료를 이용할 수 있도록 해야 한다.

(b) 현재 불안전한 상태는 없으나 국토교통부장관 또는 형식증명소지자가 운용 경험을 통해서 형식 설계의 변경이 항공기 안전성을 제고할 것으로 판단하는 경우 형식증명소지자는 적절한 설계변경서를 제출하여 승인을 받을 수 있다. 또

한 제작자는 설계 변경 내용을 동일한 형식의 제품을 사용하는 모든 운용자들이 이용할 수 하여야 한다.

21.101 적용 기준의 지정

(a) 형식증명 변경 신청자는 변경하고자 하는 항공기등의 감항분류에 따라 변경 신청일자를 기준으로 유효한 감항성 요건 및 Part 34, 36에 적합하다는 것을 입증하여야 한다. 예외 사항은 다음의 (b)항 및 (c)항과 같다.

(b) 본 절의 (g)항에서 규정한 바를 제외하고, 본 절의 (b)(1), (2), (3)항이 적용되는 경우, 신청자는 변경하고자 하는 항공기등이 상기 (a)항에서 정한 기준의 이전 개정판 및 국토교통부장관이 직접적으로 관련이 있다고 판단한 기타의 기준에 적합하다는 것을 입증할 수 있다. 그러나 이전 개정판은 형식증명 시 관련 기준으로 포함한 기준의 개정판 이전의 개정판이 적용될 수 없으며 또한 변경과 관련이 있는 항공기기술기준 Part 25.2, 27.2, 29.2의 규정 보다 우선하여 적용할 수 없다. 신청자는 다음의 경우 이전 개정판에 적합함을 입증할 수 있다.

(1) 국토교통부장관이 심각한 변경 사항은 아니라고 판단하는 경우. 특정 변경 사항이 심각한 것인지를 결정하는데 있어서 국토교통부장관은 이전에 당해 항공기등에 반영한 모든 설계변경 사항과 형식증명 시 적용된 기준의 모든 개정사항을 고려해야 한다. 다음의 사항 중 하나에 해당하는 변경은 심각한 변경으로 간주한다.

(i) 일반적인 형상이나 제작방식이 유지되지 못할 때

(ii) 변경하고자 하는 항공기등의 인증을 위하여 사용하였던 가정이 더 이상 타당하지 못할 때

(2) 각 부위, 시스템, 구성품, 장비, 장치가 변경에 의해 영향을 받지 않는다고 국토교통부장관이 판단하는 경우

(3) 변경에 의하여 영향을 받는 부위, 시스템, 구성품, 장비 또는 장치에 대해 본 절의 (a)항에서 정한 적용 기준에 적합함을 입증하는 것이 변경하고자 하는 항공기등의 안전수준을 크게 제고하지 못하며 현실적으로 적절하지 않다고 국토교통부장관이 판단하는 경우

(c) 헬리콥터를 제외한 최대 중량 6000 lbs 이하의 항공기에 대한 변경 신청자 또는 최대중량 3000lbs 이하의 터빈 형식이 아닌 헬리콥터의 변경 신청자는 변경하고자 하는 항공기등이 형식증명 시 적용된 기준에 적합함을 입증할 수 있다. 하지만 특정 부위에 있어 변경 내용이 심각하다고 국토교통부장관이 판단하는 경우, 국토교통부장관은 형식증명 시 적용한 기준의 이후 개정사항 중 변경 내용에 적용되는 사항 및 변경과 직접적으로 관련이 있다고 판단되는 기타의 기준에 적합함을 보이도록 지정할 수 있다. 단, 국토교통부장관이 이후 개정판 또는 기타 기준에의 적합성이 실질적으로 변경하고자 하는 제품의 안전 수준을 제고하지 못하거나 제고할 수 없다고 판단하는 경우를 제외한다.

(d) 설계 변경을 신청한 일자에 유효한 기준이 새롭거나 특이한 설계특성으로 인하여 변경하고자 하는 사항에 대한 기준을 적절하게 규정하지 못

한다고 국토교통부장관이 판단하는 경우, 신청자는 기술기준에서 정한 것과 동등한 수준의 안전성을 제공하기 위하여 21.16절에 따라 규정된 특수기술기준과 특수기술기준 개정판의 요건에 적합하도록 하여야 한다.

(e) 수송용 항공기의 형식증명 변경에 대한 신청 유효기간은 5년으로 하며 기타의 형식증명 변경에 대한 신청유효기간은 3년으로 한다. 이 기간 내에 변경 승인을 받지 못하거나 승인 받을 수 없음이 확실할 경우 다음 사항에 따라야 한다.

(1) 형식증명 변경을 다시 신청하고 본 절의 (a)항의 규정에 따라야 한다.; 또는

(2) 유효기간의 연장을 요청하고 신청자가 정하는 특정일에 유효한 항공기기술기준의 적용 요건에 모두 적합하도록 하여야 한다. 이때 특정일은 최초 형식증명 신청 시 (e)항에서 규정한 유효기간 이후의 일자이어야 한다.

(f) 21.17(b)항에 따라 인증을 받은 항공기에 대하여, 항공기등의 감항분류에 따라 변경 신청일자에 유효한 감항성 요건은 국토교통부장관이 해당 절에 따라서 항공기의 형식증명에 적절한 것으로 판단한 감항성 요건을 포함한다.

10.2.4. 부가형식증명 (KAS Part 21 Subpart E 부가형식증명)

10.2.4.1. 부가형식증명의 법적 근거

"항공안전법 제20조(형식증명 등)의 ⑤ 형식증명, 제한형식증명 또는 제21조에 따른 형식증명승인을 받은 항공기등의 설계를 변경하기 위하여 부가적인 증명(이하 "부가형식증명"이라 한다)을 받으려는 자는 국토교통부령으로 정하는 바에 따라 국토교통부장관에게 부가형식증명을 신청하여야 한다" 와 같은 법 시행규칙 제23조(부가형식증명의 신청)"에 의한 부가형식증명의 교부에 대한 절차는 항공기기술기준 E. 부가형식증명으로 규정하고 있다.

10.2.4.2. 부가형식증명 신청

Part21 Subpart E에 따라 항공기등의 형식증명소지자가 원 형식증명에 대한 개정을 신청할 수 있는 경우를 제외하고, 기존 형식증명에 대해 항공기기술기준 21.19절에 따라 신규 형식증명을 신청하여야 할 정도가 아닌 정도의 중대한 변경을 하여 항공기등을 개조하고자 하는 자는 국토교통부장관에게 부가형식증명을 신청한다.

10.2.4.3. 부가형식증명 입증

부가형식증명 신청자는 개조하고자 하는 항공기등이 21.101절에서 규정한 적용 요건을 충족함을 입증하여야 한다. 21.93(b)항에서 규정한 소음에 영향을 주는 변경의 경우에는 Part 36에의 소음 요건에 적합함을 입증하여야 한다. 21.93(c)항에서 규정한 배기변경의 경우에는 Part 34의 연료 및 배기가스 배출기준에 관한 요건에 적합함을 입증하여야 한다.

부가형식증명 신청자는 각각의 형식설계 변경에 관하여 21.33 과 21.53을 충족시켜야 한다.

10.2.4.4. 부가형식증명의 교부

국토교통부 장관은 10.3.4.3의 요구조건을 충족하면 (1) 항공기등의 형식설계 변경에 대한 국토교통부장관의 승인; 및(2) 당해 항공기등에 대해 발행된 형식증명으로 구성된부가형식증명을 교부한다. 부가

형식증명의 유효기간은 국토부장관이 이를 양도, 정지, 취소하거나 또는 종료일을 별도로 지정한 시점까지 유효하다.

10.2.4.5. 부가형식증명승인서

국토교통부장관은 부가형식증명승인을 할 때에는 해당 항공기 등이 항공기기술기준에 적합한지를 검사한 후 적합하다고 인정하는 경우에는 국토교통부령으로 정하는 바에 따라 항공안전법 시행규칙 별지 제10호서식의 부가형식증명승인서를 발급한다. 부가형식증명승인을 위한 검사 범위는

1. 해당 부가형식의 설계에 대한 검사 및
2. 해당 부가형식의 설계에 따라 제작되는 항공기 등의 제작과정에 대한 검사에 해당하는 사항으로 한다. 다만, 대한민국과 항공기 등의 감항성에 관한 항공안전협정을 체결한 국가로부터 부가형식증명을 받은 사항에 대해서는 해당 협정에서 정하는 바에 따라 검사의 일부를 생략할 수 있다.

KAS Part 21 Subpart E 부가형식증명

21.111 적용

이 규정은 「항공안전법」 제20조 및 같은 법 시행규칙 제23조에 의한 부가형식증명의 교부에 대한 세부절차를 규정한다.

21.113 부가형식증명의 요건

항공기등의 형식증명소지자가 원 형식증명에 대한 개정을 신청할 수 있는 경우를 제외하고, 기존 형식증명에 대해 21.19절에 따라 신규 형식증명을 신청하여야 할 정도가 아닌 정도의 중대한 변경을 하여 항공기등을 개조하고자 하는 자는 국토교통부장관에게 부가형식증명을 신청하여야 한다. 신청은 국토교통부장관이 규정한 서식과 방법에 따라 이루어져야 한다.

21.115 적용 요구조건

(a) 부가형식증명 신청자는 개조하고자 하는 항공기등이 21.101절에서 규정한 적용 요건을 충족함을 입증하여야 하며, 21.93(b)항에서 규정한 소음에 영향을 주는 변경의 경우에는 Part 36에의 소음 요건에 적합함을 입증하여야 한다. 또한 21.93(c)항에서 규정한 배기변경의 경우에는 Part 34의 연료 및 배기가스 배출기준에 관한 요건에 적합함을 입증하여야 한다.

(b) 부가형식증명 신청자는 각각의 형식설계 변경에 관하여 21.33 과 21.53을 충족시켜야 한다.

21.117 부가형식증명서의 교부

(a) 신청자가 21.113 및 21.115절의 요구조건을 충족하면 부가형식증명을 받을 수 있다.

(b) 부가형식증명은 다음과 같이 구성된다.

 (1) 항공기등의 형식설계 변경에 대한 국토교통부장관의 승인; 및

 (2) 당해 항공기등에 대해 발행된 형식증명

21.119 특권(Privileges)

부가형식증명소자는 다음의 사항을 할 수 있다.

(a) 항공기의 경우 감항증명을 받을 수 있다.

(b) 기타 항공기등의 경우, 형식증명을 받은 항공기에 대한 장착승인을 받을 수 있다.

(c) 부가형식증명에 의한 승인을 받은 형식설계 변경에 대한 제작증명을 취득할 수 있다.

21.120 부가형식증명소지자의 서면 개조허가서 제공 의무 등

(a) 항공기, 항공기엔진 또는 프로펠러에 대한 부가형식증명을 타인에게 사용하도록 하고자 하는 부가형식증명소지자는 국토교통부장관이 수락가능한 사용허가서를 서면으로 작성하여 사용자에게 제공하여야 한다.

(b) 부가형식증명 소지자는 항공기 소유자, 운영자 또는 인가된 정비조직(AMO)으로부터 감항성 유지에 영향을 미치는 고장, 기능불량 및 결함에 관한 사항을 접수할 수 있는 방법을 마련하고, 이를 접수한 경우 그 원인을 분석하여 불안전 상태를 제거할 수 있는 조치를 취하여야 한다.

국토교통부장관은 형식증명 또는 형식증명승인을 받은 항공기 등으로서 외국정부로부터 그 설계에 관한 부가형식증명을 받은 사항이 있는 경우에는 국토교통부령으로 정하는 바에 따라 "부가형식증명 승인"을 할 수 있다. 항공안전법시행규칙 별지 제9호서식의 부가형식증명승인 신청서 및 다음의 서류를 첨부하여야 한다.

(1) 외국정부의 부가형식증명서
(2) 변경된 설계 개요서
(3) 항공기기술기준에 적합함을 입증하는 자료
(4) 설계 변경에 따라 개정된 비행교범(운용방식을 포함한다)
(5) 설계 변경에 따라 개정된 정비교범(정비방식을 포함한다)
(6) 그 밖에 참고사항을 적은 서류

10.2.5. 형식증명하에서의 생산 (KAS Part 21 Subpart F)

이 규정은 항공안전법 제22조(제작증명) 및 항공안전법 시행규칙 제32조 내지 34조에 의한 제작증명을 형식증명하에서의 생산과 관련한 승인의 세부절차이다.

KAS Part 21 Subpart 21 형식증명 하에서의 생산

21.121 적용

이 규정은「항공안전법」제22조 및 같은 법 시행규칙 제32조 내지 제34조에 의한 형식증명하에서 생산과 관련한 세부절차를 규정한다.

21.123 형식증명하에서의 생산

형식증명만을 받고 제작되는 항공기등을 제작하는 자는 다음 각호의 사항을 충족하여야 한다.

(a) 국토교통부장관이 검사를 위해 개별 항공기등에 접근할 수 있도록 하여야 한다.

(b) 국토교통부장관이 해당 항공기등 및 그 부품이 형식설계에 합치하는 지를 판단하기 위하여 필요한 기술자료 및 도면을 제작장소에 유지하여야 한다.

(c) 국토교통부장관이 별도로 인가한 경우를 제외하고, 형식증명서 발행일 이후 6개월이 경과하여 생산한 항공기등에 대해서는, 개별 항공기등이 형식설계에 합치하고 안전한 운용상태에 있음을 보증할 수 있는 승인된 생산검사체계

(APIS)를 수립하고 유지하여야 한다.

(d) 상기 (c)항에 의하여 승인된 생산검사체계를 수립하는 경우, 21.125(b)항에서 요구하는 판단에 필요한 체계 및 방법을 기술한 매뉴얼을 국토교통부장관에게 제출하여야 한다.

21.125 생산검사체계–자재심의위원회

(a) 21.123(c)에서 요구하는 생산검사체계 구축이 요구되는 모든 제작자는 다음 각호를 충족하여야 한다.

(1) 검사 및 기술 부서의 대표자가 포함된 자재심의위원회를 구성하고 자재심의절차를 수립하여야 한다.

(2) 자재심의위원회 조치에 대한 모든 기록을 최소 2년간 보관하여야 한다.

(b) 21.123(c)항에서 요구하는 생산검사체계는 최소한 다음 각호를 판단할 수 있는 방법을 제공하여야 한다.

(1) 최종 항공기등에 사용될 입고자재, 구매 또는 하청 부품은 형식설계자료에 명시된 것이거나 이와 동등한 수준이어야 한다.

(2) 물리적 또는 화학적 특성을 즉시 정확하게 판단할 수 없는 입고자재, 구매 또는 하청 부품은 적절하게 식별되어야 한다.

(3) 손상 또는 열화될 수 있는 자재는 적절하게 저장되고 적절하게 보호되어야 한다.

(4) 최종 항공기등의 품질 및 안전에 영향을 미치는 공정들은 수락가능한 산업계 또는 국가규격에 따라 수행되어야 한다.

(5) 정확한 결정이 내려질 수 있는 생산 시점에 공정 중에 있는 부품 및 구성품이 형식설계자료에 합치하는 지를 검사하여야 한다.

(6) 제작 및 검사인력은 필요한 시점에 최신 설계도면에 쉽게 접근할 수 있고 이를 사용할 수 있어야 한다.

(7) 자재 대체를 포함한 설계변경은 최종 항공기등에 반영되기 이전에 관리되고 승인되어야 한다.

(8) 불합격 자재 및 부품이 최종 항공기등에 장착되는 것을 방지하도록 격리되고 식별되어야 한다.

(9) 설계자료 또는 규격서를 충족하지 못하였으나 최종 항공기등에 장착을 고려중인 자재 및 부품은 자재심의위원회를 통해 처리되어야 한다. 자재심의위원회가 사용가능 판정을 내린 자재 및 부품에 대한 재작업 또는 수리가 필요한 경우, 적절하게 식별되어야 하며 재검사가 수행되어야 한다. 자재심의위원회가 불합격 판정한 자재 및 부품은 최종 항공기등에 장착되지 않음을 보증할 수 있도록 표시하고 처리하여야 한다.

(10) 제작자는 검사기록을 유지하고, 가능한 경우 완성품에 대한 식별이 가능하도록 하여 최소 2년 동안 보관하여야 한다.

21.127 항공기 시험

(a) 형식증명만을 받고 항공기를 제작하는 자는 승인된 생산비행시험절차 및 비행점검(flight check-off) 양식을 개발하고, 이에 따라 개별 생산 비행기에 대한 비행시험을 수행하여야 한다.

(b) 모든 생산비행시험절차는 다음 각호를 포함하

여야 한다.

(1) 생산된 비행기가 시제비행기와 동일한 조종범위와 조종각도를 갖는 지를 확인하기 위한 트림, 조종성 또는 기타 비행특성에 대한 운용점검

(2) 운항 중 계기 판독이 정상영역내에 있는 지를 확인하기 위해 승무원이 비행중 조작하는 개별 부품 또는 계통에 대한 운용점검

(3) 모든 계기가 적절하게 표시되었으며, 모든 게시물(placards) 및 요구되는 비행교범이 비행시험 후에 장착되었는지에 대한 결정

(4) 지상에서 항공기 운용특성의 점검

(5) 항공기의 지상 또는 비행 작동시에 가장 잘 수행될 수 있는 시험 중인 해당 항공기 특유의 기타 사항에 대한 점검

21.128 엔진 시험

(a) 형식증명만을 받고 엔진을 제작하는 자는 개별 항공기에 대해 다음 각호를 포함하는 수락 시운전을 수행하여야 한다. (단, 제작자가 샘플링기법을 수립해야만 하는 로켓엔진은 제외.)

(1) 연료 및 오일 소모량의 결정 및 정격최대연속출력 또는 추력 및 적용되는 경우 정격이륙출력 또는 추력에서의 추력 특성의 결정을 포함하는 운전(Break-in runs)

(2) 정격최대연속출력 또는 추력에서 최소 5시간 작동. 정격이륙출력 또는 추력이 정격최대연속출력 또는 추력보다 높은 엔진의 경우, 5시간 작동 시험은 정격이륙출력 또는 추력에서의 30분을 포함하여야 한다.

(b) 상기 (a)항에서 요구하는 시운전은 현시점에서 인정하는 형식의 출력 및 추력 측정장비를 사용하여 적절하게 설치된 엔진에서 수행할 수 있다.

21.129 프로펠러 시험

형식증명하에서 프로펠러를 제작하는 자는 모든 가변 피치 프로펠러가 모든 정상작동영역에서 정상적으로 작동하는 지를 판단하기 위한 수락기능시험을 수행하여야 한다.

21.130 합치성 확인서

국내에서 제작한 항공기등의 경우 형식증명만의 소지자 또는 면허인은 형식증명만을 받고 제작한 해당 항공기의 최초 소유권을 이전하거나 항공기에 대한 감항증명 또는 엔진/프로펠러에 대한 감항성인증서의 최초 발행을 신청하는 경우라면, 국토교통부장관에게 합치성확인서를 제출하여야 한다. 합치성확인서는 제작조직에 대한 책임권한을 갖고 있는 자가 서명하여야 하며, 다음 각호를 보증하는 문구가 포함하여야 한다.

(a) 개별 항공기등의 경우, 해당 항공기등이 형식증명서에 합치하며 안전한 운용상태에 있음.

(b) 개별 항공기의 경우, 항공기에 대한 비행점검이 완료되었음.

(c) 개별 엔진 또는 가변피치 프로펠러의 경우, 제작자가 엔진 또는 프로펠러에 대한 최종 운용점검을 수행하였음.

10.2.6. 제작증명(KAS 21 Subpart G)

10.2.6.1. 제작증명의 법적근거

제작증명은 항공안전법 제22조 및 동법 시행규칙

제32조 내지 34조에 규정되어 있다. 형식증명이나 부가형식증명을 받은 항공기 등을 제작하려는 자는 국토교통부령으로 정하는 바에 따라 국토교통부장관으로 부터 항공기기술기준에 적합하게 항공기 등을 제작할 수 있는 기술, 설비, 인력 및 품질관리체계 등을 갖추고 있음을 인증하는 제작증명을 받아야 한다.

10.2.6.2. 제작증명의 신청

"항공기기술기준에 적합하게 항공기 등을 제작할 수 있는 기술, 설비, 인력 및 품질관리체계 등을 갖추고 있는 자는 별지 제11호 서식의 제작증명 신청서를 다음의 서류를 첨부하여 국토교통부장관에게 제출한다.

(1) 품질관리규정
(2) 제작하려는 항공기등의 제작 방법 및 기술 등을 설명하는 자료
(3) 제작 설비 및 인력 현황
(4) 품질관리체계
(5) 제작관리체계
(6) 품질관리규정, 품질관리체계 및 제작관리체계에 대한 세부적인 기준은 국토교통부장관이 정하여 고시한다.

10.2.6.3. 제작증명 검사 및 발급

제작증명을 위한 검사 범위는 해당 형식의 항공기 등에 대한 제작기술, 설비, 인력, 품질관리체계, 제작관리체계 및 제작과정을 검사하여야 한다.

제작증명서의 발급은 국토교통부장관은 제작증명을 위한 검사 결과 해당 항공기 등이 형식증명 내용에 적합하게 제작될 수 있다고 인정되는 경우에는 별지 제12호 서식의 제작증명서를 발급한다. 이 제작증명서를 발급할 때에는 제작할 수 있는 항공기 등의 형식증명 목록을 적은 생산승인 지정서를 함께 발급하여야 한다.

KAS Part 21 Subpart G 제작 증명

21.131 적 용

이 규정은「항공안전법」제22조 및 같은 법 시행규칙 제32조 내지 제34조에 의한 제작증명 발행을 위한 절차상의 요구조건과 제작증명소지자의 준수사항에 세부사항에 대해 규정한다.

21.133 신청 자격

(a) 다음 각 호와 관련된 항공기등의 증명을 소지한 자는 제작증명을 신청할 수 있다.
  (1) 현 형식증명서
  (2) 면허협정 하에서 해당 형식증명에 대한 권한
  (3) 부가형식증명서
(b) 제작증명 신청자는 국토교통부장관이 규정한 양식과 방법으로 제작증명을 신청해야 한다.

21.135 발급 요건

§21.139 및 §21.143에 의거하여 제작시설과 조직 및 품질자료에 대한 적합성 판단 후, 국토교통부장관이 인정하는 경우에 제작증명서를 발급한다.

21.137 제조시설의 위치

제작증명과 관련한 항공안전법 또는 관련 항공규정에 대한 적용시 대한민국에게 부당한 부담이 된다고 국토교통부장관이 판단하는 경우나 제조시설이 외

국에 위치할 경우에는 제작증명서를 발행하지 않을 수 있다.

21.139 품질관리

신청자는 형식증명에서 승인된 설계에 합치함을 입증하기 위해서 제작증명을 신청한 해당 항공기등에 대하여 품질관리체계를 수립하고 이를 유지할 수 있음을 입증해야 한다.

21.143 품질관리자료 요구조건 ; 주 제작공장

(a) 모든 신청자는 생산된 각각의 항공기등이 승인된 형식설계에 합치하고 안전한 작동상태에 있는지를 확인하기 위해 필요한 다음 각호를 포함하여 검사 및 시험절차 등을 기술한 자료를 국토교통부장관에게 제출해야 한다.

(1) 경영자 및 관련조직을 포함하는 품질관리 조직도와 조직에 부과된 책임과 위임사항을 설명하는 자료

(2) 주 제작업체에 납품되었을 때 적합성과 품질에 대해 완벽하게 검사할 수 없는 부품과 조립품의 적합한 품질을 보증하기 위해 사용된 방법을 포함한 원자재, 구매품, 공급업체로부터 제작된 부품과 조립품에 대한 검사절차를 설명하는 자료

(3) 특수공정에 대한 식별, 공정관리 수단, 완성항공기등에 대한 최종 시험절차, 항공기인 경우 제작업체의 생산 비행시험 절차 및 점검목록 등을 포함하여 개별 부품과 완성된 조립품의 생산검사에 사용되는 방법에 대한 자료

(4) 불량품 처리와 자재심의위원회 심의결과 자료를 포함한 자재심의절차를 설명하는 자료

(5) 도면, 규격, 품질관리절차 등의 최신 변경사항이 검사원에게 통보되는 절차를 설명하는 자료

(6) 검사장소와 내용을 설명하는 목록 또는 배치도

(b) 주 제작업체가 책임지고 있는 부품 또는 조립품의 주요 검사를 수행함에 있어서 공급업체에게 권한을 의임할 경우, 주 제작업체는 국토교통부장관에게 위임에 대한 모든 정보를 제공하고 사전에 승인받아야 한다.

21.147 품질관리체계의 변경

제작증명서 발행 이후, 제작증명소지자의 품질관리체계에 대한 모든 변경사항은 국토교통부장관에게 보고해야 한다. 제작증명소지자는 국토교통부장관에게 항공기등의 검사, 합치성, 감항성에 영향을 미칠 수 있는 모든 변경사항은 서면으로 즉시 통보해야 한다.

21.149 항공기등의 다중 생산

항공기등이 유사한 제조특성을 가진다면, 국토교통부장관은 하나의 제작증명 조건하에서 하나 이상의 형식증명을 받은 항공기등을 생산할 수 있는 권한을 부여할 수도 있다.

21.151 생산승인지정서

생산승인지정서는 제작증명의 일부로 발행된다. 이 지정서에는 해당 제작증명 조건하에서 신청자에게 제조할 수 있도록 인가된 모든 항공기등의 형식증명이 기록된다.

21.153 제작증명의 개정

형식증명이나 모델 등을 추가하여 제작증명서와 생

산승인지정서를 개정하고자 하는 제작증명소지자는 국토교통부장관이 기술한 양식과 방법으로 신청해야 한다. 신청자는 반드시 §21.139, §21.143, §21.147에 규정된 적용 요건을 따라야 한다.

21.155 양도

제작증명서는 타인에게 양도할 수 없다.

21.157 검사와 시험

제작증명소지자는 국토교통부장관이 본 규정에 대한 적합성을 결정하기 위하여 필요한 검사와 시험을 확인할 수 있도록 허용해야 한다.

21.159 유효기간

제작증명서는 반납, 효력의 정지, 취소 또는 국토교통부장관이 별도로 증명서의 말소 일자를 규정하거나 소지자가 제작공장을 이전하는 경우를 제외하고는 계속하여 유효하다.

21.161 전시

제작증명소지자는 승인받은 항공기등을 생산하는 공장 사무실에 제3자가 쉽게 인식할 수 있도록 제작증명서를 전시하여야 한다.

21.165 제작증명소지자의 책임

제작증명소지자는 다음 사항을 준수해야 한다.

(a) 제작증명시 승인된 자료와 절차에 합치하는 품질관리체계를 유지해야 한다.

(b) 부품 및 완제품이 감항증명 또는 감항승인을 위해 승인된 설계에 부합하며 안전한 운용조건에 있음을 보장해야 한다.

10.2.7. 감항증명(항공기기술기준 Part 21 Subpart H 감항증명)

감항성이란 일반적으로 항공기나 관련 부품이 비행조건 하에서 정상적인 성능과 안전성 및 신뢰성 여부를 말한다. 성능, 비행성, 진동, 지상(수상) 특성, 강도, 구조 등의 견지에서 고려한다.

감항증명은 항공기가 감항성이 있다는 증명으로 정의하고 있으며, 항공안전법 제23조와 24조, 항공안전법시행규칙 제35조 내지 제48조에 항공기 감항증명의 신청, 검사 및 교부 등에 관한 요건과 절차를 규정하고 있다. 「항공안전법」 제7조에 따라 등록된 항공기 또는 항공안전법시행규칙 제36조 각 호의 어느 하나에 해당하는 항공기를 소유하거나 임차하여 항공기를 사용할 수 있는 권리가 있는 자(이하 "소유자등"이라 한다)는 감항증명을 받을 수 있다.

항공기기술기준 Part 21 Subpart H 감항증명은 감항증명 관련 신청, 검사 및 교부등에 관한 요건과 절차를 규정하고 있다.

10.2.7.1. 감항증명의 신청

항공안전법 시행규칙 제35조에는 감항증명의 신청에 대해 다음과 같이 규정하고 있다.

제35조(감항증명의 신청)

① 법 제23조제1항에 따라 감항증명을 받으려는 자는 별지 제13호서식의 항공기 표준감항증명 신청서 또는 별지 제14호서식의 항공기 특별감항증명 신청서에 다음 각 호의 서류를 첨부하여 국토교통부장관 또는 지방항공청장에게 제출하여야 한다.

1. 비행교범

2. 정비교범
3. 그 밖에 감항증명과 관련하여 국토교통부장관이 필요하다고 인정하여 고시하는 서류

② 제1항제1호에 따른 비행교범에는 다음 각 호의 사항이 포함되어야 한다.
1. 항공기의 종류 · 등급 · 형식 및 제원(諸元)에 관한 사항
2. 항공기 성능 및 운용한계에 관한 사항
3. 항공기 조작방법 등 그 밖에 국토교통부장관이 정하여 고시하는 사항

③ 제1항제2호에 따른 정비교범에는 다음 각 호의 사항이 포함되어야 한다. 다만, 장비품 · 부품 등의 사용한계 등에 관한 사항은 정비교범 외에 별도로 발행할 수 있다.
1. 감항성 한계범위, 주기적 검사 방법 또는 요건, 장비품 · 부품 등의 사용한계 등에 관한 사항
2. 항공기 계통별 설명, 분해, 세척, 검사, 수리 및 조립절차, 성능점검 등에 관한 사항
3. 지상에서의 항공기 취급, 연료 · 오일 등의 보충, 세척 및 윤활 등에 관한 사항항공안전법시행규칙 별지 제13호 서식의 항공기 표준감항증명 신청서 또는 별지 제14호 서식의 항공기 특별감항증명 신청서에 비행교범, 정비교범, 그 밖에 감항증명과 관련하여 국토교통부장관이 필요하다고 인정하여 고시하는 서류를 첨부하여 국토교통부장관 또는 지방항공청장에게 신청한다.

KAS Part 21 부록 A에는 항공안전법 시행규칙 제35조제1항 관련 감항증명 종류별 신청서류가 기술되어 있다.

부록 A. 감항증명 종류별 신청서류
(「항공안전법 시행규칙」 제35조제1항 관련)

(a) 표준감항증명 신규(Issuance) 신청 시 제출서류
(1) 형식증명서 및 형식증명자료집 또는 이와 동등한 자료(국토교통부로부터 형식증명을 받았거나 형식증명승인을 받은 경우는 제외한다)
(2) 〈삭제〉
(3) 수출감항증명서(Export Certificate of Airworthiness)
(수입항공기에 해당되며, 국내에서 수리, 개조 및 재생을 위하여 수입하는 경우는 제외)
(4) 정비교범(Maintenance Manual), 오버홀 및 수리교범(Overhaul and Repair Manual)
(5) 부품도해목록(Illustrated Parts Catalogues)
(6) 비행교범(Flight Manual) 및 승무원 운영교범(Crew Operations Manual)
(7) 중량 및 평형보고서(Weight and Balance Report)
(8) 〈삭제〉
(9) 〈삭제〉
(10) 정비검토위원회보고서(Maintenance Review Board Report) 및 정비계획자료(Maintenance Planning Document)
(11) 전기부하분석서(Electrical load analysis)
(12) 전기 및 무선장비용 배선도
(13) 표준최소장비목록(Master Minimum Equipment Lists)
(14) 감항성개선지시(Airworthiness Directive) 수행현황
(15) 제작사 정비개선회보(Service Bulletin) 수행

현황

(16) 좌석형상도(Seat Configuration)

(17) 수입한 중고 항공기인 경우 다음 서류를 추가로 제출하여야 한다.

(i) 항공기, 엔진, 프로펠러 및 주요 장비품 등의 사용시간을 기재한 서류

(ii) 항공기 정비 또는 검사프로그램에 따른 정비 현황(이전 정비/검사프로그램과 앞으로 적용될 정비/검사프로그램의 차이점 포함)

(iii) 사용수명한계 품목별 수명한계, 사용시간, 사용횟수 및 잔여시간 현황

(iv) 주요 구조부재 및 주요 장비품의 교환 기록(개조된 부품 또는 교환한 부품이 원래의 품목과 동일한지 입증하는 기록 포함)

(v) 주요 구조부재 및 장비품에 대한 수리 또는 개조기록(수리 · 개조에 따른 추가적인 점검 항목이 있는 경우 정비프로그램 반영 여부 포함)

(vi) 해당될 경우 특정한 운항 목적을 위해 장착된 장비 목록(견인, 농약살포 및 외부화물운반을 위한 장비 등)

(vii) 경년항공기의 경우 항공운송사업용은 기체부가점검프로그램 등 경년항공기 정비프로그램 이행현황을, 사용사업용 이하 경년항공기는 부록 F의 경년항공기 안전점검표에 따른 자체점검결과

(18) 국내에서 수리, 개조 또는 재생을 위하여 수출감항증명서 없이 수입하는 항공기의 경우에는 다음 서류를 추가로 제출하여야 한다.

(i) 항공안전법 제30조 및 항공안전법 시행규칙 제66조에 따른 수리계획서 또는 개조계획서

(ii) 부록 H의 합치성 확인서(Statement of Conformity) 및 Subpart L, 부록 A의 합치성 검사기록서(Conformity Inspection Record) (수리, 개조 또는 재생을 위한 작업이 완료되는 시점에 제출)

(iii) 항공기의 지속 감항성 유지를 위한 계획서(해당 항공기 정비프로그램 또는 검사 프로그램으로 대체할 수 있다)

(b) 표준감항증명 갱신(Renewal) 신청 시 제출서류 국내에서 표준감항증명을 받았던 항공기로서 감항증명의 유효기간 종료, 중지 또는 취소 등의 사유로 감항증명 갱신을 신청하는 경우에 해당한다. 다만, 감항증명 신청일을 기준으로 이전 감항증명의 유효기간 종료 또는 중지 후 6개월을 초과한 경우에는 감항증명 신규신청에 해당하는 구비서류를 제출한다.

(1) 비행교범(이전 감항증명 발급 이후 변경된 부분만 제출)

(2) 감항성개선지시(AD) 수행 현황

(3) 제작사 정비개선회보(SB) 수행 현황

(4) 중량 및 평형보고서(실적이 있는 경우)

(5) 사용중지 중의 보관상황을 기재한 서류

(6) 정시점검, 주요 정비 및 수리 · 개조 수행에 관한 기록

(7) 항공기 총비행시간 및 전회 분해 검사 후의 비행시간을 기재한 서류

(8) 경년항공기의 경우 항공운송사업용은 기체부가점검프로그램 등 경년항공기 정비프로그램 이행현황을, 사용사업용 이하 경년항공기는 부록 F의 경년항공기 안전점검표에 따른 자체

점검결과

(c)「항공안전법 시행규칙」 제37조제1호, 제2호 및 제3호에 해당하는 항공기, 무인항공기의 특별감항증명 신규(Issuance) 신청 시 제출서류
신규개발, 제작 · 정비 · 수리 · 개조 및 수입 · 수출 등과 관련한 항공기, 무인항공기에 해당한다.

(1) 해당 항공기가 안전하게 운용할 수 있는 상태에 있음을 입증할 수 있는 서류
 (i) 항공기 신규개발, 제작 또는 무인항공기의 경우: 설계가 기술기준에 적합함(설계적합성)을 입증하는 자료, 설계기준에 일치하게 제작되었음을 입증(제작합치성)하는 자료 및 완성 후 안전한 작동상태에 있음(기능 및 상태검사 결과서)을 입증하는 자료
 (ii) 정비 · 수리 · 개조 또는 수입 · 수출하는 항공기의 경우: 수행된 정비 등의 작업이 기술기준에 적합하거나 제한된 범위에서 안전하게 비행할 수 있음을 입증하는 서류(기능 및 작동 상태검사 결과서, 대수리 · 개조승인서 또는 수출감항증명서 등)
(2) 항공기 운용 계획서(탑승자, 비행계획 및 방법, 비행지역 등)
(3) 그 밖에 안전한 비행에 필요한 사항과 참고 사항을 기재한 서류

(d)「항공안전법 시행규칙」 제37조제1호, 제2호 및 제3호에 해당하는 항공기, 무인항공기의 특별감항증명 갱신(Renewal) 신청 시 제출서류
[(c)에 따른 국내에서 특별감항증명서를 받았던 항공기로서 감항증명 유효기간이 종료되어 갱신하는 경우에 해당한다]

(1) 비행성능 및 절차에 변경사항이 있을 경우 관련 자료
(2) 감항성개선지시(AD) 및 제작사 정비개선회보(SB) 수행 현황
(3) 중량 및 평형보고서(실적이 있는 경우)
(4) 사용중지 중의 보관상황을 기재한 서류
(5) 주요 정비 및 수리 · 개조 수행에 관한 기록

(e)「항공안전법 시행규칙」 제37조제3호, 제4호, 제5호에 해당하는 항공기, 무인항공기의 특별감항증명 신규(Issuance) 신청 제출서류
(특정한 업무, 공공의 안녕과 질서유지를 위하여 필요한 업무를 수행하는 항공기로서 국토교통부장관이 인정한 항공기에 해당한다)

(1) 신규 표준감항증명 신청을 위한 제출서류를 준용하되, 다음 각 호의 서류를 추가로 제출하여야 한다. 다만, 항공안전법 제20조제2항제2호에 따라 제한형식증명을 받은 경우에는 그러하지 아니하다.
 (i) 항공기의 설계가 기술기준에 적합함(설계적합성)을 입증하는 자료
 (ii) 설계에 일치하게 제작되었음을 입증(제작합치성)하는 자료 및 완성 후 안전한 작동상태에 있음(기능 및 상태검사 결과서)을 입증하는 자료
(2) 제(1)항에도 불구하고 항공기가 기술기준을 충족하지 못하는 항목은 항공안전법 제23조제3항제2호에 따라 기술기준 미충족 부분이 운용범위 제한 등을 통하여 안전하게 비행할 수 있음을 입증할 수 있는 서류

(f)「항공안전법 시행규칙」 제37조제3조, 제4호, 제5호에 해당하는 항공기의 특별감항증명 갱신(Renewal)신청 제출서류

(1) 표준감항증명 갱신신청 구비서류를 준용한다.

(g) 감항증명 유효기간 연장신청 구비서류

(1)「항공안전법」 제23조제4항 및 같은 법 시행규칙 제38조에 따라 항공기의 감항성을 지속적으로 유지하기 위하여 부록 C 또는 부록 D에 따라 개발하여 국토교통부장관 또는 지방항공청장이 인가한 해당 항공기의 정비프로그램 또는 검사프로그램

(2) (1)에 따라 정비 등을 수행하였거나 수행할 수 있음을 입증하는 서류. 여기에는 소유자등이 소유하거나 이용할 수 있는 시설, 장비 및 자재 현황과 자격을 갖춘 항공정비사의 현황을 포함한다. 다만, 국토교통부장관 또는 지방항공청장으로부터 「항공안전법」 제90조에 따른 운항증명 또는 제97조에 따른 정비조직인증을 받은 경우에는 인가받은 사실을 확인할 수 있는 증빙서류로 대체할 수 있다.

KAS Part 21 Subpart H 부록 B에는 항공안전법 시행규칙 제35조제2항제3호 관련 비행교범에 포함되어야 할 사항이 규정되어 있다.

부록 B. 비행교범에 포함되어야 할 사항
(「항공안전법 시행규칙」 제35조제2항제3호 관련)

(a) 항공기등의 종류 · 등급 · 형식 및 제원에 관한 사항

(1) 항공기의 등록부호

(2) 항공기의 종류 · 등급 및 형식

(3) 발동기 및 프로펠러의 형식과 수

(4) 항공기의 제원 및 삼면도

(5) 항공기 제작자의 성명 또는 명칭과 주소 및 국적

(6) 항공기의 제작일련번호 및 제작 연 · 월 · 일

(7) 기술기준에 의한 감항분류

(8) 항공기의 자중 및 중심위치

(9) 장비품의 명칭 · 중량 및 중심위치

(10) 연료탱크 · 윤활유탱크 및 방빙액 탱크의 사용가능용량과 중심위치

(11) 해당 비행교범에 사용하는 용어의 정의 및 도량형 환산표와 도면

(b) 항공기의 운용한계에 관한 사항

(1) 적재한계(최대이륙중량 · 최대착륙중량 · 무연료중량 · 중심위치 허용범위와 객실바닥의 강도에 따른 적재의 한계를 말한다)

(2) 대기속도한계(초과금지속도 · 상용운용속도 · 플랩조작속도 · 플랩내린속도 · 착륙장치조작속도 · 착륙장치내린속도와 자동조종속도의 한계를 말한다)

(3) 고도한계(항공기가 안전하게 비행할 수 있는 최대고도의 한계를 말한다)

(4) 자동회전 착륙고도한계(헬리콥터가 안전하게 자동회전착륙을 할 수 있는 고도의 한계를 말한다)

(5) 동력장치 운전한계(이륙출력운전시 · 연속최대출력운전시 · 희박혼합기 최대출력운전시의 크랭크축회전속도, 흡기압력, 동력장치입구의 윤활유온도, 실린더온도, 동력장치 출구의 냉각액온도, 이륙출력운전시간, 발동기기

통온도, 연료등급, 연료압력, 윤활유규격, 윤활유압력 기타 동력장치의 운전에 관한 운용한계를 말한다)

(6) 회전익 회전속도한계(헬리콥터의 발동기가 작동할 때와 작동하지 아니할 때의 회전익의 회전속도의 한계를 말한다)

(7) 대기온도한계(발동기가 유효하게 작동할 수 있는 대기온도의 한계를 말한다)

(8) 측풍속도한계(항공기가 이륙 또는 착륙할 때 항공기에 수직으로 부는 바람의 속도의 한계를 말한다)

(9) 수상조건한계(수상항공기가 활주 · 이수 또는 착수할 때의 풍속의 한계와 수면상태에 관한 운용한계를 말한다)

(10) 탑승한계(항공기에 탑승시킬 수 있는 인원수의 한계를 말한다)

(11) 비행방법한계(항공기에 대하여 금지된 비행방법의 운용한계를 말한다)

(12) 예항방법한계(활공기가 안전하게 예항될 수 있는 방법의 운용한계를 말한다)

(13) 장비품등의 운용방식한계(장비품 기타 항공기의 특정부분의 사용방법에 관한 운용한계를 말한다)

(14) 기타운용한계(이착륙거리한계, 제한하중배수한계, 전기계통운용한계, 자동조종한계, 계기와 조종장치 및 기타 장치의 사용한계, 금연장소 · 위험물의 적재장소등 제한사항)

(c) 항공기의 성능에 관한 사항

(1) 이륙조작과 이륙속도와의 관계

(2) 이륙중량, 이륙장소의 고도 및 이륙장소의 대기온도와의 관계

(3) 이륙상승구배

(4) 이륙거리

(5) 실용이륙상승비행경로

(6) 순항성능

(7) 착륙조작과 착륙속도와의 관계

(8) 착륙중량, 착륙장소의 고도 및 착륙장소의 대기온도와의 관계

(9) 착륙복행구배

(10) 착륙거리

(11) 실속성능

(12) 그 밖에 조종상 필요한 성능

(d) 정상 작동시 각종 장치의 조작방법

(e) 비상시 각종 장치의 조작방법 및 조치사항

(f) 그 밖에 항공기 운용을 위해 필요한 사항

10.2.7.2. 감항증명을 받아야 할 항공기

감항증명은 대한민국 국적을 가진 항공기가 아니면 받을 수 없지만 다음과 같이 국토교통부령으로 정하는 항공기의 경우에는 감항증명을 받을 수 있다.

(1) 항공안전법 제101조 단서에 따라 허가를 받은 항공기

(2) 국내에서 수리 · 개조 또는 제작한 후 수출할 항공기

(3) 국내에서 제작되거나 외국으로부터 수입하는 항공기로서 대한민국의 국적을 취득하기 전 에 감항증명을 위한 검사를 신청한 항공기

10.2.7.3. 감항증명의 구분

항공기를 운항하기 위해서는 표준감항증명이나 특

별감항증명을 받아야 한다. 표준감항증명은 해당 항공기가 항공기기술기준에 적합하고 안전하게 운항할 수 있다고 판단되는 경우에 발급하는 증명이다. 감항분류는 비행기, 비행선, 활공기 및 회전익 항공기별로 보통, 실용, 곡기, 커뮤터 또는 수송으로 구분한다.

특별감항증명은 항공기의 연구, 개발 등 국토교통부령으로 정하는 경우로서 항공기 제작자 또는 소유자등이 제시한 운용범위를 검토하여 안전하게 운항할 수 있다고 판단되는 경우에 발급하는 증명으로, 용도 분류는 제한(Restricted), 실험(Experimental) 및 특별비행허가 (Special flight permit)로 구분한다. "항공기의 연구, 개발 등 국토교통부령으로 정하는 경우"는 다음 중 어느 하나이다.

1. 항공기 개발과 관련하여
   가. 항공기 제작자, 연구기관 등에서 연구 및 개발 중인 경우
   나. 판매 등을 위한 전시 또는 시장조사에 활용하는 경우
   다. 조종사 양성을 위하여 조종연습에 사용하는 경우
2. 항공기의 제작 · 정비 · 수리 · 개조 및 수입 · 수출 등과 관련하여
   가. 제작 · 정비 · 수리 또는 개조 후 시험비행을 하는 경우
   나. 정비 · 수리 또는 개조를 위한 장소까지 공수비행(空手飛行)을 하는 경우
   다. 수입하거나 수출하기 위하여 승객 · 화물을 싣지 아니하고 비행하는 경우
   라. 설계에 관한 형식증명을 변경하기 위하여 운용한계를 초과하는 시험비행을 하는 경우
3. 무인항공기를 운항하는 경우
4. 특정한 업무를 수행하기 위하여 사용되는 경우
   가. 재난 · 재해 등으로 인한 수색(搜索) · 구조에 사용되는 경우
   나. 산불의 진화 및 예방에 사용되는 경우
   다. 응급환자의 수송 등 구조 · 구급활동에 사용되는 경우
   라. 씨앗 파종, 농약 살포 또는 어군(魚群)의 탐지 등 농 · 수산업에 사용되는 경우
5. 국토교통부장관이 인정하는 공공의 안녕과 질서 유지를 위한 업무를 수행하는 경우

10.2.7.4. 감항증명의 유효기간

감항증명의 유효기간은 1년이다. 항공기의 형식과 소유자(정비 위탁을 받은 자를 포함)의 감항성 유지 능력 등을 고려하여 국토교통부령으로 정하는 바에 따라 유효기간을 연장할 수 있다. 항공기의 감항성을 지속적으로 유지하기 위하여 국토교통부장관이 고시한 정비 또는 검사프로그램의 기준에 따라 소유자등이 정비 또는 검사프로그램을 마련하여 국토교통부장관 또는 지방항공청장의 인가를 받아 정비 등이 이루어지는 항공기는 감항증명의 유효기간을 연장할 수 있다.

지방항공청장은 항공안전법 23조 제4항에 따라 감항증명의 유효기간이 연장되는 항공기에 대하여 수시검사를 실시하여야 한다. 소유자 등은 항공안전법 시행규칙 제38조에 따라 항공기의 감항증명 유효기간이 연장된 경우 매년 항공기 현황자료에 최근 1년 이내에 수행한 주요 정비현황(수리 · 개조 수행현황, 감항성개선지시 수행현황 또는 주요 정비개선회보 수행현황 등)에 관한 자료를 첨부하여 지방항공청장에게 제출하여야 한다. 지방항공청장이 실시하는 수

시검사는 항공사가 매년 제출하는 서류를 검토하는 것을 원칙으로 한다.

10.2.7.5. 감항증명을 위한 검사, 증명서 발급 및 반납, 운용한계(運用限界) 지정

국토교통부장관은 감항증명을 하는 경우에 항공기가 항공기기술기준에 적합한 지를 검사한 후 국토교통부령으로 정하는 바에 따라 해당 항공기의 운용한계(運用限界)를 지정하여야 한다. 항공기 운용한계는 속도, 발동기 운용성능, 중량 및 무게중심, 고도, 그 밖의 성능한계에 관한 사항을 확인한 후 항공기기술기준에서 정한 항공기의 감항분류에 따라 지정한다.

국토교통부령으로 규정한 바에 따라 항공기기술기준 적합 여부 검사의 일부를 생략할 수 도 있다. 형식증명을 받은 항공기에 대해서는 설계에 대한 검사, 형식증명승인을 받은 항공기는 설계에 대한 검사와 제작과정에 대한 검사, 제작증명을 받은 자가 제작한 항공기는 제작과정에 대한 검사, 항공기를 수출하는 외국정부로부터 감항성이 있다는 승인을 받아 수입하는 항공기는 비행성능에 대한 검사(신규로 생산되어 직접 도입하는 완제기(完製機)만 해당)를 생략할 수 있다.

항공기기술기준 검사를 하는 경우에 해당 항공기의 설계 · 제작과정 및 완성 후의 상태와 비행성능이 항공기기술기준에 적합하고 안전하게 운항할 수 있는지 여부를 검사한 후 항공안전법시행규칙 별지 제15호서식의 표준감항증명서 또는 별지 제16호 서식의 특별감항증명서를 발급한다. 다만, 다음의 경우에는 감항증명서를 발급 받을 수 없다.

1. 감항성 개선 또는 검사 · 정비 등의 명령을 이행하지 않은 경우
2. 인가받은 정비 또는 검사프로그램에 따라 정비 등이 수행되지 아니한 경우
3. 지방항공청장(중앙행정기관의 장 포함)의 승인 없이 수리 · 개조를 한 경우
4. 국토교통부장관 또는 지방항공청장의 승인 없이 항공기 등, 장비품 또는 부품의 제작사가 제공한 정비 메뉴얼에 따른 계획된 정비가 이행되지 않거나 수명시간이 초과된 부품을 사용한 경우

감항증명서를 분실하였거나 손상되어 재발급 받으려는 경우에는 항공안전법 시행규칙 별지 제17호 서식의 표준 · 특별감항증명서 재발급 신청서를 국토교통부장관 또는 지방항공청장에게 제출하여야 하며, 국토교통부장관 또는 지방항공청장은 재발급 신청서를 접수한 경우 해당 항공기에 대한 감항증명서의 발급 기록을 확인한 후 재발급하여야 한다.

국토교통부장관은 거짓이나 그 밖의 부정한 방법으로 감항증명을 받은 경우와 항공기가 감항증명 당시의 항공기기술기준에 적합하지 아니하게 된 경우에는 감항증명을 취소하거나 6개월 이내의 기간을 정하여 그 효력의 정지를 명할 수 있고, 지체없이 항공기의 소유자등에게 해당 항공기의 감항증명서의 반납을 명하여야 한다. 다만, 거짓이나 그 밖의 부정한 방법으로 감항증명을 받은 경우에는 취소한다.

10.2.7.6. 감항성 유지관리 및 의무사항

항공기를 운항하려는 소유자등은 해당 항공기의 운용한계 범위 내에서 운항하여야 하고, 제작사에서 제공하는 정비교범, 기술문서 또는 국토교통부장관이 정하여 고시하는 정비방법에 따라 정비 등을 수행하여야 하며, 감항성개선 또는 그 밖의 검사 · 정비 등의 명령에 따른 정비를 수행하여 감항성을 유지할

의무가 있다. 또한, 해당 항공기의 수리 또는 개조 등으로 감항증명의 유효기간이 단축되거나 운용한계의 지정사항이 변경될 경우에는 지체 없이 해당 항공기의 감항증명서와 운용한계 지정서를 지방항공청장에게 반납하고 재발급 받아야 한다.

국토교통부장관은 소유자등이 해당 항공기의 감항성을 유지하는지를 수시로 검사하고, 항공기의 감항성 유지를 위하여 소유자 등에게 항공기 등, 장비품 또는 부품에 대한 정비 등에 관한 감항성 개선 또는 그 밖의 검사 · 정비 등을 명할 수 있다.

감항성개선 명령을 할 때에 소유자등에게 통보하여야 할 사항은 다음과 같다.

1. 항공기등, 장비품 또는 부품의 형식 등 대상
2. 검사, 교환, 수리 · 개조 등을 하여야 할 시기 및 방법
3. 그 밖에 검사, 교환, 수리 · 개조등을 수행하는데 필요한 기술자료
4. 보고 대상 여부

또한, 국토교통부장관 또는 지방항공청장이 항공기의 감항성을 유지하는지를 수시로 검사한 결과, 개선할 사항이 있거나 중대한 고장 등의 방지를 위하여 소유자등에게 정비 등을 명할 때에는 다음 사항을 통보하여야 한다.

1. 항공기등, 장비품 또는 부품의 형식 등 대상
2. 정비 등을 하여야 할 시기 및 방법
3. 보고 대상 여부

소유자등은 감항성개선 또는 정비 등의 명령을 받은 소유자등은 감항성개선 또는 정비 등을 완료한 후 그 이행 결과가 보고 대상인 경우에는 국토교통부장관 또는 지방항공청장에게 보고하여야 한다.

항공기 소유자 등은 항공기 등의 감항성 유지를 위하여 다음사항들을 확인하여야한다.

감항성에 영향을 미치는 정비, 오버홀, 수리 및 개조가 관련 법령 및 이 기준에서 정한 방법 및 기준 · 절차에 따라 수행되고 있는지 여부

정비 또는 수리 · 개조 등을 수행하는 경우 항공기에 대한 감항성 여부를 항공일지에 적합하게 기록하는지 여부

항공기 정비작업 후 사용 가 판정(Approved for Return to service)이 적절하게 이루어지는지 여부

정비확인 시 종결되지 않은 결함사항 등이 있는 경우 이에 대한 기록 여부 등

또한, 지속적인 감항성 유지를 위해 정비 및 항공기 운영실태를 감시하고 평가하여야 하며, 감항성에 영향을 주는 고장이나 결함 발생 시 관련 정보를 국토교통부장관 및 형식증명소지자에게 보고 또는 통보하여야하며, 항공기 소유자 등은 형식 설계를 책임지고 있는 기관 및 제작사 등으로부터 지속적인 감항성 유지에 관한 정보를 적기에 제공 받아 검토하여야 하고 이행 여부 등을 평가하여야 한다.

10.2.7.7. 감항승인

항공안전법 제24조에 따라 우리나라에서 제작, 운항 또는 정비등을 한 항공기등, 장비품 또는 부품을 타인에게 제공하려는 자는 국토교통부장관의 감항승인을 받을 수 있다.

국토교통부장관은 해당 항공기등, 장비품 또는 부품이 항공기기술기준 또는 항공안전법 제27조제1항에 따른 기술표준품의 형식승인기준에 적합하고, 안전하게 운용할 수 있다고 판단하는 경우에는 감항승인을 한다.

또한, 거짓이나 그 밖의 부정한 방법으로 감항승인

을 받은 경우와 항공기등, 장비품 또는 부품이 감항승인 당시의 항공기기술기준 또는 기술표준품의 형식승인기준에 적합하지 않은 경우에 감항승인을 취소하거나 6개월 이내의 기간을 정하여 그 효력의 정지할 수 있다. 다만, 거짓이나 그 밖의 부정한 방법으로 감항승인을 받은 경우에는 취소한다.

(1) 감항승인의 신청

항공기등, 장비품 또는 부품을 타인에게 제공하기 위해 감항승인을 받으려는 자는 다음 각 호의 구분에 따른 신청서를 국토교통부장관 또는 지방항공청장에게 제출하여야 한다.

1. 항공기를 외국으로 수출하려는 경우:
   항공안전법시행규칙 별지 제19호 서식의 항공기 감항승인 신청서
2. 발동기, 프로펠러, 장비품 또는 부품을 타인에게 제공하려는 경우:
   항공안전법시행규칙 별지 제20호 서식의 부품 등의 감항승인 신청서

감항승인 신청서에 다음의 서류를 첨부하여야 한다.

1. 감항성 적합 확인 증빙자료
2. 정비교범(제작사가 발행한 것만 해당한다)
3. 그 밖에 감항성개선지시(AD) 이행 결과 등 국토교통부장관이 정하여 고시하는 서류

(2) 감항승인을 위한 검사 범위

국토교통부장관 또는 지방항공청장이 감항승인을 할 때에는 해당 항공기등 · 장비품 또는 부품의 상태 및 성능이 항공기기술기준 또는 기술표준품 형식승인 기준에 적합한지를 검사하여야 한다.

(3) 감항승인서의 발급

국토교통부장관 또는 지방항공청장은 감항승인을 위한 검사 결과 해당 항공기가 항공기기술기준에 적합하다고 인정하는 경우에는 항공안전법시행규칙 별지 제21호서식의 항공기 감항승인서를, 발동기 · 프로펠러 · 장비품 또는 부품이 항공기기술기준 또는 기술표준품형식승인기준에 적합하다고 인정되는 경우에는 항공안전법시행규칙 별지 제22호서식의 부품 등의 감항승인서를 신청인에게 발급한다.

KAS Part 21 Subpart H 감항증명

21.171 적용

이 기준은 「항공안전법」 제23조 및 같은 법 시행규칙 제35조부터 제44조에 따른 항공기 감항증명 관련 신청, 검사 및 교부 등에 관한 요건과 절차를 규정한다.

21.173 자격

(a) 「항공안전법」 제7조에 따라 등록된 항공기 또는 같은 법 시행규칙 제36조 각 호의 어느 하나에 해당하는 항공기를 소유하거나 임차하여 항공기를 사용할 수 있는 권리가 있는 자(이하 "소유자등"이라 한다)는 「항공안전법」 제23조에 따라 감항증명을 받을 수 있다.

21.175 감항증명서의 분류

「항공안전법」 제23조제3항에 따른 감항증명의 종류별 분류는 다음과 같이 구분한다.

(a) 표준감항증명서(Standard Airworthiness Certificates)는 해당 항공기가 기술기준을 충족함이 입증되어 안전하게 운용될 수 있는 상태

가 확인된 경우에 발급되며, 감항분류는 비행기, 비행선, 활공기 및 헬리콥터별로 보통, 실용, 곡예, 커뮤터 또는 수송으로 구분한다.

(b) 특별감항증명서(Special Airworthiness Certificates)는 「항공안전법 시행규칙」 제37조에 해당하는 항공기가 기술기준을 충족하지 못하여 운용범위 및 비행성능 등을 일부 제한할 경우 제한 용도로 안전하게 운용할 수 있다고 판단되는 경우 발급되며, 특별감항증명서의 용도분류는 제한(Restricted), 실험(Experimental) 및 특별비행허가(Special flight permit)로 구분한다.

21.176 신청

(a) 종류별 신청

(1) 「항공안전법 시행규칙」 제37조에 따라 다음 어느 하나에 해당하는 항공기의 특별감항증명은 국토교통부장관에게 신청한다.

(i) 항공기 신규개발과 관련한 항공기 제작자, 연구기관 등의 연구 및 개발 중인 항공기

(ii) 항공기 신규개발과 관련한 판매 등을 위한 전시(Exhibition) 또는 시장조사(Market Survey)에 활용하는 항공기

(iii) 항공기 신규개발과 관련한 조종사 양성을 위하여 조종연습에 사용하는 항공기

(iv) 설계에 관한 형식증명을 변경하기 위하여 운용한계를 초과하는 시험비행을 하는 항공기

(v) 조종사가 탑승하지 아니하고 비행할 수 있는 항공기(이하 "무인항공기"라 한다)

(2) 「항공안전법 시행령」 제26조제1항 및 같은 법 시행규칙 제35조, 제37조에 따른 표준감항증명과 다음 어느 하나에 해당하는 항공기의 특별감항증명은 지방항공청장에 신청한다.

(i) 항공기를 정비 · 수리 또는 개조 후 시험비행을 하는 항공기

(ii) 항공기의 정비 또는 수리 · 개조를 위한 장소까지 공수비행(空手飛行) 하는 항공기

(iii) 항공기를 수입하거나 수출하기 위하여 승객 · 화물을 싣지 아니하고 비행하는 항공기

(iv) 재난 · 재해 등으로 인해 수색(搜索) · 구조에 사용하는 항공기

(v) 산불의 진화 및 예방에 사용하는 항공기

(vi) 응급환자의 수송 등 구조 · 구급활동에 사용하는 항공기

(vii) 씨앗파종, 농약살포 또는 어군(魚群)의 탐지 등 농 · 수산업에 사용하는 항공기

(viii) 기상관측, 기상조절 실험 등에 사용되는 경우

(b) 구비서류

(1) 감항증명을 신청하려는 자는 「항공안전법 시행규칙」 제35조제1항에 따라 부록 A에 따른 감항증명 종류별 구비서류를 제출하여야 한다. 다만, 시험비행결과서, 수출감항증명서 또는 말소등록증과 같이 신청할 당시 확보가 불가능한 서류는 검사종료일까지 제출할 수 있다.

(2) 「항공안전법 시행규칙」 제35조제2항제3호에서 비행교범에 포함되어야 하는 사항으로 "항공기 조작방법 등 그 밖에 국토교통부장관이 정하여 고시하는 사항"은 부록 B와 같다.

(c) 감항증명 신청은 다음의 경우를 제외하고 검사희망일 7일전까지 하여야 한다.

(1) 항공기를 수입 후 수리, 개조 또는 재생을 하고자 하는 경우 수리, 개조 또는 재생 작업 착수 전에 신청
(2) 국외에서 감항증명을 받고자 하는 경우 15일 전까지 신청하거나 사전 협의

(d) 신청자는 감항증명 수수료를 「항공안전법 시행규칙」 별표 47에 따라 국토교통부장관이 고시한 기준에 따라 납부하여야 한다.

(e) 지방항공청장은 「항공안전법 시행규칙」 제52조제2항에 따라 서류검사만으로 소음기준적합증명발급이 가능한 경우에는 감항증명과 병행하여 실시할 수 있다.

(f) 감항증명 발급을 위하여 검사관의 입회하에 비행성능 검사를 실시하는 항공기의 시험비행 경우에는 시험비행을 위한 특별감항증명서 발급 없이 수행할 수 있다.

21.177 감항증명서의 개정, 변경 및 재발급

(a) 소유자등은 해당 항공기의 표준감항증명서 또는 특별감항증명서의 분류를 개정 또는 변경하고자 하는 경우에는 감항증명을 다시 신청하여야 한다. 이 경우 국토교통부장관 또는 지방항공청장은 이전의 표준감항증명서 또는 특별감항증명서를 발급할 때 변경되지 않은 검사항목에 대하여는 검사를 생략할 수 있다.

(b) 항공기 소유자등이 「항공안전법 시행규칙 제42조제2항에 따라 표준감항증명서 또는 특별감항증명서의 재발급을 신청하는 경우 국토교통부장관 또는 지방항공청장은 이전에 발행한 감항증명 자료와 재발급신청 사유를 확인한 후 재발급하여야 한다.

21.179 감항증명서의 양도 또는 반납

(a) 소유자등은 항공기를 국내에서 임대하거나 매각한 경우에는 임차인 또는 매수인에게 감항증명서를 양도할 수 있다.

(b) 소유자등은 항공기를 국외로 임대하거나 매각하는 경우에는 감항증명서를 지방항공청장에게 반납하여야 한다.

21.181 감항증명 유효기간

(a) 지방항공청장은 표준감항증명서의 유효기간을 1년으로 지정하여 발급한다. 다만, 유효기간 만료일 30일 이내에 검사를 받아 합격한 경우에는 종전 감항증명서 유효기간 만료일의 다음 날부터 기산한다. 항공안전법 시행규칙 제41조에 따라 항공기의 감항성을 지속적으로 유지하기 위한 부록 C 또는 부록 D에 따라 항공기 정비프로그램 또는 항공기 검사프로그램을 인가받아 정비 등이 이루어지는 항공기의 경우에는 유효기간이 자동연장되는 표준감항증명서를 발급할 수 있다.

(b) 지방항공청장은 (a)항에 따라 유효기간이 자동연장되는 표준감항증명서를 발급할 때에는 항공기 소유자등의 정비능력(「항공안전법」 제32조제2항에 정비등을 위탁하는 경우에는 정비조직인증을 받은 자의 정비능력을 말한다)에 대하여 다음의 사항을 확인하여야 한다.
(1) 해당 항공기의 지속적인 감항성유지를 위한 시설, 장비 및 자재의 확보 여부
(2) 자격을 갖춘 항공정비사 확보 및 유지 여부
(3) 최소한 1년간의 정비프로그램 또는 검사프로그램 운용 경험(해당 항공기와 동일한 종류의

항공기에 대한 운용 경험도 포함한다)

(c) 감항증명 유효기간이 자동연장되는 항공기를 국내에서 국내로 임대차 또는 매각되는 경우 임대차 또는 매각 후에도 당초 해당 항공기의 유효기간 자동연장 조건을 계속 충족한다는 입증자료를 사전에 지방항공청장에게 제출하여 인정받을 경우에는 감항증명의 유효기간은 자동연장 된다. 그러나, 당초 감항증명 유효기간 자동연장 조건을 계속 충족시키지 못할 경우에는 감항증명의 유효기간 자동연장에 대한 효력은 소멸되며 다시 감항증명을 신청하여 발급 받아야 한다.

(d) 특별감항증명서의 유효기간은 1년 이내에서 국토교통부장관 또는 지방항공청장이 지정한 기간으로 한다. 다만, 항공안전법 시행규칙 제37조제4호에 따라 특정한 업무를 수행하는 항공기로서 시행규칙 제41조에 따라 항공기의 감항성을 지속적으로 유지하기 위하여 부록 C 또는 부록 D에 따라 항공기 정비프로그램 또는 항공기 검사프로그램을 인가받아 정비 등이 이루어지는 경우에는 유효기간이 자동연장되는 특별감항증명서를 발급할 수 있다.

(e) 지방항공청장은 (d)항에 따라 유효기간이 자동연장되는 특별감항증명서를 발급할 때에는 항공기 소유자등의 정비능력(「항공안전법」 제32조제2항에 정비등을 위탁하는 경우에는 정비조직인증을 받은 자의 정비능력을 말한다)에 대하여 다음의 사항을 확인하여야 한다.

(1) 해당 항공기의 지속적인 감항성유지를 위한 시설, 장비 및 자재의 확보 여부

(2) 자격을 갖춘 항공정비사 확보 및 유지 여부

(3) 최소한 5년간의 정비프로그램 또는 검사프로그램 운용 경험

21.182 항공기의 식별 표시

(a) (b)의 경우를 제외하고 「항공안전법」제23조에 따른 감항증명을 신청하는 자는 45.11에서 정한 대로 식별되었음을 입증하여야 한다.

(b) (a)는 다음과 같은 경우에는 적용하지 아니한다.

(1) 특별비행허가(Special flight permit)

(2) 45.11에 따라 식별을 받은 항공기가 감항분류를 다른 것으로 변경하는 경우

21.183 표준감항증명 검사 및 발급

(a) 표준감항증명 신청을 받은 지방항공청장은 「항공안전법」 제31조제2항에 따라 검사관을 임명 또는 위촉하여 「항공안전법 시행규칙」 제38조에 따라 해당 항공기의 설계 · 제작과정 및 완성 후의 상태와 비행성능에 대하여 기술기준에 적합하고 안전하게 운용할 수 있는 상태(항공기, 발동기, 프로펠러, 장비품 및 부품의 마모, 노화 등에 관련된 사항으로 항공기의 지속적 감항성 유지를 위한 정비 등의 이행 여부, 정상작동 여부 및 상태를 말한다)에 있는지를 검사하도록 하여야 한다.

(b) 검사관은 감항증명 검사시 부록 E의 감항증명 서류검사표, 부록 F의 감항증명 상태검사표 및 항공기 기종별로 지방항공청장이 정한 비행시험 검사표에 따라 검사를 실시하여 해당 항공기가 기술기준에 적합하고 안전하게 운용할 수 있는 상태에 있는지 여부를 확인하고 그 결과를 해당 검사표에 기록 · 유지하여야 한다. 다

만, 비행성능에 대한 검사는 감항증명 검사기간 중 운영자가 수행한 비행시험 결과보고서를 확인하여 대체할 수 있으나 검사관의 판단에 따라 추가로 실시할 수 있다.

(c) 검사관은「항공안전법」제51조에 따른 항공기의 의무무선설비가 전파법 제24조에 따라 방송통신위원회의 정기검사를 받은 경우에는 해당 무선설비에 대한 검사를 생략할 수 있다. 다만, 다음 어느 하나에 해당되는 경우에는 그러하지 아니하다.
  (1) 승인받지 않은 형식의 의무무선설비를 장착한 경우
  (2) 기체의 강도 또는 기타 시스템의 기능에 영향을 미치는 경우
  (3) 비행교범의 기재사항에 변경을 수반하는 경우

(d) 검사관은「항공안전법 시행규칙」제40조에 따라 다음 어느 하나의 경우에는 검사의 일부를 생략할 수 있다.
  (1) 우리나라의 형식증명을 받은 항공기에 대한 설계 검사
  (2) 우리나라의 형식증명승인을 받은 항공기에 대한 설계 및 제작과정 검사
  (3) 우리나라의 제작증명을 받은 자가 제작한 항공기에 대한 제작 과정 검사
  (4) 외국정부로부터 감항성이 있다는 승인을 받아 수입하는 항공기에 대하여는 비행성능에 대한 검사. 다만, 제작사(판매대행자를 포함한다)로부터 신규로 생산되어 직접 도입하는 완제기만 해당한다.

(e) 표준감항증명을 위한 현장검사(이동기간 제외)는 2명의 검사관이 3일 이내에 수행하는 것을 원칙으로 하되 항공기 상태 등에 따른 검사기간을 고려하여 다음과 같이 연장 또는 단축할 수 있다.
  (i) 5,700Kg미만 항공기의 갱신 감항증명은 1일 단축
  (ii) 5,700Kg이상 중고항공기의 신규 감항증명은 1일 추가
  (iii) 제작일자가 20년을 초과한 항공기(이하 "경년항공기"라 한다)의 감항증명은 1일 추가
  (iv) 5,700kg 이상 신규로 생산되어 수입하는 완제 항공기의 국내 감항증명은 1일 단축(단, 비행성능에 대한 검사가 생략되는 경우)
  (v) 그 밖에 지방항공청장이 필요하다고 판단되는 기간

(f)「항공안전법」제20조제2항제1호 또는 제21조에 따라 형식증명이나 형식증명승인을 받지 않은 항공기 또는「항공안전법」제20조제2항제2호에 따라 제한형식증명을 받은 항공기에 대하여는 특별감항증명을 발급한다. 다만, 이전에 발급받은 표준감항증명서를 갱신하는 경우는 제외한다.

(g) 지방항공청장은 검사결과「항공안전법 시행규칙」제42조제1항에 따라 기술기준에 적합하고 안전하게 운용할 수 있는 상태에 있다고 인정되는 경우에는 운용한계지정서와 함께 감항증명서를 발급하여야 한다. 이 경우 검사관은 미리 표준감항증명서 등을 휴대하여 현지에서 교부할 수 있다.

(h) 지방항공청장은 검사결과 다음 각 호의 어느 하나에 해당되는 경우 해당 항공기의 감항성이 있는 것으로 판정하여서는 아니 된다. 다만, 검사기간 동안에 수정작업을 완료하는 경우는 제외

한다.

(1)「항공안전법」 제23조제9항에 따른 감항성개선 지시 또는 그 밖에 검사 · 정비등의 명령을 이행하지 아니한 경우

(2) 국토교통부장관 또는 지방항공청장이 인가한 항공기 정비프로그램 또는 검사프로그램에 따른 검사, 정비 및 수리 등이 수행되지 않은 경우

(3) 인가받은 항공기 정비프로그램 또는 검사프로그램이 없는 경우 해당 항공기의 제작사가 발행한 최신의 정비매뉴얼에 따른 100시간/연간 검사, 제작국 감항당국에서 정한 감항성 한계 사항, 항공기 제작사 및 부품제작사 등이 정한 사용한계품목 교환 등의 정비가 수행되지 않은 경우. 다만, 지방항공청장에게 사전 승인을 받은 경우는 예외로 할 수 있음

(4) 인가받지 않은 수리 · 개조가 수행된 경우

(5) 기술기준에서 정한 해당 항공기에 관련한 요건을 충족하지 못하는 경우

(6) 그 밖에 감항증명 신청 당시 제출이 불가능하여 검사종료일까지 제출하기로 한 서류를 제출하지 않은 경우

(i) 표준감항증명서를 발급하는 경우에는 해당 항공기의 유효한 등록증명서를 확인한 후 발급하여야 한다.

21.185 제한분류의 특별감항증명서 발급

(a)「항공안전법 시행규칙」 제37조제3호 및 제4호에 따라 제한된 용도로 사용하는 다음 각 목의 어느 하나에 해당하는 항공기와 무인항공기는 국토교통부장관 또는 지방항공청장으로부터 제한분류의 특별감항증명서를 받을 수 있다.

(1) 재난 · 재해 등으로 인해 수색(搜索) · 구조에 사용하는 항공기

(2) 산불의 진화 및 예방에 사용하는 항공기

(3) 응급환자의 수송 등 구조 · 구급활동에 사용하는 항공기

(4) 씨앗파종, 농약살포 또는 어군(魚群)탐지 등 농수산업에 사용하는 항공기

(5) 기상관측, 기상조절 실험 등에 사용되는 항공기

(b) 제한분류의 특별감항증명을 위한 검사는 21.183을 준용하고, 이 경우 표준감항증명을 특별감항증명으로 한다. 다만, 항공기가 기술기준을 충족하지 못하는 사항은 운용범위 및 비행성능 일부를 제한할 수 있다.

(c) 지방항공청장은 제한분류의 특별감항증명서를 발급하는 경우에는 다음의 제한사항을 포함하여 발급한다.

(1) 허용된 목적 이외의 비행은 금지한다.

(2) 가능한 인구가 밀집된 지역을 비행하여서는 아니 된다.

(3) 제한된 업무수행을 위해 필요한 인원만 탑승하여야 한다.

(4) 승객 및 화물의 유상운송(해당 항공기를 사용하여 제한된 용도 이외에 대가를 받고 인원 또는 화물을 수송하는 것을 말한다)은 허용되지 않는다.

(5) 그 밖에 지방항공청장이 제한할 필요가 있는 사항

(d) 제한분류의 특별감항증명서 유효기간은 21.181(d)를 준용한다.

21.191 실험분류의 특별감항증명서 발급

(a)「항공안전법 시행규칙」 제37조제1호에 따른 다음 중 어느 하나에 해당하는 항공기와 「항공안전법 시행규칙」 제37조제3호에 따른 무인항공기를 운항하려는 경우 국토교통부장관으로부터 실험분류의 특별감항증명서를 받을 수 있다.

(1) 항공기 제작사, 연구기관 등의 연구 및 개발 중인 항공기

(2) 판매 등을 위한 전시(Exhibition) 또는 시장조사(Market Survey)에 활용하는 항공기

(3) 조종사 양성을 위하여 조종연습에 사용하는 항공기

(b) 실험분류의 특별감항증명서를 발급하기 위해서는 신청사항에 대한 다음 사항이 실험분류의 대상에 타당한지 확인하여야 한다.

(1) 비행 목적

(2) 비행 경로

(3) 탑승할 승무원(기장, 기장외의 조종사 또는 항공사 등)에 관한 사항(무인항공기의 경우 원격조종사)

(4) 항공기가 해당 감항요구조건을 충족시키지 못할 때의 대처방안

(5)「항공안전법」 제51조에 따른 항공기의 의무무선설비의 장착(무인항공기의 경우 해당 항공기를 원격으로 조종하는 장소에 갖추어야 한다)

(6) 항공기의 안전운항을 위해 필요하다고 판단되는 제한사항

(c) 국토교통부장관은 제출된 서류의 사실여부를 확인하기 위하여 신청자에게 안전에 필요하다고 판단되는 검사와 시험을 수행하도록 요구할 수 있다.

(d) 국토교통부장관은 실험분류의 특별감항증명서를 발급하는 경우 특별감항증명서에 21.185(c)의 제한사항을 기재하여야 한다.

(e) 실험분류의 특별감항증명서 유효기간은 1년 이내의 해당 비행 목적에 필요한 기간으로 한다.

21.197 특별비행허가를 위한 특별감항증명서 발급

(a)「항공안전법 시행규칙」 제37조제2호 및 제3호에 따라 항공기 제작, 정비등 및 수입 · 수출 등과 관련한 다음의 항공기와 무인항공기는 국토교통부장관 또는 지방항공청장으로부터 특별비행허가를 위한 특별감항증명서를 받을 수 있다.

(1) 항공기의 설계에 관한 형식증명을 변경하기 위하여 운용한계를 초과하는 시험비행을 하는 항공기

(2) 제작 · 정비 · 수리 또는 개조 후 시험비행을 하는 항공기

(3) 항공기의 정비 또는 수리 · 개조를 위한 장소까지 공수비행(空手飛行)하는 항공기

(4) 항공기를 수입하거나 수출하기 위하여 승객 · 화물을 싣지 아니하고 비행하는 항공기

(5) 기상관측, 기상조절 실험 등에 사용되는 경우

(b)「항공안전법」 제90조에 따라 운항증명을 받은 자가 운용하는 항공기가 해당 감항요건을 일시적으로 충족시키지 못하지만 정비 · 수리 또는 개조가 수행되는 장소까지 안전하게 비행할 수 있는 경우 운항증명의 운영기준 (Operations Specifications)에 따라 항공기의 공수비행에

대한 특별비행허가를 받은 것으로 본다.

(c) 국토교통부장관 또는 지방항공청장이 특별비행허가 분류의 특별감항증명서를 발급하기 위해서는 신청사항에 대하여 다음 사항이 특별비행허가 대상에 타당한지 확인하여야 한다.

(1) 비행 목적

(2) 비행 경로

(3) 탑승할 승무원(기장, 기장외의 조종사 또는 항공사 등) 에 관한 사항

(4) 「항공안전법」 제51조에 따른 항공기의 의무무선설비의 장착

(5) 항공기가 해당 감항요구조건을 충족시키지 못할 때의 대처방안

(6) 항공기의 안전 운항을 위해 필요하다고 판단하는 제한사항

(7) 그 밖에 국토교통부장관 또는 지방항공청장이 필요하다고 판단하는 사항

(d) 국토교통부장관 또는 지방항공청장은 특별비행허가를 위한 특별감항증명서를 발급하는 경우 특별감항증명서에 21.185(c)의 제한사항을 기재하여야 한다.

(e) 특별비행허가를 위한 특별감항증명서의 유효기간은 1년 이내의 해당 비행 목적에 필요한 기간으로 한다.

(f) 국토교통부장관 또는 지방항공청장은 안전에 필요하다고 판단되는 검사와 시험을 신청자가 수행하도록 요구할 수 있다.

21.201 외국 국적의 임차 항공기에 대한 감항성 인정

(a) 「항공안전법」 제5조에 따라 임차한 외국 국적 항공기에 대하여 상대국이 감항성 인증 및 감독 책임을 우리나라에 이양한 경우에 지방항공청장은 다음 사항이 만족할 경우 해당 항공기 등록국이 발행한 감항증명서의 효력을 인정한다.

(1) 우리나라와 임차 항공기의 감항성 인증 및 감독에 관한 협정서 체결

(2) 협정서에 임차 항공기의 감항성 유지 관련 감독 권한을 우리나라에 이양

(3) 등록국이 발행한 감항증명서가 우리나라 감항성 인증요건을 충족

(b) 지방항공청장은 감항증명서를 인정하는 경우에는 항공기 소유자등에게 유효기간 등이 명시된 허가문서를 등록국이 발행한 감항증명서와 함께 발급하여야 한다.

(c) (b)의 경우 유효기간은 등록국이 발행한 감항증명서의 유효기간을 초과해서는 아니 된다.

(d) 지방항공청장은 임차 항공기 등록국이 유효기간 연장 등의 사유로 해당 항공기에 대한 감항증명서를 재발급하는 경우에는 이를 인정하여야 한다.

21.203 감항성 유지관리 및 의무사항

(a) 「항공안전법」 제23조제7항부터 제9항까지에 따라 감항증명을 받은 항공기 소유자등은 해당 항공기를 운항하고자 하는 경우 그 항공기를 감항성이 있는 상태로 유지하여야 한다.

(b) 지방항공청장은 「항공안전법」 제23조제5항 단서규정에 따라 감항증명의 유효기간이 연장되는 항공기에 대하여 「항공안전법」 제23조제9항에 따른 수시검사를 실시하여야 한다.

(c) 소유자등은 항공안전법 시행규칙 제41조에 따라 항공기의 감항증명 유효기간이 연장된 경우

매년 부록 E의 항공기 현황자료에 최근 1년 이내에 수행한 주요 정비현황(수리 · 개조 수행현황, 감항성개선지시 수행현황 또는 주요 정비개선회보 수행현황 등)에 관한 자료를 첨부하여 지방항공청장에게 제출하여야 한다.

(d) 지방항공청장이 실시하는 수시검사는 (b)에 따라 항공사가 매년 제출하는 서류를 검토하는 것을 원칙으로 한다.

(e) 지방항공청장은 (d)에 따른 서류검사 결과 항공기 상태검사 및 시험비행 등의 추가적인 검사가 필요할 경우에는 다음 사항 등을 고려하여 구체적인 사유 및 일정 등을 명시하여 항공기 소유자등에게 통보한 후 실시하여야 한다.

(1) 항공기 기종별 운영 현황

(2) 항공기 사고 및 준사고 발생 현황

(3) 정비로 인한 항공기 지연 및 결항 현황

(4) 경년항공기 해당 여부

(f) 지방항공청장은 수시검사 결과 감항증명 발급요건과 감항성 유지에 부적합하다고 판단되는 항공기에 대하여는 감항증명의 효력을 정지시키거나 유효기간을 단축시킬 수 있다.

(g) 국토교통부장관은 항공기 소유자등에게 감항성 유지를 위하여 항공기등, 장비품 또는 부품에 대하여 감항성개선지시(AD)를 명할 수 있으며, 감항성개선지시를 받은 소유자등은 정해진 기한 내에 정비 등을 수행한 후 그 결과를 보고하여야 한다.

(h) 「항공안전법」 제23조제5항에 따라 감항증명 유효기간이 1년으로 정해진 항공기에 대하여는 정부의 정기 감항검사로 대체하고 수시검사를 생략할 수 있다.

(i) 감항증명을 받은 항공기 소유자등의 책임은 다음과 같다.

(1) 항공기 소유자등은 항공기등에 대하여 지속적으로 감항성을 유지할 책임이 있으며, 항공기등의 감항성 유지를 위하여 다음사항을 확인하여야 한다.

(i) 감항성에 영향을 미치는 정비, 오버홀, 수리 및 개조가 관련 법령 및 이 기준에서 정한 방법 및 기준 · 절차에 따라 수행되고 있는지의 여부

(ii) 정비 또는 수리 · 개조 등을 수행하는 경우 항공기에 대한 감항성 여부를 항공일지에 적합하게 기록하는지 여부

(iii) 항공기 정비작업 후 사용 가 판정(Approved for Return to service)이 적절하게 이루어지는지 여부

(iv) 정비확인시 종결되지 않은 결함사항 등이 있는 경우 이에 대한 기록 여부

(2) 항공기 소유자등은 지속적인 감항성 유지를 위해 정비 및 항공기 운영실태를 감시하고 평가하여야 하며, 감항성에 영향을 주는 고장이나 결함 발생시 관련 정보를 국토교통부장관 및 형식증명소지자에게 보고 또는 통보하여야 한다.

(3) 항공기 소유자등은 형식 설계를 책임지고 있는 기관 및 제작사 등으로부터 지속적인 감항성 유지에 관한 정보를 적기에 제공 받아 검토하여야 하고 이행여부 등을 평가하여야 한다.

10.2.8. 기술표준품형식승인(KAS Part 21 Subpart O 기술표준품형식승인)

기술표준품은 항공기 등의 감항성을 확보하기 위하여 국토교통부장관이 정하여 고시하는 장비품이다. 항공안전법 제27조 및 항공안전법 제55조 내지 제61조에 따라, 시험 또는 연구 · 개발 목적으로 설계 · 제작하는 경우를 제외하고, 기술표준품을 설계 · 제작하려는 자는 국토교통부장관이 정하여 고시하는 기술표준품의 형식승인기준(이하 "기술표준품형식승인기준"이라 한다)에 따라 해당 기술표준품의 설계 · 제작에 대하여 국토교통부장관의 승인(이하 "기술표준품형식승인"이라 한다)을 받아야 한다. 다만, 대한민국과 기술표준품의 형식승인에 관한 항공안전협정을 체결한 국가로부터 형식승인을 받은 기술표준품으로서 국토교통부령으로 정하는 기술표준품은 기술표준품형식승인을 받은 것으로 본다.

항공기 기술표준품 형식승인 기준은 국토교통부고시 제2019-1004호(2019. 12. 30.)로 고지되어 있다.

국토교통부장관은 기술표준품형식승인을 할 때에는 기술표준품의 설계 · 제작에 대하여 기술표준품형식승인기준에 적합한지를 검사한 후 적합하다고 인정하는 경우에는 국토교통부령으로 정하는 바에 따라 기술표준품형식승인서를 발급하여야 한다. 누구든지 기술표준품형식승인을 받지 아니한 기술표준품을 제작 · 판매하거나 항공기등에 사용해서는 아니 된다. KAS Part21 Subpart O에 기술표준품형식승인 절차가 기술되어 있다.

Subpart O 기술표준품 형식승인

21.601 적용

(a) 이 규정은 「항공안전법」 제27조 및 같은 법 시행규칙 제55조, 제57조 및 제58조에 따라 국토교통부장관이 정하여 고시하는 기술표준품에 대한 형식승인 절차, 형식승인서 소지자의 책임 및 기술표준품의 형식승인에 관한 협정을 체결한 국가로부터 형식승인을 얻은 기술표준품에 대한 수락 절차에 대한 세부사항을 규정한다.

(b) 이 절에서 사용하는 용어의 정의는 다음 각 호와 같다.

(1) "기술표준품 표준서"라 함은 항공기등에 사용되는 특정 품목(재료, 부품, 공정 또는 장비품 등을 말함)에 대해 국토교통부장관이 지정하여 고시하는 최소성능표준을 말한다.

(2) "기술표준품 형식승인"이라 함은 국토교통부장관이 특정한 기술표준품 표준서를 만족하는 품목의 제작자에게 교부하는 설계와 생산에 대한 승인을 말한다.

(3) (예비)

(4) "기술표준품"이라 함은 해당 기술표준품 표준서에 대해 이 절의 규정에 따라 승인받은 품목을 말한다.

(5) 제작자라 함은 외부에서 조달하는 부품, 관련 공정 및 용역을 포함한, 생산 또는 생산하고자 하는 품목의 설계와 품질을 관리하는 자를 말한다.

(c) 제작시설이 해당 감항성 요건을 관리하는 데 있어 과도한 부담을 초래하는 국외의 장소에 위치해 있다고 국토교통부장관이 판단하는 경우, 국

토교통부장관은 기술표준품 형식승인을 발행하지 않을 수 있다.

21.603 기술표준품 표시권한

21.605 조항의 규정에 의한 기술표준품 형식승인을 받지 아니한 자는 당해 품목에 기술표준품 표시를 하여서는 아니 된다.

21.605 기술표준품에 대한 형식승인 신청 및 교부

(a) 기술표준품의 설계 · 제작에 대하여 형식승인을 얻고자 하는 자는 다음 각 호의 서류와 함께 기술표준품 형식승인 신청서를 국토교통부장관에게 제출하여야 한다.

(1) 적합성확인서

(2) 기술표준품 인증계획서

(3) 설계도면 · 설계도면목록 및 부품목록

(4) 제조규격서 및 제품사양서

(5) 21.143절에서 요구하는 품질관리자료

(6) 당해 기술표준품의 감항성 유지 및 인증관리체계에 대한 자료

(7) 그 밖의 참고사항을 기재한 서류

(b) 21.611절에 따른 일련의 경미한 설계변경이 예상되는 경우, 신청자는 변경표시용 문자 또는 번호(또는 문자와 번호의 조합)를 수시로 추가할 수 있도록 해당 신청서에 품목의 기본 모델 번호와 구성품의 부품번호 뒤에 괄호를 사용할 수 있다.

(c) 제출한 신청서류 또는 기술자료가 적합하고, 신청자가 이 절의 규정에 따라 기술표준품을 생산할 수 있다고 판단하는 경우, 국토교통부장관은 기술표준품 형식승인서를 교부하여야 한다. 성능표준 불일치에 대해 승인한 경우에는 이에 대한 내용을 기술표준품 형식승인서에 명기하여야 한다.

(d) 신청서류 또는 기술자료가 이 절의 규정에 따른 적합성을 판단하는 데 있어 충분하지 않은 경우, 신청자는 국토교통부장관의 요구에 따라 지정한 기일 내에 추가적인 적합성 입증자료를 제출하여야 한다. 만일 신청자가 지정된 기일까지 추가적인 적합성 입증자료를 제출하지 못할 경우, 국토교통부장관은 당해 기술표준품 형식승인 신청을 반려할 수 있다.

(e) (예비)

(f) 국토교통부장관은 기술표준품의 형식승인을 하는 때에는 다음 각 호의 사항을 검사하여야 한다.

(1) 당해 기술표준품 표준서에 대한 설계적합성

(2) 생산승인 요건에 대한 당해 기술표준품의 품질관리체계 적합성

(3) 당해 기술표준품의 인증관리체계

21.607 형식승인소지자의 의무

기술표준품형식승인 소지자는 다음의 의무를 준수하여야 한다.

(a) 이 절의 규정과 해당 기술표준품 표준서의 요구조건에 적합하게 당해 기술표준품을 제작하여야 한다.

(b) 필요한 모든 시험과 검사를 수행하여야 하고, 당해 기술표준품이 (a)항의 요구조건을 만족하고 안전한 작동상태로 유지됨을 보장할 수 있는 품질관리체계를 수립 유지하여야 한다.

(c) 21.613절의 규정에 따라 기술표준품에 대한 모든 기술자료 및 기록을 유지보관하여야 한다.

(d) (d) 45.15(b)에 따라 해당 기술표준품에 식별표시를 하여야 한다.

21.609 성능표준불일치 승인

(a) 당해 기술표준품 표준서의 성능표준에 대한 불일치(Deviation)를 승인받고자 하는 경우, 신청자는 성능표준불일치(Deviation) 내용이 설계특성 또는 요소에 의해 당해 성능표준과 동등한 수준의 안전성을 유지할 수 있음을 입증하여야 한다.

(b) 성능표준 불일치(Deviation)는 필요한 모든 자료와 함께 국토교통부장관에게 서면으로 승인요청을 하여야 한다.

21.611 설계변경

(a) 경미한 설계변경의 경우 기술표준품형식승인 소지자는 국토교통부장관으로부터 추가 승인을 받지 않고도 설계변경을 할 수 있다. 이러한 경우, 변경사항이 적용된 기술표준품의 모델번호는 변경되지 않아야 하며(경미한 설계변경을 식별하기 위한 부품번호의 변경은 가능), 형식승인소지자는 경미한 설계변경과 관련된 자료를 국토교통부장관에게 제출하여야 한다.

(b) 기술표준품 표준서에 대한 적합성을 판단하기 위하여 본질적으로 광범위한 조사가 필요한 설계변경은 중요 설계변경에 해당된다. 중요 설계변경의 경우, 형식승인소지자는 해당 설계변경 이전에, 당해 품목에 대해 신규 형식 또는 모델번호를 부여하여 21.605절에 따라 형식승인을 신청하여야 한다.

(c) 형식승인 소지자 이외의 자는 기술표준품에 대해 설계변경을 할 수 없다. 만약, 이전의 승인된 기술표준품에 대의 설계를 변경하고자 한다면 21.605(a)항에 따라 별도의 기술표준품 형식승인을 받아야 한다.

21.613 기록보관 요구조건

(a) 기술표준품형식승인 소지자는 기술표준품 형식승인을 받고 제작하는 개별 품목에 대한 다음 각 호의 기록을 제작시설 내에 보관 및 유지하여야 한다.

(1) 도면과 규격서를 포함한 개별 형식 또는 모델의 관련 기술자료

(2) 적합성 확인에 필요한 검사 및 시험이 수행되고 문서화되었음을 보여주는 검사기록

(b) 기술표준품형식승인 소지자는 (a)항 (1)호에 기술된 기록을 품목의 생산중단 시점까지 보관하여야 한다. 생산을 중단하는 경우 (a)항 (1)호의 자료를 국토교통부장관에게 제출하여야 한다.

(c) 기술표준품형식승인 소지자는 (a)항 (2)호에 기술된 검사기록은 최소 5년 동안 보관하여야 한다.

21.615 국토교통부의 검사

국토교통부장관이 요청하는 경우, 형식승인소지자는 다음의 각 항의 검사를 국토교통부장관에게 허용하여야 한다.

(a) 형식승인 소지자가 제작하는 당해 기술표준품에 대한 검사

(b) 형식승인 소지자의 품질관리체계에 대한 검사

(c) 모든 시험에 대한 참관
(d) 제조 설비에 대한 검사
(e) 기술표준품에 대한 기술자료 검사

21.617 협정체결국의 형식승인을 얻은 기술표준품에 대한 수락

(a) 대한민국과 기술표준품의 형식승인에 관한 협정을 체결한 국가로부터 형식승인을 얻은 기술표준품은 「항공안전법」 제27조제1항의 단서조항에 따라 이 규정에 의한 기술표준품형식승인을 얻은 것으로 본다. 단, 다음 각 호의 정보를 제공하여야 한다.
  (1) 체결국의 감항당국이 발행한 기술표준품 형식승인서 사본
  (2) 해당되는 경우, 성능표준불일치 승인 내용
  (3) 당해 기술표준품의 장착 및 계속감항성 유지에 필요한 정보
  (4) 개별 기술표준품에는 체결국의 수출감항증명서가 동봉되어야 한다.
(b) (a)항에 의해 수락되어, 협정체결국으로부터 수입되는 기술표준품은 자국의 기술표준품 식별표시 요건에 따라 표시되어야 한다.
(c) (a)항에 의한 협정체결국의 기술표준품에 대한 수락은 당해 기술표준품의 항공기등에 대한 장착승인을 의미하지 않는다. 따라서, 당해 기술표준품을 항공기등에 장착하고자 하는 자는 국토교통부장관로부터 별도의 장착승인을 받아야 한다.

21.619 형식승인서의 취소

국토교통부장관은 기술표준품형식승인 소지자가 당해 기술표준품 표준서의 요구조건을 만족하지 못하는 경우 해당 기술표준품 형식승인서를 취소할 수 있다.

21.621 양도 및 유효기간

기술표준품 형식승인서는 타인 또는 다른 회사에 양도할 수 없으며, 반납, 정지 또는 기타의 사유로 국토교통부장관이 승인을 취소하는 경우를 제외하고는 계속하여 우효하다.

10.2.9. 부품제작자증명 (KAS Part 21 Subpart K 재료, 부품, 공정 및 장비품 승인)

항공안전법 제28조 및 항공안전법 제61조 내지 제64조에 따라, 항공기 등에 사용할 장비품 또는 부품을 제작하려는 자는 국토교통부령으로 정하는 바에 따라 항공기기술기준에 적합하게 장비품 또는 부품을 제작할 수 있는 인력, 설비, 기술 및 검사체계 등을 갖추고 있는지에 대하여 국토교통부장관의 증명(이하 "부품등제작자증명"이라 한다)을 받아야 한다.

다음 중 어느 하나에 해당하는 장비품 또는 부품을 제작하려는 경우에는 그러하지 않다.
  (1) 형식증명 또는 부가형식증명 당시 또는 형식증명승인 포는 부가형식증명승인 당시 장착되었던 장비품 또는 부품의 제작자가 제작하는 같은 종류의 장비품 또는 부품
  (2) 기술표준품형식승인을 받아 제작하는 기술표준품
  (3) 그 밖에 국토교통부령으로 정하는 장비품 또는 부품

국토교통부장관은 부품등제작자증명을 할 때에는 항공기기술기준에 적합하게 장비품 또는 부품을 제작할 수 있는지를 검사한 후 적합하다고 인정하는 경우에는 국토교통부령으로 정하는 바에 따라 부품등제작자증명서를 발급한다. 누구든지 부품등제작자증명을 받지 아니한 장비품 또는 부품을 제작 · 판매하거나 항공기등 또는 장비품에 사용하면 안된다.

대한민국과 항공안전협정을 체결한 국가로부터 부품등제작자증명을 받은 경우에는 부품등제작자증명을 받은 것으로 본다. 부품등제작자증명 지침운 국토교통부훈령 제1021호(2018. 5. 18)로 고지되어 있고, KAS Part 21 Subpart K 재료, 부품, 공정 및 장비품 승인 규정을 참고하라

Subpart K 재료, 부품, 공정 및 장비품의 승인

21.301 적용

이 규정은 「항공안전법」 제28조 및 같은 법 시행규칙 제61조 내지 제64조에 의한 재료, 부품, 공정 및 장비품의 승인을 위한 절차상의 요구조건에 대해 세부사항을 규정한다.

21.303 교체 및 개조부품

(a) 아래의 (b)항을 제외하고, 부품등제작자증명(Parts Manufacturer Approval, 이하 “PMA” 라 한다.)에 따라 제작된 것 이외에, 어느 누구도 형식증명된 제품의 장착을 위한 판매 목적으로 교체 또는 개조부품을 생산할 수 없다.

(b) 이 규정은 다음 사항에는 적용되지 않는다.

(1) 형식증명 또는 제작증명에 따라 제작된 부품

(2) 자가 제품의 정비 또는 개조를 위해 소유주가 제작한 부품

(3) 기술표준지시서(TSO)에 의거하여 제작된 부품

(4) 산업규격 또는 국가규격에 합치되는 표준품(볼트 및 너트 등)

(c) 부품등제작자증명의 신청. 신청자는 국토교통부장관에게 다음 사항을 구비하여 신청서를 제출해야 한다.

(1) 부품이 장착되는 제품의 식별

(2) 제작시설의 이름과 주소

(3) 부품의 설계

(i) 부품의 형상을 나타내는데 필요한 도면과 규격서

(ii) 구품의 구조 강성을 정의하는데 필요한 치수, 재료, 공정 정보

(4) 신청자가 부품의 설계가 형식증명에 의한 부품 설계와 동일함을 입증하지 못하는 경우라면, 부품의 설계가 장착되는 제품에 대한 항공기기술기준 요구조건에 만족함을 입증하는데 필요한 시험보고서와 계산 결과. 부품 설계가 면허계약에 의한 것이라면 해당 계약에 대한 입증자료를 반드시 제시해야 한다.

(d) 다음 사항을 만족하면 신청자는 교체 및 개조부품에 대한 부품등제작자증명을 획득할 수 있다.

(1) 설계 확인과 모든 시험 및 검사 후, 부품의 설계가 장착되는 제품에 대한 항공기기술기준 요구조건에 만족함을 국토교통부장관이 인정하는 경우

(2) 신청자가 아래의 (h)에서 요구하는 품질관리체계를 구축했음을 보증하는 확인서를 제출하는 경우

(e) 부품등제작자증명 신청자는 국토교통부장관이

관련 규정에 대한 적합성 여부 결정을 위하여 필요한 검사나 시험을 허용해야 한다. 그러나, 국토교통부장관이 달리 규정하지 않았다면 다음의 사항을 적용한다.

(1) 해당 부품이 (f)의 (2)부터 (4)까지의 적합성을 입증하지 못할 경우, 어떠한 부품도 국토교통부장관에게 검사나 시험을 위해 제출되어서는 안된다.

(2) (f)의 (2)부터 (4)까지 해당 부품의 적합성을 입증하기 위한 시간과 부품 검사 및 시험을 위해 국토교통부장관에게 제출되는 시간 사이에 어떠한 변경도 부품에 수행되어서는 안된다.

(f) 부품등제작자증명 신청자는 다음 사항을 결정하기 위해 모든 검사와 시험을 수행해야 한다.

(1) 관련 규정 및 항공기기술기준 요구조건에 대한 적합성

(2) 설계상 규격에 대한 재료의 합치성

(3) 설계상 도면에 대한 부품의 합치성

(4) 설계에서 명시된 제작공정, 제작 및 설계의 합치성

(g) 해당 항공기기술기준 요구조건을 관리하는데 있어 부당한 부담이 된다고 국토교통부장관이 판단하는 경우나 제작시설이 국외에 위치한 경우에는 부품등제작자증명서를 발행하지 않을 수 있다.

(h) 부품등제작자증명 소지자는 각 완제품이 해당 설계자료에 합치하고 형식증명 제품에 장착시 안전함을 입증할 수 있는 품질관리체계를 수립하고 유지해야 한다. 그 시스템은 다음 사항을 포함한다.

(1) 완성품에 사용된 수입 재료가 설계자료에 명시된 것이어야 한다.

(2) 수입재료에 대한 물리적, 화학적 성질을 쉽고 정확하게 결정할 수 없다면, 해당 재료는 적절한 방법으로 식별되어야 한다.

(3) 손상이나 기능저하 되기 쉬운 재료들은 적절한 방법으로 보관 및 보호되어야 한다.

(4) 완성품의 품질과 안전에 영향을 미치는 공정들은 해당 규격에 따라 수행되어야 한다.

(5) 공정 중에 있는 부품에 대해서는 설계자료와의 합치성을 정확히 판단할 수 있는 공정에서 검사가 수행되어야 한다. 특정 부품의 만족스런 품질 수준을 유지하기 위해 통계적 품질관리 절차가 이용될 수도 있다.

(6) 최신 설계도면은 제작자나 검사원이 필요시 쉽게 이용할 수 있어야 한다.

(7) 기본 설계에 대한 중요 변경은 완성품에 반영되기 전에 반드시 적절히 관리되고 승인되어야 한다.

(8) 불량 재료 및 구성품은 완성품에 사용되지 않도록 격리 및 식별이 되어야 한다.

(9) 검사기록은 유지되어야 하고, 완성된 부품별로 구별이 되어야 하며, 가능한 경우 부품이 완성된 후 최소한 2년 동안 제작자 파일에 보관되어야 한다.

(i) 부품등제작자증명서는 양도가 불가능하며 포기, 철회 또는 국토교통부장관에 의해 종료되지 않는 한 유효하다.

(j) 부품등제작자증명 소지자는 부품 제작설비의 위치를 변경하였거나 추가적인 설비를 포함시키기 위해 다른 장소로 확장한 경우, 이로부터 10일 이내에 국토교통부장관에게 서면

으로 통보해야 한다.

(k) 부품등제작자증명 소지자는 각 완성 부품에 대한 설계자료와의 합치성과 형식증명 제품에 장착시의 안전성을 입증해야 한다.

21.305 재료, 부품, 공정, 장비품의 승인

재료, 부품, 공정, 장비품은 다음과 같이 승인될 수 있다.

(a) 21.303에 의거하여 발행된 부품등제작자증명 하에서의 승인
(b) 국토교통부장관이 발행한 기술표준지시서에 의거한 승인
(c) 제품에 대한 형식증명 절차와 연계한 승인
(d) 국토교통부장관으로부터 승인된 기타 방법에 의거한 승인

10.2.10. 소음기준적합증명(KAS Part 36 항공기 소음기준)

항공안전법 제25조 및 항공안전법시행규칙 제49조 내지 제54조에 따라 항공기의 소유자등은 감항증명을 받는 경우와 수리 · 개조 등으로 항공기의 소음치(騷音值)가 변동된 경우에는 국토교통부령으로 정하는 바에 따라 그 항공기가 항공안전법 제19조제2호의 소음기준에 적합한지에 대하여 국토교통부장관의 증명(이하 "소음기준적합증명"이라 한다)을 받아야 한다.

항공기 소음에 대한 기술상의 기준으로서 항공기 소음기준적합증명서 교부와 재교부 등을 위한 기준은 KAS Part 36에 규정하고 있다.

소음기준적합증명을 받지 아니하거나 항공기기술기준에 적합하지 아니한 항공기는 항공안전법 시행규칙에서 정하는 바에 따라 국토교통부장관의 운항허가를 받아 운항하여야 한다. 국토교통부장관은 거짓이나 그 밖의 부정한 방법으로 소음기준적합증명을 받은 경우 또는 항공기가 소음기준적합증명 당시의 항공기기술기준에 적합하지 아니하게 된 경우에는 소음기준적합증명을 취소하거나 6개월 이내의 기간을 정하여 그 효력의 정지를 명할 수 있다.

10.3 항공운송사업자용 정비프로그램 기준 (KAS Part 21 부록 C. Standards for Air Carrier Maintenance Program)

10.3.1 총칙

10.3.1.1. 항공운송사업자용 정비프로그램의 구성

항공운송사업자가 「항공안전법 시행규칙」제38조에 따라 항공기의 감항성을 지속적으로 유지하기 위한 정비방법을 제공하기 위하여 항공운송사업자의 정비프로그램(Air Carrier Maintenance Program)이 갖추어야 하는 10가지 요소 기준이 항공기기술기준 부록 C.에 제시되어 있다. 이 기준은 국내항공운송업자, 국제항공운송업자 또는 소형항공운송업자가 정비프로그램을 운용하고자 할 경우 적용한다. 항공운송업자용 정비프로그램의 법적 근거는 항공안전법 제23조, 제90조 및 항공안전법 시행규칙 제38조, 제266조 2항 그리고 국토교통부 고시인 "운항기술기준" 제9장 제9장 항공운송사업의 운항증명 및 관리를 기준으로 한다.

이 기준은 다음과 같이 11개의 장으로 구성된다.

제1장 총칙
제2장 감항성 책임
제3장 항공운송사업자 정비매뉴얼
제4장 정비조직
제5장 정비 및 개조의 수행 및 인가
제6장 정비계획
제7장 필수검사항목
제8장 정비기록 유지시스템
제9장 계약정비
제10장 종사자 훈련
제11장 지속적 분석 및 감시 시스템(CASS)

10.3.1.2. 항공운송사업자 정비프로그램의 인가

1. 항공운송사업자는 「항공안전법」(이하 "법"이라 한다) 제90조 및 같은 법 시행규칙(이하 "시행규칙"이라 한다) 제259조에 따라 운항증명을 발급받을 때 운영기준(Operations Specifications)을 함께 발급받는다. 이 운영기준에는 항공운송사업자 소속 항공기는 지속감항 유지프로그램(CAMP)에 따라 정비하여야 함을 명시하고 있다. 또한, 항공운송사업자는 법 제93조 및 시행규칙 제266조에 따라 정비규정을 제정하거나 변경하고자 하는 경우에는 국토교통부장관 또는 관할 지방항공청장(이하 "허가기관"이라 한다)의 인가를 받아야 한다. 이 정비규정에는 항공기의 감항성을 유지하기 위한 정비프로그램이 포함된다.
2. 항공운송사업자는 정비프로그램을 제정하거나 변경하고자 할 경우에는 정비규정과 함께 운영기준의 제정 또는 개정 신청을 허가기관에 하여야 한다. 허가기관은 해당 항공운송사업자의 정비프로그램을 정비규정의 일부로서 인가하고 운영기준에 이를 반영하여 제정 또는 개정하여 승인한다.

위의 인가 기준은 항공기 소유자 또는 운영자는 항공기를 운항하려면 그 항공기를 항상 감항성이 있는 상태로 유지하여야 하며 이를 위해서 항공운송사업자는 지속적 감항성 정비프로그램인 CAMP(Continuous Airworthiness Maintenance Program)를 운영하여야 한다는 의미이다.

항공기 소유자 및 운영자는 CAMP를 통하여 항상 감항성이 있도록 항공기를 적절하게 유지하고, 적합한 시설과 장비를 갖춘 상태에서 자격 있는 항공정비사가 정비매뉴얼에 의거하여 항공기 정비 및 개조를 수행하며, 이러한 활동이 항상 효과적이고 매뉴얼에 따라 수행되고 있다는 것을 보증하기 위하여 지속적인 감독, 조사, 자료수납, 분석, 수정조치를 감시하는 시스템을 구축하여야 한다.

한편, 국토교통부장관은 항공기 소유자 등이 해당 항공기를 감항성 있는 상태로 유지하는지 수시로 검사하여야 하며, 항공기의 감항성 유지를 위하여 소유자등에게 항공기등 · 장비품 또는 부품에 대한 정비등에 관한 감항성 개선지시 또는 그 밖의 검사, 정비 등을 명할 수 있다.

감항증명의 유효기간은 원칙적으로 1년이나 항공기의 형식 및 소유자등의 정비능력을 고려하여 유효기간을 연장할 수 있으며 CAMP를 운영하는 항공사가 운영하는 항공기의 감항검사 유효기간은 상기의 연장사유에 해당되어 감항증명이 자동으로 연장된다.

10.3.1.3. 항공운송사업자용 정비프로그램의 목적

1. 항공운송사업자의 정비프로그램은 적용되는 항공기와 항공기의 모든 부속품이 의도된기능을 발휘할 수 있도록 보증하고, 항공운송에 있어서 가능한 최고의 안전도를 확보하는 것을 목적으로 하며, 다음 3가지의 세부 목표가 반영되어야 한다.
   (1) 항공운송용 항공기는 감항성이 있는 상태에서 항공에 사용되어야 하고, 항공운송을 위하여 적합하게 감항성이 유지되어야 한다.
   (2) 항공운송사업자가 직접 수행하거나 타인이 대신하여 수행하는 정비 및 개조는 항공운송사업자의 정비규정을 따라야 한다.
   (3) 항공기의 정비 및 개조는 적합한 시설과 장비를 갖추고 자격이 있는 종사자에 의해 수행되어야 한다.
2. 항공운송사업자는 정비프로그램의 모든 사항이 효과적이고, 항공운송사업자의 매뉴얼에 따라서 수행되고 있다는 것을 보증하기 위하여 지속적인 감시, 조사, 자료 수집, 분석, 시정조치 및 시정조치의 검증을 모니터하는 시스템을 구축하여야 한다. 여기에서 '효과적'이란 정비프로그램의 목적에 따라 기대한 결과가 성취되고 항공운송사업자가 설정한 기준을 충족하는 것을 의미한다.

10.3.1.4. 항공운송사업자 정비프로그램의 요소

항공운송사업자 정비프로그램은 다음과 같은 10개의 요소를 포함한다.

1. 감항성 책임(Airworthiness Responsibility)
2. 정비매뉴얼(Maintenance Manual)
3. 정비조직(Maintenance Organization)
4. 정비 및 개조의 수행 및 승인(Accomplishment and Approval of Maintenance and Alteration)
5. 정비계획(Maintenance Schedule)
6. 필수검사항목(Required Inspection Items)
7. 정비기록 유지시스템(Maintenance Recordkeeping System)
8. 계약정비(Contract Maintenance)
9. 종사자 훈련(Personnel Training)
10. 지속적 감독 및 분석 시스템(Continuing Analysis and Surveillance System)

10.3.2. 감항성 책임

10.3.2.1 항공기 정비책임

1. 항공운송사업자는 운영하는 항공기의 감항성에 대한 일차적인 책임이 있으며, 운영하는 항공기에 대한 모든 정비를 수행할 책임이 있다. 항공운송사업자는 운항증명을 승인받음에 따라, 운영하는 항공기에 대한 모든 정비, 예방정비 또는 개조를 직접 수행하거나, 법 제97조에 따라 정비조직인증(Approved Maintenance Organization)을 받은 자에게 정비, 예방정비 또는 개조를 위탁할 수 있다. 위탁받은 자는 반드시 항공운송사업자의 지시와 통제를 받아야 하고 항공운송사업자의 정비프로그램을 준수하여야 한다.

2. 항공운송사업자의 항공기에 수행된 모든 작업에 대하여, 항공운송사업자는 그 작업을 자체 정비인력이 수행하였거나 위탁한 자가 수행하였을지

라도, 모든 정비와 개조에 대한 수행 및 승인에 대한 일차적인 책임을 갖고 있다. 그러므로 항공운송사업자는 정비가 타인에 의해 수행되었다 할지라도 정비의 수행 및 승인에 대한 일차적인 책임은 여전히 갖고 있다.

10.3.2.2. 정비프로그램에 관한 책임

1. 정비프로그램 또는 검사프로그램의 사용

국내 · 국제 항공운송사업자는 법 제93조 및 시행규칙 제266조제2항에 따라 항공운송사업자용 정비프로그램을 인가받아 사용하여야 한다. 다만, 소형 항공운송사업자와 항공기 사용사업자는 조직의 규모에 따라 항공기 정비프로그램 또는 항공기 검사프로그램을 선택하여 인가받아 사용할 수 있으며, 그 밖의 비사업용 항공기 소유자 및 국가기관은 제작사가 제공하는 검사프로그램을 선택하거나 개발하여 사용할 수 있다.

2. 항공운송사업자용 정비프로그램에 관한 책임

정비프로그램을 사용하는 항공운송사업자는 요구되는 정비사항을 정하고, 정해진 정비사항을 수행하여, 항공기의 감항성 여부에 대하여 확인하는 책임이 있다. 항공운송사업자는 정비를 수행하기 위하여 적합한 정비확인자 등을 지명할 수 있는 권한이 있다. 그러나 정비는 정비프로그램과 정비매뉴얼에 따라 수행되어야 한다. 항공운송사업자는 정비의 이행에 대한 책임이 있을 뿐만 아니라 정비규정에 따라 자체 정비프로그램을 개발하고 사용할 책임이 있다. 이를 위하여 정비규정에는 정비프로그램의 관리, 정비수행방법, 필수검사항목 확인에 관한 시스템, 지속적 분석 및 감시 시스템, 정비조직에 대한 설명 및 기타 필요한 사항 등을 정하여 종합적이면서 체계적으로 항공기가 감항성이 있는 상태로 유지될 수 있도록 하여야 한다. 항공운송사업자는 정비프로그램에 관한 최종적인 권한을 가지며, 운영하는 항공기의 감항성에 대한 단독 책임이 있다.

3. 항공기 검사프로그램에 관련한 책임

항공기 검사프로그램을 사용하는 항공기 운영자는 항공기를 지속적으로 감항성이 있는 상태로 유지할 책임이 있다. 이들은 기존의 검사프로그램을 선택하고 정비를 위한 검사계획을 수립할 책임이 있다. 또한 계획된 검사와 차이가 발생할 경우 이를 수정하여야 한다. 이 항공기 운영자는 자격을 갖추고 인가받은 자가 검사와 정비를 수행하도록 하여야 한다. 자격을 갖추고 인가받은 자는 제작사의 매뉴얼 또는 인가받은 검사프로그램에 따라 적합하게 정비를 수행하고 항공기를 사용가능상태로 환원(Return to service)할 책임이 있다. 운영자가 직접 정비를 수행하지 않는다면 여기에 대한 책임은 없다. 그러나 운영자는 정비를 수행하는 자가 해당 항공기 정비확인에 대한 정비기록을 적합하게 하였는지 확인할 책임이 있다.

☞ 항공기 검사프로그램 기준(Standards for Aircraft Inspection Program)

1. 목 적

이 부록은 부록 C에 따른 항공운송사업자용 정비프로그램 기준을 적용하기 어려운 항공기 소유자 등이 「항공안전법 시행규칙」제38조에 따라 항공기의 감항성을 지속적으로 유지하기 위한 방법을 제공하는 것을 목적으로 한다.

2. 적 용

가. 이 부록은 소형항공운송사업자, 항공기사용사업자, 자가용 항공기 운영자, 국가기관등항공기를 운영하는 국가, 지방자치단체 및 공공기관이 항공기 검사프로그램을 운용하고자 할 경우 적용한다.

나. 일부 항공기 운영자는 제작사의 매뉴얼에서 사용하는 항공기정비프로그램(Aircraft Maintenance Program)이라는 용어를 사용하여 표시할 수 있으나, 그 내용이 부록 D의 기준을 따른다면 항공기 검사프로그램으로 간주한다.

3. 책 임

항공기 운영자는 항공기 검사프로그램을 더욱 효율적으로 운영하도록 항공기 검사프로그램에 대한 제 · 개정, 적용 및 관리에 대한 책임이 있다.

* 주: 운송사업자용 정비프로그램은 정비조직, 필수검사항목, CASS 등의 10가지 요소를 모두 충족하여야 하지만, 항공기 검사프로그램은 항공기의 감항성이 유지되고 있는지 검사하는 행위만을 포함하고 있다. 그러므로 검사프로그램을 운용하는 자는 소속 정비사의 능력범위를 초과하거나, 해당 항공기의 정비교범에 명시되지 않은 정비작업은 인가된 정비업체에 의뢰하여야 한다.

4. 항공기 검사프로그램의 요건

항공기 검사프로그램에는 기체, 엔진, 항공전자장비 및 비상장비 등 항공기의 전 계통에 대한 다음 사항을 포함하여야 한다.

4.1 작업내용 및 일정

가. 검사프로그램에는 각각의 작업항목(tasks) 또는 작업 그룹(group of tasks)에 대한 작업수행 시기 및 반복주기(Interval)를 포함하여야 한다. 이들 검사주기는 항공기 운용시간이 매우 적을 때에도 적용된다.

나. 하나의 작업 그룹은 동일한 주기의 작업(Task)을 포함한다. 작업 그룹은 각각의 작업사항(Task), 수행주기 뿐만 아니라 작업 형태의 윤곽을 알 수 있다. 작업지시서(work form)는 수행된 각 작업(task)이 완료된 경우에는 적절한 보고양식(report form)으로 확인할 수 있어야 한다.

4.2 작업지시서(Work Forms)

가. 작업지시서는 선정된 작업항목(tasks) 또는 작업그룹(group of tasks) 각각의 완료에 대한 서명란이 있어야 한다.

나. 각 작업항목은 프로그램의 복잡성 즉, 정비작업의 특성, 정비시설의 규모 등에 따라 분할되거나 통합될 수 있다.

다. 작업지시서의 양식은 항공기 운영자에 의해 개발되거나 다른 자원으로부터 채택하여 사용할 수 있다.

4.3 작업수행을 위한 지침(Instructions)

4.3.1 작업수행을 위한 지침은 운항기술기준 제5장 5.10.6에서 언급한 방법, 기술, 절차, 공구 및 장비를 만족하도록 작성하여야 한다.

4.3.2 지침에는 또한 표준치수와 허용오차가 마련되어 있어야 하며, 작업을 수행하기 위하여 작업자가 사용하기에 적절한 정보가 포함되어야 한다.

4.3.3 지침(Instructions)을 작성할 때에는 다음 사항을 고려하여야 한다.

가. 지침은 작업지시서에 직접 인쇄하여 사용될 수 있다.

나. 지침은 매뉴얼의 한 부분을 수행하도록 명시하여 발행될 수 있다. 이 경우 작업지시서의 해당 항목에 교차참조(Cross-Referenced)가 표시되어 있어야 한다.

다. 지침의 제정 또는 개정은 제작자의 매뉴얼에 명시된 지침 또는 항공기 운영자의 정비규정을 근거로 수행한다.

라. 지침을 항공기 운영자가 개발하는 경우에는 이에 대한 절차가 정비규정에 마련되어 있어야 한다.

마. 항공기 운영자는 검사가 종료된 작업지시서에 대한 평가 및 관리 방법이 있어야 한다.

바. 지침은 같은 형식의 항공기에서 각 항공기별로 장비와 형태(Configuration)가 다른 경우에도 적용이 가능하도록 작성하여야 한다. 여기에는 항공기의 최초 형태와 다른 개조 및 추가 장비 장착에 관련된 사항을 포함한다.

사. 다른 검사프로그램을 적용 받던 항공기가 현재 운용 중인 검사프로그램을 적용하려는 경우 이에 대한 절차가 있어야 한다.

5. 항공기 검사프로그램의 개발

항공기 운영자의 검사프로그램은 다음과 같은 방법으로 개발할 수 있다.

가. 항공기 제작자의 검사프로그램 채택

나. 항공기 제작자의 검사프로그램을 변경 또는 수정

다. 항공기 운영자가 자체적으로 개발

5.1 항공기 제작자의 검사프로그램 채택

항공기 제작자의 검사프로그램을 채택하는 경우에는 항공기 제작자의 프로그램(작업방법, 기술, 수행절차, 수행기준 및 검사주기를 포함한다) 전체를 채택하여야 한다. 만일 제작자의 프로그램에 동절기에 필요한 검사가 선택사항(option)으로 있다면 항공기 운영자는 해당 항목을 검사프로그램에 포함하여야 한다.

5.1.1 항공기 제작자의 프로그램이 개정되었다면, 즉시 이를 검토하여 항공기 검사프로그램에 반영하여야 한다.

5.1.2 다수의 항공기 제작자의 검사프로그램은 항공전자장비, 비상장비, 장비품 및 이에 관련된 장치에 대한 내용을 포함하고 있지 않으므로 관련 장비품 등의 제작자 매뉴얼 또는 항공안전법령, 운항기술기준 등을 검토하여 검사프로그램에 반영하여야 한다.

5.1.3 특히, 항공기 제작자의 검사프로그램에 포함되지 않은 장비품과 시스템의 정상 여부를 확인하기 위한 육안검사 절차를 검사프로그램에 반영하여야 한다.

5.1.4 시험장비의 사용 없이 정상적으로 결함을 발견할 수 없는 시스템 또는 운항승무원에게 매우 정상적으로 보이는 시스템일

지라도 정확한 작동여부에 대한 작동점검 (Operational Check) 항목을 검사프로그램에 반영하여야 한다.

5.1.5 항공기에 대한 검사 및 이에 따른 정비를 하려는 사람은 항공정비사 자격증명을 소지하고 해당 정비업무에 대한 교육을 받았거나 지식과 경험이 있는 자가 수행하여야 한다.

5.1.6 비상장비는 항공기 운영자 운영기준, 정비규정, 제작자 매뉴얼 또는 항공안전법 등에 따라 제작자 또는 해당 장비를 검사할 수 있는 자격을 갖은 자가 검사하여야 한다.

5.2 항공기 제작자 검사프로그램의 변경 또는 수정

항공기 운영자는 항공기 제작자의 검사프로그램에 근거하여 항공기 운영자에게 맞도록 적절하게 변경 또는 수정하여 운영할 수 있다. 이 경우 제작자의 검사프로그램과 동등하거나 그 이상의 안전기준을 확보할 수 있도록 하여야 한다.

5.3 항공기 운영자가 개발한 검사프로그램

항공기 운영자는 항공기 제작자 검사프로그램을 채택하지 않은 경우에는 스스로 검사프로그램을 개발할 수 있다. 이 경우 검사프로그램이 적절하게 수행되도록 작업방법, 기술, 수행절차 및 작업기준이 포함되어야 한다.

6. 부식관리

부식이 발생하기 쉬운 부위에 대한 근본적인 부식 예방 절차를 마련하여야 한다. 항공기 운영자는 부식예방관리프로그램, 기골개조프로그램 및 부가기골검사프로그램을 검사프로그램에 포함하여야 한다. 만일 제작자의 검사프로그램에 부식관리가 포함되어 있지 않다면 항공기 운영자가 검사프로그램을 개발할 수 있다.

7. 항공기 검사프로그램 제정 및 개정

7.1 항공기 운영자는 검사프로그램을 제정 또는 개정할 경우에는 항공안전법 시행규칙 제266조에 따라 지방항공청의 인가를 받아야 한다.

7.2 항공기 운영자는 지방항공청의 인가를 신청하기 전에 다음 사항을 고려하여 자체적으로 평가를 실시하여야 한다.

가. 검사프로그램이 항공기의 제작, 모델, 구성 및 개조 내용을 반영하고 항공기에 장착된 모든 장비를 포함하도록 설정되었는지 확인한다.

나. 검사프로그램은 항공기 운영자의 지리적 위치를 고려하여 적합한지 확인하여야 한다. 확인 내용에는 기후, 활동거리(비행시간) 및 특별한 목적의 운항에 대한 일시적인 검사에 관한 사항이 포함되어야 한다.

다. 검사프로그램의 초도인가 및 개정의 기초자료는 운용경험, 사용가능성을 결정하기 위한 시험 · 검사, 분해 분석, 개조 및 환경의 변화가 될 수 있다.

(1) 시험, 검사 및 분해분석을 포함한 개정을 할 경우 분석조건은 지방항공청과 협의하여야 한다.

(2) 운용경험에 바탕을 둔 개정의 근거자료는 운영자에 의해 마련되어야 한다.

(3) 제작사 권고 또는 제작사의 검사프로그램의 개정 내용을 검토 없이 반영하여서는 아니 된다.

8. 항공기 검사프로그램의 운영

항공기 운영자는 검사프로그램에 다음과 같은 절차 등을 마련하여 운영하여야 한다.

가. 검사프로그램의 운영에 관계되는 모든 인력에 대한 의무와 책임

나. 검사일정 수립, 수행 및 기록방법

다. 검사프로그램, 관련 매뉴얼 또는 작업지시서 등의 제정 및 개정 절차

라. 완료된 작업지시서의 분석 및 보관

마. 위탁 정비 절차

바. 정비/검사프로그램이 전산화되어 있을 경우, 비인가자의 기록수정 방지 및 자료의 보호 등을 위한 보안 절차

9. 항공기 검사프로그램의 인가

9.1 항공기 운영자의 검사프로그램은 정비규정의 일부로서 인가되며, 정비규정과 분리하여 별권으로 관리할 수 있다.

9.2 항공기 운영자는 운영하는 항공기 모델별로 검사프로그램을 제정하여야 하며, 지방항공청장은 해당 항공기 운영자에게 각각의 항공기 모델별로 인가한다.

9.3 항공기 검사프로그램은 다른 항공기 운영자에게 이전되지 않는다. 그러므로 새로운 항공기 운영자는 자신의 운용환경, 정비능력을 고려하여 관할 지방항공청장의 인가를 받아야 한다.

10.3.3 항공운송사업자 정비매뉴얼

10.3.3.1 항공운송사업자 정비매뉴얼의 구비 요건

1. 항공운송사업자는 법 제93조에 따른 정비규정, 이를 이행할 세부적인 정비업무처리에 관한 지침 또는 절차서 등(이하 "정비매뉴얼"이라 한다)을 구비하여 한다. 정비매뉴얼은 항공운송사업자의 매뉴얼 시스템 내에 포함되어야 한다.
2. 항공운송사업자의 정비매뉴얼은 개정하기 쉬워야 하며 정비매뉴얼의 모든 부분들이 최신판으로 유지될 수 있도록 하는 절차가 있어야 한다.
3. 항공운송사업자는 정비매뉴얼을 준수하여야 할 종사자들에게 정비매뉴얼의 최신판, 개정판 및 임시개정판 이용이 가능하도록 하여야 한다. 항공운송사업자는 「운항기술기준」 9.1.15.2.4 (항공안전관련 정책 및 절차에 관한 규정 등의 제출 및 개정)에 따라 국토교통부 또는 지방항공청의 관련 부서에 정비매뉴얼을 제출하여야 한다. 정비매뉴얼을 배포 받은 자는 이를 최신판으로 유지하여야 한다.

10.3.3.2. 항공운송사업자 정비매뉴얼의 역할

1. 항공운송사업자의 정비매뉴얼은 정비프로그램의 표준화 및 일관성 있는 정비 등을 위해 중요한 역할을 한다.
2. 항공운송사업자 정비매뉴얼에는 정비프로그램에 대한 정의, 설명이 포함되어야 하 며, 사용, 관리 및 개정 등을 위한 지침과 절차가 있어야 한다.
3. 정비매뉴얼은 항공운송사업자가 작성한 도서이며, 구성 및 기술적인 사항이 포함된 내용에 대하여는 항공운송사업자가 전적인 책임을 진다. 또한 정비매뉴얼은 전자도서로 운영될 수 도 있다.

10.3.3.3. 전형적인 항공운송사업자 정비매뉴

얼의 주요 구성

1. 항공운송사업자의 정비매뉴얼 구성

정비매뉴얼은 실용적인 순서로 구성되어야 한다. 정비매뉴얼은 '관리정책 및 절차', '정비프로그램의 관리, 처리 및 이행을 위한 세부 지침' 및 '정비기준, 방법, 기술 및 절차를 서술하는 기술 매뉴얼'과 같이 적어도 3개 또는 그 이상으로 구성된다.

(1) 관리정책 및 절차

'관리정책 및 절차'는 항공운송사업자 정비프로그램을 구성하고, 지시하고, 개정하고, 통제하기 위한 처리지침 및 관리를 위한 부분이다. 조직상의 부서와 각 직원의 역할, 상호관계 및 권한을 도면으로 보여주는 조직도는 일반적으로 이 부분에 명시된다. 여기에는 정비조직 내에 있는 각 직책에 대한 설명, 임무, 책임 및 권한이 나열되어 있어야 한다. 권한과 책임에 대한 속성에 대하여는 누가 전반적인 권한과 책임을 갖고 있는지, 누가 권한과 책임에 대한 지시를 받는지 알 수 있어야 한다.

(2) 정비프로그램의 관리, 처리 및 이행을 위한 세부 지침

이 부분은 정비시간의 한계, 기록유지, 정비프로그램의 관리감독, 계약정비의 관리감독 및 종사자 교육과 같은 각 정비프로그램 요소의 다양한 기능과 상호관계에 대한 세부적인 절차가 수록된다. 이 부분은 일반적으로 정시정비작업에 대한 설명, 정비작업 수행을 위한 절차상 정보 및 세부 절차를 포함하여야 한다. 또한, 시험비행 수행 기준과 필요한 절차상의 요건, 그리고 낙뢰, 꼬리동체하부 지면접촉, 엔진온도 초과 및 비정상 착륙 등과 같은 비계획 점검에 대한 기준과 절차상의 정보를 포함하여야 한다

(3) 정비 기준, 방법, 기술 및 절차를 서술하는 기술적 자료

이 부분은 특정 정비작업을 이행하기 위한 세부적인 절차를 다룬다. 항공운송사업자는 방법, 기법, 기술적 기준, 측정, 계측 기준, 작동시험 및 구조 수리 등에 대한 설명을 포함하여야 한다. 또한 항공운송사업자는 항공기 중량과 평형, 들어 올림(jacking, lifting)과 버팀목 사용(shoring), 저장, 추운 날씨에서의 작동, 견인, 항공기 지상주행, 항공기 세척 등에 대한 절차도 포함하여야 한다. 항공운송사업자는 제작사 매뉴얼 등을 참조하여 항공운송사업자 자체의 매뉴얼을 만들 수 있다. 그러나 항공운송사업자는 경험, 조직 및 운항환경에 맞추어 정비프로그램의 계속적인 유지할 수 있도록 정비매뉴얼을 지속적으로 개정하고 항공운송사업자의 체계에 맞추어 나가야 한다.

2. 작업카드(work cards)

작업카드는 법적으로 갖추어야할 요건은 아니지만, "최선의 실무 수행 방법"의 하나로써 작성된다. 작업카드는 항공운송사업자의 정비매뉴얼 또는 항공운송사업자 정비프로그램의 한 부분으로 간주된다. 이들은 감항성에 대한 책임의 한 부분으로서 무엇을 할 것인가, 어떻게 이것을 할 것인가에 해당한다. 작업카드는 정비작업에 대한 기록유지 방법뿐만 아니라 정비작업 수행을 법령에 부합하도록 하기 위한 수단으로 사용된다. 작업카드의 주요 기능은 다음과 같다.

(1) 정비행위가 항공운송사업자 매뉴얼에 부합하는지를 확인하는 수단을 제공하는 한편 정비행위를 체계화시키고 통제하는데 사용되는 구체적이고 간결한 절차 지침을 제공한다.

(2) 항공운송사업자의 정비작업 기록유지에 대한 요건에 부합하기 위한 수단을 제 공하여 정비 행위를 기록하도록 한다. 이 기능은 데이터 수집과 분석을 위하여 검사, 점검 및 시험 결과를 기록(문서화)하는 것이다.

10.3.4. 정비조직

10.3.4.1. 정비조직의 필요성 및 역할

항공운송사업자는 정비프로그램을 수행, 감독, 관리 및 개정할 수 있는 조직, 소속 정비직원에 대한 관리와 지도를 하는 조직, 그리고 정비프로그램의 목적을 완수하기 위해 필요한 지침을 내리는 조직을 갖출 필요가 있다. 항공운송사업자의 매뉴얼에는 조직도와 정비조직에 대한 설명이 포함되어야 한다. 이들 조직에 대한 규정은 항공운송사업자의 조직뿐만 아니라 항공운송사업자를 위하여 정비 서비스를 제공하는 다른 조직에도 적용된다. 조직도는 권한과 책임에 대한 전반적인 담당과 지휘체계를 보여주는 좋은 방법이다.

10.3.4.2. 정비조직의 필수 관리자

운항기술기준 제9장에는 필수 관리자로서 정비본부장(Director of Maintenance)과 품질관리자(Quality Manager)를 포함하여 항공운송사업자의 정비조직 관리자의 직책에 대한 구체적 요건이 수록되어 있다. 항공운송사업자는 필수 관리자로서 정비본부장과 품질관리자, 또는 이와 동등한 직책을 두어야 한다. 그러나 이 직책이 정비부문을 관리하고 운영하기 위하여 필요한 관리직의 전부는 아니다.

1. 필수 관리자는 충분한 자격과 경험을 갖추고 전임(Full-time)으로 근무하는 자이어야 한다.
2. 항공운송사업자의 운영기준(Operations Specifications) Part A에는 이러한 필수 관리자 등 정비조직의 주요 보직자의 이름, 주소가 기재되어 있어야 하며, 정비매뉴얼에는 그들의 임무, 책임 및 권한에 대하여 구체적으로 기술하여야 한다. 또한 이러한 필수 관리자가 바뀌거나 공석이 되었을 때는 국토교통부장관 또는 관할 지방항공청장에게 통보하여야 한다.

(1) 권한(Authority)

더 높은 수준의 인가를 받지 않고 중요한 정책 또는 절차를 계획하거나 변경할 수 있는 힘을 말한다. 권한(Authority)은 허가(Permission)이다. 이것은 어떤 행위를 하거나 타인에게 행위를 하도록 하는 자율적인 힘과 결합한 권리이다. 고용주가 피고용자에게, 회사가 직원에게, 또는 정부당국이 어떤 기능을 수행하도록 하는 것처럼, 종종 한 사람이 다른 사람에게 행위를 하도록 권한이 부여된다.

(2) 책임(Responsibility)

작업(Task)이나 기능(Function)이 성공적으로 수행되도록 보증하는 의무(Obligation)를 말한다. 책임은 작업이나 기능을 수행하는 행위에 대한 책무(Accountability)를 포함한다.

10.3.4.3. 정비조직의 구조 요건

1. 항공운송사업자의 다양한 형태와 규모를 반영하기 위하여 항공운송사업자의 정비조직에 관한 규정은 필연적으로 방대하다. 그러므로 하나의 수행 수단이나 하나의 조직체계로는 모든 항공운송사업자 정비조직에 적용하는 것은 불가능

하다.

2. 항공운송사업자는 모든 검사 기능을 포함하여 항공운송사업자의 전반적인 정비프로그램의 관리와 개선을 위하여 전적인 권한과 책임을 갖는 책임관리자(Accountable Manager)로서 한사람을 임명하거나 보직을 지정하여야 한다. 검사기능(Inspection Functions)과 필수검사기능(Required Inspection Functions)은 정비프로그램의 일부이다. 항공당국은 정비본부장을 항공운송사업자의 정비프로그램을 위한 책임관리자로 임명할 것을 권장한다.
3. 항공당국은 모든 운영이 가장 높은 수준의 안전도로 운영될 수 있도록 항공운송사업자의 정비조직을 3단계의 일반적 조직기능(Organizational Function)으로 갖출 것을 권장한다. 대규모 조직의 항공운송사업자라면 각 단계별로 다른 부서로 구성될 수 있으며, 최소 조직의 경우 이들 기능이 한두 사람에 의해 수행될 수 있다. 일반적으로 이들 3단계 조직기능은 다음과 같다.
   (1) 1단계 조직기능(Operations): 작업(Work)을 수행하는 작업자(Mechanics) 또는 검사원(Inspector)
   (2) 2단계 조직기능(Tactics): 중간관리자(Middle manager)와 감독자(Supervisor)
   (3) 3단계 조직기능(Strategy): 정비프로그램 책임관리자(Accountable Manager)
4. 항공당국은 항공운송사업자가 전반적인 정비프로그램과 모든 정비프로그램의 요소와 기능 대한 권한과 책임(위임한 책임 포함)을 명확하게 보여주길 원한다. 항공운송사업자는 정비매뉴얼에 각각의 임무와 책임에 대한 설명을 포함하여야 하며, 주어진 요소, 과정 또는 작업에 대하여 누가 책임이 있는지 혼란스럽지 않아야 하고, 높은 위험성을 갖는 조직 시스템은 단절되지 않도록 하여야 한다.
5. 정비본부장(Director of Maintenance)의 요건
   정비본부장은 정비기능에 대한 책임을 지며 권한을 가진 담당 관리자이며 전체 정비프로그램과 기타 정비, 예방정비 및 개조 기능에 대한 전반적인 책임을 진다. 항공운송사업자는 정비정책을 규정하고 전반적인 정비프로그램과 정비조직을 조직, 지휘 및 관리하는데 대한 전체적인 책임과 권한을 갖는 정비본부장을 보임하여야 할 것이다. 항공운송사업자의 정비본부장은 가능한 최상의 안전수준으로 정비작업을 수행하기 위하여 필요한 전체의 인원을 관리하고, 항공안전법령 및 관련 규정 등에서 정한 기술적인 문제를 해결할 수 있는 능력과 직무지식이 있는 자이어야 한다. 이와 같은 요건은 정비본부장이 감독, 정비업무 수행, 검사 및 항공운송사업자의 항공기와 구성품의 정비확인과 관련한 기본적인 안전 및 책임에 관한 지식이 있어야 함을 보장하기 위한 것이다.
6. 품질관리자(Quality Manager)의 요건
   품질관리자는 정비프로그램 중 필수검사 기능에 대한 책임을 진다. 대부분의 조직에 있어서 가장 작은 규모인 경우를 제외하고 품질관리자는 검사 지적사항과 관련한 의견대립에 대한 조정기능을 하는 것 뿐 만 아니라 일반 검사 기능에 대해 위임된 업무의 책임을 진다. 항공운송사업자의 품질관리자는 정비, 예방정비 및 개조 기능을

수행하는데 대한 책임이 있는 관리자의 아래에 있는 조직에 소속되도록 하여서는 아니 된다. 품질관리자는 자격증명을 가진 항공정비사이어야 한다. 이와 같은 기준은 품질관리자가 항공운송사업자의 항공기와 구성품들을 감독하고 검사하는 것과 관련된 고유한 책임에 관한 지식이 있다는 것을 보장한다. 품질관리자의 직위에 대한 기타 모든 법적인 요건들은 항공정비사 자격증명을 가진 자와 같은 기준이다.

10.3.4.4. 검사와 정비부서의 분리 · 독립

1. 검사부문은 정비조직 내부의 일부분이므로, 검사조직에 대한 법적인 요건은 없다. 항공안전법 등에는 정비를 “검사, 오버홀, 수리, 저장 및 부품의 교환”이라고 정의하고 있다. 만약 검사부문을 선택한다면, 정비조직의 내부에 하나의 독립된 부서로서 구성하여야 한다.
2. 항공안전법 등에는 항공운송사업자는 정비, 예방정비 및 개조 행위의 기능으로부터 필수검사기능(Required inspection functions)을 분리하고, 검사, 수리, 오버홀 및 부품의 교환을 포함한 모든 정비기능을 수행하는 조직을 구성하여야 한다. 이 조직 분리는 다른 정비, 예방정비 및 개조 기능의 수행뿐만 아니라 필수검사기능의 전반적인 책임이 있는 관리감독(Administrative control) 단계 아래에 있어야 한다. 정비본부장은 다른 정비(검사 포함), 예방정비 및 개조 기능뿐만 아니라 필수검사기능의 요건에 대하여 전반적인 권한과 책임을 갖고 있다.

10.3.5. 정비 및 개조의 수행 및 인가

10.3.5.1. 정비의 수행

1. 정비를 수행함에 있어서, 항공운송사업자는 정비에 관한 별도의 허가를 받지 않아도 자신의 항공기에 대한 정비를 수행하고 이를 사용가능상태로 환원(Return to service)(이하 “정비확인”이라 한다)할 수 있는 권한이 있다. 항공운송사업자는 정비조직인증을 받아 자신의 정비규정과 정비프로그램에 따라 다른 항공운송사업자의 정비 등을 대신하여 수행할 수 있다. 그러나 이러한 정비행위에 대한 정비확인의 권한은 대신 수행하는 항공운송사업자에게 있지 않다. 즉 정비행위를 타인에게 위탁하였을지라도 정비확인에 대한 권한은 항공기를 운영하는 자에게 있다.
2. 감항성에 대하여 결정을 내리는 각 개인은 반드시 적합한 자격을 갖고 있어야 한다. 항공운송사업자는 어떤 정비작업을 수행하고자 할 경우 항공정비사 자격증명 소지자가 하도록 하여야 한다.

   항공운송사업자는 적합한 항공정비사 자격증명(certified) 소지하고, 적합한 교육을 이수(trained)하여 자격검증(qualified)이 된 자에게 필수검사항목(RII) 수행 권한을 부여하여야 한다.

   항공운송사업자는 정비확인을 수행할 권한의 부여는 적합한 한정을 갖고 있는 항공정비사 자격증명 소지자에게 하여야 한다.

   정비본부장과 품질관리자는 기체와 발동기 한정을 갖는 항공정비사 자격증명이 있어야 한다. 이 자격증명 요건은 항공운송사업자의 자격부여 요건이지, 정비작업을 수행하기 위해 필요한 요건은 아니다. 항공기에 수행되는 모든 정비에 대한 정비확인 행위는 운항증명에 따라 항공운송사업자의 정비조직 또는 항공운송사업자가 권한을 부여한 사람에 의해 수행되는 것이며, 개인의 자격증명이나 조직의 인증에 따라 수행하는 것은 아니다.

항공운송사업자가 국외의 인가된 정비업체에 정비수행을 위탁한 경우에는 각 항공종사자 자격요건에 대한 예외사항이 발생한다. 그런 정비업체에는, 직접적으로 정비수행 임무 또는 필수검사 업무를 부여받은 각 개인은 우리나라의 항공종사자 자격증명 소지 요건에 해당하지 않는다.

10.3.5.2. 대수리 및 개조

대수리 및 개조는 항공당국이 인가한 기술자료에 따라 수행되어야 한다. 「운항기술기준」 별표 5.1.1.2.A와 별표 5.1.1.2.B에는 대수리 및 대개조로 간주되는 작업사항을 명시하고 있다. 그러나 항공운송사업자는 항공당국이 발행한 대수리로 간주하는 특정 형식뿐만 아니라 특정 부품에 대한 수리 · 개조 목록에 주의하여야 한다(국토교통부 훈령「수리 · 개조승인 지침」을 참조하라). 「운항기술기준」의 별표에 있는 대수리 및 개조 대상의 목록은 복합소재 구조물, 고속 · 고고도 여압 제트수송기와 같이 계속적으로 개발되어 적용되는 설계, 제작기술 등은 반영되어 있지 않다. 따라서 항공운송사업자의 정비매뉴얼에는 각각의 사례별로 항공기 인증기준을 바탕으로 1차 · 2차 구조부의 분류, 1차구조 요소 또는 고장-안전(fail-safe), 안전-수명(safe-life) 또는 구조부 손상허용치 등의 요소를 반영하여 대 · 소수리로 분류할 수 있는 평가 절차를 갖고 있어야 한다.

10.3.5.3. 정비확인에 대한 감항성인증서 또는 항공기이력부 기재 및 승인

항공운송사업자의 항공기에 대한 정비를 수행한 후에는, 이를 항공에 사용하기 전에 반드시 정비확인에 대한 승인을 하여야 한다. 이 정비확인에 대한 승인은 적합한 방법으로 이루어져야 한다. 상세한 내용을 이 부록의 제8장을 참조하라

10.3.5.4. 정비의 범위

항공운송사업자는 적어도 3개의 주요 분야(항공기 중요장비품에 요구되는 계획정비, 비계획정비 및 특별정비)를 "대상", "시기", "방법" 및 "정확한 수행여부 확인"의 4가지 영역에 대한 유지 및 변경에 대하여 항공운송사업자의 정비프로그램과 정비매뉴얼에 지침이 마련되어 있어야 한다.

1. 계획정비

계획정비는 정비시간한계(정비계획)에 따라 수행되는 모든 개별 정비작업들로 구성된다. 항공운송사업자의 계획정비 행위에는 정비작업에 대한 절차적인 지침이 포함되어야 하고 검사, 점검, 시험 및 그 밖에 다른 정비 수행의 결과를 기록하는 요건이 포함되어야 한다.

2. 비계획정비

(1) 비계획정비는 계획에 없거나 예측할 수 없는 상황에서 발생한 정비에 대한 절차, 지침, 및 기준들이 포함된다. 계획정비 작업의 결과, 조종사 보고서 및 고하중 발생, 경착륙, 초과중량 착륙, 동체후미 지상접촉(tail strike), 지상손상, 낙뢰 또는 엔진 과열과 같은 예측하지 못한 사건들의 발생으로 비계획정비가 필요하게 된다. 항공운

송사업자의 정비매뉴얼에는 비계획정비 수행과 기록에 관한 지침 및 기준, 모든 형태의 비계획 정비의 기록에 대한 세부절차를 포함하고 있어야 한다.

(2) 항공기에 드물게 발생하지만 구조적 손상을 줄 수 있는 매우 높은 부하 발생(very high-load events)에 대한 조치절차(발생여부 기준, 구조 손상에 대한 초도검사 및 추가적인 검사 등을 포함)가 항공운송사업자의 정비매뉴얼에 비계획정비로 포함되어 있어야 한다.

3. 주요 항공기 장비품에 대한 점검 요건

(1) 엔진 정비프로그램

항공운송사업자의 엔진 정비프로그램은 항공운송사업자에서 운용 중인 모든 엔진형식, 즉 항공기에 장착된(installed) 엔진과 장탈된(off-wing) 엔진을 포함하여야 한다. 항공운송사업자의 항공기에 보조동력장치(Auxiliary Power Unit)가 장착되어 있을 경우, 항공운송사업자는 보조동력장치 정비를 항공운송사업자의 엔진 정비프로그램의 일부분으로 포함시킬 수 있다. 일반적으로, 항공기에 장착되어 있는 엔진과 보조동력장치의 요건들은 정비시간한계에 포함되어야 한다. 항공운송사업자 정비매뉴얼의 장탈 엔진에 대한 프로그램은 작업장 정비일정에 대한 정보 또는 엔진 · 보조동력장치의 각 부품에 요구되는 정비사항으로 세척, 조정, 검사, 시험 및 윤활 등의 주기가 규정되어 있어야 한다. 항공운송사업자 정비매뉴얼은 검사의 정도, 적용할 수 있는 마모 허용치, 엔진 또는 보조동력장치가 작업장에 있을 때 요구되는 작업을 수록하여야 한다.

(2) 프로펠러 정비프로그램

적용이 된다면, 항공운송사업자 프로펠러 정비프로그램은 운용중인 모든 각 모델에 대한 장착된(installed) 프로펠러와 장탈된(off-wing) 프로펠러의 정비를 포함하여야 한다. 일반적으로, 항공기에 장착된 프로펠러 시스템의 계획정비 요건은 정비시간한계에 포함되어야 한다. 항공운송사업자 정비매뉴얼의 장탈 프로펠러에 대한 프로그램은 작업장 정비일정에 대한 정보 또는 프로펠러 시스템에 요구되는 정비사항으로 세척, 조정, 검사, 시험 및 윤활 등의 주기가 규정되어 있어야 한다. 일부 최근 모델의 프로펠러는 복합소재로 제작되어 있어, 전용 공구, 수리절차 및 항공정비사에 대한 전문화된 교육을 요구하기도 한다.

4. 장비품 및 부품 정비프로그램

대부분의 장비품 및 부품 정비프로그램은 작업장(shop) 운영을 포함하며, 계획 또는 비계획 정비업무를 포함할 수 있다. 항공운송사업자는 이들 작업장을 항공기 정비를 수행하는 장소가 아닌 다른 장소에 설치하여 관리할 수도 있다. 항공운송사업자의 장비품 및 부품 정비프로그램은 운용 중인 모든 각 모델에 대한 장착된 부품 · 장비품 및 장탈된 부품 · 장비품의 정비를 포함하여야 한다. 일반적으로, 항공기에 장착된 부품 · 장비품의 계획정비 요건은 정비시간한계에 포함되어야 한다. 항공운송사업자 정비매뉴얼의 장탈 부품 · 장비품 프로그램은 작업장 정비일정에 대한 정보 또는 프로펠러 시스템에 요구되는 정비사항으로 세척, 조정, 검사, 시험 및 윤활 등의 주기가 규정되어 있어야 한다.

10.3.6. 정비계획

10.3.6.1. 정비계획

정비시간한계는 항공운송사업자의 계획된 정비작업이 무엇이며, 어떻게, 그리고 언제 할 것인지를 설정한 것이다. 정비계획은 일정한 기준에 따라 정비를 수행할 수 있도록 정비시간한계를 정한 것을 말한다. 비록 과거에는 이 계획에 단지 기본적인 오버홀 한계시간과 기타 일반적인 요건만을 포함하였지만, 현재에는 각 개별적인 정비작업(task) 사항과 이와 관련된 시간한계가 포함된다. 항공운송사업자는 이들 각각의 작업들을 항공운송사업자의 모든 항공기에 대하여 필요한 지속적이고 바람직한 계획정비작업이 이루어질 수 있도록 통합되고 일괄적인 정비계획을 수립하여야 한다.

10.3.6.2. 정비계획에 대한 항공당국의 역할

항공당국은 항공운송사업자의 정비계획을 운영기준(Operations Specifications)을 통하여 인가하고, 희망하는 결과가 도출되는지 이것의 효과를 검증하기 위하여 항공운송사업자의 지속적 분석 및 감시 시스템(Continuing Analysis and Surveillance System, 이하 "CASS"라 한다)을 모니터링한다. 항공운송사업자의 CASS는 정비계획의 변경에 필요한 정보를 제공하는 중요한 원천이 된다(CASS의 상세한 설명은 제11장을 참조하라). 항공당국은 항공운송사업자가 정비계획의 어떤 부족한 사항에 대하여 자발적으로 개선할 것을 기대한다. 만약 항공운송사업자가 개선하지 않는다면 항공당국은 항공운송사업자로 하여금 정비계획을 변경할 것을 요구할 수 있다.

10.3.6.3. 정비계획의 구성 요소

1. 항공운송사업자의 정비계획에는 최소한 다음과 같은 사항이 포함되어야 한다.
   (1) 대상(Unique identifier) : 대상은 항공운송사업자가 정비하고자 하는 항목의 목록으로 쉽고 정확하게 구별할 수 있는 고유번호(Unique Identifier)가 지정되어야 한다. 다음은 항공운송사업자의 정비계획(정비프로그램)에 포함될 수 있는 정비요목의 예이다.
   - 감항성개선지시(ADs)
   - 정비개선회보/기술서신(Service Bulletins/Service Letter)
   - 수명한계품목(Life-limited items)의 교환
   - 주기적인 오버홀 또는 수리를 위한 장비품(components)의 교환
   - 특별검사(Special inspections)
   - 점검 또는 시험(Checks or tests)
   - 윤활(Lubrication) 및 서비싱(servicing)
   - 정비검토위원회보고서(MRBR)에 명시된 작업사항(Tasks)
   - 감항성한계품목(ALs)
   - 인증정비요목(CMRs)
   - 부가적인 구조검사 문서(SSID)
   - 전기배선 내부연결시스템(Electrical Wiring Interconnection System, EWIS)

   (2) 방법(Task) : 방법으로는 정비요목(maintenance task)을 어떻게 수행할 것인가를 말하는 것이다. 계획된 정비요목은 정규적으로 수행하여야 하는 정비행위이다. 이 작업의 목적은 품목(item)이 원래의 기능을 계속적으로 수행할 수 있도록 보장하고, 숨겨진 결함

을 발견할 수 있어야 하고, 숨겨진 기능(hidden function)의 정상작동 가능여부를 확인할 수 있어야 한다. 정비계획에는 Hard time, On-condition 또는 Condition monitored와 같은 용어를 사용하지 않아야 한다. 이들 용어는 1960년대 분류법으로 만들어져 폐기된 애매한 표현으로 항공운송사업자가 수행하는 정비요목을 설명하지 못한다. 정비계획은 요건에 맞게 수행될 수 있는 정비요목의 상태로 표시하여야 한다. (즉, 교환, 검사 및 시험 등)

(3) 시기(Timing) : 계획정비작업(일시 또는 반복 작업)은 적정 시기/주기에 수행되어야 하며, 시기/주기를 산정하는 데는 비행시간, 비행횟수, 경과일수 또는 다른 적정한 단위요소들을 사용할 수 있다.

2. 정비계획(Maintenance schedule)의 목적

종합적인 정비계획은 정확한 작업을 정확한 주기에 수행하는 것을 목적으로 한다. 정비를 더 자주한다고 해서 항상 결과가 좋은 것이 아니므로, 주기를 단축하거나 정비요목을 추가할 때는 다른 정비프로그램 변경과 동일한 판단 과정을 통하여 처리하여야 한다.

3. 정비계획의 가장 좋은 운영방법

Task의 관리, 자재목록 및 심사를 위하여, 항공운송사업자는 정비계획에서 각각의 계획된 정비작업에 해당하는 정비요목(Task) 또는 작업카드(Work card)는 식별번호를 부여(identify)하여 명확히 확인할 수 있도록 하여야 한다. 이러한 방법은 계획된 정비작업이 일정에 따라 빠짐없이 수행될 수 있도록 한다.

10.3.6.4. 정비시간한계의 결정을 위한 기준

1. 항공운송사업자에게는 정비시간한계를 결정하는 기준을 갖는 것이 허용된다. 이는 1960년대 FAA가 인가한 신뢰성프로그램에 법적인 근거를 둔 것이다. 이 프로그램은 ATA(Air Transport Association of America's)에 바탕을 두고 있으며, 현재는 폐지된 MSG-2(Maintenance Steering Group - 2nd Task Force)의 결정논리에 따라 결함율과 정비하는 각각의 항공기의 부품에 초점을 맞춘 조치방법에 바탕을 두고 있다. 항공산업의 계속적인 개발에 따라 1980년에 ATA의 정비요목(Task)에 바탕을 두고 있는 MSG-3(Maintenance Steering Group - 3rd Task Force) 개발기법이 도입되었다. MSG-3은 항공기 시스템과 각각의 부품의 결함보다 기능 상실에 초점을 두고 있다. 아무튼, MSG-2는 확률적 방법을 통해 어떤 부품이 미래에 유사한 결함이 발생할 가능성을 예측하기 위해 그 부품의 결함율를 사용했다. 이때의 기준은 허용 가능한 결함율이었는데, 항공운송사업자들은 부품의 결함율을 감시하기 위해 결함율의 상한선(Upper Control Limits, UCL)과 하한선(LCL, Lower Control Limits)을 설정하여 결함율을 경보하는 프로그럼을 사용했다. 항공운송사업자는 결함율이 확률을 바탕으로 한 예측으로부터(즉 UCL 또는 LCL을 초과하는) 결함율이 이탈할 때에야 조치를 취하였다. 부품에 영향이 없으면 항공운송사업자는 UCL 또는 LCL을 경보프로그램 한계 안으로 이동시킬 수 있었다.

2. 신뢰성 중심 정비방식(Reliability Centered

Maintenance, RCM)

1970년대, 대량의 운용 자료를 수집하여 분석한 결과, 산업계는 결함율과 경보프로그램이 계획정비의 관리를 위한 가장 효율적인 방법이 아니라는 것을 깨달았다. 막대한 양의 사용가능한 운용 자료를 사용하는 것을, 유나이티드에어라인은 미국 국방부와 RCM(Reliability Centered Maintenance)이라 하는 계약에 따라 1978년도에 개발하여 출판하였다. 이것은 이전의 부품 결함율에 초점을 둔 것과는 완전히 대비가 되는 매우 중요한 자료이다. RCM은 항공기 시스템의 기능의 손실에 초점을 두고 있다. RCM은 모든 결함이 동일한 방법으로 발생하지 않는다고 결정했으며, 결함은 6가지의 다른 결함형태로 나타난다. RCM은 또한 모든 결함이 동일한 형식의 정비를 요구하지 않는다고 결정했으며, 거기에는 계획정비의 4가지의 다른 방식이 있다. RCM은 또한 계획정비가 필요하다고 결정할 때 시스템 기능감소 및 원 설계안전성뿐만 아니라 기능상실의 다른 중요한 요소(안전성, 운항성, 경제성)를 취한다. 어떤 경우, RCM은 계획정비가 요구되지 않는다고 결정한다. 이것은 필요한 정비만 수행할 수 있게 하여 정비의 부담을 많이 줄이는 결과를 가져왔다.

3. MSG-3 결정논법(MSG-3 Decision Logic)

RCM document는 1980년 MSG-3 결정논법(decision logic)의 ATA의 개발을 위해 중요한 기반이었다. 이후, 대부분의 항공기 제작은 그들의 새로운 제품의 계획정비요건을 개발하는데 도움을 주는 ATA의 MSG-3 결정논법을 사용하였다. MSG-3 진행의 기본적인 특성은 사용자가 계획정비작업(Task)의 필요를 결정하는데 필요한 운용자료 없이도 초기의 계획정비 요건을 개발할 수 있다는 것이다. MSG-3 결정논법의 기법을 사용하면 초기 계획정비프로그램에 무슨 작업이 포함되어야 하는지를 공정하고 간단하게 결정할 수 있다. 그러나 MSG-3 결정논법에는 사용자가 Task의 주기를 설정하거나 운용개시 후 초도 값을 조절하는데 도움을 줄 수 있는 작업주기선택 결정논법이 포함되어 있지 않다. MSG-3을 이용한 초기 Task의 주기는 설계의 지식과 워킹그룹요원의 가장 좋은 판단을 바탕으로 설정된다. MSG-3에 따라 초기 주기의 설정은 원래 가장 좋은 예측에 따른다. 그 결과로, 초도주기(Initial interval) 선정의 확인은 초도주기 설정이 불가능한 항공기 운용을 시작하기 전과 운용 자료를 생성하기 전에 실시되어야 한다.

4. 효과적인 계획정비

항공운송사업자의 CASS의 원래 기능은 운용 자료의 수집과 분석활동을 통하여 계획정비 효과를 결정하는 것이다. 항공운송사업자는 이 중요한 기능을 계획정비의 유효성의 수준을 결정하고, 결정한 유효성의 기준을 달성하기 위해 필요한 변경을 할 수 있다. 유효하다는 것은 “이것이 설계한 결과를 생산하는 것”을 의미한다. 운용 관점에서 볼 때, 이것은 항공운송사업자의 계획정비 노력의 유효성의 나타내는 것으로 항공기의 비행운항 가능성을 말한다. 정비로 인해 항공기가 운항이 불가능하다면, 항공운송사업자의 계획정비 프로그램은 이것이 존재하는 만큼의 효력이 없을 수도 있다. 거기에는 항공운송사업자의 정비프로그램에 부족한 다른 요소가 있을 수 있다는 것이다. CASS 절차는 근본적인 원인을 밝혀내야 할 것이며, 항공운송사업자가 설정한 비행운항

가능성의 수준 목표성취에 필요한 판단과 수정을 하는데 도움을 줄 것이다.

10.3.6.5. 통합된 계획정비 작업 단위 설정 방법

항공운송사업자는 각각의 정비작업들을 통합된 계획정비 작업 단위로 구분함으로써 개별 계획정비 작업들의 행정과 관리를 단순화 할 수 있다. 가장 높은 빈도로 요구되는 점검들 또는 작업 단위들은 특수 장비 또는 시설을 요하지 않는 단기간의 정비작업들의 단위들이다. 일반적으로 "A", "B", "C" 등과 같이 문자(letter)로 표기되는 보다 복잡한 작업 단위들은 대개 연속적으로 보다 긴 주기로 계획된다. 일부 문자 점검들은 이전 점검에 의하여 처리되던 모든 작업을 포함하고 해당 문자 점검 주기에 지정된 정비작업들을 합하여 설정될 수 있다. 따라서 각 연속되는 문자 점검들은 보다 많은 인원, 기술 및 특수 장비 또는 시설이 요구될 수 있다.

1. 항공운송사업자들은 관례적으로 문자 점검에 대한 주기를 비행시간 또는 비행횟수로 표현하여 왔다. 그러나 많은 항공기 기단들에 대한 정비계획 편의와 용이성을 목적으로, 항공운송사업자는 이들 주기를 항공기 일일 평균 사용시간에 기초하여 독립적인 날짜주기로 변환할 수도 있다. 만약 이러한 변환을 한다면, 항공운송사업자의 문자 점검은 정비작업들을 하루에 한 번, 일주일에 한 번, 한 달에 한 번 등으로 수행되도록 포함시켜야 한다. 날짜주기를 사용하기 위하여, 항공운송사업자는 날짜주기가 해당 항공기의 평균 일일 사용빈도의 유효성이 유지되는지를 확인하기 위하여 항공기 사용빈도(utilization)를 감시하여야 한다. 이는 단일 문자점검에 날짜, 횟수 및 시간으로 통제되는 정비작업들이 포함될 때 특히 중요하다.
2. 항공운송사업자의 주요 기체구조부에 대한 계획 점검은, 역사적으로, "D" 또는 "E" 점검으로 알려져 있다. 매우 크고 복잡한 작업 단위인 이들은 또한 "중정비 점검", "대정비 점검", "Heavy level check", "특별 구조부 점검" 및 "기골 오버홀"과 같은 다른 전문용어로 표현되어 왔다. 이와 같은 종류의 계획 정비작업 단위는 보통 격납고(hangar)에서 이루어진다.
3. 원래 "D" 또는 "E" 점검은 구조부의 점검, 시스템의 작동 및 기능 점검, 항공기 개조, 일신정비(refurbishment), 페인팅 등의 작업을 위하여 항공기 제작사가 권고한 점검 주기였다. 그러나 이들 점검들의 내용에 대한 연구 결과 "D" 또는 "E" 점검 작업은 대부분 "C" 또는 배수의 "C" 점검 작업 단위에 있는 요구항목임이 밝혀졌다. 이것은 정비작업 요건들의 중복을 가져왔다. 또한 중정비, 개조 및 일신정비로 간주되는 것들은 종종 계절별로 계획되거나 계획된 구조부 검사 프로그램의 독립된 주기에 있는 것으로 대부분의 항공운송사업자의 자유재량 항목들이다. 따라서 효율성 측면에서, 구조부 항목들을 적합한 주기로 재분배시키고 "D" 또는 "E" 점검 용어 전체를 제거하는 것이 바람직한 것으로 생각된다.
4. 한 가지 기억할 것은 항공기 제작사가 오래된 항공기에 대한 주요 기체 구조부 점검을 "D" 또는 "E" 점검으로 구분했지만, 새로운 항공기의 주요 기체 구조부 점검을 이와 같이 구분하지 않고 있다는 것이다. 최근 감항분류가 수송(T)인 항공기에 대한 제작사 권고 기체구조부 점검들은 작

업 단위 또는 문자(A, C, 등)로 표시하지 않는다. 이 권고에는 단순히 항공기 감항성에 중요하다고 생각되는 모든 정비작업과 주기들의 목록을 나열하고 있을 뿐이다. 이 목록을 이용하여, 각각의 항공운송사업자는 자신의 정비조직과 운영 환경에 가장 적합한 정비 작업 단위를 고안해 내는 것이 기대된다. 더욱이 현대의 항공운송사업자 정비철학은 일반적으로 "C" 점검 이외에는 주요점검주기를 구분하지 않는다. 경우에 따라서 항공운송사업자의 기체 구조부 점검 프로그램 또는 통합정비작업 단위는 항공운송사업자가 적합하다고 생각하는대로, 항공운송사업자의 정비정책과 지속적 분석 및 감시 시스템(CASS)에 의해 결정된 개정안에 일치하여 설계하고 구분할 수 있다.

5. 항공운송사업자는 정비 인시수(labor–hour)의 소비가 많고 한 달 또는 그 이상 동안 항공기의 운항을 중단해야 하는 "C" 점검 및 "D" 점검의 상당한 부담, 간헐적인 운항중단에 직면하기를 원하지 않을 수 있다. 대신에 항공운송사업자는 해당 "C" 및 "D" 점검 작업들을 보다 빈번한 문자 점검들로 적절히 나눌 수 있다. 이러한 방법을 사용할 경우, 비록 동일한 문자점검을 위하여 수행된 실제 정비작업들이 첫 번째와 그 다음번에 크게 바뀔 수 있다 하더라도, 항공기가 장기간 운항이 중단되지 않으면서 실제 계획된 정비작업의 업무 부담은 상대적으로 일정하게 된다. 예를 들어, 수행 주기는 길지만 작업 소요 시간이 오래 걸리지 않는 정비작업은 짧은 주기의 문자점검 중의 어느 한 점검주기에 할당하되 이러한 점검의 매 2번째 점검주기 또는 4번째 점검주기에 계획될 수 있다. 반대로 특별히 소요시간이 긴 정비작업들의 그룹은 동일 명칭의 연속적인 문자 점검들(1A, 2A, 3A, 등.) 중에 배분할 수 있다. 반면 독립적인 정비작업들은 문자점검 지명에 관계없이 가장 가까운 점검 시간에 계획될 수 있다. 결과적으로, 동일 문자점검이라도, 수행되는 실제 정비작업들은 항공기의 첫 번째 계획 점검 때와 두 번째 점검 때에 크게 다를 것이다. 그러므로 문자 점검의 명칭은 "1A", "3A", "1B", "4B", "1C", "2C", "4C", "8C"등으로 표기할 수 있다.

10.3.6.6. 경년항공기(Aging Aircraft) 정비프로그램

1. 항공사는 경년항공기에 대하여 제작사가 마련한 다음 각 호의 경년항공기 정비프로그램을 항공사 정비프로그램에 포함하여 국토교통부장관에게 인가를 받아야 한다.
   (1) 부식방지 및 관리프로그램(Corrosion Preventive and Control Program)
   (2) 기체구조에 대한 반복점검프로그램 (Supplemental Structural Inspection Program)
   (3) 기체 구조부의 수리 · 개조 부위에 대한 점검 프로그램(Aging Aircraft Safety Rule)
   (4) 동체 여압부위에 대한 수리 · 개조 사항에 대한 적합여부 검사 (Repair Assessment Program)
   (5) 광범위 피로균열에 의한 손상(Widespread Fatigue Damage) 점검프로그램
   (6) 전기배선 연결체계 점검프로그램(Electrical Wire Interconnection System)

(7) 연료계통 안전강화 프로그램

2. 항공사는 경년항공기 운용 중 발생한 고장, 기능 불량 등에 대한 분석결과를 검토하여 정비주기 단축, 점검신설 또는 점검강화 조치를 하여야 한다.
3. 경년항공기는 신뢰성관리지표(안전지표)를 등록기호별로 설정하고 운영하여야 한다.

10.3.7 필수검사항목(Required Inspection Items, RII)

10.3.7.1 필수검사항목 지정

1. 항공운송사업자는 필수검사항목(RII)을 지정해야 한다. 이 필수검사항목은 정비가 부적절하게 수행되거나 혹은 부적절한 부품이나 자재를 사용하여 정비를 수행할 경우 고장, 기능불량 또는 결함으로 항공기의 계속적인 안전한 비행과 이착륙에 위험을 초래할 수 있는 최소한의 정비 작업들을 말한다. 정비작업을 자체수행 또는 위탁 수행한 경우, 이들 필수검사항목에 대한 검사를 수행하는 것은 항공운송사업자의 권한이다. 항공운송사업자는 정비매뉴얼을 통하여 이를 마련하고 문서화 하여야 한다. 규정을 충족하기 위해, 필수검사항목을 위탁하여 수행하였더라도 수행에 대한 일차적인 책임은 항공운송사업자에게 있다.

2. 필수검사항목은 비행안전에 직접적으로 관련되어 있다. 필수검사항목은 비행안전과 동일하게 간주되며, 시간이 부족하거나 불편한 장소에서 계획 또는 불시에 작업이 실시되어 비행계획에 부정적인 영향을 줄지라도 각각의 필수검사항목은 반드시 수행되어야 함을 강조하는 것이다.

10.3.7.2. 필수검사항목 검사절차, 기준 및 한계

1. 정비매뉴얼에는 항공운송사업자의 자체 정비조직 및 위탁 수행하는 다른 조직 내에 소속한 RII 검사원의 명단과 권한을 부여하는 절차가 있어야 한다. 각각의 RII 검사원은 적합한 자격증명을 갖고 있어야 한다. 항공운송사업자는 자격요건을 평가하여 임명하여야 하며, 필수검사항목의 검사를 수행하려고 할 때 자격을 부여하여서는 아니 된다. 이것은 항공운송사업자의 자격부여 요건이며, 이들 RII 검사원에게 인가사실과 권한의 범위를 공식적으로 통보하여야 한다.

2. 항공운송사업자는 작업양식, 작업카드, 기술지시서 및 정비프로그램을 충족시키기 위한 서류 등에 필수검사항목 요건을 명확하게 명시하여야 한다. 필수검사항목 검사기능의 기본적인 개념은 작업항목을 수행하는 사람이 작업항목의 검사를 수행하는 사람이 아니어야 한다는 것이다. 그러므로 필수검사항목으로 명시한 항목은 필수검사항목으로서의 검사가 요구된다는 것을 모든 사람이 알고 있어야 하는 것이 중요한다.

3. 항공운송사업자는 요구되는 검사의 수행을 위한 필요한 절차, 기준 및 한계를 갖고 있어야 한다. 항공운송사업자는 또한 각 필수검사항목 수행의 인정과 거절에 대해 필요한 절차, 기준 및 한계를 갖고 있어야 한다. 항공운송사업자는 필수검사항목 또는 기준, 절차 및 한계가

OEM(Original Equipment Manufacturer) 매뉴얼에 있어서는 아니 되며, 반드시 항공운송사업자가 개발하여 설정한 정비매뉴얼에 있어야 한다.

4. 항공운송사업자는 검사부서의 감독자 또는 필수검사항목의 검사 및 정비 · 개조 기능 양쪽에 관한 총괄책임자 이외에는 필수검사항목에 대한 검사원의 판단을 변경할 수 없음을 보장하는 절차를 정비매뉴얼에 수립하여야 한다. 이는 항공운송사업자를 대신하여 정비를 수행하는 위탁정비업자에게도 동일하게 적용된다.

10.3.7.3. 필수검사항목에 대한 조직의 요건

필수검사기능에 초점을 둔 조직의 요건이 구체적으로 규정되어 있어야 한다. 항공운송사업자는 필수검사항목에 대한 기능을 수행하기 위하여 별도로 조직을 구성할 필요가 있다. 이러한 조직 분리는 필수검사항목 기능과 다른 정비, 예방정비 및 개조의 귀속은 전반적인 책임이 있는 관리감독의 수준(level of administrative control) 아래에 있어야 한다. 이는 항공운송사업자의 정비, 예방정비 및 개조 작업을 수행하는 조직은 항공운송사업자의 필수검사항목 기능을 수행하는 부문과 같은 조직에 있을 수 없다는 것을 의미한다. 대규모 정비조직의 경우 필수검사항목 기능은 오로지 필수검사항목 기능만 수행하는 한 조직에 있을 수 있다. 다시 말하면 필수검사항목 기능의 수행은 다른 일반검사기능의 수행과는 별개로 분리되어 수행되어야 한다. 소규모 조직의 경우 필수검사항목 기능은 한 두 사람에게 책임지게 할 수 있다. 이는 필수검사항목에 대한 업무가 매일 발생하지 않기 때문이다.

10.3.8 정비기록유지 시스템

10.3.8.1 정비기록의 작성 및 유지의 필요성

항공운송사업자는 운용중인 항공기가 신규 감항증명을 받은 이후 감항성을 지속적으로 유지하고 있다는 것을 입증하기 위하여 인가받은 정비프로그램에 따라 점검을 수행하고 그 결과를 작성 · 유지하여야 한다. 감항증명은 정비와 개조가 항공안전법의 요건에 따라 수행되는 한 계속 유효하다. 항공안전법에서 요구된 항공기 정비기록이 불완전하고 부정확한 경우 감항증명이 유효하지 않게 될 수 있다. 대부분의 경우 정비행위들은 일이 끝나면 실체가 없는 무형의 것이 된다. 그러므로 정비행위를 실체화하기 위해서 소유자등은 정비행위에 대하여 정확히 기록하여야 한다.

10.3.8.2. 인증받은 정비조직(AMO)에서 수행한 작업

1. 인증받은 정비조직은 「운항기술기준」 6.1.5에 따라 정비 등을 수행하였음을 증명하는 기록을 유지하여야 한다. 또한 이 조항은 인증받은 정비조직이 항공당국이 정비기록물을 열람할 수 있게 하여야 함을 요구하고 있다. 그러나 이 조항은 인증받은 정비조직이 항공운송사업자의 항공기에 수행한 작업에 대하여 적용하기 위한 것은 아니다.

2. 인증받은 정비조직이 항공운송사업자의 항공기에 대하여 정비 또는 개조를 수행할 때에는 항공

운송사업자의 정비프로그램과 정비매뉴얼의 절차와 요건을 따라야 한다. 그러므로 인증받은 정비조직은 자신의 매뉴얼 대신 반드시 기록유지 요건을 포함하여 항공운송사업자의 정비 등에 관한 수행기준을 따라야 한다. 기록유지요건에 따른 기록유지 책임은 인증받은 정비조직이 아니라 항공운송사업자에게 있다. 인증받은 정비조직은 법령에 따라 항공운송사업자의 항공기에 대한 정비작업을 수행하면서 생산된 작업기록의 사본을 보관하여야 한다. 또한, 법령에 따라 항공운송사업자가 정비조직에게 항공운송사업자의 정비기록을 맡길 수도 있지만 그 기록을 유지하고 항공당국이 열람할 수 있게 하는 것은 항공운송사업자의 책임이다.

10.3.8.3. 부적절한 정비기록 유지에 대한 처벌

1. 항공운송사업자는 자신의 항공기의 감항성을 판단하는데 책임을 져야 하고, 항공당국은 항공기의 감항성과 안전한 상태를 판단하는 직접적인 수단으로 항공기 정비기록을 심사하는데 이용하기 때문에 정비기록은 매우 중요하다.

2. 정비기록의 심사는 필수정비의 수행여부를 판단하는 유일하고 직접적인 수단이므로, 고의적으로 항공운송사업자의 항공기 정비기록을 위조, 문서 훼손, 또는 변경하는 행위뿐만 아니라 고의로 기록하지 않거나 유지하지 않는 행위는 불법행위로 간주하여 행정처분 또는 사법처리될 수 있다.

10.3.8.4. 기록유지 요건

1. 항공운송사업자는 요구되는 항공기 정비기록을 위하여 기록유지시스템(Record keeping system)을 갖추고 이를 사용하여야 한다. 항공운송사업자의 정비매뉴얼에는 시스템 사용에 대하여 규정하고 있어야 한다. 이러한 시스템의 목적은 운송용 항공기의 정비기록을 정확하고 완전한 생성, 보관 유지 및 복구하는데 있다. 이와 같이, 정비기록은 항공기에 발급된 감항증명서가 유효하고, 항공기가 감항성을 유지하고 있으며 안전한 비행이 가능함을 입증한다.
2. 항공운송사업자는 유지해야할 각각의 기록, 문서의 위치를 알 수 있는 목록과 이러한 기록, 문서 및 보고서에 대한 책임자를 알 수 있도록 목록을 유지하여야 한다.
3. 항공운송사업자는 적용되는 감항성개선지시(AD)의 최신 현황자료를 유지해야 하며, 여기에는 시한과 수행방법, 반복인 경우 주기와 차기 시한 정보가 포함되어 있어야 한다.

10.3.8.5. 항공당국의 기록열람

1. 항공당국은 항공운송사업자의 정비기록 열람을 언제든지 요구할 수 있으며, 항공운송사업자는 이를 허용하여야 한다.

2. 항공운송사업자는 항공당국의 요구에 따라 정비기록, 문서 또는 보고서를 제공할 책임을 가진 자를 지정하여야 한다. 또한 각각의 기록, 문서 또는 보고서의 위치에 관한 목록을 만들어 두어야 하며, 이를 최신의 상태로 유지하여야 한다. 이 목록은 항공운송사업자의 주 운영기지에 비

치하여 항공당국이 열람할 수 있도록 하여야 한다.

10.3.8.6. 기록 요건

항공운송사업자는 현황 기록물을 유지하고 있어야 한다. 현황을 유지하여야 하는 내용은 다음과 같다.

1. 총 사용시간

항공기 기체, 장착된 각 엔진과 장착된 각 프로펠러의 총 사용시간(total time in service)은 제작 또는 재생 이후 누적된 사용시간의 기록을 의미하며 시간, 착륙횟수 또는 사이클로 표현된다.

2. 각 수명한계품의 현황

각각의 항공기 기체, 엔진, 프로펠러 및 장비품의 수명한계부품(life-limited parts)의 현황은 최소한 다음의 사항이 포함된 기록을 의미한다.

(1) 적절한 파라미터(시간, 횟수, 날짜)로 표시한 제작이후 사용시간
(2) 적절한 파라미터(시간, 횟수, 날짜)로 표시한 특정 수명한계까지 남아있는 사용 시간
(3) 적절한 파라미터(시간, 횟수, 날짜)로 표시한 특정 수명한계
(4) 부품의 수명한계를 변경한 조치나 수명한계의 파라미터 변경에 대한 기록

3. 오버홀 이후 시간

마지막 오버홀 이후 시간(time since last overhaul)은 최소한 다음의 정보가 포함 된 기록을 의미한다.

(1) 오버홀이 요구되는 품목의 식별과 이와 관련 계획된 오버홀 주기
(2) 마지막 오버홀이 수행된 이후 사용시간
(3) 차기 계획된 오버홀까지 남아있는 사용시간
(4) 차기 계획된 오버홀을 수행할 때의 사용시간

4. 최근 항공기 검사 현황

항공기의 최근 검사 현황은 최소한 다음의 정보가 포함된 기록을 의미한다.

(1) 항공기 정비프로그램이 요구한 각 계획된 검사 패키지와 각 작업과 이에 해당하는 주기의 목록
(2) 항공기 정비프로그램이 요구한 각 계획된 검사 패키지와 각 작업의 최종 수행 이후 누적된 사용시간
(3) 항공기 정비프로그램이 요구한 각 계획된 검사 패키지와 각 작업의 차기 수행까지 남아있는 사용시간
(4) 항공기 정비프로그램이 요구한 각 계획된 검사 패키지와 각 작업의 차기 수행할 때의 사용시간

5. 감항성개선지시 이행 현황

적용되는 감항성개선지시(AD)의 이행 현황에는 최소한 다음의 정보가 포함된 기록이 있어야 한다.

(1) AD가 적용되는 특정 항공기 기체, 엔진, 프로펠러, 장비품 또는 부품의 식별
(2) AD 번호 (및/또는 발행당국의 개정번호)
(3) 요구된 작업이 완료되어야 하는 날짜와 적절한 파라미터(시간, 횟수, 날짜)로 표현된 사용시간
(4) 반복 수행하여야 하는 AD의 경우, 차기 수행 날짜와 적절한 파라미터(시간, 횟수, 날짜)로 표현된 사용시간

(5) AD에 관하여, AD요구사항을 이행하기 위한 조치의 간결한 설명을 이행수단(Method of Compliance)이라 한다. AD 또는 이에 관련된 제작사의 정비개선회보(SB)가 하나 이상의 이행수단을 허용할 경우, 작업 기록에는 이행수단으로 사용된 문서를 반드시 포함해야 한다. 운영자가 해당 AD 이행을 위해 다른 대체수행방법(AMOC)을 사용하고자 할 경우, 그 이행수단은 대체수행방법에 대한 설명과 항공당국의 승인 사본을 의미한다.

* 주 : AD이행현황 또는 이행수단을 목록화하는 것과 AD수행 기록과 혼동하지 않아야 한다. AD수행 기록은 항공에 사용을 위하여 수행된 작업과 수행 및/또는 승인한 자를 명시한 기록을 의미한다.

6. 각 항공기 기체, 엔진, 프로펠러 및 장비품의 최신의 대개조 목록

이 기록 목록은 최소한 다음의 정보가 포함되어야 한다.

(1) 장착된 부품을 포함한 대개조 현황 목록

(2) 대개조에 사용된 항공당국의 승인을 받은 기술자료, 참고자료 및 대개조의 설명

* 주1 : 헬리콥터의 경우 각 로터에 대한 대수리 및 대개조도 포함시켜야 한다.

* 주2 : 대개조 현황을 목록화 하는 것은 최신의 요약정보현황을 말한다. 이 목록을 대개조 보고서와 혼동해서는 안된다. 대개조 보고서는 수행된 작업의 설명, 대개조를 수행하기 위해 사용된 항공당국의 승인을 받은 기술자료의 설명, 수행 및/또는 승인한 자를 명시한 기록을 의미한다. 이 목록을 항공당국에게 대개조의 보고서 사본을 제출하여야 하는 요건과 혼동하여서는 안된다.

7. 감항성인증서의 발행에 대한 모든 요건을 충족함을 보여주는데 필요한 모든 기록

이 기록은 항공기 정비기록의 일부가 아닌 감항성인증서(Airworthiness Release Form)의 사용을 뒷받침해준다. 이들 기록에 대한 법적인 요건은 없지만 일반적으로 다음의 내용을 인정한다.

(1) 동등한 범위와 상세 작업 기록으로 대신할 수 없는 모든 계획정비의 상세 기록

(2) 오버홀이 요구되는 품목에 대한 최종 오버홀 상세 기록

* 주 : 최신 AD현황 기록은 오버홀 기록과 분리하여 유지할 것을 권장한다.

(3) 최근 항공기 운항에 적용된 감항성인증서 사본

10.3.8.7. 그 밖의 요구되는 기록 및 보고

1. 항공운송사업자는 이 부록에서 거론한 보고서와 기록을 유지하여야 한다. 항공운송사업자는 이들 보고서와 기록을 정비매뉴얼의 정비부문 충족성과 정비프로그램의 유효성을 판단하여 항공운송사업자의 운영 상태를 검토하는 자료로 활용할 수 있다. 이러한 기록은 항공운송사업자의 CASS에 관한 여러 정보 중의 하나이다. 항공당국은 항공운송사업자의 정비프로그램에 따른 조치에 대한 지속감독을 위하여 이들 보고서를 사용한다.

2. 정비일지

보고되거나 확인된 고장 또는 결함에 책임 있는 조치를 취한 사람은 이들 조치사항을 탑재용 항공일지에 기록하여야 한다. 또한 항공운송사업자는 기장이 비행 중 발견한 모든 기계적 문제점을 비행시간이 끝나는 시점에 탑재용 항공일지에 확실히 기록하도록 조치하여야 한다.

(1) 감항승인서 또는 항공일지 기록

1) 항공운송사업자는 항공기에 정비 등을 수행한 경우 법 제22조에 따라 항공에 사용승인(Return to service)을 위해 확인하는 행위로써 감항승인서 또는 항공일지에 기록을 하여야 한다. 특히 운송용 항공기의 경우 수행된 정비, 예방정비 또는 개조 등의 기록을 항공기를 운용하기 전에 감항승인서 또는 항공일지에 기록할 수 있는 준비가 되어 있어야 한다.

2) 항공운송사업자의 정비확인을 위한 승인서와 문서는 하나의 요건이지만 다음 2가지의 방법으로 이를 수행할 수 있다.

a) 감항승인서를 작성하여 이를 기장에게 준다. 이 경우 탑재용항공일지에 기록하지 않아도 되지만 탑재용항공일지와는 별도로 보관되어야 한다. 현대의 환경상 감항승인서를 사용하는 것보다 탑재용항공일지에 기록하는 것이 편리하다. 감항승인서를 사용하는 것과 탑재용항공일지에 기록하는 것은 형식적인 차이 외에는 법적 또는 기술적인 차이점은 없다.

b) 탑재용항공일지에 기록한다. 이 경우 감항승인서를 작성할 필요는 없다. 극히 일부의 항공운송사업자는 감항승인서를 분리하여 사용하고 있다.

3) 항공운송사업자는 적합한 자격증명이 있고 개인별로 임명된 자가 정비프로그램에 따라 항공에 사용승인을 위하여 탑재용항공일지에 서명할 수 있는 권한이 있다는 진술문을 항공운송사업자의 정비매뉴얼에 포함시킬 수 있다. 이런 승인된 서명은 진술문의 재기록 없이 항공기의 항공에 사용승인에 대한 네 가지의 상태에 대하여 확인한 행위가 된다. 항공운송사업자는 감항승인서 또는 탑재용항공일지의 기록 절차를 항공운송사업자의 정비매뉴얼에 정하고 있어야 하며, 공익을 위해 최고의 안전성을 고려한 다음의 4가지 내용이 포함되어 있어야 한다.

a) 이 작업은 항공운송사업자의 정비매뉴얼의 요건에 따라 수행되었음

b) 검사가 필요한 모든 항목은 그 작업이 만족하게 완료되었는지 판단할 수 있는 권한을 인가받은 자에 의해 검사되었음

c) 항공기의 감항성이 상실될 수 있는 상태는 없음

d) 수행된 지금까지의 작업으로 항공기는 안전하게 운항할 수 있는 상태에 있음

(2) 감항승인서 또는 탑재용항공일지의 기록은 반드시 항공운송사업자가 감항승인서 또는 탑재용항공일지에 기록, 서명할 수 있는 권한을 부여받은 적합한 자격증명이 있는 자의 서명이 있어야 한다.

주 : 감항승인서 또는 탑재용항공일지는 반드시 운항증명 승인에 따라 인가된 정비사가 항공운송사업자를 대신하여 수행하여야 한다.

주 : 항공운송사업자가 권한을 위임하여 승인한

자가 아니면 어느 누구도 자신의 항공기를 항공에 사용하도록 기록, 서명할 수 없다.

주 : 정비조직인증을 받은 업체는 항공운송사업자의 감항승인서 또는 탑재용항공일지에 기록, 서명할 수 없다. 다만, 항공운송사업자의 운항증명에 따라 승인된 자가 항공운송사업자의 절차에 따라 수행하는 것은 허용이 된다. 이들은 정비조직인증을 받은 업체의 직원일 수도 있지만, 정비조직을 대신하는 것이 아니라 항공운송사업자를 대신하는 것이다.

(3) 항공운송사업자의 정비매뉴얼에는 정비가 수행된 후 감항승인서 또는 탑재용항공일지의 기록에 대한 상세한 절차를 포함하고 있어야 한다. 이 절차에는 항공기가 정비, 예방정비 또는 개조가 수행된 후 감항승인서 또는 탑재용항공일지 기록없이 운항하는 것은 막기 위한 확인 과정을 포함하여야 한다.

(4) 항공운송사업자의 정미매뉴얼에는 감항승인서 또는 탑재용항공일지 기록, 서명을 위해 승인된 자의 자격유지와 승인에 대한 상세한 절차를 포함하여야 한다. 이 절차에는 승인된 자의 업무범위와 제한사항을 포함하여야 하며, 이들의 승인을 문서화하고 전달하는 방법을 포함하여야 한다.

3. 항공기 고장보고서(Service Difficult Reports)

항공운송사업자는 법 제49조의3에 따라 항공기 고장에 따른 장애보고를 하여야 한다. 이 보고서는 정비프로그램 안의 문제점을 확인할 수 있게 하며, 한편으로는 항공당국이 항공기 고장보고시스템을 통하여 정보를 수집하는 주요 수단이다.

4. 기계적 결함 요약 보고서(Mechanical Interruption summary Reports)

항공운송사업자는 법 제49조의3에 따라 항공기의 기계적 결함으로 인한 장애발생 요약현황을 보고하여야 한다. 이 보고서는 정비프로그램 효과의 문제점을 나타내는 지표가 된다. 또한 이들 보고의 분석은 항공운송사업자의 정비프로그램의 효과의 정도를 감독하는데 있어서 가장 유용한 수단 중의 하나이다.

10.3.8.8. 대수리 및 대개조 보고

항공운송사업자의 경우 대수리 및 대개조를 수행한 경우 대수리 및 대개조 보고서를 작성하여야 하며, 관할 지방항공청장에게 보고하여야 한다. 또한 대수리 및 대개조 보고서는 항공당국의 검사를 위해 열람 가능하도록 하여야 한다. 항공운송사업자는 대수리 및 대개조를 수행한 후 보고를 위해 반드시 대수리 및 개조(항공기 기체, 엔진, 프로펠러 또는 장비품) 보고서(운항기술기준 별표 별지 제13호 서식 또는 FAA 337 Form, EASA Form-1) 양식을 사용할 필요는 없다.

10.3.8.9. 이력 또는 기록물 원본에 대한 요건 (Requirements for Historical or Source Records)

항공운송사업자는 항공당국이 언제든지 열람할 수 있도록 유지하여야 하는 현황 기록과 같이 항공운송사업자에 요구되는 기록이 사실이고 정확하다는 것을 입증하기 위한 이력 또는 기록물을 반드시 원본으로 유지하지 않아도 된다. 항공운송사업자 정비프로그램의 원래의 요건과 목적은 항공운송사업자가 시스템을 갖추어 요구되는 정비기록을 저장하고 유지하여야 하는 것과 항공운송사업자가 항공운송사업자의 절차가 준수되고 효력이 있음을 보장하기 위해 항공운송사업자의 CASS에 따라 그 시스템을 감시하여야 한다는 것이다. 이는 항공운송사업자에 요구된 기록이 사실이며 정확함을 보장한다. 수명한계품목의 항공기 사용 이력(생산까지 추적 가능한) 또는 감항성개선지시(AD)의 이행 기록과 같은 기록물을 영구 보관할 필요는 없다. 그러나 항공운송사업자 기록을 작성하고 유지하는데 있어서 위조 또는 잘못이 있을 경우 심각한 과징금 등의 처벌을 받는다는 것을 기억하고 있어야 한다. 법령을 위반한 증거가 없는 한 항공운송사업자의 정비기록유지 시스템에 의해 생성된 항공기 정비기록은 이력 또는 기록물 원본 없이 그 자체로서 인정된다. 여기에서 중요한 고려사항은 항공운송사업자가 믿을 수 있고 적절하게 작동하는 기록유지시스템을 갖추고 있어야 한다는 것이다. 항공운송사업자는 자신의 정비시스템에 부품 또는 장비품 설명에 사용될 기록물 원본을 포함하기를 희망할 수 있다. 이러한 기록에는 향후 유용하게 사용될 수 있는 신규제품에 대한 제작사 송장, 수출감항증명서, 대수리 및 개조 관련 문서 또는 이와 유사한 정보와 같은 문서가 포함될 수 있다. 또한 항공운송사업자는 사업상의 이유로 이력기록을 유지할 수 있다. 그러나 법령에는 사업상의 이유로 인한 이력기록에 대한 요건은 없다. 항공운송사업자가 작성하고 보관해야할 기록은 관련 항공안전법 및 운항기술기준에 명시되어 있다.

10.3.9 계약 정비(Contract Maintenance)

10.3.9.1. 타인이 수행한 정비에 대한 책임 (Responsibility for maintenance performed by others)

항공운송사업자의 항공기등, 장비품 및 부품 등에 대한 정비의 전부 또는 일부를 위탁한 경우, 정비위탁업체의 조직은 실질적으로 항공운송사업자의 정비조직 일부로 간주되며 항공운송사업자의 관리 하에 있다. 항공운송사업자의 항공기 등에 대하여 수행한 정비위탁업체의 모든 정비행위에 대한 책임은 여전히 항공운송사업자에게 있다. 항공운송사업자는 정비위탁업체의 작업 수행능력이 있는지 판단해야 하며, 그들의 작업이 항공운송사업자의 교범과 기준에 따라 만족스럽게 수행하였는지 판단하여야 한다. 항공기에 대한 모든 작업은 항공운송사업자의 정비매뉴얼과 정비프로그램에 따라 수행되어야 하기 때문에 항공운송사업자는 해당 작업 수행을 위하여 항공운송사업자의 정비매뉴얼에 따라 적합한 자료를 정비위탁업체에게 제공하여야 한다. 항공운송사업자는 정비위탁업체가 항공운송사업자가 제공한 매뉴얼에 있는 절차를 따른다는 것을 보장하여야 한다. 항공운송사업자는 정비위탁업체가 해당 작업을 수행하고 있는 동안 작업공정심사(work-in-progress audits)를 통해 이를 확인하여야 한다. 항공운송사업자의 매뉴얼 시스템에는 개별 정비위탁업체가 수행한 작업이 포함될 수 있도록 하여야 한다. 항공운송사업자 정비매뉴얼의 정책과 절차 부분에는 모든 계약 작업에 대하여 항공운송사업자의 직원이 수행할 행정, 관리 및 지시에 대한 권한과 책임 및 개략적인 절차가 명확하게 명시되어 있어야 한다. 항공운송사업자가 제공하는 기술 자료는 정비

위탁업체가 사용할 수 있도록 정보 제공을 위해 준비가 되어 있어야 한다. 항공운송사업자는 정비작업을 지속적인 방식으로 수행할 경우 가능한 서면으로 계약을 해야 한다. 이것은 항공운송사업자의 책임을 명확하게 표시하는데 도움이 될 것이다. 엔진, 프로펠러 또는 항공기 기체 오버홀과 같은 주요 작업의 경우에는 계약서에 해당 작업에 대한 명세서(specification)를 포함하여야 한다. 항공운송사업자는 항공운송사업자의 매뉴얼 시스템 안에 그 명세서를 포함시키거나 참조시켜야 한다.

10.3.9.2. 항공운송사업자 정비시설 이외의 장소에서 수행된 비계획 정비 (Unscheduled maintenance performed away from regular facilities)

항공운송사업자는 회사의 정비시설이 아닌 곳에서 항공기를 정비해야할 필요가 있을 수 있다. 항공운송사업자는 또한 짧은 시기에 정비 서비스가 필요할 수 있다. 항공운송사업자의 정비매뉴얼은 이러한 예기치 못한 조건하에서 정비를 수행하는 절차를 포함하여야 한다. 짧은 시기의 비계획 정비에 대해 기술하면서 항공운송사업자의 정비인력이 항공안전법령과 항공운송사업자의 절차를 따를 필요가 없다고 의미하는 "긴급 정비"라는 용어를 절대로 사용하지 말아야 한다. 긴급이란 단어는 예기치 못한 심각한 상황이 발생한 것을 의미하며 생명 또는 재산의 위험과 관련되며 즉각적인 조치행위가 요구된다. 공항 주기장에 주기된 사용불능의 항공기는 거의 생명과 재산을 위협하지 않는다. 항공운송사업자는 요구된 비계획 정비의 관리와 지시에 관한 절차적 단계를 구체화해야 한다. 비계획 정비, 짧은 주기에 따라 요구된 정비의 수행에 관한 정비위탁업체의 조직, 시설·장비, 인력 및 수행할 작업에 대한 적절한 매뉴얼 확보 여부에 대한 책임은 여전히 항공운송사업자에게 있다. 이러한 판단은 정비위탁업체가 항공운송사업자의 항공기에 대한 작업을 수행하기 이전에 반드시 결정되어야 한다. 이러한 절차와 판단기준은 항공운송사업자의 교범에 포함되어 있어야 한다.

10.3.9.3. 신규 정비위탁업체의 평가 (Evaluating New Contract Maintenance Providers)

1. 정비위탁업체를 처음으로 이용하는 경우에는 항공운송사업자는 반드시 정비를 제공하려는 자가 항공안전법 및 운항기술기준의 정비에 관한 요건을 충족하는지를 항공운송사업자의 심사절차 및 기준에 따라 확인하여야 한다. 대부분의 경우 현장 평가(on-site audit)로 수행할 수 있다.
2. 항공운송사업자는 심사 또는 기타 수단들을 통하여 외주정비업자가 다음의 요건들을 충족시키고 항공운송사업자 정비프로그램의 요건에 부합하여 작업을 수행할 능력이 있음을 증명하여야 한다.

(1) 작업을 수행할 수 있는 능력
(2) 작업을 수행하기 위한 조직 구성 및 충분한 인력
(3) 작업을 수행하기 위한 기술도서
(4) 작업 수행을 위한 적정한 설비와 장비
(5) 항공운송사업자의 CASS을 운영을 위해 필요한 자료와 정보를 수신하고 송부할 수 있는 능력

10.3.9.4. 정비위탁업체에 대한 지속적인 감독(Continuing Maintenance Provider Oversight)

각 정비위탁업체가 요건을 지속적으로 충족하고 있는지 확인하는 것은 항공운송사업자 CASS의 주요 기능 중 하나이다. 항공운송사업자는 각 정비위탁업체에 대해 심사계획을 수립시 위험기반공정(Risk-based process)을 사용해야 한다. 위험기반공정에 따라 일부 정비위탁업체에 대한 현장 평가를 하지 않을 수도 있다. 정비위탁업체의 작업자가 항공운송사업자의 교범을 따르는지 확인하기 위한 평가는 주로 작업진행 중에 대한 평가(work-in-progress audits)여야 한다. 평가는 훈련된 평가자가 수행해야 하며 결과분석은 훈련된 분석자가 수행해야 한다. 분석결과는 정비위탁업체가 항공안전법령 및 필요한 경우 항공운송사업자의 정비프로그램에 지속적으로 충족하고 있는지를 평가할 수 있어야 한다.

10.3.10. 항공종사자 교육훈련

10.3.10.1. 교육훈련프로그램의 요건

항공운송사업자는 작업을 수행하는 모든 항공종사자(검사원 포함)가 절차, 기법 및 사용하는 새로운 장비에 대해 충분히 정보를 얻고, 임무를 수행할 능력을 갖추고 있음을 보증하고, 정비프로그램의 적합한 수행을 위하여 충분한 인력을 제공할 수 있도록 교육훈련프로그램을 개발하여야 한다.

10.3.10.2. 교육훈련의 유형

1. 항공운송사업자의 교육훈련프로그램에는 초기교육(initial training), 보수교육(recurrent training), 전문 교육(specialized training), 능력배양 훈련(competency-based training) 및 위탁업체 교육(maintenance-provider training) 등이 있다.
2. 항공운송사업자는 소속 인력과 정비위탁업체의 인력에 대하여 교육필요성의 평가에 기반을 둔 적절한 교육훈련을 수립해야 한다.
3. 이 평가는 요구되는 지식수준, 기술 및 주어진 작업 또는 기능을 적절하게 수행할 수 있는 능력과 작업 또는 기능을 부여받은 자의 현재 역량을 반영한다.

10.3.10.3. 초기교육(Initial Training)

1. 초기교육은 신규 채용 인력, 새로운 장비 도입 또는 인사이동 등의 사유로 새로운 업무를 시작하기 전에 실시되어야 하며, 다음 사항을 포함한다.
   가. 회사입문교육 또는 회사소개 오리엔테이션
   나. 정비부서의 정책과 절차
   다. 정비 기록 유지와 문서화
   라. 항공기 시스템 또는 지상 장비
   마. 특수한 기술(항공전자, 복합소재 수리, 항공기 시동 및 지상주행, 기타)
   바. 인적요소(human factors)
   사. 작업세부(task-specific) 훈련
   아. 위험물 처리
   자. 그 밖에 항공운송사업자가 필요하다고 판단되는 사항
2. 항공운송사업자의 교육훈련은 직원의 적성을 기반으로 한 평가를 포함해야 한다. 이 평가는 직원의 종전 교육과 경험을 평가하고 각 개인의 특성에 따른 교육훈련 필요성을 아는데 도움을 준

다. 이 목적은 요구되는 수준의 업무숙련도와 직원이 가지고 있는 업무숙련도와의 차이를 보정해주는 교육훈련프로그램을 마련하는데 있다.

10.3.10.4. 보수교육(Recurrent Training)

1. 보수교육은 반복적으로 이루어지는 교육으로, 직원에게 요구되는 자격 수준을 유지하기 위하여 필요한 정보와 기술을 제공하여야 한다.
2. 이 교육은 새로운 항공기와 항공기 개조, 신규 또는 상이한 지상 장비, 새로운 절차, 새로운 기법, 방법 또는 기타 새로운 정보를 제공하며 다음 사항을 포함한다.
3. 이 교육은 반복되는 훈련에 기반을 두고 있지만 정해진 일정에 따라 실시되지 않아도 된다. 항공운송사업자는 해당 직원이 정해진 숙련도 수준을 유지하고 있다면 보수교육에서 반복적인 정보를 제공하지 않아야 한다.
4. 보수교육에는 다음과 같은 사항을 포함한다.
   가. 항공종사자 자격유지 등을 위한 내용
   나. 수행 빈도가 낮은 작업 또는 기술에 대한 교육
   다. 특정 작업 또는 기술에 대한 능력 향상 교육
   라. 기술회보, 회보게시판 내용, 자기주도학습 과제, 컴퓨터 교육 등
   마. 정해진 주기에 따라 실시되지 않는 모든 교육
   바. 그 밖에 항공운송사업자가 필요하다고 판단되는 사항

10.3.10.5. 전문교육(Specialized Training)

전문교육은 필수검사항목(RIIs), 내시경검사(borescope), 비파괴검사(non-destructive testing) 및 조종계통리깅(flight control rigging) 등과 같이 책임 있는 특수 정비업무 또는 분야에 대한 능력에 초점을 두고 이루어져야 한다. 항공운송사업자는 이 교육을 초기교육 또는 보수훈련과 함께 실시할 수 있다. 항공운송사업자는 이 교육에는 정비와 관련된 주제로만 한정할 필요가 없으며, 새로운 관리자를 위한 관리기술 교육, 컴퓨터 활용교육 또는 기타 개인의 임무와 책임의 변화에 따른 교육을 포함시킬 수 있다.

10.3.10.6. 위탁업체 직원 훈련(Maintenance Provider Training)

항공운송사업자의 교육프로그램은 항공운송사업자의 특정 프로그램에 대하여 위탁업체의 직원에게 해당 정보를 제공해야 한다. 이 교육에는 각 개인의 할당된 업무 또는 책임 분야에 알맞은 구체적인 교육내용이 포함되어야 한다.

주: 만약 위탁 업체가 소속 직원을 위한 어떤 훈련과정을 가지고 있다면, 이와 동일한 교육은 중복하여 실시할 필요는 없다. 그러나 항공운송사업자는 위탁업체가 교육프로그램을 가지고 있다고 하더라도 이 교육이 항공운송사업자 자신의 필요와 교육기준을 충족시키는지를 확인해야 한다. 이것은 CASS 평가 대상이 될 수 있다.

10.3.10.7. 능력배양 교육(Competency-Based Training)

1. 항공운송사업자는 전통적으로 업무에 필요한 숙련도를 갖도록 직원들에게 일정한 정비교육시간을 제공했었지만, 각종 연구결과는 숙련도에 기반을 둔 교육훈련이 더 나을 수도 있다는 것을 보여준다. 항공운송사업자는 이 형태의 교육을 정

해진 일정이나 시간에 따라 수행할 필요는 없으나 소속 직원이 어떤 교육을 필요로 하는지 개인별 테스트 통해 평가하는 것이 좋다. 이 평가로 소속 직원이 높은 직무 숙련도를 갖고 있는지 그리고 어떤 교육을 필요로 하는지 알 수 있다. 또한, 항공운송사업자는 교육을 더 필요로 하는 직원을 파악해야 한다. 능력배양 교육은 소속 직원과 정비위탁업체의 특정 요구에 맞게 정비교육 프로그램을 제공할 수 있게 한다.

2. 능력배양 교육은 직원의 직무숙련도를 개인별 업무와 책임에 따른 요구 수준까지 끌어 올릴 수 있다. 항공운송사업자는 직원이 이 교육이 필요한지 결정하기 위한 절차를 가지고 있어야 한다. 이 교육의 수요는 입사 전 시험이나 입사 후 시험 또는 CASS의 분석을 통해 결정할 수 있다.

3. 항공운송사업자가 능력배양 교육을 채택하고 있다면 숙련도의 부족에 대해서 분명하게 다루어야 한다. 예를 들면, 이 교육은 직무교육을 하면서 단순히 절차를 복습함으로써 충분히 이해할 수 있는 교육생으로 진행할 수도 있다. 항공운송사업자는 이러한 교육과정을 만들어야 하고 교육은 각 개인이나 소규모 그룹으로 진행되어야 한다. 이 교육은 초기교육 또는 보수교육에 포함시킬 수 있다.

4. 어떤 사건의 조사를 통해 나타난 숙련도 부족의 경우, 능력배양 교육은 개별적으로 어떤 일이 발생했고, 왜 발생했는지, 어떻게 재발을 방지할 수 있는지를 긍정적인 방법으로 시범을 통해 보여줘야 한다.

5. 항공운송사업자의 능력배양교육은 CASS의 평가를 통해 나타난 개인의 부족한 숙련도를 교정에 방향을 두어야 한다.

10.3.11. 지속적 분석 및 감시 시스템(CASS)

10.3.11.1. 지속적 분석 및 감시 시스템(CASS) 의 배경

1950년대 미국에서 발생했던 일련의 정비관련 항공사고 연구를 통해 지속적 분석 및 감시 시스템(CASS) 도입의 필요성이 대두되었다. 이 연구에서 정비로 인한 사고요인이 정비사가 매뉴얼을 따르지 않고, 해당 정비작업을 수행하지 않았거나 비정상적으로 수행하는 등 기초적인 사항의 취약과 정비프로그램의 허점에서 비롯된 것으로 확인되었다. 이러한 사례로 인하여 미국 연방항공청(FAA)은 검사, 정비, 예방정비, 개조프로그램의 유효성, 지속적 분석 및 감시를 위한 시스템을 수립하고 유지할 것을 항공운송사업자에게 요구하는 규정(FAR 121.373 및 135.431)을 도입하였다. 이 규정은 항공운송사업자가 정비를 직접 수행하거나 위탁업체에서 맡겨 수행하는 것에 상관없이 항공운송사업자는 CASS에 따라 정비프로그램에서 발견된 미흡, 결함사항 등을 수정하는 절차를 마련할 것을 요구하고 있다.

한편, 우리나라는 법 제283조에 따른 정비규정과 운항기술기준 9.3.4.1에 따라 CASS를 마련하여 지속적인 항공기의 감항성을 유지하도록 하고 있다.

10.3.11.2. 안전관리 도구 (Safety Management Tool)

CASS는 안전관리를 위한 하나의 도구로서, 정비기능과 관련된 안전을 관리하기 위한 항공운송사업자의 시스템이다. 이것은 항공운송사업자의 최상의 안전도를 유지할 수 있도록 하기 위한 정책과 절차의 전반적인 구조의 부분이며, 정비프로그램의 목적을 달성하게 하는 구조화된 체계적인 절차를 말한다.

항공운송사업자가 CASS를 적절히 운용한다면 안전위해 요소를 찾아내어 제거할 수 있는 공식적인 절차를 제공하여 회사의 안전문화를 장려할 수 있도록 도움을 줄 수 있을 것이다.

10.3.11.3. 기본 CASS 과정(Basic CASS Processes)

1. CASS는 위험요소를 기반(risk-based)으로 하는 순환형 시스템(closed-loop system)으로 4가지 기본적인 절차로 구성된다.
   가. 감시(Surveillance)
      항공운송사업자의 프로그램 수행과 프로그램의 결과를 평가하기 위하여 자료를 모으기 위해 사용되는 정보수집, 평가 과정
   나. 분석(Analysis)
      정비프로그램의 문제점과 필요한 시정조치를 파악하기 위해 사용하는 분석 과정
   다. 시정조치(Corrective Action)
      시정조치와 개선단계가 정확하게 규정되었는지 확인하기 위하여 사용하는 계획 과정
   라. 후속조치(Followup)
      시정조치가 이행되고 효과적인지 확인하기 위하여 사용되는 목표달성 측정 과정. 이 과정은 정보수집과 분석 과정이다. 즉, 이와 같이 일련의 과정이 순환된다.

2. 최초 감시단계의 동안은 항공운송사업자는 평가프로그램에 사용할 자료를 수집한다. 평가프로그램은 위험요소 평가에 기반을 두어야 하며, 특히 평가를 위해 훈련받고 능력을 갖춘 인력을 통해 수행되어야 한다. 평가원은 매뉴얼이나 다른 정비기술자료, 항공기 상태, 실제 진행 중인 정비작업, 교육훈련, 발간물 및 지상조업 같은 영역도 보게 될 것이다. 추가적으로, 유효성(프로그램 결과)의 측정을 위해 사고/준사고, 정비로 인한 지연/결항, 비행중엔진정지, 불시착륙, 엔진 성능, 항공일지 기록사항 및 승인되지 않은 장비품/부품의 장탈과 같은 운항자료의 수집이 일반적이다.

3. 두 번째 단계로, 정비프로그램의 취약점을 찾기 위해 자료를 분석한다. 분석은 분석가로서 경험이 있고 훈련을 받은 인력을 통해 수행되어야 한다. 이 단계의 주된 목적은 취약점을 밝혀내는 것뿐만 아니라 근원적인 원인을 밝히는 것이다. 여기에서 항공운송사업자 인적요소에 대한 지식이 결정적이 될 것이다.

4. 세 번째 단계는, 분석결과를 기초로 하여 시정조치를 위한 절차를 마련한다. 필요시 인적요소를 고려한다면 더욱 성공적인 시정조치 준비가 될 것이다. 시정조치 준비가 완료되면 시정조치계획을 실행한다.

5. 과정을 마무리하기 위하여, CASS의 네 번째 단

계는 시정조치가 적절하고 완전하게 수행되고 발견된 취약점이 효과적으로 수정되었는지 확인하기 위해 감시와 분석을 이용하여 후속조치단계를 수행한다. 항공운송사업자는 특히 관심항목에 대한 후속조치로써 자료수집과정을 설계할 수 있고, CASS의 첫 번째 단계인 지속적인 감시의 일부로 정할 수 있다. 특별히 정보수집이 필요한지의 결정은 분석결과에 따른 세 번째 단계에서 한다.

6. 초도 및 후속 감시(surveillance) 둘 모두 사전대책을 강구하게 하고 반응을 보이게 할 수 있다. 평가의 경우, 평가 시스템과 절차에 따라 평가결과의 분석으로 절차에서의 취약점을 찾아낼 수 있다. 문제점이 사고를 발생시키기 전에 취약점을 수정 보완하는 것은 사전대비적인 방법이다. 평가는 미수행되거나 잘못 수행된 정비행위를 찾아낼 수 있다. 이러한 시급한 문제점을 발견하고 수정하는 조사는 후속적 절차(reactive process)이다. 유사사례를 방지하기 위하여 시정조치를 개발하고 이행하는 것은 정비프로그램을 개선하는 것과 동일하게 중요하다. 이와 유사하게, 시스템 관점에서 운항자료의 분석은 원치 않는 결항이나 사고 전에 시스템의 취약점을 밝힐 수 있는 결과를 가져올 수 있으며, 이러한 것은 사전 대비적 절차(proactive precess)이다. 원치 않게 발생된 운항 사건들을 조사하고 수정하는 것은 후속적인 조치이지만, 또한 필요하고 권장되는 절차이다.

7. 유효성 부분은 항공운송사업자의 정비프로그램의 모든 요소들이 항공운송사업자가 추구하는데 효과적인지를 확인하는 것으로 사전 감시 및 분석과 사후 감시 및 분석을 통해 이루어진다.

(1) 사전 감시 및 분석에 필요한 자료에는 다음과 같은 것이 포함될 수 있다.

가. 비계획 부품 교환의 증가된 횟수 또는 비계획 정비의 증가 수요

나. 비계획 장비품 교환의 증가된 횟수 또는 비계획 정비의 증가 수요

다. 항공기 지연과 같은 운영 능력 또는 신뢰성의 변화

라. 항공기 운항 정시율

마. 장비품 또는 부품 고장율 경향

(2) 사후 감시 및 분석해야 하는 항목은 다음과 같다.

가. 이륙단념

나. 비계획 착륙

다. 비행 중 엔진정지

라. 항공기사고 또는 항공기준사고

마. 비계획 정비로 인한 비행 취소

바. 비계획 정비로 인한 15분 이상 지연

사. 불안전한 조건이나 항공기 정시성 감소를 야기하는 그 밖의 사건

10.3.11.4. 위험 기반 결정(Risk-Based Decision)

모든 효과적인 CASS는 결함 사항을 처리할 때 당면하는 실제적인 제한사항뿐만 아니라 허용한계치에 대하여도 위험 관리에 필요한 것으로 취한다. 결과적으로, 평가 계획의 우선순위를 정하여 선택하고 다른 정보수집활동, 자료 분석 및 시정조치를 선택하여 이행하여야 한다. 항공운송사업자는 위험요소 평가절차에 우선순위 같은 직접적인 설정사항 등을

결부시켜서 정비프로그램 결과 산출 소기의 목적을 이룰 수 있다.

10.3.11.5. CASS의 범위

CASS는 정비프로그램의 모든 10개 항목에 대하여 감시하여야 한다.

가. 감항성 책임 (Airworthiness responsibility)
나. 항공운송사업자의 정비매뉴얼 (Air carrier maintenance manual)
다. 항공운송사업자의 정비조직 (Air carrier maintenance organization)
라. 정비 · 개조의 수행과 승인 (Accomplishment and approval of maintenance and alterations)
마. 정비계획 (Maintenance schedule)
바. 필수검사항목 (RII)
사. 정비기록시스템 (Maintenance recordkeeping system)
아. 계약정비 (Contract maintenance)
자. 교육훈련 (Personnel training)
차. 지속적 분석 및 심사 시스템(CASS)

10.3.11.6. CASS 설계 원칙 (CASS Design Principles)

1. 다음은 시스템 안전의 속성이다.
가. 명확한 권한 (Clear authority)
나. 명확한 책임 (Clear responsibility)
다. 문서화된 절차 (Specific written procedures)
라. 효과적인 통제 (Effective controls)
마. 목표달성의 측정 (Performance measures)
바. 명확하게 규정된 전달 수단 (Well-defined interfaces)
2. 이 여섯 가지 시스템 안전 속성은 항공운송사업자의 CASS 설계를 위한 시작점이다. 항공운송사업자의 조직 전반에 대하여 CASS에 대한 책임과 권한이 누구에게 있는지 분명해야 한다. 항공운송사업자는 평가와 운항자료 분석이 부실해질 수 있으므로, 책임과 권한을 둘 또는 그 이상의 부분으로 나누어서는 아니 된다. 전형적으로, 항공운송사업자는 원활한 의사소통과 모든 CASS 기능의 협력을 위해 전반적인 CASS 책임이 있는 자와 더불어 정규 고위 경영진의 참여를 유지하기 위한 경영이사회 또는 위원회를 조직하여야 한다. 이 평가 그룹은 항공운송사업자의 CASS 운용과 CASS 자체의 성과와 효과성에 대한 측정의 결정적인 방향에 대한 통제력을 가질 수 있다.
3. 항공운송사업자 정비조직의 많은 요소에 추가적으로, CASS와 기능 또는 전형적 항공사 정비 외적인 조직적인 요소 사이에 많은 접촉면이 있다. 좀 더 명확하게 예를 들면, 기술(Engineering), 운항(Flight operation), 구매, 안전 및 항공당국이 있다. 내부평가 프로그램, 운항품질평가프로그램, 자발적 보고 및 항공안전프로그램 등과 같은 다른 프로그램(만약 있다면)과 CASS와의 관계를 잘 규정하고 상호보완적인지 보증하는 것이 중요하다.

10.3.11.7. CASS 인력 요건 (CASS Personnel Requirements)

1. 효과적인 CASS는 정비조직 내에서 쉽게 얻을 수 없는 기술이 필요하다. 예를 들어 평가 기술은 정

비분야에서 자동적으로 얻어지지 않는다. 분석 능력, 위험분석, 근본적인 원인과 관련된 사항 및 인적요소 고려사항은 특별한 부분으로 일반적으로 해당 교육훈련과 경험을 필요로 한다.

2. 모든 항공운송사업자, 특히 소규모 항공운송사업자는 인력을 공동 사용하고, 정비기능을 시간제로 수행하고, 일부 기능은 계약에 따라 수행할 수도 있다. 그러나 항공기 수리의 다년간 정비경험의 결과로 얻을 수 있는 지식과 기술은 항공기 안전관리에 지대한 영향을 미치므로 그러한 방법으로 수행하는 것은 권장하지 않는다.

10.4. 감항분류가 수송(T)류인 비행기에 대한 기술기준 (Part 25 감항분류가 수송(T)류인 비행기에 대한 기술기준)

항공기기술기준 Part 25 감항분류가 수송(T)류인 비행기에 대한 기술기준은 다음과 같이 8개의 Subpart로 구성되어 있다.

1. Subpart A 일반
2. Subpart B 비행
3. Subpart C 구조
4. Subpart D 설계 및 구조
5. Subpart E 동력장치
6. Subpart F 장비
7. Subpart G 운용한계 제한사항, 표시, 및 비행교범
8. Subpart H 전선연결시스템(EWIS)

KAS Part 25의 각 Subpart 중 항공정비사가 유의하여야 할 부분을 발췌하였다.

10.4.1. 적용 대상 및 특수 규정 (KAS Part 25 Subpart A 일반)

25.1 적용

(a) 본 기술기준은 별도로 정한 경우를 제외하고는 최대이륙중량이 5,700kg 초과하는 수송류 비행기에 대하여 적용한다.

(b) 신청자는 증명을 받고자 하는 비행기가 Part 25의 해당 기술기준에 적합하다는 것을 증명하여야 한다

25.2 소급 적용을 위한 특수규정

다음의 각 조항의 경우에는 특별규정을 제정하여 소급 적용할 수 있다.

(a) 신청일자에 상관없이, 당초 형식증명을 받은 것보다 승객용 좌석을 더 늘리기 위 한 부가형식증명(또는 형식증명추가)을 받고자 하는 경우

(b) 신청일자에 상관없이, 1987년 10월 16일 이후에 제작된 비행기에 대하여 부가형 식증명(또는 형식증명추가)을 받고자 하는 경우

(c) 상기 (a) 또는 (b)항에서 추가로 규정한 특별규정이 필요에 의하여 개정되는 경우 이에 대한 적합성 입증을 요구할 수 있다.

25.3 장거리운항(ETOPS) 형식설계승인에 대한 특수 규정

(a) 적용. 본 항은 다음과 같은 비행기의 장거리운항(ETOPS) 형식설계승인을 신청하 는 자에게 적용한다.

(1) 2007년 2월 15일을 기준으로 형식증명을 이미 받은 비행기, 또는

(2) 2007년 2월 15일 이전에 최초형식증명을 신청

한 비행기

(b) 두개의 엔진이 장착된 비행기.

(1) 부록 K 장거리 운항(ESTOPS) 내의 25.1.4항의 다음과 같은 규정을 만족할 필요가 없는 경우를 제외한, 180분 이하의 장거리운항(ETOPS) 형식설계승인을 받으려는 신청자는 25.1535항을 만족하여야 한다.

(i) K25.1.4(a) 연료 시스템의 압력과 흐름 요구조건

(ii) K25.1.4(a)(3) 낮은 연료량 경고, 그리고

(iii) K25.1.4(c) 엔진 오일 탱크 설계

(2) 180분을 초과하는 장거리운항(ETOPS) 형식설계승인을 받으려는 신청자는 25.1535항을 만족하여야 한다.

(c) 두개 이상의 엔진이 장착된 비행기. 2015년 2월 17일 또는 이후에 제작된 비행기 중 두 개 이상의 엔진이 장착된 비행기에 대한 장거리운항 형식설계승인을 받으려는 신청자는 25.1535항을 만족하여야 한다. 단, 3명의 비행승무원이 요구되는 비행기에 대한 장거리운항 형식설계승인 신청자는 부록 K25.1.4(a)(3)항의 낮은 연료량 경고의 규정을 만족하지 않아도 된다.(a) 본 기술기준은 별도로 정한 경우를 제외하고는 최대 이륙중량이 5,700kg 초과하는 수송류 비행기에 대하여 적용한다.

(b) 신청자는 증명을 받고자 하는 비행기가 Part 25의 해당 기술기준에 적합하다는 것을 증명하여야 한다.

10.4.2. 중량중심 (KAS Part 25 Subpart B 비행)

25.23 중량분포범위

(a) 비행기를 안전하게 운용할 수 있는 중량 및 중량중심의 범위를 설정하여야 한다. 만일 어느 한 가지 중량과 중량중심의 조합이 실수로 한계를 초과할 염려가 있는 특정한 중량분포범위 내에서만(날개길이 방향같이) 허용되는 경우 이러한 범위와 그에 대응하는 중량과 중량중심의 조합을 설정해 두어야 한다.

(b) 중량분포범위는 다음 사항을 초과하지 않아야 한다.

(1) 선정한 범위

(2) 강도가 증명된 범위

(3) 이 기술기준의 각 비행요건에 대한 적합성을 보일 수 있는 범위

25.25 중량한계

(a) 최대중량 : 비행기의 운용조건(램프, 지상활주 또는 수상활주, 이륙, 순항, 착륙등), 환경조건(고도 및 온도 등) 및 적재조건(무연료중량, 중량중심의 위치와 중량 분포) 등에 대응하는 최대중량은 다음을 넘지 않게 설정하여야 한다.

(1) 특정조건에 대하여 신청자가 선정한 최대중량 또는,

(2) 구조상 하중요건 및 비행요건에 적합함이 증명된 최대중량. 단, 보조동력 로켓엔진을 장착한 비행기는 이 기술기준의 부록 E에 설정해 놓은 최대중량 또는,

(3) 소음기준의 요건에 대한 적합성을 보일 수 있는 최대중량

(b) 최소중량 : 최소중량(이 기술기준의 각 요건에 대한 적합성을 보일 수 있는 최소중량) 는 다음 각 호보다 적지 않아야 한다.

(1) 신청자가 선정한 최소중량 또는,

(2) 설계최소중량(이 기술기준의 각 구조하중조건에 대한 적합성을 보일 수 있는 최소중량) 또는,

(3) 각 비행요건에 대한 적합성을 보일 수 있는 최소중량

25.27 중량중심범위

실제적으로 구분할 수 있는 각 운용조건에 대해 최전방 및 최후방 중량중심의 범위를 설정하여야 한다. 이러한 범위는 다음 한계를 넘지 않도록 한다.

(a) 신청자가 선정한 최끝단 한계

(b) 구조가 보증된 최끝단 한계

(c) 각 비행요건에 대한 적합성을 보일 수 있는 최끝단 한계

25.29 공허중량과 대응 중량중심

(a) 공허중량과 이에 해당하는 중량중심은 다음 사항들을 포함한 비행기의 중량을 측정하여 결정하여야 한다.

(1) 고정 밸러스트

(2) 25.959항에 의하여 결정한 사용불능연료

(3) 다음을 포함하는 작동유체 전량

(i) 윤활유

(ii) 유압유

(iii) 비행기 계통의 정상운전에 필요한 기타 유체 (단, 음료수, 화장실용수, 엔진 분사용물 등은 제외)

(b) 공허중량이 결정되는 비행기의 상태조건은 명확히 정의되고 용이하게 반복될 수 있어야 한다.

10.4.3. 하중 및 낙뢰피해방지 (KAS Part 25 Subpart C 구조)

10.4.3.1. 하중 및 강도

25.301 하중

(a) 강도상의 요건은 제한하중(운용 중 예상되는 최대하중) 및 종극하중(제한하중에 적정의 안전율을 곱한 하중)에 따른다. 규정하는 하중은 별도의 언급이 없는 한 제한하중으로 한다.

(b) 원칙적으로 규정하는 비행하중, 지상하중 및 수상하중은 그 비행기의 질량내역을 고려하여 관성력을 평형으로 해야 한다. 하중은 근사적인 상태 또는 거의 실제 상태로 분포되어야 한다. 하중의 크기 및 하중의 분포를 결정하는 방법은 신뢰될 수 있다고 증명된 경우를 제외하고 비행하중 측정을 통해 확인해야 한다.

(c) 하중에 따라 일어나는 휨으로 인해 외력 또는 내력의 분포가 크게 변하는 경우 이것을 고려하여 계산하여야 한다.

25.303 안전율

별도로 규정하지 않는 한, 제한하중(구조의 외부하중)에 대하여 1.5의 안전율을 적용한다. 하중상태가 종극하중으로 할당되어 있을 때는 별도로 규정하지 않는 한 안전율을 적용할 필요가 없다.

25.305 강도 및 변형

(a) 구조는 제한하중에 대하여 안전상 유해한 잔류변형이 생기지 않도록 해야 한다. 제한하중에

이르기까지의 모든 하중에 있어서 그 비행기의 안전한 운용을 방해하는 변형이 생기지 않게 해야 한다.

(b) 구조는 종극하중에 대하여 적어도 3초간은 파괴되지 않은 상태로 지지할 수 있어야 한다. 그러나, 실제 하중조건을 모사한 동적시험을 통해 강도를 증명하는 경우 3초 제한 기준은 적용되지 않는다. 종극하중까지의 정적시험은 하중에 따라 발생하는 종극편향 및 종극변형을 포함해야 한다. 분석방법을 통해 종극하중 강도요건에 대한 적합성을 증명하는 경우 다음 사항들을 충족해야 한다.

(1) 변형에 따른 효과가 중대하지 않을 것.

(2) 포함된 변형이 분석에 의해 완전히 설명될 것.

(3) 사용된 방법 및 가정이 변형에 따른 효과를 충분히 포함하고 있을 것.

(c) 운용조건에서 발생할 수 있는 어떤 하중적용율이 정적하중에서의 응력보다 높은 순간응력을 발생하도록 구조의 신축성이 있는 경우, 이러한 하중적용율 효과를 고려해야 한다.

(d) 보류

(e) 진동개시 영역선도의 범위 하에서, 실속 또는 가능한 이탈을 포함하여 VD/MD 운용조건까지 발생할 수 있는 어떠한 진동을 견딜 수 있도록 비행기는 설계되어야 한다. 이것은 해석적 방법이나 비행시험 또는 검사관이 필요하다고 판단하는 다른 시험에 의해서 증명되어야 한다.

(f) 발생할 경우가 매우 지극히 낮다는 것이 증명되지 않는 한, 어떠한 파손이나 오동작 또는 비행조종계통의 불리한 조건으로부터 발생되는 구조적 진동을 견딜 수 있도록 설계되어야 한다. 이것은 제한하중을 고려하여야 하며 Vc/MC의 속도에서 증명되어야 한다.

25.307 구조의 증명

(a) 구조가 이 장의 강도 및 변형에 관한 기준에 적합하다는 증명은 각각 가장 엄격한 하중조건에 따라 행하여야 한다. 구조해석은 그 방법이 경험상 신뢰할 수 있는 것이 증명되어 있는 구조와 동일한 구조인 경우에 한하여 증명에 사용해도 좋다. 검사관은 제한하중시험이 적당하지 않다고 인정되었을 경우는 종극하중시험을 행할 수도 있다.

(b) 예비

(c) 예비

(d) 비행구조부재에 있어서 25.305(b)항의 요건에 대한 적합성 증명 때문에 정적시험 또는 동적시험을 행하는 경우, 수많은 구성요소가 구조전체의 강도에 기여하고 있어 한 개의 부재가 파괴된 경우 구조 또는 부재가 대체하중 경로에 따라 하중의 재분배가 행하여지는 경우를 제외하고 적정한 재료수정계수를 적용해야 한다.

10.4.3.2. 낙뢰피해방지

25.581 낙뢰와 정전기 방지를 위한 전기적 접속 및 보호조치

(a) 낙뢰와 정전기를 방지하기 위한 전기 접속 및 보호조치는 다음과 같이 되도록 하여야 한다.

(1) 낙뢰에 의한 방전 및 전기적 쇼크에 의한 위험스러운 영향으로부터 비행기 및 이 비행기의 각시스템, 이 비행기의 탑승자 및 지상이나 수상에서 이 비행기와 접촉하는 자가 보호되도

록 하여야 한다.

(2) 위험스러운 정전기 충전이 축적되지 않게 예방되도록 하여야 한다.

(b) 비행기는 낙뢰의 심각한 영향에 대하여 보호되어야 하며 비행기 제작에 사용되는 재료도 이러한 점이 고려되어야 한다.

10.4.4. 설계 및 항공기 시스템 (KAS Part 25 Subpart D 설계 및 구조)

10.4.4.1. 일반

25.601 일반

비행기에는 경험에 의해 위험하거나 또는 신뢰성이 없는 것으로 나타난 설계특성 혹은 부품을 사용하지 않아야 한다. 적합성이 의문시되는 각각의 세부설계 및 부품은 시험을 통하여 이를 확인해야 한다.

25.603 재료

부품의 파손으로 인하여 안전성에 부정적인 영향이 발생할 수 있다면 사용되는 재료의 적합성과 내구성은 다음과 같아야 한다.

(a) 사용경험 또는 시험에 근거하여 입증되어야 한다.

(b) 설계 자료의 강도 및 기타 가정된 특성을 보증하는 승인된 규격(산업규격, 국방규격, 또는 기술표준품 등)에 적합하여야 한다.

(c) 온도 및 습도 등과 같은 운용 중 예상되는 환경조건을 고려해야 한다.

25.605 제작 방법

(a) 사용하는 제작방법은 일관성 있게 정상적인 구조물을 생산할 수 있어야 한다. 이를 위해서 제작공정(접착, 부분용접, 열처리 등) 상에 엄격한 관리가 필요한 경우 해당 공정은 승인된 공정규격에 따라 수행되어야 한다.

(b) 각각의 새로운 제작방법은 시험을 통해 입증되어야 한다.

25.607 결합구(Fastener)

(a) 다음 (1)항 또는 (2)항에 해당하는 경우 장탈 가능한 볼트, 스크류, 너트, 핀 또는 기타 장탈 가능한 결합구는 두 개의 분리된 잠금 장치를 강구해야 한다.

(1) 결합구가 손실되면 통상의 조종기술 및 힘을 사용하여 항공기 설계한계 내에서 계속 비행하거나 착륙할 수 없는 경우

(2) 결합구가 손실되면 피치(Pitch), 요우(Yaw) 또는 롤(Roll) 조종성능이 저하되거나 또는 반응성이 Subpart B의 요구조건보다 감소하는 경우

(b) 상기(a)항에 규정된 결합구 및 그 잠금 장치는 특별한 장착과 관련된 환경조건들에 의해 부정적인 영향을 받지 않아야 한다.

(c) 자체 잠금너트는 자체 잠금장치에 마찰 방식이 아닌 잠금장치를 부가하는 경우 외에는 운용 중 회전하는 볼트에 사용하지 않아야 한다.

25.609 구조의 보호

모든 구조부분은 –

(a) 다음을 포함한 모든 원인에 의해 운용중 발생하는 노화 또는 강도 저하에 대해서 적절히 보호되어야 한다.

(1) 기상조건
(2) 부식
(3) 마모

(b) 보호가 필요한 부분에는 환기 및 배수 설비를 하여야 한다.

25.611 접근할 수 있는 설비

(a) 감항성 유지를 위해서 필요한 조정, 윤활 그리고 통상 교환이 요구되는 부품의 교환 및 주요 구조부재와 조종계통을 점검할 수 있는 방법을 제공하여야 한다. 각 대상품의 점검 방법은 점검주기에 따라서 실행 가능한 것이어야 한다. 구조부재 점검에 직접 육안으로 점검하는 방법을 적용할 수 없는 경우에는 비파괴검사방법을 이용할 수 있다. 단, 이 점검방법이 효과적임을 보여야하며 25.1529항에서 규정한 정비교범(Maintenance Manual)에 점검절차가 규정되어 있어야 한다.

(b) EWIS(전선연결시스템)은 25.1719항의 접근장치 요구조건을 만족하여야 한다.

25.631 조류충돌에 의한 손상

비행기 꼬리부분의 구조는 속도가 25.335(a)항에 의해 선정된 VC(비행경로와 일치하는 조류와의 상대속도, 해면고도 기준)와 같을 때 3.6kg(8 Ibs)의 새가 충돌한 후에도 안전하게 비행을 계속하고 착륙할 수 있도록 설계하여야 한다. 이중 구조 및 조종계통의 요소들을 보호되는 위치로 배치하거나 분할 평판이나 에너지 흡수 재질의 보호장치를 이용하여 이 항의 규정에 적합함을 증명해도 좋다. 유사한 구조로 설계된 비행기의 자료를 이용하여 해석 또는 시험하거나 두 가지 방법을 조합해서 이 항의 규정에 적합함을 증명해도 좋다.

10.4.4.2. 조종계통

25.672 안정성 증가, 자동 및 동력식 계통

기술기준 Part 25의 비행특성 요구조건에 적합함을 입증하기 위해 안정성 증가, 자동 혹은 동력식 계통의 기능이 필요한 경우, 이들 계통은 25.671항의 기준과 다음사항에 적합하여야 한다.

(a) 조종사가 결함을 알지 못하는 사이에 안정성 증가 계통이나 다른 자동 혹은 동력식 계통의 결함 때문에 불안전 상태로 빠져들 수 있는 경우, 모든 가능한 비행상태에서 조종사가 주의를 기울이지 않아도 명확히 인식할 수 있는 경보장치를 구비하여야 한다. 경보장치가 조종계통을 작동시키지 않아야 한다.

25.671 조종계통 일반

(a) 모든 조종장치 및 조종계통은 쉽고, 원활하며 확실하게 작동하여야 한다.

(b) 모든 조종계통의 각 부분은 조종계통의 기능 불량이 발생할 수 있는 부정확한 조립의 가능성을 최소화하도록 설계하거나 또는 구별되는 영구적인 표시를 해야 한다.

(c) 비행기는 다음과 같은 조종계통 및 조종면(트림, 양력, 항력 및 조종력 감지계통을 포함)의 결함이나 선체(hull)(Jamming)가 발생한 후에도 특별한 조종기술 또는 체력이 필요 없이 통상의 비행 영역선도 내에서 안전한 비행을 계속하여 착륙할 수 있다는 것을 해석, 시험 또는 그 두 방법 모두를 사용하여 입증하여야 한다. 발

생 가능한 기능불량은 조종계통 조작에 오직 미미한 영향만을 끼치고 조종사가 용이하게 대응할 수 있어야 한다.

(1) 선체(hull)를 제외한 단일 결함. 예를 들면, 기계적인 요소들의 분리나 결함, 또는 작동기(Actuator), 조종 스풀 하우징 및 밸브와 같은 유압계통의 구조적인 결함

(2) 선체(hull)를 제외한 거의 발생하지 않음이 입증되지 않은 결함들의 조합. 예를 들면, 이중적인 전기계통이나 유압계통의 결함, 또는 유압이나 전기계통과 조합된 단일 결함

(3) 선체(hull)가 거의 발생하지 않거나 해제될 수 있음이 입증되지 않은 경우, 이륙, 상승, 순항, 통상적인 선회, 하강 및 착륙의 통상적인 조종위치에서 발생하는 정체. 조종계통이 부적합한 위치로 이탈하여 정체되는 상태가 거의 발생하지 않음이 입증되지 않은 경우에는 이를 고려하여야 한다.

(d) 비행기는 모든 엔진이 고장난 경우에도 조종이 가능하도록 설계하여야 한다. 이 요구조건의 적합성은 신뢰할 수 있다고 입증된 해석을 사용하여 입증할 수도 있다

25.672 안정성 증가, 자동 및 동력식 계통

기술기준 Part 25의 비행특성 요구조건에 적합함을 입증하기 위해 안정성 증가, 자동 혹은 동력식 계통의 기능이 필요한 경우, 이들 계통은 25.671항의 기준과 다음사항에 적합하여야 한다.

(a) 조종사가 결함을 알지 못하는 사이에 안정성 증가 계통이나 다른 자동 혹은 동력식 계통의 결함 때문에 불안전 상태로 빠져들 수 있는 경우, 모든 가능한 비행상태에서 조종사가 주의를 기울이지 않아도 명확히 인식할 수 있는 경보장치를 구비하여야 한다. 경보장치가 조종계통을 작동시키지 않아야 한다.

(b) 안정성 증가계통이나 자동 혹은 동력식 계통은 25.671(c)항에 규정된 형태의 결함에 대해서 고장 부위 또는 계통의 작동을 해제하거나 통상의 감각으로 조종간을 움직여서 결함을 극복하는 것과 같이 특별한 조종기술 또는 체력이 필요없이 초기 대응을 할 수 있도록 설계하여야 한다.

25.675 정지장치(Stops)

(a) 모든 조종계통은 그 계통에 의해 조종되는 각각의 움직이는 공기역학적 조종면의 작동범위를 확실히 제한하는 정지장치를 구비하여야 한다.

(b) 각각의 정지장치는 마모, 헐거움 또는 과도한 조정으로 조종면의 행정범위가 변하여 비행기의 조종특성에 나쁜 영향을 미치지 않도록 장착되어야 한다.

(c) 각각의 정지장치는 조종계통의 설계조건에 따른 어떠한 하중에도 견딜 수 있어야 한다.

25.689 조종 케이블계통

(a) 각각의 케이블, 케이블 피팅, 조임쇠(Turn Buckle), 꼬아 잇기(Splice) 및 활차는 승인을 받아야 하며 다음 기준을 적용한다.

(1) 직경이 3mm(1/8in) 이하인 케이블은 보조익, 승강타 또는 방향타계통에 사용할 수 없다.

(2) 각각의 케이블계통은 비행기의 운용조건 및 변화하는 온도에서 모든 행정구간에 걸쳐 장력에 위험한 변화가 생기지 않도록 설계하여

야 한다.

(b) 활차의 종류 및 크기는 사용하는 케이블에 적합한 것이어야 한다. 모든 활차 및 톱니바퀴(Sprocket)는 케이블과 체인이 벗겨지거나 헝클어지지 않도록 보호덮개(Guards)가 있어야 한다. 각각의 활차는 케이블이 움직이는 평면과 평행하여 활차 테두리(Flange)에 케이블이 마모되지 않아야 한다.

(c) 페어리드는 케이블 방향이 3도 이상 변하지 않도록 장착하여야 한다.

(d) 하중을 받거나 운동하는 부분에 U자형 연결핀(Clevis Pin)을 사용하거나 코터핀(Cotter Pin)만으로 지탱하는 것은 조종계통에 사용하지 않아야 한다.

(e) 각(角)운동을 하는 부분에 장착하는 조임쇠는 전 행정에 걸쳐서 운동을 구속하지 않도록 장착하여야 한다.

(f) 페어리드, 활차, 단자(Terminal) 및 조임쇠는 육안검사가 가능한 설비가 있어야 한다.

25.679 조종계통의 돌풍대비장치

(a) 비행기가 지상 또는 수상에 있을 때 돌풍충격에 의한 조종면(탭을 포함) 및 조종계통 손상을 방지하는 장치를 구비하여야 한다. 이 장치가 조종사에 의한 조종면의 정상작동을 방해하도록 연결되어 있는 경우, 다음 (1)항 또는 (2)항의 규정에 적합하여야 한다.

(1) 조종사가 주조종장치를 통상의 방법으로 조작하면 자동적으로 연결이 해제될 것.

(2) 이륙 출발시 조종사에게 그 장치가 연결되어 있음을 반드시 경고함으로써 비행기의 운항을 제한할 것.

25.703 이륙경보장치

다음과 같은 요구조건을 충족하는 이륙경보장치를 장착하여야 한다.

(a) 해당계통은 항공기가 안전하게 이륙할 수 없는 (다음의 (1)항과 (2)항을 포함하는) 상태가 되면 이륙활주의 초기에 자동적으로 작동하여 음성경보를 조종사에게 주어야 한다.

(1) 날개의 플랩이나 앞전의 고양력장치 위치가 이륙시의 허용범위를 벗어난 경우,

(2) 날개의 스포일러(25.671항의 요구조건에 적합한 가로방향 조종스포일러를 제외), 속도 제동장치 또는 세로방향 트림장치가 안전한 이륙을 보장하는 위치에 있지 않은 경우.

(b) 상기 (a)항에서 요구된 경보는 다음과 같은 경우가 될 때까지 계속되어야 한다.

(1) 안전하게 이륙할 수 있도록 상태가 변경될 때

(2) 조종사가 이륙활주를 중지하는 조치를 취했을 때

(3) 비행기가 이륙을 위해 회전했을 때

(4) 조종사가 인위적으로 경보를 껐을 때

(c) 이 계통을 동작시키기 위해 사용되는 방법은 증명과장에서 요구하는 이륙중량, 고도 및 온도의 범위에서 적절하게 작동하여야 한다.

10.4.4.3. 착륙장치

25.721 착륙장치 일반

(a) 주착륙장치는 이착륙시의 과부하(상방향 및 후방향에 작용하는 과부하를 가정)에 의해 손상되는 경우 다음을 유발하지 않도록 설계하여야 한다.

(1) 조종사 좌석을 제외한 승객 정원이 9인 이하인 비행기의 경우 기체 내부의 모든 연료계통에서 충분한 연료누출이 있을 때 화재발생.

(2) 조종사 좌석을 제외한 승객 정원이 10인 이상인 비행기의 경우 모든 연료계통에서 충분한 연료누출이 있을 때 화재발생.

(b) 조종사 좌석을 제외한 승객 정원이 10인 이상인 비행기의 경우 하나나 혹은 그 이상의 착륙장치가 펴지지 않은 상태로도 화재를 유발하는 충분한 연료누출이 발생할 수 있는 구조부위의 파손없이 비행기가 포장된 활주로에 착륙할 수 있도록 설계되어야 한다.

(c) 본 절의 기준에 적합함은 분석이나 시험 또는 두 가지 모두를 사용하여 입증하여야 한다.

25.729 인입장치(Retracting mechanism)

(e) 위치 표시기 및 경보장치 : 인입장치를 가진 비행기는 바퀴위치 표시기(표시기를 작동시키기 위해 필요한 스위치 포함) 또는 착륙장치가 내림(또는 올림)의 위치로 고정된 것을 조종사에게 알려주는 장치가 있어야 하며, 이 장치는 다음 기준에 따라 설계하여야 한다.

(1) 스위치가 사용되는 경우에는 착륙장치가 완전히 내려지지 않았을 때 「내린 상태로 고정됨」, 또는 착륙장치가 완전히 접히지 않았을 때 「올린 상태로 고정됨」과 같은 잘못된 표시를 하지 않도록 착륙장치의 기계적인 계통에 배치하고 연결하여야 한다. 스위치는 실제 착륙장치의 잠금걸쇠나 잠금장치에 의해 작동되는 곳에 배치할 수 있다.

(2) 착륙장치가 내린 상태로 고정되지 않았을 때 착륙을 시도하면 계속해서 또는 주기적으로 반복해서 운항승무원에게 청각적인 경고를 주어야 한다.

(3) 경고는 착륙을 포기하고 재 상승하거나 착륙장치가 고정될 때까지 충분한 시간동안 계속되어야 한다.

(4) 상기 (2)항에서 규정된 경고는 운항승무원이 본능적으로 부주의하게 또는 습관적인 행동 등에 의해 인위적으로 차단하는 수단이 없어야 한다.

(5) 청각신호를 발생하는 장치는 오작동이나 결함이 없도록 설계하여야 한다.

(6) 경고장치의 작동을 방해할 수 있는, 착륙장치 청각경고를 못하게 하는 계통들의 결함은 발생하지 않아야 한다.

25.731 차륜(Wheel)

(a) 각각의 주륜(主輪)과 전륜(前輪)은 승인된 것이어야 한다.

(b) 아래의 상태에서 각 차륜의 정격 최대 정하중은 정적 지면반력 이상이어야 한다.

(1) 설계최대중량 상태

(2) 임계중량중심 상태

(c) 각 차륜의 정격 최대제한하중은, 적용되는 기술기준 part 25의 지상하중 요구조건으로 결정된 방사선방향의 최대제한하중 이상이어야 한다.

(d) 과압으로 인한 파열방지 : 차륜 및 타이어 조립체에 대한 과도한 압력으로 인하여 생길 수 있는 차륜결함 및 타이어 파열을 방지할 수 있는 장치가 각 차륜에 대하여 있어야 한다.

25.733 타이어

(a) 착륙장치 축에 한 개의 차륜 및 타이어가 장착되어 있는 경우, 다음과 같을 때 승인된 정격하중을 초과하지 않고 임계조건에서 승인된 정격속도를 초과하지 않는 적절한 타이어를 차륜에 장착하여야 한다.

(1) 주륜 타이어는 비행기중량(최대중량까지) 및 중량중심위치가 가장 불리한 조합일 때의 하중

(2) 전륜(前輪) 타이어는 (b)(1)항에서 규정하는 지면반력에 상당하는 하중

(b) 전륜 타이어에 적용되는 지면반력은 다음과 같이 규정된다.

(1) 비행기 중량(최대 주기장 중량까지) 및 중량중심위치가 가장 불리한 조합이고, 중량중심에 1.0g의 힘을 아래방향으로 가할 때, 타이어의 정적인 지면반력. 이 하중이 타이어 정격하중을 초과하지 않아야 한다.

(2) 비행기 중량(최대 착륙중량까지) 및 중량중심위치가 가장 불리한 조합이고, 중량중심에 아래방향으로 1.0g의 힘과 전방으로 0.31g인 힘을 가할 때, 타이어의 지면반력. 이 경우 반력은 정역학 법칙에 의해 이러한 지면 반작용을 발생할 수 있는 제동장치를 가진 각 차륜에서 수직하중의 0.31배인 항력 반작용이 전륜과 주륜에 분배되어야 한다. 이러한 전륜 타이어 하중은 타이어 정격하중의 1.5배를 초과하지 않아야 한다.

(3) 비행기 중량(최대 주기장 중량까지) 및 중량중심위치가 가장 불리한 조합이고, 중량중심에 아래방향으로 1.0g의 힘과 전방으로 0.20g인 힘을 가할 때, 타이어의 지면반력. 이 경우 반력은 정역학 법칙에 의해 이러한 지면 반작용을 발생할 수 있는 제동장치를 가진 각 차륜에서 수직하중의 0.20배인 항력 반작용이 전륜과 주륜에 분배되어야 한다. 이러한 전륜 타이어 하중은 타이어 정격하중의 1.5배를 초과하지 않아야 한다.

(c) 이중식 또는 이중복식과 같이 착륙장치 축에 한 개 이상의 차륜 및 타이어가 장착되어 있는 경우, 다음과 같을 때 승인된 정격하중을 초과하지 않고 임계조건에서 승인된 정격속도를 초과하지 않는 적절한 타이어를 차륜에 장착하여야 한다.

(1) 각 주륜 타이어는 (a)(1)항에서 규정하는 하중의 1.07배

(2) 각 전륜 타이어는 (a)(2)항, (b)(1)항, (b)(2)항 및 (b)(3)항에서 규정한 하중

(d) 인입식 착륙장치에 장착한 각각의 타이어는 사용 중 예상되는 해당 형식의 최대 크기에서 타이어와 주변의 구조 또는 계통이 접촉하지 않도록 주위의 구조 및 계통들과 충분한 간격이 있어야 한다.

(e) 승인된 최대이륙중량이 34,000kg(75,000lbs)를 초과하는 비행기의 경우, 제동장치가 있는 차륜에 장착되는 타이어는 건조한 질소 또는 불활성임이 입증된 다른 기체로 충진시켜야 하며, 이 때 타이어 내의 혼합기체에 포함된 산소의 체적비율은 5% 이하가 되어야 한다. 단, 타이어가 열을 받더라도 내부 재질이 휘발성 기체를 생성하지 않거나, 타이어의 온도에 의해 불안전한 상태가 발생하지 않는 수단이 있음이 입증된

경우에는 해당되지 않는다.

25.735 제동장치 및 제동계통

(a) 승인 : 차륜 및 제동장치로 구성되는 각 조립체는 승인을 받은 것이어야 한다.

(b) 제동계통 용량 : 제동계통 및 그 관련 계통과 구성품은 다음을 만족하도록 설계하고 제작하여야 한다.

(1) 전기식, 공압식, 유압식 또는 기계식 연결요소나 전달요소에 결함이 발생하는 경우 또는 하나의 유압원 혹은 기타 제동장치를 구동하도록 에너지를 공급하는 공급원을 상실한 경우에 25.125항에서 정해지는 착륙거리의 2배 미만인 제동 롤 정지거리에서 비행기가 멈출 수 있어야 한다.

(2) 제동장치나 그 부근에서 결함이 발생한 후에 제동유압계통의 유체 손실은 지상에서나 비행중에 위험한 화재를 일으키거나 지속하게 하는 정도의 양이 되지 말아야 한다.

(c) 제동장치의 조작 : 제동장치의 조작은 다음을 만족하도록 설계하고 제작하여야 한다.

(1) 조작 시 과도한 조작력을 요구하지 않을 것.

(2) 자동제동계통이 장착되어 있다면 다음과 같은 장치가 있어야 한다.

(i) 해당 계통을 작동시키고 작동해제 시키는 장치

(ii) 조종사가 수동 제동장치를 사용하여 자동제동계통의 작동을 멈출 수 있는 장치

(d) 주차 제동장치 : 한 개 엔진은 최대추력 상태이고 나머지 엔진 하나 혹은 모두가 지상에서 최대 공회전 추력인 상태가 가장 위험한 상태로 상호 조합되었을 때 비행기는 건조하고 편평한 포장 활주로에서 구르는 것을 방지할 수 있도록 주차 제동장치를 가지고 있어야 한다. 주차 제동장치는 조작장치를 주차 위치로 놓았을 때 추가적인 조작이 없어도 구름을 방지할 수 있어야 한다.

(e) 미끄럼 방지계통 : 미끄럼 방지계통을 장착한 경우에는 다음을 만족하여야 한다.

(1) 추가 조작 없이도 예상되는 모든 활주로 상태에서 원활하게 작동하여야 한다.

(2) 자동제동계통이 장착된 경우에 항상 이에 우선하여 작동하여야 한다

10.4.4.4. 승객, 승무원 및 화물을 위한 설비

25.775 전면창 및 측면창

(a) 내측 유리판은 파편이 생기지 않는 재료를 사용하여야 한다.

(b) 조종사 정면에 있는 전면 유리창 및 지지구조는 조종사가 통상적인 임무를 수행할 때, 1.8kg(41b)의 조류가 비행경로를 따라서 25.335(a)항에 의해 선정된 해면고도 기준의 VC값과 같은 상대속도로 충돌해도 관통되지 않고 견딜 수 있어야 한다.

(c) 위험한 전면창 파편 발생 가능성이 극히 적다는 것을 해석 또는 시험으로 입증하지 않는 한, 조류충돌 때문에 생기는 전면창 파편으로 인한 조종사의 위험을 최소화하는 수단이 있어야 한다. 다음과 같은 조종실 내의 각 투명한 창에 대해 이 항목의 적합성을 입증하여야 한다.

(1) 비행기의 전면에 있는 창

(2) 기축에 대해 15°이상의 경사가 있는 창

(3) 파편이 조종사에게 위험을 미치는 위치에 있는 창

(d) 여압장치를 구비한 비행기의 전면창 및 측면창은 연속적이고 주기적인 여합하중, 사용재료의 고유한 특성, 재질 및 온도 및 온도차이의 영향 등을 포함한 고고도 비행의 특이한 요소들을 기초로 설계하여야 한다. 전면창 및 측면창은 장착 또는 관련계통에서 하나의 결함이 있더라도, 객실 여압차이에 의한 최대하중과 임계공력압 및 온도효과를 조합한 하중에 견딜 수가 있어야 한다. 이 경우, 운항승무원(25.1523항의 규정에 의해 설정된)이 결함을 확실히 인식하고, 비행기의 안전운항을 위해 적절한 운용한계에 따라 객실여압을 최대 값에서 객실고도 4,500m(15,000ft) 이하로 감소시키는 것을 가정해도 좋다.

(e) 조종사 전방의 전면창은 어느 단위 창의 시계가 불량한 경우, 조종사석에 있는 조종사가 하나 이상의 나머지 창을 사용하여 계속적으로 안전한 비행 및 착륙을 할 수 있도록 구성하여야 한다.

25.779 조종실 조종장치의 조작 및 효과

조종실 조종장치는 다음과 같이 조작하고 작동하도록 설계하여야 한다.

(a) 공기역학적인 조종장치

(1) 주조종장치

[표 10-2] 주 조종 장치의 조작

조종장치	조 작	효 과
보조익	오른쪽(시계방향)으로	우익이 내려감
승강타	후방으로	기수가 올라감
방향타	오른쪽페달 전방으로	기수가 오른쪽으로

(2) 2차 조종장치

[표 10-3] 2차 조종 장치의 조작

조종장치	조 작	효 과
플랩 (또는 보조 양력장치)	전방으로	플랩을 올림
	후방으로	플랩을 내림
트림 탭 (또는 동등한 것)	회전	조종장치 축에 평행한 비행기 축을 기준으로 같은 방향 회전

(b) 동력장치 및 보조 조작장치

(1) 동력장치 조작장치

[표 10-4] 동력 장치의 조작

조종장치	조 작	효 과
출력 또는 추력	전방	전방추력 증가
	후방	후방추력 증가
프로펠러	전방	회전수 증가
혼합기 조작장치	전방 또는 위로	농도를 진하게 함
기화기 공기예열장치	전방 또는 위로	차갑게 함
과급기	전방 또는 위로	낮은 송풍
(터보 과급기)	전방, 위 또는 시계방향	압력 증가

(2) 보조 조작장치

[표 10-5] 보조 장치의 조작

조종장치	조 작	효 과
착륙장치	아래 방향	착륙장치 내림

5.781 조종실 조종장치 손잡이의 형태

조종실 조종장치의 손잡이는 다음 그림 10-6과 같은 일반적인 형태와 일치하여야 한다. 단, 모양이나 비율이 꼭 같을 필요는 없다.

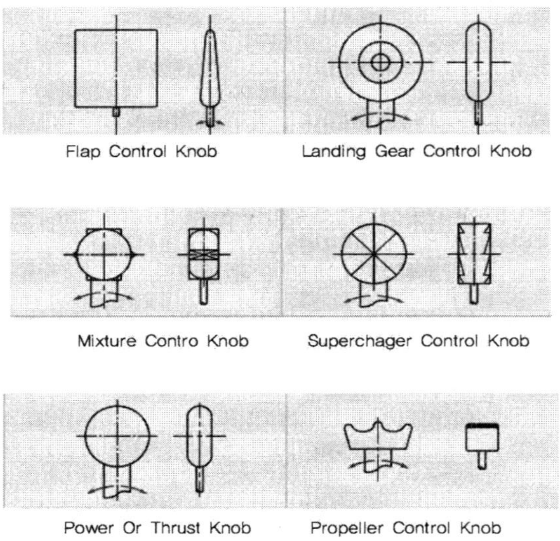

[그림 10-6] 조종실 손잡이 형태

10.4.4.5. 비상설비

25.803 비상탈출

(a) 충돌 착륙시 비행기에 화재가 나는 것을 고려하여, 객실 및 조종실에는 착륙장치를 편 상태에서도 접은 상태와 마 찬가지로 신속한 탈출이 가능한 비상수단이 있어야 한다.

(c) 승객정원이 44인을 넘는 비행기는, 모의 비상상황으로 운용 규칙에서 요구하는 승무원 수를 포함하는 최대 탑승객이 90초 이내에 비행기에서 지상으로 탈출할 수 있다는 것을 입증하여야 한다. 이 요구조건에 대한 적합성은 부록 J.에 규정된 시험기준으로 실물 시험을 함으로써 입증하여야 하나, 해석과 시험을 조합하여 실물 시험과 동등한 자료를 얻을 수 있다고 국토교통부장관이 인정하는 경우에는 해석과 시험을 조합하여 입증할 수 있다.

25.815 통로 폭

승객 좌석사이의 승객용 통로 폭은 다음 표의 값 이상이어야 한다.

[표 10-6] 승객용 통로 폭

승객 정원수	승객용 통로 폭의 최소값	
	바닥에서 64cm (25in)미만인 곳	바닥에서 64cm (25in)이상인 곳
10인 이하	30cm(12in)※	38cm(15in)
11인에서 19인까지	30cm(12in)	51cm(20in)
20인 이상	38cm(15in)	51cm(20in)

※ 국토교통부장관이 요구하는 시험에 의해 입증된 경우에는 규정보다 좁은 것이 허용되지만, 그 값은 23cm(9in) 이상이어야 한다.

10.4.4.6. 여압계통

25.841 여압실

(a) 여압실 및 비행 중 사람이 사용하는 부분은 정상운용상태의 비행기 최대운용고도에서 객실 여압고도가 2,400 m(8,000 ft) 이하로 되도록 설비하여야 한다.

(1) 7,600 m(25,000 ft) 이상의 고도에서의 운용에 대해서 증명을 얻으려고 하는 비행기에 있

어서는 여압계통의 예상되는 고장 또는 기능 불량이 일어난 경우에 있어서 4,500 m(15,000 ft) 이하의 객실여압고도를 유지할 수 있어야 한다.

(2) 비행기는 여압계통의 고장 또는 기능불량으로 인한 감압 후 다음을 초과하는 객실여압고도에 승객들이 노출되지 않아야 한다.

(i) 2분이상의 7,600 m(25,000 ft) 이상의 고도

(ii) 모든 기간 중 12,100 m(40,000 ft)

(3) 동체구조, 엔진 및 계통의 고장에 따른 객실 감압을 충분히 고려하여야 한다.

(b) 여압실에는 객실여압을 제어하기 위하여 적어도 다음의 제어장치 및 지시기를 장착하여야 한다.

(1) 압축기가 발생하는 것이 가능한 최대유량의 경우에 정(+)의 압력차를 미리 결정된 값에 자동적으로 제한하는 두 개의 감압밸브. 이들의 감압밸브의 각각의 능력은 하나라도 고장나면 압력차가 상당한 정도의 상승을 초래하는 것이 아니어야 한다. 또한 압력차는 외기압보다 객실의 압력이 높은 때에 정(+)으로 한다.

(2) 비행기 구조를 파손하는 부(−)의 압력차로 되는 것을 자동적으로 막는 두 개의 안전밸브(또는 그것과 동등의 것). 단, 그 기능불량을 방지하는 것이 가능한 설계의 경우에는 한 개의 안전밸브만을 설비하여도 된다.

(3) 압력차를 급격히 영까지 감소시키는 장치

(4) 소요 실내의 압력 및 환기율을 유지하는 것이 가능하도록 흡입공기량 혹은 배출 공기량 또는 그 양자를 제어하기 위한 자동 또는 수동 조정기

(5) 조종사 또는 기관사에게 압력차, 실내압력고도 및 실내 압력고도의 변화율을 지시하는 계기

(6) 압력차 및 실내압력고도가 안전한계치 또는 미리 정해둔 값을 넘는 경우에 조종사 또는 기관사에게 그것을 알리는 경보지시기. 적절한 경계표시를 부착한 객실 압력차 지시계는 압력차에 대해서 경보지시기로 간주한다. 객실 압력고도가 3,000m(10,000ft)이상으로 된 때에는 승무원에게 경보를 주는 청각 또는 시각에 의한 신호(객실고도 지시장치의 타에 장착한)는 실내 압력고도에 대해서 경보지시기로 간주한다.

(7) 비행기 구조가 최대 감압밸브 위치까지의 압력차와 착륙하중과의 조합에 대해서 설계되어 있지 않은 경우에는 그것을 조종사 또는 기관사에게 경고하는 게시판

(8) (b)(5)항, (b)(6)항 및 25.1447(c)항에서 규정하는 장비가 필요로 하는 압력감지기 및 압력감지 계통의 배치 또는 설계는 객실 및 승무원실(이층 및 객실 아래의 조리실을 포함) 어느 것인가 하나에 있어서 실내압력의 손실이 생긴 경우에 있어서도 필요한 산소공급장치가 자동적으로 탑승자의 앞에 출현하는 장치가 감압에 의해서 위험이 현저히 증대하는 시간적 지체없이 작동하도록 한 것이어야 한다.

10.4.4.7. 화재방지

25.851 소화기

(a) 휴대용 소화기

(1) 객실에는 사용에 편리한 위치에 적어도 다음 수량의 휴대용 소화기가 구비되어야 한다.

[표 10-7] 소화기 최소 수량

휴대용 소화기의 최소 수량	
승객수	소화기 수량
7 ~ 30인	1
31 ~ 60인	2
61 ~ 200인	3
201 ~ 300인	4
301 ~ 400인	5
401 ~ 500인	6
501 ~ 600인	7
601 ~ 700인	8

(2) 승무원실에는 사용에 편리한 위치에 적어도 한대의 소화기가 구비되어 있어야 한다.

(3) A급 또는 B급의 화물 또는 수하물실 그리고 비행 중 승무원 출입이 가능한 모든 E급 화물실에는 용이하게 이용 가능한 휴대용 소화기를 구비하여야 한다.

(4) 객실 상부 또는 하부에 위치한 각 취사실에는 사용에 편리한 위치에 적어도 한대의 소화기가 구비되어 있어야 한다.

(5) 휴대용 소화기는 승인된 것이어야 한다.

(6) 승객 31 ~ 60인 비행기의 객실에는 적어도 한 대, 승객 61인 이상인 비행기의 객실에는 적어도 2대의 소화기(소화제로서 Halon 1211 또는 이와 동등한 것)가 구비되어야 한다. 소화제의 종류는 소화기를 사용하려고 하는 곳에서 발생 가능한 화재의 종류에 대해서 적당한 것이어야 한다.

(7) 각 소화기에 요구되는 소화제의 양은 가능한 화재의 종류에 대해서 적당한 것이어야 한다.

(8) 객실에서 사용하려고 하는 소화기는 위험한 유독가스의 농도를 최소로 하도록 설계된 것이어야 한다.

(b) 고정소화장치 : 고정소화장치를 필요로 하는 곳에서는 다음의 기준을 적용한다.

(1) 소화장치는 다음의 (i)항 및 (ii)항에 적합하도록 장착하여야 한다.

(i) 객실에 침투할 것으로 예상되는 소화제는 인체에 해를 미치지 않는 것일 것.

(ii) 소화제를 발사한 경우에 구조물에 손상을 주는 것이 없는 것.

(2) 소화장치는 장소의 용적 및 환기율을 고려해서 그 장소에서 발생할 수 있는 모든 종류의 화재에 대항할 수 있을 만한 충분한 능력을 가진 것이어야 한다.

10.4.4.8. 기타 요건

25.899 전기적 본딩 및 정전기 보호

(a) 정전기에 대비한 전기적 본딩 및 정전기 보호는 다음의 현상을 유발할 있는 정전기 전하의 축적이 최소화되도록 설계하여야 한다.

(1) 전기적 쇼크로 인한 인적 상해

(2) 가연성 증기의 발화

(3) 장착된 전기장치나 전자장치에 대한 간섭

(b) 이 절의 (a)항에 대한 적합성은 다음과 같은 방법으로 입증할 수 있다.

(1) 기체구조물과의 적정한 전기적 본딩

(2) 비행기, 사람 또는 장착된 전기 및 전자시스템에 위험을 주지 않도록 정전기 전하를 방출시킬 수 있는 기타의 인정 가능한 수단을 구비

10.4.5. 동력장치 (KAS Part 25 Subpart E 동력장치)

10.4.5.1. 엔진 및 프로펠러

25.903 엔진

(d) 터빈 엔진 장착 : 터빈 엔진 장착에 대한 요구조건은 다음과 같다.

(1) 엔진 로터가 파손되거나 엔진내부에서 발생한 화재가 엔진 덮개를 통과하여 진전되는 경우에 대비하여 비행기의 피해를 최소화 할 수 있도록 설계상의 예방책을 강구하여야 한다.

(2) 동력장치 계통과 엔진 조종장치, 시스템, 계기 등은 터빈로터의 구조에 불리한 영향을 미치는 운용한계가 가동 중에 초과되지 않도록 설계되어야 한다.

25.925 프로펠러 여유간격

보다 작은 간격으로도 안전하다고 입증되지 않는 한, 프로펠러의 여유간격들은 비행기의 중량이 최대이고 중량중심의 위치와 프로펠러피치의 위치가 가장 불리한 상태일 때 다음 값들 보다 작지 않아야 한다.

(a) 지면과의 여유간격 : 착륙장치가 정적으로 수축된 상태에서의 수평 이륙 자세와 주행 자세 중에서 가장 작은 지면과의 여유 간격은 전륜식 비행기는 17.78 cm(7 in), 후륜식 비행기는 22.86 cm(9 in) 이상이어야 한다. 또한, 수평이륙 자세에서 임계 타이어가 완전히 파열되고 착륙장치 스트러트가 지면에 닿은 경우에도 프로펠러와 지면사이에 충분한 간격이 유지되어야 한다.

(b) 수면과의 여유간격 : 보다 작은 간격으로도 25.239(a)항에 대한 적합성이 입증되지 않는 한, 프로펠러와 수면 사이에는 최소한 45.72 cmn) 이상의 여유간격이 있어야 한다.

(c) 기체구조와의 여유간격

(1) 프로펠러블레이드의 끝부분과 비행기 구조 사이에는 최소한 1인치(2.54cm)의 여유간격이 있어야 하며 유해한 진동을 예방하기 위해 필요한 만큼의 간격이 추가되어야 한다.

(2) 프로펠러블레이드 또는 커프(Cuff)와 비행기에 고정되어 있는 부품 사이에 축방향으로 최소한 0.5인치(1.27cm) 이상의 여유간격이 있어야 한다.

(3) 프로펠러의 기타 회전 부위 또는 스피너와 비행기에 고정되어 있는 부품 사이에 여유간격이 있어야 한다.

10.4.5.2. 연료계통

25.951 일반

(a) 연료계통은 인증된 모든 기동과 엔진과 보조동력장치의 사용이 허용되는 조건을 포함한 모든 예상 운용조건에서 엔진 및 보조동력장치의 적절한 기능을 위해 설정된 유량 및 압력으로 연료흐름이 이루어지도록 구성하고 배치하여야 한다.

(b) 모든 연료계통은 내부에 들어간 공기가 다음과 같은 상태를 유발하지 않도록 배치하여야 한다.

(1) 왕복엔진의 20초 이상의 출력 중단

(2) 터빈엔진의 운전정지

(c) 터빈 엔진의 각 연료 시스템은 초기에 26.7℃(80℉)에서 포화상태에 이른 연료에 리터당

0.198cc(0.75cc/gal)의 비율로 물을 넣고 운용 중에 예상되는 최악의 결빙조건에서 냉각시킨 연료를 사용하더라도 정상적인 유량 및 압력을 보이며 지속적으로 작동할 수 있어야 한다.

(d) 터빈 엔진을 장착한 비행기의 연료 시스템은 기술기준 Part 34에 따른 연료배출과 관련한 요구조건을 충족해야 한다.

25.963 연료탱크의 일반적인 요구조건

(a) 각 연료탱크는 운용 중에 받을 수 있는 진동, 관성력, 유체 및 구조적인 하중에 결함 없이 견딜 수 있어야 한다.

(b) 유연성이 있는 연료탱크 라이너는 승인을 받은 것을 사용하거나 사용에 적합함을 입증해야 한다.

(c) 통합 연료탱크는 내부검사 및 수리가 용이해야 한다.

(d) 동체 외곽에 위치한 연료탱크는 25.561항에 따른 비상착륙으로 인한 관성력을 받는 경우에도 파손되지 않고 연료를 보존할 수 있어야 한다. 또한, 이러한 연료탱크들은 탱크가 노출되어 지면과의 접촉이 발생할 수 없는 보호 위치에 두어야 한다.

(e) 연료탱크의 점검창 덮개는 위험한 양의 연료 손실이 발생하지 않도록 다음 기준에 적합하여야 한다.

(1) 경험 또는 분석에 의해 충격 가능성이 있다고 추정되는 곳에 위치한 모든 덮개는 타이어 조각, 낮은 에너지의 엔진 파편이나 발생할 수 있는 기타 파편 등에 의해 관통되거나 변형될 가능성이 최소화 되었다는 것을 분석이나 시험을 통해 입증하여야 한다.

(2) 모든 덮개는 기술기준 Part 1에 정의된 바와 같이 내화성이어야 한다.

(f) 가압 연료탱크의 경우 탱크 내부와 외부 사이에 과도한 차압이 형성되지 않도록 페일세이프(Fail-Safe) 형상의 수단을 갖추어야 한다.

25.969 연료탱크 팽창 공간

모든 연료탱크에는 탱크 용량의 2% 이상의 팽창공간을 두어야 한다. 비행기가 정상적인 지상 자세에 있는 경우에는 부주의한 경우에도 연료탱크의 팽창 공간에는 연료가 공급되지 않아야 한다. 가압식 연료공급 시스템의 경우, 25.979(b)항에 대한 적합성을 입증한 방법으로 이 항목에 대한 적합성을 입증할 수 있다.

25.971 연료탱크 고이개(sump)

(a) 각 연료탱크에는 비행기가 정상적인 자세로 지상에 있을 때 탱크 용적의 0.1% 또는 0.24ℓ (1/16gal) 이상의 용량을 가진 고이개가 있어야 한다. 단, 운용 중에 축적되는 수분의 양이 고이개의 용량을 초과하지 않음을 보장하는 운용한계가 설정된 경우는 예외로 한다.

(b) 각 연료탱크에 있는 위험한 분량의 수분은 탱크 내의 어느 곳에 있든지 비행기가 지상에 정상적인 자세로 있는 상태에서 고이개로 배수되어야 한다.

(c) 연료탱크의 고이개에는 다음과 같이 접근하기 쉬운 배출구가 있어야 한다.

(1) 지상에서 고이개를 완전히 배출할 수 있어야 함.

(2) 비행기의 각 부분에서 확실하게 배출할 수 있어야 함.

(3) 닫힘 위치에서 확실하게 잠기는 수동 장치 또는 자동 장치가 있어야 함.

10.4.5.3. 오일(윤활유) 계통

25..1013 오일 탱크

(a) 장착 : 모든 오일탱크의 장착은 25.967항의 요구조건에 적합하여야 한다.

(b) 팽창 공간 : 오일탱크에는 다음과 같은 팽창공간이 있어야 한다.

(1) 피스톤엔진에 사용하는 각 오일탱크는 탱크용량의 10% 또는 1.9 ℓ (0.5gal)중 큰 값 이상인 팽창공간이 있어야 하며, 터빈 엔진에 사용하는 각 오일탱크는 탱크용량의 10%이상인 팽창공간이 있어야 한다.

(2) 어떤 엔진에도 직접 연결되어 있지 않은 예비오일탱크에는 탱크용량의 2% 이상인 팽창공간이 있어야 한다.

(3) 비행기의 정상적인 지상자세에서 부주의로 인해 오일탱크의 팽창공간을 오일로 채울 수 없어야 한다.

(c) 주입구 연결부 : 상당한 분량의 오일이 남아있을 수 있는 오목한 오일탱크 주입구 연결부에는 비행기의 어떤 부분에도 흐르지 않게 배출하는 배출구가 있어야 한다. 또한, 각 오일탱크 주입구 덮개에는 오일차폐용 밀폐재가 있어야 한다.

10.4.6. 유압시스템(KAS Part 25 Subpart 25 Subpart F 장비)

25.1435 유압시스템

(a) 부품설계. 유압시스템의 각 부품은 다음의 규정을 만족하도록 설계하여야 한다.

(1) 소정의 기능발휘를 막는 영구변형을 일으키지 않으면서 내압을 견딜 수 있어야 하며 파괴가 발생함이 없이 극한압력을 견딜 수 있어야 한다. 내압 및 극한압력은 다음과 같이 설계작동압력(design operating pressure, DOP)에 대한 비율로서 정의한다

요소	내압 (× DOP)	극한압력 (× DOP)
1. 튜브 및 피팅	1.5	3.0
2. 압력가스를 담는 압력용기		
– 고압(축압기 등)	3.0	4.0
– 저압(레저버 등)	1.5	3.0
3. 호스	2.0	4.0
4. 기타	1.5	2.0

(2) 소정의 기능 발휘를 막는 영구변형을 일으키지 않으면서 발생할 수 있는 제한 구조하중과 설계작동압력을 견딜 수 있어야 한다.

(3) 발생할 수 있는 극한구조하중과 설계작동압력의 1.5배의 압력을 동시에 받아도 파괴되지 않고 견디어야 한다.

(4) 순간적인 압력을 포함하여 주기적으로 발생하는 모든 형태의 압력 및 이로 인하여 외부에서 유도되는 하중으로 인한 피로 효과를 견디어야 하며, 이때 부품 결함으로 인한 영향을 고

려하여야 한다.

(5) 비행기는 인증을 받은 모든 환경 조건에서 소정의 기능을 발휘하여야 한다.

10.4.7 전선연결 시스템 (EWIS, Electrical Wiring Interconnection System; KAS Part 25 Subpart H 전선 연결 시스템)

25.1701 정의

(a) 전선연결시스템(EWIS, Electrical Wiring Interconnection System)은 전선, 전선기구, 또는 이들의 조합된 형태를 말한다. 이는 2개 이상의 단자 사이에 전기적 에너지, 데이터 및 신호를 전달할 목적으로 비행기에 설치되는 단자기구, 그리고 다음의 부품을 포함한다.

(1) 전선 및 테이블

(2) 버스 바(bus bars)

(3) 릴레이, 차단기, 스위치, 접점, 단자블록 및 회로차단기, 그리고 기타의 회로보호기구를 포함하는 전기기구의 단자

(4) 관통공급(feed-through) 커넥터를 포함하는 커넥터

(5) 커넥터 보조기구(accessories)

(6) 전기적인 접지 및 본딩 기구와 이에 관련된 연결기구

(7) 전기 연결기(splices)

(8) 전선 절연, 전선 연결(sleeving), 그리고 본딩을 위한 전기단자를 구비하고 있는 전기배관을 포함하여 전선의 추가적인 보호를 위하여 사용하는 재료

(9) 쉴드(shields) 또는 브레이드(braids)

(10) 클램프, 그리고 전선 번들을 배치 및 지지하는데 사용되는 기타의 기구

(11) 케이블 타이 기구(cable tie devices)

(12) 식별표시를 위한 사용되는 레이블 또는 기타의 수단

(13) 압력 시일(pressure seals)

(14) 회로판 후면, 전선통합장치, 장치의 외부 전선을 포함하여 선반, 패널, 랙, 접속함, 분배패널, 그리고 랙의 후면 내부에 사용되는 전선연결시스템(EWIS) 구성품

(b) 이 절의 (a)(14)항에 제시된 장치를 제외하고, 다음의 장치 내부에 사용되는 전선연결시스템(EWIS) 구성품과 이 장치의 부품으로 사용되는 외부 커넥터는 (a)항에서 정의하는 부품에 포함되지 않는다.

(1) 다음의 환경조건 및 시험절차에 따라 검정(qualified)을 받은 전기장치 또는 전자장비

(i) 의도하는 기능과 운용환경에 적정한 조건 및 시험절차

(ii) 국토교통부장관이 인정할 수 있는 환경조건 및 시험절차

(2) 비행기의 형식설계의 일부에 해당하지 않는 개인용 오락기 및 랩탑 컴퓨터 등과 같은 휴대용 전기장치

(3) 광학 섬유 제품(fiber optics)

25.1703 전선연결시스템(EWIS) 기능 및 장착

(a) 비행기의 모든 영역에 장착되는 각 전선연결시스템(EWIS) 구성품은 다음의 요건을 만족하여야 한다.

(1) 의도하는 기능에 적정한 종류 및 설계이어야

한다.

(2) 전선연결시스템(EWIS)에 적용되는 한계에 따라 설치하여야 한다.

(3) 해당 비행기의 감항성을 저감시키지 않고 의도하는 기능을 수행하여야 한다.

(4) 기계적인 응력변형을 최소화하는 방법으로 설계 및 장착하여야 한다.

(b) 아크 궤적 현상을 포함하여 전선의 손상을 최소화하기 위하여 각 장착 및 용도에 적합한 전선의 특성을 고려하여 해당 전선을 선정하여야 한다.

(c) 비행기 동체에 설치되는 발전기 케이블을 포함하여 주 전력 케이블은 파손을 방지하는데 필요한 정도의 변형과 연장을 허용할 수 있도록 설계 및 장착하여야 한다.

(d) 습기가 축적되는 곳에 설치되는 전선연결시스템(EWIS)은 습기로 인하여 발생할 수 있는 위험한 영향을 최소화할 수 있도록 보호하여야 한다.

25.1709 전선연결시스템(EWIS) 안전성

각 전선연결시스템(EWIS)은 다음의 현상을 유발하지 않도록 설계 및 장착하여야 한다.

(a) 파국적 고장(catastrophic failure) 상태는 다음과 같아야 한다.

(1) 극히 불가능(extremely improbable) 하여야 한다.

(2) 단일고장(single failure)으로 인하여 발생하지 않아야 한다.

(b) 위험한 고장(hazardous failure) 상태는 극히 희박(extremely remote) 하여야 한다..

11 운항기술기준

11 운항기술기준

11.1. 고정익 항공기를 위한 운항기술기준 (Flight Safety Regulations for Aeroplanes)

운항기술기준은 항공법령과 국제민간항공협약 및 같은 협약의 부속서에서 정한 범위 안에서 항공기 소유자 등 및 항공종사자가 준수하여야 할 최소한의 안전기준을 정하여 항공기의 안전운항 확보를 목적으로 하는 행정규칙(Minimum Safety Compliance Rules)이다. 그림11-1과 같이 항공안전법 제77조를 근거로 국토교통부장관이 정하여 고시한다.

본 장에서는 국토교통부고시 제2019-246호(2019. 5. 15)에 의해 공시된 "고정익 항공기를 위한 운항기술기준" 중에서 주로 항공정비 관련 내용을 알아보기로 한다.

☞ 항공안전법 제77조(항공기의 안전운항을 위한 운항기술기준)

① 국토교통부장관은 항공기 안전운항을 확보하기 위하여 이 법과 「국제민간항공협약」 및 같은 협약 부속서에서 정한 범위에서 다음 각 호의 사항이 포함된 운항기술기준을 정하여 고시할 수 있다.

1. 자격증명
2. 항공훈련기관
3. 항공기 등록 및 등록부호 표시
4. 항공기 감항성
5. 정비조직인증기준
6. 항공기 계기 및 장비
7. 항공기 운항
8. 항공운송사업의 운항증명 및 관리
9. 이그 밖에 안전운항을 위하여 필요한 사항으로서 국토교통부령으로 정하는 사항

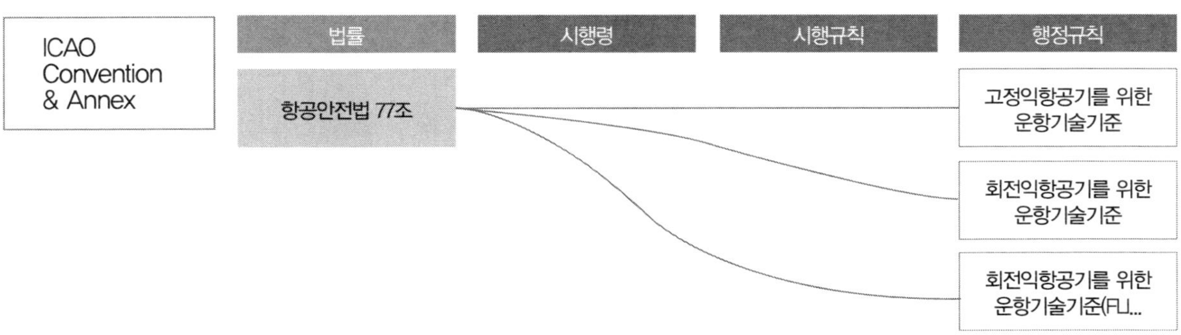

그림 11-1 운항기술기준의 법적 근거

표 11-1 운항기술기준의 목차 와 정비관련 주요 내용

순서	장	제 목	주요 내용(정비)
1	제1장	총칙	목적 항공안전감독관의 긴급보고
2	제2장	자격증명	자격증명의 정의 자격증명의 한정 항공정비사의 업무 범위
3	제3장	항공기등록 및 등록부호 표시	항공기 등록의 적합성
4	제4장	항공기 감항성	비인가 부품 지속적 감항성 유지
5	제5장	정비조직의 인증	정비등의 수행기준
6	제6장	항공기 계기 및 장비	최소비행, 합법계기 파괴위치 EGPWS
7	제7장	항공기 운항	항공기 정비 요건
8	제8장	항공운송사업의 운항증명 및 관리	탑재용항공일지 탑재용항공일지 정비기록

② 이소유자등 및 항공종사자는 제1항에 따른 운항기술기준을 준수하여야 한다.

11.2. 총칙(General;운항기술기준 제1장)

11.2.1. 구성(Organization of Regulations)

고정익 항공기를 위한 운항기술기준은 제1장 총칙, 제2장 자격증명, 제3장 항공기의 등록 및 등록부호 표시 제4장 항공기 감항성, 제5장 정비조직 인증, 제6장 항공기 계기 및 장비, 제7장 항공기 운항, 제8장 항공운송사업의 운항증명 및 관리로, 부칙 및 별표/별지로 구성되어 있으며, 표 11-1은 운항기술기준의 목차와 각 장별 정비 분야 관련 사항이다.

11.2.2. 적용(Applicability)

항공기 운항기술기준은 대한민국에 등록된 항공기, 대한민국의 항공운송사업 면허를 받은 자가 운용하는 국제민간항공조약 체약국에 등록된 항공기, 그리고 대한민국 안에서 운용하고 있는 대한민국이 아닌 조약 체약국에 등록된 항공기를 소유 또는 운용하는 자를 대상으로 한다.

가. 이 기준은 아래와 같은 항공기를 소유 또는 운용하는 자에게 적용된다.

1) 대한민국에 등록된 항공기

2) 대한민국의 항공운송사업 면허를 받은 자가 운용하는 국제민간항공협약(이하 "협약"이라 한다) 체약국에 등록된 항공기(이 경우 협약 제83조의2의 규정에 의하여 국가 간의 협정에 의하여 항공기에 대한 정비는 등록국의 규정에 따

라 수행될 수 있다)

3) 대한민국 안에서 운용하고 있는 대한민국이 아닌 협약 체약국에 등록된 항공기

나. 이 규정에서 정한 일반요건은 대한민국 안에서 운항하는 모든 민간 항공기에 적용하되 운항증명 소지자에게만 적용되는 특정요건(운영기준 등 항공당국(이하 "항공당국"으로 한다)으로부터 인가받은 요건)이 일반요건과 상충될 경우에는 특정요건을 우선 적용한다.

다. 이 규정은 적절한 증명(서), 승인서, 운영기준 등의 소지자 및 민간 항공업무에 종사하는 모든 자에게 적용된다.

라. 이 규정은 항공안전법에 따라 항공기등, 장비품 및 부품의 설계, 제작, 정비 및 개조등에 대한 증명(승인 또는 인가) 신청자 및 소지자에게 적용된다.

마. 이 규정은 항공관련 업무에 종사하는 자의 훈련을 담당하는 항공훈련기관을 운영하는 자에게 적용한다

11.2.3. 용어의 정의(Definitions)

11.2.3.1. 용어의 적용

가. 2개 이상의 장에서 사용되는 정의는 제1장의 "정의"에 수록되어 있다.

나. 1개의 장에 해당되는 정의는 해당 장에 수록되어 있다.

다. 법에 수록된 정의는 본 규정에는 수록하지 않는다.

라. 그 밖에 이 규정에서 사용한 용어 중 정의되지 않은 용어는 법, 같은 법 시행령(이하 "시행령"이라 한다), 같은 법 시행규칙(이하 "시행규칙"이라 한다), 협약 및 같은 협약의 부속서에서 규정된 용어의 정의를 적용한다.

11.2.3.2. 주요 용어

1) 감항성 확인(Airworthiness Release): 항공안전법 제32조(항공기등의 정비등의 확인) ① 소유자등은 항공기등, 장비품 또는 부품에 대하여 정비등을 한 경우에는 제35조제8호의 항공정비사 자격증명을 받은 사람으로서 국토교통부령으로 정하는 자격요건을 갖춘 사람으로부터 그 항공기등, 장비품 또는 부품에 대하여 국토교통부령으로 정하는 방법에 따라 감항성을 확인받지 아니하면 이를 운항 또는 항공기등에 사용해서는 아니 된다. 다만, 감항성을 확인받기 곤란한 대한민국 외의 지역에서 항공기등, 장비품 또는 부품에 대하여 정비 등을 하는 경우로서 국토교통부령으로 정하는 자격요건을 갖춘 자로부터 그 항공기등, 장비품 또는 부품에 대하여 감항성을 확인받은 경우에는 이를 운항 또는 항공기 등에 사용할 수 있다.

여기서 정비등의 확인 중에서 국토교통부령으로 정하는 경미한 정비 및 항공안전법 제30조제1항에 따른 수리 · 개조는 제외한다.

② 소유자등은 항공기등, 장비품 또는 부품에 대한 정비등을 위탁하려는 경우에는 항공안전법 제97조제1항에 따른 정비조직인증을 받은 자 또는 그 항공기등, 장비품 또는 부품을 제작한 자에게 위탁하여야 한다.

2) 감항성 확인요원(Certifying Saff)

국토교통부장관이 인정할 수 있는 절차에 따라

정비조직(AMO)에 의해 항공기 또는 항공기 구성품의 감항성 확인 등을 하도록 인가된 항공정비사. 국토교통부장관이 인정하는 절차는 정비규정 또는 정비조직절차매뉴얼로 인가한다.

3) 항공기 운영교범(Aircraft Operating Manual)
정상, 비정상 및 비상절차, 점검항목, 제한사항, 성능에 관한 정보, 항공기 시스템의 세부사항과 항공기 운항과 관련된 기타 자료들이 수록되어 있는 항공기 운영국가에서 승인한 교범

4) 비행교범
항공기 감항성 유지를 위한 제한사항 및 비행성능과 항공기의 안전운항을 위해 운항승무원들에게 필요로 한 정보와 지침을 포함한 감항당국이 승인한 교범

5) 안전관리시스템(SMS, Safety Management System)
정책과 절차, 책임 및 필요한 조직구성을 포함한 안전관리를 위한 하나의 체계적인 접근방법

6) 안전프로그램(Safety Programme)
안전증진활동 및 이 활동을 위한 종합된 법규

7) 운항증명서
지정된 상용 항공운송을 시행하기 위해 국내(국제) 항공기 운송업자, 항공기 사용사업자에게 교부(인가)한 증명서

8) 위험물(Dangerous Goods)
항공안전법 제70조 및 같은법 시행규칙 제209조, 항공위험물운송기술기준(2018. 12. 26., 국토교통부고시 제2018-940호)에서 정한 위험물로, 인명, 안전, 재산 또는 환경에 위해를 야기할 수 있는 물품 또는 물질

9) 정비(Maintenance)
항공기 또는 항공제품의 지속적인 감항성을 보증하는데 필요한 작업으로서, 오버홀, 수리, 검사, 교환, 개조 및 결함수정 중 하나 또는 이들의 조합으로 이루어진 작업

10) 인증 정비조직(Approved Maintenance Organization, AMO)
항공기 또는 항공제품의 정비를 수행할 수 있는 능력과 설비, 인력 등을 갖추어 국토교통부장관의 승인을 받은 조직. 지정된 항공기 정비업무는 검사, 오버홀, 정비, 수리, 개조 또는 항공기 및 항공제품의 사용가능 확인(Release(Return) to service)을 포함할 수 있다.

11) 정비규정(Maintenance Control Manual, Maintenance Policies And Procedures Manual)
항공기에 대한 모든 계획 및 비계획 정비가 만족할 만한 방법으로 정시에 수행되고 관리됨을 보증하는 항공기 운영자의 절차를 기재한 규정 등

12) 정비조직절차교범(Maintenance Organizations Procedures Manual)
정비조직의 구조 및 관리의 책임, 업무의 범위, 정비시설에 대한 설명, 정비절차 및 품질보증 또는 검사시스템에 관하여 상세하게 설명된 정비조직의 장(Head of AMO)에 의해 배서된 매뉴얼

13) 정비프로그램(Maintenance Programme)
특정 항공기의 안전운항을 위해 필요한 신뢰성 프로그램과 같은 관련 절차 및 주기적인 점검의 이행과 특별히 계획된 정비행위 등을 기재한 프로그램

14) 정비확인(Maintenance release)
정비작업이 인가된 자료와 제6장에 따른 정비

조직절차교범의 절차 또는 이와 동등한 시스템에 따라 만족스럽게 수행되었음을 확인하고 정비문서에 서명하는 행위

15) 지상조업(Ground handling) 공항에서 항공교통관제서비스를 제외한 항공기의 도착, 출발을 위해 필요한 서비스

16) 최소장비목록(Minimum Equipment List, MEL) 정해진 조건하에 특정 장비품이 작동하지 않는 상태에서 항공기 운항에 관한 사항.
이 목록은 항공기 제작사가 해당 항공기 형식에 대하여 제정하고 설계국이 인가한 표준최소장비목록(Master Minimum Equipment List)에 부합되거나 또는 더 엄격한 기준에 따라 운송사업자가 작성하여 국토교통부장관의 인가를 받는다.

17) 필수통신성능(Required communication performance, RCP)
항공교통관리 (Air Traffic Management : ATM) 기능을 지원하기 위해 항공기 등이 구비해야 하는 통신성능 요건

☞ **운항기술기준 1.1.1.4. 용어의 정의(Definitions)**

1) "감항성 확인(Airworthiness release)"이란 항공기운영자가 지정한 사람이 항공기운영자의 항공기에 대하여 정비작업 후 사용가능한 상태임을 확인하고 문서에 서명하는 것을 말한다.

2) "감항성 확인요원(Certifying staff)"이라 함은 국토교통부장관이 인정할 수 있는 절차에 따라 정비조직(AMO)에 의해 항공기 또는 항공기 구성품의 감항성 확인 등을 하도록 인가된 자를 말한다.

3) "감항성자료(Airworthiness data)"라 함은 항공기 또는 장비품(비상장비품 포함)을 감항성이 있는 상태 또는 사용 가능한 상태로 유지할 수 있음을 보증하기 위하여 필요한 자료를 말한다.

4) "계기시간(Instrument time)"이란 조종실 계기가 항법 및 조종을 위한 유일한 수단으로 사용되는 시간을 말한다.

5) "계기비행기상상태(Instrument Meteorological Conditions, IMC)"라 함은 시계비행기상상태로 규정된 것 미만의 시정, 구름으로부터의 거리 및 운고(ceiling)로 표현되는 기상상태를 말한다.

6) "계기접근절차(Instrument approach procedures)"라 함은 해당 공항의 관할권을 가진 당국자가 정한 접근절차를 말한다.

7) "계기훈련(Instrument training)"이라 함은 실제 또는 모의계기기상상태에서 인가 받은 교관으로부터 받는 훈련을 말한다.

8) "기구(Balloon)"라 함은 무동력 경(輕)항공기(Lighter-than-air Aircraft)의 하나로서 가스를 이용해 부양하는 비행기기를 말한다.

9) 고도측정시스템오차(Altimetry system error (ASE)) : 표준지표기압고도로 고도계를 설정했을 때 조종사에게 전시되는 기압고도와 실제 기압고도 간의 차이

10) "기상정보(Meteorological information)"라 함은 현재 또는 예상되는 기상상황에 관한 기상보고서, 기상분석, 기상예보 및 그 밖의 기상관련 자료(statements)를 말한다.

11) "기압고도(Pressure Altitude)"라 함은 표준대기 상태에서 고도별"기압"에 해당되는 고도로서 표시하는 대기압을 말한다.

12) "기장(Pilot in command)"이라 함은 비행중 항공기의 운항 및 안전을 책임지는 조종사로서 항공기 운영자에 의해 지정된 자를 말한다.

13) "기체(Airframe)"라 함은 항공기의 동체, 지주(boom), 낫셀, 카울링, 페어링, airfoil surfaces(프로펠러 및 동력장치의 회전 에어포일을 제외한 회전날개 포함), 착륙장치, 보기 및 제어장치를 말한다.

14) "단독비행(Solo flight)"이라 함은 조종훈련생이 항공기를 단독 탑승자로서 점유하고 있는 비행시간 또는 조종훈련생이 한 사람 이상의 운항승무원 탑승이 요구되는 기구 또는 비행선의 기장(PIC)으로서 활동한 비행시간을 말한다.

15) "당국의 인가(또는 승인)(Approved by the Authority)"이라 함은 당국이 직접 인가하거나 또는 당국이 인가한 절차에 따라 인가하는 것을 말한다.

16) "당국(또는 항공당국) (Authority)"이라 함은 국토교통부 또는 외국의 민간 항공당국을 말한다.

17) "대형비행기(Large aeroplane)"라 함은 최대인가이륙중량 5,700킬로그램(12,500파운드)이상인 비행기를 말한다.

18) "동승비행훈련시간(Dual instruction time)"이라 함은 항공기에 탑승하여 인가된 조종사로부터 비행 훈련을 받는 비행시간을 말한다.

19) "등록국가(State of Registry)"라 함은 해당 항공기가 등록되어 있는 국제민간항공협약의 체약국가를 말한다

20) "모의비행훈련장치(Flight Simulation Training Device)"라 함은 지상에서 비행 상태를 시뮬레이션(simulation)하는 다음 형식의 장치를 말한다.

가) 모의비행장치(Flight simulator) : 기계, 전기, 전자 등 항공기 시스템의 조작기능, 조종실의 정상적인 환경, 항공기의 비행특성과 성능을 실제와 같이 시뮬레이션 하는 특정 항공기 형식의 조종실을 똑같이 재현한 장치

나) 비행절차훈련장치(Flight procedures trainer) : 실제와 같은 조종실 환경을 제공하며, 특정 등급 항공기의 계기 반응 및 전자, 전기, 기계적인 항공기 시스템의 간단한 조작, 비행특성과 성능을 시뮬레이션 하는 장치

다) 기본계기비행훈련장치(Basic instrument flight trainer) : 적절한 계기를 장착하고, 계기비행상태에서 비행 중인 항공기의 조종실 환경을 시뮬레이션 하는 장치

21) "엔진(Engine)"이란 항공기의 추진을 위하여 사용되는 또는 사용되도록 만들어진 장치를 말한다. 프로펠러와 로터를 제외하고 최소한 그 기능 및 제어에 필요한 부품과 장비로 이루어진다.

주. 이 기준에서 사용하는 "power-unit" 및 "powerplant"는 모두 "engine"을 의미한다. 다만, APU(Auxiliary Power Unit, 보조동력장치)의 경우에는 그러하지 아니하다.

22) "부기장(Co-pilot)"이란 기장 이외의 조종업무를 수행하는 자 중에서 지정된 자로서 본 규정 제8장(항공기 운항)에서 정하는 부조종사 요건에 부합하는 자를 말한다.

23) "비행경험(Aeronautical experience)"이라 함은 이 규정의 훈련 및 비행시간 요건을 충족시키기 위하여 항공기, 지정된 모의비행장치 또

는 비행 훈련장치를 조종한 시간을 말한다.

24) "항공기 운영교범(Aircraft Operating Manual)"이라 함은 정상, 비정상 및 비상절차, 점검항목, 제한사항, 성능에 관한 정보, 항공기 시스템의 세부사항과 항공기 운항과 관련된 기타 자료들이 수록되어 있는 항공기 운영국가에서 승인한 교범을 말한다.

25) "비행교범(Flight Manual)" 이라함은 항공기 감항성 유지를 위한 제한사항 및 비행성능과 항공기의 안전운항을 위해 운항승무원들에게 필요로 한 정보와 지침을 포함한 감항당국이 승인한 교범을 말한다.

26) "비행기(Aeroplane)"라 함은 주어진 비행조건 하에서 고정된 표면에 대한 공기역학적인 반작용을 이용하여 비행을 위한 양력을 얻는 동력 중(重)항공기를 말한다.

27) "비행기록장치(Flight Recorder)"라 함은 사고/준사고 조사에 도움을 줄 목적으로 항공기에 장착한 모든 형태의 기록 장치를 말한다.

28) "비행안전문서시스템(Flight safety documents system)"이라 함은 항공기의 비행 및 지상운영을 위해 필요한 정보를 취합하여 구성한 것으로, 최소한 운항규정 및 정비규정(MCM)을 포함하여 상호 연관성이 있도록 항공기 운영자가 수립한 일련의 규정, 교범, 지침 등의 체계를 말한다.

29) "비행자료분석(Flight Data Analysis)"이라 함은 비행안전을 증진하기 위해 기록된 비행자료를 분석하는 과정(process)을 말한다.

30) "비행전점검(Pre-flight inspection)"이라 함은 항공기가 의도하는 비행에 적합함을 확인하기 위하여 비행전에 수행하는 점검이다.

31) "비행훈련(Flight training)"이라 함은 지상훈련 이외의 훈련으로서 비행중인 항공기에서 인가받은 교관으로부터 받는 훈련을 말한다.

32) "소형비행기(Small aeroplane)"라 함은 인가된 최대인가이륙중량이 5,700킬로그램(12,500파운드) 미만인 비행기를 말한다.

33) "수리(Repair)"라 함은 항공기 또는 항공제품을 인가된 기준에 따라 사용 가능한 상태로 회복시키는 것을 말한다.

34) "수직이착륙기(Powered-lift)"라 함은 주로 엔진으로 구동되는 부양장치 또는 엔진 추력에 의해 양력을 얻어 수직이륙, 수직착륙 및 저속비행 하는 것이 가능하며, 수평비행 중에는 회전하지 않는 날개에 의하여 양력을 얻는 중(重)항공기(Heavier- than-air Aircraft)를 말한다.

35) "승무시간(Flight Time)"이라 함은 승무원이 비행임무 수행을 위하여 항공기에 탑승하여 이륙을 목적으로 항공기가 최초로 움직이기 시작한 시각부터 비행이 종료되어 최종적으로 항공기가 정지한 시각까지 경과한 총시간을 말한다.

주. Flight Time은 Block to block 또는 Chock to chock로도 정의하며, "비행시간"이라고도 한다.

36) "순항고도(Cruising level)"라 함은 비행 중 어느 상당한 기간 동안 유지하는 고도를 말한다.

37) "승무원자원관리(Crew Resource Management) 프로그램"이라 함은 승무원 상호협력 및 의사소통의 개선을 통하여 인적자원, 하드웨어 및 정보를 가장 효과적으로 사용케 함으로서 안전운항능력을 제고할 수 있도록 설계된 프로그램

을 말한다.

38) "시험관(Examiner)"이라 함은 이 규정에서 정하는 바에 따라 조종사 기량점검, 항공종사자 자격증명 및 한정자격 부여를 위한 실기시험 또는 지식심사를 실시하도록 국토교통부장관이 임명하거나 지정한 자를 말한다.

39) "실기시험(Practical test)"이라 함은 자격증명, 한정자격 또는 인가 등을 위하여 응시자로 하여금 지정된 모의비행장치, 비행훈련장치 또는 이러한 것들이 조합된 장치에 탑승하여 질문에 답하고 비행중 항공기 조작을 시범 보이도록 하는 등의 능력검정을 말한다.

40) "안전관리시스템(Safety Management System)"이라 함은 정책과 절차, 책임 및 필요한 조직구성을 포함한 안전관리를 위한 하나의 체계적인 접근방법을 말한다.

41) "안전프로그램(Safety Programme)"이라 함은 안전을 증진하는 목적으로 하는 활동 및 이를 위한 종합된 법규를 말한다.

42) "야간(Night)"이라 함은 저녁 해질 무렵의 끝과 아침 해뜰 무렵의 시작사이 또는 일몰과 일출사이의 시간을 말한다. 박명은 저녁 무렵 태양의 중심이 지평선 6도 아래에 있을 때 끝나고 아침 무렵 태양의 중심이 지평선 6도 아래에 있을 때 시작된다.

43) "야외비행시간(Cross-country time)"이라 함은 조종사가 항공기에서 비행중 소비하는 시간으로서 출발지 이외 1개 지점에서의 착륙을 포함한다. 이 경우 자가용조종사 자격증명(회전익항공기의 한정자격은 제외) 사업용조종사 자격증명 또는 계기비행 증명에 대한 야외비행 요건의 충족을 위하여는 출발지로부터 직선거리 50해리 이상인 공항에서의 착륙을 포함해야 한다.

44) "여압항공기(Pressurized aircraft)"라 함은 항공종사자 자격증명시 항공기의 최대운항고도가 25,000피트 MSL 이상인 항공기를 말한다.

45) "운항관리사(Flight Dispatcher)"라 함은 안전비행을 위해 항공안전법에 의한 적절한 자격을 갖추고 운항감독 및 통제업무에 종사하기 위해 운송사업자에 의해 지정된 자를 말한다.

46) "운항승무원(Flight Crew Member)"이라 함은 비행근무시간(Flight Duty Period)동안 항공기 운항에 필수적인 임무를 수행하기 위하여 책임이 투여된 자격을 갖춘 승무원(조종사, 항공기관사, 항공사)을 말한다.

47) "운영자(Operator)"라 함은 항공기 운영에 종사하거나 또는 종사하고자 하는 사람, 단체 또는 기업을 말한다.

48) "운영국가(State of the Operator)"라 함은 운영자의 주 사업장이 위치해 있거나 또는 그러한 사업장이 없는 경우 운영자의 영구적인 거주지가 위치해 있는 국가를 말한다.

49) "운항규정(Operations manual)"이라 함은 운항업무 관련 종사자들이 임무수행을 위해서 사용하는 절차, 지시, 지침을 포함하고 있는 운영자의 규정을 말한다.

50) "운항증명서(Air Operator Certificate)"라 함은 지정된 상업용 항공운송을 시행하기 위해 운영자에게 인가한 증명서를 말한다.

51) "운항통제(Operational control)"라 함은 항공기의 안전성과 비행의 정시성 및 효율성 확보를

위하여 비행의 시작, 지속, 우회 또는 취소에 대한 권한을 행사하는 것을 말한다.

52) “인가된 교관(Authorized instructor)”이라 함은 다음과 같은 자를 말한다.

가) 지상훈련을 행하는 경우, 이 규정의 제2장에서 정하는 바에 따라 발급 받은 유효한 지상훈련교관 자격증을 소지한 자.

나) 비행훈련을 행하는 경우, 이 규정의 제2장에서 정하는 바에 따라 발급 받은, 유효한 비행교관 자격증을 소지한 자

53) “위험물(Dangerous goods)”이라 함은 항공안전법 및 위험물운송기술기준상의 위험물 목록에서 정하였거나, 위험물운송기술기준에 따라 분류된 인명, 안전, 재산 또는 환경에 위해를 야기할 수 있는 물품 또는 물질을 말한다.

54) “인적수행능력(Human performance)”이라 함은 항공학적 운영(항공업무 수행)의 효율성과 안전에 영향을 주는 인간의 능력과 한계를 말한다.

55) “인적요소의 개념(Human Factor principles)”이라 함은 인적수행능력을 충분히 고려하여 인간과 다른 시스템 요소간의 안전한 상호작용을 모색하고 항공학적 설계, 인증, 훈련, 조작 및 정비에 적용하는 개념을 말한다.

56) “인가된 기준(Approved standard)”이라 함은 당국이 승인한 제조, 설계, 정비 또는 품질기준 등을 말한다.

57) “인가된 훈련(Approved training)”이라 함은 국토교통부장관이 인가한 특별 교육과정 및 감독아래 행해지는 훈련을 말한다.

58) “장비(Appliance)”라 함은 항공기, 항공기 발동기, 및 프로펠러 부품이 아니면서 비행중인 항공기의 항법, 작동 및 조종에 사용되는 계기, 장비품, 장치(Apparatus), 부품, 부속품, 또는 보기(낙하산, 통신장비 그리고, 기타 비행중에 항공기에 장착되는 장치 포함)를 말하며, 실제 명칭은 여러가지가 사용될 수 있다.

59) “장애물 격리(회피)고도/높이(Obstacle clearance altitude(OCA) or Obstacle clearance height (OCH))”라 함은 적정한 장애물 격리(회피)기준을 제정하고 준수하기 위해 사용되는 것으로 당해 활주로 말단의 표고(또는 비행장 표고)로부터 가장 낮은 격리(회피)고도(OCA) 또는 높이(OCH)를 말한다.

주1. OCA는 평균해수면을 기준으로 하고, OCH는 활주로말단표고를 기준으로 하되, 비정밀계기접근절차를 하는 경우 비행장 표고 또는 활주로말단표고가 비행장표고 보다 2미터(7피트)이상 낮은 경우, 활주로말단표고를 비정밀계기접근절차의 기준으로 한다. 선회접근절차를 위한 OCH는 비행장표고를 기준으로 한다.

주2. 표현의 편의를 위해 “장애물격리(회피)고도”를 “OCA/H”의 약어로도 기술할 수 있다.

60) “정비(Maintenance)”라 함은 항공기 또는 항공제품의 지속적인 감항성을 보증하는데 필요한 작업으로서, 오버홀(overhaul), 수리, 검사, 교환, 개조 및 결함수정 중 하나 또는 이들의 조합으로 이루어진 작업을 말한다.

61) “정비조직의 인증(Approved Maintenance Organization(AMO)”이라 함은 국토교통부장관으로부터 항공기 또는 항공제품의 정비를 수행할 수 있는 능력과 설비, 인력 등을 갖추어 승

인 받은 조직을 말한다. 지정된 항공기 정비업무는 검사, 오버홀, 정비, 수리, 개조 또는 항공기 및 항공제품의 사용가능 확인(Release to service)을 포함할 수 있다.

62) "정비규정(Maintenance Control Manual)"이라 함은 항공기에 대한 모든 계획 및 비계획 정비가 만족할 만한 방법으로 정시에 수행되고 관리되어짐을 보증하는데 필요한 항공기 운영자의 절차를 기재한 규정 등을 말한다.

63) "정비조직절차교범(Maintenance Organizations Procedures Manual)"이라 함은 정비조직의 구조 및 관리의 책임, 업무의 범위, 정비시설에 대한 설명, 정비절차 및 품질보증 또는 검사시스템에 관하여 상세하게 설명된 정비조직의 장(Head of AMO)에 의해 배서된 서류를 말한다.

64) "정비프로그램(Maintenance Programme)"이라 함은 특정 항공기의 안전운항을 위해 필요한 신뢰성 프로그램과 같은 관련 절차 및 주기적인 점검의 이행과 특별히 계획된 정비행위 등을 기재한 서류를 말한다.

65) "정비확인(Maintenance release)"이란 정비작업이 인가된 자료와 제6장에 따른 정비조직절차교범의 절차 또는 이와 동등한 시스템에 따라 만족스럽게 수행되었음을 확인하고 문서에 서명하는 것을 말한다.

66) "지상조업(Ground handling)"이라 함은 공항에서 항공교통관제서비스를 제외한 항공기의 도착, 출발을 위해 필요한 서비스를 말한다.

67) "향(向) 정신성 물질(Psychoactive substances)"이라 함은 커피 및 담배를 제외한 알코올, 마약성 진통제, 마리화나 추출물, 진정제 및 최면제, 코카인, 기타 흥분제, 환각제 및 휘발성 솔벤트 등을 말한다.

68) "조종시간(Pilot time)"이라 함은 다음과 같은 시간을 갈한다.

가) 임무조종사로서 종사한 시간

나) 항공기, 지정된 모의비행장치 또는 비행훈련장치를 사용하여 인가 받은 교관으로부터 훈련을 받은 시간

다) 항공기, 지정된 모의비행장치 또는 비행훈련장치를 사용하여 인가 받은 교관으로서 훈련을 시키는 시간

69) "지속정비 프로그램(Approved continuous maintenance program)의 승인"이라 함은 국토교통부장관이 승인한 정비 프로그램을 말한다.

70) "최대중량(Maximum mass)"라 함은 항공기 제작국가에 의해 인증된 최대 이륙중량을 말한다.

71) "지식심사(Knowledge test)"라 함은 항공종사자 자격증명 또는 한정자격에 필요한 항공 지식에 관한 시험으로 필기 또는 컴퓨터 등에 의해 시행하는 심사를 말한다.

72) "책임 관리자(Accountable manager)"라 함은 이 규정에서 정한 모든 요건에 필요한 임무를 수행하고 관리책임이 있는 자를 말한다. 책임관리자는 필요에 따라 권한의 전부 또는 일부를 조직 내의 제3자에게 문서로 재 위임할 수 있다. 이 경우 재위임을 받은 자는 해당 분야에 관한 책임 관리자가 된다.

73) "체약국(Contracting States)"이라 함은 국제민간항공협약에 서명한 모든 국가를 말한다.

74) “최소장비목록(Minimum equipment list (MEL)”이라 함은 정해진 조건하에 특정 장비품이 작동하지 않는 상태에서 항공기 운항에 관한 사항을 규정한다. 이 목록은 항공기 제작사가 해당 항공기 형식에 대하여 제정하고 설계국이 인가한 표준최소장비목록(Master Minimum Equipment List)에 부합되거나 또는 더 엄격한 기준에 따라 운송사업자가 작성하여 국토교통부장관의 인가를 받은 것을 말한다.

75) “계기접근운영(Instrument approach operations)”이라 함은, 계기접근절차에 근거한 항법유도(Navigation Guidance)계기를 사용하는 접근 및 착륙을 말한다. 계기접근운영은 두가지 방법이 있다.

가. 2차원(2D) 계기접근운영은 오직 수평유도항법을 이용한다.

나. 3차원(3D) 계기접근운영은 수평 및 수직유도항법을 이용한다.

주 – 수평 및 수직 유도항법은 다음과 같은 시설, 장비 등에 의해 제공된다.

1) 지상에 설치된 항행안전시설 또는

2) 지상기반, 위성기반, 자체항법장비 또는 이들은 혼합하여 컴퓨터가 생성한 항행데이타

75A) “계기접근절차(Instrument Approach Procedure)”이라 함은, 초기접근지점(Initial approach fix) 또는 해당되는 경우 정의된 착륙 경로의 시작 지점에서 착륙 완료 지점 및 그 후 지점, 만약 착륙이 완료되지 않으면 체공 지점 또는 항로 장애물 회피 기준을 적용한 지점까지 장애물 회피가 명시된 계기를 참조하여 미리 결정된 연속기동을 말한다. 계기접근절차는 다음과 같이 분류된다.

비정밀접근절차(Non-precision approach procedure) : 2D 계기접근 운영 Type A를 위해 설계된 계기접근절차

수직유도정보에 의한 접근절차 : 3D 계기접근 운영 Type A를 위해 설계된 성능기반항행(PBN) 계기접근 절차

정밀접근절차 : 3D 계기접근절차 운영 Type A 또는 B를 위해 설계되고 항행시스템(ILS, MLS, GLS and SBAS Cat I)에 기반을 둔 계기접근절차

76) “최저강하고도/높이(Minimum descent altitude (MDA) or minimum descent height(MDH))”라 함은 2D 접근운영 또는 선회접근 시에 시각 참조물 없이 더 이상 아래로 강하하지 못하도록 지정된 어느 특정의 고도 또는 높이를 말한다.

주1. MDA는 평균해면 고도를 기준으로 하고, MDH는 비행장표고 또는 활주로 말단고도가 비행장표고보다 2미터(7피트)이상 낮은 경우 활주로 말단고도를 기준으로 한다. 선회접근을 하기 위한 최저 강하고도는 비행장표고를 기준으로 한다.

주2. 필수시각 참조물은 지정된 비행경로와 관련하여 조종사가 항공기 위치 및 자세변경에 따른 강하율을 평가할 수 있도록 충분한 시간동안 보여야 하는 시각 보조장비 또는 접근지역의 지형 등을 의미한다. 선회접근의 경우 시각 참조물은 활주로 주변 환경이 된다.

주3. 표현상의 편의를 위해 “최저강하고도”를 “MDA/H”의 약어로도 기술할 수 있다.

77) "코스웨어(Courseware)"라 함은 과정별로 개발된 교육용 자료로서 강의계획, 비행상황소개(Flight event description), 컴퓨터 소프트웨어 프로그램, 오디오-비주얼 프로그램, 책자 및 기타 간행물을 포함한다.

78) "평가관(Evaluator)"이라 함은 지정된 항공훈련기관에 의해 고용된 자로서 해당 조직의 훈련기준에 의해 인가된 자격증명시험, 한정자격시험, 인가업무 및 기량점검 등을 실시하며, 국토교통부장관이 정한 업무를 수행하도록 위촉하거나 임명한 자를 말하며, 평가관 중에서 항공안전법 제63조의 규정에 의한 운항자격 심사업무를 수행하는 자는 위촉심사관이라 한다.

79) "프로펠러(Propeller)"라 함은 원동기에 의해 구동되는 축에 깃(blade)이 붙어 있고, 이것이 회전할 때 공기에 대한 작용으로 회전면에 거의 수직인 방향으로 추력을 발생시키는 항공기 추진용 장치를 말한다.

82) "한정자격(Rating)"이라 함은 자격증명에 직접 기재하거나 자격증명의 일부로 인가하는 것으로서 해당 자격증명과 관련하여 특정조건, 권한 또는 제한사항 등을 정하여 명시한다.

83) "항공교통관제(Air Traffic Control) 업무"라 함은 공항, 이 · 착륙 또는 항로상에 있는 항공기의 안전하고, 질서 있고 원활한 교통을 도모하기 위하여 행하는 업무를 말한다.

84) "항공교통관제시설(Air Traffic Control facility)"이라 함은 항공교통관제업무를 위한 인원 및 장비를 수용하는 건물을 말한다(예, 관제탑, 착륙통제 센터 등).

85) "항공기(Aircraft)"라 함은 지표면에 대한 공기의 반작용 이외의 공기의 반작용으로부터 대기중에서 지지력을 얻을 수 있는 기계를 말한다.

86) "항공기 구성품(Aircraft component)"이라 함은 동력장치, 작동중인 장비품 및 비상장비품을 포함하는 항공기의 구성품(component part)을 말한다.

87) "항공기 형식(Aircraft type)"이라 함은 동일한 기본설계로 제작된 항공기 그룹을 말한다.

88) "탑재용항공일지"라 함은 항공기에 탑재하는 서류로서 국제민간항공협약의 요건을 충족하기 위한 정보를 수록하기 위한 것을 말한다. 항공일지는 두개의 독립적인 부분 즉 비행자료 기록부분과 항공기 정비기록 부분으로 구성된다.

89) "항공제품(Aeronautical product)"이라 함은 항공기, 항공기 엔진, 프로펠러 또는 이에 장착되는 부분조립품(subassembly), 기기, 자재 및 부분품 등을 말한다.

90) "활공기(Glider)"라 함은 주어진 비행조건에서 그 양력을 주로 고정된 면에 대한 공기역학적인 반작용으로부터 얻는 무동력 중(重)항공기(Heavier-than-air Aircraft)를 말한다.

91) "활주로 가시범위(Runway visual range (RVR))"라 함은 활주로 중심선상에 위치하는 항공기 조종사가 활주로 표면표지(Runway surface markings), 활주로 표시등, 활주로 중심선 표시(identifying centre line) 또는 활주로 중심선 표시등화를 볼 수 있는 거리를 말한다.

92) "훈련시간(Training time)"이라 함은 항공종사자가 인가된 교관으로부터 비행훈련 또는 지상훈련이나 지정된 모의비행장치/비행훈련장치를 이용한 모의비행훈련을 받은 시간을 말한다.

93) "훈련프로그램(Training program)"이라 함은 특정 훈련목표 달성을 위하여 과정, 코스웨어(Course ware), 시설, 비행훈련장비 및 훈련요원에 관한 사항으로 구성한 프로그램을 말하며, 핵심 교육과목과 특별 교육과목을 포함할 수 있다.

94) "필수통신성능(Required communication performance(RCP))" 이라 함은 항공교통관리(Air Traffic Management : ATM) 기능을 지원하기 위해 항공기 등이 구비해야 하는 통신성능 요건을 말한다.

95) "필수통신성능의 형식(RCP type)" 이라 함은 통신의 처리시간 · 지속성 · 유효성과 완전성에 관한 RCP 파라메터를 정하기 위한 값을 나타낸 것을 말한다.

96) "연속비행(Series of flights)"이라 함은 다음과 같은 잇따른 비행을 말한다.

가) 24시간 이내에 비행이 시작 및 종료되고

나) 같은 기장에 의해 모든 것이 수행된 경우

97) "성능기반항행(PBN)"이라 함은 계기접근절차 또는 지정된 공역, ATS(Air Traffic Service) 항로를 운항하는 항공기가 갖추어야 하는 성능요건(performance requirement)을 기반으로 한 지역항법(area navigation)을 말한다.

주. 성능요건은 특정 공역에서 운항 시 요구되는 정확성, 무결성, 연속성, 이용 가능성 및 기능성에 관하여 항행요건(RNAV 요건, RNP 요건)으로 표현된다.

98) 지역항법(Area navigation : RNAV)이라 함은 지상 또는 위성항행안전시설의 적용범위 내 또는 항공기 자체에 설치된 항행안전보조장치(navigation aids)의 성능한도 내 또는 이들의 혼합된 형식의 항행안전보조장치(navigation aids)의 적용범위 내에서 어느 특정성능이 요구되는 비행구간에서 항공기의 운항이 가능하도록 허용한 항행방법(a method of navigation)을 말한다.

주. 지역항법은 성능기반항행 및 성능기반항행의 요건에 포함되지 않은 항행도 포함한다.

99) 항행요건(Navigation specification)이라 함은 지정된 공역에서 성능기반항행(PBN) 운항을 하기 위해 요구되는 항공기와 운항승무원의 요건을 말하는 것으로, 다음 두 종류가 있다.

가) RNP 요건(RNP specification). RNP 4, RNP 접근 등 접두어 RNP에 의해 지정되며, 성능감시 및 경고발령에 관한 요건을 포함하는 지역항법을 기초로 한 항행요건

나) RNAV 요건(RNAV specification). RNAV 1, RNAV 5 등 접두어 RNAV에 의해 지정되며, 성능 감시 및 경고에 관한 요건을 포함하지 않은 지역항법을 기반으로 하는 항행요건

100) 운영기준(Operations specifications)이라 함은 AOC 및 운항규정에서 정한 조건과 관련된 인가, 조건 및 제한사항을 말한다.

101) 불법간섭행위(Acts of unlawful interference). 민간항공 및 항공운송의 안전을 위태롭게 하는(또는 시도된) 다음과 같은 행위를 말한다.

가) 비행중 또는 지상에서의 항공기 불법 압류

나)비행장 또는 항공기에서의 인질납치

다) 항공시설과 관련된 건물 또는 공항 및 항공기의 무단 점유

라) 범죄를 목적으로 위해한 장치 또는 도구, 무기

등을 공항 또는 항공기에 유입

마) 민간항행시설의 건물 또는 공항에서 승객, 승무원, 지상의 사람 또는 일반 공공의 안전 및 비행 중 또는 지상에서 항공기의 안전을 위태롭게 하는 잘못된 정보의 유통

102) 기체사용시간(Time in service)이란 정비목적의 시간 관리를 위해 사용하는 시간으로 사용 항공기가 이륙(바퀴가 떨어진 순간)부터 착륙(바퀴가 땅에 닿는 순간)할 때까지의 경과 시간을 말한다.

103) "감항성이 있는(Airworthy)"이란 항공기, 엔진, 프로펠러 또는 부품이 승인받은 설계에 합치하고 안전하게 운용할 수 있는 상태에 있는 경우를 말한다.

104) "감항성 유지(Continuing Airworthiness)"란 항공기, 엔진, 프로펠러 또는 부품이 적용되는 감항성 요구조건에 합치하고, 운용기간 동안 안전하게 운용할 수 있게 하는 일련의 과정을 말한다.

105) "감항성개선지시서(Airworthiness Directive)"란 항공안전법 제23조제8항에 따라 외국으로 수출된 국산 항공기, 우리나라에 등록된 항공기와 이 항공기에 장착되어 사용되는 발동기 · 프로펠러, 장비품 또는 부품 등에 불안전한 상태가 존재하고, 이 상태가 형식설계가 동일한 다른 항공제품들에도 존재하거나 발생될 가능성이 있는 것으로 판단될 때, 국토교통부장관이 해당 항공제품에 대한 검사, 부품의 교환, 수리 · 개조를 지시하거나 운영상 준수하여야 할 절차 또는 조건과 한계사항 등을 정하여 지시하는 문서를 말한다.

106) "시각강화장비(Enhanced Vision System; EVS)"란 영상센서를 이용하여 외부장면을 실시간 전자영상으로 보여주는 시스템을 말한다.

주. 시각강화시스템은 야간시각영상화시스템(NVIS)을 포함하지 않는다.

107) "전방시현장비(Head-up Display; HUD)"란 조종사의 전방 외부시야에 비행정보가 나타나는 시현장치를 말한다.

108) I 등급 항행(Class I Navigation)이란 운항의 전 부분이 국제민간항공기구 표준항행시설(VOR, VOR/DME, NDB)의 지정된 운영서비스범위 내에서 행해지는 특정항로 전체 또는 항로 일부분의 운항을 의미한다. 또한 I 등급 항행 운항은 항행시설의 신호가 일부 수신되지 않는 "MEA GAP"으로 지정된 항로상의 운항을 포함하며 이 지역에서 이루어지는 항로상의 운항은 사용되어지는 항행 방법과는 상관없이 "I 등급 항행"으로 정의하며 이러한 지역에서의 추측 항행 또는 VOR, VOR/DME, NDB의 사용에 의지하지 않고 기타 다른 항행 수단을 사용하면서 이루어지는 운항도 또한 I 등급 항행에 포함된다.

109) II 등급 항행(Class II Navigation)"이란 I 등급 이외의 운항을 말한다. 즉, II 등급 항행은 사용하는 항행 수단에 관계없이 국제민간항공기구 표준항행시설(VOR, VOR/DME, NDB)의 운영서비스범위 밖에서 이루어지는 특정항로 전체 또는 일부분에서의 운항을 의미한다. II 등급 항행은 "MEA GAP"으로 지정된 항로상의 운항을 포함하지 않는다.

110) "무인항공기(Remotely piloted aircraft)"란

사람이 탑승하지 아니하고 원격 · 자동으로 비행할 수 있는 항공기를 말한다.

111) "무인항공기 시스템(Remotely piloted aircraft system)"이란 무인항공기, 무인항공기 통제소, 필수적인 명령 및 통제 링크 및 형식 설계에서 규정된 기타 구성요소 등을 포함하는 시스템을 말한다.

112) "무인항공기 통제소(Remote pilot station)"란 무인항공기를 조종하기 위한 장비를 갖추고 있는 무인항공기 시스템의 구성 요소를 말한다.

113) "무인항공기 조종사(Remote pilot)"란 무인항공기 운영자에 의하여 무인항공기의 조종에 필수적인 임무를 부여받은 자로서 무인항공기의 조종을 담당하는 자를 말한다.

114) "무인항공기 운영자(Remote pilot aircraft operator)"란 무인항공기 운영에 총괄적인 책임을 지는 개인, 기관 또는 업체의 대표자를 말한다.

115) "무인항공기 감시자(Remotely piloted aircraft observer)"란 무인항공기를 육안으로 감시함으로써 무인항공기 조종사가 무인항공기를 안전하게 조종할 수 있도록 지원하기 위하여 운영자에 의해 지정되고 훈련을 받아 능력을 갖춘 자를 말한다.

116) "육안 가시선내 비행(Visual line- of-sight operation)" 이란 무인항공기 조종사 또는 무인항공기 감시자가 다른 장비의 도움 없이 무인항공기를 육안으로 직접 보면서 조종하는 것을 말한다.

117) "명령 및 통제 링크(Command and control (C2) link)"란 무인항공기의 비행을 통제하기 위하여 무인항공기와 무인항공기 통제소간의 데이터 링크를 말한다.

118) "탐지 및 회피(Detect and Avoid)"란 항공교통 충돌의 위험성 또는 다른 위험요인들을 탐지하여 적절하게 대응할 수 있는 능력을 말한다.

119) "최종접근구간(Final Approach Segment)"이란 착륙을 위해 정렬 및 강하가 수행되는 계기 접근절차 구간을 말한다.

120) "시각통합시스템(CVS)"이란 시각강화시스템(EVS)과 시각합성시스템(SVS)이 제공하는 영상을 결합하여 보여주는 시스템을 말한다.

121) "운영자물품(COMAT)"이란 운영자가 자신의 목적을 위해 운영자의 항공기에 탑재한 물질이나 제품을 말한다.

122) "전자비행정보장치(EFB)"란 운항승무원의 항공기 운항 및 비행 근무를 지원하기 위해 사용되는 전자비행정보장치의 저장, 갱신, 시현, 처리 기능을 포함하는 장치 및 소프트웨어로 구성된 전자정보시스템을 말한다.

123) "공항위치국가(State of the Aerodrome)"란 영토 내에 공항이 위치해 있는 국가를 말한다.

124) "시각합성시스템(SVS)"이란 조종실에서 보이는 외부장면을 데이터를 기반으로 한 합성영상으로 보여주는 시스템을 말한다.

11.2.4. 시험, 자격증명서 및 기타 증명서와 관련한 일반 행정규정(Generaladministrative rules governing testing, Licenses, and Certificates)

11.2.4.1. 자격증명서 및 기타 증명서의 게시

및 검사(Display and inspecting of Licenses and Certificates)

항공종사자 자격증명, 항공신체검사증명 및 운항기술기준에 의한 증명서 소지자는 해당 자격증명서를 소지하거나 게시하여야 하고, 기타 항공종사자 자격증명서를 취득한 자는 해당 업무를 수행할 경우에 당해 자격증명서를 소지하거나 항공기내 또는 근무지의 접근하기 쉬운 곳에 보관하도록 하고 있다.

가. 항공종사자 자격증명, 항공신체검사증명 및 이 규정에 의한 증명서 소지자는 다음 각 호의 기준에 따라 해당 자격증명서를 소지하거나 두어야 한다.

1) 조종사 자격증명서

가) 국내에 등록된 민간 항공기 조종사는 현재 유효한 조종사 자격증명서를 소지하거나 항공기내에 접근하기 쉬운 곳에 두어야 한다.

나) 국내에 있는 외국등록의 민간 항공기 조종사는 현재 유효한 조종사 자격증명서 소지자로써 당해 자격증명서를 소지하거나 항공기내에 접근하기 쉬운 곳에 두어야 한다.

2) 조종교육증명을 취득한 자는 해당 업무를 수행할 경우에 당해 자격증명서를 소지하거나 항공기내 접근하기 쉬운 곳에 두어야 한다.

나. 비행교관 자격증명서를 취득한 자는 해당 업무를 수행할 경우에 당해 자격증명서나 기타 동등한 서류를 소지하거나 항공기내 접근하기 쉬운 곳에 두어야 한다.

다. 기타 항공종사자 자격증명서 : 이 규정에 의하여 항공종사자 자격증명서를 취득한 자는 해당 업무를 수행할 경우에 당해 자격증명서를 소지하거나 항공기내 또는 근무지의 접근하기 쉬운 곳에 두어야 한다.

라. 항공신체검사증명서 : 이 규정에서 요구하는 유효한 항공신체검사증명서를 취득한 자는 항공업무를 수행할 경우에 당해 증명서를 소지하거나 항공기내에 접근하기 쉬운 곳에 두어야 한다.

마. 항공훈련기관인가서 : 항공훈련기관인가서 소지자는 주 사업소에 일반인들이 접근할 수 있고 잘 보이는 곳에 인가서를 전시하여야 한다.

바. 항공기 감항증명서 : 항공기 소유자나 항공운송사업자는 객실내 또는 조종실 입구에 전시하여야 한다.

사. 소음기준적합증명서 : 항공기 소유자나 항공운송사업자는 객실내 또는 조종실 입구에 전시하여야 한다.

아. 형식증경(승인)서 또는 부가형식증명서 : 소지자는 주 사업소의 일반인들이 접근할 수 있고 잘 보이는 곳에 증명서를 게시하여야 한다.

자. 제작증명서 : 제작증명서 소지자는 주 사업소의 일반인들이 접근할 수 있고 잘 보이는 곳에 인증서를 게시하여야 한다.

차. 항공기기술표준품 형식승인서 : 항공기기술표준품 형식승인서 소지자는 주 사업소의 일반인들이 접근할 수 있고 잘 보이는 곳에 인증서를 게시하여야 한다.

카. 정비조직 인증서 : 정비조직 인증서 소지자는 인증된 정비조직 주 사업소에 일반인들이 접근할 수 있고 잘 보이는 곳에 인증서를 게시하여야 한다.

타. 자격증명의 검사 : 국토교통부장관이 임명한 항공안전감독관 또는 관련공무원이 항공안전

상의 이유로 항공종사자 자격증명 또는 항공신체검사증명서의 제시를 요구하는 경우 항공종사자는 이에 응하여야 한다.

11.2.4.2. 분실 또는 파손된 항공종사자 자격증명, 항공신체검사증명서의 재발급 (Replacement of a lost or destroyed airman or medical certificate)

가. 이 규정에 의해 발행된 다음의 서류가 분실 또는 파손된 경우에는 교통안전공단 이사장 또는 한국항공우주의학협회장(항공신체검사증명 재교부에 한한다)에게 서면으로 재발급 신청을 하여야 한다.
  1) 항공종사자 자격증명서
  2) 항공신체검사증명서
  3) 필기시험 합격통보서

나. 항공종사자 또는 신청인은 신청서에 다음 내용을 포함하여야 한다.
  1) 항공종사자나 신청자의 이름
  2) 주소
  3) 주민등록번호 또는 여권번호
  4) 항공종사자나 신청자의 생년월일 및 출생지
  5) 필요한 경우 다음 사항에 관한 제반 정보
    가) 자격증명의 종류, 등급, 자격번호, 발행일 및 한정증명
    나) 항공기승무원 신체검사일
    다) 재발급신청사유 및 필요시 필기시험 일자

다. 항공종사자는 분실 또는 파손된 서류에 대하여 새로운 증명서를 다시 교부 받을 때까지 이전에 발급되었던 사실을 증명하는 서류를 국토교통부장관, 교통안전공단이사장 또는 항공전문의사로부터 교부받아 60일까지 지니고 다닐 수 있다.

11.2.4.3. 취소 후 재신청(Reapplication After Revocation)

자격증, 증명서, 한정증명, 기타 인가서 등은 취소 후 국토교통부장관이 별도로 인가한 경우가 아니라면 2년 이내에 신청할 수 없다.

11.2.4.4. 일시 정지 후 재신청(Reapplication After Suspension)

자격증, 증명서, 한정증명, 기타 인가서가 일시 정지된 기간 동안 국토교통부장관이 별도로 인가한 경우가 아니라면 그 자격증을 신청할 수 없다.

11.2.4.5. 항공신체검사 기준에 맞지 아니하게 되어 업무수행을 금지하는 경우(Prohibition on Performance During Medical Deficiency)

이 규정에 의해 발급된 항공신체검사증명서를 소지한 자는 다음 기간 중에 해당 항공신체검사증명서가 요구되는 자격의 업무를 수행하여서는 아니 된다.
  1) 해당 항공신체검사증명서의 요구 조건에 부합하지 않는 질환이 있거나 그 질환이 의심될 때
  2) 해당 항공신체검사증명서의 요구 조건에 부합하지 않는 질환에 대한 약물 치료나 기타 치료를 받고 있을 때

11.2.4.6. 주정음료 등의 측정과 보고(Drug and Alcohol Testing and Reporting)

가. 이 규정에서 규정하고 있는 자격증, 한정자격, 증명서 또는 권한을 필요로 하는 기능을 수행하는 자는 이 규정에 따라 자격증 소지자로부터

직접 또는 간접으로 다음과 같이 제한 받는다.

1) 중지일 후 1년 동안 자격증, 증명서, 한정자격, 자격 또는 권한이 중지된다.

2) 이 규정에 의해 발행된 면허증, 증명서, 한정자격, 자격 또는 권한이 중지 또는 취소된다..

나. 이 규정에 의하여 마약, 마리화나, 또는 진정제 또는 자극제 일종의 재배, 가공, 생산, 판매, 처분, 소지, 이송 또는 수입에 관련된 지역 또는 국제법을 위반한 자는 다음과 같은 제한을 받는다.

1) 중지 후 1년 동안 자격증, 증명서, 한정자격, 자격 또는 권한이 중지된다.

2) 이 규정에 의해 발행된 면허증, 증명서, 한정자격, 자격 또는 권한이 중지 또는 취소된다.

다. 이 규정에 의하여 국토교통부장관 · 지방항공청장 또는 항공교통센터장은 소속 공무원으로 하여금 주정음료 등의 섭취 또는 사용여부를 측정하게 할 수 있다. 이 경우 검사를 요구받고 거절하거나 당국에 의해 요구된 검사결과를 제공하거나 인정하기를 거부하는 자는 다음과 같은 제한을 받는다.

1) 거부일 후 1년 동안 자격증, 증명서, 한정자격, 자격 또는 권한이 중지된다.

2) 이 규정 하에서 발행된 면허증, 증명서, 한정자격, 자격 또는 권한이 중지 또는 취소된다.

11.2.5. 운항기술기준 관리(Control and Amendments of Flight Safety Regulations)

가. 항공기 소유자, 항공운송사업자 및 항공훈련기관 등은 최신 운항기술기준 사본을 소속 항공종사자 등이 쉽게 사용할 수 있도록 사무실 또는 접근이 용이한 적절한 공간에 비치하거나 전자매체 등을 활용하여 관련 자료를 이용할 수 있도록 하여야 한다.

나. 항공기 소유자, 항공운송사업자 및 항공훈련기관 등은 운항기술기준을 항상 최신 상태로 개정 · 관리하여야 한다.

다. 국토교통부장관은 소속 공무원 및 지방항공청 소속 공무원들의 운항기술기준 개정관리 상태를 주기적으로 확인하여야 한다.

11.2.6. 외국의 법규준수(Compliance with Local Regulation)

가. 항공기 운영자는 국외로 나가는 승무원에게 운항하고자 하는 지역, 항행시설 등에 관하여 직무수행 상 필요한 법, 규정, 절차 등을 준수할 수 있도록 관련 정보를 제공해야 한다.

나. 항공기 운영자와 기장은 항공기가 운항하고 있는 국가의 관련 법규, 규정 및 절차를 준수하여야 한다.

다. 기장은 통과지역, 이용비행장, 해당 지역의 항행안전시설에 관한 법, 규정, 절차 중에서 자신의 업무수행과 관련이 있는 것은 반드시 숙지하여야 하며, 다른 운항승무원에게도 항공기 운항에 관해 각자의 업무수행과 관련이 있는 법, 규정, 절차를 숙지하도록 하여야 한다.

라. 기장은 항공기 또는 탑승자의 안전에 위협이 될 수 있는 비상상황으로 인하여 운항 하고 있는 국가의 규정 또는 절차를 위반한 경우 다음 각 호와 같이 조치하여야 한다.

1) 지체 없이 해당 국가의 관련 당국에 통보
2) 사건발생 국가의 요청이 있을 시 당해 상황에 대한 보고서 제출
3) 사건발생 국가에 제출한 보고서 사본을 국토교통부장관에게 제출

마. 기장은 10일 이내에 상기 다항의 보고서를 국토교통부장관에게 제출한다.

바. 항공기 운영자 또는 기장은 항공기가 운항하고 있는 국가의 항공당국 및 항공교통 관제기관으로 부터 지적을 받은 등의 경우 그 내용을 2주 이내에 국토교통부장관에게 보고하여야 한다.

11.2.7. 외국 항공운송사업자의 국내법규 준수 (Compliance with laws, regulations and procedures by a foreign operator)

가. 항공기의 안전운항과 관련한 대한민국의 법규를 외국인 항공운송사업자가 미 이행한 것(또는 미 이행이 의심되는 경우)을 인지하였거나, 또는 외국인 항공운송사업자의 심각한 안전문제를 항공당국이 인지한 경우에는 국토교통부장관은 당해 외국인 항공운송사업자에게 동 위규사실(또는 안전저해 요인)을 통지하여야 하며, 항공법규 등을 위반한 경우 항공사업법 제29조 및 항공안전법 제104조에 따라 과징금 부과 또는 항공기 운항정지 또는 항공종사자 업무정지 등의 행정처분을 할 수 있다.

나. 국토교통부장관은 가항에 따라 통지한 내용을 필요시 당해 외국 항공기의 등록 및 운영국가의 항공당국에도 통보할 수 있다.

다. 나항에 따라 외국의 항공당국에 통보하고자 할 경우, 국토교통부장관은 당해 외국 항공운송사업자가 준수해야 하는 안전기준에 관하여 당해 외국 항공당국과 협의할 수 있다. 주. ICAO Doc 8335(인증 및 지속적인 감독, 운항검사 절차에 관한 매뉴얼)는 외국 항공운송사업자에게 시행해야 하는 운항감독에 관한 지침을 제공한다.

11.2.8. 항공안전감독관의 긴급 보고

가. 항공안전감독관은 항공안전법 제23조제6항, 제132조제3항 및 제4항의 규정에 의하여 점검 중에 긴급한 조치를 취하지 아니할 경우 항공기의 안전운항에 막대한 지장을 초래할 수 있는 안전저해요소를 발견하거나 항공업무 종사자가 항공법령 또는 같은 법령에 의한 명령에 위반한 사실을 발견하였을 때에는 다음의 조치를 취할 수 있다.
1) 안전저해요소를 제거할 때까지 항공기의 운항을 중지
2) 해당 항공업무 종사자의 업무수행을 중지

나. 감독관은 가항의 규정에 의한 조치를 하고자할 때는 이를 유 · 무선으로 국토교통부장관에게 즉시 보고하여야 한다.

11.2.9. 공해상에서의 비행규칙(Compliance with Annex 2 over the high seas airspace)

항공운송사업자 또는 기장은 공해상공에서 「국제민간항공협약」 부속서 2의 규정에 따라 비행하여야 한다.

11.3. 자격증명(Personal Licensing;운항기술기준 제2장)

11.3.1. 일반 자격증명 요건(General Licensing Requirements)

11.3.1.1. 적용(Applicability)

항공종사자 자격증명은 조종사, 항공기관사, 항공교통관제사, 항공정비사, 운항관리사 및 항공사로 분류하여 발행하고 있다.

운항기술기준 제2장은 1) 항공종사자 자격증명과 이에 따르는 한정 및 허가서를 발행하기 위한 요건, 2) 자격증명, 한정 및 허가서가 필요한 경우, 3) 자격증명, 한정 및 허가서 소지자의 권한에 대한 사항을 규정한다.

11.3.1.2. 자격요건의 정의(Definitions of Licensing Requirements)

1) "기장시간"이라 함은 항공기가 운항하는 동안 항공기에 대한 모든 책임을 맡은 전체 시간을 말한다.
2) "비행훈련장비(Flight training equipment)"라 함은 모의비행장치(flight simulator), 비행훈련장치(flight training device) 및 항공기(Aircraft)를 말한다.
3) "부기장(Co-pilot) 시간"이란 기장시간 이외의 비행시간을 말한다.
4) "최신비행훈련장치(Advanced flight training device)"라 함은 특정한 항공기에 대한 구조, 모델 및 형식의 항공기 조종실과 실제 항공기와 동일한 조종장치를 가지는 조종실 모의훈련장치를 말한다.
5) "한정자격(Rating)"이라 함은 자격증명서에 기재되어있거나 자격증명내용과 관련된 것으로서 특권 또는 제한사항을 규정하는 자격의 일부를 말한다.
6) "항공교통관제사 근무좌석(Operating position)"이라 함은 직접 또는 일련의 시설에서 항공교통관제기능을 수행할 수 있는 장소를 말한다.
7) "항공전문의사"란 항공안전법 제49조 및 같은 법 시행규칙 제105조의 규정에 따라 항공의학에 관한 전문교육을 이수하고 전문의 또는 의사로서 항공의학분야에서 5년 이상의 경력이 있는 의사 중 국토교통부장관이 항공신체검사증명 업무를 수행 하도록 지정한 의사를 말한다.

11.3.2. 자격증명, 한정자격, 허가서(License, Ratings, and Authorizations)

정부가 발행하는 자격증명, 한정, 허가서를 설명하고 발급을 위한 시험실시와 유효화 절차를 규정한다.

11.3.2.1. 자격증명 발행(Licenses Issued)

항공종사자 자격증명은 항공안전법 제35조의 규정에 의하여 다음과 같이 분류하여 발행한다.

1) 조종사 자격증명
   가) 조종연습허가서
   나) 경량항공기 조종사
   다) 부조종사(MPL)
   라) 자가용 조종사

마) 사업용 조종사
바) 운송용 조종사
2) 항공기관사 자격증명
3) 항공교통관제사 자격증명
4) 항공정비사 자격증명
5) 운항관리사 자격증명
6) 항공사 자격증명

11.3.2.2. 한정자격 발행(Ratings Issued)

가. 조종사 한정자격
1) 항공기 종류 한정자격(Aircraft category rating)
가) 비행기
나) 회전익 항공기
다) 활공기
라) 비행선
마) 항공우주선
2) 항공기 등급 한정자격(Aircraft class rating)
가) 육상단발(Single-engine, land)
나) 수상단발(Single-engine, sea)
다) 육상다발(Multi-engine, land)
라) 수상다발(Multi-engine, sea)
마) 활공기의 경우 상급(활공기가 특수 또는 상급활공기인 경우) 및 중급(활공기가 중급 또는 초급활공기인 경우)
3) 항공기 형식의 한정자격
가) 비행교범에 2사람 이상의 조종사가 필요한 항공기
나) 가목 외에 국토교통부장관이 지정하는 형식의 항공기
4) 계기비행증명
가) 계기-비행기(Instrument Aeroplane)
나) 계기-회전익항공기(Instrument Helicopter)
5) 조종교육증명
가) 조종교육증명 – 비행기
나) 조종교육증명 – 회전익항공기
다) 조종교육증명 – 비행선
라) 조종교육증명 – 활공기
마) 조종교육증명 – 경량항공기(타면조종형비행기)
바) 조종교육증명 – 경량항공기(체중이동형비행기)
사) 조종교육증명 – 경량항공기(경량헬리콥터)
자) 조종교육증명 – 경량항공기(동력패러슈트)

나. 교통안전공단이사장은 항공종사자 자격증명 발급 시 해당 자격에 맞는 항공기 종류, 등급 및 형식을 나타낸 한정자격과 경량항공기 종류를 조종사 자격증명서에 표기하여 발행한다.

다. 항공정비사에 대한 한정자격
1) 항공기 종류의 한정자격.
가) 비행기
나) 비행선
다) 활공기
라) 회전익항공기
마) 항공우주선
바) 수직이착륙기

라. 항공정비사에 대한 업무범위 한정자격
1) 기체 관련분야
2) 터빈발동기 관련분야
3) 피스톤발동기 관련분야
4) 프로펠러 관련분야
5) 전자 · 전기 · 계기 관련분야

11.3.2.3. 허가서 발행(Authorization Issued)

국토교통부장관은 항공기 운영자로 하여금 소속 조종사에게 허가서를 다음 각목과 같이 분류하여 발행할 수 있도록 할 수 있다.

1) 카테고리 II 조종사 허가서
2) 카테고리 III 조종사 허가서

11.3.2.4. 자격증명, 한정자격 및 허가의 기간(Duration of Licenses, Ratings, and Authorizations)

교통안전공단이사장이 발행한 항공종사자 자격증명에는 특정한 자격 만료일자를 정하지 않는다.

11.3.2.5. 항공종사자 자격증명, 한정자격 및 인가에 관한 일반사항(General Requirements : Personnel Licenses, Ratings, and Authorizations)

가. 조종사 자격증명이 항공법령에 의하여 발급되지 않았거나 또는 항공기가 등록된 나라에서 발급되지 않았다면, 민간항공기의 조종사로 비행을 하여서는 아니된다.

나. 항공법령 또는 국토교통부장관이 인정하는 문서에 의하여 적절한 자격증명 및 항공신체검사증명서를 소지하지 아니하고는 조종사, 비행교관, 운항승무원(flight crew member) 및 항공교통관제사로 임무를 수행하여서는 아니된다. 다만, 민간항공기가 이용하는 군의 관제시설에서 민간 항공기에 대한 관제업무에 종사하는 군인에 대하여는 이를 적용하지 아니한다.

다. 항공기에 대한 적절한 종류, 등급, 형식 한정자격(등급 및 형식 한정자격이 요구되는 경우)이 없는 자와 경량항공기 자격이 없는 자는 항공기의 조종사로서 임무를 수행하여서는 아니된다.

라. 다항의 규정에 불구하고 조종사 자격증명 또는 한정자격을 추가로 취득하기 위하여 유자격 교관의 감독 하에 이루어지는 훈련비행은 실시할 수 있다.

마. 훈련, 시험 혹은 무상, 무 탑승의 특수 목적을 수행하고자 하는 경우에는 해당 항공기에 따른 등급이나 형식한정의 발급대신에 면허소지자에게 서면으로 임시 인가서를 발급할 수 있다. 이 인가서의 유효성은 해당 비행에 국한되어야 한다.

바. 항공안전법 제43조제1항의 규정에 의하여 자격증명의 취소처분을 받고 그 취소 일부터 2년이 경과되지 아니한 자는 자격증명을 받을 수 없다.

사. 자격증명을 받은 자는 그가 받은 자격증명의 종류에 따른 항공업무 외의 항공업무에 종사하여서는 아니 된다. 다만 민간항공기가 이용하는 군의 관제시설에서 민간항공기에 대한 관제업무에 종사하는 군인에 대하여는 이를 적용하지 아니한다.

아. 사항의 규정 및 항공종사자별 업무범위에 관한 규정은 상급 또는 중급 활공기에 탑승하여 조종(활공기에 탑승하여 행하는 그 기체 및 발동기의 취급을 포함한다. 이하 같다)하는 경우와 새로운 종류 · 등급 또는 형식의 항공기에 탑승하여 시험비행등을 하는 경우로서 국토교통부장관의 허가를 받은 때에는 이를 적용하지 아니한다.

자. 자가용 조종사 자격증명을 소지한 사람이 같은 종류의 항공기에 대하여 사업용 조종사, 부조종사 또는 운송용 조종사 자격증명을 받은 경우

에는 종전의 자격증명에 관한 항공기의 등급 · 형식의 한정 또는 계기비행증명에 관한 한정은 새로 받은 자격증명에 관해서도 유효하다.

차. 사업용 조종사 또는 부조종사 자격증명을 소지한 사람이 운송용 조종사 자격증명을 받은 경우에는 종전의 자격증명에 관한 항공기의 등급 · 형식의 한정 또는 계기비행증명 · 조종교육증명에 관한 한정은 새로 받은 자격증명에 관해서도 유효하다.

카. 항공정비사의 자격이 있는 자가 비행기에 대한 자격증명을 받은 경우에는 활공기에 대한 자격증명을 받은 것으로 본다.

11.3.3. 항공정비사 관련 자격 (Aviation Maintenance Technician)

11.3.3.1. 항공정비사 자격조건(Aircraft maintenance Type II Licenses : Eligibility Requirements : General)

가. 항공정비사 자격증명과 한정자격 신청자의 일반적인 자격요건은 다음 사항을 충족하여야 한다.

1) 만 18세 이상인자
2) 국어 또는 영어를 읽고, 쓰고, 말하고, 이해할 수 있는 자로서 적절한 정비교범을 읽고 설명하고 결함/수리 관련보고서를 작성할 수 있는 자
3) 항공정비사에 필요한 항공지식과 정비실무 경력을 소지한 자

나. 항공정비사 자격증명을 소지한 자가 한정자격을 취득하고자 할 경우에는 국토교통부령에 규정된 응시경력을 반드시 충족시켜야 하고 학과시험을 합격한 날로부터 24개월 이내에 희망하는 날짜에 국토교통부령에 규정된 실기시험을 통과하여야 한다.

11.3.3.2. 항공정비사 항공기 한정자격 지식 (Aircraft Rating : Knowledge Requirements)

가. 항공정비사 자격증명을 취득하려고 하는 자는 항공법령, 항공역학, 기체, 항공발동기, 전자 · 전기 · 계기에 대한 기본지식이 있어야 한다.(활공기는 항공법규, 항공역학, 활공기체에 대한 기본지식이 있어야 한다)

나. 신청자는 국토교통부령에서 규정한 구술과 실기시험(practical test)을 지원하기 전에 학과시험을 통과하여야 한다.

11.3.3.3. 항공정비사 경험(Experience Requirements)

항공정비사 응시자는 항공안전법 시행규칙 제75조의 규정에 의거 다음 각 호의 1에 해당하는 경험 또는 교육을 받은 경험이 있어야 한다.

1) 4년 이상의 항공기 정비 · 개조(자격증명을 받고자 하는 항공기가 활공기인 때에는 활공기에 대한 정비와 개조) 경력(자격증명을 받고자 하는 항공기와 동등 이상의 것에 대한 6월 이상의 경력이 포함되어야 한다)이 있는 자
2) 고등교육법에 의한 대학 또는 전문대학에서 항공정비사에 필요한 과정을 2년 이상 이수하고 자격증명을 받고자 하는 항공기와 동등 이상의 것에 대하여 6개월 이상의 정비경력이 있는 자 또는 교육과정 이수 전에 1년 이상 정비경력이 있는 자
3) 고등교육법에 의한 대학 또는 전문대학을 졸업

한 자로서 다음 각 목의 요건을 구비한 자

가) 6월 이상의 항공기 정비경력이 있을 것

나) 항공기술요원을 양성하는 교육기관에서 필요한 교육을 이수할 것

4) 국토교통부장관이 지정한 전문교육기관에서 항공정비사에 필요한 과정을 2년 이상 이수한 자(외국의 전문교육기관으로서 그 외국 정부가 인정한 전문교육기관의 이수자를 포함한다)

11.3.3.4 항공정비사 기량(Skill Requirements)

가. 항공정비사 자격증명을 취득하고자 하는 자는 항공안전법 제38조의 규정에 의한 실기시험을 통과하여야 한다.

나. 항공정비사로서 업무를 수행하기 위해서는 기체, 동력장치, 기타 장비품의 취급 · 정비와 검사방법, 항공기의 탑재 중량 등에 대한 기량을 소지하고 있어야 한다.

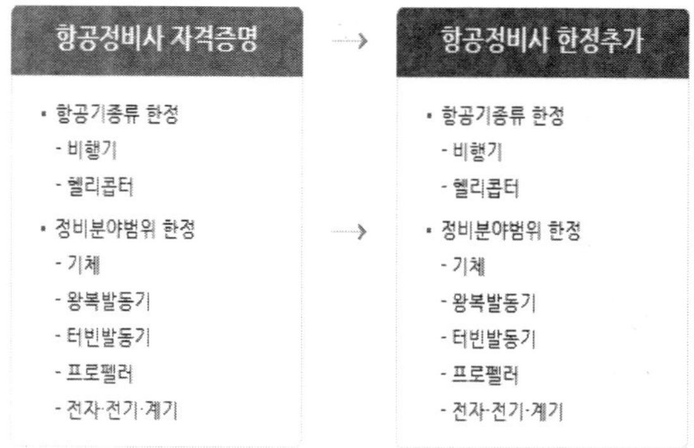

그림 11-2 항공정비사 한정자격

11.3.3.5. 항공정비사 업무범위(Privileges and Limitations)

항공정비사 자격증명 소지자는 국토교통부령이 정하는 범위의 수리를 제외하고 정비한 항공기에 대하여 항공안전법 제32조의 규정에 의한 확인행위를 할 수 있다.

☞ 경미한 정비의 범위: 복잡한 결합작용이 없는 규정장비품의 교환, 상태확인을 위해 동력장치의 작동이 필요하지 아니한 작업, 윤활유 보급 등비행 전 · 후 실시 점검작업

자격종류	업무범위
항공기 종류 한정	비행기, 헬리콥터, 활공기, 비행선, 항공우주선 * 항공정비사 비행기가 있는 경우 항공기에 대한 자격증명을 받은 것으로 인정
항공기 등급 한정	해당없음(2004. 7. 3 폐지)
항공기 형식 한정	해당없음(2007. 6. 29 폐지) – 항공사 자체 한정자격으로 전환
정비분야 한정	기체, 왕복발동기, 터빈발동기, 프로펠러, 전자전기계기 * 2009. 9. 10 구 항공공장정비사 자격이 항공정비사 자격으로 통합 * 2021. 2. 28 기체, 왕복발동기, 터빈발동기, 프로펠러는 폐지 예정

그림 11-3 항공정비사 업무범위 한정

☞ 항공정비사 업무범위(항공안전법 제36조 및 별표)

- 항공안전법 제32조제1항에 따라 정비등을 한 항공기등, 장비품 또는 부품에 대하여 감항성을 확인하는 행위
- 항공안전법 제108조제4항에 따라 정비를 한 경량항공기 또는 그 장비품 · 부품에 대하여 안전하게 운용할 수 있음을 확인하는 행위

11.3.3.6. 정비업무범위

국토교통부장관은 항공안전법 제37조제1항제2호에 따라 항공정비사의 정비업무범위는 기체관련분야, 피스톤발동기관련분야, 터빈발동기관련분야, 프로펠러관련분야, 또는 전자 · 전기 · 계기관련분야로 한정하여야 한다.

☞ 항공정비사 자격증명의 한정(항공안전법 제37조 및 시행규칙 제81조)

11.4. 항공훈련기관(Aviation Training Organizations; 운항기술기준 제3장)

11.4.1. 일 반

11.4.1.1. 적 용

가. 이 장은 항공안전법 제77조 및 같은 시행규칙 제220조에 따라 항공관련 업무에 종사하는 자의 훈련을 담당하는 항공훈련기관(ATO)의 인가와 운영을 위한 요건 등을 규정한다.

나. 이 장은 항공운송사업자가 자신이 고용하고 있는 항공종사자를 훈련시키기 위하여 자체훈련기관을 설립하는 경우에는 적용하지 아니한다.

다. 항공종사자의 자격증명과 한정자격취득을 담당하는 전문교육기관에 대하여는 항공안전법 제48조 및 같은 법 시행규칙 제91조에 의한 항공종사자 전문교육기관 지정을 위한 항공종사자 자격별 훈련기준 · 지침 및 전문교육기관지정요령에 의한다.

11.4.1.2. 정의

이 장에서 사용되는 용어의 정의는 다음과 같다.

1) "노선적응훈련(Line Operational Flight Training)"이라 함은 대표적인 비행구간을 정하여 비행 중 예상되는 정상, 비정상 및 비상상황에 대하여 승무원 편조별로 모의비행장치에서 실시하는 훈련을 말한다.
2) "분교(Satellite Training Center)"라 함은 주 항공훈련기관 이외의 장소에 위치한 항공훈련기관을 말한다.
3) "비행훈련장비(Flight Training Equipment)"라 함은 운항승무원의 비행훈련을 위하여 사용되는 모의비행장치, 비행훈련장치(Flight Training Device) 또는 비행기 등을 말한다.
4) "안전관리과정(Safety Management Course)"이라 함은 항공과 관련한 인적요소와 과학적 연구방법, 항공기의 안전관리와 사고예방, 항공기사고 조사에 대한 교육을 실시하는 훈련과정을 말한다.
5) "운항관리과정(Flight Operation Management Course)" 이라 함은 운항부분에서의 안전 및 경제성 운항, 환경변화에 적절히 대응하는 방법과 기술적 관리, 승무원 자원관리(CRM)에 대한 교육을 실시하는 훈련과정을 말한다.
6) "조종사 지상학과정(Pilot Ground School

Course)"이라 함은 교육교재, 시청각 교육장비(CBT) 등을 활용하여 조종사의 학과교육을 실시하는 훈련과정을 말한다.

7) "조종사 훈련과정(Pilot Training Course)" 이라 함은 비행훈련장비를 사용하여 조종사의 비행훈련을 실시하는 훈련과정을 말한다.

8) "책임관리자(Accountable Manager)"라 함은 항공훈련기관에서 수행되는 모든 훈련의 운영을 담당하는 관리자로써 국토교통부장관이 정한 제반기준의 이행에 대해 책임과 권한을 가진 자를 말한다.

9) "항공보안과정(Airport Security Course)"이라 함은 공항운영과 관련된 항공보안업무 전반에 대한 교육을 실시하는 훈련과정을 말한다.

10) "항공훈련기관 (Aviation Training Organizations)" 이라 함은 항공안전법 제77조 및 같은 법 시행규칙 제220조에 따라 항공관련 업무에 종사하는 자를 전문적으로 훈련시키기 위하여 국토교통부장관으로부터 인가 받은 기관을 말한다.

11) "훈련운영기준(Training Specifications)"이라 함은 항공훈련기관의 운영에 필요한 훈련세부사항으로서 항공훈련기관의 조직, 훈련, 시험, 평가에 대한 제한사항과 훈련과정의 운영 등이 수록된 서류를 말한다.

12) "객실승무원훈련과정"이라 함은 항공안전법 제76조 및 같은 법 시행규칙 제218조에서 정한 객실승무원의 자격을 획득하기 위하여 본 기준에서 정한 교육을 실시하는 훈련과정을 말한다.

13) "항공정비 훈련과정(Maintenance Training Course)"이란 항공정비규정 또는 항공정비교육훈련 프로그램에서 규정하고 있는 항공정비업무와 관련한 교육을 실시하는 훈련과정을 말한다.

11.4.2. 항공훈련기관 인가(ATO Certificate)

11.4.2.1. 운영요건(Operating Requirements)

항공훈련기관을 운영하고자 하는 자는 국토교통부장관으로부터 훈련운영기준(Training Specifications)이 포함된 항공훈련기관 인가서(ATO Certificate)를 받아야 한다.

11.4.2.2. 인가신청(Application for Certificate)

가. 항공훈련기관 인가를 받고자 하는 자는 훈련을 시작하고자 하는 날부터 60일전 까지 국토교통부장관에게 별지 제1호 서식의 항공훈련기관 인가신청서를 제출하여야 한다.

나. 가항의 규정에 의한 신청서에는 다음 각 호의 사항이 포함되어야 한다. 다만, 개설하고자 하는 훈련과정의 특성상 적용할 수 없는 사항은 제외할 수 있다.

1) 설치자 및 책임 관리자의 이력서
2) 훈련운영기준에 포함될 내용
3) 평가기준 및 방법
4) 비행훈련장비에 대한 개요
5) 훈련시설
6) 교관, 평가관 등 종사자 확보현황
7) 과정별 세부 훈련운영계획
8) 훈련생, 교관, 평가관 등의 훈련과 자격 등에 관한 기록유지 시스템

다. 인가신청서에 포함되는 훈련시설 및 장비는 인가서의 교부를 위한 현장 확인 심사 시 항공훈

련기관에 설치되고 운용 준비가 완료되어야 한다.

11.4.2.3. 인가서의 교부(Issuance of Certificate)

가. 국토교통부장관은 신청인이 이 장에서 정한 제반 요건을 충족하였을 때에는 별지 제2호 서식의 항공훈련기관 인가서를 교부하여야 한다.

나. 가항의 규정에 의한 인가서에는 다음 각 호의 사항이 포함되어야 한다. 다만, 개설하고자 하는 훈련과정의 특성상 적용할 수 없는 사항은 제외할 수 있다.

1) 설치자의 성명과 주소
2) 항공훈련기관의 명칭과 주소
3) 발행일자와 유효기간
4) 훈련장소
5) 다음의 사항이 포함된 훈련운영기준(Training and Procedures manual)
   가) 훈련기관의 조직
   나) 교육훈련과정의 범위
   다) 평가에 관한 사항
   라) 훈련과 시험, 평가 등에 사용하는 교재 및 항공기, 모의비행장치 등 장비 등을 포함한 교육훈련 프로그램
   마) 모의비행장치 운영등급과 기타 훈련에 사용되는 장비에 관한 사항
   바) 인가 받은 분교의 명칭 및 주소
   사) 항공훈련기관 설치자, 관리자 및 교관에 대한 이름, 임무 및 자격요건 등
   아) 항공훈련기관의 품질보증시스템(Quality Assurance System)운영에 관한 사항
   자) 항공훈련기관의 기록관리에 관한 사항
   차) 기타 국토교통부장관이 설정한 인가사항과 제한사항 등

다. 항공훈련기관을 인가 받은 자는 국토교통부장관으로부터 인가 받은 훈련과정에 의거 다음 사항의 요건을 충족한 경우 분교에서 교육훈련을 실시할 수 있다.

1) 분교의 시설, 장비, 인원 및 훈련내용은 인가요건에 적합하여야 한다.
2) 주 항공훈련기관은 분교의 교관과 평가관을 직접 관리, 감독하여야 한다.
3) 분교의 인가서를 교부 받고자하는 자는 훈련을 시작하고자 하는 날부터 60일 전까지 국토교통부장관에게 인가신청서를 제출하여야 한다.
4) 훈련운영기준에 분교의 명칭, 주소 및 인가 받을 훈련과정을 명시하여야 한다.

라. 국토교통부장관은 분교의 훈련운영기준이 포함된 항공훈련기관 인가서를 교부한다.

11.4.3. 항공기 기종교육 과정의 기준(Standards of aircraft type training course)

11.4.3.1. 학과교육(Theoretical training)의 최소 교육시간

표 11-2 학과교육 최소시간

구분		시간
비행기	최대이륙중량 30,000kg 이상	150
	최대이륙중량 5,700kg 이상 30,00Ckg 미만	120
	최대이륙중량 5,700kg 미만	80
헬리 콥터		120

11.4.3.2. 기종교육과정 교육 내용

표 11-3 기종교육과정 교육 내용

구분	코드	교육내용
항공기 일반 (Aircraft General)	5	주기점검(Time limits/maintenance checks)
	6	치수/구역(Dimensions/Areas(MTOM, etc.)
	7	부양 및 버팀목(Lifting and Shoring)
	8	균형 및 중량(Levelling and weighing)
	9	견인 및 지상이동(Towing and taxiing)
	10	주기(Parking/mooring, Storing and Return to Service
	11	표시 (Placards and Markings)
	12	서비스(Servicing)
항공기 시스템 (Airframe systems)	20	표준이행 (Standard practices only type particular)
	21	공조 및 여압 (Air Conditioning and Pressurization)
	22	자동비행조종장치(Auto Flight Control System)
	23	통신(Communication)
	24	전력(Electrical power)
	25	장비(Equipment / Furnishings
	26	화재방지(Fire Protection)
	27	비행조종(Flight Controls)
	28	연료계통(Fuel System)
	29	유압(Hydraulic Power)
	30	제방빙(Ice and Rain Protection)
	31	계기(Instrument)
	32	착륙장치 (Landing Gear)
	33	조명(Lights)
	34	항법(Navigation & FMC)
	35	산소(Oxygen)
	36	공압(Pneumatic Power)
	37	진공 (Vacuum)
	38	물통/수도관(Water/Waste)
	41	물 밸러스트(Water Ballast)
	42	통합 모듈 전자(Integrated modular avionics)
	44	객실정비 (Cabin Maintenance)
	49	보조동력장치(Airborne Auxiliary Fower)
	50	화물칸(Cargo and Accessory Compartments)
항공기 구조 (Airframe structures)	51	구조 (Structure)
	52	출입문(Doors)
	53	동체(Fuselage)
	54	덮개/지주대 (Nacelles/Pylons)
	55	안정판(Stabilisers)
	56	창문(Windows)
	57	날개 (Wings)
엔진 (Power Plant)	70	표준 절차(Standard Practices)
	71	동력 (Powerplant)
	72	터빈 (Turbine/Turbo Prop/Ducted Fan/ Ilnducted fan
	73	연료 조절(Fuel and Control)
	74	점화(Ignition)
	75	공기(Air)
	76	조절(Engine controls)
	77	엔진 계기(Engine Indicating)
	78	배기(Exhaust)
	79	오일 (oil)
	80	시동(Starting)
	81	터빈(Turbines)
	82	물 분사(Water Injection)
	83	기어 박스(Accessory Gearboxes)
	84	추진 확산(Propulsion Augmentation)
심화과정	–	자동착륙 등급 2/3(Autoland CAT II / III)
		기체 부식방지프로그램(CPCP)
		인적요소(Human Factor)
		회항시간연장운항(EDTO) 및 최소장비목록/외형변경목록(MEL/CDL)
		위험물(Dangerous Goods)
		수직분리축소/성능기반항행(RVSM/PBN)
		제빙 · 방빙 처리절차
		현장 직무교육(OJT)
평가	–	시험(Test)

14.4.3.3. 실습교육(Practical training)

실습교육은 구성품의 위치 파악, 시스템의 작동 점검, 서비스 및 지상취급, 장착 · 장탈, 최소장비목록(MEL) 적용 절차, 고장탐구 방법 등으로 구성된다.

14.4.3.4. 실습장비

항공기 기종교육 과정(Aircraft type training)을 위한 실습장비는 다음과 같다. 다만, 해당 기종의 항공기에 접근할 수 있는 경우에는 이를 갖추지 아니할 수 있다.

1) 해당 기종의 항공기 엔진
2) 해당 기종의 착륙장치
3) 해당 기종의 항공기 출입문
4) 해당 기종의 보조동력장치
5) 해당 기종의 모의비행훈련장치
6) 기타 국토교통부장관이 필요하다고 인정하는 실습장비

11.4.4. 운영규칙(Operating Rules)

가. 훈련과정의 인정(Approval of Training Courses)
훈련생이 다른 항공훈련기관으로부터 훈련을 이수한 과정 또는 과목은 항공훈련기 관의 해당 과정에 연계 실시하는 경우 이를 인정할 수 있다.

나. 국토교통부장관이 인가한 항공운송사업자의 훈련프로그램을 이수한 경우 이를 항공훈련기관으로부터 해당 훈련과정 또는 과목을 이수한 것으로 인정할 수 있다.

다. 비행장, 비행훈련장비, 교관과 평가관등이 훈련운영기준에 명시된 요건과 기준을 계속적으로 준수하지 못하는 경우 항공훈련기관은 인가된 훈련과정에 등록된 학생을 훈련시켜서는 아니된다.

11.5. 항공기 등록 및 등록부호 표시 (AIRCRAFT REGISTRATION AND MARKING ; 운항기술기준 제4장)

11.5.1. 적용

운항기술기준 제4장은 항공안전법 제7조부터 제15조까지, 제17조 및 제18조에 따른 항공기의 등록과 국적기호 및 등록기호(이하 "등록부호"라 한다) 표시에 관한 사항을 규정한다.

11.5.2. 항공기 등록요건

11.5.2.1. 일반(General)

항공안전법 제7조에 따라 항공기를 소유 또는 임차하여 항공기를 사용할 수 있는 권리가 있는 자(이하 "소유자등"이라 한다)는 국토교통부장관에게 등록한 후 사용하여야 한다.

11.5.2.2. 항공기 등록의 적합성(Registration Eligibility)

다음 중 어느 하나에 해당하는 자가 소유 또는 임차하는 항공기나 외국의 국적을 가진 항공기는 등록할 수 없다. 다만, 대한민국의 국민 또는 법인이 임차하거나 기타 사용할 수 있는 권리를 가진 항공기는 그러하지 아니하다.

1) 대한민국의 국민이 아닌 사람
2) 외국정부 또는 외국의 공공단체
3) 외국의 법인 또는 단체
4) 제1호부터 제3호까지의 어느 하나에 해당하는 자가 주식이나 지분의 2분의 1이상을 소유하거

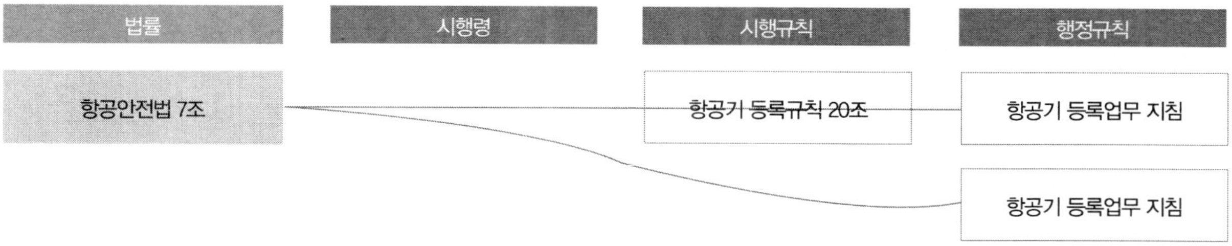

그림 11-4 연관법령

나 그 사업을 사실상 지배하고 있는 법인

5) 외국인이 법인등기부상의 대표자이거나 외국인이 법인등기부상의 임원 수의 2분의 1이상을 차지하는 법인

11.5.2.3. 항공기 등록신청(Application)

항공기를 등록하고자 하는 자는 법, 항공기 등록령 및 항공기 등록규칙에서 정한 절차에 따라 항공기 등록신청서를 제출하여야 한다.

11.5.2.4. 항공기 등록부호 표시

가. 이 장의 요건에 따른 등록부호를 표시하지 아니한 항공기는 항공에 사용하여서는 아니 된다. 국적기호를 확인하기 위한 문자는 협약 부속서 7에서 정한 규정에 의한다. 이 경우 등록부호는 항공안전법 시행규칙 제13조의 규정에 의한 문자 및 숫자의 일련번호로 구성되어야 한다.

나. 항공안전법 제18조의 규정에 의한 국적기호는 장식체가 아닌 로마자의 대문자 HL로 표시하여야 하며, 등록기호는 장식체가 아닌 4개의 아라비아 숫자로 표시하고 국적기호의 뒤에 이어서 표시한다.

다. 항공기 소유자등은 등록부호의 변형이나 혼동을 일으킬 수 있는 도안, 기호, 부호 등을 항공기에 표시하여서는 아니된다.

라. 항공기의 등록부호는 다음의 기준에 따라 표시되어야 한다.

1) 항공기에 페인트로 칠하거나 동등 수준 이상의 방법으로 부착하여야 한다.
2) 장식을 하지 말아야 한다.
3) 배경 색깔과 현저하게 차이가 있어야 한다.
4) 판독하기 쉬워야 한다.

11.5.2.5. 등록부호의 크기(Size of Marks)

가. 항공기 소유자 등은 항공기 등록부호에 사용되는 문자와 숫자의 크기에 대하여 다음 요건을 준수해야 한다.

나. 등록부호에 사용하는 각 문자와 숫자의 높이는 다음의 기준에 따른다.

1) 비행기와 활공기에 표시하는 경우
  가) 주 날개에 표시하는 경우에는 50센티미터 이상
  나) 수직꼬리날개 또는 동체에 표시하는 경우에는 30센티미터 이상
2) 회전익 항공기에 표시하는 경우
  가) 동체 아랫면에 표시하는 경우에는 50센티미터 이상

그림 11-5 항공기 등록부호 표시

나) 동체 옆면에 표시하는 경우에는 30센티미터 이상

3) 비행선에 표시하는 경우

가) 선체에 표시하는 경우에는 50센티미터 이상

나) 수평안정판과 수직안정판에 표시하는 경우에는 15센티미터 이상

다. 등록부호의 폭은 숫자 "1"을 제외하고는 문자 및 숫자 높이의 3분의2가 되어야 하며, 국적기호 "H"와 "L"은 높이와 폭이 같아야 한다.

라. 등록부호의 굵기는 등록부호 높이의 6분의1이어야 하며, 등록부호는 실선으로 표시하여야 한다.

마. 등록부호의 간격은 각 문자 및 숫자 폭의 4분의1 이상 2분의1 이하 이어야 한다.

바. 항공기의 양면에 표시한 등록부호는 동일한 높이, 폭, 두께, 간격이어야 한다.

사. 등록부호의 각 문자 및 숫자의 높이는 같아야 한다.

아. 등록기호의 첫 글자가 문자이면 국적기호와 등록기호 사이에 붙임표(-)를 삽입한다.

11.5.2.6. 항공기 등록부호 표시 장소(Location of Marks on Airplane)

주 날개와 꼬리날개 또는 주 날개와 동체에 다음과 같이 표시하여야 한다.

1) 주 날개에 표시하는 경우에는 오른쪽 날개 윗면과 왼쪽 날개 아랫면에 주 날개의 앞 끝과 뒤 끝에서 같은 거리에 위치하도록 하고, 등록부호의 윗 부분이 주 날개의 앞 끝을 향하게 표시하여야 한다. 다만, 각 기호는 보조 날개와 플랩에 걸쳐서는 아니 된다.

2) 수직 꼬리 날개에 표시하는 경우에는 수직 꼬리 날개의 양쪽 면에, 꼬리 날개의 앞 끝과 뒤 끝에서 5센티미터 이상 떨어지도록 수평 또는 수직으로 표시하여야 한다. 다만, 수직 꼬리 날개가 2개 이상인 경우, 좌우측 바깥쪽 수직 꼬리 날개의 바깥쪽 면에 표시하여야 한다.

3) 동체에 표시하는 경우에는 주 날개와 꼬리 날개

사이에 있는 동체의 양쪽면의 수평안정판 바로 앞에 수평 또는 수직으로 표시하여야 한다.

4) 제3호의 위치에 엔진 포드(Engine Pods)와 부속장치가 있는 경우, 당해 엔진포드나 부속장치에 등록부호를 표시할 수 있다.

11.5.3. 등록기호표의 부착(Affixment of Registration Number)

가. 소유자등은 항공안전법 제17조제1항에 따라 강철 등 내화금속으로 된 등록기호표(가로 7센티미터 세로 5센티미터의 직사각형)를 항공기 출입구 윗부분의 안쪽 보기 쉬운 곳에 붙여야 한다.

나. 등록기호표에는 등록부호와 소유자등의 명칭을 기재하여야 한다.

11.6. 항공기 감항성(Airworthiness; 운항기술기준 제5장 항공기감항성)

11.6.1. 일반(General)

11.6.1.1. 적용(Applicability)

운항기술기준 제5장은 항공기, 엔진, 장비품 및 부품 등의 지속적인 감항성 유지를 위한 정비, 예방정비, 수리 · 개조 및 검사에 대한 요건을 정하고 있다.

11.6.1.2. 용어의 정의(Definitions)

1) "개조(Alteration)"라 함은 인가된 기준에 맞게 항공제품을 변경하는 것을 말한다.

2) "대개조(Major Alteration)"라 함은 항공기, 발동기, 프로펠러 및 장비품 등의 설계서에 없는 항목의 변경으로서 중량, 평행, 구조강도, 성능, 발동기 작동, 비행특성 및 기타 품질에 상당하게 작용하여 감항성에 영향을 주는 것으로 간단하고 기초적인 작업으로는 종료할 수 없는 개조를 말하며, 세부내용은 별표 5.1.1.2A와 같다.

3) "소개조(Minor Alteration)" 라 함은 대개조 이외의 개조작업을 말한다.

4) "대수리(Major repair)"라 함은 항공기, 발동기, 프로펠러 및 장비품 등의 고장 또는 결함으로 중량, 평행, 구조강도, 성능, 발동기 작동, 비행특성 및 기타 품질에 상당하게 작용하여 감항성에 영향을 주는 것으로 간단하고 기초적인 작업으로는 종료할 수 없는 수리를 말하며, 세부내용은 별표 5.1.1.2B와 같다.

5) "소수리(Minor Repairs)" 라 함은 대수리 이외의 수리작업을 말한다.

6) "등록국"이라 함은 항공기가 등록원부에 기록되어 있는 국가를 말한다.

7) "설계국가(State of Design)"이라 함은 항공기에 대해 원래의 형식 증명과 뒤이은 추가 형식 증명을 했던 국가 또는 항공제품에 대한 설계를 승인한 국가를 말한다.

8) "예방정비(Preventive maintenance)"라 함은 경미한 정비로서 단순하고 간단한 보수작업, 복잡한 결합을 포함하지 않은 소형 규격부품의 교환을 말하며, 별표 5.1.1.2.C와 같다.

9) "오버홀(Overhaul)"이라 함은 인가된 정비 방법, 기술 및 절차에 따라 항공제품의 성능을 생산 당시 성능과 동일하게 복원하는 것을 말한다. 여기에는 분해, 세척, 검사, 필요한 경우 수리, 재조립이 포함되며 작업 후 인가된 기준 및 절차

에 따라 성능시험을 하여야 한다.

10) "재생(Rebuild)"이라 함은 인가된 정비 방법, 기술 및 절차를 사용하여 항공제품을 복원하는 것을 말한다. 이는 새 부품 혹은 새 부품의 공차와 한계(tolerance & limitation)에 일치하는 중고부품을 사용하여 항공제품이 분해 · 세척 · 검사 · 수리 · 재조립 및 시험되는 것을 말하며, 이 작업은 제작사 혹은 제작사에서 인정받고 등록국가에서 허가한 조직에서만 수행할 수 있다.

11) "제작국가(State of Manufacture)"이라 함은 운항을 위한 항공기 조립 허가, 해당 형식증명서와 모든 현행의 추가형식증명서에 부합 여부에 대한 승인 및 시험비행 및 운항 허가를 하는 국가를 말하며, 제작국가는 설계국가일수도 있고 아닐 수도 있다.

12) "필수검사항목(Required Inspection Items)"이라 함은 작업 수행자 이외의 사람에 의해 검사되어져야 하는 정비 또는 개조 항목으로써 적절하게 수행되지 않거나 부적절한 부품 또는 자재가 사용될 경우, 항공기의 안전한 작동을 위험하게 하는 고장, 기능장애 또는 결함을 야기할 수 있는 최소한의 항목을 말한다.

13) "생산승인(Production Approval)"이라 함은 당국이 승인한 설계와 품질관리 또는 검사 시스템에 따라 제작자가 항공기등 또는 부품을 생산할 수 있도록 국토교통부장관이 제작자에게 허용하는 권한, 승인 또는 증명을 말한다.

14) "비행전 점검(Pre Flight Inspection)"이라 함은 항공기가 예정된 비행에 적합함을 확인하기 위하여 비행 전에 수행하는 점검을 말한다.

15) "전자식 자료(Electronic Data)"라 함은 항공기 제작사 등이 인터넷 홈페이지, DVD, CD, 디스켓을 통하여 제공하는 전자파일형태의 자료를 말한다.

11.6.2. 형식증명, 수입항공기등의 형식증명승인 및 형식증명의 변경(Type Certification, Type Certificate Validation of Imported Aircraft and Change to Type Certificate)

형식증명, 수입항공기등의 형식증명승인 및 형식증명의 변경에 관한 사항은 항공기 기술기준 Part 21 Subpart B, Subpart D 및 Subpart N에 따른다.

11.6.3. 부가 형식증명(Supplemental Type Certificates)

부가형식증명에 관한 사항은 항공기 기술기준 Part 21 Subpart E에 따른다.

11.6.4. 소음기준적합증명

소음기준적합증명의 기준과 소음의 측정방법은 항공기 기술기준 Part 36을 따른다.

11.6.5. 항공기 등의 감항성 증명 (Airworthiness Certificates)

항공기 감항증명, 장비품 등의 감항승인, 수출감항승인 및 수입항공제품의 감항승인에 관한 사항은 항공기 기술기준 Part 21 Subpart H, Subpart K,

Subpart L 및 Subpart N에 따른다.

11.6.6. 제작증명(Production certificate)

제작증명에 관한 사항은 항공기 기술기준 Part 21 Subpart G에 따른다.

11.6.7. 기술표준품 형식승인(Technical Standard Order authorizations)

기술표준품 형식승인에 관한 사항은 항공기 기술기준 Part 21 Subpart O에 따른다.

11.6.8. 비인가부품 및 비인가의심부품 (Unapproved Parts and Suspected Unapproved Parts)

11.6.8.1. 비인가부품 및 비인가의심부품의 사용금지

가. 항공기 소유자등 및 정비조직인증을 받은 자를 포함한 어느 누구도 아래와 같이 생산된 인가부품(Approved part)이 아닌 제품을 항공기등에 장착하기 위해 생산하거나 사용하여서는 안 된다.

1) 형식증명 및 부가형식증명 과정 중에 항공기 등에 사용되어 인가된 부품
2) 제작증명을 받은 자가 생산한 부품
3) 형식승인을 받은 자가 생산한 기술표준품
4) 부품등제작자증명을 받은 자가 생산한 장비품 또는 부품, 자격증명을 가진 자 또는 정비조직인증 업체 등이 해당 부품 제작사의 정비요건에 맞게 정비, 개조, 오버홀하고항공에 사용을 승인한 부품
5) 외국에서 수입되는 부품의 경우 외국의 유자격 정비사 또는 외국의 인가된 정비업체등이 해당 부품 제작사의 정비요건에 맞게 정비, 개조, 오버홀 하고 항공에 사용을 승인한 부품
6) 우리정부와 상호항공안전협정(BASA)을 체결한 국가에서 생산된 부품으로 우리나라의 설계승인을 받아서 외국에서 생산된 부품, 산업표준화법 제11조에 따른 항공분야 한국산업표준(KSW)에 따라 제작되는 표준장비품 또는 표준부품 및 미국 산업규격(NAS, AN, SAE, SAE Sematic, Joint Electron Device Engineering Council, Joint Electron Tube Engineering Council, ANSI)에 의하여 제작된 표준부품

나. 항공기 소유자등은 인가된 부품의 요건을 충족시키지 못하는 것으로 의심이 가는 부품, 장비품 또는 자재(이하 "비인가의심부품(Suspected Unapproved Part: SUP)"이라한다) 또는 다음 각 호에 해당하는 부품(이하 "비인가부품(Unapproved Part)"이라 한다)을 항공기등에 장착하여 사용하면 안된다.

1) 가항의 인가부품에 해당하지 아니한 부품
2) 인가부품을 모방하여 제작하거나 개조한 모조품
3) 수명한계(Life Limit)를 초과한 상태에서 항공에 사용을 승인한 부품
4) 서류상으로 인가된 부품인지를 최종적으로 확인이 불가능한 부품

다. 마감처리, 크기, 색깔, 부적당하거나 불충분한 내용의 인식표, 불완전하거나 변조된 서류 또는 기타 의심스러운 사항이 발견된 경우에는 비인가의심부품으로 처리하여야 한다.

11.6.8.2. 비인가부품 및 비인가의심부품의 검사 방법

가. 항공제품을 항공에 사용하려는 자는 비인가부품 또는 비인가의심부품이 항공기등에 장착되지 않도록 확인하여야 한다.

나. 소유자등은 인가부품 여부를 확인하기 위하여 다음 절차에 따른 방법을 적용할 수 있다.

1) 획득절차(Procurement Process)

가) 부품 공급자를 확인할 수 있는 방법으로써 부품 공급자가 서류관리시스템과 수령검사시스템을 갖추고 있어서 자신들의 취급 부품이 인가된 업체로부터 제작 또는 수리된 품목인지를 추적할 수 있는 시스템을 갖추고 있는 공급자인지를 확인할 수 있는 방법

나) 부품이 비인가의심부품인지 여부를 판단하기 위하여 생소한 부품 공급자를 확인하기 위한 방법. 다음과 같은 경우 비인가의심부품으로 간주될 수 있으며 정확한 확인이 필요하다.

(1) 견적 가격이나 광고된 가격이 동일한 부품의 다른 공급자가 제시한 가격보다 훨씬 저렴할 경우

(2) 인도(delivery) 일정이 다른 공급자들에 비하여 훨씬 짧을 경우

(3) 확인되지 않은 배급업자로부터 판매 견적서나 설명서를 통하여 부품, 장비품, 또는 자재를 최종 소비자에게 무한정으로 제공 가능하다고 알려올 경우

(4) 공급자가 인가된 업체로부터 부품이 생산되었고 항공법등에서 규정한데로 검사, 수리, 오버홀, 저장 또는 개조되었음을 입증하는 서류를 제공할 수 없을 경우

2) 수령절차(Acceptance Procedures)

가) 부품의 포장(packing)으로 부품 공급자를 파악할 수 있는지를 확인하고 포장이 변형이나 손상여부의 확인

나) 실제 부품과 수령서류(delivery receipt)가 구매지시서(purchase order)에 기록된 부품번호, 제작일련번호 및 부품이력과 동일여부의 확인

다) 부품상 식별표(identification)의 임의 수정여부의 확인. 예를 들어 일련번호가 이중으로 타각(stamped), 라벨이나 부품번호/제작일련번호가 부적절하거나 생략, 바이브로-에치(vibro-etch) 또는 일련번호가 정상적인 위치가 아닌 곳에 있는 경우

라) 부품의 보관기간(shelf life)나 수명한계(life limit)가 유효기간을 초과여부의 확인

마) 부품 및 입증서류를 통하여 부품이 국토교통부장관 또는 외국감항당국의 인가된 업체로부터 공급된 것임을 추적할 수 있는지를 판단하기 위하여 부품 및 입증서류의 검사. 국토교통부장관이 인정할 수 있는 부품 표찰은 다음과 같다.

(1) 항공안전법 시행규칙 제20조 서식(감항성인증서)

(2) FAA Form 8130-3, Airworthiness Approval Tag

(3) EASA Form 1 또는 JAA Form 1, Authorized Release Certificate

(4) 기타 외국감항당국의 감항성인증서

(5) 사용가능상태로 환원(return to service) 승

인에 대한 정비기록 또는 확인서류(release document)

(6) 미국 연방항공청(FAA) 기술표준품(TSO) 표시(marking)

(7) 미국 연방항공청(FAA) 부품제작자승증명(PMA) 표시(marking)

(8) 인가된 제작사로부터의 선적서/송장(shipping ticket/invoice)

바) 외관상 비정상적인 부품에 대한 확인. 예를 들어 변조 또는 비정상적인 부품의 표면, 요구되는 식별판(plating)의 부재, 이전에 사용했던 흔적, 긁힌 자국(scratch), 중고품에 새 페인트칠한 것, 외부수리 시도 자국, 파인 자국이나 부식 여부 등

사) 다량으로 포장(package)된 표준부품(standard hardware)의 경우 부품의 종류와 수량에 따라서 무작위로 표본점검(sampling)

아) 비인가의심부품은 격리시키고 의문점이 있는 부분에 대한 조치.예를 들어 부주의로 서류를 빠뜨렸을 경우 필요 서류를 확보하거나, 비정상 상태가 선적과정에서의 손상인지 취급상의 손상인지를 판단

3) 공급자 평가(Supplier Evaluation)

항공부품 제작업체의 경우 자신의 하청회사가 생산하여 납품하는 부품, 자재, 하부조립품(subassembly)이나 서비스(예를 들어 공정처리, 교정 등)가 인가된 설계기준에 합치하고, 안전한 작동을 할 수 있는 상태에 있는지를 판단하기 위하여 하청회사(supplier)에 대하여 평가할 수 있다.

4) 국토교통부장관이나 기타 외국 감항당국이 발행하는 비인가부품 또는 비인가의심부품에 대한 통보서(Unapproved Parts Notification)의 확인

11.6.8.3. 비인가부품 및 비인가의심부품의 신고

가. 비인가 부품 또는 비인가의심부품을 발견한 자는 이들 부품을 격리하고 국토교통부장관 및 형식증명 소지자에게 별지 제12호 서식(비인가의심부품 신고서)을 작성하여 신고하여야 한다.

나. 항공기 감항증명, 수리개조승인 및 항공안전감독활동 등의 업무를 수행하는 중에 비인가부품 또는 비인가의심부품을 발견한 경우에는 이를 국토교통부장관(항공기술과장)에게 보고하여야 하며, 국토교통부장관(항공기술과장)은 이를 형식증명 보유자에게 통보한다.

다. 가항에 따라 신고한 자가 익명으로 신고하고자 할 경우 국토교통부장관은 신고자의 익명성을 보장하여야 한다.

11.6.8.4 비인가부품 및 비인가의심부품의 격리

가. 소유자등은 비인가의심부품을 발견한 경우 해당 부품과 관련 서류 등을 즉시 격리시키고 국토교통부장관으로부터 증거물로서 더 이상 필요하지 않다고 판정받을 때까지 또는 해당 부품의 진위여부가 판명될 때까지 격리된 장소에 별도 보관하여야 한다.

나. 소유자등은 비인가부품으로 판명된 부품은 적절한 절차 및 방법에 의거 폐기하거나 처분하여야 한다.

다. 비인가부품으로 판명된 부품은 나항에도 불구하고 교육, 훈련 기자재 또는 연구 및 개발 등의

항공에의 사용 이외의 목적으로 이용할 수 있으며, 이 경우 항공에 재사용될 수 없도록 영구적인 표시를 하여야 한다.

11.6.8.5. 비인가부품 및 비인가의심부품의 조사

가. 국토교통부장관은 신고된 비인가부품 또는 비인가의심부품에 대해 진위여부와 사용 경위 등에 대하여 조사할 수 있다.

나. 국토교통부장관은 신고된 부품이 비인가부품이거나 비인가의심부품인 것으로 판단될 경우에는 관련 항공기등의 형식증명서 보유 국가 감항당국 또는 형식증명서 보유자에게 해당 비인가의심부품 발견사실을 별첨 양식 비인가의심부품신고서를 첨부하여 통보하여 해당 항공기의 형식증명서 보유 국가의 감항당국 또는 형식증명서 보유자가 당해 항공기의 안전을 위한 조치를 취할 수 있도록 하고 해당 부품을 인가했는지 여부등 조사 결과에 대하여 통보받도록 하여야 한다.

다. 국토교통부장관의 추가 정보 등에 대한 요구가 있을 경우 소유자등은 적극 협조하여야 한다.

라. 조사 결과 비인가품으로 판명된 경우 국토교통부장관은 비인가부품통보서(Unapproved Parts Notification)를 발행하여 소유자등에게 전파한다.

마. 국토교통부장관은 필요한 경우 비인가부품에 대한 조사, 교환, 정비등을 지시하는 감항성개선지시서(AD)를 발행할 수 있으며 이 경우 해당 소유자등은 이를 수행하여야 한다.

11.6.8.6. 운항중지 항공기의 부품 사용

가. 소유자등은 운항중지 항공기의 부품을 저장 환경과 기간 등을 감안하여 항공기 운항의 안전에 지장이 없을 경우에만 사용하여야 한다.

1) 소유자등은 운항중지 항공기를 보존하여 부품을 재활용하기 위해서는 항공기 및 부품의 정비이력, 감항성개선지시 수행상태 및 수리 · 개조 수행상태와 같은 정비기록들을 확인하고 보존하여야 한다. 저장하기 이전의 과중력 착륙(heavy landings) 또는 낙뢰(light strikes)와 같은 비정상 사건들은 부품의 사용 가능성을 판단하는데 고려되어야 한다.

2) 소유자 등은 운항중지 항공기로부터 부품을 장탈할 경우에는 사용 중인 항공기에 대한 일상적인 정비 작업시 적용되는 방식과 가능한 한 동일한 방식으로 작업이 이루어져야 한다.

3) 소유자 등은 운항중지 항공기로부터 장탈된 부품을 사용할 경우에는 해당 부품을 국토교통부장관 또는 관할 외국정부 감항당국에서 인가한 정비조직으로부터 점검을 받도록 하여야 한다.

나. 소유자등이 운항중지 항공기의 부품을 사용하기 위한 작업을 수행할 경우에는 다음 각 호의 사항을 준수하여야 한다.

1) 부품의 장탈 작업은 정비교범과 같은 정비자료에서 규정한 공구와 장비 또는 동등 이상의 대체 공구와 장비를 사용하여야 한다.

2) 장탈할 부품에 접근할 경우에는 안전에 필요한 장비 등이 사용되어야 한다.

3) 혹독한 기상조건일 경우에는 야외에서의 부품의 분해작업은 실시되지 않아야 한다.

4) 모든 작업은 적절한 자격을 갖춘 자에 의하여

수행되어야 한다.

5) 모든 부품의 열린 연결부는 장탈작업을 수행한 후에는 오물의 이입을 방지하기 위하여 봉쇄하여야 한다.

6) 작업구역 인근에 장탈 부품을 안전하게 보관하기 위하여 별도의 격리된 저장 장소를 마련하여야 한다.

7) 부품의 장탈 등이 이루어 졌을 경우에는 정비기록서에 이를 기록하고, 각 부품에는 식별표찰을 작성하여 부착하여야 한다.

11.6.8.7. 사고 항공기의 부품 사용

가. 해당 부품이 손상을 입지 않았다는 증거로써 항공법 제138조에 의한 정비조직인증을 받은 업체가 해당 부품에 대하여 발행한 표찰(Airworthiness approval tag)이나 '나'항 내지 '마'항에 따른 자료가 있어야 한다.

나. 오버홀과 재장착 작업 이전의 사고 상황, 사고 후의 저장 및 운반 상태, 사고 이전의 감항성 관련 기록 등 항공기 운용이력에 대한 자료를 종합하여 감항성에 대한 평가와 검사가 이루어져야 한다.

다. 충돌하중이 부품의 증명 강도를 초과할 경우에는 잔여응력(residual strain)이 해당 품목의 유효강도를 감소시키거나 기능을 부적절하게 할 수 있으므로 잠재적인 위험성을 판단하여야 한다.

라. 부품의 강도 약화는 화재와 같은 과열에 의한 자재의 물성 변화에 의해서도 야기될 수 있으므로 부품의 균열, 변형과 더불어 과열이 되었었는지를 확인하여 안전성을 입증하여야 한다.

마. 부품의 원래 크기를 알 수 없어 변형(distortion)의 정도를 확인할 수 없을 경우에는 당해 부품을 사용할 수 없다. 과열이 의심스러울 경우에는 연구기관 등에서 재료의 물성 변경에 대한 조사를 실시하여야 한다.

11.6.8.8. 폐기부품의 처분

가. 소유자 등이 다음 각 호와 같은 항공기의 폐기부품과 자재(이하 "폐기부품"이라 한다)를 처분할 경우에는 당해 폐기부품이 사용 가능한 부품으로 날조되어 유통되지 않도록 하여야 한다.

1) 육안으로 식별되거나 되지 않거나 간에 수리가 불가능한 결함을 갖고 있는 부품

2) 형식증명, 부가형식증명, 기술표준품형식승인, 수리 · 개조승인 등 인가된 설계 (approved design)에서 정한 규격(specifications)의 범위 내에 있지 않는 부품

3) 해당 부품 및 자재들에 대한 추가적인 작업 공정이나 재작업이 이러한 부품과 자재를 승인된 시스템에 따라서 인증을 받을 수 있도록 자격 자체를 부여할 수 없는 경우

4) 인정할 수 없는 개조를 했거나 원상회복을 시킬 수 없는 재작업을 한 부품

5) 시한성 부품으로써 그 수명이 도달했거나 초과한 부품 또는 기록을 영구적으로 분실했거나 불완전한 기록을 갖고 있는 부품

6) 심한 힘을 받았거나 열에 노출됨으로써 감항성이 있는 상태로 회복될 수 없는 부품

7) 비행횟수가 많은(high-cycle) 항공기로부터 장탈된 일차적인 구조부재로써 해당 항공기가 노후항공기에 적용되는 의무적인 요건들을 충족시키지 못하는 자재

나. 소유자 등은 시한성 품목의 시한 연장을 위한 평가, 사용 이력기록의 재확인, 새로운 수리 방법 및 기술의 승인이 진행되는 것과 같은 상태가 진행중일 경우에는 폐기부품의 폐기를 유보할 수 있다. 다만, 이 경우에 해당 폐기부품은 감항성이 환원 되거나 또는 폐기되어야 한다는 결정이 있을 때까지 사용이 가능한 부품들로부터 격리되어야 한다.

다. 소유자등은 폐기부품을 사용 가능 부품 등과 항상 격리시켜야 하고, 이를 사용하지 못하도록 절단하거나 영구적으로 사용할 수 없다는 표시(mark)를 하여야 한다. 이러한 작업은 어떠한 경우에도 폐기부품을 원래 용도대로 사용될 수 없도록 하여야 하고 또한 사용 가능한 것처럼 보이도록 하기 위한 재작업이나 위조가 불가능하게 이루어져야 한다.

라. 소유자등이 폐기부품을 훈련 및 교육 보조재, 연구 · 개발 또는 비 항공용으로 사용하여 절단 등의 작업이 곤란할 경우에는 어떠한 경우에도 실제 운항을 위한 항공기에는 사용할 수 없다는 표지(mark)를 영구적으로 부착하거나, 원래의 부품번호 또는 인식표(data plate)의 정보사항을 제거시키거나 해당 부품의 처분 기록을 유지하여야 한다.

11.6.9. 항공기 및 장비품의 지속적인 감항성 유지(Continued Airworthiness of Aircraft and Components)

11.6.9.1. 적용(Applicability)

대한민국에 등록된 항공기 및 장비품의 지속적인 감항성 유지에 대하여 정한다.

11.6.9.2. 책임(Responsibility)

가. 항공기 소유자등은 항공기등에 대하여 지속적으로 감항성을 유지하고 항공기등의 감항성 유지를 위하여 다음사항을 확인하여야 한다.

1) 감항성에 영향을 미치는 모든 정비, 오버홀, 개조 및 수리가 항공 관련 법령 및 이 규정에서 정한방법 및 기준 · 절차에 따라 수행되고 있는지의 여부.

2) 정비 또는 수리 · 개조 등을 수행하는 경우 관련 규정에 따라 항공기 정비일지에 항공기가 감항성이 있음을 증명하는 적합한 기록유지 여부

3) 항공기 정비작업후 사용가 판정(Return to Service)은 수행된 정비 작업이 규정된 방법에 따라 만족스럽게 종료되었을 때에 이루어질 것

4) 정비확인 시 종결되지 않은 결함사항 등이 있는 경우 수정되지 아니한 정비 항목들의 목록을 항공기 정비일지에 기록하고 있는지의 여부

나. 최대이륙중량 5,700kg 이상인 항공기를 운영하는 항공운송사업자 및 항공기 소유자등은 지속적인 감항성 유지를 위해 정비, 개조 및 항공기 운영실태를 감시하고 평가하여야 하며, 다음의 자에게 보고 또는 통보하여야 한다.

1) 국토교통부장관

2) 형식증명소지자

3) 개조 설계기관(해당 기관의 개조와 관련하여 발생된 지속적인 감항성에 영향이 있는 경우에만 해당한다.)

다. 소유자등은 형식설계를 책임지고 있는 기관(organizations)으로부터 지속적인 감항성

유지에 관한 정보 및 정비개선회보(Service bulletin)를 획득(obtain)하고 이의 이행여부 등을 평가(assess)하여야 하며, 국토교통부장관이 정한 절차에 따라 필요한 후속조치를 이행해야 한다.

라. 국내에서 설계된 항공제품의 설계승인서 소지자 및 생산승인서 소지자는 제품의 운용자, 소유자 등으로부터 제품에 대한 결함, 고장, 및 기타 발생사항을 접수하는 시스템을 구비하여야 하며, 관련 정보를 국토교통부장관에게 보고하여야 한다.

11.6.9.3. 일반(General)

가. 이 규정 및 항공법령의 규정에 적합하지 아니한 자는 항공기 정비, 예방정비, 개조 및 수리 등을 수행해선 아니 된다.

나. 지속적인 감항성 유지를 위하여 제작사의 정비교범 또는 정비지침서에 감항성 한계사항을 규정하고 있는 경우, 해당 교범, 지침서에 규정된 강제 교환 시기, 검사 주기 및 관련 절차가 이행되지 않거나 운항증명시 인가 받은 운영기준에서 정한 대체 검사 주기 및 관련 절차 또는 이 규정의 항공기운항부문의 규정에 따라 별도로 승인을 받은 검사 프로그램을 이행하지 않고는 항공기를 운항해선 아니 된다.

다. 감항성개선지시서(AD)에 적용되는 관련 항공제품은 감항성개선지시서에 따라 필요한 조치를 기한 내에 취하지 아니하고 항공에 사용하여서는 아니 된다.

11.6.9.4. 고장, 기능불량 및 결함의 보고(Reports of Failures, Malfunctions, and Defects)

가. 항공기 소유자 또는 운영자는 항공안전법 제59조 및 같은 법 시행규칙 제134조에 따라 같은 법 시행규칙 별표 3의 항공안전장애 중 항공기 감항성에 관련한 고장, 기능불량 또는 결함이 발생한 경우에는 국토교통부장관에게 그 사실을 보고해야 한다.

나. 보고 시기 및 내용은 다음과 같다.

1) 보고해야 하는 고장, 기능불량 또는 결함이 발생한 때에는 인터넷(http://esky.go.kr) 또는 전화/텔렉스/팩스를 사용하여 발생한 날로부터 3일(72시간) 이내에 공식적인 보고가 이루어져야 한다.

2) 보고 내용에는 아래의 내용을 포함하여야 한다.

가) 항공기 일련 번호

나) 고장, 기능불량 또는 결함이 기술표준품 형식승인서(KTSOA)에 따라 인가된 품목과 관련되어있을 경우, 해당 품목의 일련번호와 형식 번호

다) 고장, 기능불량 또는 결함이 엔진 또는 프로펠러와 관련되어 있을 경우, 해당 엔진 또는 프로펠러의 일련 번호

라) 생산품의 형식

마) 부품번호를 포함하여 관련된 부품, 구성품 또는 계통의 명칭

바) 고장, 기능불량 또는 결함의 양상

3) 보고양식은 별지 제9호 서식(항공기고장보고서)에 의한다.

다. 국토교통부장관은 대한민국에 등록된 항공기

일 경우 접수한 보고 내용을 해당항공기의 설계국가에 통보한다.

라. 국토교통부장관은 외국 국적 항공기의 경우 접수한 보고 내용을 해당 항공기의 등록국가에 통보한다.

11.6.9.5 감항성개선지시(Airworthiness Directives)

가. 국토교통부장관은 항공기 소유자 또는 운영에게 항공기의 지속적인 감항성 유지를 위하여 감항성개선지시서를 발행하여 정비 등을 지시할 수 있다.

나. 국토교통부장관은 새로운 형식의 항공기가 등록된 경우 해당 항공기의 설계국가에 항공기가 등록되었음을 통보하고, 항공기, 기체구조, 엔진, 프로펠러 및 장비품에 관한 감항성개선지시를 포함한 필수지속감항정보(mandatory continuing airworthiness information)의 제공을 요청한다.

다. 국토교통부장관은 설계국가에서 제공한 필수지속감항정보를 검토하여 국내 등록된 항공기 또는 운용 중인 엔진, 프로펠러, 장비품에 불안전한 상태에 있다고 판단된 경우에는 감항성개선지시서를 발행하여야 한다.

라. 국토교통부장관은 항공기의 불안전 상태를 해소하기 위해 필요한 경우에는 항공기, 엔진, 프로펠러 및 장비품 제작사가 발행한 정비개선회보(service bulletin), 각종 기술자료(service letter, service information letter, technical follow up, all operator message 등) 및 승인된 설계변경 사항을 검토하여 해당 항공기, 엔진, 프로펠러 및 장비품에 대한 정비, 검사를 지시하거나 운용절차 또는 제한사항을 정하여 지시할 수 있다.

마. 대한민국에 등록된 항공기의 소유자 또는 운영자는 국토교통부장관이 발행한 감항성개선지시의 요건을 충족하지 않은 항공기를 운용하거나 항공제품을 사용하여서는 아니 된다.

바. 국토교통부장관은 항공기 소유자 또는 운영자가 보고한 고장, 기능불량 및 결함 내용을 검토하여 다음 각 호의 어느 하나에 해당되는 경우 감항성개선지시서를 발행할 수 있다.

1) 항공기등의 감항성에 중대한 영향을 미치는 설계 · 제작상의 결함사항이 있는 것으로 확인된 경우
2) 「항공 · 철도 사고조사에 관한 법률」에 따라 항공기 사고조사 또는 항공안전감독활동의 결과로 항공기 감항성에 중대한 영향을 미치는 고장 또는 결함사항이 있는 것으로 확인된 경우
3) 동일 고장이 반복적으로 발생되어 부품의 교환, 수리 · 개조 등을 통한 근본적인 수정조치가 요구되거나 반복적인 점검 등이 필요한 경우
4) 항공기 기술기준에 중요한 변경이 있는 경우
5) 국제민간항공협약 부속서 8에 따라 외국의 항공기 설계국가 또는 설계기관 등으로부터 필수지속감항정보를 통보받아 검토한 결과 필요하다고 판단한 경우
6) 항공기 안전운항을 위하여 운용한계(operating limitations) 또는 운용절차(operation procedures)를 개정할 필요가 있다고 판단한 경우
7) 그 밖에 국토교통부장관이 항공기 안전 확보를

위해 필요하다고 인정한 경우

사. 국토교통부장관은 감항성개선지시서를 발행할 경우 해당 항공제품을 장착한 국내의 항공기 소유자등은 물론, 국내 제작된 항공제품에 대하여 국외의 해당 항공제품을 장착한 항공기의 등록국가, 운영국가 또는 통보를 요청하는 국가가 확인할 수 있도록 인터넷을 이용하여 게시하거나 이메일, 팩스 또는 우편물 등으로 알려야 한다.

아. 항공기 소유자 또는 운영자는 해당 감항성개선지시서에서 정한 방법 이외의 방법으로 수행하고자 할 경우 국토교통부장관에게 대체수행방법(alternative methods of compliance)에 대하여 승인을 요청하여야 한다. 다만, 감항성개선지시서 발행국가가 승인한 대체수행방법을 적용하고자 하는 경우 사전에 보고(관련 SB의 개정 등 경미한 변경 사항은 보고 불필요) 후 시행할 수 있다.

자. 국토교통부장관은 대체수행방법을 승인할 경우 항공기 감항성 유지에 문제가 없는지를 확인한 후 승인하여야 한다.

11.6.10. 항공기 정비등(Aircraft Maintenance, Preventive maintenance, Rebuilding and Alteration)

11.6.10.1. 적용(Applicability)

대한민국의 감항증명을 받은 항공기 또는 이 항공기의 기체, 엔진, 프로펠러, 장비품 및 구성품 부품의 정비, 예방정비, 재생, 개조 작업에 적용한다.

11.6.10.2. 정비, 예방정비, 재생 및 개조를 수행하도록 인가된 자(Persons Authorized to Maintenance, Preventive maintenance, Rebuilding and Alteration)

가. 항공안전법 제35조제1호부터 제3호까지의 규정에 따른 조종사 자격증명 소지자

1) 형식한정을 받은 항공기(형식한정이 해당되지 아니한 항공기를 포함한다)에 대하여 비행전점검을 수행할 수 있다. 이 경우 비행전점검이 만족하게 수행되었는지에 대한 책임은 기장 또는 소속 항공사에 있다.

2) 자신이 소유하거나 운영하는 항공기에 대한 예방정비를 수행할 수 있다. 다만, 당해 항공기가 운항증명을 받아 운용되거나 감항분류가 커뮤터(C) 또는 수송(T)으로 구분되는 경우에는 제외한다.

나. 항공안전법 제35조제8호에 따른 항공정비사 자격증명을 소지하고 해당 정비업무에 대한 교육을 받았거나 지식과 경험이 있는 자(이하 "유자격정비사"라 한다) : 항공기 종류 및 정비업무의 범위 내에서 정비등을 수행하거나, 유자격정비사가 아닌 자로 하여금 정비등을 수행하게 할 수 있다. 이 경우 유자격정비사의 감독하에 있어야 한다.

다. 유자격정비사의 감독 하에 있는 유자격정비사가 아닌 자 : 다음의 조건이 모두 충족되는 경우 유자격정비사의 감독하에서 정비등을 수행할 수 있다. 다만, 필수검사항목 및 대수리 · 개조 이후 수행되는 검사업무는 제외한다.

1) 유자격정비사가 아닌 자가 정비등을 적절하게 수행하고 있음을 보증할 수 있도록 작업사항에

대한 유자격정비사의 확인이 가능한 경우

2) 유자격정비사는 유자격정비사가 아닌 자가 직접 자문을 구할 수 있는 위치에 있을 경우

라. 항공안전법 제90조에 따른 운항증명소지자 및 같은 법 제30조에 따른 항공기사용사업자 : 보유 항공기등에 대하여 인가받은 운영기준 또는 정비규정에 따라 정비등을 수행할 수 있다.

마. 항공안전법 제97조에 따른 정비조직인증을 받은 자 : 이 기준의 제6장에 따라 정비등을 수행할 수 있다.

바. 항공제품의 제작자는 다음 업무를 수행할 수 있다.

1) 형식증명 또는 제작증명을 인증받아 자신이 제작한 항공제품의 정비등

2) 기술표준품, 부품제작자증명, 또는 생산 · 제조 사양(Product and Process Specification)을 인증받아 자신이 생산한 항공제품의 정비등

3) 제작증명 또는 생산검사시스템에 따라 제작과정 중에 있는 항공기에 대한 정비등

11.6.10.3. 항공제품에 대한 정비등의 수행 후 사용가능상태로의 승인(Approval for return to service after maintenance, preventive maintenance, rebuilding, or alteration)

가. 항공기, 기체, 엔진, 프로펠러 또는 장비품에 대한 정비등의 작업을 수행 후 사용가능상태로 승인하려는 자는 다음 각 호의 조치사항을 수행하여야 한다.

1) 정비작업 내용을 기록하여야 한다.

2) 국토교통부장관이 인가한 수리 또는 개조 서식은 국토교통부장관이 정한 방식으로 작성하여야 한다.

3) 수리 또는 개조 결과, 인가된 비행교범에 수록된 운용한계사항이나 비행자료에 변경이 있는 경우에는 운용한계사항이나 비행자료가 적절하게 개정되고 기술되어 있어야 한다.

11.6.10.4. 항공제품에 대한 정비등의 수행 후 사용가능상태로 승인할 수 있는 자(Authorized Personnel to Approve for Return to Service)

항공제품에 대한 정비등(비행전점검은 제외 한다)을 수행한 후 사용가능상태로 승인할 수 있는 자와 그 범위는 다음과 같다.

가. 유자격조종사는 자신이 소유하거나 운영하는 항공기에 대하여 예방정비를 수행한 후 항공기를 사용가능상태로 승인할 수 있다.

나. 유자격정비사는 인가받은 항공기 종류 및 정비업무의 범위 내에서 정비등을 수행, 감독 및 검사를 한 후 사용가능상태로 승인할 수 있다.

다. 정비조직인증을 받은 자는 이 기준의 제6장에 따라 사용가능상태로 승인할 수 있다.

라. 항공안전법 제90조에 따른 운항증명소지자 및 같은 법 제30조에 따른 항공기사용사업자는 보유 항공기등에 대하여 인가받은 운영기준 및 정비규정에 따라 사용가능상태로 승인할 수 있다.

마. 제작자는 정비 작업 후 사용가능상태로 승인할 수 있다. 다만, 소개조를 제외한 설계가 변경되는 작업에 관한 기술자료는 국토교통부장관의 인가를 받아야 한다.

11.6.10.5. 수행 원칙 : 정비(Performance Rules : Maintenance)

가. 정비, 예방 정비 또는 개조를 수행하는 자는 다

음에 명시된 방법, 기술, 절차를 사용하여야 한다.

1) 지속적인 감항성 유지를 위하여 제작사가 발행한 최신의 정비교범 또는 지침서
2) 국토교통부장관이 요구하는 추가적인 방법, 기술 및 절차 (제작사 제공 문서가 없을 경우에는 국토교통부장관이 지정한 방법, 기술 및 절차 사용)

나. 작업자는 작업 수행이 완료되었음을 보증하기 위하여 해당 산업분야에서 인정된 방식에 의한 도구, 장비 및 시험도구를 사용하여야 한다. 만일, 관련 제작사가 특수한 장비, 시험기구의 사용을 권고할 경우에는 정비를 수행하는 자는 해당 장비, 기구(또는 국토교통부장관이 인정하는 동등 장비, 기구)를 사용하여야 한다.

다. 항공 제품에 대한 정비, 예방정비 또는 개조를 수행하는 자는 작업대상품의 상태가 적어도 원형 또는 적합하게 개조된 상태(이 상태는 공기역학적 기능, 구조강도, 진동, 퇴화 및 기타 감항성에 영향을 주는 품질과 관련된다)와 동등한 품질이 되도록 하는 방식으로 자재를 사용하여 작업하여야 한다.

라. 운항증명(AOC) 소지자 또는 항공기사용사업자의 운영기준, 정비규정, 정비프로그램 또는 검사프로그램에 포함되어 있는 방법, 기술, 작업은 이 장에서 요구하는 조건을 만족하고 인정받을 수 있는 방식이어야 한다.

11.6.10.6. 추가 수행 원칙 : 검사(Additional Performance Rules for Inspections)

가. 일반사항

수행된 정비작업에 요구되는 추가적인 검사를 수행하는 자는 다음과 같이 수행하여야 한다.

1) 검사대상 항공기 또는 해당 작업부위가 적용되는 모든 감항성 요건을 충족하는지 판정하여야 한다.
2) 인가받은 검사프로그램이 있는 검사대상 항공기의 경우에는 해당 검사프로그램의 지침과 절차에 따라 수행하여야 한다.

나. 연간 및 100시간 검사(국토교통부장관으로부터 정비프로그램 또는 검사프로그램을 인가받아 사용하는 경우는 제외한다)

1) 연간 또는 100시간 검사를 수행하는 자는 검사수행시 점검표를 사용해야 한다. 점검표는 검사자 자신이 작성하거나, 검사 대상 장비품 제작자 또는 다른 출처로부터 제공받아 사용할 수 있다. 이 점검표에는 국토교통부장관이 규정한 항목들에 대한 범위 및 세부사항들이 포함되어야 한다.
2) 왕복엔진을 장착한 항공기의 연간 및 100시간 검사를 수행한 후 사용가능상태로 승인하려는 자는 승인하기 전에 제작사가 제공한 지침에 따라 다음 사항이 항공기 성능이 만족스러운지 엔진을 작동하여 검사하여야 한다.
   가) 엔진 출력(정적 및 무부하상태의 엔진회전수)
   나) 마그네토
   다) 연료 및 오일 압력
   라) 실린더 및 오일 온도 등
3) 터빈엔진을 장착한 항공기의 연간, 100시간 검사 또는 진보적 검사(Progressive inspection)를 수행한 후 사용가능상태로 승인하려는 자는 승인하기 전에 제작사가 제공한 지침에 따라 항공기 성능이 만족스러운지 엔진을 작동하여 검사

하여야 한다.

다. 단계적 검사(Progressive inspection)

1) 단계적 검사를 수행하려는 자는 단계적 검사 체계를 시작하는 시점에 항공기의 전면적인 검사를 수행하여야 한다. 이 초도 검사 후, 단계적 검사계획에 일상검사(Routine inspection) 및 정밀검사(Detailed inspection)가 명시되어 있어야 한다.

가) 일상검사는 실질적인 재조립과정이 없다면 시각적인 검사 또는 장치, 항공기, 장비품 및 시스템의 점검이 포함되어 있어야 한다.

나) 정밀검사는 필요시 실질적인 재조립과정을 포함하여 장치, 항공기, 장비품 및 시스템의 철저한 점검이 포함되어 있어야 한다. 이 항의 목적을 위한 장비품 또는 시스템의 오버홀은 정밀검사로 간주된다.

2) 항공기가 원격지에 있고 검사가 평소와 같은 방법으로 수행된다면, 적합한 한정을 갖은 항공정비사, 인증 받은 정비조직, 또는 항공기 제작자는 절차에 따라 검사를 수행할 수 있다.

11.6.10.7. 수행원칙 : 감항성 한계사항(Performance Rules : Airworthiness Limitation)

제작사 정비교범 또는 감항성유지지침서(Instructions for Continued Airworthiness)의 감항성 한계사항에서 정한 검사 또는 정비를 수행하는 자는 이 한계사항에 따라 수행하거나 국토교통부장관이 인가한 운영기준, 정비프로그램 또는 검사프로그램에서 정한 기준에 따라 수행하여야 한다.

11.6.10.8. 수리개조승인(Approved Major Repair and Alteration)

가. 소유자등이 항공기등의 수리 또는 개조를 우리나라의 AMO를 받지 않은 국외 소재의 정비사업자에게 위탁하여 수행 하였을 경우에는 당해 항공기등의 운용 전에 지방항공청장으로부터 수리개조승인을 얻어야 한다.

나. 소유자등은 항공기등 이외의 장비품 또는 부품에 대하여 수리 또는 개조를 우리나라의 AMO를 받지 않은 국외 소재의 정비사업자에게 위탁하여 수행 하였을 경우에는 수리개조승인 없이 검사인력의 수령검사를 받아 사용하여야 한다.

11.6.10.9. 수명한계부품의 처리(Disposition of life-limited aircraft parts)

가. 이 항에서 사용하는 용어의 뜻은 다음과 같다.

1) 수명한계부품(Life-limited parts)이란 부품에 대한 강제적인 교환 한계가 형식설계서(형식증명자료집), 계속감항성 유지지침서 또는 정비교범 등에 정하여진 부품을 말한다.

2) 수명상태(life status)란 수명한계부품의 누적된 사용횟수(Cycles), 시간(Hours) 또는 별도로 규정된 강제 교환 한계(Mandatory replacement limit)를 말한다.

나. 수명한계부품의 일시적 장탈

수명한계부품을 정비등의 목적으로 일시적으로 장탈하여 재장착하는 경우로서 다음과 같은 경우 다항에 따른 처리를 필요로 하지 않는다.

1) 해당 부품의 수명상태가 변하지 않은 경우

2) 동일한 제작일련번호의 제품으로 장탈 및 재장착된 경우

3) 이 부품이 장탈되어 있는 동안 사용시간이 누

적되지 않은 경우

다. 장탈한 부품의 관리

항공기등에서 수명한계부품을 장탈하는 자는 해당 부품이 관리되고 있다는 것을 보증하기 위하여 수명한계에 도달한 이후에는 다음 각 호의 하나의 방법으로 장착되지 않도록 하여야 한다.

1) 기록유지체제(Record keeping system)

부품번호, 제작일련번호 및 현재의 수명상태 등을 기록 유지하고, 장탈될 때마다 수명상태를 최신으로 갱신한다. 이 기록유지체제는 전자적 방법, 문서 또는 그밖에 다른 수단 등으로 관리할 수 있다.

2) 표찰 또는 기록표 부착

부품에 표찰 또는 기록표를 부착한다. 이 표찰 또는 기록표에는 부품번호, 제작일련번호 및 현재의 수명상태가 기재되어 있어야 한다. 부품이 장탈될 때마다 새로운 표찰 또는 기록표를 작성하거나, 기존의 표찰 또는 기록표에 현재의 수명상태를 갱신한다.

3) 비영구적인 표기

부품에 현재의 수명상태를 알 수 있도록 비영구적인 표기방법을 사용한다. 이 수명상태는 항공기등에서 장탈될 때마다 갱신되어야 하며, 표기를 제거할 경우 이 항의 다른 방법으로 관리할 수 있다.

4) 영구적인 표기

부품에 현재의 수명상태를 알 수 있도록 영구적인 표기방법을 사용한다. 이 수명상태는 항공기등에서 장탈될 때마다 갱신되어야 한다.

5) 격리

항공기등에 장착되는 것을 방지하기 위하여 다음과 같은 내용을 포함하여 부품을 격리한다.

가) 부품번호, 일련번호 및 현재의 수명상태에 대한 기록의 유지

나) 해당 부품은 장착이 가능한 부품과 물리적으로 분리된 공간에 보관

6) 파쇄(절단)

항공기등에 장착될 수 없도록 파쇄한다. 파쇄는 해당 부품이 수리될 수 없도록 하고, 감항성이 있는 것처럼 보이도록 재작업이 이루어질 수 없도록 하여야 한다.

7) 그밖에 국토교통부장관이 인정한 방법

라. 수명한계부품의 양도

항공기등에서 수명한계부품을 장탈하여 판매 또는 양도하려는 자는 이 규정에 부합하기 위하여 사용된 표시, 표찰 또는 다른 기록물을 해당 부품과 함께 양도하여야 한다. 다만, 파쇄된 부품의 경우는 제외한다.

11.6.11. 정비 기록 및 기재(Maintenance Records and Entries)

11.6.11.1. 정비등 기록의 내용, 양식, 처리(Content, Form, and Disposition of Maintenance, Preventive Maintenance, Rebuilding, and Modification Records)

가. 항공기 또는 항공제품에 대하여 정비, 예방정비, 재생 또는 개조 작업을 수행한 자는 수행한 작업이 만족스럽게 완료되었다고 확인한 경우, 해당 정비기록부(Maintenance records)에 다음 사항을 기재하거나 이와 동등한 시스템으로 관리하여야 한다.

1) 수행작업의 내용(또는 국토교통부장관이 인정하는 참고자료)
2) 수행작업의 완료일
3) 4항에 따라 작업을 승인한 자가 아닌 자가 작업을 수행한 경우, 그 작업을 수행한 자의 성명
4) 작업을 승인한 자의 성명, 서명 또는 날인, 자격증 번호 및 소지 자격증명의 종류

나. 대수리 또는 대개조 작업을 수행하는 자는 대수리 · 개조승인서를 작성하여 항공기 소유자와 지방항공청장(항공검사과장)에게 제출하여야 한다.

다. 유자격정비사의 감독 하에 있는 유자격정비사가 아닌 자는 이 규정에 따른 모든 검사업무 또는 대수리 · 개조 작업 후 수행하는 검사업무를 하여서는 아니 된다.

11.6.11.2. 오버홀과 재생에 대한 기록 (Records of Overhaul and Rebuilding)

가. 항공기등, 장비품 또는 부품 등에 대하여 다음과 같은 작업을 수행한 경우가 아니라면 정비기록부 또는 양식에 오버홀(Overhaul)한 것으로 기록하여서는 아니 된다.

1) 국토교통부장관이 인정하는 방법, 기술, 및 절차를 사용하여 분해, 세척, 허용된 검사, 수리 및 재조립한 경우
2) 형식증명서 소지자, 부가형식증명서 소지자, 기술표준품형식승인 소지자 또는 부품제작자증명 소지자가 작성하여 문서화한 것으로서, 국토교통부장관이 인가하거나 인정할 수 있는 최신의 기술기준(Standards) 및 기술자료(Technical Data)에 따라 시험을 완료한 경우

나. 항공기 또는 항공제품을 분해, 세척, 검사, 수리, 재조립 및 시험이 새 품목에 적용되는 공차 및 한계치와 동일한 기준으로 수행되지 않았다면 정비기록부 또는 양식에 재생(Rebuilt)된 것으로 기록하여서는 아니 된다.

11.6.11.3. 정비기록 : 위조, 복제 또는 변조 (Maintenance records : Falsification, reproduction, or alteration)

가. 항공기 정비에 관한 기록에 대하여 다음 각 호에 따른 위조, 복제 및 변조 행위를 하여서는 아니 된다.

1) 이 규정의 요구조건에 대한 적합성을 입증하기 위하여 작성하여 보관하거나 또는 사용하는 모든 기록 또는 보고서 기록사항에 대한 부정한 방법 또는 의도적인 허위사실 기재
2) 이 규정에 따른 기록 또는 보고서를 부정한 목적으로 재작성
3) 이 규정에 따른 정비문서 또는 보고서를 부정한 목적으로 변경

나. 국토교통부장관은 상기 가항의 규정을 위반한 자가 소지한 항공종사자 자격증명서, 운항증명서, 제작증명서, 기술표준품인증서 또는 부품제작자증명서를 정지하거나 취소할 수 있다.

11.6.11.4. 검사기록의 내용, 양식, 대수리 및 처리(Content, Form, and Disposition of Records for Inspection)

가. 정비기록 기재사항

항공기, 항공기체, 항공기 엔진, 프로펠러, 설비, 장비품 및 부품을 검사 후 사용가능상태로

의 승인 또는 불승인하는 자는 해당 장비품 등에 대한 다음 사항을 정비기록부에 기재하거나 이와 동등한 시스템으로 관리하여야 한다.

1) 검사 종류 및 검사 내용에 대한 간단한 서술
2) 검사일자 및 항공기 총 사용시간
3) 항공기, 항공기체, 항공기 엔진, 프로펠러, 설비, 장비품, 부품 또는 작업부위에 대하여 사용가능상태로 승인 또는 불승인하는 자의 서명 또는 날인, 면허번호 및 면허종류
4) 항공기가 감항성이 있음이 확인되고 사용가능상태로의 승인하려는 경우 다음과 같거나 유사한 문구를 기재하여야 한다.
   "나는 이 항공기를 (검사근거 기재)에 따라 검사한 결과, 감항성이 있는 것으로 판정하여 승인함"
5) 요구되는 정비, 해당 사양서(Specifications), 감항성개선지시서(AD), 또는 기타 인가된 자료에 부적합하여 항공기를 사용가능상태로 승인할 수 없는 경우 다음과 같거나 유사한 문구를 기재하여야 한다.
   "나는 이 항공기를 (검사근거 기재)에 따라 검사한 결과, 다음과 같은 결함 목록과 감항성이 없는 품목이 있음을 항공기 소유자 또는 운영자에게 (날짜 기재) 알려드림"
6) 항공기를 국토교통부장관이 인가한 검사 프로그램에 따라 검사하였다면, 이 항공기를 검사한 자는 해당 검사프로그램 명칭, 수행된 검사프로그램의 부분 그리고 검사가 해당 검사프로그램의 절차에 따라 수행되었다는 설명을 정비기록부에 기재하여야 한다.

나. 결함의 기록

항공기가 감항성이 없거나 해당 형식증명자료집, 감항성개선지시서(AD) 또는 감항성의 근거가 되는 그 밖의 승인된 자료의 요건을 충족하지 못한다고 판정할 경우 이 항공기를 검사한 자는 이들 결함 목록을 작성하여 서명하고 날짜를 기록한 후 소유자 또는 운영자에게 제공하여야 한다. 항공기 기술기준에 적합하여 작동하지 않아도 되는 것이 허용된 품목이 부작동하는 경우, 각 부작동하는 계기 및 조종실에서 조작하는 장비품에는 "부작동(Inoperative)"이라는 표찰을 부착하고 이들 목록을 작성하여 서명하고 날짜를 기록한 후 소유자 또는 운영자에게 제공하여야 한다.

11.7. 정비조직의 인증(Approval for Maintenance Organization; 운항기술기준 제6장)

11.7.1. 총칙(General)

11.7.1.1. 목적(Purpose)

항공안전법 제97조의 규정에 따른 정비조직인증을 위한 기준을 정함으로써 법 집행의 일관성 및 객관성을 제고하고 항공기 안전성 확보를 도모함을 목적으로 한다.

11.7.1.2. 적용(Applicability)

정비조직인증은 타인의 수요에 맞추어 항공기, 기체, 발동기, 프로펠러, 장비품 및 부품 등에 대하여 정비 또는 수리 · 개조 등(이하 "정비등"이라 한다)의 작업을 수행하고 감항성을 확인하거나, 항공기 기술

관리 또는 품질관리 등을 지원하기 위하여 항공안전법 제97조에 따라 정비조직 인증을 받고자 하는 자 또는 인증을 받은 자에게 적용한다.

11.7.1.3. 용어의 정의(Definition of Terms)

가. "책임관리자(Accountable manager)"란 정비조직인증을 받은 사업장에서의 모든 운영에 관한 책임과 권한을 가진 자로서 인증된 정비조직에서 임명한 사람을 말하며, 소속 인력들이 규정을 지키도록 하는 사람을 말한다.

나. "대개조(Major alteration)"란 5.1.2, 2)에서 정한 개조를 말한다.

다. "소개조(Minor Alteration)"란 5.1.2, 3)에서 정한 개조를 말한다.

라. "대수리(Major repair)"란 5.1.2, 4)에서 정한 수리를 말한다.

마. "소수리(Minor Repairs)"란 5.1.2, 5)에서 정한 수리를 말한다.

바. "운항정비(Line maintenance)"란 예측할 수 없는 고장으로 발생된 비계획 정비 또는 특수한 장비 또는 시설이 필요치 않은 서비스 및(또는) 검사를 포함한 계획점검(A 점검 및 B 점검)을 말한다.

사. "공장정비(Base Maintenance)"란 운항정비를 제외한 정비를 말한다.

아. "예방정비(Preventive maintenance)"란 단순하고 간단한 보수작업, 점검 및 복잡한 결합을 포함하지 않은 소형 규격부품의 교환 및 윤활유 등의 보충(service)을 말한다.

자. "기술관리 및 품질관리 업무"란 항공기 등에 대한 직접적인 정비행위를 수행하는 것을 제외하고, 항공기가 기술기준에 적합하도록 지속적인 감항성 유지를 보증하기 위한 다음과 같은 업무를 말한다.

1) 계획정비 프로그램의 개발 및 유지관리
2) 감항성 유지정보(AD, SB 등) 검토 및 작업지침서 개발
3) 항공기 결함 등의 분석 및 신뢰성 관리
4) 정비 업무에 관한 절차의 개발 및 관리
5) 그밖에 정비를 위한 제반 지원업무

차. "품목(Article)"이란 항공기, 기체, 발동기, 프로펠러, 장비품 또는 부품 등을 말한다.

카. "정비매뉴얼(Maintenance Manuals)"이란 항공기 등, 장비품 및 부품 제작자가 지속적 감항성 유지를 위하여 발행하는 정비지침서(Maintenance Guidance)로서 Maintenance Manual, Overhaul Manual, Illustrated Parts Catalogue, Structure Repair Manual, Component Maintenance Manual, Maintenance Instructions 및 Wiring Diagram 등 기술도서들을 포함한다.

11.7.1.4. 정비 등의 수행기준(General Performance Rules)

인증 받은 정비조직이 한정 받은 품목에 대하여 정비 등을수행하는 때에는 다음 사항을 준수하여야 한다.

가. 정비 등의 수행 방법

1) 항공기 및 장비품 등의 제작자가 지속 감항성 유지를 위하여 발행한 현행 정비매뉴얼 · 지침 등에 기재된 방법, 기술 및 기능 또는 국토교통부장관이 인정한 방법, 기술 및 기능을 따라야 한다.

2) 인가된 정비, 예방정비 또는 개조작업을 수행하는데 필요한 장비, 공구 및 재료를 갖추어야 한다.

3) 장비, 공구 및 재료는 제작자가 권고한 것이거나 적어도 제작자가 권고한 것과 동등한 성능이 있고 국토교통부장관이 인정한 것이어야 한다.

나. 정비 등의 수행기록

1) 작업내용 및 근거자료

2) 작업수행 종료일자

3) 작업수행자의 서명, 자격증명번호 및 자격종류

4) 위의 3)항 이외의 작업수행자가 있을 경우 작업수행자의 성명

5) 작업수행 내용이 대수리 또는 대개조에 해당할 경우에는 별지 제13호 서식의 대수리 및 개조 승인서를 작성하여야 한다.

6) 작업수행의 과정 및 후에 감항성의 인정 또는 불인정에 관계된 검사유형, 검사내용, 검사일자, 검사원의 서명 · 자격증명번호 · 자격종류 등을 기록하여야 한다.

7) 수행기록 등 정비문서는 위조, 재생 또는 변경하여서는 아니 된다.

다. 정비 등을 수행할 수 있는 자

항공안전법 제35조제8호에 따른 항공정비사 자격증명(같은 법 시행규칙 제81조에서 정한 해당 분야의 한정)을 소지하고 해당 정비업무에 대한 교육을 받았거나 지식과 경험이 있는 자(이하 "유자격정비사"라 한다)로서 항공안전법 제97조의 규정에 따라 인증을 받은 정비조직이 소속 인원에 대하여 정비등을 수행할 수 있도록 자격을 부여한 자. 다만, 항공정비사 자격증명 소지자가 현장에서 직접 감독한다면 자격증명이 없는 자도 정비등을 수행할 수 있다.

라. 정비 등을 수행한 후 감항성을 확인할 수 있는 자

유자격정비사로서 항공안전법 제97조의 규정에 따라 인증을 받은 정비조직이 소속 인원에 대하여 정비등을 수행할 수 있도록 자격을 부여한 자

마. 항공기 등 · 장비품 또는 부품 등의 제작자가 지속 감항성 유지를 위하여 발행한 현행 정비매뉴얼 · 지침 등의 감항성 제한(Airworthiness Limitations) 장에 기술된 내용에 따라 정비 및 검사 등도 수행하여야 한다.

바. 시한성부품은 정비매뉴얼 또는 정비프로그램 등에 기술된 필수 교체 부품으로서 다음에 따라 관리하여야 한다.

1) 시한성부품의 시한(Life limit)은 누적회수, 누적시간 또는 교체 기한으로 나타내며, 제작에서부터 폐기 시까지(Back to the birth)의 사용 누적회수 · 시간을 관리하여야 한다.

2) 형식증명을 받은 항공기 및 장비품 등에서 시한성부품이 정비 등을 위하여 일시적으로 장탈 · 재장착 하는 경우,

가) 시한상태 불변

나) 동일한 제작일련번호에서 장탈 · 재장착

3) 위의 바 2)항의 경우를 제외하고 시한성부품이 시한에 도달한 후에는 장착하지 못하도록 다음 방법 중 1의 방법으로 관리되어야 한다.

가) 기록유지체제 : 실체화된 부품번호, 제작일련번호 및 현행시한상태 등을 기록 유지하되 장탈 될 때마다 현행시한상태는 최신 시한으로 갱신 되어야 한다. 이 체제는 전자화 또는 문서화 등으로 기록유지 되어야 한다.

나) 표찰부착 : 부품번호, 제작일련번호 및 현행 시한상태를 기록한 표찰 또는 기록표를 부착하여야 한다. 장탈 될 때마다 새로운 표찰 또는 새로운 기록표를 만들거나 기존의 표찰 또는 기록표를 사용하는 경우에는 최신 시한으로 갱신되어야 한다.

다) 기타방법 : 국토교통부장관이 승인한 방법을 따른다.

사. 정비조직의 인증을 받지 않고 수행할 수 있는 정비 등의 범위.

항공기 소유자등이 소유 또는 임차한 항공기에 대하여 수행한 예방정비, 운항정비 또 계획정비. 다만, 소유자등이 수행하려는 정비등을 위한 인력, 시설 및 검사체계 등의 정비능력이 없는 경우에는 정비능력을 갖춘 정비조직인증을 받은 자 또는 해당 항공기등, 장비품 또는 부품을 제작(항공기 객실 인테리어의 경우 개조업체 포함)한 자에게 위탁하여야 한다. 이 경우 최종 확인검사는 유자격정비사가 하여야 한다.

아. 이 조에서 규정하지 않은 사항은 운항기술기준 제5장 항공기 감항성(Airworthiness) 및 제8장 항공기 운항(Operations)에서 정한 기준을 따를 수 있다.

11.7.1.5. 인증서 및 운영기준의 요건(Certificate and Operations Specifications Requirements)

가. 누구든지 정비조직인증서, 한정 및 운영기준 없이 또는 이 장을 위반하여 운영하여서는 아니된다.

나. 정비조직인증서 및 운영기준은 국토교통부장관 및 공공의 점검을 위하여 사업장 내에 비치하여야 한다.

11.7.1.6. 안전정책 수립(Safety policy)

가. 정비조직을 인증 받고 자 하는 자는 정비조직에 대한 안전정책을 수립 · 발전시킬 책임이 있으며, 이 안전정책을 수립 · 발전시키며 승인사항이 포함된 다양한 업무를 관리할 수 있는 적절한 경험과 자격을 갖춘 관리자를 지정하여야 한다.

나. 항공사업법 제42조에 따라 항공기정비업을 등록하고 정비조직인증을 받으려는 자는 항공안전법 제58조제2항, 같은 법 시행규칙 제130조 및 제131조에 따른 항공안전관리시스템을 마련하여 국토교통부장관의 승인을 받아야 한다.

11.7.1.7. 정비분야 인적요소(Human factors in aircraft maintenance)

정비조직은 정비계획, 정비인력관리, 정비정책 등을 수립 시 인적요소를 고려하여야 한다.

11.7.2. 인 증(Certification)

11.7.2.1. 인증의 신청(Application for Certificate)

가. 정비조직인증을 받으려는 자(이하 "신청자"라 한다)는 항공안전법 시행규칙 별지 제98호 서식 정비조직인증신청서에 다음의 각호의 내용을 포함한 정비조직절차교범을 첨부하여 국토교통부장관에게 제출하여야 한다.

1) 수행하려는 정비의 범위
2) 정비방법 및 그 절차
3) 정비에 관한 품질관리 방법 및 절차
4) 정비 등을 수행하려는 각 품목에 대한 형식, 제

작사, 모델별 목록

5) 조직도, 관리 및 감독인원에 대한 이름 및 직위

6) 현 주소와 건물과 시설에 대한 설명

7) 타인과의 계약된 정비기능(Maintenance function)의 목록

8) 교육훈련 프로그램

나. 정비조직의 인증 및 한정, 한정추가 및 변경을 위하여 요구된 건물, 시설, 장비, 인력 및 기술자료 등은 인증기관(서울지방항공청, 부산지방항공청 또는 제주지방항공청)의 검사관이 현장검사를 할 때에는 반드시 정 위치에 있어야 한다. 다만, 인증받기 위해 필요한 장비를 확보하지 못한 경우에는 정비조직이 인증을 받는 동안 또는 관련 정비작업을 수행하는 동안에는 언제든지 사용할 수 있다는 내용이 포함된 계약을 체결된 경우에는 예외로 할 수 있다.

다. 신청자가 대한민국 밖에 위치한 경우에는 대한민국 국적기 또는 이에 장비되는 품목에 대하여 정비 등을 수행한다는 것을 입증하여야 한다.

라. 신청자는 정비조직인증을 받기 위해 국토교통부장관이 정한 수수료를 지불하였음을 입증하여야 한다.

11.7.2.2. 인증서의 발행 및 인증서의 유효성에 대한 수시점검(Issue of Certificate and Surveillance for the validate of certificate)

가. 지방항공청장은 신청자가 이 장에서 정한 요구조건에 적합하다고 판단한 경우 항공안전법 시행규칙 별지 제99호 서식 정비조직인증서(이하 인증서라 한다)에 정비의 범위 · 방법 및 품질관리절차 등을 정한 운영기준을 첨부하여 발행하여야 한다.

나. 지방항공청장은 신청자가 소속한 국가가 대한민국과 정비조직인증에 관한 협정을 체결한 경우에는 체결된 이행절차에 따라 인증서를 발급한다.

다. 지방항공청장은 인증서를 발부한 때에는 당해 조직이 인증기준을 유지하고 있는지 여부를 정기적으로 점검하여 당해 조직이 인증기준을 충족하고 있지 않을 경우 인증서에 대한 효력을 정지하거나 취소하여야 한다.

11.7.2.3. 인증서의 유효기간 및 갱신(Duration and Renewal of Certificate)

가. 대한민국 내에 위치한 정비조직에 발행된 인증서 또는 한정의 유효기간은 발행일로부터 정비조직이 양도되거나 국토교통부장관이 효력정지 또는 취소할 때까지 유효하다.

나. 대한민국 외에 위치한 정비조직에 발행된 인증서 또는 한정의 유효기간은 정비조직이 양도되거나 국토교통부장관이 효력정지 또는 취소시키지 않았다면 발행일 이후 24개월까지 유효하다.

다. 대한민국 밖에 위치한 정비조직이 인증서 유효기간을 갱신하고자 하는 경우에는 인증서 유효기간 만료 30일전에 항공안전법 시행규칙 별지 제98호 서식 정비조직인증 신청서를 작성하여 관할 지방항공청장에게 제출하여야 한다. 이 경우 관할 지방항공청장은 유효기간 갱신을 위하여 항공안전법 제97조제1항에 따라 정비조직 인증기준에 적합한지 여부를 매 2년마다 서류 또는 현장검사를 순차적으로 실시하여야 한다.

라. 인증서 보유자는 인증서의 유효기간 만료, 효력

정지 또는 취소된 경우에는 관할 지방항공청장에게 인증서를 반납하여야 한다.

11.7.2.4. 업무한정(Ratings)

가. 항공기 등급(Class Aircraft): A1 ~A3

나. 엔진 등급(Class Engines): B1 ~ B3

다. 장비품/부품 등급(Class Components/parts): C1 ~ C22(ATA 계통별)

라. 특수서비스 등급(Class Specialized Service): D1 한정(D1 Rating): 비파괴시험(NDT)

11.7.3. 건물, 시설, 장비, 자재 및 자료(Housing, Facilities, Equipment, Materials and Data)

11.7.3.1. 건물 및 시설의 요건(Housing and Facilities Requirements)

가. 정비조직은 다음을 갖추어야 한다.

1) 업무한정에 적합한 시설, 장비, 자재 및 인력을 수용할 수 있는 건물

2) 품목의 정비 등 및 한정된 특수 서비스를 적절히 수행할 수 있는 시설로서 다음 각목을 포함한다.

가) 모든 정비 등을 수행하는 동안에 품목들을 적절히 격리하고 보호하기 위한 충분한 작업 공간 및 면적

나) 환경적으로 위험성이 있는 페인팅, 세척 및 용접, 기계적으로 민감한 항공전자 및 전기, 기계가공 작업 등을 하려는 경우 타 정비 등의 수행에 영향을 주지 않고 적절하게 수행할 수 있는 격리작업 공간

다) 정비 등을 수행하는 모든 품목들을 저장 및 보호하기에 적합한 선반 (racks), 호이스트(hoists), 스탠드(stands), 트래이(trays) 및 기타 격리 수단

라) 장착을 위해 보관 중인 품목 또는 자재를 정비 등의 수행 중에 있는 모든 품목들로부터 격리하여 보관할 수 있는 충분한 공간

마) 정비 등을 수행하는 인력이 적절하게 작업할 수 있도록 환기 · 조명 · 온도조절 · 습도설비 및 기타 기후 조건에서도 정비 등을 할 수 있는 설비

나. 정비조직의 업무한정에 항공기 한정을 갖고 있는 경우 운영기준에 명시된 항공기의 형식 중 가장 큰 항공기 1대 이상을 수용할 수 있는 영구적인 건물을 갖추어야 한다. 다만, 운항정비만을 위탁받아 수행하려는 경우에는 제외한다.

11.7.3.2. 장비, 자재 및 자료의 요건 (Equipment, Materials and Data Requirements)

가. 정비조직은 인증서 및 운영기준 하에서 정비 등을 수행하기 위해 필요한 장비, 공구 및 자재 등을 보유하여야 한다. 장비, 공구 및 자재 등은 작업이 수행되는 정비조직 내에 위치하고 통제하에 있어야 한다.

나. 정비조직은 품목에 대한 감항성 결정을 위해 사용하는 모든 시험 · 검사 및 정밀측정장비(Precision Measuring Equipment)들이 국토교통부장관이 인정할 수 있는 표준으로 교정되었음을 보증해야 한다.

라. 정비조직은 인증서 및 운영기준 하에서 정비 등

을 수행하기 위해 필요한 자료와 서류를 국토교통부장관이 인정한 형식으로 유지해야 한다. 다음 각 호의 서류와 자료는 관련된 작업이 수행될 때 이용하기 쉽고, 항상 최신의 상태로 유지해야 한다.

1) 감항성개선지시(Airworthiness directives)
2) 지속 감항성 유지 지시서(Instructions for continued airworthiness)
3) 정비 매뉴얼(Maintenance manuals)
4) 표준작업 매뉴얼(Standard practice manuals)
5) 정비기술회보(Service bulletins)
6) 기타 국토교통부장관이 승인했거나 인정할 수 있는 자료(Approved or accepted data by MLIT)

11.7.4. 인력(Personnel)

11.7.4.1. 인력의 요건(Personnel Requirements)

가. 책임관리자를 임명하여야 한다.

나. 정비 등의 작업계획, 감독, 수행 및 항공에 사용하도록 환원하기 위한 자격자를 보유하여야 한다.

다. 정비 등을 수행함에 있어 훈련 또는 지식 및 경험을 갖춘 충분한 수의 인력을 보유하여 한다.

라. 항공안전법 제35조제8호에 따른 자격증명이 없는 자가 정비 등을 수행할 경우 훈련, 지식, 경험 또는 기능시험 등으로 업무능력을 분별하여야 한다.

11.7.4.2. 감독인력 요건(Supervisory Personnel Requirements)

가. 품목에 대한 정비 등을 수행하는 현장에서 감독할 수 있는 충분한 수의 감독인력을 확보하여야 한다.

나. 감독인력은 항공안전법 제35조제8호에 따른 자격증명을 갖추어야 한다. 다만, 대한민국 외의 지역에 위치한 정비조직인 경우 해당 항공당국이 정한 규정에 따른 자격요건을 갖춘 자이어야 한다.

다. 감독자는 당해 실무경험이 최소한 36개월 이상이어야 하며, 정비 등을 수행하기 위하여 사용된 방법, 절차, 기술, 기능, 보조물, 장비 및 공구 등에 대하여 훈련을 받았거나 유사경험이 있어야 한다.

라. 감독자는 정비조직 관련 제 규정에 익숙하며, 영어를 읽고 이해할 수 있어야 한다.

11.7.4.3. 검사 인력 요건(Inspection Personnel Requirements)

가. 품목에 대하여 정비 등을 수행한 후 감항성 유무를 결정하기 위하여 사용된 검사방법, 절차, 기술, 기능, 보조재, 장비 및 공구 등에 대하여 훈련되고 익숙하여야 한다.

나. 품목의 다양한 검사대상에 따라 적합한 측정·검사장비 및 시각점검 보조기구 등을 능숙하게 사용하여야 한다.

다. 검사원은 항공안전법 제35조제8호에 따른 자격증명을 갖춘 자이어야 한다. 다만, 대한민국외의 지역에 위치한 정비조직인 경우 해당 항공당국이 정한 규정에 따른 자격요건을 갖춘 자이어야 한다.

라. 관련 법규, 규정에 익숙하여야 하며, 관련 매뉴얼, 작업지시서 등을 충분히 이해할 수 있어야

한다.

11.7.4.4. 감항성 확인 인력 요건(Personnel Authorized to Approve an Article for Return to Service)

정비 등을 수행한 품목에 대하여 Return to service 권한을 갖는 인력(이하 "감항성 확인자"이라 한다)은 다음 각항에 적합하여야 한다.

가. 감항성 확인자는 항공안전법 제35조제8호에 따른 자격증명을 갖추어야 한다. 다만, 대한민국 외의 지역에 위치한 정비조직인 경우 해당 항공당국이 정한 규정에 따른 자격요건을 갖추어야 한다.

나. 감항성 확인자는 정비 등을 수행하기 위하여 사용된 방법, 절차, 기술, 기능, 보조재, 장비 및 공구 등에 대하여 교육을 받았거나 18개월 이상의 실무경험이 있어야 한다.

다. 감항성 확인자는 정비 등을 수행한 품목에 대하여 감항성 유무를 결정하기 위하여 사용된 검사방법, 절차, 기술, 기능, 보조재, 장비 및 공구 등에 대하여 익숙하여야 한다.

라. 감항성 확인자는 관련 법규, 규정에 익숙하여야 하며, 관련 매뉴얼, 작업지시서 등을 충분히 이해할 수 있어야 한다.

11.7.4.5. 관리자, 감독자 및 검사 인력에 대한 기록 (Record of Management, Supervisory and Inspection Personnel)

가. 정비조직은 경영 관리자, 정비 등의 감독자, 전검사원 및 감항성확인자의 명부를 각각 보유하여야 한다.

나. 각 명부에 기재된 각 개인에 대하여 충분한 정보의 요약서를 갖추고 있어야 한다.

11.7.4.6. 교육훈련의 요건(Training Requirements)

정비조직은 보유인력에 대하여 적합한 교육훈련 프로그램을 갖추어야 한다.

가. 국토교통부장관이 승인한 초도 및 보수 교육과정이 포함된 교육훈련 프로그램

나. 교육훈련 프로그램은 정비조직에서 정비 등을 수행하기 위하여 고용된 각 인력 및 검사기능의 담당 직무 수행능력을 보증하여야 한다.

다. 교육훈련 이수현황은 개인별로 문서화하여 기록 유지하여야 한다.

라. 정비요원의 직무와 책임을 부여하고 부여된 임무를 적절하게 수행할 수 있도록 훈련프로그램을 개발하고 시행하여야 한다.

마. 훈련프로그램은 인적수행능력(Human performance)에 관한 지식과 기량에 대한 교육을 포함하여야 하고, 정비요원과 운항승무원과의 협력에 대한 교육을 포함하여야 한다.

바. 훈련프로그램은 훈련과정, 훈련방법, 강사자격, 평가, 훈련기록에 대한 내용이 포함되어야 하고 훈련시간 등은 다음의 최소요구량 이상을 실시하여야 한다.

1) 안전교육 : 년 8시간 이상
2) 초도교육 : 60시간 이상
3) 보수교육 : 1회당 4시간 이상
4) 항공기 기종교육 : 항공기 제작회사 또는 제작회사가 인정한 교육기관이 실시하는 교육시간 이상
5) 인적요소 : 년 4시간 이상

6) 초도 및 항공기 기종교육 이수기준 : 평가시험 70% 이상 취득

사. 인증받은 정비조직의 교육훈련 교관은 정비분야 3년 이상의 근무경력을 가져야 한다.

11.7.4.7. 기술관리 및 품질관리 업무의 인력 요건(Personnel Requirements of Engineering support and Quality control)

타인의 요구에 따라 기술관리 및 품질관리 업무를 지원하려는 정비조직에서 수행한 업무에 대한 책임을 갖는 자는 다음 각 항을 충족하여야 한다.

가. 항공안전법 제35조제8호에 따른 항공정비사 자격증명이 있을 것

나. 해당 항공기 형식에 친숙하기 위한 교육을 받을 것

다. 수행하려는 업무에 필요한 전문교육 이수 또는 실무경험이 있을 것

11.7.5. 운영규칙(Operating Rules)

11.7.5.1. 권한 및 제한(Privileges and Limitations of Certificate)

가. 한정 및 운영기준의 제한사항에 따른 품목에 대하여 정비 등의 수행과 RTS

나. 인증 받은 한정에 속하지 않은 어떠한 품목에 대하여도 정비 등을 수행하여서는 아니 된다. 또한 한정에 속하는 어떠한 품목이라도 특별한 기술자료, 장비 및 시설 등이 요구됨에도 이를 갖추지 않았다면 정비 등을 하여서는 아니 된다.

다. 인증 받은 정비조직은 다음 사항에 대하여서는 RTS조치를 할 수 없다.

1) 적합하게 승인된 기술자료 또는 국토교통부장관이 인정한 자료에 따르지 아니하고 정비 등을 수행한 모든 품목

2) 적합하게 승인된 기술 자료에 따르지 아니하고 대수리 또는 대개조 작업을 수행한 모든 품목

11.7.5.2. 타 장소 수행 작업(Work Performed at Another Location)

인증 받은 정비조직은 다음 각항과 같은 요건 하에서 정비조직 이외의 장소에서 한정에 속하는 품목에 대해 정비 등 또는 특수한 서비스의 수행을 위해 자재, 장비 및 인력 등을 일시적으로 파송할 수 있다.

11.7.5.3. 항공사 등을 위한 정비 등(Maintenance, Preventive Maintenance and Alterations Performed for Certificate Holder of Air Operator Certificate)

인증된 정비조직이 항공운송사업자 등이 소유한 항공기에 대하여 정비 등을 수행하는 경우에는 다음을 따라야 한다.

가. 지속적 감항성 유지 프로그램(Continuous Airworthiness Maintenance Program)을 운영하는 항공운송사업자를 위해 정비 등을 수행하는 정비조직은 해당 항공사의 정비 프로그램 및 관련 정비매뉴얼에 따라 수행하여야 한다.

나. 지방항공청장이 승인한 항공기 검사 프로그램을 운영하는 항공기 소유자등을 위해 정비 등을 수행하는 정비조직은 해당 항공기 소유자등의 검사프로그램 및 관련된 정비 매뉴얼에 따라 수행하여야 한다.

다. 건물 및 시설의 요건에도 불구하고, 항공운송사업자의 운항정비를 수행하려는 정비조직이 다

음 각목의 요건에 적합한 경우에는 정비조직인증을 받을 수 있다.

1) 정비조직은 해당 항공운송사업자의 인가받은 정비규정과 정비프로그램에 따라 운항정비를 수행하고,
2) 인증 받은 정비조직은 운항정비를 수행하기 위해 필요한 장비, 훈련된 인력 그리고 기술자료 등을 보유하고,
3) 인증 받은 정비조직의 운영기준에 해당 항공기 형식에 대한 운항정비를 수행할 수 있도록 인가된 경우

11.7.5.4. 정비조직절차교범(AMO Procedure Manual)

가. 정비조직은 지방항공청장이 인정한 정비조직 절차교범을 보유하고 이행하여야 한다.
나. 정비조직절차교범은 최신 상태로 유지되어야 한다.
다. 최신상태의 정비조직절차교범은 AMO 인력이 사용하기에 편리하여야 한다.
라. 정비조직절차교범이 제정 또는 개정된 때에는 지방항공청장에게 제출하여야 한다.
마. 기술관리 및 품질관리 업무를 하는 경우에는 수행하는 업무를 처리하고 보증할 수 있는 절차가 정비조직절차교범에 포함되어 있어야 한다.

11.7.5.5. 정비조직절차교범의 내용(AMO Procedure Manual Contents)

가. 정비조직의 업무행위에 대한 권한을 갖는 각각의 관리자 직위, 직무, 담당책임 범위 및 권한 등이 포함된 조직 구성도
나. 감독 및 검사인력 명부의 유지 및 개정절차
다. 건물, 시설, 장비, 자재 및 자료 등을 포함한 사업장의 운영에 대한 기술
라. 정비조직의 수행능력 목록의 개정보고 절차 및 개정을 하기 위하여 자체평가 방법, 주기 및 관계 관리자에게 평가결과 보고 절차
마. 교육훈련 프로그램 개정절차 및 국토교통부장관으로부터 승인 받기 위한 절차
바. 정비조직 이외 다른 장소에서 수행된 정비 등의 작업을 관리하는 절차
사. 지속적 감항성 유지 프로그램을 보유한 항공사를 위한 정비 등의 수행 절차
아. 계약정비 정보의 개정, 유지 및 관리절차
자. 요구된 기록의 기술 및 기록의 획득, 저장에 사용된 기록유지 시스템 및 기록수정 절차
차. 정비조직절차교범 개정절차 및 국토교통부 제출 절차
카. 정비조직절차교범의 확인 및 관리의 장에 사용된 시스템의 내용
타. 승인받은 작업의 작업범위에 대한 일반적 기술
파. 품질관리시스템 및 정비조직의 절차에 대한 기술
하. 정비인력의 능력을 수립하기 위해 사용한 절차에 대한 기술
거. 정비확인이 수행되어야 할 여건과 정비확인을 위한 절차에 대한 기술
너. 항공기 사용승인 인력 및 승인가능 범위
더. 결함 및 고장 등의 보고절차에 대한 기술
러. 필요한 모든 감항자료에 대한 형식증명서 소지자 등으로부터의 접수, 평가, 개정 및 배포를 위한 절차에 대한 기술

11.7.5.6. 품질관리시스템(Quality Control System)

가. 정비조직은 정비 등을 수행하는 사업장의 품목 또는 외주계약 정비 등의 품목에 대한 감항성을 보증하도록 국토교통부장관이 인정할 수 있는 독립된 품질관리시스템을 갖추고 유지하여야 한다.

나. 정비조직의 인력은 정비 등을 수행할 때에는 품질관리시스템에 따라야 한다.

다. 정비조직의 품질관리매뉴얼 필수 항목

1) 입고 원자재의 적합한 품질을 보증하기 검사절차
2) 정비 등의 전 대상품목에 대한 예비검사 절차
3) 정비 등을 수행하기 이전 품목에 숨겨진 손상에 연관된 검사절차
4) 검사 인력의 숙련도 유지절차
5) 품목의 정비 등을 하기 위한 최신 기술자료 유지 및 설정절차
6) 정비 등을 수행하는 무자격증명 자의 인력배치 및 감독절차
7) 최종검사 수행 및 항공에의 사용을 위한 정비해제 절차
8) 정비 등을 수행하기 위해 사용되는 시험 및 측정 장비의 검교정 주기 및 절차
9) 결함에 대한 수정조치의 수행절차
10) 특수하게 수행되는 정비 등에 있어서는 제작사의 검사기준 또는 지정자료의 근거
11) 검사와 정비 양식의 견본 및 양식 기입 방법 또는 각각의 양식 매뉴얼에 대한 참조
12) 품질관리매뉴얼의 개정절차

라. 정비조직은 상기 다항의 규정에 의한 품질관리매뉴얼을 제정하거나 개정하였을 경우에는 국토교통부에 제출하여야 한다.

11.7.5.7. 정비등의 검사(Inspection of Maintenance, Preventive Maintenance or Alterations)

정비조직은 정비등이 수행된 품목을 항공에 사용할 수 있도록 승인하기 위하여 다음의 각 항을 따라야 한다.

가. 정비조직은 정비등 수행한 해당 품목이 감항성이 있다는 정비확인(Maintenance release)을 다음의 절차에 따라 승인하여야 한다.

1. 정비조직이 해당 품목에 대한 작업을 수행하여야 한다.
2. 유자격정비사는 수행한 작업에 대하여 감항성이 있음을 확인하여야 한다.
3. 필수검사항목 등 재확인이 필요한 사항에 대하여 검사원이 검사를 수행하여야 한다.

나. 대한민국 외의 지역에 위치한 인가받은 정비조직에서는 유자격정비사 또는 정비조직절차교범에 감항성 확인자로 명시된 자만이 최종적인 검사 및 정비확인 서명을 할 수 있다.

11.7.5.8. 수행능력 목록(Capability List)

인증 받은 정비조직은 지방항공청장으로부터 한정받은 품목이 정비조직절차교범에 명시된 수행능력목록 또는 운영기준에 명시되어 있는 경우에 한하여 정비등을 수행할 수 있다.

가. 수행능력목록은 각 품목의 제작자가 지정한 명칭, 모델 등으로 명시되고 지방항공청장이 인정할 수 있는 양식으로 작성되어야 한다.

나. 수행능력목록에 있을 품목은 정비조직의 한정범위 내에 있고 자체평가를 수행한 후 등재될

수 있다. 정비조직은 매년 건물, 시설, 장비 및 인력 등이 적합한지 자체평가를 수행하여야 한다. 또한, 정비조직은 모든 평가문서를 보관하고 있어야 한다.

다. 정비조직은 수행능력목록에 품목을 추가 또는 변경한 경우에는 그 개정 사본을 지방항공청장에게 제출하여야 한다.

11.7.5.9. 계약정비(Contract Maintenance)

가. 인증받은 정비조직은 다음과 같은 경우 품목에 대한 정비기능에 관하여 외부업체와 계약을 체결할 수 있다.

1) 정비조직이 외부업체에 계약을 체결한 정비기능을 지방항공청장이 인가하고,

2) 정비조직은 외부업체에 대한 능력을 평가하여야 하고,

3) 정비조직은 다음 각항의 정보를 유지하는 경우

가) 외부업체과 계약한 정비기능

나) 외부업체의 명칭, 해당될 경우 보유한 인증서 및 한정 등(외국 정비시설의 경우 해당 항공당국이 발행한 인증서 및 한정 등)

나. 인증 받은 정비조직이 인증 받지 않은 외부업체와 계약을 맺을 경우

1) 외부업체는 인증받은 정비조직의 품질관리시스템과 동등한 수준일 것

2) 인증받은 정비조직은 외부업체에서 수행된 작업에 대한 직접적인 책임이 있음

3) 외부업체에서 수행된 작업은 시험 또는 검사를 통해 검증되어야 하며, 감항성이 있는지는 인증받은 정비조직이 확인함

11.7.5.10. 기록유지(Record keeping)

가. 인증받은 정비조직은 수행기준에 따라 수행하였음을 증명하는 기록을 국문 또는 영문으로 남겨야 한다. 기록은 국토교통부장관이 인정한 형식으로 유지되어야 한다.

나. 인증 받은 정비조직은 정비, 예방정비 또는 개조가 수행된 품목의 소유자 또는 운영자에게 정비확인(Maintenance Release) 사본을 제공하여야 한다.

다. 인증 받은 정비조직은 품목이 항공에의 사용가능상태로 승인된 날짜로부터 2년 동안 요구된 기록을 유지하여야 한다.

라. 정비조직은 국토교통부 또는 항공철도사고조사위원회의 검사를 위하여 모든 기록물을 이용가능하도록 하여야 한다.

11.7.5.11. 고장 등의 보고(Service Difficulty Reports)

인증 받은 정비조직은 인가 받은 한정품목에 대하여 비행안전에 중대한 영향을 미칠 수 있는 고장, 기능불량 및 결함 등을 발견한 경우에는 96시간 이내 다음 각항의 내용을 포함하여 국토교통부장관 및 항공기 운영자에게 보고 또는 통보하여야 한다.

가. 항공기 등록부호

나. 형식, 제작사 및 품목의 모델

다. 고장, 기능불량 및 결함이 발견된 날짜

라. 고장, 기능불량 및 결함의 현상

마. 사용시간 또는 오버홀 이후의 경과시간 (해당될 경우)

바. 고장, 기능불량 및 결함의 확실한 원인

사. 사안의 중대성 또는 수정조치의 결정 등에 필요하다고 판단되는 기타정보

아. 정비조직이 항공운송사업자, 형식증명(부가형식증명 포함), 부품제작자증명 또는 기술표준품 인증 소지자에 속한 경우에는 어느 한곳에서 보고하여도 된다.

11.8. 항공기 계기 및 장비(Instrument and Equipment; 운항기술기준 제7장)

11.8.1. 일반

11.8.1.1. 적용(Applicability)

운항기술기준 제7장은 항공안전법 제51조 및 제52조, 국제민간항공협약 부속서에서 정한 요건에 따라, 항공기를 소유 또는 임차하여 사용할 수 있는 권리가 있는 자(이하 “소유자등” 이라 한다)가 항공기를 항공에 사용하고자 하는 경우 항공기에 갖추어야 할 계기 및 장비 등에 관한 최소의 요건을 규정한다. 이 규정은 특별히 명시된 것을 제외하고 항공에 사용하는 모든 민간항공기(이하 “모든 항공기”라 한다)에 적용된다.

11.8.1.2. 용어의 정의 (Definition)

가. 비상위치무선표지설비(Emergency locator transmitter (ELT)).
   비상상황을 감지하여 지정된 주파수로 특수한 신호를 자동 혹은 수동으로 발산하는 장비를 말한다.
   1) 고정식 자동비상위치 무선표지설비(Automatic fixed ELT (ELT(AF)). 항공기에 영구적으로 장착된 긴급위치 발신기
   2) 휴대용 자동비상위치 무선표지설비(Automatic portable ELT (ELT(AP)). 항공기에 견고하게 부착되고, 추락 등 조난 시 항공기에서 쉽게 떼어내어 휴대할 수 있는 긴급위치 발신기.
   3) 자동전개식 비상위치 무선표지설비(Automatic deployable ELT (ELT(AD)). 항공기에 견고하게 부착되고, 추락 등 조난 시 항공기에서 자동적으로 전개되며 수동전개도 가능한 긴급위치 발신기.
   4) 생존 비상위치 무선표지설비(Survival ELT (ELT(S)). 비상시에 생존자들이 작동시키도록 예비용으로 장착된, 항공기에서 떼어낼 수 있는 긴급위치 발신기.

나. 장거리 해상비행(Extended Overwater Operation) 육상단발비행기의 경우에는 비상착륙에 적합한 육지로부터 185킬로미터(100해리) 이상의 해상을 비행하는 것을 말하며, 육상다발비행기의 경우에는 1개의 발동기가 작동하지 아니하여도 비상착륙이 적합한 육지로부터 740킬로미터(400해리) 이상의 해상을 비행하는 것을 말한다.

11.8.1.3. 계기 및 장비 일반요건 (General Instruments and Equipment Requirements)

가. 모든 항공기에는 감항증명서 발행에 필요한 최소장비에 추가하여 해당 운항에 투입되는 항공기 및 운항상황에 따라 이 장에서 규정한 계기, 장비 및 비행서류 등을 적합하도록 장착하거나 탑재하여야 한다.

나. 모든 항공기에는 감항성 요건에 따라 요구되는 인가된 계기 및 장비가 장착되어야 한다.

다. 대한민국에 등록되지 않은 항공기를 운항할 경우 대한민국이 요구하는 계기 및 장비를 장착하지 않은 항공기는 등록국의 요건에 따라 장착되고 검사되어야 한다.

라. 항공기 운항 중 1명의 항공기승무원에 의해 사용되는 장비는 좌석에서 쉽게 작동시킬 수 있도록 장착되어야 한다.

마. 하나의 장비가 2명 이상의 항공기승무원에 의해 작동되는 경우에는 어느 좌석에서도 작동이 가능하도록 장착되어야 한다.

바. 운항증명소지자는 항공기에 장착된 계기 및 장비가 다음의 요건을 충족하지 않는 한 항공기를 운항하여서는 아니된다.

1) 최소성능기준과 운항 및 감항 요건을 충족할 것
2) 항로 비행중 통신이나 항법에 필요한 장비들 중에서 어느 하나의 장비에 결함이 발생하여도 안전하게 통신이나 항법을 수행할 수 있을 것
3) 최소장비목록(MEL)에 적용되는 경우를 제외하고는 운항에 적합한 작동상태를 유지할 것

사. 항행 및 통신장비의 장착은 통신 또는 항행 목적으로 필요하거나 또는 두 목적을 동시에 만족시키기 위해 필요한 하나의 장비가 고장 시, 그 고장으로 인해 통신 또는 항행 목적에 필요한 다른 장비가 고장 나지 않도록 독립적으로 장착되어야 한다.

11.8.1.4. 비행 및 항법계기 일반요건 (General Requirements for Flight and Navigational Instruments)

가. 모든 항공기에는 운항승무원이 다음 각 호의 사항을 수행할 수 있도록 비행 및 항법계기를 장착하여야 한다.

1) 항공기 비행경로 조작
2) 필요한 절차에 의한 기동행위
3) 예상되는 운항조건 하에서 항공기 운용한계 관찰

나. 주작동 시스템에서 예비 시스템으로 전환하는 수단이 장착된 경우에는 확실한 위치제어(positive positioning control)가 포함되어야 하고 선택된 시스템을 명확히 나타내는 표시가 있어야 한다.

다. 운항승무원이 사용하는 계기들은 비행경로에 따라 정상적으로 전방을 주시하였을 때 당해 운항승무원의 좌석 및 시선에서 벗어나는 것이 최소화되도록 하고 운항승무원의 좌석에서 지시치를 쉽게 볼 수 있도록 배열되어야 한다.

라. 최대이륙중량 5,700kg 이상 항공기에는 주(主) 전력생산 장치와는 별도로 30분 이상 자세계(artificial horizon)를 작동시키고, 기장이 분명하게 식별할 수 있는 조명을 제공할 수 있는 비상전력생산 장치를 장착하여야 한다. 동 비상전력생산 장치는 주 전력생산 장치의 고장 시 자동으로 작동하여야 하고 비상 전력임을 표시할 수 있어야 한다.

11.8.1.5. 최소 비행 및 항법계기 (Minimum Flight and Navigational Instruments)

어느 누구도 다음의 계기를 장착하지 않고는 항공기를 운항하여서는 아니된다.

1) 노트(Knots)로 나타내는 교정된 속도계
2) 비행중 어떤 기압으로도 조정할 수 있도록 헥토파스칼/밀리바 단위의 보조눈금이 있고 피트 단위의 정밀고도계

3) 시, 분, 초를 나타내는 정확한 시계(개인 소유물은 승인이 불필요함)
4) 나침반

11.8.1.6. 두 명의 조종사가 요구되는 운항을 위한 계기 (Instruments for Operations Requiring Two Pilots)

두 명의 조종가가 요구되는 항공기의 경우 각 조종석에는 다음의 비행계기가 분리되어 장착되어야 한다.

1) 노트(Knots)로 나타내는 교정된 속도계
2) 비행중 어떤 기압으로도 측정할 수 있도록 헥토파스칼/밀리바 단위의 보조 눈금이 있는 피트 단위의 정밀고도계
3) 승강계(Vertical Speed Indicator)
4) 선회 및 경사지시기
5) 자세지시기
6) 방향지시기

11.8.1.7. 계기비행방식으로 비행시 갖추어야 할 계기 (IFR Instrument)

계기비행기상조건 또는 야간에 착륙하려는 항공기에는 다음에 각호의 지정위치까지 항법신호를 받으며 비행할 수 있도록 무선항법장비를 장착하여야 한다.

1) 시계착륙을 할 수 있는 지점
2) 계기비행기상조건에서 착륙이 계획된 비행장
3) 선정된 교체비행장

11.8.1.8. 예비 자세지시기 (Standby Attitude Indicator)

가. 다음 각 항에서 정한 예비 자세 지시기 1기(Single)를 장착하지 않는 한 최대인가이륙중량 5,700킬로그램을 초과하는 비행기 및 최대인가승객좌석 9석을 초과하는 항공기를 운항하여서는 아니된다.
  1) 다른 전원을 공급받아야 한다.
  2) 정상적으로 운항하는 동안 계속적으로 전원을 공급받아야 한다.
  3) 정상적인 발전기가 완전히 부 작동된 후에도 독립된 발전기로부터 독립된 전원에서 최소한 30분 동안은 자동으로 공급받아야 한다.

나. 예비 자세지시기가 비상전원으로 작동될 경우 운항승무원에게 예비 자세지시기가 비상전원으로부터 작동되고 있음을 확실하게 나타내 주어야 한다.

다. 예비 자세지시기가 자체 전력 공급원을 사용 중일 경우 그 표시가 예비 자세지시기 또는 계기판에 있어야 한다.

라. 장착된 예비 자세지시기가 360°의 종경사(Pitch) 및 횡경사(Roll)에 대한 비행자세를 제공할 수 없다면 선회 및 경사지시기(Turn and Slip Indicator)는 경사지시기(Slip Indicator)로 대체될 수 있다.

11.8.1.9. 정밀계기접근 제2종 운항을 위한 계기 및 장비(Instruments and Equipment for Category II Operations)

가. 항공안전법 시행규칙 제177조에 따른 정밀계기접근 제2종 운항을 위해서는 다음에서 정한 계기 및 장비를 항공기에 장착하여야 한다. 다만, 7.2.1.2 또는 제7장의 기타 다른 조항에서 요구하는 계기와 장비는 7.2.1.6과 관련하여 이중으

로 장착할 필요는 없다.

1) 제1그룹(왕복엔진 항공기 및 터보프롭 항공기)

가) 2개의 방위각제공시설(Localizer/LLZ) 및 활공각제공시설(Glide slope/GP) 수신장치 각 장치에는 기본 계기착륙시설(ILS) 정보가 제공되어야 하며, 각각의 계기판넬에 나타나야 한다. 그러나, ILS 방위각제공시설(Localizer)1 및 활공각제공시설 (Glide Slope) 수신안테나가 각각 1개씩 사용될 수 있다.

나) 최소한 1개의 계기착륙시설의 작동에는 영향을 주지 않는 통신장비

다) 외측 및 중간 마커를 청각 및 시각표시로 구별하게 해주는 마커 비콘(Marker Beacon) 수신장치

라) 2개의 자이로스코프식 자세지시(pitch and bank indicating) 시스템

마) 2개의 자이로스코프식 방향지시(direction indicating) 시스템

바) 2개의 속도계

사) 2개의 정밀고도계

고도계 눈금오차와 항공기의 바퀴높이에 따른 고도수정용 플래카드를 각각 보유하고 20피트 간격으로 표시되어야 하며, 대기압으로 교정이 가능한 정밀고도계

아) 2개의 승강계(Vertical Speed Indicators)

자) Automatic Approach Coupler나 Flight Director System으로 구성된 Flight Control Guidance System)

Flight Director System은 ILS Localizer와 관련된 Steering Command에 대한 계산된 정보를 나타내 주고, ILS Glide Slope 또는 ILS Glide Slope 기본정보와 관련된 Pitch Command에 대한 계산된 정보를 동일한 계기상에 나타내 주는 것이어야 한다. Automatic Approach Coupler는 최소한 ILS Localizer와 관련된 Automatic Steering을 제공하여야 하며, Flight Control Guidance System은 상기 가목에서 명시한 수신장비 중 하나로 동작될 수 있다.

차) 결심고도(DH)가 150피트 이하인 정밀계기접근 제2종 운항의 경우에는 내측 마커를 청각과 시각으로 알려주는 마커 비콘 수신장치 또는 전파고도계(Radio Altimeter)

2) 제2그룹 (터보제트, 터보팬엔진 장착 비행기)

가) 제1호 가목 · 라목 · 바목 · 자목 및 정밀계기접근 제3종 운항을 위하여 장착된 전파고도계와 자동추력장치(Autothrottle System)가 고장났을 경우 이를 조종사가 즉각 발견할 수 있게 하는 경고장치

나) 2중 조종장치(Dual Controls)

다) 보조 정압원이 포함된 외부에 구멍이 있는 정압장치

라) 조종사가 착륙 시(Touch Down)와 착륙활주 시 안전한 시계전환 (Safe visual transition)을 할 수 있도록 조종실 시야를 확보하기 위한 조종실 앞 유리 와이퍼 (Windshield Wiper) 또는 이와 동등한 수단

마) 각 속도계의 동압관(Pitot Tube)에 대한 가열장비 또는 결빙으로 인한 동압장치(Pitot System)의 부작동을 방지할 수 있는 대체장비

나. 정밀계기접근 제2종에 대한 계기 및 장비의 인

가와 정비요건은 별표에 규정한다.

11.8.1.10. 무선통신장비 (Radio Equipment)

가. 운항의 종류에 따라 필요한 무선통신장비(비행 중 기상정보를 수신할 수 있는 통신장비 포함)를 갖추지 아니하고 항공기를 운항하여서는 아니 된다.

나. 관제를 받는 시계비행방식 또는 계기비행방식으로 운항하거나 야간에 운항하는 모든 항공기는 비상주파수인 121.5MHz를 포함하여 국토교통부장관이 지정한 주파수를 사용하여 항공기 지국과 양방향 통신을 할 수 있는 무선통신장비를 갖추어야 한다.

다. 항공기에 운항승무원이 각각 이용할 수 있는 주파수 변경 판넬이 장착되어 있지 아니하면 계기비행방식의 운항을 하여서는 아니된다.

라. 항공기 소유자 및 운항증명소지자는 항공기가 운항지역의 항공교통관제 업무요건에 따라 통신 및 항법장비를 갖추지 않는 한 지상 시각 참조물에 의해 항법을 할 수 없는 항로상에서 시계비행방식 또는 계기비행방식으로 운항을 하여서는 아니된다. 다만 최소한 다음에 열거한 장비를 갖춘 경우에는 그러하지 아니하다.

1) 정상운항 상태에서 회항 항로를 포함한 항로의 어느 지점에서나 해당 지상국과 통신할 수 있는 two-way 방식의 2개의 독립된 무선통신장비(다만, 일반항공에 사용되는 항공기의 경우 당해 항공기가 1대의 무선통신장비만을 장착할 수 있도록 국토교통부장관에 의해 형식승인된 경우에는 예외로 한다.)

주. 각 장비에는 독립된 안테나가 장착되어야 한다. 단, 견고한 비선형(non-wire) 안테나 또는 이와 동등한 신뢰성이 있는 기타 안테나가 장착된 경우에는 1개의 안테나가 있어도 가능하다.

2) 운항하고자 하는 항로에 필요한 2차 감시레이다 트랜스폰다

마. 2대 이상의 통신장비가 필요한 경우 각 장비는 서로 독립되어야 하며, 한 장비의 결함이 다른 장비의 결함을 초래하지 않도록 다른 장비들로부터 독립되어야 한다.

바. 항공기에 붐 마이크 또는 이와 동등한 장비가 장착되지 않거나 조종간에 송신단추가 장착되어 있지 않으면 1명의 조종사에 의한 계기비행방식이나 야간에 운항을 하여서는 아니된다.

11.8.1.11. 항공기 등불과 계기조명 (Aircraft Light and Instrument Illumination)

가. 야간에 운항하는 모든 항공기는 다음 장비를 갖추어야 한다.

1) 국토교통부령에서 규정한 운중(雲中) 비행 또는 계기비행 시 장착해야 할 계기

2) 착륙등 : 항공운송사업용 항공기의 경우 2기 이상, 그 밖의 항공기에는 1기 이상 장착 다만, 소형항공운송사업에 사용되는 항공기로서 1기의 착륙등이 장착되었으나 해당 항공기에 착륙등을 추가로 장착하기 위하여 필요한 항공기 개조 등의 기술이 그 항공기 제작사 등에 의하여 개발되지 아니한 경우에는 1기의 착륙등을 갖추고 비행할 수 있다.

3) 항공기 안전운항에 필수적인 비행계기와 장비에 대한 조명

4) 객실내의 조명시설
5) 각 승무원 위치별 독립적으로 이동사용이 가능한 손전등(다만 개인이 휴대한 경우는 승인이 필요 없다)

나. 충돌방지등 및 착륙등은 주간에 비행하고자 하는 항공기에도 필요한 수량을 장착해야 한다.

11.8.1.12 고도경보장치(Altitude Alerting System)

지역항행협정에 의하여 고도 2만9천피트 이상으로 수직분리 300미터(1,000피트)가 적용되는 공역에서 운항하기 위해서는 선정된 고도로부터 벗어날 경우 운항승무원에게 경보를 줄 수 있는 장치가 항공기에 장착되어야 한다. 다만, 경고의 범위는 ±90미터(300 피트)를 초과하여서는 아니된다.

11.8.1.13. 비상, 구조 및 구명장비(Emergency, Rescue and Survival Equipment)

1. **비상장비(Emergency Equipment)**

항공안전법 제52조의 규정에 의한 비상 및 부양장비는 다음 각 호의 사항을 갖추어야 한다.

1) 객실에 있는 장비는 승무원이나 승객이 즉시 사용가능 해야 함
2) 작동법에 대한 명확한 구분과 표시
3) 최근의 검사날짜의 표시
4) 저장소나 용기로 운반되는 경우는 내용물을 표시

2. **시각신호장비(Visual Signaling Devices)**

수색 및 구조가 어려운 지역의 수면이나 내륙을 횡단하여 운항하고자 할 경우에는 다음 각 호의 장비를 포함한 그 지역에 적합한 신호장비(Signalling Devices)를 갖추어야 한다.

1) 요격 및 피요격 항공기가 사용하는 시각신호장비(Visual Signals)
2) 해상 비행에 필요한 각 구명보트에 최소한 1개의 불꽃조난 신호장비

3. **구명장비(Survival Kits)**

수색 및 구조가 어려운 지역을 운항하고자 할 경우에는 항공안전법 시행규칙 제110조에 따라 항공기 탑승자의 수에 해당하는 충분한 구명장비(Survival Kits)와 운항하고자 하는 항로에 적합한 장비를 갖추어야 한다.

4. **비상위치지시용 무선표지설비(Emergency Locator Transmitter)**

가. 모든 항공기는 항공안전법 시행규칙 제107조에 따라 비상위치지시용 무선표지설비(ELT)를 장착하여야 한다.

나. 비상위치지시용 무선표지설비에 사용되는 건전지는 다음의 경우 교체하여야 한다. 다만, 충전이 가능한 경우에는 재충전한다.

1) 1시간 이상 연속 송신기를 사용한 경우 또는
2) 유효수명의 50퍼센트(충전용 건전지의 경우 충전유효수명의 50 퍼센트)가 지난 경우
3) 교체 또는 충전할 수 있는 비상위치지시용 무선표지설비 건전지의 유효일자는 송신기의 외부에 읽기 쉽게 표시하여야 한다. ㈜ 건전지 유효수명은 탑재가능 기간 동안 실질적으로 영향을 받지 않는 Water-activated 건전지 에는 적용되지 아니한다.

다. 비상위치지시용 무선표지설비(ELT)는 ICAO 부속서 제10권 Volume Ⅲ에 따라 운용되어야 한다.

라. 항공기에 장착되는 비상위치지시용 무선표지

설비(ELT)는 121.5MHz 및 406MHz로 동시에 송신되어야 한다.

마. 장거리 해상비행을 하는 항공기에는 최소한 한 개 이상의 비상위치지시용 무선표지설비를 비상시에 사용할 수 있도록 구명정에 장착하거나 객실승무원이 신속히 접근하여 사용할 수 있는 곳에 비치하여야 한다.

5. 파괴위치 표시(Marking of Break-in Points)

가. 항공기 비상시 구조요원들이 파괴하기에 적합한 동체 부분이 있다면 그 장소를 아래 그림과 같이 동체 부분에 적색 또는 황색으로 표시하여야 하며, 필요 시 배경과 대조되는 백색으로 윤곽을 나타내어야 한다.

나. 양쪽 모퉁이의 표지가 2미터 이상 벌어지면 중간지점에서 9x3 센치미터 선을 표시 간격이 2미터가 되지 않도록 다음 그림과 같이 표시한다.

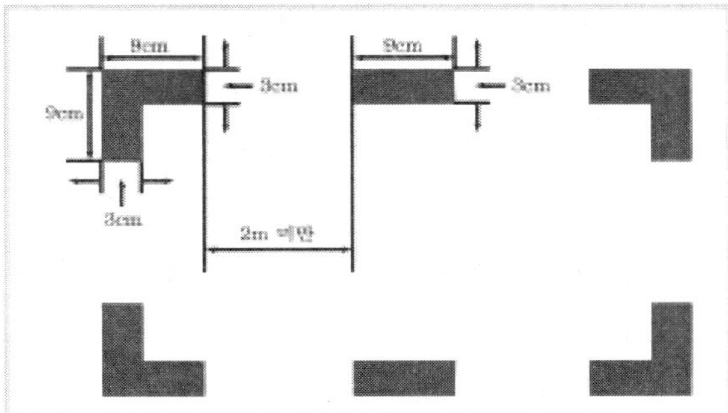

그림 11-6 파괴위치 표시

6. 산소저장 및 분배장치(Oxygen Storage and Dispensing Apparatus)

가. 산소사용이 요구되는 고도에서 운항하고자 하는 항공기는 항공안전법 시행규칙 제114조에 따라 적절하게 산소를 저장하고 분배해주는 장비를 갖추어야 한다.

나. 산소장치, 최소 산소흐름율, 산소공급은 국토교통부장관이 승인한 항공기 형식증명 감항성 기준을 충족하여야 한다.

다. 운항증명소지자는 1만피트를 초과하는 고도로 운항하고자 하는 경우 운항승무원이 임무수행 중에 즉시 사용할 수 있는 곳에 산소마스크를 구비하여야 한다.

라. 운항증명소지자는 2만 5천 피트를 초과(또는 대기기압이 376hPa 미만의 고도 위로 비행시)하는 고도로 여압장치가 있는 항공기를 운항시키고자 할 경우 다음 사항을 충족하여야 한다.

1) 운항승무원의 산소마스크는 즉시 착용이 가능한 Quick-donning type of oxygen mask이어야 한다.

2) 객실의 여압이 상실될 경우 객실승무원이 위치에 관계없이 즉시 산소를 이용할 수 있도록 여분의 산소 배출구와 마스크 또는 산소마스크를 장착한 휴대용 산소용구가 당해 항공기에 탑승해야 할 최소 객실승무원 수만큼 객실 전체에 고르게 분포되어야 한다.

3) 산소공급 단말장치(Terminal)와 연결된 산소 분배기구는 각 사용자가 어느 좌석에 있던지 즉시 사용할 수 있도록 장착되어야 하며, 분배기구 및 산소배출구의 전체수량은 좌석수의 10퍼센트 이상이어야 하고, 여분의 산소용구는 객실 전체에 고르게 구비되어야 한다.

마. 운항증명소지자는 특정 운항에 필요한 보조 산소량을 운항규정(Operations Manual)에서 정한 운항절차, 운항노선, 비상절차에 해당되는 비행고도와 비행시간에 근거하여 결정해야 한다.

바. 비여압 항공기와 여압항공기에 필요한 보조 산소량은 이 기준의 별표로 규정한다.

7. 탑재하는 비상장비 및 구명장비에 관한 기록 (Records of emergency and survival equipment carried)

항공기 소유자 등은 구조조정센터와의 신속한 통신이 가능하도록 긴급통신체제를 유지하여야 하며, 항공기에 탑재하는 비상장비 및 구명장비의 정보를 포함한 일람표를 만들어 관리해야 한다. 탑재하는 비상장비 및 구명장비 일람표에 포함되어야 할 정보에는 구명보트 및 불꽃 신호장비의 수량 · 색상 · 형식, 비상의료구호품 및 수상 구호품(water supplies) 그리고 휴대용 비상위치지시용 무선표지설비(ELT)의 종류 및 주파수 등을 포함시켜야 한다.

8. 비상탈출장비(Emergency Exit Equipment)

가. 비행기가 지상에 있는 상태에서 지상으로부터 6피트 이상 높이에 장착되어 있는 승객운송용 비행기의 비상구(날개 위에 있는 비상구는 제외)는 승객이 지상으로 내려오는데 도움을 줄 수 있도록 항공당국에 의해 인가된 비상탈출장비가 있어야 한다.

나. 모든 항공기에는 승객 비상구 위치 및 접근방법, 비상구 여는 방법 등이 주 객실 통로를 따라 승객들이 접근할 때 잘 보일 수 있도록 표시되어야 한다.

다. 운항증명소지자는 최대승객 좌석수가 19석을 초과하는 여객운송용 비행기에 비상조명장비 및 다음 각 호와 같은 독립된 주 조명장비를 갖추어야 한다.

1) 각 객실 비상구의 표시와 위치 조명

2) 객실에 충분한 밝기 제공

3) 객실 바닥에 비상탈출로 표시

라. 모든 비행기는 외부에서 비상탈출구를 열 수 있도록 비행기 외부의 각 비상탈출구에 비상탈출구를 여는 방법을 표시하여야 한다.

마. 승객운송용 비행기에는 비행기 형식증명 요건을 충족하는 옆으로 미끄러지지 않도록 만든 탈출통로를 장착하여야 한다.

바. 기타 비상탈출장비의 상세한 사항은 이 기준의 별표에 규정한다.

9. 휴대용 소화기(Portable Fire Extinguishers)

모든 항공기에는 승무원, 승객 등이 객실 및 화물실에서 쉽게 사용할 수 있는 휴대용 소화기를 다음 각 호에 따라 구비하여야 한다.

1) 소화액의 종류와 양은 사용되는 객실 또는 화물실에서 발생할 수 있는 화재의 종류에 적합하여야 한다.

2) E급 화물실에는 최소 1개 이상의 휴대용 소화기가 비행중 승무원이 편리하게 접근할 수 있는 위치에 있어야 하며, 최소 1개 이상의 휴대용 소화기가 주방 내 혹은 쉽게 접근할 수 있는 위치에 각각 설치되어 있어야 한다.

3) 항공기의 조종실내에는 최소한 1개 이상의 휴대용 소화기가 운항승무원이 편리하게 사용할 수 있는 위치에 설치되어 있어야 한다.

4) 승객좌석이 6석 이상인 항공기의 경우 객실 내에 항공안전법 시행규칙 별표 15에서 정한 수만큼의 휴대용 소화기가 승객 및 승무원이 사용하기 편리한 위치에 균등하게 분포되어 있어야 한다.

10. 화장실 소화기(Lavatory Fire Extinguisher)

가. 최대승객 좌석수가 19석을 초과하는 여객 운송

용 항공기에는 각 화장실내에는 쓰레기통에서 발생할 수 있는 화재를 진압할 수 있는 소화기를 설치하여야 한다.

나. 가항에 따라화장실내에 설치된 소화기는 쓰레기통에서 화재발생 즉시 자동으로 소화될 수 있도록 설계되어야 한다.

11. 화장실 연기 감지기(Lavatory Smoke Detector)

최대승객 좌석수가 19석을 초과하는 여객운송용 항공기의 각 화장실에는 다음에서 정한 요건을 충족하는 연기감지기 또는 이와 동등한 장비를 갖추어야 한다.

1) 조종실내 경고등 또는,
2) 각 비행단계별 객실승무원의 근무위치를 고려하여 객실승무원이 쉽게 알아볼 수 있는 경고등 또는 청각경고(Audio Warning)장비

12. 구급, 감염예방 및 비상의료 용구(First-Aid, Universal Precaution and Emergency Medical Kit)

모든 항공기에는 항공안전법 시행규칙 제110조에 따라 구급의료용품(First-aid Kit), 감염예방의료용구(Universal Precaution Kit) 및 비상의료용구(Emergency Medical Kit)를 탑재하여야 한다. 다만, 비행거리가 2시간을 초과하고 승객 좌석 수가 100석을 초과하는 항공기의 경우에는 전문의사 또는 비행 중 응급처치 자격을 갖춘 사람이 사용할 수 있는 비상의료용구(Emergency Medical Kit)를 1조 이상 탑재해야 한다.

13. 구급용 산소공급 기구(First Aid Oxygen Dispensing Units)

가. 운항증명소지자가 여압항공기로 2만5천피트를 초과하는 고도로 승객운송을 하기 위해서는 당해 항공기에 다음에서 정한 장비를 구비하여야 한다.

1) 객실 압력감소에 따라 생리학적 이유 등로 산소가 필요한 승객을 위한 희석시키지 않은 구급용 산소공급기구
2) 객실승무원이 구급용 산소공급 수단으로 사용할 수 있는 충분한 수(최소 2개 이상)의 산소 분배장치

나. 운항증명소지자는 특정 운항과 노선에 대하여 가항에서 요구하는 구급용 산소(first-aid oxygen)의 양을 다음 각 호에서 정한 바에 따라 결정하여야 한다.

1) 8천 피트 이상의 객실고도에서 객실 압력이 감소된 후의 비행시간
2) 표준대기조건으로 제공되어야 할 1인당 평균 산소 공급율은 최소 분당 3리터 이상
3) 최소한 탑승객의 2퍼센트(그러나 1명 이상)이상이 사용할 수 있는 양

14. 개인 부양장비(Individual Flotation Devices)

가. 모든 항공기에는 항공안전법 시행규칙 제110조에서 정한 바에 따라 구명동의 또는 이와 동등한 성능을 갖춘 개인용 부양장비를 구비하여야 한다.

나. 모든 구명동의 또는 이와 동등한 개인용 부양장비는 이를 사용하려는 사람의 좌석이나 침대에서 쉽게 사용할 수 있는 위치에 비치되어야 한다.

다. 장거리 해상비행용 개인용 부양장비는 인가된 생존자 위치표시등(Survivor locator light)이 부착되어 있어야 한다.

라. 운항증명소지자가 비행이 수면 위에서 종료되고 그 수면이 넓고 깊지 않아 탑승자의 생존을

위한 개인용 부양장비가 필요하지 않다고 입증할 경우, 항공당국은 운항증명소지자의 신청에 의해 개인용 부양장비를 비치하지 않은 항공기의 해상비행을 인가할 수 있다.

15. 구명보트(Life Raft)

가. 모든 항공기에는 항공안전법 시행규칙 제110조에서 정한 바에 따라 구명보트 또는 이와 동등한 성능을 갖은 부양장비를 구비하여야 한다.

주. 탑재된 구명보트 중 가장 큰 수용능력을 가진 구명보트 1개가 손실된 경우에도 항공기 탑승자 전원을 수용할 수 있는 적정용량의 여분의 구명보트가 비치되어 있어야 한다.

나. 구명보트는 비상시 쉽게 사용할 수 있도록 비치하여야 한다.

다. 구명보트는 다음 각 호의 장비를 구비하여야 한다.

1) 1개의 생존자위치표시등(Survivor Location Light)

2) 1개의 구명장비(Survival Kit)

3) 1개의 불꽃조난신호장비(Pyrotechnic Signalling Device)

마. 원격조종으로 펼칠 수 없고 총 중량이 40킬로그램 이상인 구명보트는 기계적으로 펼칠 수 있는 보조장치가 있어야 한다.

16. 수중위치전파발생기(Underwater Locating Device)

최대이륙중량 27,000kg을 초과하는 항공운송사업에 사용되는 모든 비행기로서, 다음 각 호와 같이 장거리 해상을 비행하는 비행기는 8.8kHz 주파수로 작동되는 수중위치전파발생기 1개를 2020년 1월 1일 이전까지 장착하여야 한다. 수중위치전파발생기는 최소 30일간 작동될 수 있어야 하며, 주익 또는 미익에 장착되어서는 아니 된다.

가. 비상착륙에 적합한 육지로부터 120분 또는 740킬로미터(400해리) 중 짧은 거리 이상의 해상을 비행하는 다음의 경우

1) 쌍발비행기는 임계발동기가 작동하지 않아도 최저안전고도 이상으로 비행하여 교체비행장에 착륙할 수 있는 경우

2) 3발 이상의 비행기는 2개의 발동기가 작동하지 않아도 항로상 교체비행장에 착륙할 수 있는 경우

나. 가항 외의 비행기는 30분 또는 185킬로미터(100해리) 중 짧은 거리 이상의 해상을 비행하는 경우

☞ 수중위치탐지신호(ULB: Underwater Locator Beacon) 성능요건:
SAE AS6254, Minimum Performance Standard for Underwater Locating Devices (Acoustic) (Self-powered) 또는 이와 동등한 문서.

11.8.1.14. 특별운항에 관한 요건(Requirements for Specific Operations)

1. 수직분리축소(RVSM) 공역의 운항을 위한 요건(Requirements for Operations in RVSM Airspace)

가. 조종사에게 비행중인 고도를 전시해 주고, 지정된 고도를 자동으로 유지하고, 항공기가 지정된 비행고도에서 ± 90m(300ft)를 이탈하는 경우 경고하고, 기압고도를 자동으로 알려주는 (automatically maintaining a selected flight level)장비를 구비해야 한다.

나. 당해 RVSM 공역에서 운항하고자 할 경우, 국토교통부장관의 승인을 받아야 한다.

2. 성능기반항행(PBN)요구 공역의 운항을 위한 요건 (Requirements for Operations in PBN Airspace)

가. 성능기반항행(PBN)요구 공역을 운항하기 위해서 필요 항법장비의 하나 또는 조합을 이용하여 비행시간의 95퍼센트에 해당하는 시간 동안 표11-4와 같은 항법성능이 요구된다.

표 11-4 PBN 요구 공역 운항 합법성능

종류	정확도	필요 항법장비
RNAV 10 (RNP10)	±10NM	INS(IRU), FMS, GPS(GNSS)
RNAV 5	±5NM	VOF/DME, DME/DME, INS(IRU), GPS(GNSS)
RNAV 2	±2NM	GPS(GNSS), CME/DME, DME/DME/IRU
RNAV 1	±1NM	
RNP 4	±4NM	GNSS
Basic RNP 1	±1NM	GNSS
RMP APCH	±1 ~ ±0.3 NM	GNSS
RNP AR APCH	± 0.1 ~ ±0.3 NM	GNSS

나. 해당 성능기반항행(PBN)공역에서 운항하려면 이 기준 8장 항공기 운항의 성능기반항행 또는 수직분리축소 공역에서의 운항을 준용한다.

3. 최소항행성능요건 적용공역의 운항을 위한 항행장비(Navigation Equipment for Operations in MNPS Airspace)

가. 항공기가 다음에서 정한 항법장비를 갖추지 않는 한 항공기를 최소항행성능요건(MNPS) 적용공역에서 운항하여서는 아니된다.

1) 항로의 어느 지점에서나 운항승무원에게 정확하게 항로 이탈여부를 계속적으로 지시해 주어야 한다.

2) 최소항행성능요건 공역 운영관련 항공기 등록국의 인가를 받아야 한다.

주. 장비는 Regional Supplementary Procedures 형식으로 ICAO Doc.7030에 규정된 Minimum Navigation Performance Specifications을 준수해야 한다.

나. 최소항행성능요건 적용공역 운항을 위해 필요한 항법계기는 각각의 조종사가 조종석에서 잘 볼 수 있어야 하고 쉽게 사용할 수 있어야 한다.

다. 최소항행성능요건 적용공역에서 제한 없이 운항을 하기 위하여 항공기는 2개의 독립된 장거리항법장치(LRNS)를 장착하여야 한다.

라. 공시된 특정항로를 따라 최소항행성능요건에 따른 운항을 하기 위하여 해당 항공기는 별도로 규정하지 않는 한 1대 이상의 장거리항법장치를 장착하여야 한다.

11.8.1.15. 비행기록장치(Flight Recorders)

1. 비행기록장치시스템(Flight Recorders System)

가. 일반

1) 충격보호 비행기록장치(Crash protected flight recorders)는 다음의 어느 하나 또는 그 이상의 시스템으로 구성된다. 이미지 및 데이터 링크 정보는 CVR 또는 FDR에 각각 기록될 수 있다.

가) 비행자료기록장치(FDR)
나) 조종실음성기록장치(CVR)
다) 비행이미지기록장치(AIR)
라) 데이터통신기록장치(DLR)

2) 경량비행기록장치(Lightweight flight recorders)는 다음의 어느 하나 또는 그 이상의 시스템으로 구성된다. 이미지 및 데이터 링크 정보는 CARS 또는 ADRS에 각각 기록될 수 있다.

가) 항공기데이터기록시스템(ADRS)
나) 조종실오디오기록시스템(CARS)
다) 비행이미지기록시스템(AIRS)
라) 데이터통신기록시스템(DLRS)

3) 2016년 1월 1일 이전에 국제민간항공협약 체약국에 형식증명신청서가 제출된 항공기에 대한 비행기록장치와 관련된 기준;
EUROCAE ED-112, ED-56A, ED-55, Minimum Operational Performance Specifications (MOPS)

4) 2016년 1월 1일 이후에 국제민간항공협약 체약국에 형식증명신청서가 제출된 항공기에 대한 비행기록장치와 관련된 기준;
EUROCAE ED-112A, Minimum Operational Performance Specification (MOPS)

5) 경량비행기록장치(Lightweight flight recorders)와 관련된 기준;
EUROCAE ED 155, Minimum Operational Performance Specification (MOPS)

나. 구조 및 장착(Construction and installation)

1) 비행기록장치시스템은 저장된 정보의 보존, 녹음, 재생을 위하여 기록상태를 최대한 보호할 수 있도록 제조되고, 비행기에 장착되어야 하며, 비행기 추락과 화재에 대해서도 저항성을 갖고 있어야 한다.

2) 비전개식(Non-deployable) 비행기록장치시스템을 담고 있는 용기(Container)는 다음 사항을 충족하여야 한다.

가) 밝은 오렌지 또는 밝은 황색이어야 한다.
나) 위치수색이 용이하도록 빛을 반사하는 성질을 가진 재료로 만들어져야 한다.
다) 사고로 인한 충격으로 분리되지 않도록 기록장치에 고정시킨 수중위치전파발생기를 갖고 있어야 한다. 수중위치전파발생기는 37.5kHz의 주파수로 자동으로 작동되어야 하며, 2018년 1월 1일부터는 최소한 90일간 작동할 수 있어야 한다.

3) 자동전개식(Automatic Deployable) 비행기록장치시스템을 담고 있는 용기(Container)는 다음 사항을 충족하여야 한다.

가) 밝은 오렌지색이여야 하나, 항공기 외부에서 보이는 표면은 다른 색일 수 있다.
나) 위치수색이 용이하도록 빛을 반사하는 성질을 가진 재료로 만들어져야 한다.
다) 자동으로 작동되는 구조의 비상위치지시용 무선표지설비(ELT)가 장착되어 있어야 한다.

4) 비행기록장치시스템은 다음 사항이 충족되도록 설치하여야 한다.

가) 기록내용의 손상확률을 최소화할 것
나) 비행기록장치 운영에 있어 필수 또는 비상장치에 위해를 끼치지 않도록 최대의 신뢰성을 제공하는 버스로부터 전기를 받을 것
다) 비행기록장치시스템이 정상으로 작동하는

지 비행 전 점검할 수 있게 해주는 청각 및 시각적인 수단이 있을 것

라) 비행기록장치시스템에 말소장비가 있다면, 비행 중 또는 사고발생 시 해당 장비의 작동을 방지할 수 있도록 설계될 것

5) 감항당국에 의해 승인된 방법으로 시험할 때 비행기록장치시스템은 해당 장비가 운영되도록 설계된 것 이상의 극한환경에서 적합한지 입증되어야 한다.

6) 비행기록장치시스템의 기록들 간에는 정확한 시간교정이 이루어져야 한다.

7) 제작자는 감항당국에 다음 각 호의 정보를 제공하여야 한다.

가) 작동지침서, 장비 작동한계 및 장착 절차

나) 측정단위별 파라미터의 원천자료 또는 계산식

다) 제작자의 시험보고서 등

다. 운용(Operation)

1) 비행기록장치는 비행 중 스위치를 OFF 하여서는 아니 된다.

2) 비행기록장치는 자료보존을 위해 사고 및 준사고 발생시, 비행이 종료된 후 작동이 중지되어야 하고 ICAO 부속서 13에서 정하는 바에 따라 수거 등의 처분 전에 재작동(재사용)되게 하여서는 아니 된다.

3) 항공기에서 비행기록장치 기록을 제거할 필요성 여부는 작동 중의 충격을 포함한 사건이나 상황의 심각성을 고려하여 사고조사를 수행하는 국가의 사고조사당국이 결정한다.

4) 비행기록장치 기록 보유에 대한 운영자의 책임은 운항기술기준 9.1.15.2.6(조종실 음성기록장치와 비행기록장치의 보관)항에 명시되어 있다.

라. 지속적인 운용성 및 검사(Continued serviceability and Inspection)

FDR 및 CVR 장치의 지속적인 운용성을 확보하기 위해 기록 및 운용상태가 점검되고 평가되어야 한다. FDR과 CVR 시스템의 검사절차는 운항기술기준 별표 11.8.1.17.6의 규정을 따른다.

마. 비행기록장치의 전자문서(Electronic Documentation)

항공기운영자가 사고조사기관에 제공하는 FDR 및 ADRS의 파라미터 정보수록문서는 전자문서포맷으로 운영되어야 한다. 단, 제작사에서 해당문서를 전자문서포맷으로 제공하지 않는 경우, 종이문서 형태로 운영될 수 있다. 비행기록장치의 매개변수에 관련한 산업규격은 ARINC 647A, 비행기록장치 전자문서 또는 이와 동등한 문서에 명시되어 있다.

바. 복합기록장치(Combination Recorders)

1) FDR 및 CVR 장착이 요구되는 최대이륙중량이 5,700kg을 초과하는 항공운송사업 외의 용도에 사용되는 모든 비행기에는 2개의 복합기록장치(FDR/CVR)를 대신 장착할 수 있다.

2) FDR 및 CVR 장착이 요구되는 2016년 1월 1일 이후에 체약국에 형식증명신청서가 제출된 최대이륙중량이 15,000kg을 초과하는 모든 항공운송사업용 비행기에는 2개의 복합기록장치(FDR/CVR)를 장착해야 한다. 두 개의 복합기록장치 중 하나는 조종석에 최대한 가까운 곳에 위치하여야 하고, 다른 하나는 조종석과 최대한 먼 곳에 위치하여야 한다.

3) FDR 및 CVR 장착이 요구되는 2016년 1월 1일 이후에 체약국에 형식증명신청서가 제출된 최

대이륙중량이 5,700kg을 초과하는 모든 항공운송사업용 비행기에는 2개의 복합기록장치(FDR/CVR)를 장착하여야 한다.

4) FDR 및 CVR의 장착이 요구되는 최대이륙중량이 5,700kg을 초과하는 모든 항공운송사업용 비행기에는 2개의 복합기록장치가 대신 장착될 수 있다.

5) FDR 및 CVR의 장착이 요구되는 최대이륙중량이 5,700kg 이하의 모든 항공운송사업용 다발 터빈엔진 비행기에는 FDR, CVR을 장착하거나 하나의 복합기록장치(FDR/CVR)가 장착될 수 있다.

2. 비행자료기록장치(Flight Data Recorders : FDR) 및 항공기자료기록시스템 (Aircraft Data Recording Systems : ADRS)

가. 운용(operation)

운항증명소지자 및 비행기 소유자 등은 다음 기준에 따라 1개 이상의 비행기록장치를 장착하고 운항하여야 하며, 세부 장착기준은 다음과 같다.

1) 2016년 1월 1일 이후 형식증명신청서가 체약국에 제출된 운항증명소지자의 비행기

가) 최대이륙중량 5,700kg 이하의 모든 터빈엔진 비행기에는 다음 중 어느 하나에 해당하는 비행기록장치를 장착하여야 한다.

① Type II FDR

② 조종사에게 시현되는 비행경로와 속도 파라미터를 기록할 수 있는 C급 AIR 또는 AIRS

③ 별표 11.8.1.17.3의 표 – Parameter for Aircraft Data Recording Systems에 정의된 필수 매개변수를 기록할 수 있는 ADRS

2) 2016년 1월 1일 이후 형식증명신청서가 체약국에 제출된 운항증명소지자 외의 비행기

가) 최대이륙중량 5,700kg 이하이고 승객 5명 이상을 수송할 수 있는 모든 터빈엔진 비행기에는 다음 중 어느 하나에 해당하는 비행기록장치를 장착하여야 한다.

① Type II FDR

② 조종사에게 시현되는 비행경로와 속도 파라미터를 기록할 수 있는 C급 AIR

☞ 형식증명신청서가 체약국에 제출된다는 것"은 이형 또는 파생된 모형(Variants or Derivative Models)의 특정비행기의 증명 날짜가 아닌 비행기 형식을 위한 최초의 "형식증명(Type Certificate)" 신청날짜를 말한다.

3) 1989년 1월 1일 이후 제작된 비행기

가) 최대이륙중량이 27,000kg을 초과하는 모든 비행기에는 Type I FDR을 장착하여야 한다.

나) 최대이륙중량이 5,700kg을 초과하고 27,000kg 이내인 모든 비행기는 Type II FDR을 장착하여야 한다.

4) 1990년 1월 1일 이후 제작된 최대이륙중량이 5,700kg 이하인 다발 터빈엔진 비행기로서 항공운송사업에 사용되는 비행기는 Type IIA FDR를 장착하도록 한다.

5) 1987년 1월 1일 이후 1989년 1월 1일 이전에 제작된 항공운송사업용 비행기

가) 나)항을 제외한 최대이륙중량이 5,700kg을 초과하는 모든 터빈엔진 비행기는 시간, 고도, 속도, 정상 가속도, 기수 및 피치자세, 롤자세, 무선 송신기 발신 신호 및 각 엔진별 출력을 결정하는 데 필요한 파라미터를 기록

하는 FDR을 장착하여야 한다.

나) 최대이륙중량 27,000kg을 초과하는 터빈엔진 비행기로서 1969년 9월 30일 이후에 원형기 형식(Prototype)을 인가받은 비행기는 Type II FDR을 장착하여야 한다.

6) 7)을 제외한, 1987년 1월 1일에서 1989년 1월 1일 사이에 처음으로 개별감항증명을 발급받은 최대이륙중량이 5,700kg을 초과하는 모든 터빈엔진 비행기에는 시간, 고도, 속도, 정상가속도, 비행기수 및 추가적인 매개변수(피치자세, 롤자세, 무선송신기 발신 신호 및 각 엔진의 출력 결정에 필요한 매개변수)를 기록하는 FDR을 장착하여야 한다.

7) 최대이륙중량 27,000kg을 초과하는 터빈엔진 비행기로서 1969년 9월 30일 이후에 원형기 형식(Prototype)을 인가받은 비행기는 Type II FDR을 장착하여야 한다.

8) 1987년 1월 1일 이전에 제작된 항공운송사업용 비행기

가) 최대이륙중량이 5,700kg을 초과하는 모든 터빈엔진 비행기는 시간, 고도, 속도, 정상가속도 및 기수방향을 기록해야 하는 FDR을 장착하여야 한다.

나) 최대이륙중량이 27,000kg을 초과하는 터빈엔진 비행기중 1969년 9월 30일 이후 원형기 형식(Prototype)을 인가받은 모든 비행기는 시간, 고도, 속도, 정상 가속도 및 기수방위에 추가하여 다음 사항을 결정하는 데 필요한 파라미터를 기록하도록 하는 FDR을 장착하여야 한다.

① 비행경로를 유지할 수 있는 비행기의 고도 및

② 비행경로를 유지할 수 있는 비행기의 기본 추력과(the basic forces acting upon the aeroplane) 그 기본 추력의 원천(the origin of basic forces)

9) 2005년 1월 1일 이후 제작된 비행기
최대이륙중량이 5,700kg을 초과하는 모든 비행기에는 Type IA FDR을 장착하여야 한다.

10) FDR을 장착해야 하는 2016년 1월 1일 이후에 형식증명 신청서가 체약국에 제출된 비행기로서, 정상가속도, 종축가속도 및 횡축가속도를 기록해야 하는 모든 비행기는 최대 샘플링 및 기록 간격을 0.0625초로 파라미터를 기록하여야 한다.

11) FDR을 장착해야 하는 2016년 1월 1일 이후에 형식증명 신청서가 체약국에 제출된 비행기로서, 조종사가 하는 입력 또는 기본조작(피치, 롤, 요)에 대한 조종면 위치를 기록해야 하는 모든 비행기는 최대 샘플링 및 기록 간격을 0.125초로 파라미터를 기록하여야 한다.

12) 1)부터 11)까지의 규정에도 불구하고, 다음 각 호의 경우에는 국토교통부장관이 별도로 그 장착요건을 승인할 수 있다.

가) 당해 비행기에 장착해야 하는 형식의 FDR이 생산되지 않은 경우

나) 해당 형식의 비행기에 장착해야 하는 형식의 FDR을 해당 비행기에 장착하는데 필요한 기술이 개발되지 않아 장착하는데 상당한 기일이 소요될 경우

나. 형식 및 파라미터(Type and Parameters)

1) Type I과 Type IA FDR은 비행기의 비

행경로, 속도, 자세, 엔진출력, 배열상태(configuration) 및 조작(operation)에 관한 내용을 정확하게 판독하는데 필요한 파라미터를 기록하여야 하며 Type I, Type 1A FDR에 기록되어야 할 파라미터는 별표 11.8.1.17.2에 따른다.

2) Type II 및 Type IIA FDR은 비행기의 비행경로, 속도, 자세, 엔진출력 및 양력과 항력 장치의 배열(configuration)에 관한 내용을 정확하게 판독하는데 필요한 파라미터를 기록하여야 하며, Type II 및 Type IIA FDR에 기록되어야 할 파라미터는 별표 11.8.1.17.2에 따른다.

다. 사용중단(Discontinuation)

1) 메탈포일(metal foil) 방식의 FDR은 사용하면 아니 된다.

2) FM(frequency modulation)을 사용하는 아날로그 방식의 FDR을 사용하면 아니 된다.

3) 사진식 필름(photographic film) 방식의 FDR을 사용하면 아니 된다.

4) 자기테이프(magnetic tape) 방식의 FDR을 사용하면 아니 된다.

라. 지속시간(Duration)

1) Type I, IA and II : 25시간

2) Type IIA : 30분

3. 조종실음성녹음장치 대체 동력(Cockpit Voice Recorder alternate power)

다음 각항의 비행기에는 동력이 정지되거나 동력손실에 의해 CVR 녹음이 중단될 경우에 CVR 및 연관된 조종실 마이크 구성품에 10분(±1분)간의 동력을 제공해 주는 대체동력원이 있어야 한다.

대체동력원은 자동으로 작동되어야 하며, CVR은 대체동력원에 가능한 한 가까운 곳에 위치해야 한다. "대체"란 CVR에 정상적으로 제공되는 동력원과는 분리되어 있음을 의미한다. 위의 조건이 충족되고 전원이 부하가 걸리지 않는다면, 항공기 배터리 또는 기타 동력원을 사용하는 것은 인정된다.

가. 2018년 1월 1일 이후 형식증명신청서가 체약국에 제출된 최대이륙중량이 27,000kg을 초과하는 항공운송사업에 사용되는 비행기에 장착된 복합기록장치의 경우에는 전방 CVR에 동력을 제공해 주는 대체동력원이 있어야 한다.

나. 2018년 1월 1일 이후 최초로 개별감항증명을 발급받은 최대이륙중량 27,000kg을 초과하는 항공운송사업에 사용되는 비행기에는 적어도 하나의 CVR에 동력을 제공해 주는 대체동력원이 있어야 한다.

4. 조종실음성기록장치(Cockpit Voice Recorders) 및 조종실음향기록시스템 (Cockpit Audio Recording Systems)

가. 기록되는 신호(Signals)

1) CVR과 CARS는 자력으로 비행기가 움직이기 전에 기록이 시작되어야 하고, 자력으로 더 이상 비행기가 움직일 수 없어서 비행이 종료될 때까지 기록이 지속되어야 한다. 또한 CVR 및 CARS는 가용 전력 사정에 따라서 비행 시작 시에는 엔진 시동 전에 조종실 점검(cockpit check)시 가능한 한 신속히 기록되어야 하고 비행 종료 시에는 엔진이 꺼진 직후 조종실 점검을 마무리할 때까지 기록이 이루어져야 한다.

2) CVR은 적어도 다음과 같은 4개 이상의 독립된 채널을 기록해야 한다.

가) 비행기 내의 무선설비를 사용하여 송수신 되는 음성통화
나) 조종실내의 모든 소리
다) 조종실내에서 비행기 내선 통화 장치를 사용한 운항승무원 사이의 음성통화(내선통화장치를 설치한 경우에 해당한다)
라) 헤드셋이나 스피커에서 나오는 항행 또는 진입 보조물 식별에 관한 음성이나 청각신호
마) 기내 방송 시스템이 설치되어 있는 경우 이를 이용하여 안내한 운항승무원의 방송 내용
바) 비행자료 기록장치에서 기록되지 않는다면, ATS를 이용한 디지털 통신 내용(적용이 가능할 경우에 해당한다)

3) CARS는 최소한 다음과 같은 2개 이상의 독립된 채널을 기록해야 한다.
가) 비행기 내의 무선설비를 사용하여 송수신 되는 음성통화
나) 조종실내의 모든 소리
다) 조종실내에서 비행기 내선 통화 장치를 사용한 운항승무원 사이의 음성통화(내선통화장치를 설치한 경우에 해당한다.)

4) CVR은 최소한 4개의 채널을 동시에 기록할 수 있는 능력이 있어야 한다. 테이프 방식의 CVR은 채널 간의 시간적 관련성을 정확하게 파악할 수 있도록 일렬 방식(in-line format)으로 녹음이 되는 것이어야 한다. 만일 양방향 형식을 사용하는 경우에는 일렬방식과 채널할당이 양방향으로 유지되어야 한다.

5) 각 채널에 우선적으로 할당해야 하는 내용은 다음과 같다.
가) 채널 1 – 부기장의 헤드셋 및 라이브 붐 마이크로폰
나) 채널 2 – 기장의 헤드셋 및 라이브 붐 마이크로폰
다) 채널 3 – 주변 마이크로폰
라) 채널 4 – 시각을 확인할 수 있는 참조기준. 이에 더하여 세 번째 승무원 및 네 번째 승무원의 헤드셋 및 라이브 붐 마이크

6) 테이프 방식의 조종실 음성기록장치에서 채널 간의 정확한 시간 보정을 위해서 기록장치는 직렬식으로 기록해야 한다. 만약, 양방향의 구성이 사용된다면 직렬식 및 채널할당이 양방향 모두에 유지되어야 한다.

나. 운용(Operation)

비행기에는 다음 각 목의 구분에 따른 조종실음성기록장치(CVR) 또는 조종실음향기록 시스템(CARS)를 1개 이상 장착하여야 한다.

1) 2016년 1월 1일 이후 형식증명신청서가 체약국에 제출된 1명 이상의 조종사에 의해 운항되는 비행기로서 항공운송사업에 사용되는 최대이륙중량 2,250kg을 초과하고 5,700kg 이하인 모든 터빈엔진비행기에는 CVR 또는 CARS를 장착하여야 한다.

2) 2016년 1월 1일 이후 최초로 개별감항증명을 발급받는 1명 이상의 조종사에 의해 운항되는 비행기로서 항공운송사업에 사용되는 최대이륙중량 5,700kg 이하인 모든 터빈엔진비행기에는 CVR 또는 CARS를 장착하여야 한다.

3) 2016년 1월 1일 이후 형식증명신청서가 체약국에 제출된 최대이륙중량이 5,700kg을 초과하고 승객 5명 이상을 수송할 수 있으며, 1명 이상의 조종사에 의해 운항하는 비행기로서 항공운

송사업 외의 용도로 사용되는 모든 터빈엔진비행기에는 CVR을 장착하여야 한다.

4) 1987년 1월 1일 이후 최초 개별감항증명을 발급받은 최대이륙중량이 27,000kg을 초과하는 비행기로서 항공운송사업 외의 용도로 사용되는 모든 비행기는 CVR을 장착하여야 한다.

5) 1987년 1월 1일 이후 최초 개별감항증명을 발급받은 최대이륙중량이 5,700kg을 초과하고 27,000kg 이하인 비행기로서 항공운송사업 외의 용도로 사용되는 모든 비행기는 CVR을 장착하여야 한다.

6) 2003년 1월 1일 이후 처음으로 개별 감항증명을 발급받은 최대이륙중량이 5,700kg을 초과하는 모든 비행기에는 적어도 운항의 최근 2시간의 기록 정보를 유지할 수 있는 CVR을 장착하여야 한다.

7) 1987년 1월 1일 이후 처음으로 개별 감항증명을 발급받은 최대이륙중량이 5,700kg을 초과하는 모든 비행기에는 CVR을 장착하여야 한다.

8) 1987년 1월 1일 이전에 처음으로 개별 감항증명을 발급받은 최대이륙중량이 27,000kg을 초과하는 터빈엔진 비행기로서 1969년 9월 30일 이후에 당해국가로부터 모델형식을 인가받은 모든 비행기에는 CVR을 장착하여야 한다.

9) 1987년 1월 1일 이전에 처음으로 개별감항증명을 발급받은 최대이륙중량이 5,700kg을 초과하고 27,000kg 이하인 터빈엔진 비행기로서 1969년 9월 30일 이후에 항공당국으로부터 모델형식을 허가받은 모든 비행기에는 운항시간 동안 조종실의 실제음성 기록을 목적으로 하는 CVR을 장착하여야 한다.

다. 사용중단(Discontinuation)

자기테이프 및 와이어 방식의 CVR을 사용 하여서는 아니 된다.

라. 기록기간(Duration)

1) 조종실음성기록장치는 최근 30분 동안의 정보를 기록

2) 2016년 1월 1일부로 조종실음성기록장치는 최근 2시간의 정보를 기록

마. 조종실음성기록장치의 대체 동력(Alternate Power)

다음 사항에 따른 운항증명 소지자의 비행기에는 동력이 정지되거나 동력손실에 의해 CVR 녹음이 중단될 경우에 CVR 및 연관된 조종실 마이크 구성품에 10분(±1분)간의 동력을 제공해 주는 대체 동력원이 있어야 한다. 대체 동력원은 자동으로 작동되어야 하며, CVR은 대체 동력원에 가능한 한 가까운 곳에 위치하여야 한다. “대체”란 CVR에 정상적으로 제공되는 동력원과는 분리되어 있음을 의미한다. 위의 조건이 충족되고 전원이 부하가 걸리지 않는다면, 항공기 배터리 또는 기타 동력원을 사용하는 것은 인정된다.

1) 2018년 1월 1일 이후 형식증명신청서가 체약국에 제출된 최대이륙중량이 27,000kg을 초과하는 항공운송사업에 사용되는 비행기에 장착된 복합기록장치의 경우에는 전방 CVR에 동력을 제공해 주는 대체동력원이 있어야 한다.

2) 2018년 1월 1일 이후 최초로 개별감항증명을 발급받은 최대이륙중량 27,000kg을 초과하는 항공운송사업에 사용되는 비행기에는 적어도 하나의 CVR에 동력을 제공해 주는 대체동력원이 있어야 한다.

5. 데이터 링크 기록장치(Data Link Recorder: DLR) 및 데이터 링크 기록시스템(Data Link Recording System: DLRS)

가. 별표 11.8.1.17.4의 나항에 명시된 데이터 링크 통신을 적용하고, CVR을 장착해야 하는 2016년 1월 1일 이후 제작된 모든 비행기는 사용하고 있는 데이터링크 통신메시지를 비행기록장치에 기록할 수 있어야 한다.

나. 별표 11.8.1.17.4의 나항의 데이터 링크통신을 장착 및 적용을 위하여 2016년 1월 1일 이후 개조하는 모든 비행기는 사용하고 있는 데이터링크 통신메시지를 비행기록장치에 기록할 수 있어야 한다.

데이터링크는 AFN 기반 또는 FANS 1/A이 장착된 비행기에서 수행되고 있다.

FDR 또는 CVR에 기록하는 것이 금전적 또는 다른 이유로 어려울 경우, B등급 AIR는 비행기에서 오가는 데이터링크를 기록할 수 있는 수단으로 사용될 수 있다.

다. 데이터 링크 기록장치의 최소기록기간은 CVR의 기록기간(Duration)과 같아야 한다.

라. 데이터링크 기록은 조종실 음향녹음과 연관성(Correlation)이 있어야 한다.

6. 비행이미지기록장치(Airborne Image Recorder: AIR) 및 비행이미지기록장치 시스템 (Airborne Image Recording System: AIRS)

승무원의 사생활을 존중하기 위해, 조종석 구역의 영상은 현실적으로 가능하다면 운항승무원이 정상적인 조종 위치에 앉아 있을 동안 그들의 머리와 어깨를 제외하도록 설계할 수 있다

가. AIR 또는 AIRS의 등급 및 기능은 다음과 같이 구분된다.

1) A등급 AIR 또는 AIRS는 조종석의 일반적인 구역을 영상으로 포착하여 기존의 재래식 비행기록장치에 더하여 추가적인 자료를 제공한다.

2) B등급 AIR 또는 AIRS는 데이터 링크 메시지 시현을 포착한다.

3) C등급 AIR 또는 AIRS는 계기와 조종패널을 포착한다.

나. AIR 또는 AIRS는 자력으로 비행기가 움직이기 전에 기록이 시작되어야 하고, 자력으로 움직일 수 없어서 비행이 종료될 때까지 기록이 지속되어야 한다. 또한 AIR 또는 AIRS는 가용 전력사정에 따라서 비행 시작 시에는 엔진 시동 전에 조종실 점검(cockpit check)을 할 때부터 기록이 시작되어야 하고 비행 종료 시에는 엔진이 꺼지고 난 이후 조종실 점검을 마무리할 때까지 기록되어야 한다.

11.8.1.16. 지상접근경고장치 (Ground Proximity Warning System)

가. 항공기 소유자 또는 항공운송사업자가 항공안전법 시행규칙 제109조에 따라 비행기에 장착해야 하는 지상접근경고장치는 비행기가 지상의 지형지물에 접근하는 경우 조종실내의 화면상에 비행기가 위치한 지역의 지형지물을 표시하여 조종사에게 사전에 예방조치를 할 수 있도록 경고해 주는 기능을 가진 구조이어야 하며, 항공안전법 시행규칙 제109조제2항에서 규정한 성능을 갖추어야 한다.

나. 가항의 규정에 의한 지상접근경고장치는 강하율, 지상접근, 이륙 또는 복행 후 고도손실, 부

정확한 착륙 비행형태 및 활공각 이하로의 이탈 등에 대하여 시각신호와 함께 청각신호로 시기 적절하고 분명한 청각신호를 운항승무원에게 자동으로 제공하여야 한다.

다. 지상접근경고장치(GPWS)는 다음 각 호와 같은 상황을 추가로 경고하여야 한다.

1) 과도한 강하율

2) 과도한 지형접근율

3) 이륙 또는 복행후 과도한 고도상실

4) 착륙외형(Landing Configuration, 착륙장치와 고양력장치)이 아닌 상태로 장애물 안전고도를 확보하지 못한 상태에서 불안전한 지형근접

5) 계기활공각(Instrument glide path) 아래로 과도한 강하

11.8.1.17. 공중충돌경고장치 (Airborne Collision Avoidance System)

가. 항공기 소유자 등은 항공안전법 시행규칙 제109조에 따라 공중충돌경고장치(Airborne Collision Avoidance System, ACAS Ⅱ)를 항공기에 장착하여야 한다.

나. 가.항의 규정에 의한 공중충돌경고장치는 조종사에게 타 항공기의 위치 및 접근율 등이 계기상에 나타나야 하며, 위험한 상황을 피할 수 있는 지시계기 및 청각경고가 제공되어야 한다.

다. 조종사 등은 별표 7.1.19에서 규정한 바에 따라 공중충돌경고장치(ACAS Ⅱ)를 운용하여야 한다.

11.8.1.18. 기타 시스템 및 장비 (Miscellaneous Systems and Equipment)

1. 장착하고 비행하여야 하는 장비

가. 이용 가능한 구급 용구(FAK)

나. 휴대용 소화기

다. 국토교통부장관이 정한 승객 수에 따른 좌석 및 침대 ; 좌석 및 침대에는 안전벨트 및 침대용 안전대가 장착되어 있어야 한다.

라. 비행 중에 사용할 수 있는 적정 용량의 예비교체 퓨즈(Electric Fuse) ; 제작사가 별도로 권고한 경우.

마. 수색 및 구조 목적을 위하여 지대공신호부호를 사용하는 장비

바. 운항승무원 및 비행기에 장착된 승객 좌석 수에 해당하는 최소 객실 승무원수 이상의 객실 승무원용 좌석

2. 좌석 · 안전벨트 및 어깨끈(Seats, Safety Belts, and Shoulder Harnesses)

항공안전법 시행규칙 제111조에 따라 모든 항공기에 구비해야 할 승객 및 승무원의 좌석 등은 다음과 같이 장착해야 한다.

1) 만 2세 이상의 각 탑승자를 위한 안전벨트가 달린 좌석 또는 침대:

2명이 사용할 수 있도록 설계된 긴 의자와 같은 침대는 2명이 순항 중에만 사용할 수 있도록 인가된 안전벨트를 장착하여야 한다.

2) 안전벨트와 어깨 끈이 있는 조종실 및 객실승무원을 위한 객실내의 좌석:

각 좌석별 어깨 끈이 있는 안전벨트는 항공기의 급속한 감속시 착용자의 몸통을 자동적으로 조여 줄 수 있는 장치가 되어 있어야 하며, 특히 조종사의 어깨 끈이 있는 안전벨트는 조종을 방해하여 갑자기 조종사를 무능력하게 하는 것을 방지할 수 있는 장치가 되어있어야 한다.

주. 이러한 목적을 위해서는 내부 잠김 장치를

장착할 수 있다.

3) 승객운송용 항공기의 객실승무원 좌석

가) 모든 항공기는 비상탈출에 관한 항공안전법 시행규칙 제218조에 규정된 요건을 충족시키기 위해 요구되는 각 객실승무원을 위한 어깨 끈과 벨트가 구비된 좌석을 항공기의 세로축 15도 이내에서 비행기의 전면 또는 후면을 향하도록 장착하여야 한다.

나) 객실승무원 좌석은 신속한 비상탈출을 위해 항공기의 실내 바닥높이에 가깝게 그리고 기타 비상구에 가깝게 위치시켜야 한다.

3. **보호용 회로 퓨즈**(Protective Circuit Fuses)

만약 퓨즈가 사용된다면, 항공기 소유자 또는 운항증명소지자는 항공기에 각 종류의 회로 퓨즈의 10% 또는 3개 중 더 많은 예비 회로퓨즈를 준비하여야만 퓨즈 보호 기능이 설치된 항공기를 운항할 수 있다.

4. **방빙장비**(Icing Protection Systems)

항공기가 방빙과 관련된 항공기 감항요건에 의한 증명을 받지 않는 한 항공안전법 시행규칙 제118조에 따라 결빙이 항공기 안전에 악영향을 줄 수 있는 조종석 유리창(Windshields), 날개(Wings), 꼬리부분(Empennage), 프로펠러(Propellers) 및 기타 항공기 부품에서 얼음을 제거하거나 방지할 수 있는 장비를 갖추어야 결빙될 수 있는 기상 상태에서 항공기를 운항 할 수 있다.

5. **동압구 가열지시 장치**(Pitot Heat Indication Equipment)

운항증명소지자는 다음 요건에 적합한 동압구 가열지시장치를 항공기에 장착하여야 항공운송사업용 항공기를 운항할 수 있다.

1) 지시장치는 운항승무원이 잘 볼 수 있는 호박색 등(Amber Light)으로 작동할 것

2) 동압관 가열장치(Pitot Heating System)의 스위치가 꺼져(off)있거나, 스위치가 켜져(on)있고 동압관 가열장치가 1개라도 부작동 할 경우 운항승무원에게 경고를 줄 수 있도록 설계될 것

6. **정압장치**(Static Pressure System)

운항증명소지자는 공기흐름의 진동, 습기 또는 기타 다른 외부 요인으로 대기압이 최소한으로 빠져나가는 경우를 제외하고는 밀폐되도록 장착된 2개의 독립된 정압장치를 갖추고 항공기를 운항하여야 한다.

7. **조종석 와이퍼**(Windshield Wipers)

최대인가이륙중량이 5천7백킬로그램 이상인 항공기는 강수시 조종실 앞 유리창을 잘 볼 수 있게 해주는 조종실 앞 유리 와이퍼 또는 동등한 장비가 각각의 조종석에 장착되어야 운항할 수 있다.

8. **차트받침**(Chart Holder)

야간에 운항하는 항공기는 조명이 되고 읽기 쉬운 위치에 운항절차 등을 끼워 놓고 볼 수 있는 차트받침을 구비하여야 한다.

9. **기압고도보고 트랜스폰더**(Pressure Altitude Reporting Transponder)

공중충돌경고장치(ACAS) 뿐만 아니라 항공교통업무(ATS)의 효율성을 위한 것이다.

가. 모든 비행기는 ICAO 부속서 10, Vol. Ⅳ의 기준에 따라 기압고도보고 트랜스폰더를 운용하여야 한다.

나. 운항증명소지자 이외의 항공기운영자는 특별

히 면제되지 않는 한 시계비행(VFR)을 하기 위해 부속서 10, Volume IV의 기준에 따라 기압고도보고 트랜스폰더를 항공기에 구비하여야 한다.

다. 항공기운영자는 기압고도보고 트랜스폰더를 장착하지 아니하고 기압고도의 보고가 필요한 공역에서 비행하여서는 아니 된다.

라. 운항증명소지자가 운영하는 비행기는 고도 7.62m(25ft) 또는 이보다 정밀한 기압고도정보를 제공하는 데이터공급원(data source)을 구비하여야 한다.

마. 비행기에 공중 또는 지상상태를 자동으로 감지할 수 있는 장비가 장착된 경우에는 동 정보가 Mode S 트랜스폰더에 제공되어야 한다.

바. 위 조항들은 Mode S 레이더를 사용하는 항공교통서비스뿐만 아니라 공중충돌방지시스템(ACAS)의 효과를 개선할 것이다. 특히 추적 프로세스의 정밀도는 7.62 (25ft) 이상으로 크게 향상된다. Mode C 트랜스폰더 응답 시 데이터공급원의 정밀도와 무관하게 30.50m(100ft) 증가 시마다 기압고도를 보고하여야 한다.

10. 방사선 투사량계(Cosmic Radiation Detection Equipment)

항공기가 평균해면으로부터 15,000미터(49,000FT)를 초과하여 비행하고자 하는 경우, 항공운송사업자 또는 항공기 운영자는 항공안전법 시행규칙 제116조에 따라 방사선 투사량계기를 항공기에 장착하여야 하며, 연속되는 12개월간 각 승무원들의 우주방사선 투사량을 기록하고 이를 유지하여야 한다.

11. 자동착륙시스템, 전방시현장치 또는 동등한 시현장치, 시각강화시스템, 시각합성시스템, 시각통합시스템이 장착된 비행기[Aeroplanes equipped with automatic landing systems, a head-up displays(HUD) or equivalent displays, enhanced vision systems (EVS), synthetic vision systems(SVS) and/or combined vision systems(CVS)]

가. 자동착륙시스템, HUD EVS, SVS, CVS 등을 장착한 항공기를 운영하고자 하는 경우에는 국토교통부장관 또는 지방항공청장의 승인을 받아야 한다.

나. 국토교통부장관 또는 지방항공청장은 다음 사항을 확인하고 승인하여야 한다.

1) 장비가 항공기 기술기준에 적합한지 여부

2) 자동착륙시스템, HUD, EVS, SVS, CVS드의 지원을 받는 운항에 대한 위험평가를 수행하였는지 여부

3) 항공기운영자가 자동착륙시스템, HUD EVS, SVS, CVS 사용하기 위한 절차와 훈련기준을 수립하고 문서화하였는지 여부

12. 전자비행정보장치(EFB; Electronic Flight Bag)

가. 전자비행정보장치(EFB)의 장비

기내에서 휴대용 전자비행정보장치(EFB)를 사용하기 위해 항공기운영자는 해당 장치가 비행기 시스템, 장비의 성능 또는 비행기 운항능력에 영향이 없음을 확인하여야 한다.

나. 전자비행정보장치(EFB)의 기능

1) 비행기 기내에서 전자비행정보장치(EFB)를 사용하기 위해서 항공기운영자는 다음 각 호의 사항을 수행하여야 한다.

가) 각 전자비행정보장치(EFB)의 기능과 관련

위험평가

나) 전자비행정보장치(EFB)의 각 기능과 장비를 사용하기 위한 절차 및 훈련기준을 수립하고 문서화

다) 전자비행정보장치(EFB)가 고장 났을 경우 운항승무원이 안전운항을 위한 충분한 정보를 즉시 이용가능한지 여부

다. 국토교통부장관 또는 지방항공청장은 비행기의 안전운항을 위해 다음 각 사항을 확인한 후 전자비행정보장치(EFB)의 운영을 승인하여야 한다.

1) 항공기시스템과의 상호작용을 포함하여 전자비행정보장치(EFB)의 장비 및 장착된 하드웨어가 항공기 기술기준에 적합한지 여부

2) 항공기운영자가 전자비행정보장치(EFB) 기능의 지원을 받는 운항과 이에 관련하여 안전위험평가를 실시하여야 한다.

3) 항공기운영자가 전자비행정보장치(EFB)의 기능에 의해 시현되고 담고 있는 정보의 중복성 관련 기준을 설정하였는지 여부

4) 항공기운영자가 각종 데이터베이스를 포함하여 전자비행정보장치(EFB)의 기능을 관리하기 위한 절차를 수립하고 문서화하였는지 여부

5) 항공기운영자가 전자비행정보장치(EFB)와 동 장치의 기능에 대한 사용방법, 훈련기준을 수립하고 문서화하였는지 여부

11.8.2. 항공운송사업용(Air transportation) 항공기에 적용되는 추가 기준

1. 일반항공(General Aviation)에 적용되는 추가기준은 운항기술기준 7.2를 참조하시오

2. 소형항공운송사업(Aerial Work Aviation)에 적용되는 추가기준은 운항기술기준 7.3을 참조하시오

11.8.2.1. 항공기 계기 및 장비요건(Instrument and Equipment Requirements : Commercial Air Transport)

1. 비행 및 항법 계기(Flight and Navigational Instruments)

항공기는 다음 각 호의 규정이 정하는 항행장비를 구비하여야 한다. 다만 시계비행규칙에 따라 지상시각 표지에 의거 운항을 완수할 수 있는 경우에는 그러하지 아니하다.

가. 비행계획에 따라 비행을 진행할 수 있는 항행장비

나. 항공교통업무 규칙이 정하는 항행 장비

2. 계기비행방식으로 비행시 갖추어야 할 계기(IFR Instrument)

가. 운항증명소지자의 항공기는 항공안전법 시행규칙 제117조에서 정한 계기 이외에 정한 최소한의 계기를 갖추지 않을 경우는 계기비행방식 또는 지형지물을 참조하여 비행 할 수 없는 항로를 시계비행방식으로 운항하여서는 아니된다.

1) 1대의 전방향표지시설(VOR) 수신기, 1대의 거리측정시설(DME) 장치, 1대의 마커 수신장비

2) 접근을 위해 계기착륙시설(ILS) 또는 마이크로파 착륙시설(MLS)이 필요한 곳에서는 1대의 계기착륙시설 또는 마이크로파 착륙시설

3) 지역항법(Area Navigation)이 요구되는 항로를 운항할 경우에는 지역항법장치(Area

Navigation System)

4) 항법이 전방향표지시설 신호로만 실시되는 항로에서는 추가 전방향표지시설 수신장비

5) 자동방향탐지기(ADF) 1대. 단 무지향표지시설(NDB) 신호로만 계기접근절차가 구성되어 있는 공항에 운항하거나 무지향표지시설(NDB) 신호로만 구성되어 있는 항로를 운항하는 경우에만 해당한다.

나. 운항증명소지자의 항공기에 최소한 고도 및 방향 유지방식(Altitude hold and Heading Mode)을 갖춘 자동조종장치가 장착되지 않은 한 1명의 조종사에 의한 계기비행방식으로 운항을 하여서는 아니된다.

다. 운항증명소지자의 항공기가 계기비행절차에 의거 착륙하고자 하는 경우 시계 착륙이 가능한 지점까지 유도하거나 신호를 수신할 수 있는 무선장비를 구비하여야 한다. 당해 장비는 착륙하고자 하는 각 공항 및 교체공항에서 그 사용이 가능하여야 한다.

3. 항행을 지속할 수 있는 충분한 항행장비 탑재(Sufficiently navigation equipment to continue flight)

항공운송사업용 항공기는 각 비행단계에서 하나의 장비가 작동되지 않더라도, 운항기술기준 7.1.16.1, 7.1.16.3, 7.4.1.1, 7.4.1.2 및 8.1.11.17을 준수하여 항공기가 운항할 수 있도록 하는 항행장비를 충분히 탑재해야 한다.

4. 승무원 인터폰 장비 (Crew member Interphone System)

가. 운항증명소지자는 휴대용이 아닌 모든 운항승무원이 사용할 수 있는 헤드셋과 마이크가 장착된 운항승무원용 기내 인터폰 장치를 장착하지 않으면 2명 이상의 조종사가 필요한 항공기를 운항하여서는 아니된다.

나. 최대인가이륙중량 15,000킬로그램을 초과하거나 최대인가승객좌석 19석을 초과하는 항공기를 운용하는 운항증명소지자는 다음에서 정한 승무원 인터폰 시스템을 갖추지 아니하고 운항하여서는 아니된다.

1) 핸드셋, 헤드셋, 마이크, 선택 스위치, 신호장치를 제외하고는 독립적으로 동작하는 승객방송장치

2) 조종실과 다음의 장소 사이에 상호 송수신 할 수 있는 장치

가) 객실

나) 객실과 다른 층에 위치한 주방(Galley)

다) 객실과 다른 층에 위치하고 쉽게 접근할 수 없는 멀리 떨어진 승무원실

3) 다음의 장소에서 쉽게 접근하여 사용할 수 있어야 함

가) 조종실의 각 조종석

나) 각 비상구에 가까운 객실승무원 좌석

4) 운항승무원과 객실승무원 상호간에 경보를 교환하기 위하여 사용할 수 있는 음성과 시각신호로 된 경고장치

5) 정상호출인지 또는 비상호출인지를 판단할 수 있는 호출 수신장치

6) 지상직원과 최소 2명의 운항승무원간에 상호 송수신 기능이 제공되는 장치

11.8.2.2. 비행기 등불과 계기조명(Aeroplane Light and Instrument Illumination)

운항증명소지자는 항공안전법 시행규칙 제120조에서 정한 항공기의 등불 이외에 다음 각 호에서 정하는 장비를 추가로 장착하지 않으면 야간에 비행기를 운항해서는 아니된다.

1) 2개의 착륙등 또는 2개의 분리된 전원을 가진 필라멘트가 있는 1개의 착륙등. 다만, 소형항공운송사업에 사용되는 항공기로서 1기의 착륙등이 장착되었으나 해당 항공기에 착륙등을 추가로 장착하기 위하여 필요한 항공기 개조 등의 기술이 그 항공기 제작사 등에 의하여 개발되지 아니한 경우에는 1기의 착륙등을 갖추고 비행할 수 있다.
2) 비행기가 수상 또는 수륙 양용인 경우 해상에서의 충돌방지를 위한 국제기준에 적합한 충돌방지등

11.8.2.3. 엔진계기(Engine Instruments)

가. 항공운송사업에 사용되는 항공기는 다음 각 호에서 정한 엔진계기를 장착하여야 한다. 다만, 국토교통부장관이 터빈엔진 항공기에 다른 계기의 사용을 허가하거나 장착을 요구하는 경우에는 그러하지 아니하다.

1) 각 엔진에 대한 연료압력계기 또는 각 엔진의 독립된 연료압력경고장치 또는 주요 경고장치로부터 각각의 경고회로를 차단 할 수 있는 장치가 있는 모든 엔진의 주 경고장치
2) 연료흐름계기
3) 각 연료탱크별 사용 연료량 지시계기
4) 각 엔진에 대한 오일압력 지시계기
5) 각 오일탱크에 오일량 지시계기
6) 각 엔진오일 온도 지시계기
7) 각 엔진 회전계기

나. 왕복엔진 항공기는 가항에 추가하여 다음 각 호의 장비를 갖추어야 한다.

1) 각 엔진의 기화기 공기온도 지시계기
2) 각 공냉식 엔진의 실린더 헤드 온도 지시계기
3) 각 엔진의 매니폴드 압력계기
4) 역회전 프로펠러에 대해서는 역회전 피치에 있을 때 조종사에게 다음 각목과 같이 지시하는 장치

가) 이 장치는 피치각 변동 한계치 내에서는 어느 시점에서도 작동되어야 한다. 단, 최저 피치각 한계치 이상에서의 지시는 없어도 된다.

나) 표시되는 자료는 프로펠러 블레이드 각도 작동상태를 나타내거나 또는 블레이드 각도를 직접 나타내어야 한다.

11.8.2.4. 착륙장치 음성경고장치(Landing Gear : Aural Warning Device)

가. 착륙장치가 장착된 비행기는 다음 각 호의 조건에 해당하는 경우 지속적으로 작동하는 착륙장치 음성경고장치를 갖추어야 한다.

1) 접근을 위한 고양력장치(Wing-flap) 위치가 설정된 비행기의 경우, 고양력장치가 비행교범에 정하여진 최대 인가 실패접근 위치를 넘었을 때 착륙장치가 완전하게 내려오지 아니하거나 고정되지 않았을 경우
2) 실패접근 고 양력장치(Wing-flap) 위치를 갖추지 않은 비행기의 경우, 고양력장치가 착륙장치가 정상착륙 위치를 넘었을 때 착륙장치가 완전하게 내려오지 아니하거나 고정되지 않았을 경우

나. 가항에서 요구하는 경고장치는 다음 각 호를 충족하여야 한다.
  1) 수동차단 장치가 없어도 된다.
  2) 형식증명 감항성 요건에 따라 장착된 추력연동장치(Throttle-actuated Device)에 추가되어야 한다.
  3) 음성경고장치가 포함된 추력연동장치의 어느 부분이라도 사용할 수 있다.

다. 고양력장치 위치감지장치는(Flap Position Sensing Unit) 항공기의 적합한 곳에 장착될 수 있다.

11.8.2.5. 고도경보장치(Altitude Alerting System)

운항증명소지자는 다음 각 호에서 정한 성능의 고도경보장치를 갖추지 않는 한, 운항증명소지자는 최대인가이륙중량 5천700킬로그램을 초과하는 항공기 및 최대인가승객좌석 9석을 초과하는 터빈 프로펠러 항공기 또는 터보제트엔진 장착 항공기를 운항하여서는 아니 된다.
  1) 상승 또는 강하시에 사전에 설정한 고도에 접근시의 경보
  2) 사전 설정고도에서 위 또는 아래로 이탈시 최소한 음성 신호 경보

11.8.2.6. 저고도 돌풍경보시스템(Low-Altitude Windshear System)

가. 이 · 착륙 중 저고도 돌풍경보시스템(Low-Altitude Windshear System)을 장착하지 아니하고는 2001년 1월 1일 이후 도입하는 최대이륙중량이 5,700킬로그램을 초과하거나 최대이륙중량이 5,700킬로그램을 초과하거나 최대탑승인가승객 좌석이 9석을 초과한 터빈엔진(터보프롭발동기를 제외한다)을 장착한 비행기를 운항하여서는 아니된다.

나. 저고도 돌풍경보시스템은 이 · 착륙 중에 조종사에게 돌풍조우지역 및 진입감지를 계기 또는 음성으로 경고를 주고 가능한 경우 비행유도지시를 제공하여야 한다.

11.8.2.7. 비상, 구조 및 구명장비(Emergency, Rescue and Survival Equipment)

1. **도끼(Crash Axe)**

   운항증명소지자는 해당 형식 항공기에 유용하게 사용할 수 있고 승객들에게 보이지 않는 장소에 도끼를 장착하여야 한다.

2. **호흡보호장비 (Protective Breathing Equipment)**

가. 운항증명소지자는 최대인가이륙중량 5,700킬로그램을 초과하거나 최대인가 좌석수 19석을 초과하는 항공기에 다음에서 정한 장비를 구비하여야 한다.
  1) 운항승무원이 조종실에서 근무하는 동안 각 운항승무원의 눈, 코, 입을 보호할 수 있고 최소한 15분 이상의 산소를 공급할 수 있는 호흡 보호장비 또는 산소마스크
  2) 최소객실승무원의 눈, 코, 입을 보호할 수 있고 최소한 15분 이상의 산소를 공급할 수 있는 휴대용 호흡보호장비

나. 가항의 규정에 의한 호흡보호장비(PBE)에 공급되는 산소는 추가산소장비로 제공될수 있다.

다. 운항승무원이 사용할 호흡 보호장비는 조종실

내의 편리한 곳에 비치하여 운항승무원이 근무 위치에서 즉시 사용할 수 있도록 하여야 한다.

라. 손쉽게 사용할 수 있는 휴대용 호흡 보호장비는 휴대용 소화기와 같이 또는 인접한 곳에 있어야 한다. 그러나 소화기가 화물칸 내부에 있는 경우 호흡 보호장비는 외부에 설치되어야 하나 화물칸 출입구와 인접해야 한다.

마. 호흡 보호장비 사용시 통신에 지장을 주어서는 아니된다.

3. **확성기(Megaphone)**

가. 항공운송사업용 항공기(여객 운송용에 한함)에는 비상탈출을 지휘하는 승무원이 쉽게 사용할 수 있는 건전지로 전원을 공급받는 휴대용 확성기(Portable Battery-Powered Megaphones)가 국토교통부령에 따라 구비되어 있어야 한다.

나. 확성기의 비치 위치는 다음과 같다. 국토교통부장관이 비상시 탈출에 더 유용하다고 판단하는 경우 아래 위치 이외의 장소에도 설치할 수 있다.

1) 1개의 확성기를 장착시 : 정상비행시 객실승무원의 좌석으로 배정된 곳에서 쉽게 사용할 수 있도록 객실의 맨 뒤쪽에 비치

2) 2개의 확성기를 장착시 : 항공기의 맨 앞쪽과 맨 뒤쪽에 각 1개 이상 비치

3) 확성기는 객실승무원이 쉽게 이용할 수 있는 곳에 장착하여야 한다.

11.8.2.8. 기타 시스템 및 장비(Miscellaneous Systems and Equipment)

1. 객실 및 조종실 문(Passengers and Pilot Compartment Doors)

운항증명소지자는 최대 승객좌석수가 19석을 초과하는 승객운송용 항공기에 대하여 다음에서 정한 사항을 갖추지 아니하고는 항공기를 운항하여서는 아니된다.

1) 조종사 허가 없이 승객이 문을 열 수 없도록 잠금장치가 되어 있는 객실과 조종실 사이의 문

2) 객실과 비상탈출장비가 설치된 객실이 분리되어 있는 경우, 객실에서 비상탈출장비가 설치된 객실로 통과하기 위한 문의 열쇠. 다만, 열쇠는 승무원 각자가 쉽게 이용할 수 있어야 한다.

3) 비상시 승무원이 승객이 이용하고 잠글 수 있는 칸(화장실 등)으로 통하는 문을 열 수 있는 장치

4) 승객이 비상탈출구로 접근하는데 사용되는 각 내부의 문 또는 커텐에는 이 · 착륙시에 열려져 있다고 적혀 있는 플래카드가 부착

2. **승객안내표시(Passenger Information Signs)**

운항증명소지자는 다음 각 호의 사항을 갖추지 아니하고 승객을 운송하는 항공기를 운항하여서는 아니 된다.

1) 금연을 알리는 최소 1개의 승객안내표시(문자나 기호를 사용)와 좌석벨트를 착용해야 할 때 알리는 최소 1개의 표시(문자나 기호 중 1개 사용)는 객실내 어떠한 조명상태에서도 앉아 있는 자가 쉽게 볼 수 있어야 한다.

2) 안전벨트 착용표시와 금연표시는 자동으로 작동되거나 승무원이 작동할 수 있는 구조이어야 한다.

3) 전방의 각 벌크헤드(Bulk Head)와 각 승객좌석의 뒷면에는 "착석 중에는 안전벨트를 매시오(Fasten Seat Belt While Seated)" 라는 표시나 플래카드가 있어야 한다.

3. **기내방송시스템(Public Address System)**

운항증명소지자는 최대인가 승객좌석이 19석을 초과하는 승객운송용 항공기 운항을 위해서는 다음에서 정한 기내방송시스템(Public Address System)을 장착하여야 한다.

1) 핸드셋, 헤드셋, 마이크, 선택스위치 및 신호장비 등을 제외하고 인터폰장치(Interphone System)와 독립적으로 작동이 가능할 것
2) 비상구가 가까워서 착석한 객실승무원들끼리 구두로 의사소통이 가능하고 1개의 마이크로 1개 이상의 비상구를 담당하는 경우를 제외하고는 객실승무원 좌석이 인접한 객실바닥 높이의 비상구에는 착석한 객실승무원이 쉽게 사용할 수 있는 마이크로폰이 장착되어 있을 것
3) 사용하려는 객실승무원이 각자의 좌석에서 10초 이내에 작동이 가능할 것
4) 모든 승객좌석, 화장실, 객실승무원 좌석, 업무구역에서 기내방송을 인지하고 들을 수 있을 것

11.8.2.9. 전원공급, 분배 및 지시장치(Power Supply, Distribution and Indication System)

가. 운항증명소지자는 다음의 기준에 따라 전원공급, 분배 및 지시장치를 장착하고 항공기를 운항하여야 한다.

1) 국토교통부장관이 승인한 운송용 항공기의 감항요건을 충족하는 전원공급 및 분배 장치, 또는
2) 1개의 전원이나 전원 분배 장치에 결함이 발생한 경우 외부전원공급장치를 사용하여 필요한 계기 및 장비에 전원을 공급하고 분배할 수 있는 전원공급 및 분배장치. 다만, 국토교통부장관은 전원시스템에 사용되는 일반부품이 고장으로부터 적절히 보호되도록 설계되었다고 판단되면 이를 사용토록 인가할 수 있다.
3) 비행계기에 적정 전원이 공급되는 지를 나타내 주는 장치

나. 엔진구동 동력장치가 사용될 경우 엔진별로 분리되어 있어야 한다.

11.9. 항공기 운항(Operations; 운항기술기준 제8장)

11.9.1. 일반(General)

11.9.1.1. 적용 (Applicability)

운항기술기준 제8장은 다음과 같은 항공기 운항에 대한 요건을 규정한다.

1) 대한민국의 항공종사자 자격증명을 소지한 자가 대한민국에 등록된 항공기를 사용하여 행하는 운항
2) 대한민국의 운항증명소지자가 대한민국에 등록된 항공기 또는 외국에 등록된 항공기를 사용하여 행하는 운항
3) 외국정부에서 발행한 항공종사자 자격증명 소지자, 운항증명소지자 또는 이와 동등한 증명을 소지한 자가 대한민국 내에서 행하는 항공기 운항

나. 대한민국 이외의 지역에서 운항하는 경우 대한민국 조종사와 운항증명소지자는 이 장에서 정한 요건을 준수하는 운항이 해당 국가의 법을 위반하지 않는 한 이를 준수하여야 한다.

다. 운항기술기준 8.1은 특별히 명시된 것을 제외하고 가.항에서 규정한 모든 민간항공기의 운항

(이하 "모든 운항"이라 한다)에 적용한다.

☞ 주:외국의 항공운송사업자에게 적용되지 않는 사항이 있을 경우 "이 요건은 외국 항공운송사업자에게 적용되지 않는다"라는 문구로 구분한다.

11.9.1.2. 용어의 정의

이 장에서 사용하는 용어의 뜻은 다음과 같다. 이해를 돕기 위해 삭제된 항목은 제외하고 운항기술기준과 같은 번호로 싣는다.

1) "1일(Calender day)"이라 함은 세계표준시(UTC)나 지역표준시(Local Time)를 사용하여 00:00시에 시작하여 24:00시에 끝나는 기간을 말한다.

2) "검열운항승무원(Check Airman)"이란 다음과 같다.

가) "운항자격심사관(MLIT Check Airman)"이라 함은 조종사 운항자격 심사업무를 수행하는 국토교통부 소속 공무원을 말한다.

나) "위촉심사관(Check Airman Designation)"이라 함은 항공안전법 제63조제1항 및 제2항의 규정에 의한 자격인정 또는 심사를 담당할 수 있도록 국토교통부장관이 위촉한 자를 말한다.

다) "모의비행장치 검열운항승무원(Check Airman Simulator)"이라 함은 특정 운항증명소지자를 위하여, 특정 항공기 형식에 대하여 모의비행장치 또는 비행훈련장치를 이용하여 훈련 및 평가를 수행할 수 있는 자격을 갖추고 임명을 받은 자를 말한다.

라) "항공기 검열운항승무원(Check Airman Aircraft)"이라 함은 특정 운항증명소지자를 위하여, 특정 항공기 형식에 대하여 항공기, 모의비행장치 또는 비행훈련장치를 이용하여 훈련 및 평가를 수행할 수 있는 자격을 갖추고 임명을 받은 자를 말한다.

3) "결심고도/높이(Decision altitude(DA) or decision height(DH))"라 함은, 활주로 접근을 계속하기 위해 필요한 시각 참조물이 식별되지 않을 경우 실패접근을 시도해야할 때의 3D 계기접근운영시의 특정고도 또는 높이를 말한다.

주1. 결심고도(DA)는 평균해면고도(MSL)를 기준으로 표시하고, 결심높이(DH)는 활주로 말단의 높이를 기준으로 표시한다.

주2. 필요한 시각 참조물이란 조종사가 원하는 비행로로 비행하기 위해 항공기 위치 및 위치변경비율을 판단하기 위하여 육안으로 충분히 볼 수 있는 시각 보조물 또는 접근구역의 부분을 말한다.

주3. 표현상의 편의를 위해 두 가지가 동시에 쓰일 때는 결심고도/높이 또는 DH/A로 기술할 수 있다.

4) "곡기비행(Aerobatic flight)"이라 함은 항공기로 행하여지는 급격한 자세변경, 비정상 자세, 속도의 비정상적인 증 · 감속 등과 같은 인위적인 기동을 말한다.

5) "교체공항(Alternate aerodrome)"이란 착륙예정 공항에 착륙이 불가능하거나 적절하지 않다고 판단되는 경우, 항공기가 비행을 계속할 수 있는 필요한 업무와 시설 이용이 가능한 공항으로서 항공기 성능 요구사항이 충족되어야 하며, 운영이 가능한 공항을 말한다. 교체공항은

다음을 포함한다.

가) 이륙교체공항(Take-off alternate), 이륙 후 얼마 안 있어 착륙을 해야 하나, 출발지 공항을 사용할 수 없을 때 항공기가 착륙할 수 있는 교체공항

나) 항로상 교체공항(En-route alternate), 항로 비행 중 노선 변경이 필요한 착륙할 수 있는 교체공항

라) 목적지 교체공항(Destination alternate), 착륙예정 공항에 착륙이 불가능하거나 착륙이 부적절할 때 항공기가 착륙할 수 있는 교체공항

7) "관제비행(Controlled Flight)"이라 함은 항공교통관제지시에 따라 행하는 모든 비행을 말한다.

8) "노선운항승무시간(Line Operating Flight Time)"이라 함은 운항증명소지자가 유상운항을 하는 동안 해당 운항승무원에 의해 기록된 승무시간을 말하며, "노선운항비행시간(Line Operating Flight Time)"이라고도 한다.

9) "비행계획서(Flight Plan)"라 함은 계획된 비행 또는 비행의 일부분을 위하여 항공교통업무기관에 제출하는 일정한 정보를 말한다.

10) "비행근무시간(Flight Duty Period)"이란 운항승무원이 1개 구간 또는 연속되는 2개 구간 이상의 비행이 포함된 근무의 시작을 보고한 때부터 마지막 비행이 종료되어 최종적으로 항공기의 발동기가 정지된 때까지의 총 시간을 말한다.

주. 승무원이 집(또는 숙박장소)으로부터 운영자가 지정한 장소까지 이동하는데 소요되는 시간은 비행근무시간에 포함하지 아니한다.

11) "비행장운영최저치(Aerodrome operating minima)" 라 함은 아래 조건에 따른 비행장 사용가능 기상제한치를 말한다.

가) 이륙의 경우 활주로가시범위(RVR) 및/또는 시정(VIS), 필요한 경우 구름상태(Ceiling);

나) 2D 계기접근운영 착륙의 경우 활주로가시범위(RVR) 및/또는 시정(VIS), 최저강하고도/높이(MDA/H), 필요한 경우 구름상태;

다) 3D 계기접근 운영 착륙의 경우 적절한 운항의 종류 및/또는 등급에 따른 활주로가시범위(RVR) 및/또는 시정(VIS), 결심고도/높이(DA/H)

12) "비행중요단계(Critical Phases of Flight)"라 함은 순항비행을 제외한 지상활주, 이륙 및 착륙을 포함한 고도 1만피트 이하에서 운항하는 모든 비행을 말한다.

13) "승객 비상구 열 좌석(Passenger exit row seats)"이라 함은 비상구로 직접 접근할 수 있는 승객 좌석으로서 승객이 비상구로 접근하기 위하여 통과하여야 할 탈출구 내측 좌석에서부터 통로까지의 좌석 열을 말한다. 직접 접근 할 수 있는 승객좌석이라 함은 통로를 거치거나 또는 장애물을 우회함이 없이 똑 바로 탈출구로 접근할 수 있는 좌석을 의미한다.

14) "승무시간(Flight Time)"이라 함은 비행기의 경우 이륙을 목적으로 최초 움직이기 시작한 때부터 비행이 종료되어 최종적으로 비행기가 정지한 때까지의 총 시간을 말한다.

주. Flight Time은 Block to block 또는 Chock to chock로도 정의하며, "비행시간"이라고도 한다.

15) "승무원(Crew Member)"이란 항공운송사업자 및 항공기사용사업자에 의하여 비행근무시간(Flight Duty Period)동안 항공기에 탑승하여 임무를 수행하도록 임무가 부여된 자(운항승무원과 객실승무원)를 말한다.

16) 비임무 이동(Positioning)"이란 운영자의 지시에 따라 비임무 승무원이 승객 신분으로서 한 장소에서 다른 장소로 이동하는 것을 말한다.

주. 여기에 정의된 Positioning은 Deadheading 용어와 같은 의미이다.

17) "외형변경목록(Configuration deviation list)"이라 함은 형식증명소지자가 해당 감항당국의 승인을 받고 작성한 목록으로서 비행을 개시함에 있어 누락될 수 있는 항공기 외부 부품의 확인에 사용하며, 필요한 경우 항공기 운항한계와 성능보정에 관한 정보를 포함한다.

18) "운항비행계획서(Operational Flight Plan)"라 함은 운항하고자 하는 공항에 대한 항공기 성능, 운항제한사항 및 항로상에서 예상되는 조건 등을 고려하여 안전한 비행을 수행하기 위하여 항공운송사업자가 작성한 비행계획서를 말한다.

19) "운항승무원(Flight Crew Member)"이라 함은 비행근무시간(Flight Duty Period)동안 항공기 운항에 필수적인 임무를 수행하기 위하여 책임이 부여된 자격을 갖춘 승무원(조종사, 항공기관사, 항공사)을 말한다.

20) "연료보급공항(Refueling Airport)"이라 함은 어떤 항로를 비행하는 항공기에 대하여 연료만을 보급하기 위하여 사용이 인가된 공항을 말한다. 비행계획에 있어서 최초의 착륙예정지로 사용할 수 있다.

21) "예비공항(Provisional Airport)"이라 함은 정규공항의 예비로서 지정하며 정규공항을 사용할 수 없는 경우에 그 정규공항과 같은 목적으로 사용할 수 있는 공항을 말한다. 비행계획에 있어서 최초의 착륙예정지로 사용할 수 있다.

22) "유효활주로길이(Effective Length of the Runway)"라 함은 활주로 접근경로 말단의 장애물 통과허용 평면과 활주로 중심선이 교차하는 지점으로부터 반대쪽 활주로 끝까지의 착륙에 사용되는 활주로 길이를 말한다.

26) "일반항공운항(General aviation operation)"이라 함은 항공운송사업 또는 항공기사용사업 운항 이외의 운항을 말한다.

28) "장애물제한표면(Obstruction clearance plane)"이라 함은 활주로를 둘러싸고 있는 일정구역에 대하여 측면에서 볼 경우 1:20의 구배로 활주로에서부터 상향하는 경사면으로서 모든 장애물에 저촉되지 않는 표면 임. 이 표면을 위에서 볼 경우, 이 구역의 중심선과 활주로중심선은 일치하며, 이 표면은 활주로중심선과 활주로 말단의 장애물에 저촉되지 않는 표면이 교차하는 지점에서부터 시작하여 최소한 1,500 피트 이상 나아감. 구역의 중심선은 1,500 피트 이상 나아간 지점에서 해당 활주로에 대한 이륙경로 또는 계기접근로와 일치함. 이륙경로나 접근로가 설정되지 않은 경우에는 1,500 피트 이상 나아간 지점과 반지름 4,000 피트 이상의 호가 만나 이루는 표면이 모든 장애물로부터 자유로와 지는 지점까지 장애물 제한 표면이 됨. 또 이 구역은 활

주로와 장애물제한표면이 교차하는 지점에서 중심선 좌우로 각각 200 피트의 너비를 지니고 있으며, 이 너비는 활주로 끝까지 동일함. 그리고 활주로와 장애물제한표면의 교차점으로부터 1,500 피트 떨어진 지점까지 중심선 좌우의 너비는 200 피트에서 500 피트로 균등하게 넓어짐. 이 후부터는 중심선 좌우로 각각 500 피트 너비를 유지함.

29) "헬리콥터-접근 및 착륙단계(Approach and landing phase-helicopters)"라 함은 최종접근 및 이륙지역(FATO)의 표고 위로 300m(1,000피트)를 초과한 고도에서 비행한다면, 바로 그 FATO의 표고 상방 300m(1,000 피트)에서부터 또는 기타의 경우엔 강하를 시작한 지점부터 착륙 또는 실패착륙 지점까지의 부분을 말한다.

30) "조언공역(Advisory airspace)"이라 함은 조종사에게 항공교통 조언업무가 제공되는 지정된 공역이나 항로를 말한다.

31) "정규공항(Regular Airport)"이라 함은 인가된 노선의 출발지, 기착지 및 목적지로 사용하는 공항을 말하며, 비행계획에 있어서 최초의 착륙예정지로 사용할 수 있는 공항을 말한다.

32) "임계엔진(발동기)-(Critical engine)"이라 함은 해당 엔진이 부작동시 항공기의 성능이나 조작 등에 가장 나쁜 영향을 줄 수 있는 엔진을 말한다.

33) "착륙결심점(Landing Decision Point)"이라 함은 엔진 부작동시 착륙을 안전하게 계속하거나 착륙을 단념하고 실패접근을 결정하는 착륙성능을 판단하는데 사용되는 지점을 말한다.

37) "비행일지(Journey Log)"라 함은 항공기 등록기호, 승무원 성명 및 임무, 비행종류, 날짜, 장소 및 도착과 출발시간이 기록된 매 비행마다 기장이 서명한 양식을 말한다.

38) "표준최소장비목록(MMEL : Master Minimum Equipment List)"이라 함은 비행시작 시 1개 또는 그 이상 부작동하는 요소들이 있어도 운항할 수 있도록 항공기 제작국가의 승인 하에 제작자가 특정 항공기 형식에 대하여 설정한 요건을 말한다. 표준최소장비목록은 특별한 운항조건, 제한사항, 절차 등과 연관되어 있다.

39) "항공기사용사업(Aerial work)"이라 함은 항공기를 농업, 건축, 사진촬영, 조사, 관측, 순찰, 수색 및 구조, 공중광고사업 등과 같은 특정 목적을 위하여 행하는 사업을 말한다.

40) "항공안전관련 중요임무(Safety-sensitive functions in aviation)"라 함은 운항승무원의 임무, 객실승무원의 임무, 비행교관의 임무, 운항관리사의 임무, 항공정비사의 임무 및 항공교통관제사의 임무를 말한다.

41) "항공안전관련 중요임무 종사자"라 함은 운항승무원, 객실승무원, 비행교관, 운항관리사, 항공정비사, 항공교통관제사(국토교통부 또는 군 항공교통관제시설에 종사하는 자는 제외)를 말한다.

45) "휴식시간(Rest period)"이란 운항승무원 또는 객실승무원이 근무 후 그리고/또는 전에 모든 근무로부터 벗어나 있는 연속적이고 한정된 시간을 말한다.

46) "고도측정시스템 오차(Altimetry system error : ASE)"라 함은 표준지표기압고도로 고도계를 설정했을 때, 조종사에게 전시되는 기압고도와 실제 기압고도 간의 차이를 말한다.

47) "항로교대조종사(Cruise relief pilot)"라 함은 이 · 착륙단계를 제외한 운항 동안, 기장 또는 부기장(Co-pilot)이 계획된 휴식을 취할 수 있도록 조종사 임무를 수행하는 운항승무원을 말한다.

48) "안전목표수준(Target level of safety : TLS)"이라 함은 특정상황에 있어서 수용할 만한 위험도를 나타내는 일반적인 개념을 말한다.

49) "총 수직오차(Total vertical error : TVE)"라 함은 항공기가 비행한 실제 기압고도와 배정받은 기압고도 간의 수직적 차이를 말한다.

50) "혼잡지역(Congested area)"이라 함은 도시, 마을 또는 주거지로서 주거, 상업 또는 휴양을 위하여 실질적으로 사용되는 지역을 말한다.

60) "객실승무원(Cabin crew member)"이란 승객들의 안전을 도모하기 위해운영자 또는 기장으로부터 부여된 임무(운항승무원으로서의 역할은 제외)를 수행하는 승무원을 말한다.

61) "선임 객실승무원"이라 함은 비행 중 승객통제를 포함한 객실안전 절차를 최종 확인하도록 운항증명소지자로부터 임무를 부여 받은 객실승무원을 말한다.

62) "전자항행자료(Electronic Navigation Data)"란 항공기 항행에 필요한 활주로, 출도착절차, 픽스(fix) 등 공항, 항로와 관계된 항행자료를 항공기 FMC(Flight Management Computer)에 입력하여 활용할 수 있도록 전자형태로 제작한 것을 말한다.

63) "가속정지 가능 거리[Accelerate-stop distance available (ASDA)]"란 활주로정지대가 있는 경우 그 길이를 포함한 이륙활주가 가능한 길이를 말한다.

64) "착륙가능거리[Landing distance available (LDA)]"란 비행기의 착륙 지상활주가 가능한 것으로 공표한 활주로의 길이를 말한다.

65) "근무(Duty)"란 항공기운영자가 운항승무원 또는 객실승무원에게 수행토록 요구하는 모든 임무로서 피로를 야기하는 비행근무, 행정업무, 훈련, 비임무 이동 및 대기를 말한다.

주. 여기서 정의된 근무(Duty)는 근로기준법 등 노동관계법상 '근로' 또는 '근무'의 의미와 같지 아니하다.

66) "근무시간(Duty period)"이란 운항승무원 또는 객실승무원이 항공기 운영자의 요구에 따라 근무보고를 하거나 근무를 시작한 때부터 모든 근무가 끝나는 때까지의 시간을 말한다.

67) "피로(Fatigue)"란 항공기 안전운항 또는 안전관련 근무의 수행에 필요한 승무원의 경계 및 수행능력을 해칠 수 있는 수면부족, 일주리듬의 변동 또는 업무 과부하의 결과로 발생하는 정신적?신체적 수행능력이 저하된 생리적 상태를 말한다.

68) "근무명부(Roster)"란 승무원이 임무수행이 필요한 경우 운영자에 의해 제공되는 시간 명부를 말한다.

주. 여기서 정의된 근무명부(Roster)는 스케줄(Schedule), 시간표(Line of time), 근무형태

(Pattern), 근무윤번(Rotation)과 같은 의미이다.

69) "대기(Standby)"란 승무원이 운영자의 요구에 따라 중간에 휴식시간 없이 특정 임무를 부여받을 수 있도록 정한 기간을 말한다.

70) "모기지(Home base)"란 운영자에 의해 승무원에게 지정되는 장소로 승무원이 정상적으로 하나의 근무시간 또는 연속근무시간(series of duty periods)을 시작하고 끝내는 장소를 말한다.

71) "적절한 숙박시설(Suitable accommodation)"이란 적절한 휴식을 위해 필요한 설비가 갖추어진 침실을 말한다.

72) "추가 운항승무원(Augmented flight crew)"이란 항공기 운항에 필요한 최소운항승무원 외에 추가된 운항승무원을 말하며, 비행 중 휴식을 목적으로 각 운항 승무원은 다른 유자격 운항승무원으로 대체시키고 부여된 임무위치를 떠날 수 있다.

73) "출두시각(Reporting time)"이란 운영자가 근무를 위해 승무원을 출두시키는 시각을 말한다.

74) "예측불가 운항상황(Unforeseen operational circumstance)"이란 운영자가 통제할 수 없는 천재지변, 기상악화, 항공기 고장, 항공교통지연(Air traffic delay)과 같은 예기치 않은 사건을 말한다.

75) "피로위험관리시스템(Fatigue Risk Management System: FRMS)"이란 관련 직원이 충분한 각성상태에서 업무를 수행할 수 있도록 하기 위한 목적으로 운영 경험 및 과학적 원리?지식에 근거하여 피로관련 안전위험요소를 지속적으로 감시하고 관리하는 데이터 기반의 수단을 말한다.

76) "업무용항공운영(Corporate aviation operation)"이란 전문조종사를 고용하여 운항하는 회사의 항공기를 사용하거나 비상업용으로 회사업무수행에 필요한 승객이나 물품을 운송하는 것을 말한다.

77) "운영기지(Operating base)"란 운항통제를 실시할 수 있도록 운영자가 지정한 장소를 말한다.

82) "산업실무지침(Industry codes of practice)"이란 국제민간항공기구의 국제표준 및 권고사항의 항공안전 요건을 따르기 위해 산업체에 의해 개발된 항공산업의 특정 분야를 위한 안내지침을 말한다.

83) "국가안전프로그램(State safety programme)"이란 항공안전을 확보하고 안전목표를 달성하기 위한 항공 관련 제반 규정 및 안전활동을 포함한 종합적인 안전관리체계를 말한다.

84) "회항시간연장운항(Extended diversion time operation, EDTO)"이란 쌍발 이상의 터빈엔진 비행기 운항 시, 항로상 교체공항까지의 회항시간이 운영국가가 수립한 기준시간(threshold time)보다 긴 경우에 적용하는 비행기 운항을 말한다.

85) "회항시간연장운항 임계연료(EDTO critical fuel)"란 항로상 가장 먼 임계지점(the most critical point)에서 운항에 가장 영향을 미치는 시스템 고장 시, 항로상 교체공항까지 비행하기 위해 필요한 연료량을 말한다.

86) "회항시간연장운항–중요시스템(EDTO–

significant system)"이란 EDTO에 의해 회항하는 동안 항공기의 안전운항 및 착륙에 중요한 시스템을 말하며, 이러한 시스템이 고장나거나 기능저하 시 EDTO 비행의 안전성에 불리한 영향을 미칠 수 있다.

87) "고립공항(Isolated aerodrome)"이란 특정 비행기 형식에 적합한 목적지 교체공항이 없는 목적지 공항을 말한다.

88) "최대회항시간(Maximum diversion time)"이란 항로상의 한 지점으로부터 항로상 교체공항까지 시간으로 표시되는 최대허용거리를 말한다.

89) "귀환불능지점(Point of no return)"이란 비행기가 특정 비행에 이용 가능한 항로상 교체공항 뿐만 아니라 목적지 공항으로의 비행이 가능한 마지막 지리적인 지점을 말한다.

90) "기준시간(Threshold time)"이란 항로상 교체공항까지의 거리를 운영국가가 설정한 시간으로 표시된 거리를 말하며, 이 시간을 벗어나 운항하고자 하는 경우 운영국가로 부터의 EDTO 승인을 받아야 한다.

91) "운항중"이란 비행기가 이륙을 목적으로 최초로 움직이기 시작한 때부터 비행이 종료되어 최종적으로 비행기가 정지한 후 발동기가 완전히 정지된 때까지를 말한다.

11.9.2. 항공기 정비요건 (Aircraft Maintenance Requirement)

11.9.2.1. 적용 (Applicability)

가. 운항기술기준 8.1.6은 대한민국에 등록되어 국내외를 운항하고 항공법령의 적용을 받는 민간항공기에 대한 검사행위를 규정한다.

나. 운항기술기준 8.1.6.3 및 8.1.6.4는 국토교통부장관이 운항증명소지자에게 승인한 지속정비프로그램(continuous maintenance program)을 적용 받는 항공기에는 해당되지 않는다.

다. 이 절은 항공기가 대한민국에 등록되었는지의 여부와 관계없이 모든 민간 항공기에 적용된다. 타 등록국에서 승인하고 인정한 점검프로그램에 의하여 운영되는 외국적 항공기가 대한민국 내를 운항하기 위하여 요구되는 장비를 구비하지 못한 경우 대한민국 내를 운항하기 전에 그 항공기의 소유자/운영자는 해당 장비를 장착한 후 운항하여야 한다.

11.9.2.2. 일반 (General)

가. 등록된 항공기의 소유자 또는 운영자는 항공안전법 제23조에 따라 모든 감항성개선지시서의 이행을 포함하여 항공기를 감항성이 있는 상태로 유지할 책임이 있다.

나. 누구든지 항공법령 또는 이 운항기술기준을 따르지 아니하고 항공기 정비, 예방정비, 수리 또는 개조를 하여서는 아니 된다.

다. 항공기 소유자 또는 운영자가 인가받은 정비프로그램 또는 검사프로그램에는 항공기의 지속적인 감항성 유지를 위하여 제작사에서 발행한 정비교범 또는 지침서에서 요구하는 부품 등의 강제교환시기, 점검주기 및 관련 절차가 포함되어있어야 한다.

라. 국토교통부장관으로부터 정비프로그램 또는 검사프로그램을 인가받은 자는 해당 정비프로

그램 또는 검사프로그램에 따라 정비 등을 수행하여야 하며, 그러하지 아니한 자는 제작사가 제공하는 정비교범에 따라 정비 등을 수행하여야 한다.

마. 국내에 등록된 항공기의 소유자 또는 운영자는 항공기 형식증명소유자가 권고하는 주기마다 중량측정을 수행하여야 한다.

바. 마항에 의거 중량측정을 수행한 경우에는 중량측정기록, 중량 및 중심위치 명세서 및 기본장비목록을 포함한 중량 및 평형보고서를 작성하여 유지하여야 한다.

사. 사고 등으로 감항성을 상실했던 항공기가 감항성 회복을 위하여 중량 및 평형(weight and Balance)이 변화한 경우 소유자 또는 운영자는 감항증명 또는 수리개조승인을 위한 신청서류에 라항의 중량 및 평형보고서를 추가하여야 한다.

11.9.2.3. 요구되는 정비사항 (Maintenance Required)

각 항공기 소유자 혹은 운영자는 다음 사항을 준수해야 한다.

1) 이 장에 의하여 항공기를 검사하고 제5장에 정한 기준에 의거 결함이 수리되어야 한다.
2) 최소장비목록(MEL)에서 허용되지 않는 한 부작동 계기 혹은 차기에 검사가 요구되는 장비품은 수리, 교환, 장탈 혹은 검사해야 한다.
3) 결함 현황에 부작동 계기 혹은 장비품이 포함된 경우 항공기에 플래카드를 부착해야 한다.
4) 정비요원은 항공기가 사용가능상태로 환원됨을 나타내는 정비수행 사항 및 확인서명을 해당 항공기의 탑재용 항공일지에 기록하여야 한다.

11.9.2.4. 항공기 검사 (Inspections)

가. 항공기 소유자 또는 운영자는 다항에 명시된 항공기를 제외하고 지난 12개월 이내에 다음 각 호의 어느 하나를 수행하지 않은 항공기를 운항하여서는 아니 된다.

1) 항공안전법 제23조에 따른 감항증명
2) 제5장에 따른 연간검사(annual inspection)를 수행하고 5.10.4 따른 인가된 정비조직 또는 사람에 의한 사용가능상태로의 환원

나. 항공기 소유자 또는 운영자는 다항에 명시된 항공기를 제외하고 지난 100시간 이내에 다음 각 호의 어느 하나를 수행하지 않은 항공기를 운항하여서는 아니 된다.

1) 항공안전법 제23조에 따른 감항증명
2) 항공기 사용시간(time in service) 100시간 이내에 연간검사 또는 100시간검사를 수행하고 5.10.4에 따라 인가된 정비조직 또는 사람에 의한 사용가능상태로의 환원. 이 경우 10시간을 초과할 수 없으며 초과된 시간은 차기 100시간 검사 시기를 산정하는데 포함되어야 한다.

다. 다음 각 호의 항공기는 가항 및 나항을 적용하지 않는다.

1) 특별감항증명(특별비행허가)을 받은 항공기
2) 국토교통부장관으로부터 정비프로그램 또는 진보적인 검사프로그램을 인가받아 정비 등을 수행하는 항공기

라. 진보적인 검사(progressive inspection). 진보적인 검사프로그램을 적용하려고 하는 항공기 소유자 혹은 운영자는 지방항공청장에게 인가신청할 수 있고, 다음 각 호의 사항을 충족하여야 한다.

1) 진보적인 검사의 감독 및 수행은 5.10.4에 따른 자격을 갖춘 유자격정비사, 적절한 한정을 인가받는 정비조직 또는 항공기 제작사에 의해 수행되어야 한다.

2) 현행의 검사절차는 이용가능하고 조종사와 정비사가 쉽게 이해할 수 있어야 하며, 다음의 세부적인 사항을 포함하여야 한다.

가) 검사에 대한 책임의 연속성, 보고서의 작성, 정비기록의 보관 및 기술적 참고자료의 근거를 포함한 진보적인 검사에 대한 설명을 포함하여야 한다.

나) 일상검사(routine inspection) 및 정밀 검사(detailed inspection)를 수행할 시간 또는 일자로 된 주기가 포함된 검사 계획, 검사주기가 10시간을 초과하지 않도록 하는 지침 및 경험에 의한 검사주기 변경 지침

다) 일상검사 및 정밀검사 양식 견본 및 이들의 사용 지침

라) 보고서 견본 및 이의 사용 지침

3) 항공기의 분해 및 올바른 검사에 필요한 충분한 건물 및 장비

4) 항공기에 대한 적절한 최신의 기술정보

마. 항공기의 소유자 또는 운영자는 다음의 검사프로그램 중 어느 하나를 선택하여 사용하여야 하고, 항공기 정비기록에서 이를 확인할 수 있어야 한다.

1) 제작사가 권고한 최신의 검사프로그램

2) 운항증명소지자가 사용하도록 국토교통부장관이 인가한 항공기의 지속적인 정비프로그램

3) 항공기 소유자 또는 운영자에 의해 설정된 것으로 지방항공청장의 인가를 받은 검사프로그램

바. 항공기 소유자 또는 운영자는 선택한 검사프로그램에서 요구하는 검사항목에 대한 일정관리에 대한 책임자를 명시하고 항공기에 대한 검사를 수행하는 자에게 검사프로그램의 사본을 제공해야 한다.

사. 항공기 소유자 또는 운영자는 항공기 사양서(specifications), 형식자료집(type data sheets) 또는 국토교통부장관으로부터 인가받은 도서에 명시된 수명한계품목(life limited parts)의 교환요건을 충족하지 않거나 선택한 검사프로그램에 따라 설정된 기체, 엔진, 프로펠러, 장비품(appliances), 구명장비(survival equipment) 및 비상장비(emergency equipment)를 포함한 항공기에 대한 검사가 수행되지 않은 항공기를 운항하여서는 아니 된다.

아. 검사프로그램을 제정하거나 개정하려는 자는 국토교통부 고시 「항공기 기술기준」Part 21 Subpart H 부록 D에 따라 다음 사항을 포함한 검사프로그램을 수립하여 관할 지방항공청장의 승인을 받아야 한다.

1) 항공기 검사에 요구되는 시험(tests), 확인(checks)을 포함한 지침 및 절차. 이 지침과 절차에는 검사가 요구되는 기체, 엔진, 프로펠러, 장비품, 구명장비 및 비상장비의 부품 및 대상 부위가 상세하게 명시되어 있어야 한다.

2) 검사의 수행은 사용시간(time in service), 사용일자(calendar time), 시스템 작동 횟수 또는 이들의 조합으로 표현된 프로그램에 따른 일정에 따라 수행되어야 한다.

자. 운영자가 적용 중인 검사프로그램을 다른 프로그램으로 변경하고자 하는 경우 새로운 프로그

램에 따른 검사시기의 결정은 이전 프로그램에 따라 누적된 사용시간, 사용일자, 작동횟수를 적용하여야 한다.

차. 항공기 검사프로그램은 사용자가 사용에 편리하도록 인적요인(Human Factors) 개념을 반영하여 설계하여야 한다.

주. 인적요인의 적용에 관한 지침은 ICAO Doc 9683(Human Factors Training Manual)을 참조한다.

카. 항공기 검사프로그램의 개정사항 복사본은 모든 조직 또는 인원에게 즉시 제공되어야 한다.

11.9.2.5. 항공기 정비프로그램의 변경 (Changes to Aircraft Maintenance Programs)

가. 국토교통부장관은 인가한 정비프로그램 또는 검사프로그램의 지속적인 적합성 유지를 위하여 개정이 필요하다고 판단될 경우, 해당 항공기 소유자 혹은 운영자에게 통보하여 프로그램의 해당 부분을 개정토록 요구할 수 있다.

나. 해당 항공기 소유자 혹은 운영자는 국토교통부장관으로 부터 가항의 통보를 받은 후 30일 이내에 재심을 요구하는 청원을 국토교통부장관에게 할 수 있다.

다. 항공기 소유자 등으로 부터 나항의 재심요청서가 접수된 경우 국토교통부장관은 안전을 위하여 즉각적인 조치가 요구되는 경우를 제외하고, 재심결과를 항공기 소유자등에게 통보하기 전까지 가항의 개정 권고사항을 유보할 수 있다.

11.9.2.6. 정비, 재생 및 개조기록(Content, Form, and Disposition of Maintenance, Preventive Maintenance, Rebuilding, and Modification Records)

항공기 소유자 혹은 운영자는 다음의 정비기록을 유지한다.

1) 항공기

가) 항공기 및 사용한계품목(life limited parts)의 총 사용시간 (시간, 일자, 싸이클)

나) 요구되거나 인가된 검사가 수행된 이후의 시간을 포함한 최근의 항공기 검사 현황

다) 항공기의 최근의 기본중량(empty mass) 및 무게중심의 위치

라) 장비품의 추가 혹은 제거

마) 사용시간 및 일자를 포함한 정비 및 개조의 형식 및 범위

바) 작업수행일자

사) 감항성개선지시서의 수행방법을 포함한 수행이력

2) 사용한계품목

가) 총 사용시간

나) 마지막 오버홀 수행 일자

다) 마지막 오버홀 수행이후 사용시간

라) 마지막 검사 일자

3) 사용시간에 의해 사용가능 여부 및 사용수명이 결정되는 계기 및 장비품

가) 사용가능 여부와 사용수명 결정을 위해 필요한 사용시간 기록

나) 최종 검사 일자

11.9.2.7. 정비기록 보존(Maintenance Records Retention)

가. 항공기 소유자 또는 운영자는 반복되는 차기 작업 또는 동등한 작업범위의 다른 작업에 의해 대체될 때까지 최소 1년 이상 정비기록을 보존하여야 한다.

1) 다음 사항을 포함한 각 항공기(기체 포함), 엔진, 프로펠러 및 장비품에 대한 정비, 예방정비, 소개조의 기록 및 100시간, 연간 및 그 밖의 필요 또는 인가된 검사의 기록

가) 수행한 작업에 대한 기술 (혹은 국토교통부장관이 인정하는 참고자료)

나) 수행된 작업의 완료일자

다) 항공기를 사용가능상태로 환원하는 것을 승인하는 자의 서명 및 증명서 번호

2) 다음의 정보를 포함하는 기록

가) 항공기 기체, 각 엔진, 프로펠러의 총 사용시간

나) 모든 사용한계품목의 현황

다) 특정시간에 오버홀을 요하는 항공기 장착 모든 부품의 마지막 오버홀 시기

라) 항공기 및 관련 장비품의 해당 검사프로그램에 의해 수행된 마지막 검사이후의 사용시간을 포함한 항공기의 검사 현황

마) 감항성개선지시서의 수행 방법, 감항성개선지시서 번호 및 개정번호를 포함한 해당 감항성개선지시서의 현황. 반복수행을 요하는 감항성개선지시서는 차기 수행시간과 일자

바) 기체, 현재 장착된 엔진, 프로펠러 및 장비품의 대개조(major modification)에 대한 이 장에서 기술하고 있는 양식의 사본

나. 소유자등은 항공기를 매각 또는 임대할 경우 가항에 따른 기록을 항공기와 함께 양도하여야 한다.

다. 결함 현황은 결함이 해소되어 항공기가 사용 가능한 상태로 환원될 때까지 보존한다.

라. 항공기 소유자 또는 운영자는 국토교통부장관 또는 항공철도사고조사위원회의 검사가 가능하도록 모든 정비사항을 기록하여야 하며, 임차된 항공기의 경우 임차기간 동안 위 가항 내지 다항 및 8.1.6.6에서 정한 기준을 따라 정비사항을 기록 및 유지하여야 한다.

☞ **운항기술기준 8.2.6 정비 기록(Maintenance Records; 일반항공(General Aviation)에 적용되는 추가 기준)**

가. 국외 비행에 사용되는 항공기 운영자는 다음정비기록을 유지하여야 한다.

1) 항공기와 수명한계 장비품의 총 사용 시간(시간, 사용일수 및 사이클)

2) 모든 의무적인 지속적 감항성 정보에 대한 현재 이행 기록

3) 항공기와 중요 장비품에 대한 개조와 수리의 세부사항

4) 정해진 오버홀 수명에 근거한 항공기 또는 그 부분품의 마지막 오버홀 이후에 사용된 시간(시간, 사용일수 및 사이클 등)

5) 정비 및 검사프로그램 이행 기록

6) 정비확인과 감항성 확인에 대한 서명을 위한 요건이 충족되었음을 증빙하는 세부 정비 기록

나. 가항의 제1호 내지 제5호에 있는 항목들은 영구적으로 운영을 중지한 후 최소한 90일 동안 보관되도록 하여야 하고, 가항 6)에 있는 기록은

정비확인 또는 감항성 확인서명 이후 최소한 1년 동안 보관되도록 하여야 한다.

☞ 운항기술기준 9.1.19.7 정비 기록(Maintenance Records; AOC에 적용하는 기준)

가. 운항증명소지자는 국토교통부장관이 수락할 수 있는 형식으로 다음 기록들을 유지하기 위한 시스템을 갖추어야 한다.
 1) 항공기와 수명한계 장비품의 총 사용 시간(시간, 달력 시간 및 싸이클)
 2) 모든 의무적인 지속적 감항성 정보에 대한 현재 이행 상태
 3) 항공기와 중요 장비품에 대한 개조와 수리의 세부사항
 4) 정해진 오버홀 수명에 근거한 항공기 또는 그 부분품의 마지막 오버홀 이후에 사용된 시간(TSO: 시간, 달력 시간 및 싸이클 등)
 5) 정비 프로그램에 의한 항공기의 현재 상태
 6) 정비확인과 감항성확인에 대한 서명을 위한 요건이 충족되었음을 증빙하는 세부 정비 기록

나. 운항증명소지자는 가항 제1호 내지 제5호에 있는 항목들이 영구적으로 운영을 중지한 후 최소한 90일 동안 보관되도록 하여야 하고, 가항 6)에 있는 기록이 정비확인 또는 감항성 확인서명 이후 최소한 1년 동안 보관되도록 확인하여야 한다.

다. 운항증명소지자는 운영자가 일시적으로 바뀔 경우 가항에 명시된 기록들이 새 운영자가 사용할 수 있도록 보증하여야 한다.

라. 운항증명소지자는 항공기가 영구적으로 다른 운영자에게 양도될 때 가항에 명시된 기록들도 양도되도록 보증하여야 한다.

11.9.2.8. 정비기록의 양도(Transfer of Maintenance Records)

대한민국에 등록된 항공기를 매각하거나 임대하는 소유자 혹은 운영자는 항공기를 매각하거나 임대할 때 구매자 혹은 임차자에게 항공기 정비기록을 양도해야 한다.

11.9.3. 보고

11.9.3.1. 기계적인 비정상 보고(Reporting Mechanical Irregularities)

기장은 비행 중에 발생한 모든 기계적인 결함에 대하여 비행 종료 후 탑재용항공일지에 기록하여야 한다.

11.9.3.2. 항공안전장애 보고(Reporting of Incidents)

항공운송사업자, 항공기사용사업자 또는 항공기의 소유자등은 소속 운항승무원 등이 항공기를 운영하는 과정 중 항공안전법 제59조 및 같은 시행규칙 제134조에 따라 같은 법 시행규칙 별표 3의 항공안전장애를 발생시키거나 발생한 것을 알게 된 때부터 72시간 이내(같은 법 시행규칙 별표 3 제6호 나목 및 다목의 경우에는 즉시 보고하여야 한다)에 다음 구분에 따라 보고하여야 한다.
 1) 국제항공운송사업자: 국토교통부장관
 2) 국제항공운송사업자 이외의 항공운송사업자, 항공기사용사업자 또는 항공기의 소유자등: 지방항공청장

11.9.3.3. 위험상태 보고(Reporting of Hazardous Conditions)

기장은 기상 상태와 관련된 것을 포함한 항로에서 조우한 위험한 비행상태(예 : 기류의 교란, 뇌우, 화산재 구름 발생, 화산의 폭발 등) 및 다음 사항을 포함한 다른 항공기의 안전에 영향을 미치는 사항을 지체 없이 항공교통관제기관에 보고하여야 한다.

가. 항공교통관제기관이나 운항승무원이 관련절차를 준수하지 아니하거나 관제절차에 문제가 있는 경우

나. 항공교통관제시설이 고장 난 경우

11.9.3.4. 준사고 등 보고(Reporting of Serious Incidents)

가. 항공운송사업자, 항공기사용사업자 또는 항공기의 소유자등은 소속 운항승무원 등이 항공안전법 제59조 및 같은 법 시행규칙 제134조에 따라 같은 법 시행규칙 별표 2의 항공기준사고를 발생시키거나 발생한 것을 알게 된 때에는 다음 구분에 따라 즉시 보고하여야 한다.

1) 국제항공운송사업자: 국토교통부장관

2) 국제항공운송사업자 이외의 항공운송사업자, 항공기사용사업자 또는 항공기의 소유자등: 지방항공청장

나. 기장은 항공기에 탑재된 위험물을 포함한 비행중 비상상황이 발생하였을 때에는 상황이 허용할 경우 해당 항공교통관제기관에 이를 알려야 한다.

다. 항공기 내에서 운항승무원 및 객실승무원에 대한 불법방해 행위가 발생하였을 때에는 이를 지체 없이 해당 국가 및 국토교통부장관에게 보고하여야 한다.

11.9.3.5. 사고 보고(Reporting of Accident)

가. 항공운송사업자, 항공기사용사업자 또는 항공기의 소유자등은 소속 운항승무원 등이 항공안전법 제2조제6호에 따른 항공기사고를 발생시키거나 발생한 것을 알게 된 때에는 다음 각 목의 구분에 따라 즉시 보고하여야 한다.

1) 국제항공운송사업자: 국토교통부장관

2) 국제항공운송사업자 이외의 항공운송사업자, 항공기사용사업자 또는 항공기의 소유자등: 지방항공청장

나. 기장은 자신이 책임을 지고 있는 비행중에 발생한 사고에 대하여 국토교통부장관에게 이를 보고하여야 한다.

다. 기장은 조난상태에 있는 항공기, 선박 등(이하 "조난항공기등"이라 한다)을 발견한 경우에는 특별한 사유가 없는 한, 다음 각 호의 조치를 취하여야 한다. 다만, 이러한 조치가 불합리하거나 불필요하다고 판단되는 경우에는 그러하지 아니하다.

1) 조난항공기등의 사고지점을 지속적으로 관찰(다만, 수색구조팀 등에 의하여 조난 항공기등의 구조가 개시되는 등 더 이상 잔류 필요성이 없는 경우는 제외한다)

2) 조난 항공기등의 위치 확인

3) 다음의 각목의 정보를 구조조정본부 또는 항공교통업무기관에 통보

가) 조난 항공기등의 종류, 식별부호 및 상태

나) 지리적 좌표로 표현된 위치 또는 지상 참조물이나 항행안전시설로부터의 거리와 진방위로 표시된 위치

다) 목격된 국제표준시각(UTC)

라) 목격된 사람의 수

마) 탑승객의 조난 항공기등 포기(이탈) 여부

바) 현장 기상상태

사) 생존자의 외관상 신체적 상태

아) 조난위치로의 최상의 접근경로

4) 구조조정센터 또는 항공교통업무기관의 지시에 의한 조치

11.9.4. 연료, 오일탑재 계획 및 불확실 요인의 보정 (Fuel, Oil Planning and Contingency Factors)

항공안전법 시행규칙 제119조 및 별표 17(항공기에 실어야 할 연료 및 오일의 양)에서 정한 연료는 다음 기준에 따라 산정되어야 한다.

가. 항공기는 계획된 비행을 안전하게 완수하고 계획된 운항과의 편차를 감안하여 충분한 연료를 탑재하여야 한다.

나. 탑재연료량은 적어도 다음 사항을 근거로 산출되어야 한다.

1) 연료소모감시시스템에서 얻은 특정 항공기의 최신자료 또는 항공기 제작사에서 제공된 자료

2) 비행계획에 포함되어야할 운항 조건.

가) 예상 항공기 중량

나) 항공고시보(NOTAM)

다) 현재 기상보고 또는 기상보고 및 기상예보의 조합

라) 항공교통업무 절차, 제한사항 및 예측된 지연

마) 정비이월, 외장변경의 영향

바) 항공기 착륙지연 또는 연료와 오일의 소모를 증가시킬만한 사항

다. 비행중 연료관리(In-flight Fuel Management)

1) 기장은 착륙할 때 계획된 최종예비연료가 남아 있고 안전한 착륙이 가능한 공항까지 도달하는데 필요한 연료보다 탑재된 사용가능한 연료량이 적지 않음을 지속적으로 확인하여야 한다.

주. 최종예비연료(final reserve fuel) 보호는 기존의 계획대로 안전한 운항이 종료될 수 없는 예기치 못한 사건이 발생할 경우 어떠한 공항에도 안전하게 착륙할 수 있기 위함이다. 재분석, 조정, 재계획 검토를 포함한 비행 중 계획에 관한 세부사항은 Flight Planning and Fuel Management Manual(Doc 9976)을 참조한다.

가) 기장은 예기치 못한 상황으로 인하여 최종예비연료에다 교체공항까지 비행하는 연료를 더한 양 또는 고립공항까지 비행하는데 필요한 연료를 더한 양보다 적은 연료로 목적공항에 착륙이 예상되는 경우 ATC로부터 지연정보를 요청하여야 한다.

나) 특정 공항에 착륙하려고 할 때, 그 공항에 대한 기존 허가의 어떤 변경도 계획된 최종예비연료보다 적은 연료로 착륙할 수 있다고 예상될 때 기장은 MINIMUM FUEL 선언하여 최소연료 상태임을 ATC에 알려야 한다.

주1. MINIMUM FUEL 선언은 특정공항에 착륙할 수밖에 없는 상황에서 기존 허가에 어떤 변경이 발생하면 계획된 최종예비연료보다 적은 연료로 착륙할 수 있음을 ATC에 통지하는 것이다. 이는 비상상황은 아니지만 추가적인 지연이 발생하면 비상상황으로 될 수 있는 있는 상황이다.

주2. MINIMUM FUEL 선언에 관한 지침은 연료계획교범(Doc 9976)을 참조한다.

다) 기장은 착륙이 안전하게 이루어질 수 있는 가장 가까운 공항에 착륙할 때, 예상되는 사용가능한 연료가 계획된 최종예비연료보다 적을 경우 MAYDAY MAYDAY MAYDAY FUEL 방송을 통해 연료 비상상황을 선언해야 한다.

주1. 계획된 최종예비연료는 8.1.9.15 나. 2) 마) ① 또는 ②항에서 산정된 값을 의미하며, 어느 공항이더라도 착륙에 필요한 연료의 최소량이다.

주2. "MAYDAY FUEL" 이란 용어는 [국제민간항공협약 부속서 10, 제 2권, 5.3.2.1 b) 3]에서 요구되는 조난상황의 특성을 표현한다.

주3. 비행 중 연료관리절차에 관한 지침은 연료계획교범(Doc 9976)을 참조한다.

11.9.5. 승객이 기내에 있거나 승 · 하기 중일 때 연료보급(Refuelling with Passengers on Board)

비행기의 경우, 기장은 승객이 기내에 있을 때나 탑승 또는 하기 중에는 다음의 경우를 제외하고 연료보급을 하도록 허용하여서는 아니된다.

1) 항공기에 탈출 시작과 탈출을 지시할 준비가 되어있는 자격을 갖춘 자를 배치한 때.
2) 항공기에 배치한 자격을 갖춘 자와 연료보급을 감독하는 지상요원간에 상호 송수신 통신이 유지될 때

11.9.6. 항공기 등불의 사용(Use of Aircraft Lights)

가. 항공기에 적색 충돌 방지등이 장치되었을 경우 기장은 엔진 시동 전에 스위치를 켜야 하며 엔진이 작동되고 있는 동안에는 항상 등을 켜고 있어야 한다.

나. 기장은 다음 각 호와 같은 항공기 등불을 켜지 않으면 일몰과 일출사이의 시간동안 항공기를 운항하여서는 아니 된다.

1) 항행등
2) 공중충돌방지등(장착되어 있을 경우)

주. 섬광등이 임무를 수행하는데 나쁜 영향을 미치거나 외부에 있는 사람에게 눈부심을 주어 위험을 유발할 수 있는 경우 조종사는 섬광등을 끄거나 빛의 강도를 줄일 수 있다.

다. 기장은 다음 각 호의 1의 등화 조건이 충족되지 않은 경우에는 야간에 공항의 이동지역 내에서 항공기를 계류시키거나 이동시켜서는 아니된다.

1) 항공기가 조명에 의해 명확하게 보일 것
2) 항공기가 항행등을 켤 것
3) 항공기가 장애등에 의해 표시된 지역에 있을 것

라. 항공기 운영자는 다음 각 호의 등화 조건이 충족되지 않을 경우에는 항공기를 정박 시켜서는 아니 된다.

1) 항공기가 정박등(Anchor lights)을 켤 것
2) 항공기가 정박등이 요구되지 않는 지역에 있을 것.

11.9.7. 표준운항절차(Standard Operation Procedures)

항공운송사업자는 운항승무원들이 비행임무 시 사용할 수 있는 다음의 내용이 포함된 표준운항절차(SOP)를 수립하여 국토교통부장관의 승인을 받아야

1) 조종실 점검절차 및 점검표(Checklists)
2) 승무원 브리핑
3) 당해 항공기 운영교범에 명시된 비행절차
4) 표준복창절차(Standard call-outs)
5) 점검표의 표준화된 사용방법(정상, 비정상 및 비상) 및 운항승무원간의 임무의 구분과 배정 사항

항공운송사업자는 점검표에 운항승무원이 비행안전과 관련하여 반드시 확인하고 수행하여야 하는 운항단계별 행위절차를 명시하도록 하여야 하며, 운항승무원에게 항공기와 시스템 형태를 확인하는데 있어 인간행동방식의 취약성(vulnerabilities in human performance)을 보완할 수 있는 형식으로 작성하여 제공하도록 하고 있다.

정상상황에 사용되는 점검표는 운항승무원에게 조종실 조작판의 범위와 논리적인 순서, 내부 및 외부 조종실 운영조건을 모두 만족하는 논리적인 행동순서, 운항승무원이 동일상황에 대한 인지를 동시에 공유하도록 하는 상호 확인절차, 조종실 임무의 논리적인 배분을 보장하게 하는 승무원 협력 등의 정보를 제공 한다.

비정상과 비상상황에서 사용되는 점검표는 운항승무원에게 비정상과 비상상황의 조치사항을 인식하게끔 하여야 하며, 과중된 임무상황 하에서 발생될 수 있는 인적오류를 최소화하도록 보완되어야 하고, 각 운항승무원이 수행하여야 할 역할과 임무, 문제해결과 의사결정, 진단에 대한 지침과 행위, 시간적, 순차적 방법에 의한 비상조치절차 등의 사항을 포함한다.

11.10. 항공운송사업의 운항증명 및 관리 (Air Operator Certification and Administration;운항기술기준 제9장)

11.10.1. 일반(General)

11.10.1.1. 적용(Applicability)

가. 운항기술기준 제8장은 항공안전법 제90조 및 같은 법 시행규칙 제257조부터 제259조까지의 규정에 의하여 항공운송사업의 운항증명을 위한 요건 및 운항증명소지자가 준수하여야 할 제반 요건을 규정한다.

나. 운항기술기준 제8장은 특별히 명시된 것을 제외하고 운항증명소지자가 항공운송사업을 위하여 수행하는 모든 업무에 적용된다.

11.10.1.2. 용어의 정의(Definitions)

이 장에서 사용하는 용어의 뜻은 다음과 같다. 이해를 돕기 위해 삭제된 항목은 제외하고 운항기술기준과 같은 번호로 싣는다.

1) “인수점검표”라 함은 위험물 포장의 외형을 검사하는 서류와 모든 요건이 충족되었는 지를 판단하는데 사용하는 관련 서류를 말한다.
2) “탑재용항공일지”란 항 중 발견된 항공기의 결함 및 고장을 기록하거나 항공기 주 정비시설이 있는 기지로의 운항이 계획된 사이에 수행한 모든 정비사항을 세부적으로 기록하기 위하

여 항공기에 비치된 서류를 말한다. 탑재용항공일지에는 운항승무원이 숙지해야 할 비행안전과 관련된 운항정보와 정비기록이 포함되어야 한다.

3) "감항성확인"이라 함은 자신의 이익을 대표하는 개인 또는 정비 조직에 의해서 행해지는 것보다는 운용자가 특별히 인가한 사람이 정비 후 행하는 확인 행위를 말한다. 실제로 감항성확인에 서명하는 자는 운용자를 대신하는 인가자로써 임무를 수행하는 것이며, 감항성확인에 포함된 정비행위가 운용자의 지속적 정비 프로그램에 따라 수행되었음을 확인하는 것이다. 해당 정비단계에 서명한 자는 각 단계별로 수행된 정비에 대해 책임을 지며, 감항성확인은 전체 정비작업에 대해 인증하는 것이다. 이러한 관계가 유자격 항공정비사나 정비조직의 정비 역할 또는 그들이 수행하거나 감독할 임무에 대한 책임을 결코 덜어주는 것은 아니다. 운용자는 감항성확인을 수행할 수 있는 권한을 가진 유자격 항공정비사 또는 정비조직의 이름 또는 직책을 지정할 책임이 있다. 이에 추가하여 운용자는 감항성확인 시점을 지정해야 한다. 일반적으로 감항성확인은 운영기준의 정비행위에 규정되어 있는 검사를 수행한 이후에 필요하다. 운영기준의 정비행위에는 점검이나 기타 주요 정비 등이 포함된다.

4) "화물기"라 함은 승객이 아닌 화물을 운송하는 항공기를 말한다. 다음 각목에 해당자는 승객으로 간주하지 아니 한다.

가) 승무원

나) 운항규정에서 정한 절차에 따라 탑승이 허용된 항공사의 직원

다) 국토교통부 검사관 또는 국토교통부장관이 지명한 공무원

라) 탑재된 특정 화물과 관련하여 임무를 수행하기 위하여 탑승한 자

7) "위험물 운송서류"라 함은 항공운송에 의한 안전한 위험물 수송을 위하여 국제민간항공기구 기술지시에 명시된 서류를 말한다. 위험물 운송서류는 위험물을 항공운송에 위탁하는 사람이 작성해야 하며 이들 위험물에 대한 정보를 포함해야 하며, 위험물이 적합한 명칭과 유엔번호(만약 지정되었다면)에 의해 정확히 기술되어졌고 정확히 분류, 포장 및 인식표가 붙어있으며 운송하기에 적합한 상태라는 것을 나타내는 서명이 있어야 한다.

8) "직접담당자"라 함은 예방정비 개조 또는 기타 항공기 감항성에 영향을 주는 작업을 수행한 정비소에서 작업에 대한 책임자를 말한다.

9) "동등정비시스템"이라 함은 항공운송사업자가 정비조직과 협정을 맺어 정비활동을 수행하거나 또는 항공운송사업자의 정비시스템이 국토교통부의 승인을 받았고 이시스템이 정비조직의 정비시스템과 동등하면 자신이 정비, 예방정비, 개조 등을 할 수 있는 것을 말한다.

11) "취급대리인"이라 함은 항공사를 대신하여 승객이나 화물의 접수, 탑승(적재), 하기(적하), 환승(환적) 또는 기타의 업무에 대해 일부 또는 전부를 수행하는 대리인을 말한다.

12) "지속시간"이라 함은 제빙/방빙액이 항공기의 주요표면에 서리나 얼음의 형성과 눈의 축적을 방지할 수 있는 예상시간이 있으며 이러한

액을 최종적으로 뿌리기 시작한 시점부터 시작하여 용액의 효과가 상실될 때까지의 시간을 말한다.

13) "교환협정'이라 함은 단순임차 및 공항에서 항공기의 운항권리 취득 또는 양도에 대하여 항공사에 허용하는 임차계약을 말한다.

14) "정비규정(Maintenance Control Manual)"이라 함은 정비 및 이와 관련업무를 수행하는 자가 업무수행에 사용하도록 되어 있는 절차, 지시, 지침 등이 포함되어 있는 교범을 말한다.

22) "기술지시(Technical instructions)"라 함은 부록을 포함해서 국제민간항공기구의 협의에 따라 인가되고 발행된 위험물 안전수송에 대한 기술지시서(Doc. 9284-AN/905)의 최신 개정판을 말한다.

23) "숙달훈련"이라 함은 기량심사를 하는 동안 조종사가 성공적으로 수행해야 할 규정된 조작과 절차를 가르치는 훈련을 말한다.

26) "단순임차(Dry Lease)"라 함은 임차 항공기를 운용하는 데 필요한 승무원을 임대자가 직접적으로 또는 간접적으로 제공하지 않는 임차를 말한다.

27) "포괄임차(Wet Lease)"라 함은 임차 항공기를 운용하는 데 필요한 승무원(들)을 임대자가 직접적으로 또는 간접적으로 제공하는 임차를 말한다.

28) "항공기 상호교환(Aircraft Interchange)"이라 함은 AOC 소지자가 다른 AOC 소지자에게 단순임차 방식으로 짧은 기간 동안 항공기 운항관리 책임을 이전하는 것을 말한다.

29) "완전비상탈출시범(Full Evacuation Demonstration)"이라 함은 운항증명신청자(또는 소지자)가 운용하고자 하는 항공기에 적용하는 비상탈출절차 및 탈출 장비의 적정성을 입증하기 위하여 승객과 승무원을 탑승시켜 모의 비상상황을 실현하는 시범을 말한다.

11.10.2. 정비요건(AOC Maintenance Requirements)

11.10.2.1. 정비 책임 (Maintenance Responsibility)

가. 운항증명소지자는 다음 각 호의 사항들을 수행함으로서 항공기의 감항성과 운용하는 장비와 비상 장비의 사용가능함을 보증하여야 한다.

1) 비행전 점검 수행을 보증

2) 해당 항공기 형식에 적용할 수 있는 최소장비목록(MEL)과 외형변경목록(CDL)을 고려하여 인가된 기준으로 항공기의 안전 운항에 영향을 주는 모든 결함이나 손상에 대한 수정작업 수행을 보증

3) 승인된 항공기 정비 프로그램에 의거 모든 정비가 수행을 보증

4) 승인된 항공기 정비 프로그램의 효과 분석

5) 국토교통부장관이 지시한 운항개선지시(Operational Directive), 감항성 개선지시(Airworthiness Directive) 및 기타 감항성 요구 조건들에 대한 수행 보증

6) 항공기등의 개조의 경우 승인된 기준과 구체적 방침에 따라 개조가 수행됨을 보증

나. 운항증명소지자는 다음 각 호와 관련하여 운영중인 각각의 항공기의 감항증명서가 여전히 유

효한지를 보증하여야 한다.

1) 가항의 요건

2) 증명서 만료일

3) 증명서에 열거된 기타 정비 조건

주. 국토교통부장관은 감항증명서에 만료일자를 적용 또는 적용하지 않을 수도 있다.

다. 운항증명소지자는 가항에서 규정한 요구 조건들을 항공당국에 의해 승인되거나 허용되는 절차에 의거 수행됨을 보증하여야 한다.

라. 운항증명소지자는 항공기/항공 제품에 대한 정비, 예방정비와 개조가 정비규정 (Maintenance Control Manual) 또는 지속적인 감항성을 위한 현행 지침 및 적용되는 항공 법규에 의거하여 수행됨을 보증하여야 한다.

마. 운항증명소지자는 어떤 정비, 예방정비 또는 개조의 수행을 위해 타인 또는 제3의 업체와 계약할 수 있다. 그러나 그러한 계약 하에서 수행된 모든 작업들에 대한 책임은 운항증명소지자에게 있다.

11.10.2.2. 운항증명 정비 시스템 및 프로그램의 승인과 수락(Approval and Acceptance of AOC Maintenance Systems and Programmes)

가. 운항증명소지자는 정비조직 또는 국토교통부장관에 의해 승인된 이와 동등한 정비 시스템에 의하여 정비 및 운영되지 않는다면, 항공기를 운항하여서는 아니된다. 다만, 운항승무원에 의한 비행 전 점검은 제외한다.

나. 항공기의 정비는 AMO 또는 항공당국이 승인한 동등한 정비 시스템에 의해 수행되어야 한다.

다. 국토교통부장관이 동등의 정비 시스템을 허용할 경우, 정비 확인 및 항공기 감항성에 대해 서명하도록 지정된 자는 제2장에 의거하여 당해 승인서 수령 또는 명단으로 관리되어야 한다.

11.10.2.3. 정비규정(Maintenance Control Manual)

가. 운항증명소지자는 국토교통부장관에게 다음 각 호를 포함하는 조직의 구조와 관련한 세부사항들을 포함하여 관련 정비와 운항 부문 종사자들을 위한 지침으로 사용하기 위한 운항증명소지자의 정비규정과 그 개정 내용들을 제출하여야 한다.

1) 운항기술기준 9.1.15.2.2에 의해 요구된 바와 같이 정비시스템에 대해 책임 있는 관리자와 지명된 자

2) 운항기술기준 9.1.19.1의 정비책임(운항증명서 소유자가 정비조직 인 곳을 제외)과 운항기술기준 9.1.19.5의 품질시스템을 충족하기 위하여 지켜야 할 절차들. 이러한 절차들은 운항증명을 받은 정기항공운송사업자의 경우는 정비규정에 인가된 정비조직의 경우 정비조직 절차매뉴얼(Procedures Manual)에 포함될 수 있다.

3) 운송사업자의 경우, 결함 발견 후 72시간 이내에 국토교통부장관에게 기능불능(Failure), 고장(Malfunction)과 결함(Defect)을 보고하는 절차: 추가로 전화/텔렉스/팩스/인터넷(http://esky.go.kr) 등에 의해 국토교통부장관에게 즉각적인 보고가 이루어져야 하는 항목들은 다음 각목과 같으며, 가능한 빠른 시간 내에(최대 72시간 이내) 공식적인 보고가 이루어져야 한다.

가) 주요 구조부재 기능불능

나) 조종 계통 기능불능
다) 항공기 화재
라) 엔진 구조부 고장 또는
마) 기타 안전에 즉각적인 위험 요소가 될 수 있다고 고려되는 기타 상황

나. 운항증명소지자의 정비규정은 별도의 부분으로 발행할 수 있으며, 다음 각 호의 정보를 포함하고 있어야 한다.

1) 운항증명소지자와 정비조직사이의 행정적인 협의(계약)에 대한 기술 또는 정비 절차에 대한 기술 및 정비가 정비조직 시스템에 의해서가 아닌 다른 시스템에 기초하고 있을 때 정비확인(release)을 완료하고 서명하는 절차에 대한 기술
2) 운영하고 있는 항공기들이 감항성을 확보한 상태에 있다는 것을 보증하는 절차에 대한 기술
3) 각 비행을 위하여 운영할 수 있는 비상 장비가 작동 가능하다는 것을 보증하는 절차에 대한 기술
4) 정비규정에 의거하여 모든 정비가 수행되었다는 것을 보증하기 위해 요구되는 사람(들)에 대한 이름과 직무
5) 운항기술기준 9.1.19.11에서 요구된 정비 프로그램에 대한 참조
6) 운항기술기준 9.1.19.7에 의해 요구된 운영자의 정비 기록에 대한 작성과 보관에 대한 방법에 대한 기술
7) 운항기술기준 5.9.1.2에서 규정한 바에 따른 모든 대상에 대한 정비와 운영 경험에 대한 모니터링 관리, 평가 및 보고를 하기 위한 절차 기술
8) 최대이륙중량 5,700킬로그램을 초과하는 모든 항공기에 대해 형식 설계에 책임있는 기관으로부터의 지속적 감항성 정보의 획득과 평가 및 어떤 결과적인 조치를 이행하는 절차 기술 및 등록국가에 의해 필요하다고 여겨지는 어떤 행위를 수행하여야 할 절차에 대한 기술
9) 운항기술기준 9.1.19.1 가항5)에서 요구된 바와 같은 지속적이며 필수적인 감항성 정보를 이행하기 위한 절차에 대한 기술
10) 정비 프로그램의 부족한 점을 수정하기 위하여 정비 프로그램의 기능과 효과의 분석 및 지속적인 관찰 시스템을 수립하고 유지하는데 대한 기술
11) 매뉴얼이 적용되는 항공기 형식과 모델에 대한 기술
12) 항공기 감항성에 영향을 미치는 항공기의 사용불능 상태는 기록되고 수정된다는 것을 보증하는 절차에 대한 기술
13) 항공기 운영 중에 발생하는 주요한 사건들에 대해 등록국가에게 통보하는 절차에 대한 기술

다. 항공운송사업을 함에 있어서 국토교통부장관이 승인 또는 검토하지 않은 어떠한 정비규정 또는 그 일부분도 운항증명소지자의 직원에게 제공되어서는 아니된다.

라. 항공운송사업자는 정비규정(MCM)에 대한 적정성을 주기적으로 검토하여 최신정보가 반영될 수 있도록 동 교범을 개정하고 이를 지속적으로 관리 및 유지하여야 한다.

마. 항공운사업자는 정비규정(MCM)을 변경 또는 개정한 경우에는 이를 동 교범이 배포된 조직 및 직원에게 개정 또는 변경사항을 통지하여야 한다.

바. 규정은 인적요인 개념에 따라 구성되어야 한다.

주. 인적요인 개념의 적용에 관한 지침은 인적요소 훈련교범(ICAO Doc 9683)을 참조한다.

11.10.2.4. 정비관리(Maintenance Management)

가. 정비조직으로서 승인된 운항증명소지자는 운항기술기준 9.1.19.1, 가항제2호 · 제3호 · 제5호 및 제6호에서 기술된 요건들을 수행할 수 있다.

나. 운항증명소지자가 정비조직이 아니라면, 운항증명소지자는 다음을 이용하여 운항기술기준 9.1.19.1, 가항 2) · 3) · 5) 및 6)에 의거하여 자신의 책임을 충족시켜야 한다.

1) 국토교통부장관이 승인하거나 인정한 동등한 정비 시스템

2) 운항증명소지자와 정비조직 간에 서면 정비계약을 통한 협정. 이 계약에는 국토교통부장관이 승인하거나 인정하는 필수 정비업무와 품질업무 지원범위가 자세히 규정되어야 한다.

주. ICAO DOC 9389, 첨부 6F는 계약상의 정비 협정에 대한 요건들을 포함하고 있다.

다. 각 운항증명소지자는 모든 9.1.19.1의 정비요건과 운항증명소지자의 정비규정의 정비요건과 같은 승인된 기준에 따라 수행되는 것을 보증하고 품질시스템이 제대로 작동함을 보증하기 위하여 국토교통부장관이 수락할 수 있는 사람이나 사람들의 집단(group)을 고용하여야 한다.

라. 운항증명소지자는 다항에서 규정한 자를 위해 적절한 위치에 알맞은 사무실 시설을 제공하여야 한다.

11.10.2.5. 품질시스템(Quality System)

가. 정비 목적을 위해, 운항기술기준 9.1.15.2.3에 의하여 요구된 각 운항증명소지자의 품질시스템은 적어도 다음 각 호의 기능들을 추가적으로 가져야 한다.

1) 운항기술기준 9.1.19.1의 행위들이 승인된 절차에 의거하여 수행되는지를 관찰

2) 모든 계약 정비가 계약에 의거하여 수행되는지를 확인

3) 운항기술기준 9.1.19의 요건을 지속적으로 부합하는지를 관찰

4) 안전한 정비 실무, 항공기와 항공 제품들의 감항성을 보증하기 위하여 필요한 적절한 절차들의 이행을 관찰

나. 정비 목적을 위해, 운항기술기준 9.1.15.2.3에 의하여 요구된 각 운항증명소지자의 품질시스템은 모든 정비행위가 적용해야 하는 요건, 기준, 절차에 의거 모든 정비 운영이 수행되고 있는지를 검증하기 위해 고안된 절차를 포함하고 있는 품질보증프로그램을 가져야 한다.

다. 운항증명소지자가 정비조직인 경우, 운항증명소지자의 품질 관리 시스템은 정비조직의 요건들과 합쳐져서 국토교통부장관의 승인을 받기 위해 제출될 수 있다.

11.10.2.6. 항공기 탑재용항공일지 기록(Aircraft Technical Log Entries)

가. 항공기/항공제품의 결함 또는 기능불량이 보고되거나 확인되었을 경우 비행의 안정성에 중요한 조치를 행하는 사람은 탑재용 항공일지의 정비 기록 부분에 이에 대하여 기록하여야 한다.

나. 운항증명소지자는 각 운항승무원이 쉽게 접근할 수 있는 장소에 요구되는 적정 분량의 기록

부를 유지하도록 하는 절차를 가져야 하고, 이 절차를 운항증명소지자의 운항규정에 기재해 두어야 한다.

11.10.2.7. 정비 기록(Maintenance Records)

가. 운항증명소지자는 국토교통부장관이 수락할 수 있는 형식으로 다음 각 호의 기록들을 유지하기 위한 시스템을 갖추어야 한다.

1) 항공기와 수명한계 장비품의 총 사용 시간(시간, 달력 시간 및 싸이클)
2) 모든 의무적인 지속적 감항성 정보에 대한 현재 이행 상태
3) 항공기와 중요 장비품에 대한 개조와 수리의 세부사항
4) 정해진 오버홀 수명에 근거한 항공기 또는 그 부분품의 마지막 오버홀 이후에 사용된 시간(TSO: 시간, 달력 시간 및 싸이클 등)
5) 정비 프로그램에 의한 항공기의 현재 상태
6) 정비확인과 감항성확인에 대한 서명을 위한 요건이 충족되었음을 증빙하는 세부 정비 기록

나. 운항증명소지자는 가항 제1호 내지 제5호에 있는 항목들이 영구적으로 운영을 중지한 후 최소한 90일 동안 보관되도록 하여야 하고, 가항 6)에 있는 기록이 정비확인 또는 감항성 확인서명 이후 최소한 1년 동안 보관되도록 확인하여야 한다.

다. 운항증명소지자는 운영자가 일시적으로 바뀔 경우 가항에 명시된 기록들이 새 운영자가 사용할 수 있도록 보증하여야 한다.

라. 운항증명소지자는 항공기가 영구적으로 다른 운영자에게 양도될 때 가항에 명시된 기록들도 양도되도록 보증하여야 한다.

11.10.2.8. 탑재용항공일지 정비기록 부분(AOC Holder's Aircraft Technical Log – Maintenance Record Section)

가. 운항증명소지자는 각 항공기에 대한 다음의 각 호의 정보를 포함하여 항공기 정비기록 부분을 포함하고 있는 탑재용 항공일지를 사용하여야 한다.

1) 지속적인 비행 안전을 보증하기 위해 필요한 이전 비행에 관한 정보
2) 현재의 항공기 정비확인 또는 항공기 감항성 확인
3) 국토교통부장관이 정비 기록이 별도로 유지되는 것을 동의 할 수 있는 경우를 제외하고 설정된 정비(검사)계획에 의거하여 수행 예정인 정비(검사) 및 설정된 정비(검사)계획이 없을 경우 수행될 정비(검사)를 포함한 현재의 항공기 정비(검사) 현황
4) 항공기 운항에 영향을 미치는 정비이월된 (deferred) 결함들

주. 항공기 감항성에 영향을 미치지 않는 결함들은 수정 조치를 위해 훗날로 연기될 수 있다. 이러한 조치가 취해졌을 때, 이러한 조치에 대한 기록을 위한 방법이 반드시 마련되어 있어야 하며, 탑재용 항공일지에는 오직 이러한 조치를 기록하기 위한 기입란을 가지고 있다. 일부 항공사들은 비행시간, 비행횟수, 모기지로 귀환할 때까지, 차기 비행전 결함이 수정되지 전까지 등으로 정비이월 기간을 허용할 수 있도록 정비이월 결함을 분류하는 시스템을 가지고 있다.

나. 항공기 탑재용 항공일지 및 이와 관련한 개정은 국토교통부장관의 승인을 받아야 한다.

11.10.2.9. 탑재용 항공일지 정비 기록부분 확인(Release to Service or Maintenance Section Records of the Technical Log)

가. 운항증명소지자는 국토교통부장관이 승인한 정비조직 또는 이와 동등한 시스템에 의해 항공기가 정비되거나 확인되지 않는 한 해당 항공기를 운영해서는 아니 된다.

나. 동등의 시스템을 사용하는 운항증명소지자는 만약 정비확인 또는 감항성 확인이 제2장에 의거하여 적절하게 면허와 한정을 받은 자에 의하여 이루어지지 않는다면 가항에 따른 확인(release)후 항공기를 운영하여서는 아니 된다. 정비확인 또는 감항성 확인은 운항증명의 정비규정에 의거하여 이루어져야 한다.

다. 국토교통부장관이 승인한 운항증명서 정비규정에 의거 기록이 이루어지지 않는 한 정비조직을 사용하는 운항증명소지자는 가항의 규정에 의한 정비확인 후 항공기를 운항해서는 아니 된다.

라. 운항증명소지자는 해당 항공기 정비확인 또는 감항성확인서 사본 1부를 기장에게 제공하거나 정비확인이 탑재용항공일지의 정비 부분에 기록되었음을 확인시켜야 한다.

11.10.2.10. 개조 및 수리(Modification and Repairs)

가. 모든 개조 및 수리는 국토교통부장관이 수락할 수 있는 감항성 요건에 부합하여야 한다. 또한 항공기 감항성 요구 조건에 부합함을 입증하는 데이터가 유지된다는 것을 보증하기 위한 절차가 수립되어야 한다. 그러나 대수리 또는 대개조의 경우, 국토교통부장관이 승인한 기술 자료에 의거하여 해당 작업이 이루어져야 한다.

나. 운항증명의 운영기준에 의거하여 항공기, 기체, 엔진, 프로펠러, 장치, 부분품 또는 부품에 대한 정비, 예방 정비 그리고 개조를 하는 것에 대하여 인가를 받은 운항증명소지자가 항공기의 대수리 또는 대개조 후 항공기를 사용이 가능한 상태로 환원시키고자 하는 경우, 현재의 유효한 해당 한정자격을 보유한 항공정비사 또는 항공공장정비사의 확인을 받아야 한다.

다. 운항증명소지자는 작업 종료 즉시 기체, 엔진, 프로펠러, 혹은 장비품에 대한 대개조 또는 대수리에 대한 보고서를 준비하여야 한다.

라. 운항증명소지자는 국토교통부장관에 대개조 보고서 사본 1부를 제출하여야 하며, 검사에 이용될 수 있도록 각 대수리 보고서 사본 1부를 보관하여야 한다.

11.10.2.11. 항공기 정비프로그램(Aircraft Maintenance Programme)

가. 운항증명 신청자 및 운항증명 소유자 등은 본 장에서 규정한 사항을 반영한 정비 및 관련 운항직원들이 사용할 수 있는 정비프로그램을 제정하여 항공당국의 승인을 받아야 하며, 이를 개정하고자 할 경우 항공안전법 시행규칙 제266조의 규정에 의거 항공당국의 승인(또는 신고)을 얻어야 한다.

나. 항공당국은 운항증명 신청자 및 운항증명 소지자에게 신뢰성프로그램이 필요하다고 판단할

경우, 운항증명 신청자 등에게 정비규정에 신뢰성프로그램을 포함할 것을 요구할 수 있으며, 이 경우 운항증명 신청자 등은 자신의 정비규정에 신뢰성프로그램에 대한 절차와 내용을 규정하여야 한다.

다. 운항증명소지자는 항공기가 운항기술기준 9.1.19.2의 규정에 의거 인가받은 정비프로그램에 따라 정비된다는 것을 보증하여야 한다. 항공기 정비프로그램은 다음 각 호를 포함하여야한다.

1) 항공기 예상 가동율을 고려하여 수행되어야 할 정비 작업들(tasks) 및 정비 주기

2) 해당되는 경우, 지속적인 구조부 보전(structural integrity) 프로그램

3) 1) 및 2)에 대한 예외사항(deviate)이나 변경절차

4) 해당되는 경우, 컨디션 모니터링 및 신뢰성 프로그램, 및 항공기 시스템, 장비품 및 엔진에 대한 설명

5) 정비프로그램은 인적요인(Human Factors principles)을 반영하여 제정하여야 한다.

라. 형식설계의 승인 조건으로서 일정한 정비주기에 반드시 수행해야하는 반복 정비 작업들은 승인 조건과 동일하게 정하여져야 한다.

주. 정비프로그램은 설계 국가 또는 형식설계에 대한 책임이 있는 기관에 의하여 만들어진 정비프로그램 정보 및 추가적인 적용 가능한 경험에 근거하여야 하여야 한다.

마. 운항증명소지자는 항공당국에 의한 운항증명소지자의 정비프로그램에 대한 심의와 승인을 받지 않은 정비 프로그램 또는 이의 부분을 종사자에게 제공하여서는 아니된다.

바. 운항증명소지자의 정비프로그램과 동 프로그램의 개정에 대한 항공당국의 승인은 항공안전법 시행규칙 제259조에 따라 운영기준에 명기되어야 한다.

사. 각 운항증명소지자는 다음 각 호를 보증할 수 있는 검사프로그램 및 기타 정비, 예방정비 및 개조를 담당하는(covering) 프로그램을 가지고 있어야 한다.

1) 운항증명소지자 또는 기타 다른 개인이나 법인이 운항증명소지자의 정비관리교범에 의거하여 정비, 예방정비, 및 개조를 수행

2) 사용 상태로 환원하기 위하여 확인된(released) 각 항공기는 감항성이 있고 운항을 위하여 적절하게 유지관리 되었음

아. 항공당국은 대한민국의 항공종사자 자격증명을 소지하지 않은 외국에 고용된 직원이 기체 구성품, 엔진, 장비품 및 예비 부품들의 정비, 개조, 또는 검사를 할 수 있도록 본 장의 해당 조항에 대한 예외사항(deviation)을 허가하기 위하여 운항증명소지자에 발급된 운영기준을 개정할 수 있다. 이 조항에 의하여 예외사항의 권한을 갖은 각 운항증명소지자는 외국의 시설과 실무에 대한 감독을 하도록 규정함으로써 이 장(Parts)에 따라서 수행된 모든 작업이 운항증명소지자의 정비규정에 의거하여 수행된다는 것을 보증하여야 한다.

자. 운항증명소지자는 정비프로그램의 적절성을 주기적으로 검토하여야 하며, 동 프로그램을 개정할 경우, 개정사항을 동 프로그램을 배포한 모든 조직 및 관계자들에게 통보하여야 한다.

11.10.2.12. 정비, 예방정비와 개조를 수행하고 승인하기 위한 권한(Authority to Perform and Approve Maintenance, Preventive Maintenance and Modifications)

가. 정비조직으로 인가를 받지 아니한 운항증명소지자는 운영기준에서 인가 받고 정비프로그램과 정비규정에서 규정하였다면 정비 항공기, 항공기체, 항공엔진, 프로펠러, 장치, 부분품의 사용 상태로의 환원을 위한 부품의 정비, 예방정비, 개조를 수행하고 승인을 할 수 있다.

나. 운항증명소지자는 정비 프로그램 및 정비규정에서 규정한 바에 따라 항공기, 항공기체, 항공엔진, 프로펠러, 장치, 부분품 또는 부품의 사용 상태로의 환원을 위한 부품의 정비, 예방정비, 개조의 수행을 위하여 적합하게 한정된 정비조직에 위탁하여 수행할 수 있다.

다. 정비조직으로서 인가를 받지 않은 운항증명소지자는 국토교통부장관이 승인한 기술 자료에 의거하여 항공기, 기체, 엔진, 프로펠러, 또는 장비품의 사용 상태로의 환원시키기 위한 정비, 예방정비 또는 개조작업을 하거나 감독을 수행한 후 승인하기 위해서는 제2장에 의거하여 적합하게 면허를 받고 한정을 받은 자를 사용하여야 한다.

11.10.2.13. 정비인력 교육훈련의 요건(Maintenance Personnel Training Requirements)

가. 운항증명소지자는 정비요원의 직무와 책임을 적절하게 수행할 수 있도록 항공당국이 승인한 초도 및 보수 교육과정이 포함된 교육훈련 프로그램을 갖추어야 한다.

나. 가항에 따른 교육훈련프로그램에 대한 이수현황은 정비요원 개인별로 문서화하여 기록 유지하여야 한다. 이 경우, 전산 시스템으로 관련 교육훈련기록을 관리 할 수 있다.

다. 교육훈련프로그램에는 인적수행능력(Human performance)에 관한 지식과 기량에 대한 교육을 포함하여야 하고, 정비요원과 운항승무원과의 협력에 관한 교육을 포함하여야 한다.

라. 교육훈련프로그램은 훈련과정, 훈련방법, 교관의 자격, 훈련효과측정, 훈련기록에 대한 내용이 포함되어야 하고 훈련시간 등은 다음의 최소요구량 이상을 실시하여야 한다.

1) 안전교육 : 년 8시간 이상
2) 초도교육 : 60시간 이상
3) 보수교육 : 1회당 4시간 이상
4) 항공기 기종교육 : 항공기 제작회사 또는 제작회사가 인정한 교육기관이 실시하는 교육시간 이상
5) 인적요소 : 년 4시간 이상
6) 초도 및 항공기 기종교육 이수기준 : 평가시험 70% 이상 취득

마. 교육훈련프로그램은 항공기 정비 등을 수행하기 위하여 고용된 각 인력 및 검사기능의 담당 직무 수행능력을 보증할 수 있어야 한다.

바. 교육훈련 교관은 정비분야 3년 이상의 근무경력을 가져야 한다.

Reference

고정익항공기를 위한 운항기술기준(FLIGHT SAFETY REGULATIONS for AEROPLANES); 국토교통부 고시 제2019-246호, 2019. 5. 15.

◈ 개정집필위원

* 표시는 대표 집필자임

김천용(세한대학교 항공정비학과)
최세종(한서대학교 항공융합학부) *
채창호(중원대학교 항공정비학과)
김맹곤(중원대학교 항공정비학과)
박희관(초당대학교 항공정비학과)
김건중(초당대학교 항공정비학과)
하영태(호원대학교 국방기술학부)
이형진(청주대학교 항공기계학과)
최병필(경남도립남해대학 항공정비학부)
손창근(세한대학교 항공정비학과)

◈ 감수위원

* 표시는 대표 연구 · 감수진임

김근수(세한대학교) *
박기범(대한항공)
이종희(세한대학교)
황효정(세한대학교)
김사웅(세한대학교)
권병국(아세아항공전문학교)

◈ 기획 및 관리

* 표시는 연구 책임자임

국토교통부

김상수(항공안전정책과장)
차시현(항공안전정책과)
강경범(항공안전정책과)
김은진(항공안전정책과)
홍덕곤(항공기술과)

세한대학교 산학협력단

김천용(항공정비학과장) *
장광일(항공정비학과)
조민수(항공정비학과)
류용정(항공정비학과)

◈ 편집 및 디자인

노드미디어

주소 | 서울특별시 용산구 한강대로341 대한빌딩 206호
TEL | 02-754-1867 FAX | 02-753-1867
등록번호 | 제302-2008-000043호

개정판 항공정비사 표준교재 **항공법규**

발행일 | 초판 2020년 3월
발행처 | 국토교통부 항공안전정책과(세종특별자치시 도움6로 11)
TEL | 044-201-4311 **FAX** | 044-201-5632 **홈페이지** | www.molit.go.kr
ISBN 978-89-6541-483-4 93550
인쇄처 | 도서출판 진영사 032-505-1207